Naturschutz und Biologische Vielfalt
Heft 139

Anpassungskapazität naturschutzfachlich wichtiger Tierarten an den Klimawandel

Ergebnisse des F+E-Vorhabens (FKZ 3511 86 0200)

Gerald Kerth
Nico Blüthgen
Carolin Dittrich
Kai Dworschak
Klaus Fischer
Toni Fleischer
Ina Heidinger
Johannes Limberg
Elisabeth Obermaier
Mark-Oliver Rödel
Stefan Nehring

unter Mitarbeit von
Sabrina Arnold, Katharina Bittmann, Martin Burmeister, Konrad Fiedler, Martin Haase, Jule Mangels, Markus Melber, Anne Schacht, Madlen Schellenberg, Uta Schröder

Bundesamt für Naturschutz
Bonn - Bad Godesberg 2014

Titelbilder:

großes Foto: Laichgemeinschaft des Moorfrosches (Abb. 44 in diesem Heft)
links: Totholzstamm mit Kreuzfensterfalle (Abb. 1 in diesem Heft)
Mitte links: Graphik Mortalität der Grauen Heidelbeereule (Abb. 17 in diesem Heft)
Mitte rechts: Aufzuchtkästen für Moorfroschkaulquappen (Abb. 46 in diesem Heft)
rechts: Schwarze und weiße Fledermauskästen (Abb. 61 in diesem Heft)

Adressen der Autorinnen und Autoren:

Prof. Dr. Gerald Kerth
Prof. Dr. Klaus Fischer
Dipl.-Laök. Toni Fleischer
Dipl.-Laök. Johannes Limberg
Universität Greifswald, Zoological Institute & Museum
Johann-Sebastian-Bach-Str. 11/12, 17489 Greifswald
E-Mail: gerald.kerth@uni-greifswald.de

Prof. Dr. Nico Blüthgen
Dipl.-Biol. Kai Dworschak
Technische Universität Darmstadt, Ecological Networks Biology, Schnittspahnstr. 3, 64287 Darmstadt

PD Dr. Mark-Oliver Rödel
Dipl.-Biol. Carolin Dittrich
Museum für Naturkunde, Leibniz Institute for Research on Evolution and Biodiversity, Invalidenstr. 43, 10115 Berlin

PD. Dr. Elisabeth Obermaier
Dipl.-Biol. Ina Heidinger
Universität Bayreuth, Ökologisch-Botanischer Garten, 95440 Bayreuth

Dr. Stefan Nehring
Bundesamt für Naturschutz, Konstantinstr. 110, 53179 Bonn

Fachbetreuung im BfN:

Dr. Stefan Nehring — Fachgebiet II 1.1 „Zoologischer Artenschutz“

Diese Veröffentlichung wird aufgenommen in die Literaturdatenbank DNL-online (www.dnl-online.de).

Institutioneller Herausgeber: Bundesamt für Naturschutz (BfN)
Konstantinstr. 110, 53179 Bonn
URL: www.bfn.de

Druck: Griebsch & Rochol Druck GmbH & Co. KG, Hamm

Bezug über: BfN-Schriftenvertrieb – Leserservice –
im Landwirtschaftsverlag GmbH
48084 Münster
Tel.: 02501/801-300, Fax: 02501/801-351

oder im Internet:
www.buchweltshop.de/bfn

ISBN 978-3-7843-4039-5

Gedruckt auf FSC®-Papier

Bonn - Bad Godesberg 2014

Inhaltsverzeichnis

Abbildungsverzeichnis 6

Tabellenverzeichnis 10

Vorwort 13

1 Allgemeine Einleitung 15

2 Auswahl von 50 Hochrisiko-Arten 20

3 Literaturstudie 29

Marschschnecke *Assiminea grayana* FLEMING 1828 30

Röhn-Quellschnecke *Bythinella compressa* (FRAUENFELD 1857) 33

Fränkische Berg-Schließmundschnecke *Cochlodina costata franconica* EHRMANN 1933 37

Verborgenes Posthörnchen *Gyraulus acronicus* (A. FÉRUSSAC 1807) 39

Gebänderte Kahnschnecke *Theodoxus transversalis* (C. PFEIFFER 1828) 42

Gemeine Flussmuschel *Unio crassus* PHILIPSON 1788 45

Flussperlmuschel *Margaritifera margaritifera* (LINNEAUS 1758) 49

Vierzähnige Windelschnecke *Vertigo geyeri* LINDHOLM 1925 55

Edelkrebs Astacus *astacus* (LINNAEUS 1758) 59

Steinkrebs *Austropotamobius torrentium* (SCHRANK 1803) 69

Zwergspinne *Mycula mossakowskii* (SCHIKORA 1994) 79

Alpen-Mosaikjungfer *Aeshna caerulea* (STRÖM 1783) 82

Hochmoor-Mosaikjungfer *Aeshna subarctica elisabethae* (DJANKONOV 1922) 90

Alpen-Smaragdlibelle *Somatochlora alpestris* (SÉLYS 1840) 97

Zwerglibelle *Nehalennia speciosa* (CHARPENTIER, 1840) 104

Gefleckte Schnarrschrecke *Bryodemella tuberculata* (FABRICIUS 1775) 111

Kurzschröter *Aesalus scarabaeoides* (PANZER 1794) 117

Hochmoorlaufkäfer *Carabus menetriesi pacholei* (SOKOLÁŘ 1911) 123

Schwarzer Grubenlaufkäfer *Carabus variolosus nodulosus* (CREUTZER 1799) 130

Scharlachkäfer *Cucujus cinnaberinus* (SCOPOLI 1763) 134

Großer Birken-Prachtkäfer *Dicerca furcata* (THUNBERG 1787) 140

Veilchenblauer Wurzelhals-Schnellkäfer *Limoniscus violaceus* (MÜLLER 1821) 144

Gestreifelter Bergwald-Bohrkäfer *Stephanopachys substriatus* (PAYKULL 1800) ... 150

Bartflechten-Rindenspanner *Alcis jubata* (THUNBERG 1788) ... 154

Moorbunteule *Coranarta cordigera* (THUNBERG 1792) ... 157

Moorwiesen-Striemenspanner *Chariaspilates formosaria* (EVERSMANN 1837) ... 161

Grüner Flechten-Rindenspanner *Cleorodes lichenaria* (HUFNAGEL 1767) ... 163

Moosbeerenspanner *Carsia sororiata* (HÜBNER 1813) ... 168

Amethysteule *Eucarta amethystina* (HÜBNER 1803) ... 172

Gagelstrauch-Moor-Holzeule *Lithophane lamda* (FABRICIUS 1787) ... 175

Heidebürstenspinner *Orgyia antiquoides* (HÜBNER 1822) ... 179

Natterwurz-Perlmutterfalter *Boloria titania* (ESPER 1793) ... 183

Heilziest-Dickkopffalter *Carcharodus floccifera* (ZELLER 1847) ... 189

Goldener Scheckenfalter *Euphydryas aurinia* (ROTTEMBURG, 1775) ... 194

Blauschillernder Feuerfalter *Lycaena helle* (DENIS & SCHIFFERMÜLLER 1975) ... 204

Dunkler Wiesenknopf-Ameisenbläuling *Maculinea nausithous* (BERGSTRÄSSER 1779) ... 213

Heller Wiesenknopf-Ameisenbläuling *Maculinea teleius* (BERGSTRÄSSER 1779) ... 222

Schwarzer Apollo *Parnassius mnemosyne* (LINNAEUS 1758) ... 231

Groppe *Cottus gobio* LINNEAUS 1758 ... 239

Atlantischer Lachs *Salmo salar* LINNAEUS 1758 ... 244

Äsche *Thymallus thymallus* (LINNEAUS 1758) ... 252

Stechlin-Maräne *Coregonus fontanae* SCHULZ & FREYHOF 2003 ... 258

Gelbbauchunke *Bombina variegata* (LINNEAUS 1758) ... 262

Moorfrosch *Rana arvalis* NILSSON 1842 ... 277

Alpensalamander *Salamandra atra* LAURENTI 1768 ... 291

Mopsfledermaus *Barbastella barbastellus* (SCHREBER 1774) ... 300

Bechsteinfledermaus *Myotis bechsteinii* KUHL 1817 ... 305

Alpensteinbock *Capra ibex ibex* LINNEAUS 1758 ... 311

Alpenschneehase *Lepus timidus varronis* MILLER 1901 ... 318

Waldbirkenmaus *Sicista betulina* (PALLAS 1778) ... 324

4 Empirische Studien ... 329
4.1 Einfluss des Mikroklimas auf xylobionte Käfergemeinschaften in Totholz fortgeschrittener Zersetzungsstadien im nördlichen Steigerwald. 329
4.2 Anpassungskapazität von Hochmoor-Nachtfalterarten ... 366
4.3 Untersuchungen zur Anpassungskapazität des Blauschillernden Feuerfalters, *Lycaena helle* (DENIS & SCHIFFERMÜLLER 1975) ... 392
4.4 Untersuchungen zur Anpassungskapazität der Rhön-Quellschnecke *Bythinella compressa* (FRAUENFELD 1857) ... 412
4.5 Anpassungskapazitäten von Gelbbauchunke *Bombina variegata* LINNEAUS 1758 und Moorfrosch *Rana arvialis* NILSSON 1842 an den Klimawandel ... 424
4.5.1 Die Gelbbauchunke ... 428
4.5.2 Der Moorfrosch ... 443
4.6 Untersuchungen zur Anpassungskapazität von Bechsteinfledermaus *Myotis bechsteinii* KUHL 1817 und Mopsfledermaus *Barbastella barbastellus* SCHREBER 1774 an den Klimawandel ... 463
4.6.1 Analyse von Langzeitdaten zum Einfluss des Klimas auf das Überleben und den Fortpflanzungserfolg von Bechsteinfledermäusen ... 464
4.6.2 Freilandstudien zur Quartierwahl von Mops- und Bechsteinfledermäusen ... 478
5 Abschlussdiskussion ... 489
5.1 Anpassungskapazitäten von wirbellosen Hochrisiko-Arten ... 489
5.2 Anpassungskapazitäten von Hochrisiko-Wirbeltieren ... 497
5.3 Fazit ... 503
6 Literatur ... 507

Abbildungsverzeichnis

Abb. 1: Liegender Totholzstamm der Rotbuche mit Kreuzfensterfallen 334

Abb. 2: Gesamtzahl der Totholzkäferarten und -individuen, die sich zu den einzelnen Leerungen in den Kreuzfensterfallen befanden 337

Abb. 3: Arten- und Individuenzahl der Kreuzfensterfallen nach Baumart und Hanglage getrennt dargestellt 338

Abb. 4: Arten- und Individuenzahl der Bauscheiben nach Baumart und Hanglage getrennt dargestellt. 338

Abb. 5: Vergleich zwischen Nord- und Südhängen, sowie Eichen und Buchen hinsichtlich der Arten- und Individuenzahl in den Kreuzfensterfallen 339

Abb. 6: Vergleich zwischen Nord- und Südhängen, sowie Eichen und Buchenhinsichtlich der Arten- und Individuenzahl die aus den Baumscheiben schlüpften 339

Abb. 7: Vergleich der mittleren Temperatur zwischen Nord- und Südhang 340

Abb. 8: Vergleich zwischen Nord- und Südhängen hinsichtlich der normierten Temperatur 341

Abb. 9: Vergleich zwischen Nord- und Südhängen hinsichtlich der normierten Luftfeuchtigkeit 341

Abb. 10: Kanonische Korrespondenzanalyse mit den Faktoren Hangseite, mittlere Temperatur und Lichtverfügbarkeit 344

Abb. 11: Kanonische Korrespondenzanalyse mit den Faktoren Hangseite, Lichtverfügbarkeit und mittlere normierte Temperatur sowie Luftfeuchtigkeit 345

Abb. 12: Kanonische Korrespondenzanalyse mit den Faktoren Baumart und Totholzvorrat der Zersetzungsstufen 2, 3 und 4.. 345

Abb. 13: Hochmoore in denen Lichtfänge durchgeführt wurden 369

Abb. 14: Täglicher Temperaturverlauf der verwendeten Klimaszenarien 370

Abb. 15: Aufbau der Respirationsanlage 375

Abb. 16: Standorte der Temperatur- und Luftfeuchtemessungen im Wurzacher Ried 376

Abb. 17: Mortalität von *E. occulta* bei den verschiedenen Klimaszenarien im zeitlichen Verlauf 377

Abb. 18: Vergleich der Mortalitätsraten in Prozent von *S. dentaria* und *E. occulta* in den verschiedenen Klimaszenarien 378

Abb. 19: Mortalität in Prozent der in Darmstadt gefangenen Arten bei den jeweils untersuchten Klimaszenarien 379

Abb. 20: Kumulativer Fraß bis zur Verpuppung in mg Trockenmasse der in Darmstadt gefangenen Arten bei den jeweils untersuchten Klimaszenarien 380

Abb. 21: Entwicklungsdauer in Tagen der in Darmstadt gefangenen Arten bei den jeweils untersuchten Klimaszenarien.. 381
Abb. 22: Puppengewichte in mg der in Darmstadt gefangenen Arten bei den jeweils untersuchten Klimaszenarien 381
Abb. 23: Zusammenhang zwischen metabolischer Rate und Körpermasse bzw. Temperatur 382
Abb. 24: Zusammenhang zwischen relativer Luftfeuchte und Temperatur 384
Abb. 25: Temperatur- und Luftfeuchteparameter auf den verschiedenen Standorten im Wurzacher Ried (Juli/August 2012) 384
Abb. 26: Temperaturverlauf in den vier Treatments 395
Abb. 27: Beispiel für den Tagesgang der Temperatur in Höhn-Oellingen im Juni (7.6.2010) 395
Abb. 28: Larvalmortalität (%) und Zahl der Larven (n) von *Lycaena helle* bei unterschiedlichen Behandlungen 396
Abb. 29: Larvale Entwicklungsdauer und Puppenmasse von *Lycaena helle* bei unterschiedlichen Behandlungen 397
Abb. 30: Nonmetric multidimesional scaling (NMDS) Plot der Probeflächen nach Vegetationszusammensetzung 401
Abb. 31: Pentadendiagramm für den Zeitraum vom 7.6. bis 31.7.2012 402
Abb. 32: Beispiel für einen typischen Tagesgang von Temperatur und relativer Luftfeuchtigkeit in den Larvalhabitaten von *Lycaena helle*. 402
Abb. 33: Entwicklung der Lufttemperatur, der Temperatur einer Quellschüttung 418
Abb. 34: Beispiel für einen Tagesgang der Temperatur in einer Quellschüttung 418
Abb. 35: Anteil und Anzahl überlebender bzw. nicht überlebender Schnecken in Abhängigkeit von der Herkunft in Experiment I 420
Abb. 36: Anteil und Anzahl überlebender bzw. nicht überlebender Schnecken in Abhängigkeit von der Herkunft in Experiment II 420
Abb. 37: Anteil überlebender bzw. nicht überlebender Schnecken nach unterschiedlicher Dauer einer Trockenheitsphase in Experiment III 421
Abb. 38: Gelbbauchunkenpaar im Amplexus 429
Abb. 39: Lage des Untersuchungsgebietes 431
Abb. 40: Typische Laichhabitate der Gelbbauchunke 432
Abb. 41: Wannenexperimente mit Gelbbauchunken-Kaulquappen an der ökologischen Station Fabrikschleichach (Universität Würzburg) 433
Abb. 42: Größenunterschiede (cm) bei der Metamorphose der Gelbbauchunkenlarven in den vier Untersuchungsgruppen während beider Experimentzeiträume 436
Abb. 43: Unterschiede der Entwicklungszeit der Gelbbauchunkenlarven in Tagen bis zur Metamorphose in den vier Untersuchungsgruppen und während beider Experimentzeiträume 437

Abb. 44: Laichgemeinschaft des Moorfrosches, *Rana arvalis*, in einem unserer Untersuchungsgewässer in der Nähe von Greifswald 445
Abb. 45: Beispiele der Wannen in denen Kaulquappen bis zum Freischwimmen gehältert wurden 447
Abb. 46: Besonnt exponierte Aufzuchtkästen für Moorfroschkaulquappen in einem Söll bei Groß Kiesow nahe Greifswald 447
Abb. 47: Boxplots der Körpergröße der Moorfroschlarven in beschatteten und besonnten Bereichen zu den zwei Messzeitpunkten 449
Abb. 48: Boxplots der Gosnerstadien der Moorfroschlarven zu den drei Messzeitpunkten in beschatteten und in besonnten Bereichen 450
Abb. 49: Lineare Regression der Durchschnittstemperatur im Zeitintervall vom 27. Mai bis 23. Juni 2013 451
Abb. 50: Boxplots der durchschnittlichen Temperatur in den Aufzuchtkästen im beschatteten Bereich und im besonnten Bereich zwischen je zwei Messzeitpunkten 452
Abb. 51: Flügel einer ausgewachsenen Bechsteinfledermaus. Schwarze Pfeile zeigen auf geschlossene Epiphysenfugen 467
Abb. 52: Zunahme der Körpergröße (Unterarmlänge in mm) adulter weiblicher Bechsteinfledermäuse für den Zeitraum 1996-2011 471
Abb. 53: Zunahme der Körpergröße (Unterarmlänge in mm) der Jungtiere beider Geschlechter für den Zeitraum 1998-2011 471
Abb. 54: Zusammenhang der Körpergröße (Unterarmlänge) und Tagestemperaturen im Sommer ohne dem Jahr 2003 472
Abb. 55: Die mittleren Sommertemperaturen während des Monitorings 473
Abb. 56: Überlebenskurven der einzelnen Größenklassen bei weiblichen adulten Bechsteinfledermäusen 474
Abb. 57: Quadratische Regression des Lebensfortpflanzungserfolgs gegen die Körpergröße (Unterarmlänge in mm) 475
Abb. 58: Aufschlüsselung der Phasen, in denen weibliche Bechsteinfledermäuse starben 476
Abb. 59: Verlauf der Todesraten für die Jahre 2002-2012 477
Abb. 60: Abhängigkeit der Körpergröße der Töchter von der der Mütter 478
Abb. 61: Schwarze und weiße Fledermauskästen (Schwegler 2FN), die den Bechsteinfledermäusen als Tagesquartiere zur Verfügung standen 479
Abb. 62: Anzahl Fledermaustage aufgetragen gegen die mittleren Tagestemperaturen in den Fledermauskästen 480
Abb. 63: Anzahl Fledermaustage aufgetragen gegen die Tagestemperatur. Jeder Punkt steht für einen Fledermauskasten 481

Abb. 64: Schwarze und Weiße Flachkästen, die den Mopsfledermäusen als Quartiere angeboten wurden 481
Abb. 65: Anzahl der Fledermaustage aufgetragen gegen die Gesamttagestemperatur 482

Tabellenverzeichnis

Tab. 1: Quadratische Korrelationsmatrix für die 8 von RABITSCH et al. (2010) verwandten Kriterien zur Einstufung zoologischer Zielarten hinsichtlich des Risikos gegenüber dem Klimawandel 21

Tab. 2: Kriterien zur Beurteilung der Gefährdung von Tierarten durch den Klimawandel 22

Tab. 3: Liste der Arten, welche einem besonders hohen Risiko unterliegen vom Klimawandel in erheblicher Weise negativ beeinträchtigt zu werden (Hochrisiko-Arten) 23

Tab. 4: Liste der Hochrisiko-Arten gegenüber dem Klimawandel, welche im Rahmen von Literaturstudien bearbeitet wurden 26

Tab. 5: Kriterien zur Bestimmung der Festigkeit von Totholzstücken 335

Tab. 6: Ergebnisse der univariaten Varianzanalyse mit den beiden Faktoren „Hangseite“ und „Baumart“ und den abhängigen Variablen „Individuenzahl“ und „Artenzahl“ 340

Tab. 7: Effekt des Mikroklimas und des Totholzvorrates auf die Diversität der Totholzkäfer (Artenzahl; Kreuzfensterfallen) 342

Tab. 8: Effekt des Mikroklimas und des Totholzvorrates auf die Diversität der Totholzkäfer (Shannon H'Log Base 10; Kreuzfensterfallen) 343

Tab. 9: Ergebnisse der logistischen Regression von xylobionten Käferarten der Roten Liste D mit den Faktoren „Hangexposition“, „Baumart“, „Temperatur“ und „Lichtverfügbarkeit“ 346

Tab. 10: Mittlere Tagestemperatur und relative Luftfeuchte der Monate Juni bis August der Jahre 1995 bis 2010 369

Tab. 11: Fundorte und klimatische Ansprüche aller untersuchten Arten 371

Tab. 12: Steigungen (m) und Korrelationskoeffizienten (R2) der Regressionsgeraden von Konsum (K) und Respiration (R) der untersuchten Arten mit steigender Temperatur und Testwerte des Steigungsvergleichs 383

Tab. 13: Ergebnisse von Varianzanalysen für den Effekt der Temperatur-Gruppe auf die larvale Entwicklungsdauer und die Puppenmasse 397

Tab. 14: Charakterisierung der Cluster (C) nach Indikatorarten und Standorteigenschaften 400

Tab. 15: Ergebnis von Korrelationsanalysen zwischen NMDS-Achsen und Umweltvariablen 401

Tab. 16: Übersicht über die beprobten Quellen und Quellbäche 414

Tab. 17: Zahl der in den Versuchen verwandten Individuen von *B. compressa* pro Gruppe und Quelle 415

Tab. 18: Temperaturszenarien, denen *B. compressa* über einen Zeitraum von 20 Tagen in Experimenten I und II ausgesetzt wurde. 415

Tab. 19: Charaktersierung der Quellabschnitte der verschiedenen Quellen 417
Tab. 20: Korrelationsmatrix nach Spearman: Mittelwert der Temperatur, Maximaltemperatur, Minimaltemperatur, Standardabweichung der Temperatur, Individuendichte und Quellabschnitt 417
Tab. 21: Nominal-logistische Regressionen für den Einfluss von Temperaturgruppe und Quelle auf die Mortalitätsrate von *B. compressa* in den Experimenten I und II 419
Tab. 22: Anzahl und Anteil überlebender bzw. nicht überlebender Individuen von *B. compressa* in Abhängigkeit von der Temperaturgruppe in den Experimenten I und II 419
Tab. 23: Temperaturdaten der einzelnen Versuchsansätze. 435
Tab. 24: GPS Koordinaten und Habitate der untersuchten Moorfroschgewässer in der Umgebung von Greifswald 446
Tab. 25: Die vier Größenklassen, eingeteilt in Quartile.. 473
Tab. 26: Verschiedene Paarvergleiche der einzelnen Größenklassen....................... 474

Vorwort

Die Ergebnisse von Klima- und Artmodellierungen geben Hinweise darauf, welche Arten von den Auswirkungen des Klimawandels betroffen sein könnten. Um vorbeugende Maßnahmen für diese häufig bereits gefährdeten oder geschützten Arten treffen zu können, sind Aussagen zu artspezifischen Reaktionen auf den Klimawandel notwendig und hilfreich. Bei den vorliegenden Analysen und Modellen wird bislang hypothetisch davon ausgegangen, dass die Arten wandern bzw. ihr Verbreitungsgebiet sich im Ganzen bei in der Regel gleichbleibenden Umweltansprüchen der betreffenden Arten verschiebt. Die Frage nach der *tatsächlichen* Reaktionsfähigkeit und Anpassungskapazität einzelner Arten im Hinblick auf potenzielle Habitatänderungen wurde und konnte bislang noch nicht vertiefend analysiert werden. Für die Entscheidung, ob Maßnahmen zu ergreifen sind, und wenn ja, welche, ist es wichtig, entsprechende Zusatzinformationen für die betreffenden Arten vorliegen zu haben. Aus naturschutzfachlicher Sicht sind solche Arten von besonderem Interesse, die als Hochrisiko-Arten unter Klimawandel bereits identifiziert wurden, die schon jetzt gefährdet sind bzw. für die Deutschland eine hohe Verantwortlichkeit besitzt.

Um für den zoologischen Artenschutz eine fundierte fachliche Basis zu schaffen, hat das BfN das Forschungs- und Entwicklungsvorhaben (F+E) „Anpassungskapazität ausgewählter Arten im Hinblick auf Änderungen durch den Klimawandel" initiiert. Der vorliegende Band stellt die Ergebnisse des Vorhabens dar.

Ziel des Vorhabens war die Ermittlung und Analyse der Anpassungskapazität von 50 ausgewählten naturschutzfachlich wichtigen Modellarten (Wirbellose und Wirbeltiere) in Bezug auf den Klimawandel. Neben einer umfassenden Literaturrecherche wurden für einzelne Arten zusätzlich experimentelle Untersuchungen und Erhebungen im Labor und im Freiland durchgeführt.

Trotz weiterhin bestehender Kenntnislücken und Forschungsdefizite zeigen die auf Grundlage der vorhandenen Ergebnisse und Erkenntnisse vorgenommenen Analysen, dass viele der Modellarten sehr spezifisch auf die direkten und indirekten Folgen des Klimawandels reagieren. In vielen Fällen sind daher artspezifische Lösungen erforderlich, wie sie in den erarbeiteten Art-Steckbriefen jeweils detailliert erläutert werden.

Für alle Modellarten gilt, dass der Fokus der Schutzmaßnahmen auf langfristig überlebensfähigen Populationen liegen sollte, soweit diese noch vorhanden sind. Ziel des Naturschutzes muss die Optimierung der Habitate sein. So sollten Bereiche mit kleinräumig möglichst vielfältigen, mikroklimatisch unterschiedlichen Mikrohabitaten geschaffen werden, um den Organismen Wahlmöglichkeiten innerhalb ihres Lebensraums zu bieten.

Zusätzlich konnten wichtige Habitate und Habitatstrukturen identifiziert werden, die eines besonderen Schutzes bedürfen. Dazu zählen insbesondere Moore, Quellen und Fließgewässer sowie strukturreiche Laubwälder mit einem hohen Anteil an Totholz.

Weiterhin als besonders gefährdet erscheinen die Arten des Grünlands, insbesondere an feuchten Standorten durch Entwässerung.

Wir hoffen, durch die vorliegende Studie den Akteuren im Naturschutz wertvolle Informationen zu geben, um Handlungsoptionen abwägen zu können, die sich in Deutschland aus den Folgen des zu erwartenden Klimawandels für den Schutz der Arten ergeben.

Prof. Dr. Beate Jessel
Präsidentin des Bundesamtes für Naturschutz

1 Allgemeine Einleitung

1.1 Stand der Wissenschaft, zu bearbeitende Fragen und Arbeitsgruppen

Der Klimawandel wird als einer der Hauptgründe für den derzeitigen und zukünftig erwarteten weltweiten Verlust von Biodiversität angesehen (SALA et al. 2000, THOMAS et al. 2004, IPCC 2007a, b). Gemäß früheren Szenarien kann von einem möglichen Verlust von 5 bis 30% der Tier- und Pflanzenarten in Deutschland in Folge des Klimawandels in den nächsten Jahrzehnten ausgegangen werden (BMU 2008). Im Rahmen der Nationalen Strategie zur Biologischen Vielfalt (BMU 2007) hat sich Deutschland daher zum Ziel gesetzt, die Auswirkungen des Klimawandels auf die biologische Vielfalt in Deutschland abzupuffern bzw. zu minimieren. Die Deutsche Anpassungsstrategie an den Klimawandel (BMU 2008) formuliert als Ziele, die „Verwundbarkeit gegenüber den Folgen des Klimawandels“ abzumindern und die Anpassungsfähigkeit natürlicher Systeme zu erhalten oder zu steigern.

Die Auswirkungen des Klimawandels auf einzelne Arten sind allerdings sehr schwer prognostizierbar (PARMESAN 2006). Dies hängt unter anderem damit zusammen, dass Arten auf unterschiedliche Art und Weise auf den Klimawandel antworten. Sie können reagieren 1.) mit phänotypischer Plastizität (z.B. kurzfristige physiologische Reaktionen, die etwa die Hitze- oder Kälteresistenz um den Faktor 3 binnen 48 Stunden ändern können (FISCHER et al. 2010), mit langfristigen Reaktionen während der Entwicklung, z.B. verändertes Größenwachstum (KARL et al. 2008) bzw. mit Verhaltensanpassungen wie z.B. dem Aufsuchen mikroklimatisch geeigneter Teillebensräume (KERTH et al. 2001) oder mit einer Verlagerung von Aktivitätsphasen etc.), 2.) mit genetischer Anpassung (Evolution) oder 3.) mit Verlagerung ihrer Verbreitungsgebiete (Mobilität; PARMESAN et al. 1999, PARMESAN 2006). Wird keine dieser drei (PEM) Optionen realisiert, wird die betreffende Art bei sich ändernden Klimabedingungen aussterben.

Aus den oben genannten naturschutzfachlichen und wissenschaftlichen Gründen ist es von essentieller Bedeutung für die Naturschutzplanung, die Reaktionsfähigkeit und Anpassungskapazität von Arten gegenüber sich ändernden Umweltbedingungen verlässlich abschätzen zu können. Hier setzt das vorliegende F+E-Vorhaben an. Es hat zum Ziel, die Wirkungsweise der für die Anpassung an den Klimawandel relevanten Faktoren auf Modellarten (Wirbellose und Wirbeltiere) zu untersuchen und daraus Schutzempfehlungen und Handlungsanweisungen für den Erhalt von in Deutschland für den Naturschutz wichtigen Arten abzuleiten. Somit erfüllt das F+E-Vorhaben die in der Deutschen Anpassungsstrategie an den Klimawandel (BMU 2008) erhobene Forderung, „die Wissensbasis zu verbessern, um Chancen und Risiken besser benennen und vermitteln sowie Handlungsmöglichkeiten aufzeigen zu können”.

Aus naturschutzfachlicher Sicht sind solche Arten von besonderem Interesse, die als Hochrisiko-Arten anzusehen sind, die schon jetzt gefährdet sind und für die Deutschland eine hohe Verantwortlichkeit zum weltweiten Erhalt besitzt. Im Rahmen des vorgestellten F+E-Vorhabens wurde die Anpassungskapazität von 50 ausgewählten Hochrisiko-Tierarten im Hinblick auf den Klimawandel in Deutschland analysiert. Unter Hochrisikoarten verstehen wir Arten, die in der Klimasensibiltätsanalyse von RABITISCH et al. 2010 am negativsten durch die Folgen des Klimawandels betroffen sein werden. Als Grundlage wurden die bekannten Klimaszenarien des IPCC (IPPC 2007a, b) und Ergebnisse zu Tierarten aus einem Vorläufer-Forschungs- und Entwicklungsprojekt (RABITSCH et al. 2010) verwendet. Teil des Vorhabens waren zudem experimentelle Erhebungen zu einem Teil der in einer Literaturrecherche erfassten 50 Hochrisiko-Tierarten. Darauf aufbauend sollten Handlungsempfehlungen für den Naturschutz entwickelt und fachlich fundiert abgeleitet werden.

Im Rahmen aktueller Diskussionen um die biologischen Auswirkungen des Klimawandels werden sogenannte „Climate Envelope Models" häufig verwendet (PEARSON & DAWSON 2003). Derartige Modelle versuchen, die zukünftige Verbreitung von Arten auf der Basis ihrer gegenwärtigen Umweltansprüche und prognostizierter Klimaänderungen vorherzusagen. Implizite Annahmen der meisten dieser Modelle sind, dass 1.) Dispersion ohne Einschränkung möglich ist (zukünftig geeigneten Habitate können erreicht werden), 2.) die Etablierung gelingt und, dass sich 3.) die Umweltansprüche der betreffenden Arten nicht ändern. Die genannten Annahmen sind allerdings unrealistisch, da sie wichtige Aspekte nicht ausreichend berücksichtigen: 1.) die artspezifische Anpassungskapazität (genetisch und plastisch), die fundamentalen Einfluss auf die Ergebnisse von Vorhersagen haben kann, da sich die Umweltansprüche entsprechend ändern können, 2.) Änderungen biotischer Interaktionen (z.B. Herbivor-Pflanze oder Wirt-Parasit) infolge artspezifischer Reaktionen und 3.) Unterschiede im Dispersionspotential zwischen Arten sowie in Abhängigkeit vom Fragmentierungsgrad der Landschaft. Letzteres ist insbesondere für gefährdete Arten mit geringem Dispersionspotential problematisch. Zudem nimmt aus einer Reihe von Gründen der Fragmentierungsgrad der Lebensräume in Deutschland weiter zu, so dass selbst vergleichsweise dispersionsstarke Arten mit Barriereeffekten konfrontiert sind. Historische Daten zeigen eindeutig, dass geographische Verschiebungen ganzer Lebensgemeinschaften, wie von den „Climate Envelope Models" vorhergesagt, aus den genannten Gründen nicht zu erwarten sind (JACKSON & SAX 2010). Verlässliche Voraussagen zu Reaktionen einzelner Arten müssen daher neben einschlägigen Klimaszenarien (z.B. IPCC) die Anpassungskapazität, speziell genetische Adaptation, phänotypische Plastizität (Verhalten, Morphologie und Physiologie), Dispersionspotential, die Landschaftsstruktur und mögliche Änderungen in biotischen Interaktionen berücksichtigen. Hier setzt das F+E-Vorhaben an. Die Projektgemeinschaft bestand aus fünf Arbeitsgruppen (AG) mit sich ergänzenden Arbeitsgebieten, um in einem vergleichenden Ansatz räumlich und taxonomisch breit gefächert das gestellte Thema umfassend bearbeiten zu können.

Prof. Dr. Nico Blüthgen, Ecological Networks, Technische Universität Darmstadt

Die AG Blüthgen widmete sich in den emprischen Studien Laborexperimenten zur Anpassungskapazität von moorbewohnenden Nachtfaltern. In der Literaturstudie wurde mit *Mycula mossakowskii* eine Vertreterin der Spinnentiere, sowie neun Nachfalterarten (Bartflechten-Rindenspanner *Alcis jubata*, Moorbunteule *Coranarta cordigera*, Moorwiesen-Striemenspanner *Chariaspilates formosaria*, Grüner Flechten-Rindenspanner *Cleorodes lichenaria*, Moosbeerenspanner *Carsia sororiata*, Amethysteule *Eucarta amethystina*, Gagelstrauch-Moor-Holzeule *Lithophane lamda*, Heidebürstenspinner *Orgyia antiquoides),* bearbeitet.

Prof. Dr. Klaus Fischer, Tierökologie, Zoologisches Institut, Universität Greifswald

In der Arbeitsgruppe von Klaus Fischer wurden Laborversuche zur Klimasensibilität der Röhn-Quellschnecke *Bythinella compressa* und am Blauschillernden Feuerfalter *Lycaene helle* durchgeführt.

Neben den sechs Tagfaltern (Heilziest-Dickkopffalter *Carcharodus floccifera*, Goldener Scheckenfalter *Euphydryas aurinia*, Blauschillernder Feuerfalter *Lycaena helle*, Dunkler Wiesenknopf-Ameisenbläuling *Maculinea nausithous*, Heller Wiesenknopf-Ameisenbläuling *Maculinea teleius*, Schwarzer Apollo *Parnassius mnemosyne)* wurden mit Edelkrebs *Astacus astacus* und Steinkrebs *Austropotamobius torrentium* zwei Vertreter der Krebse sowie mit der Gefleckten Schnarrschrecke *Bryodemella tuberculata* eine Vertreterin der Heuschrecken bearbeitet.

Prof. Dr. Gerald Kerth, Angewandte Zoologie und Naturschutz, Zoologisches Institut, Universität Greifswald

In der AG Kerth gehen in den empirischen Teil Langzeitdaten eines 16-jährigen Monitorings der Bechsteinfledermaus *Myotis bechsteinii* ein. Dies wird ergänzt durch drei Feldstudien nahe Würzburg. Zwei davon sind Bachelorarbeiten zur Quartierwahl a) der Bechsteinfledermaus und b) der Mopsfledermaus *Barbastella barbastellus.* Die dritte Arbeit im Freiland ist eine Masterarbeit zur Thermoregulation von Bechsteinfledermäusen.

Für die Literaturstudie wurden vier Vertreter der Fische (Groppe *Cottus gobio*, Atlantischer Lachs *Salmo salar*, Äsche *Thymallus thymallus* und die Stechlin-Maräne *Coregonus fontanae*) sowie fünf Säugetiere (Mopsfledermaus *Barbastella barbastellus*, Bechsteinfledermaus *Myotis bechsteinii*, Alpensteinbock *Capra ibex ibex*, Alpenschneehase *Lepus timidus varronis* und die Waldbirkenmaus *Sicista betulina*) bearbeitet.

PD Dr. Elisabeth Obermaier, Ökologisch-Botanischer Garten, Universität Bayreuth

Die AG Obermaier führt im empirischen Teil Freilandstudien zu xylobionten Käfern im nördlichen Steigerwald durch.

In der Literaturstudie wurden sieben Vertreter der Käfer (Kurzschröter *Aesalus scarabaeoides*, Hochmoorlaufkäfer *Carabus menetriesi pacholei*, Grubenlaufkäfer *Carabus variolosus nodulosus*, Scharlachkäfer *Cucujus cinnaberinus*, Große Birken-Prachtkäfer *Dicerca furcata*, Veilchenblaue Wurzelhals-Schnellkäfer *Limoniscus violaceus* und der Gestreifelte Bergwald-Bohrkäfer *Stephanopachys substriatus*) bearbeitet.

PD Dr. Mark-Oliver Rödel, Herpetologie, Abteilung Diversitätsdynamik, Museum für Naturkunde Berlin

Die Arbeitsgruppe von Mark-Oliver Rödel führte für die empirischen Studien Freilandversuche zur Anpassungskapazität von Moorfrosch *Rana arvalsis* und Gelbbauchunke *Bombinia variegata* durch.

Neben drei Amphibien (Gelbbauchunke Bombina variegata, Moorfrosch *Rana arvalis* und Alpensalamander *Salamandra atra*) wurden vier Vertreter der Libellen (Alpen-Mosaikjungfer *Aeshna caerulea*, Hochmoor-Mosaikjungfer *Aeshna subarctica elisabethae*, Alpen-Smaragdlibelle *Somatochlora alpestris* und die Zwerglibelle *Nehalennia speciosa*) behandelt.

1.2 Arbeitsziele und Aufbau des Vorhabens

Das Hauptziel des F+E-Vorhabens „Anpassungskapazität ausgewählter Arten im Hinblick auf Änderungen durch den Klimawandel“ (FKZ 3511 86 0200) ist die Untersuchung der Anpassungskapazität ausgewählter naturschutzfachlich wichtiger Modellarten (Wirbellose und Wirbeltiere) in Bezug auf den Klimawandel.

Zunächst wurden 50 Tierarten aus den 386 untersuchten Arten (ohne Vögel) von RABITSCH et al. (2010) für weitergehende Betrachtungen ausgewählt. Die Kriterien für die Auswahl bestanden darin, dass die jeweilige Art in Deutschland eine hohe Schutzpriorität hat und (mutmaßlich) negativ vom Klimawandel (d.h. erhöhte Temperaturen, verringerte oder veränderte Niederschlagsverteilung) betroffen sein wird. Zu diesen 50 Arten wurde eine umfassende Literaturrecherche durchgeführt.

Anschließend erfolgte bei ausgewählten Modellarten eine Abschätzung des jeweiligen Anpassungspotentials auf der Basis von Freilandstudien und Laborexperimenten. Hierbei ging es um die Untersuchung des Einflusses von Klimaänderungen inkl. extremer Witterungsereignisse (Hitzewellen, Trockenstress, starke Fluktuationen) auf Fitnessparameter (Überleben, Fortpflanzung). Die Untersuchungsgebiete (insbesondere Feuchtgebiete und Wälder) lagen vor allem in Südwest- und Nordost-Deutschland und damit in zwei Regionen, die in Deutschland in besonderem Umfang vom Klimawandel betroffen sein werden (RABITSCH et al. 2010).

Für Käfer, Amphibien und Säugetiere gibt es laut RABITSCH et al. (2010) proportional zu ihrer Bedeutung besonders wenige Studien zu den Auswirkungen des Klimawandels. Weiterhin sind Schmetterlinge, Käfer und Amphibien von RABITSCH et al. (2010) im Verhältnis zu ihrer Bedeutung zu einem höheren Prozentsatz als Hoch-Risiko (HR) Arten aufgelistet als andere taxonomische Gruppen. Die Untersuchung der Anpassungskapazität bzgl. des Klimawandels bei diesen Tiergruppen stand daher im Fokus unserer Untersuchungen, um begleitende Schutzmaßnahmen planen und effektiv umsetzen zu können. Für eine weitere wichtige Artengruppe, die Weichtiere, stand mit Dr. Martin Haase ein weiterer Experte am Zoologischen Institut der Universität Greifswald als Kooperationspartner zur Verfügung. Weitere Experten für verschiedene Tiergruppen wurden ebenfalls bei der Endredaktion der Steckbriefe hinzugezogen.

2 Auswahl von 50 Hochrisiko-Arten

2.1 Ausgangslage

Auf Grundlage der von RABITSCH et al. (2010) vorgelegten Liste von naturschutzfachlich wichtigen Tierarten, welche durch den Klimawandel gefährdet sind, sollte eine Auswahl von 50 Arten für eine vertiefende Literaturstudie getroffen werden. Die Ausgangsliste umfasst 386 Arten (ohne Vögel), die alle eine hohe Relevanz für den Naturschutz in Deutschland besitzen. Die Liste umfasst streng geschützte Arten nach der Bundesartenschutzverordnung, Arten der FFH-Richtlinie (Anhänge II und IV) und Arten, für deren Erhalt Deutschland eine besondere Verantwortung trägt. Folgende Kriterien waren für die Auswahl der 50 Arten maßgeblich: 1) Die betreffenden Arten sollten durch den Klimawandel in besonderem Maße gefährdet sein. 2) Eine Literaturstudie muss durchführbar, d.h. es muss geeignete Literatur vorhanden sein. Für die Auswahl wurden die Kriterien von RABITSCH et al. (2010) geprüft und weiterentwickelt.

2.2 Festlegung der Bewertungskriterien

RABITSCH et al. (2010) verwendeten insgesamt 8 Kriterien, auf welchen ihre Einstufungen der Arten nach Risikoklassen gegenüber dem Klimawandel beruhen. Diese wurden zunächst auf Kovarianzen hin statistisch untersucht (Tab. 1). Im Ergebnis konnte festgestellt werden, dass viele Faktoren untereinander korrelieren, wobei die meist relativ niedrigen Korrelationskoeffizienten zu beachten sind (allerdings auch die geringe Anzahl an Klassen). Biotopbindung korrelierte mit 4 weiteren Faktoren, ökologische Amplitude mit 6, Dispersionsfähigkeit (bei RABITSCH et al. 2010 als ‚Migrationsfähigkeit' bezeichnet) mit 2, Arealgröße mit 5, Bestandssituation mit 5, klimawandel-sensible Zone mit 4, Vermehrungsrate mit 4 und Rote-Liste-Status (Deutschland) mit 6 Kriterien. Diese Ergebnisse legen nahe, dass eine Reduzierung der Faktoren sinnvoll ist. Eine Faktorenreduzierung hat den großen Vorteil, dass es leichter ist, jene Faktoren besonders stark zu gewichten, welche für die Sensitivität gegenüber dem Klimawandel die größte Relevanz haben (siehe unten).

Von allen Kriterien war Dispersionsfähigkeit jenes, welches die geringste Anzahl an Kovarianzen (2) mit anderen Faktoren aufwies. Folglich hat sie den größten eigenständigen Informationswert und wurde als Kriterium aufgenommen. Alle anderen Kriterien waren mit 4-6 anderen Kriterien korreliert. Die mit Abstand stärkste Korrelation wurde zwischen Bestandsgröße und Rote-Liste-Status gefunden, was nahelegt, dass beide Kriterien für die vorliegende Fragestellung weitgehend redundant sind. Folglich wurde nur eines von beiden, nämlich der Rote-Liste-Status, als Kriterium aufgenommen. Dem Rote-Liste-Status wurde hier Priorität eingeräumt, weil die Einstufungen in den Roten Listen seit vielen Jahren nach standardisierten und daher zwischen verschiedenen taxonomischen Gruppen vergleichbaren Kriterien stattfindet. Die zweitstärkste Korrelation wurde zwischen Dispersionsfähigkeit und Arealgröße gefunden, weshalb letztere nicht weiter berücksichtigt wurde. Hinsichtlich der Stärke der Korrelationen folgt nun jene zwischen Biotopbindung und ökologischer Amplitude. Dies war zu erwarten, da beide Kriterien auch ökologisch schwierig zu trennen sind. Arten, die eine geringe ökologische Amplitude haben, zeigen typischerweise eine hohe Biotopbindung und umgekehrt. Folglich wurde ausschließlich die ökologische Amplitude weiter verfolgt, da hierdurch die mutmaßlich besonders durch den Klimawandel gefährdeten Arten, wie z.B. kalt-stenotope Arten, eine besondere Hervorhebung erfahren können. Die beiden verbleibenden Kriterien, Klimawandel-sensible Zone und Vermehrungsrate, zeigen nur relativ schwache Beziehungen zu anderen Kriterien und untereinander, und wurden daher beide weiter berücksichtigt. Zur Bewertung der Empfindlichkeit gegenüber dem Klimawandel werden folglich fünf der ursprünglichen acht Kriterien nach RABITSCH et al. (2010) verwendet: Ökologische Amplitude, Dispersionsfähigkeit, Klimawandel-sensible Zone, Vermehrungsrate, Rote-Liste-Status (s. a. Tab. 2).

Tab. 1: Quadratische Korrelationsmatrix (basierend auf Spearman-Rang-Korrelationen) für die 8 von RABITSCH et al. (2010) verwandten Kriterien zur Einstufung zoologischer Zielarten hinsichtlich des Risikos gegenüber dem Klimawandel. Signifikante Korrelationen sind in fett und kursiv hervorgehoben. Die Verwendung von Kendalls Tau ergab qualitativ identische Ergebnisse. Var1: Biotopbindung, Var2: ökologische Amplitude, Var3: Dispersionsfähigkeit, Var4: Arealgröße, Var5: Bestandssituation,Var6: Klimawandel-sensible Zone, Var7: Vermehrungsrate, Var8: Rote-Liste-Status.

	Var2	Var3	Var4	Var5	Var6	Var7	Var8
Var1	***0,249***	-0,019	0,040	***0,197***	***0,189***	0,020	***0,235***
Var2		***0,227***	***0,205***	***0,233***	***0,239***	-0,004	***0,205***
Var3			***0,302***	0,003	0,017	-0,066	0,068
Var4				***0,112***	0,053	***-0,113***	***0,118***
Var5					0,197	***0,113***	***0,584***
Var6						***0,104***	***0,140***
Var7							***0,109***

Zustands-Wertigkeits-Relation für die ausgewählten Kriterien

Die zuvor begründete Reduzierung der Kriterien hat neben statistischen Erwägungen den Vorteil, dass bei Verwendung einer geringeren Anzahl an Faktoren jene stärker betont werden können, welche die engsten Bezüge hinsichtlich einer Gefährdung durch den Klimawandel erwarten lassen. Dies sind ohne jeden Zweifel die ökologische Amplitude und die Dispersionsfähigkeit. Den größten Gefährdungsfaktor sollte hierbei eine enge ökologische Amplitude darstellen. Insbesondere kalt-stenotope Arten sollten am stärksten von den zu erwartenden Veränderungen betroffen sein. Dieser Faktor wurde daher in den nachfolgenden Auswertungen dreifach gewichtet (Tab. 2). Den zweitwichtigsten Gefährdungsfaktor sollte eine eingeschränkte Dispersionsfähigkeit darstellen, da in Zukunft klimatisch geeignete Gebiete nicht oder nur bedingt erreicht werden können. Da jedoch nicht alle Arten mit einem geringen Dispersionspotential vom Klimawandel negativ betroffen sein werden (d.h. es ergibt sich mitunter gar keine Notwendigkeit, neue Lebensräume zu erschließen, z.B. bei vielen warm-stenotopen Arten), wird dieses Kriterium ‚nur' doppelt gewichtet. Die restlichen drei Faktoren wurden einfach gewichtet. In der verwendeten Punktwertzuweisung erhalten besondere durch Klimawandel gefährdete Arten eine niedrige Punktzahl (Tab. 2). Zur weiteren Auswertung wurden gewichtete Mittelwerte berechnet. Bei fehlenden Angaben zu bestimmten Kriterien wurden die Mittelwerte ohne die jeweiligen Kriterien berechnet.

Tab. 2: Kriterien zur Beurteilung der Gefährdung von Tierarten durch den Klimawandel. Angegeben sind die verwendeten Kategorien, die Punktwertzuweisung (in Klammern) sowie die Gewichtung. Arten, die besonders durch den Klimawandel gefährdet sein ...sollten, erhalten bei der Berechnung gewichteter Mittelwerte einen niedrigen Wert.

	Kategorien (Punktwert)			**Gewichtung**
ökologische Amplitude	eurytop, indifferent (3)	Stenotop# (2)	kalt-stenotop (1)	3
Dispersionsfähigkeit	hoch (3)	mittel (2)	gering (1)	2
Klimawandel-Sensitivität der Zone	gering (3)	mittel (2)	hoch (1)	1
Vermehrungsrate	hoch (3)	mittel (2)	gering (1)	1
Rote-Liste-Status	*, D, V (3)	R, G, 3, 2 (2)	1 (1)	1

Rankingliste

Basierend auf den zuvor genannten Schritten wurde eine Rankingliste erstellt. Die Arten wurden in absteigender Folge, bezogen auf die Gefährdung durch den Klimawandel, aufgelistet.

Artenauswahl für die Literaturstudie

Ziel der Untersuchung war es, 50 Arten auswählen, welche einem hohen Risiko unterliegen, vom Klimawandel in erheblicher Weise beeinträchtigt zu werden. Aus unterschiedlichen Gründen konnten die 50 am höchsten platzierten Arten nicht direkt in die Auswahlliste für die Literaturstudie übernommen werden. Zunächst blieben alle Vogelarten unberücksichtigt, da diese in anderen Projekten des BfN bearbeitet werden. Weiterhin blieben alle Arten unberücksichtigt, für welche es in Deutschland keine bzw. keine regelmäßigen Reproduktionsnachweise gibt. Hierbei handelt es sich zum einen um wandernde Arten, welche in Deutschland nicht reproduzieren, zum anderen um ausgestorbene bzw. verschollene Arten. Erstere wurden nicht weiter berücksichtigt, weil davon ausgegangen wird, dass Mitigations- und Adaptationsstrategien in erster Linie in den jeweiligen Reproduktionsgebieten greifen müssen. Letztere, weil angesichts limitierter Ressourcen im Naturschutz eine Prioritätensetzung unabdingbar ist. Zwar würde derzeit verschollenen bzw. ausgestorbenen Arten eine hohe Naturschutzbedeutung bei Wiederauftreten zukommen, die Wahrscheinlichkeit hierfür wird allerdings gegenwärtig als sehr gering eingestuft, insbesondere bei den hier auszuwählenden Risikoarten. Für diese Arten, welche mutmaßlich vom Klimawandel in besonderer Weise negativ betroffen sein werden, ist eine Wiederbesiedlung Deutschlands in absehbarer Zeit, im Gegensatz zu wärmeliebende Arten, nicht zu erwarten. Folglich sollten sich nach unserer Einschätzung Schutzbemühungen auf Arten konzentrieren, welche gegenwärtig in Deutschland reproduzieren und zumindest lokal, vitale Populationen aufweisen.

Unter den resultierenden Hochrisiko-Arten befanden sich jeweils mehrere Quellschnecken (Gattung *Bythinella*) und *Coregoniden*. Dies ist biologisch auch nachvollziehbar. Da die ökologischen Ansprüche der betreffenden Arten jedoch relativ ähnlich sind, wurde aus beiden Gruppen jeweils nur eine Art als Repräsentant ausgewählt zugunsten einer größeren taxonomischen Diversität (siehe unten). Bei den Quellschnecken wurde *Bythinella compressa*, bei den *Coregoniden Coregonus fontane* ausgewählt. Letztere Art wurde ausgewählt, da es für *C. bavaricus* seit 1951 nur drei Nachweise gibt (FREYHOF 2005) und weil für *C. hoferi* die letzten Nachweise aus den 1940ern stammen (KOTTELAT & FREYHOF 2007). Beide Arten müssen folglich als verschollen eingestuft werden. Schließlich enthielt die Liste eine große Anzahl an warm-stenotopen Arten. Diese wurden im Einzelfall überprüft und nur dann aufgenommen, wenn tatsächlich eine Gefährdung durch den Klimawandel plausibel erschien. Im Ergebnis ergab sich die nachfolgend aufgeführte Liste (Tab. 3).

Tab. 3: Liste der Arten, welche einem besonders hohen Risiko unterliegen vom Klimawandel in erheblicher Weise negativ beeinträchtigt zu werden (Hochrisiko-Arten).

Nr.	Wissenschaftlicher Name	Deutscher Name
1	*Aegopinella epipedostoma*	(Nördliche) Verkannte Glanzschnecke
2	*Aesalus scarabaeoides*	Kurzschröter
3	*Aeshna caerulea*	Alpen-Mosaikjungfer
4	*Aeshna subarctica elisabethae*	Hochmoor-Mosaikjungfer
5	*Alcis jubata*	Bartflechten-Baumspanner
6	*Anarta cordigera*	Moorbunteule
7	*Assiminea grayana*	Marschenschnecke
8	*Astacus astacus*	Edelkrebs
9	*Austropotamobius pallipes*	Dohlenkrebs

Nr.	Wissenschaftlicher Name	Deutscher Name
10	*Austropotamobius torrentium*	Steinkrebs
11	*Barbastella barbastellus*	Mopsfledermaus
12	*Boloria titania*	Natterwurz-Perlmuttfalter
13	*Bryodemella tuberculata*	Gefleckte Schnarrschrecke
14	*Bythinella compressa*	Rhön-Quellschnecke
15	*Capra ibex*	Alpensteinbock
16	*Carabus menetriesi pacholei*	Hochmoorlaufkäfer
17	*Carabus variolosus nodulosus*	Schwarzer Grubenlaufkäfer
18	*Carcharodus floccifera*	Heilziest-Dickkopffalter
19	*Carsia sororiata*	Moosbeeren-Grauspanner
20	*Chariaspilates formosaria*	Moorwiesen-Striemenspanner
21	*Cleorodes lichenaria*	Grüner Rindenflechten-Spanner
22	*Cochlicopa nitens*	Glänzende Glattschnecke
23	*Cochlodina costata franconia*	Berg-Schließmundschnecke
24	*Coregonus fonatne*	Stechlin-Maräne
25	*Cottus gobio*	Groppe
26	*Cucujus cinnaberinus*	Scharlachkäfer
27	*Dicerca furcata*	Scharfzähniger Zahnflügel-Prachtkäfer
28	*Eucarta amethystina*	Amethysteule
29	*Euphydryas aurinia*	Skabiosen-Scheckenfalter
30	*Gyraulus acronicus*	Verbogenes Posthörnchen
31	*Lepus timidus*	Alpenschneehase
32	*Limoniscus violaceus*	Veilchenblauer Wurzelhals-Schnellkäfer
33	*Lithophane lamda*	Gagelstrauch-Moor-Holzeule
34	*Lycaena helle*	Blauschillernder Feuerfalter
35	*Maculinea nausithous*	Dunkler Wiesenknopf-Ameisenbläuling
36	*Maculinea teleius*	Heller Wiesenknopf-Ameisenbläuling
37	*Mycula mossakowskii*	Zwergspinne
38	*Nehalennia speciosa*	Zwerglibelle
39	*Orgyia antiquiodes (= Teia ericae)*	Heide-Bürstenspinner
40	*Parnassius mnemosyne*	Schwarzer Apollofalter
41	*Rana arvalis*	Moorfrosch
42	*Salamandra atra*	Alpensalamander
43	*Salmo salar*	Lachs
44	*Sicista betulina*	Birkenmaus
45	*Somatochlora alpestris*	Alpen-Smaragdlibelle
46	*Stephanopachys substriatus*	Gestreifelter Bergwald-Bohrkäfer

Nr.	Wissenschaftlicher Name	Deutscher Name
47	*Theodoxus transversalis*	Gebänderte Kahnschnecke
48	*Thymallus thymallus*	Äsche
49	*Unio crassus*	Gemeine Flussmuschel
50	*Vertigo geyeri*	Vierzähnige Windelschnecke

Plausibilisierung und taxonomische Balancierung

Anschließend wurde die resultierende Liste einer Plausibilisierung unterzogen. In dieser wurde explizit für jede aufzunehmende Art überprüft, ob eine besonders hohe Gefährdung durch den Klimawandel tatsächlich anzunehmen ist. Ferner wurde die gesamte Ausgangsliste nach RABITSCH et al. (2010) auf Arten überprüft, für welche trotz niedrigen Ranges eine hohe Gefährdung durch den Klimawandel anzunehmen ist. Bei beiden Arbeitsschritten wurden die Meinungen von Experten verschiedener Artengruppen berücksichtigt (siehe unten). Gestrichen wurde hierbei zunächst der Dohlenkrebs (*Austropotamobius pallipes*; Nr. 9 in Tab. 3), der in Deutschland seine nördliche Verbreitungsgrenze erreicht und nur lokal vorkommt, und die eurythermere Schwesterart des aufgenommenen Steinkrebses (*Austropotamobius torrentium;* Nr. 8) ist.

Neu aufgenommen wurden die Flussperlmuschel (*Margaritifera margaritifera*), die Gelbbauchunke (*Bombina variegata*) und die Bechsteinfledermaus (*Myotis bechsteinii*). Die Flussperlmuschel wurde aufgenommen, weil von einer akuten Gefährdung durch den Klimawandel ausgegangen wird. Die relativ niedrige Platzierung bei RABITSCH et al. (2010) sowie in unserer Auswertung resultiert nach unserer Überzeugung aus Fehleinschätzungen in der Ausgangstabelle. Die Einstufung als schwach stenöke bis indifferente Art mit dem maximalen Punktwert von 3 für ökologische Amplitude erscheint angesichts der Ansprüche der Art (kalkarme, sommerkühle und sauerstoffreiche Bäche) nicht nachvollziehbar. Ebenso ist die Einstufung der Vermehrungsrate als „hoch" zweifelhaft, da sie offenbar den komplizierten Lebenszyklus der Art mit parasitischen Larvenstadien unberücksichtigt lässt und nur auf Eizahlen beruht. Eine Vielzahl von Studien belegt, dass gerade die geringe Rekrutierung das zentrale Kernproblem beim Schutz dieser Art ist (MOORKENS 2011).

Gelbbauchunke und Bechsteinfledermaus wurden aufgenommen, weil Amphibien und Säuger naturschutzfachlich wichtige Gruppen sind, die allerdings mit nur 2 bzw. 4 Arten etwas unterrepräsentiert erschienen. Zwar sind auch andere Gruppen weniger gut repräsentiert (z.B. Heuschrecken, Spinnen, Krebse), allerdings ergab die Überprüfung der Ausgangsliste bei diesen keine weiteren Arten, welche offensichtliche Kandidaten für eine Aufnahme sind. Bei der Gelbbauchunke gehen wir zudem davon aus, dass sie infolge der Bevorzugung von Klein- und Kleinstgewässern sehr viel stärker durch den Klimawandel gefährdet ist als durch ihre Position in der Liste zum Ausdruck kommt (Gefahr des Austrocknens der Laichgewässer bei längeren Trockenperioden). Bei den Fledermäusen war es so, dass prinzipiell vier Arten für eine Aufnahme in Frage kamen, welche alle im Ranking den gleichen Punktwert erzielten, *Barbastella barbastellus, Eptesicus nilssoni, Eptesicus serotinus, Myotis bechsteinii*. Hiervon wurden die beiden Arten ausgewählt (*Barbastella barbastellus, Myotis bechsteinii*), welche die höhere Naturschutzrelevanz aufweisen, bedingt durch die Listung in Anhang II der FFH-Richtlinie (im Gegensatz zu Anhang IV) sowie eine höhere internationale Gefährdung. Zudem werden beide Arten in einem jüngst erschienen Übersichtsartikel als durch den Klimawandel als besonders gefährdet eingestuft (SHERWIN et al. 2013).

Gestrichen wurden im Gegenzug zwei Molluskenarten, da die Mollusken mit 9 (bzw. 10 inkl. Flussperlmuschel) die am stärksten vertretene Gruppe waren. Dies betrifft zum einen *Aegopinella epipedostoma* (Nr. 1), zum anderen *Cochlicopa nitens* (Nr. 22). Bei beiden Arten handelt es sich um wenig bekannte Taxa, bei welchen u.a. aufgrund von schwieriger Bestimmbarkeit selbst Verbreitungsangaben kritisch zu betrachten sind. Das Endergebnis der Auswahl ist nachfolgend dargestellt (Tab. 4). Bei der Betrachtung der vorgelegten Liste ist zu beachten, dass diese auf der Vorauswahl von RABITSCH et al. (2010) beruht. Dies bedeutet, dass das Fehlen bestimmter zu erwartender Arten (z.B. *Colias palaeno*) darauf zurückzuführen ist, dass die betreffenden Arten die Auswahlkriterien nach RABITSCH et al. (2010) nicht erfüllten.

Tab. 4: Liste der Hochrisiko-Arten gegenüber dem Klimawandel, welche im Rahmen von Literaturstudien bearbeitet wurden.

Nr.	Wissenschaftlicher Name	Deutscher Name
1	*Aesalus scarabaeoides*	Kurzschröter
2	*Aeshna caerulea*	Alpen-Mosaikjungfer
3	*Aeshna subarctica elisabethae*	Hochmoor-Mosaikjungfer
4	*Alcis jubata*	Bartflechten-Baumspanner
5	*Anarta cordigera*	Moorbunteule
6	*Assiminea grayana*	Marschenschnecke
7	*Astacus astacus*	Edelkrebs
8	*Austropotamobius torrentium*	Steinkrebs
9	*Barbastella barbastellus*	Mopsfledermaus
10	*Boloria titania*	Natterwurz-Perlmuttfalter
11	*Bombina variegata*	Gelbbauchunke
12	*Bryodemella tuberculata*	Gefleckte Schnarrschrecke
13	*Bythinella compressa*	Rhön-Quellschnecke
14	*Capra ibex*	Alpensteinbock
15	*Carabus menetriesi pacholei*	Hochmoor-Laufkäfer
16	*Carabus nodulosus*	Schwarzer Grubenlaufkäfer
17	*Carcharodus floccifera*	Heilziest-Dickkopffalter
18	*Carsia sororiata*	Moosbeeren-Grauspanner

Nr.	Wissenschaftlicher Name	Deutscher Name
19	*Chariaspilates formosaria*	Moorwiesen-Striemenspanner
20	*Cleorodes lichenaria*	Grüner Rindenflechten-Spanner
21	*Cochlodina costata franconia*	Berg-Schließmundschnecke
22	*Coregonus fontane*	Stechlin-Maräne
23	*Cottus gobio*	Groppe
24	*Cucujus cinnaberinus*	Scharlachkäfer
25	*Dicerca furcata*	Scharfzähniger Zahnflügel-Prachtkäfer
26	*Eucarta amethystina*	Amethysteule
27	*Euphydryas aurinia*	Skabiosen-Scheckenfalter
28	*Gyraulus acronicus*	Verbogenes Posthörnchen
29	*Lepus timidus*	Alpenschneehase
30	*Limoniscus violaceus*	Veilchenblauer Wurzelhalsschnellkäfer
31	*Lithophane lamda*	Gagelstrauch-Moor-Holzeule
32	*Lycaena helle*	Blauschillernder Feuerfalter
33	*Maculinea nausithous*	Dunkler Wiesenknopf-Ameisenbläuling
34	*Maculinea teleius*	Heller Wiesenknopf-Ameisenbläuling
35	*Margaritifera margaritifera*	Flussperlmuschel
36	*Mycula mossakowskii*	Zwergspinne
37	*Myotis bechsteinii*	Bechstein-Fledermaus
38	*Nehalennia speciosa*	Zwerglibelle
39	*Orgyia antiquiodes (= Teia ericae)*	Heide-Bürstenspinner
40	*Parnassius mnemosyne*	Schwarzer Apollofalter
41	*Rana arvalis*	Moorfrosch
42	*Salamandra atra*	Alpensalamander
43	*Salmo salar*	Lachs
44	*Sicista betulina*	Birkenmaus
45	*Somatochlora alpestris*	Alpen-Smaragdlibelle
46	*Stephanopachys substriatus*	Gestreifter Bergwald Bohrkäfer
47	*Theodoxus transversalis*	Gebänderte Kahnschnecke
48	*Thymallus thymallus*	Äsche
49	*Unio crassus*	Gemeine Flussmuschel
50	*Vertigo geyeri*	Vierzähnige Windelschnecke

Ausgewählt wurden somit 3 Amphibien-, 4 Fisch-, 1 Heuschrecken-, 7 Käfer-, 2 Krebs-, 4 Libellen-, 8 Mollusken-, 8 Nachtfalter-, 5 Säuger-, 1 Spinnen- und 7 Tagfalter-Arten. Von den 50 ausgewählten Arten wurden 26 auch von RABITSCH et al. (2010) als Hochrisiko-Arten eingestuft. Weitere 37 von RABITSCH et al. (2010) aufgeführte Hochrisiko-

Arten wurden hier nicht berücksichtigt, weil sie (Mehrfachnennung möglich) entweder in Deutschland keine reproduzierenden Vorkommen (mehr) besitzen (16 Arten), warmstenotope Arten sind, für welche keine unmittelbare Gefährdung durch den Klimawandel erkennbar war (13 Arten, z.B. Aspisviper, Sumpfschildkröte), Vögel sind (6 Arten) oder sie entfielen, weil von den Quellschnecken und *Coregoniden* nur jeweils eine Art stellvertretend ausgewählt wurde (6 Arten). Schließlich wurden 3 weitere Arten nicht aufgenommen, weil sie nach unserem Ranking keinen entsprechenden Listenplatz erzielten (*Phyllodesma ilicifolia, Elaphrus ullrichii*) oder die Datenbasis keine sichere Beurteilung erlaubte (*Scotopteryx coarctaria*). Die übrigen 24 von uns ausgewählten Arten werden bei RABITSCH et al. (2010) als solche mit einem mittleren Risiko geführt. Auf Grundlage unserer Bewertungskriterien unterliegen diese Arten wahrscheinlich einem höheren Risiko (z.B. Flussperlmuschel, s.o.; ferner z.B. *Gyraulus acronicus, Thymallus thymallus, Boloria titania, Lepus timidus*).

2.3 Expertenmeinungen

Um eine Einschätzung der Arten-Bewertung durch RABITSCH et al. (2010) sowie eine unabhängige Bewertung der Anpassungskapazität der 386 Arten im Hinblick auf den Klimawandel zu erhalten, holten wir die Meinungen externer Experten zu spezifischen Tiergruppen ein.

Fledermäuse: Dipl. Biol. DANIELA FLEISCHMANN, Universität Greifswald; Dipl. Biol. MARKUS MELBER, Universität Greifswald

Heuschrecken: Prof. Dr. MICHAEL REICH, Universität Hannover

Käfer: Dr. HEINZ BUSSLER und Dr. STEFAN MÜLLER-KRÖHLING, Bayrisches Landesamt für Wald und Forstwirtschaft; PD Dr. JÖRG MÜLLER, Nationalpark Bayerischer Wald; DR. PEER SCHNITTER, Landratsamt für Umweltschutz, Sachsen-Anhalt; Dipl. Biol. JENS KULBE, Greifswald

Libellen: Prof. Dr. ANDREAS MARTENS, PH Karlsruhe

Mollusken: Dr. MARTIN HAASE, Universität Greifswald

Schmetterlinge: Dipl. Biol. DANIEL MASUR, Greifswald; Prof. Dr. KONRAD FIEDLER, Universität Wien; Dr. WOLFGANG A. NÄSSIG, Forschungsinstitut Senkenberg Frankfurt am Main; Dipl-Ing (Forst) ERNST LOHBERGER, Amt für Ernährung, Landwirtschaft und Forsten Landau a.d. Isar

Spinnentiere: Dr. HANS-BERT SCHIKORA, Schwanewede

3 Literaturstudie

Im Folgenden werden die 50 in der Teilstudie A ausgewählten, potentiell durch den Klimawandel gefährdeten Arten in Form von Artsteckbriefen vorgestellt. Dabei werden zunächst jeweils ihre Biologie inklusive Verbreitung und Habitatansprüche vorgestellt. Im Anschluss werden die Punkte a) **Plastizität**, die Fähigkeit der Arten auf den Folgen des Klimawandels zu reagieren b) **Evolution**, d.h. dass genetische Potential der Arten, aber auch die Reproduktionsgeschwindigkeit um auf die Folgen des Klimawandels über Selektion zu reagieren und c) **Mobilität**, also der Migrationsfähigkeit neue Habitate zu besiedeln, diskutiert. Abschließend folgt neben der Zusammenfassung eine Schutzempfehlung der bearbeiteten Arten.

Marschschnecke *Assiminea grayana* FLEMING 1828

MARTIN HAASE

Biologie der Art

Die Marschenschnecke *Assiminea grayana* lebt in Salzmarschen am oberen Rand der Gezeitenzone, also im vorwiegend von Springfluten beeinflussten Bereich. Sie frisst auf frischen und verrottenden Pflanzen, beweidet dort aber vermutlich v.a. epiphytische Mikroorganismen. Vermehrungsperiode ist April bis September. In diesen Monaten legt ein Weibchen rund 3.000 Eier (SEELEMANN 1968). Einzelne, von einer doppelten Membran umhüllte Eier werden in Clustern zu mehreren Dutzend gelegt und gegen Vertrocknung dicht mit Kotballen versehen. Planktonische Veligerlarven schlüpfen, wenn die Eier für eine längere Zeit mit Wasser bedeckt sind. Die Dauer der Larvalperiode ist nicht bekannt. Die Tiere sind vermutlich annuell, einzelne mögen eine zweite Brutperiode erleben (FRETTER & GRAHAM 1978; FORTUIN et al. 1981).

Verbreitung, Habitatansprüche und Populationsdichte

Assiminea grayana findet sich an den Nordseeküsten von Großbritannien, Irland, Dänemark, Deutschland, den Niederlanden, Belgien sowie Frankreich (Fauna Europaea, Zugriff 10.10.2012). Im Ostseegebiet ist sie lediglich von einem Salzsee auf Fehmarn bekannt (WIESE 1991; GLÖER 2002). Meldungen von Nord-Spanien und Madeira bedürfen taxonomischer Bestätigung (ROLAN 1987, ROLAN & TEMPLADO 2000). Vermeintlich adriatische Populationen wurden unlängst einer eigenen Art zugeordnet (CROCETTA 2011). Die Marschenschnecke lebt auf dem Schlamm sowie den krautigen Pflanzen von Salzmarschen, hauptsächlich Vertretern der Gattungen *Juncus, Carex, Scirpus, Armeria* und *Cochlearia*, und ist außerdem in Brackwassertümpeln anzutreffen. Populationsdichten können mehrere Hundert Schnecken pro Quadratmeter erreichen (FRETTER & GRAHAM 1978). Die Bestände gelten als rückläufig (GLÖER 2002).

PEM-Optionen

Plastizität

Die ökologische Valenz von *A. grayana* ist als recht hoch einzuschätzen. Sie bevorzugt wohl Brackwasser, toleriert aber marine und vermehrt sich auch unter komplett ausgesüßten Verhältnissen (SANDER 1950; SEELEMANN 1968). Die Marschenschnecke lebt tendenziell sogar eher außerhalb des Wassers und ist erstaunlich trockenresistent. Sie überlebt bis zu einem halben Jahr in Trockenruhe (FRETTER & GRAHAM 1978).

Evolution

Über die genetische Diversität der Populationen von *A. grayana* ist nichts bekannt.

Mobilität

Als Schnecke ist *A. grayana* in ihrer aktiven Ausbreitung limitiert. Das Potential zur passiven Verbreitung ist aber recht hoch einzuschätzen. Die Veliger-Larven können größere Distanzen in Meeresströmungen zurücklegen. Junge und adulte Schnecken wurden, wie viele andere Wasserschnecken auch, an Wasseroberflächen gleitend beobachtet (FRETTER & GRAHAM 1978) und können durch Strömungen und Wind somit ebenfalls verdriftet werden. Vögel tragen sicher ebenfalls zur Ausbreitung bei.

Zusammenfassung und Schutzempfehlungen

Als aktuelle Gefährdungsursachen sind sicherlich Habitatzerstörungen durch den Menschen in verschiedenen Formen (Landnutzung, Errichtung von Deichanlagen, Schifffahrt in Flussmündungen und dadurch erhöhter Wellengang) und Eutrophierung (ATALAH & CROWE 2012; DEEGAN et al. 2012) anzusehen. Bis zu welchem Grad *A. grayana* die im Klimawandel prognostizierten Temperaturerhöhungen tolerieren kann, ist ohne experimentelle Daten schwer einzuschätzen. Der steigende Meeresspiegel wird allerdings mit großer Wahrscheinlichkeit die Lebensräume der Marschenschnecke weiter einengen, v.a. dort, wo der Mensch küstennah Deichanlagen errichtet hat und sich die natürlichen Landschafts- und Vegetationsformen nicht einfach ins Landesinnere verschieben können. Hier sind Schutzgebiete auszuweisen, die eben diese Verschiebung „natürlicher Weise“ erlauben.

Anschrift des Autors:

Dr. Martin Haase, Vogelwarte, Zoologisches Institut und Museum, Universität Greifswald, Johann Sebastian Bach-Str. 11/12, 17487 Greifswald

Literatur

ATALAH, J. & CROWE, T.P. (2012): Nutrient enrichment and variation in community structure on rocky shores: The potential of molluscan assemblages for biomonitoring. – Estuarine, Coastal and Shelf Science 99: 162-170.

CROCETTA, F. (2011): Marine alien Mollusca in the Gulf of Trieste and neighbouring areas: a critical review and state of knowledge (Updated in 2011). – Acta Adriatica 52: 247-260.

DEEGAN, L.A., JOHNSON, D.S., WARREN, R.S., PETERSON, B.J., FLEEGER, J.W., FAGHERAZZI, S. & WOLLHIEM, W.M. (2012): Coastal eutrophication as a driver of salt marsh loss. – Nature 490: 388-392.

FORTUIN, A.W., DE WOLF, L. & BORGHOUTS-BIERSTEKER, C.H. (1981): The population structure of *Assiminea grayana* (Gastropoda, *Assimineidae*) in the Southwest Netherlands. – Basteria 45: 73-78.

FRETTER, V. & GRAHAM, A. (1987): The prosobranch molluscs of Britain and Denmark. Part 3 – Neritacea, Viviparacea, Valvatacea, terrestrial and freshwater Littorinacea and Rissoacea. – Journal of Molluscan Studies, Supplement 5: 100-152.

GLÖER, P. (2002): Die Süßwassergastropoden Nord- und Mitteleuropas. Die Tierwelt Deutschlands, 73. Teil. – Hackenheim (Conchbooks), 327 S.

ROLAN, E. (1987): First record of *Assiminea grayana* Fleming 1828 (Mollusca, Gastropoda). – Iberus 7: 77-79.

ROLAN, E. & TEMPLADO, J. (2000): A peculiar high-tidal molluscan assemblage from a Maderian boulder Beach. – Iberus 18: 77-97.

SANDER, K. (1950): Beobachtungen zur Fortpflanzung von *Assiminea grayana* Leach. – Archiv für Molluskenkunde 79: 147-149.

SEELEMANN, U. (1968): Zur Überwindung der biologischen Grenze Meer-Land durch Mollusken. II. Untersuchungen an *Limapontia capitata*, *Limapontia depressa* und *Assiminea grayana*. – Oecologia 1: 356-368.

WIESE, V. (1991): Atlas der Land- und Süßwassermollusken in Schleswig-Holstein. Kiel (Landesamt für Natur und Umwelt des Landes Schleswig Holstein, LANU), 251 S.

Röhn-Quellschnecke *Bythinella compressa* (FRAUENFELD 1857)

MARTIN HAASE

Biologie der Art

Die Röhn-Quellschnecke *Bythinella compressa* gilt als kalt-stenotherme Art, die in sauberen Quellen kalkarmer Mittelgebirge (BOETERS 1998) und auf Muschelkalk und Buntsandstein vorkommt (STRÄTZ & KITTEL 2011). Ihr Substrat umfasst ein weites Spektrum von submersen Moosen und Gefäßpflanzen über Wasserpflanzen, abgestorbene Blätter, Totholz bis hin zu Steinen (JUNGBLUTH 1975). Sie ernähren sich vorwiegend von aufwachsenden Mikroorganismen wie Cyanobakterien und Algen (OSWALD et al. 1991). Laut JUNGBLUTH (1973) vermehrt sich die Röhn-Quellschnecke im Herbst. Arten der Gattung *Bythinella* legen einzelne Eikapseln auf Hartsubstrat. Die Entwicklungszeit von *B. dunkeri*, die ein Alter von über 2 Jahren erreichen kann, betrug in einer Quelle mit etwa 8° C 17 Wochen (OSWALD et al. 1991).

Verbreitung, Habitatansprüche und Populationsdichte

Bythinella compressa ist in ihrem Vorkommen auf Röhn und Vogelsberg beschränkt. Kartierungen für Thüringen und Bayern wurden von BÖßNECK & REUM (2009) bzw. STRÄTZ & KITTEL (2011) durchgeführt. Ihre nächsten Verwandten sind interessanter Weise nicht die geographisch nächsten Arten, sondern Arten aus Südfrankreich. Dort werden auch die pleistozänen Refugialräume der Stammpopulationen vermutet (BENKE et al. 2009). Basierend auf den Angaben von JUNGBLUTH (1971), nachdem *B. compressa* Temperaturen von 6-8° C bevorzugt und rapid an Bestandsdichte bei 12° C verliert, kann man vielleicht davon ausgehen, dass *B. compressa* ähnliche Habitatansprüche hat wie *B. austriaca,* für die STURM (2005) 10 Nischen-charakteristische Variablen modelliert hat. Demnach werden konstant niedrige Temperaturen, ein leicht basischer pH-Wert, hohe Sauerstoffsättigung und geringe Nitratbelastung bevorzugt. Geringe Wassertiefe und geringe Strömung dürften ebenfalls eine wichtige Rolle spielen. Populationsdichten können erstaunliche 15.000 Tiere pro Quadratmeter erreichen (STRÄTZ & KITTEL 2011)!

PEM-Optionen

Plastizität

Die Angaben zu den bevorzugten Habitateigenschaften weisen *B. compressa* als eng eingenischte Art aus. Dies wurde auch für *B. dunkeri* angenommen. Laboruntersuchungen zeigten jedoch, dass viel höhere als im Freiland gemessene Temperaturen ohne Fitness-Verlust toleriert werden (OSWALD et al. 1991). Dies wurde jüngst im Rahmen der vorliegenden Untersuchungen (LIMBERG et al., unpubliziert) auch für *B. compressa* belegt. Obwohl deutlich höhere Temperaturen über mehrere Wochen von Adulten toleriert wurden, fehlte die Art bei Untersuchungen in der Rhön in Quellen mit größeren Temperaturamplituden. Dies lässt eine deutlich höhere Sensivität von Juvenilstadien im Vergleich zu Adulten gegenüber höheren Temperaturen vermuten. Ferner wurde eine extrem hohe Empfindlichkeit gegenüber Austrocknung belegt. Bereits nach wenigen Stunden sterben die Tiere auf dem Trockenen.

Evolution

Die genetische Diversität von *B. compressa* ist gering im Vergleich zu anderen *Bythinella*-Arten, jedenfalls auf mitochondrialer Ebene. Die "German Low Mountains" wurden als Diversitäts-"coldspot" eingestuft (BENKE et al. 2011). Allozymuntersuchungen von Populationen von Dunkers Quellschnecke aus demselben „coldspot", zeigen ein ähnliches, z.T. von genetischen Flaschenhälsen gekennzeichnetes Bild (BRÄNDLE et al. 2005). Das Potential zu rascher, genetischer Anpassung der Röhn-Quellschnecke muss daher als limitiert eingeschätzt werden.

Mobilität

Das relativ geschlossene Verbreitungsgebiet der Röhn-Quellschnecke lässt auf ein recht gutes Ausbreitungspotential schließen. Wie bei fast allen Schnecken ist passive Verbreitung in ihrer Bedeutung weit höher einzuschätzen als aktive. Als Vektoren gelten Insekten und Vögel (HAASE et al. 2010). Ein vertrocknetes Exemplar einer *Bythinella* wurde in einer Malaisefalle für Insekten gefunden (BICHAIN, pers. Mitt.), was das Festheften und den Transport von Quellschnecken an und durch Insekten indirekt belegt.

Zusammenfassung und Schutzempfehlungen

Die Angaben über die Habitatpräferenzen von JUNGBLUTH (1971, 1973, 1975) decken sich im Wesentlichen mit den für *B. austriaca* modellierten Toleranzbereichen (STURM 2005). *B. dunkeri* weist hingegen trotz ähnlicher Freilanddaten offenbar eine viel breitere Temperaturvalenz auf, wie Laborversuche zeigten (OSWALD et al. 1991). Diese Autoren stellten auch keine begrenzte Reproduktionsperiode fest. Dunkers Quellschnecke legt das ganze Jahr hindurch Eier. Die im Rahmen der vorliegenden Studie durchgeführten Arbeiten an *B. compressa* lassen möglicherweise nur eine relativ geringe Gefährdung durch erhöhte Temperaturen erkennen. Dies muss jedoch noch bei Juvenilen bzw. Eiern verifiziert werden. Die Gefährdung durch ein Trockenfallen von Quellen ist allerdings ganz erheblich, was im Zuge des Klimawandels verstärkt auftreten könnte. Bis auf Weiteres ist der Schutz der Quellhabitate, und hier insbesondere einer dauerhaften Quellschüttung, der effizienteste Weg, *B. compressa* zu erhalten. Dem Versiegen von Quellen ist am ehesten durch die Bewahrung der natürlichen Vegetation in den Quellgebieten dämpfend entgegenzuwirken.

Anschrift des Autors:

Dr. Martin Haase, Vogelwarte, Zoologisches Institut und Museum, Universität Greifswald, Johann Sebastian Bach-Str. 11/12, 17487 Greifswald

Literatur

BENKE, M., BRANDLE, M., ALBRECHT, C. & WILKE T. (2009): Pleistocene phylogeography and phylogenetic concordance in cold-adapted spring snails (*Bythinella spp.).* – Moleclar Ecology 18: 890-903.

BENKE, M., BRANDLE, M., ALBRECHT, C. & WILKE, T. (2011): Patterns of freshwater biodiversity in Europe: lessons from the spring snail genus *Bythinella.* – Journal of Biogeography 38: 2021-2032.

BOETERS, H.D. (1998): Mollusca: Gastropoda: Superfamilie Rissooidea. – In: SCHWOERBEL, J. & ZWICK, P. (Hrsg.): Süßwasserfauna von Mitteleuropa 5. – Stuttgart (Gustav Fischer Verlag), IX + 76 S.

BÖßNECK, U. & REUM, D. (2009): Distribution, ecology and endangerment of the endemic Rhön spring snail (*Bythinella compressa*) in Thuringia – results of a species conservation program 2003-2007. – Landschaftspflege und Naturschutz in Thüringen 46: 9-19.

BRÄNDLE, M., WESTERMANN, I. & BRANDL, R. (2005): Gene flow between populations of two invertebrates in springs. – Freshwater Biology 50: 1-9.

HAASE, M., NASER, M.D. & WILKE, T. (2010): *Ecrobia grimmi* in brackish Lake Sawa, Iraq: indirect evidence for long-distance dispersal of hydrobiid gastropods (Caenogastropoda: Rissooidea) by birds. – Journal of Molluscan Studies 76: 101-105.

JUNGBLUTH, J.H. (1971): Die systematische Stellung von *Bythinella compressa montisavium* HAAS und *Bythinella compressa* (FRAUENFELD) (Mollusca: Prosobranchia: Hydrobiidae). – Archiv für Molluskenkunde 101: 215-235.

JUNGBLUTH, J.H. (1973): Zur Verbreitung und Ökologie von *Bythinella dunkeri compressa* (FRAUENFELD 1856) (Mollusca, Prosobranchia). – Verhandlungen der internationalen Vereinigung für Limnologie 18: 1576-1585.

JUNGBLUTH, J.H. (1975): Die Molluskenfauna des Vogelsberges unter besonderer Berücksichtigung biogeographischer Aspekte. Biogeographica 5: 1-138.

OSWALD, D., KURECK, A. & NEUMANN, D. (1991): Populationsdynamik, Temperaturtoleranz und Ernährung der Quellschnecke *Bythinella dunkeri* (FRAUENFELD 1856). – Zoologisches Jahrbuch Systematik 118: 65-78.

STRÄTZ, C. & KITTEL, K. (2011): Die Verbreitung der Rhön-Quellschnecke *Bythinella compressa* (FRAUENFELD 1857) in Nordbayern. – Mitteilungen der deutschen malakozoologischen Gesellschaft 84: 1-10.

STURM, R. (2005): Modelling optimum ranges of selected environmental variables for habitats colonized by the spring snail *Bythinella austriaca* (V. FRAUENFELD, 1857) (Gastropoda, Prosobranchia). – Malakologische Abhandlungen Staatliches Museum für Tierkunde Dresden 23: 67-76.

Fränkische Berg-Schließmundschnecke *Cochlodina costata franconica* EHRMANN 1933

MARTIN HAASE

Biologie der Art

Zur Biologie der Fränkischen Berg-Schließmundschnecke *Cochlodina costata franconica* ist praktisch nichts bekannt. Aus der Lebensweise auf kalkigen Felsen (Dolomit) lässt sich schließen, dass sich *C. c. franconica* im Wesentlichen von Algen und Flechten ernährt. Wir können vermuten, dass ihre Reproduktion der von *C. laminata* ähnlich ist, über die FRÖMMING (1954) berichtet, dass sie sich im August paart und in den Folgemonaten etwa 2 mm große Eier legt. Gelegegrößen schwanken zwischen 10 und 15 Eiern. Junge Schnecken schlüpfen nach etwa drei Wochen und sind nach zwei Jahren ausgewachsen und geschlechtsreif.

Verbreitung, Habitatansprüche und Populationsdichte

Die Fränkische Berg-Schließmundschnecke hat ein sehr kleines, isoliertes Verbreitungsgebiet in der Nördlichen Frankenalb im Wiesent-, Leinleiter-, und Eberhardsteinertal. Die nächst verwandten Populationen, die anderen Unterarten zugerechnet werden, finden sich in den Sudeten und in Süd-Österreich (EHRMANN 1933; TRÜBSBACH 1939; KERNEY et al. 1983; STRÄTZ 2009). Sie scheint ausschließlich auf beschatteten, karbonatreichen Felsen (Dolomit) und alten Gebäudemauern zu leben. Keiner der Autoren gibt Stückzahlen an, aus denen auf Populationsdichten oder -größen zu schließen wäre. TRÜBSBACH (1939, p.137) schreibt lediglich „Erfreulicherweise konnte ich an weit abgelegener Stelle im Leinleitertal und zwar bei Burggrub auf dem Alten Berge *C. commutata franconica* Ehrmann in einer sehr stattlichen Ansiedlung antreffen“.

PEM-Optionen

Plastizität

Zur Plastizität gibt es keine Angaben.

Evolution

Über die genetische Vielfalt ist ebenso wenig bekannt.

Mobilität

Über die Ausbreitung von Felsenschnecken ist generell wenig bekannt. Das kleine Areal von *C. c. franconica* lässt ein sehr geringes Ausbreitungspotential vermuten.

Zusammenfassung und Schutzempfehlungen

Die Fränkische Berg-Schließmundschnecke ist ein hochgradiger Endemit der Nördlichen Frankenalb, über mehrere hundert Kilometer isoliert von den nächsten Verwandten. Glücklicher Weise befindet sich ein Teil des Areals im Naturwaldreservat Wasserberg (STRÄTZ 2009). Das sollte die Gefährdung durch anthropogene Habitatzerstörung einschränken. Nachdem nur ein Nachweis neueren Datums vorliegt, empfiehlt es sich, zunächst eine Bestandsaufnahme und Kartierung durchzuführen, um das tatsächliche aktuelle Areal zu definieren. Gegebenenfalls können auf dieser Grundlage neue Schutzgebiete ausgewiesen werden. Um den möglichen Folgen der drohenden Klimaerwärmung entgegenzuwirken – TRÜBSBACH (1939) weist darauf hin, dass er die Art vorwiegend auf gut beschatteten Felsen und Mauern angetroffen hat – ist dafür zu sorgen, dass die Felshabitate weiterhin beschattet bleiben. Dies könnte durch wäremeliebendere Sträucher und Bäume oder künstliche Installationen erfolgen. Des Weiteren sollte geprüft werden, ob sich in der Nähe potentielle Habitate in höheren Regionen befinden, wohin die Schnecken eventuell versetzt werden könnten.

Anschrift des Autors:

Dr. Martin Haase, Vogelwarte, Zoologisches Institut und Museum, Universität Greifswald, Johann Sebastian Bach-Str. 11/12, 17487 Greifswald

Literatur

EHRMANN, P. (1933): Weichtiere, Mollusca. Die Tierwelt Mitteleuropas II. – Leipzig (Quelle & Meyer), 264 S.

FRÖMMING, E. (1954): Biologie der mitteleuropäischen Landgastropoden. – Berlin (Duncker und Humblot), 404 S.

KERNEY, M.P., CAMERON, R.A.D. & JUNGBLUTH, J.H. (1983): Die Landschnecken Nord- und Mitteleuropas. – Hamburg (Paul Parey), 384 S.

STRÄTZ, C. (2009): Die Molluskenfauna baerischer Naturwaldreservate. – LWF Wissen 61: 4-51.

TRÜBSBACH, P. (1939): Zur Verbreitung von *Cochlodina commutata franconica* Ehrmann. – Archiv für Molluskenkunde 71: 136-138.

Verborgenes Posthörnchen *Gyraulus acronicus* (A. FÉRUSSAC 1807)

MARTIN HAASE

Biologie der Art

Außer zu Habitatanalysen (siehe unten) sind Angaben zur Biologie des Verborgenen Posthörnchens *Gyraulus acronicus* spärlich. Die Art beweidet Detritus sowie epilithische Bakterien und Algen und ist annuell (ARAKELOVA & MICHEL 2009). Weitergehende systematische Studien zur Reproduktion fehlen. Die verwandte Art Gyraulus albus legt gallertige Laichballen mit bis zu 10 Eiern (FRÖMMING 1956).

Verbreitung, Habitatansprüche und Populationsdichte

Das Verborgene Posthörnchen hat in Europa die typische disjunkte, boreo-alpine Verbreitung eines Glazialreliktes, die einige Fundpunkte entlang der Themse einschließt, mit dem südwestlichsten Vorkommen in der Schweiz (GLÖER 2002; KILLEEN & MC-FARLAND 2004). Nach Osten reicht das Areal bis tief nach Zentralasien bzw. ins pontokaspische Gebiet (MEIER-BROOK 1983). In Deutschland ist G. acronicus nur von wenigen Fundpunkten in Süd- und Norddeutschland bekannt (Wiese 1991; GLÖER 2002; MÜLLER & MEIER-BROOK 2004; ZETTLER et al. 2006). Die heutige Verbreitung und Fossilfunde zeigen eine wesentlich weitere und geschlossenere Verbreitung in Europa während des Pleistozäns und späten Holozäns an (zusammengefasst in GLÖER 2002). Die Art lebt v.a. in Seen und langsam fließenden Flüssen, bevorzugt in tieferen oder beschatteten Bereichen (GLÖER 2002; ZETTLER et al. 2006). Das Verborgene Posthörnchen toleriert einen erstaunlich weiten pH-Bereich zwischen 5.2 und 9.6 (ØKLAND 1990) und kommt in Finnland in vielen Huminsäure-geprägten Seen vor (AHO 1966, ØKLAND 1990). Bezüglich Abundanzen und Dichten reichen die Meldungen in Deutschland von einzelnen oder wenigen Individuen (MÜLLER & MEIER-BROOK 2004; ZETTLER et al. 2006) bis zu 357 Schnecken pro Quadratmeter (letzteres im Stechlinsee: MOTHES 1964).

PEM-Optionen

Plastizität

Gyraulus acronicus ist ein Kaltzeitenrelikt in Europa und hat daher vermutlich eine eher niedere Toleranz gegenüber höheren Temperaturen. Allerdings gibt es keinerlei Untersuchungen diesbezüglich. Die Frostresistenz war dagegen Gegenstand von Untersuchungen. Das Verborgene Posthörnchen hat in durchfrierenden skandinavischen Gewässern sogar eine höhere Überlebensrate, weil es so vor Predation geschützt ist (OLSSON 1988). Die Valenz bezüglich des pH-Wertes ist, wie oben bereits erwähnt, erstaunlich breit.

Evolution

Zur genetischen Variabilität von *Gyraulus albus* ist nichts bekannt.

Mobilität

Für die Verbreitung über größere Distanzen ist *Gyraulus albus* auf Vektoren angewiesen. Hier kommen sicher wieder Vögel in Frage. Verdriftung von auf Pflanzen oder Holz gelegten Laichballen ist sicher ebenfalls ein plausibler Mechanismus. Das weite und ehemals noch weitere Verbreitungsgebiet lassen prinzipiell auf ein gutes Ausbreitungspotential schließen. Die heutige Habitatverfügbarkeit und eventuell härtere nacheiszeitliche Konkurrenzbedingungen scheinen dem aber Grenzen zu setzen.

Zusammenfassung und Schutzempfehlungen

Die nacheiszeitliche Klimaerwärmung hat nachweislich das Areal des Verborgenen Posthörnchens eingeschränkt. Eine weitere Erwärmung im Klimawandel würde diesen Trend fortsetzen. In größeren Gewässern kann *G. acronicus* eventuell in tiefere Regionen ausweichen und im Alpenbereich höher liegende Gewässer besiedeln. Im Wesentlichen wird aber der Bestand von *G. acronicus* in Deutschland von Schutzmaßnahmen seiner aktuellen Habitate abhängen. Diese müssen unbedingt auch Schatten spendende Ufervegetation einschließen.

Anschrift des Autors:

Dr. Martin Haase, Vogelwarte, Zoologisches Institut und Museum, Universität Greifswald. Johann Sebastian Bach-Str. 11/12, 17487 Greifswald

Literatur

AHO, J. (1966): Ecological basis of the distribution of the litoral freshwater molluscs in the vicinity of Tampere, South Finalnd. – Annales Zoologici Fennici 3: 287-322.

ARAKELOVA, K.S. & MICHEL, E. (2009): Physiological differences between coexisting congeneric species of snails in a subarctic lake. – Aquatic Biology 5: 209-217.

FRÖMMING, E. (1956): Biologie der Mitteleuropäischen Süßwasserschnecken. – Berlin (Duncker & Humblot), 313 S.

GLÖER, P. (2002): Die Süßwassergastropoden Nord- und Mitteleuropas. Die Tierwelt Deutschlands, 73. Teil. – Hackenheim (Conchbooks), 327 S.

KILLEEN, I.J. & MCFARLAND, B. (2004): The distribution and ecology of *Gyraulus acronicus* (FERUSSAC, 1807) (Gastropoda: *Planorbidae*) in England. – Journal of Conchology 38: 441-456.

MEIER-BROOK, C. (1983): Taxonomic studies on *Gyraulus* (Gastropoda: *Planorbidae*). – Malacologia 24: 1-113.

MOTHES, G. (1964): Die Mollusken des Stechlinsees. – Limnologica 2: 411-421.

MÜLLER, R. & MEIER-BROOK, C. (2004): Seltene Molluskengesellschaften im Litoral brandenburgischer Kleinseen. – Malakologische Abhandlungen Staatliches Museum für Tierkunde Dresden 22: 57-66.

ØKLAND, J. (1990): Lakes and snails. Environment and gastropoda in 1,500 Norwegian lakes, ponds and rivers. – Oegstgeest (Universal Book Service/Dr. W. BACKHUYS), 516 S.

OLSSON, T. (1988): The effect of wintering sites on the survival and reproduction of *Gyraulus acronicus* (Gastropda) in a partly frozen river. – Oecologia 74: 492-495.

WIESE, V. (1991): Atlas der Land- und Süßwassermollusken in Schleswig-Holstein. – Kiel (Landesamt für Natur und Umwelt des Landes Schleswig-Holstein LANU), 251 S.

ZETTLER, M.L., JUET, U., MENZEL-HARLOFF, H., GÖLLNITZ, U., PETRICK, S., WEBER, E. & SEEMANN, R. (2006): Die Land- und Süßwassermollusken Mecklenburg-Vorpommerns. – Schwerin (Obotritendruck), 320 S.

Gebänderte Kahnschnecke *Theodoxus transversalis* (C. PFEIFFER 1828)

MARTIN HAASE

Biologie der Art

Zur Biologie der Gebänderten Kahnschnecke *Theodoxus transversalis* ist praktisch nichts bekannt. Wir können vielleicht davon ausgehen, dass sie der von *T. fluviatilis* ähnelt (FRÖMMING 1956), obwohl sie genetisch deutlich differenziert ist (BUNJE & Lindberg 2007). *Theodoxus fluviatilis* ernährt sich vorwiegend von Algen- und Bakterienaufwuchs. Saprophagie kann nicht ausgeschlossen werden (FRÖMMING 1956; NEUMANN 1961; SKOOG 1978; JACOBY 1985). Kahnschnecken sind getrenntgeschlechtlich. Laichperiode ist April bis Oktober. Bis zu 150 Eier werden in einer Kapsel auf Hartsubstrat gelegt. Nur eines dieser Eier ist befruchtet. Die anderen dienen dem heranwachsenden Embryo als Nahrung. Die Entwicklungszeit beträgt ca. 65 Tage bei 20°C (FRÖMMING 1956 und dort zitierte Literatur; FRETTER & GRAHAM 1978). Im Aquarium können bis zu zwei Generationen pro Jahr aufgezogen werden (BECKER 1949). MCMAHON (1980) dagegen berichtet von einer Generationszeit von drei Jahren in einer irischen Population von *T. fluviatilis*. Altersangaben schwanken zwischen zwei und fünf Jahren (FRÖMMING 1956).

Verbreitung, Habitatansprüche und Populationsdichte

Die Gebänderte Kahnschnecke ist ein pontisches Element, das gegen Westen hin im Einzugsgebiet der Donau lebt (FECHTER & FALKNER 1989; FEHÉR et al. 2012). *T. transversalis* bevorzugt saubere, sauerstoffreiche Fließgewässer mit steinigem Grund. Sie lebt hauptsächlich an der Unterseite von Steinen (GLÖER 2002). Diese Art war in Deutschland immer schon selten. In den letzten Jahrzehnten gelangen jedoch kaum noch Lebendnachweise (ZETTLER 2008). Rezentere liegen nur von zwei Orten an der Donau (Peters 1989) und aus der Alz vor (FALKNER & MÜLLER 1983; FITTKAU 1983).

PEM-Optionen

Plastizität

Zur Plastizität von *T. transversalis* ist nichts bekannt.

Evolution

Die genetische Diversität der gebänderten Kahnschnecke ist extrem gering. FEHÉR et al. (2012) fanden nur jeweils drei, an wenigen Positionen unterschiedliche Haplotypen für COI und ATPSα in 15 bzw. 10 sequenzierten Tieren von acht Standorten (davon keiner in Deutschland). Adaptation durch Verschiebung von Allelfrequenzen ist somit auszuschließen. Die Situation der deutschen Populationen wird vermutlich nicht besser sein. Aufgrund der geringen Bestände ist dieser Aspekt für das Überleben von *T. transversalis* in Deutschland aber ohnehin irrelevant.

Mobilität

Das aktive Ausbreitungspotential ist, wie für Schnecken generell, eher niedrig einzustufen. Auch das passive über Vögel als Vektoren scheint nicht sehr groß zu sein, weil *T. transversalis* in seinem westlichen Verbreitungsgebiet über das Einzugsgebiet der Donau offenbar nie hinausgekommen ist. Es wäre freilich auch denkbar, dass sie konkurrenzschwächer ist als verwandte Arten und z.B. von *T. fluviatilis*, einer viel jüngeren Art (BUNJE & LINDBERG 2007), aus anderen Fluss-Systemen verdrängt wurde.

Zusammenfassung und Schutzempfehlungen

Die gebänderte Kahnschnecke ist in ihrem Bestand in Deutschland massiv durch anthropogenen Habitatverlust [Staustufen, Kanalisierungen, Schifffahrt (vgl. GABEL et al. 2012)] bedroht (ZETTLER 2008). ZETTLER (2008) bringt ihren Rückgang auch mit dem Auftreten von ponto-kaspischen Amphipoden der Gattung Dikerogrammarus in Verbindung. Es ist nicht zu erwarten, dass die Folgen des Klimawandels diese Situation verbessern werden. Höhere Temperaturen verringern die Löslichkeit von Sauerstoff und könnten das Aufkommen von Makrophyten oder vielleicht anderen Schneckenarten fördern, was zu weiterem Habitatverlust und erhöhter Konkurrenz führen würde. Zunächst ist ein regelmäßiges Monitoring dringend geboten. Ein detaillierter Vergleich der deutschen Habitate mit Südosteuropäischen könnte einen Hinweis über die ökologischen Valenzen von *T. transversalis* liefern, um das tatsächliche Bedrohungspotential durch den Klimawandel besser einschätzen und Managementmaßnahmen anleiten zu können. Bis auf weiteres ist aber Habitatveränderungen entgegenzuwirken.

Anschrift des Autors:

Dr. Martin Haase, Vogelwarte, Zoologisches Institut und Museum, Universität Greifswald, Johann Sebastian Bach-Str. 11/12, 17487 Greifswald

Literatur

BECKER, K. (1949): Untersuchungen über das Farbmuster und das Wachstum der Molluskenschale. – Biologisches Zentralblatt 68: 263-288.

BUNJE, P.M.E. & LINDBERG, D.R. (2007): Lineage divergence of a freshwater snail clade associated with post-Tethys marine basin development. – Molecular Phylogenetics and Evolution 42: 373-387.

FALKNER, G. & MÜLLER, D. (1983): *Theodoxus transversalis* lebend in der oberen Alz. – Club Conchylia Informationen 15: 45-52.

FECHTER, R. & FALKNER, G. (1989): Weichtiere. – München (Mosaik Verlag), 287 S.

FEHÉR, Z., ALBRECHT, C., MAJOR, Á., SEREDA, S. & KRÍZSIK, V. (2012): Genetic diversity in the endangered striped nerite, *Theodoxus transversalis* (Mollusca, Gastropoda, Neridae) – a result of ancestral or recent effects? – North-Western Journal of Zoology 8: 300-307.

FITTKAU, E.J. (1983): Lebendfunde von *Theodoxus transversalis* (C. PFEIFFER) in der Alz. – Mitteilungen der Zoologischen Gesellschaft Braunau 4: 185-186.

FRETTER, V. & GRAHAM, A. (1978): The prosobranch molluscs of Britain and Denmark. Part 3 – Neritacea, Viviparacea, Valvatacea, terrestrial and freshwater Littorinacea and Rissoacea. – Journal of Molluscan Studies, Supplement 5: 100-152.

FRÖMMING, E. (1956): Biologie der Mitteleuropäischen Süßwasserschnecken. – Berlin (Duncker & Humblot), 313 S.

GABEL, F., GARCIA. X.F., SCHNAUDER, I. & PUSCH, M.T. (2012): Effects of ship-induced waves on littoral benthic invertebrates. – Freshwater Biology 57: 2425-2435.

GLÖER, P. (2002): Die Süßwassergastropoden Nord- und Mitteleuropas. Die Tierwelt Deutschlands, 73. Teil. – Hackenheim (Conchbooks), 327 S.

JACOBY, J. (1985): Grazing effects on perphyton by *Theodoxus fluviatilis* (Gastropoda: Prosobranchia). – Cytologia 24: 487-489.

MCMAHON, R. (1980): Life-cycles of four species of freshwater snails in Ireland. – American Zoologist 20: 927.

NEUMANN, D. (1961): Ernährungsbiologie einer rhipidoglossen Kiemenschnecke. – Hydrobiologia 17: 133-151.

PETERS, B. (1989): Ein Wiederfund von *Theodoxus transversalis* (C. PFEIFFER 1928) in der Donau bei Passau (Gastropoda: Neritidae). – Heldia 1: 193.

SKOOG, G. (1978): The influence of natural food items on growth and egg production in brackish water populations of *Lymnaea peregra* and *Theodoxus fluviatilis* (Mollusca). – Oikos 31: 340-348.

ZETTLER, M. (2008): Zur Taxonomie und Verbreitung der Gattung *Theodoxus* Montfort, 1810 in Deutschland. Darstellung historischer und rezenter Daten einschließlich einer Bibliografie. – Mollusca 26: 13-72.

Gemeine Flussmuschel *Unio crassus* PHILIPSON 1788

MARTIN HAASE

Biologie der Art

Die Gemeine Flussmuschel *Unio crassus* ist eine von sieben in Deutschland vorkommenden Großmuschelarten. Sie bevorzugt mäßig bis rasch fließende, sauerstoffreiche Gewässer. *Unio crassus* ist ein Filtrierer, der sich von Plankton ernährt. Die Art ist getrenntgeschlechtlich. In den Bruttaschen der äußeren Kiemen reifen Sekundärlarven vom Glochidien-Typ. Ein Weibchen kann über 300.000 Larven pro Jahr produzieren. Nach der Freisetzung von Mai bis Juli müssen die Glochidien ein parasitäres Stadium durchlaufen, wobei sie sich hauptsächlich an den Kiemen von Fischen festheften (ENGEL 1990). Insgesamt werden 16 Fischarten, darunter Aland, Döbel, Dreistachliger Stichling, Elritze, Groppe, Nase und Rotfeder, als Wirte genutzt, wobei in verschiedenen Populationen allerdings unterschiedliche Präferenzen festgestellt wurden (TAEUBERT et al. 2012). Nach etwa vier bis fünf Wochen erfolgt die Metamorphose. Die ersten ein bis drei Jahre verbringen die Jungmuscheln im Sediment. In Mitteleuropa erreicht die Gemeine Flussmuschel ein Alter von etwa 15-30 Jahren. Nordeuropäische Individuen sollen über 50 Jahre alt werden (FECHTER & FALKNER 1989).

Verbreitung, Habitatansprüche und Populationsdichte

Die Gemeine Flussmuschel *Unio crassus* hat im Prinzip ein sehr weites Verbreitungsgebiet über ganz Europa bis in den Nahen Osten (FECHTER & FALKNER 1989; Fauna Europaea, Zugriff 10.10.2012). Bis in die Mitte des 20. Jahrhunderts galt die Gemeine Flussmuschel als die häufigste Großmuschel in Deutschland. Mittlerweile sind geschätzte 90% der Vorkommen erloschen. Als Hauptursachen gelten Habitatzerstörung und erhöhter Stickstoffeintrag durch die Intensivierung der Landwirtschaft (HOCHWALD & BAUER 1990; ZETTLER 1995; ZETTLER & JUEG 2007). Heute ist sie im Wesentlichen auf sauerstoffreiche Fluss-Oberläufe der Gewässergüteklassen 1 und 2 beschränkt. Doch auch die wenigen noch bestehenden Populationen sind zum großen Teil offenbar überaltert, d.h. man findet keine Jungtiere mehr. Vermutlich leben mit geschätzten 1.5 Mio. Tieren 90% des Gesamtbestands Deutschlands in Mecklenburg-Vorpommern, wo noch in 18 Gewässern Populationen nachgewiesen werden konnten, die z.T. Dichten von mehr als 100 Muscheln/m² aufwiesen (ZETTLER & JUEG 2001, 2007). Der dramatische Rückgang des Bestandes der Gemeinen Flussmuschel lässt sich europaweit feststellen.

PEM-Optionen

Plastizität

Aufgrund der morphologischen Vielfalt von *U. crassus* wurden Zahlreiche Unterarten, Varietäten und Formen beschrieben. Teilweise lassen sich geographische Zusammenhänge erkennen, zu einem größeren Teil scheint es sich aber um Reaktionsformen durch phänotypische Plastizität zu handeln (NESEMANN 1993, 1994; ZETTLER 1997, 2000). Das wiederum lässt auf ein recht großes Anpassungspotential an unterschiedliche Umweltbedingungen schließen. Worin diese Anpassungen konkret liegen ist allerdings nicht bekannt.

Evolution

Uns sind keine großflächigen Untersuchungen zur genetischen Variabilität von *U. crassus* bekannt. Daher lässt sich das Potential genetischer Adaptation kaum abschätzen. Obwohl nicht genau bekannt ist, nach wie vielen Jahren die Gemeine Flussmuschel Geschlechtsreife erlangt, ist in Anbetracht der relativ hohen Lebensdauer von Generationszeiten von mehreren Jahren auszugehen. Daher sind „große evolutive Sprünge“ durch Allelfrequenzverschiebungen oder die Etablierung neuer Mutationen, die rasche Umweltänderungen kompensieren könnten, nicht zu erwarten.

Mobilität

Die aktive Ausbreitung der Gemeinen Flussmuschel ist naturgegeben beschränkt (ENGEL 1993). Größere Distanzen können nur passiv überwunden werden. Dabei spielt zunächst das Larvenstadium eine wichtige Rolle. Glochidien werden u.U. flussabwärts verdriftet, bevor sie sich an einen Wirtsfisch anheften können. Der Transport durch den Wirtsfisch erhöht aber mit Sicherheit die Wahrscheinlichkeit der Etablierung von Jungmuscheln fernab ihrer Stammpopulation. Darüber hinaus sind Vögel schon seit dem 19. Jahrhundert bekannte Vektoren für Großmuscheln (KEW 1893). Geht man von der ehemals geschlossenen, weiten Verbreitung von *U. crassus* aus, kann man generell auf ein großes Ausbreitungspotential schließen. Allerdings wird die erfolgreiche Ausbreitung durch die zunehmende Isolation geeigneter Habitate wohl immer unwahrscheinlicher.

Zusammenfassung und Schutzempfehlungen

Die Gemeine Flussmuschel ist offensichtlich in ihrem Bestand europaweit durch anthropogen verursachten Habitatverlust stark gefährdet. Aufgrund ihrer Biologie ist eine Erholung ohne unterstützende Maßnahmen des Menschen nicht zu erwarten. U.a. folgende Maßnahmen zur Förderung der bedrohten Populationen werden von ZETTLER & JUEST (2002, 2007) vorgeschlagen: Zusammenführung von adulten Muscheln, um die Populationsdichte und somit den Befruchtungserfolg zu erhöhen; Besatz mit künstlich mit Glochidien infizierten Fischen; Reduktion des Nitrat-Eintrags; Maßnahmen zur Erhaltung bzw. Wiederherstellung der Strukturvielfalt von Flüssen und Bächen, was den Muscheln sowohl direkt als auch indirekt über den Schutz der Wirtsfische zugutekommt. Die durch den Klimawandel prognostizierten Änderungen von Temperatur- und Niederschlagsregimen werden die Situation für *U. crassus* sicherlich verschärfen. Es ist damit zu rechnen, dass durch direkte (z.B. Überschreiten von Toleranzgrenzen von Glochidien, JANSEN et al. 2001) und indirekt Folgen (z.B. erhöhtes Aufkommen von Makrophyten) von Erwärmung und reduzierter Wasserführung weitere Gewässer als Habitate verloren gehen werden (JANSEN et al. 2001). Die Gemeine Flussmuschel ist schon heute gehäuft an Fluss- und Bachabschnitten zu finden, die von der Ufervegetation beschattet werden. Möglicherweise kann es gelingen, neue oder ehemalige Habitate durch entsprechende Renaturierungsmaßnahmen von Gewässern einschließlich ihrer Ufer für *U. crassus* so zu erschließen, dass zumindest einige der Bedrohungen abgepuffert werden können. Neue Populationen könnten durch gezielte Umsiedlung begründet werden (vgl. auch ZETTLER & JUEST 2001).

Anschrift des Autors:

Dr. Martin Haase, Vogelwarte, Zoologisches Institut und Museum, Universität Greifswald, Johann Sebastian Bach-Str. 11/12, 17487 Greifswald

Literatur

ENGEL, H. (1990): Untersuchungen zur Autökologie von *Unio crassus* (PHILIPPSON) in Norddeutschland. – Hannover (Universität Hannover – Dissertation), 213 S.

ENGEL, H. (1993): Über das Wanderungsverhalten adulter Süßwassermuscheln *Unio crassus* und *Anodonta anatina*. – Schriften zur Malakozoologie aus dem Haus der Natur Cismar 6: 69-78.

FECHTER, R. & FALKNER, G. (1989): Weichtiere. – München (Mosaik Verlag), 278 S.

HOCHWALD, S. & BAUER, G. (1990): Untersuchungen zur Populationsökologie und Fortpflanzungsbiologie der Bachmuschel *Unio crassus* (PHIL.) 1788. – Schr. R. Bayer. Landesamt für Umweltschutz 97: 31-49.

JANSEN, W., BAUER, G. & ZAHNER-MEIKE, E. (2001): Glochidia mortality in freshwater mussels. – In: BAUER,G. & WACHTLER (Hrsg): Ecology and evolution of the freshwater mussels *Unionoida*. – Berlin (Springer): 185-211.

KEW, H.W. (1893): The dispersal of shells. An inquiry into the means of dispersal possessed by freshwater and land-Mollusca. – London (Kegan Paul, Trench, Trübner, & Co., Ltd.), 291 S.

NESEMANN, H. (1993): Zoogeographie und Taxonomie der Muschel-Gattung *Unio* Philipsson 1788, Pseudanodonta Bourguignat 1877 und *Pseudunio* HAAS 1910 im oberen und mittleren Donausystem (Bivalvia, Unionidae, Margaritiferidae) (mit Beschreibung von *Unio pictorum tisianus n. ssp.*). – Nachrichtenblatt der Ersten Vorarlberger Malakologischen Gesellschaft 1: 20-40.

NESEMANN, H. (1994): Die Subspezies von *Unio crassus* Philipsson 1788 im Einzugsgebiet der mittleren Donau (Mollusca: Bivalvia, *Unionidae*). – Lauterbornia 15: 59-77.

TAEUBERT, J.-E., POSADA MARTINEZ, A.M., GUM, B. & GEIST, J. (2012): The relationship between endangered thick-shelled river mussel (*Unio crassus*) and its host fishes. – Biological Conservation 155: 94-103.

ZETTLER, M.L. (1995): Ursachen für den Rückgang und die heutige Verbreitung der Unioniden im Warnow-Einzugsgebiet (Mecklenburg-Vorpommern) unter besonderer Berücksichtigung der Bachmuschel (*Unio crassus* PHILIPSSON 1788) (Mollusca: Bivalvia). – Hamburg (Deutsche Gesellschaft für Limnologie, Tagungsbericht 1994, 2): 597-601.

ZETTLER, M.L. & JUEG, U. (2001): Die Bachmuschel (*Unio crassus*) in Mecklenburg Vorpommern. – Naturschutzarbeit in Mecklenburg-Vorpommern 44: 9-16.

ZETTLER, M.L. (1997): Morphometrische Untersuchungen an Unio crassus Philipsson 1788 aus dem nordeuropäischen Vereisungsgebiet (Bivalvia: *Unionidae*). – Malakologische Abhandlungen des Museums für Tierkunde Dresden 18: 213-232.

ZETTLER, M.L. (2000): Weitere Bemerkungen zur Morphologie von *Unio crassus* PHILIPSSON 1788 aus dem nordeuropäischen Vereisungsgebiet (Bivavlia: *Unionidae*). – Malakologische Abhandlungen des Museums für Tierkunde Dresden 20: 73-78.

ZETTLER, M.L. & JUEG, U. (2002): Artenhilfsprogramm für die Bachmuschel (*Unio crassus*) in Mecklenburg-Vorpommern. – Mecklenburg-Vorpommern (Gutachten für das Umweltministerium), 151 S.

ZETTLER, M.L. & JUEG, U. (2007): The situation of the freshwater mussel *Unio crassus* (PHILIPPSON, 1788) in north-east Germany and its monitoring in terms of the EC Habitats Directive. – Mollusca 25: 165-174.

Flussperlmuschel *Margaritifera margaritifera* (LINNEAUS 1758)

TONI FLEISCHER, MARTIN HAASE und GERALD KERTH

Biologie der Art

Die Flussperlmuschel *Margaritifera margaritifera* gehört zu den Großmuschelarten (Unionoide). Sie zählt zu den benthischen Filtrierern von unbelasteten Flüssen, wobei gemischte Bestände mit der Bachmuschel *Unio crassus* vorkommen können (BAER 1995). *M. margaritifera* ist getrenntgeschlechtlich, allerdings sind Zwitterformen und Geschlechtswechsel kurzfristig möglich, so dass über Selbstbefruchtung die Population aufrecht erhalten werden kann (BAUER 1987). Die Muschellarven (Glochidien) werden aus den Bruttaschen ins Wasser abgegeben, wo sie sich in den Kiemen der Bachforelle *Salmo trutta* f. *fario* festsetzen und einkapseln. Nach der Überwinterung im Wirtsfisch lösen sich die Jungmuscheln, fallen zu Boden und graben sich im Substrat ein. Hier verweilen sich die Jungtiere für die nächsten fünf Jahre. Mit 12 - 13 Jahren ist die Geschlechtsreife erreicht (BAUER 1987). In Deutschland kommt nur die Bachforelle als Wirt in Frage. In Schottland und Irland ist zudem der Lachs *Salmo salar* als Wirt nachgewiesen (MOORKENS 1999). Über ein maximales Alter gibt es keine eindeutigen Angaben. MUTEVI & WESTEMARK sowie ZIUGANOV et al. (2000) halten ein Alter von über 200 Jahren für möglich, HELAMA & VALOVIRTA (2008) haben das älteste finnische Individuum auf ca. 162 Jahre bestimmt. BAUER (1984) gibt ein Maximalalter von etwa 100 Jahren an. Sicher ist jedoch ein Nord-Süd-Gefälle des Maximalalters, da sehr hohe Alter nur in nördlichen Populationen gefunden werden, während z.B. für Spanien Höchstalter von 39 bis 65 Jahren angegeben werden (SAN MIGUEL et al. 2004). Eine Korrelation von Fertilität und Alter ist bisher nicht nachgewiesen (MOOG 1993). Ausgewachsene Tiere (> 20 Jahre) haben keine natürlichen Feinde (BAUER 1987). Für die Jungtiere werden als Prädatoren der Europäische Aal *(Anguilla anguilla)* und der eingeführte Bisam (*Ondatra zibethicus*) genannt (ZAHNER-MEIKE & HANSON 2001, GEIST 2005).

Verbreitung, Habitatansprüche und Populationsdichte

Ursprünglich war die Flussperlmuschel weit in Europa und Russland verbreitet. Ihr Verbreitungsgebiet reicht von Spanien durch Mittel- und Nordeuropa bis zum Ural (MOORKENS 1999). In den USA und Kanada ist sie eingeführt. Es werden sommerkühle, kalkarme und schnellfließende Gewässer besiedelt, wobei Umweltbelastungen, Änderungen in der Wasserchemie und Temperaturschwankungen bei ausreichender Sauerstoffversorgung ohne Schäden überstanden werden können (s. Plastizität). Als Kennzahlen für Wassertemperatur, Härtegrad und Fließgeschwindigkeit können nur Extremwerte herangezogen werden, da verschiedene Populationen stark an die jeweiligen Bedingungen ihres Habitats angepasst sind (MOOG 1993). Juvenile sind auf sandige Mikrohabitate innerhalb des ansonsten von Flussperlmuscheln bevorzugten grobkörnigen Substrats angewiesen. In diesem sandigen Untergrund verbringen die Jungmuscheln die ersten fünf Jahre ihres Lebens eingegraben. Zudem ist die Art abhängig vom Vorhandensein ihrer Wirtsfische, der Bachforelle und dem Lachs.

Global hat die Population seit 1920 um über 60% abgenommen. In den Ländern der EU wird der Rückgang sogar auf über 80% geschätzt (MOORKENS 2011). BOGAN (1993) zählt als Ursache für den Populationsrückgang Übernutzung, Habitatzerstörung und den Rückgang der Wirtsfische auf. In Deutschland werden 69 Populationen mit ca. 144.000 Individuen gezählt. Dass größte Vorkommen mit über 10.000 Individuen befindet sich in Bayern. In nur einer der norddeutschen Populationewn ist der Anteil juveniler Tiere > 20%, alle anderen norddeutschen Populationen gelten als überaltert (MOORKENS 2011). Weltweit ist die Flussperlmuschel vom Aussterben bedroht (crtitically endangered) (MOORKENS 2011). Dies gilt auch für die Situation in Deutschland, wo sie auf der Roten Liste der gefährdeten Arten in der Kategorie 1 geführt wird (BINOT-HAFKE 2011).

PEM-Optionen

Plastizität

Der wichtigste Umweltfaktor für die Flussperlmuschel ist ein hoher Sauerstoffgehalt (BAER 1995). BAER (1995) fasst die Resultate verschiedener Autoren für ausgewählte Standorte zusammen. Tolerierte Schwankungen in der Wassertemperatur reichen von 9,2-22,0°C (Lüneburger Heide), 0,4-25,2°C (Vogelsberg, Odenwald) bis hin zu einer Höchsttemperatur von 32°C in Südböhmen. Auch die Gesamthärte des Wassers kann lokal erheblich variieren: z.B. 1,4-4,00 °dH (Lüneburger Heide) bzw. 1,7-6,9 °dH (Sachsen, Thüringen). Populationen in Oberösterreich halten einen pH-Bereich von 3,1-7,2 aus. An variierende Strömungsgeschwindigkeiten können sich die Tiere aktiv durch Ortsveränderungen und Ausrichtung anpassen (BAER 1995). Unklar ist, unter welchen Bedingungen die Art noch reproduzieren kann. So werden juvenile Tiere nur in Populationen mit weniger stark schwankenden Umweltparametern gefunden da die Jungtiere deutlich empfindlicher auf Extremwerte reagieren (BAUER 1997). Da juvenile die ersten Lebensjahre im Substrat eingegraben verbringen, sind sie zusätzlich einem höheren Risiko durch Verschlämmung und Überwucherung von Algen als Folge von Eutrophierung ausgesetzt. Nach MOORKENS (2011) regeneriert sich in Deutschland nur eine einzige Population. Insgesamt ist die Plastizität der Jungstadien unbekannt Da es jedoch europaweit nur noch wenige reproduzierende Bestände gibt (MOORKENS 2011), ist im Sinne des Vorsorgeprinzips eine geringe Plastizität anzunehmen.

Evolution

Individuen der Flussperlmuschel erreichen erst sehr spät ihre Geschlechtsreife, können dann jedoch viele Jahrzehnte lang reproduzieren. Zudem besteht die Möglichkeit das Geschlecht zu wechseln, so dass auch aus geringen Dichten überlebensfähige Populationen hervorgehen können. Ein Problem ist jedoch, dass in vielen europäischen Ländern kaum noch reproduzierende Bestände vorkommen (MOORKENS 2011). Somit ist von einem geringen evolutionären Anpassungspotential auszugehen.

Genetische Untersuchungen der mitteleuropäischen Bestände zeigen eine starke Fragmentierung sowie eine starke genetische Differenzierung der Vorkommen GEIST (2005). Die genetischen Diversität kann zwischen Populationen stark variieren (GEIST 2005). Ein genetischer Austausch zwischen Populationen ist daher als gering einzuschätzen. Darüber hinaus konnten lokale Genotypen ausgemacht werden, so dass von einer Aufstockung durch gebietsfremde Individuen bzw. Individuen aus Zuchtbeständen abzuraten ist, um die genetische Integrität loakaler Populationen nicht zu gefährden. HADZIHALILOVIC-NUMANOVIC (2005) konnte für schwedische Populationen keinen Zusammenhang von Populationsgröße und genetischer Diversität nachweisen, so dass anzunehmen ist, dass auch aus kleinen Beständen vitale Populationen hervorgehen können.

Mobilität

Eine Besiedelung neuer Habitate ist nur über Verdriftung und Verschleppung der Glochidien über den Wirtsfisch möglich (z.B. BAER 1995). Ob, wie auch bei anderen Großmuschelarten, Vögel als potentieller Ausbreitungsvektor in Frage kommen, ist nicht eindeutig nachgewiesen. Zwischen den verschiedenen Vorkommen der Flussperlmuschel gibt es kaum genetischen Austausch (z.B. GEIST 2005). Um das Ausbreitungspotential der Art besser abschätzen zu können, ist es wichtig, die Umweltparameter zu identifizieren, die die empfindlichen Jungtiere überstehen. Darüber hinaus muss auch die Migration der Wirtsfische sichergestellt werden.

Zusammenfassung und Schutzempfehlungen

Die Flussperlmuschel ist weltweit gefährdet. Da unklar ist, warum nur sehr wenige Bestände reproduzieren, kann von einer Erholung ohne unterstützende Maßnahmen seitens des Naturschutzes, zumindest kurzfristig, nicht ausgegangen werden. Durch den Klimawandel ist mit einer Verschärfung der Situation zu rechnen, wenn Wassertemperaturen ansteigen und damit der Sauerstoffgehalt als wichtigster Umweltparameter abnimmt und derzeit noch geeignete Habitate entscheidend an Qualität verlieren. Ein weiteres Problem sind Hochwasserereignisse, von denen angenommen wird, dass sie als Folge des Klimawandels in Mitteleuropa häufiger auftreten werden (CHRISTENSEN & CHRISTENSEN 2003). Überflutungen können zwar auch Vorteile für Flussperlmuscheln haben, da z.B. angeschwemmtes Material und Sedimente davongetragen und so ein Habitat „gereinigt" wird. Besonders starke Flutereignisse können jedoch beträchtlichen Schaden anrichten indem ganze Muschelbänke fortgerissen werden. (HASTIE et al. 2003). Mit der prognostizierten zunehmenden Hochwassergefahr entsteht zudem der politische Druck, den Hochwasserschutz weiter auszuweiten. Dämme, Schleusen, Wehre sowie Uferbefestigungen können den Wasserhaushalt stark verändern (MCALLISTER 2001) und damit zur Zerstörung von für Flussperlmuscheln geeigneten Habitaten führen. Gleiches gilt für Wasserkraftwerke.

Die hohe Lebenserwartung, die (scheinbar) altersunabhängige Fertilität und die relativ hohe Toleranz gegenüber Umweltparametern der adulten Tiere ermöglichen Schutzprogramme auch für Populationen, die derzeit nicht erfolgreich reproduzieren. Eine Aufnahme der Umweltparameter in den wenigen noch reproduzierenden Beständen kann wertvolle Informationen zur Gestaltung von Habitaten liefern (HASTIE et al. 2000). So haben sich z.B. Transplantationsmaßnamen von Jungtieren in Finnland als ein sehr erfolgreicher Ansatz erwiesen (HANSTÉN et al 1997). Kleinräumig, d.h. im selben Flusssystem, besteht die Möglichkeit, Wirtsfische mit Glochidien zu infizieren und anschließend wieder auszusetzen (HASTIE & YOUNG 2003). Versuche der Kultivierung von Flussperlmuscheln mit dem Ziel, Tiere anschließend auszusetzen, zeigen jedoch noch sehr hohe Verlustraten (HASTIE & YOUNG 2003), so dass die Kultivierungsbedingungen noch zu optimieren sind (WILSON et al. 2012). Darüber hinaus könnte sich die Wiederansiedlung des Lachses positiv auf einige Bestände auswirken, da hiermit ein weiterer Wirt zu Verfügung steht. Um Konflikte im Artenschutz zu vermeiden muss jedoch im Vorfeld geklärt werden, in wie fern die Infektion von Glochidien dem Wirtsfisch schadet. Nach MOOG (1993) kann eine Infektion bis zum Erstickungstod der Wirtsfische führen. MAKHROV & BOLOTOV (2011) hingegen widersprechen dem, da bisherige Literaturdaten nicht ausreichen, um eine Schädigung der Wirtsfische eindeutig zu belegen. Oberstes Ziel muss die Wiederherstellung und der Schutz geeigneter Habitate für die Flussperlmuschel und ihre Wirtsfische sein, da nur dann eine Erholung der Bestände gewährleistet werden kann.

Anschrift der Autoren:

Dr. Martin Haase, Vogelwarte, Zoologisches Institut und Museum, Universität Greifswald, Johann Sebastian Bach-Str. 11/12, 17487 Greifswald

Toni Fleischer, Prof. Dr. Gerald Kerth, Angewandte Zoologie und Naturschutz, Zoologisches Institut und Museum, Universität Greifswald, Johann Sebastian Bach-Str. 11/12, 17487 Greifswald

Literatur

BAER, O. (1995): Die Flussperlmuschel. *Margaritifera margaritifera* (L.): Ökologie, umweltbedingte Reaktionen und Schutzproblematik einer vom Aussterben bedrohten Tierart. – Magdeburg, Heidelberg, (Westarp Wissenschaften; Spektrum Akademischer Verlag), 118 S.

BAUER, G. (1987): Reproductive Strategy of the Freshwater Pearl Mussel *Margaritifera margaritifera*. – Journal of Animal Ecology 56 (2): 691-704.

BINOT-HAFKE, M., BALZER, S., BECKER, N., GRUTTKE, H., HAUPT, H., HOFBAUER, N., LUDWIG, G., MATZKE-HAJEK, G. & STRAUCH, M. (Red.) (2011): Rote Liste gefährdeter Tiere, Pflanzen und Pilze Deutschlands: Wirbellose Tiere (Teil 1). – Naturschutz und Biologische Vielfalt 70 (3), 716 S.

CHRISTENSEN, J.H. & CHRISTENSEN, O.B. (2003): Climate modelling: Severe summertime flooding in Europe. – Nature 421: 805-806

GEIST, J. (2005): Conservation Genetics and Ecology of European Freshwater Pearl Mussels (*Margaritifera margaritifera* L.). – München (Technische Universität München – Dissertation), 121 S.

HADZIHALILOVIC-NUMANOVIC, A. (2005): Genetic variation and relatedness of freshwater pearl mussel *Margaritifera margaritifera* L. Populations. – Karlstadt (Karlstad University studies – Licentiate Thesis), 55 S.

HANSTÉN, C., PEKKARINEN, M. & VALOVIRTA, I. (1997): Effect of transplantation on the gonad development of the fresh-water pearl mussel, *Margaritifera margaritifera* (L.). – Boreal Environment Research 2: 247-256

HASTIE, L.C. & YOUNG, M.R. (2003): Conservation of the Freshwater Pearl Mussel I: Captive Breeding Techniques. Conserving Natura 2000 Rivers Conservation Techniques Series No. 2. – Peterborough (English Nature), 24 S.

HASTIE, L.C., COSGROVE, P.J., ELLIS, N. & GAYWOOD, M.J. (2003): The Threat of Climate Change to Freshwater Pearl Mussel Populations. – AMBIO 32 (1): 40-46.

HELAMA, S. (2008): The oldest recorded animal in Finland: ontogenetic age and growth in *Margaritifera margaritifera* (L. 1758) based on internal shell increments. Memoranda Soc. – Fauna Flora Fennica 84: 20-30.

LAUGHTON, R., COSGROVE, P.J., HASTIE, L.C. & SIME, I. (2008): Effects of aquatic weed removal on freshwater pearl mussels and juvenile salmonids in the River Spey, Scotland. – Aquatic Conserv: Mar. Freshw. Ecosyst. 18 (1): 44-54.

MAKHROV, A.A. & BOLOTOV, I.N. (2011): Does freshwater pearl mussel (*Margaritifera margaritifera*) change the lifecycle of Atlantic salmon (*Salmo salar*)? – Adv. Gerontol. 1 (2): 186-194.

MCALLISTER, D.E. (2001): Biodiversity Impacts of Large Dams: Background Paper: – International Union for Conservation of Nature and Natural Resources and the United National Enivronment Programme, 68 S.

SAN MIGUEL, E., MONSERRAT, S., FERNÁNDEZ, C., AMARO, R., HERMIDA, M., ONDINA, P. & ALTABA, C.R. (2004): Growth models and longevity of freshwater pearl mussels (*Margaritifera margaritifera*) in Spain. – Can. J. Zool. 82 (8): 1370-1379.

MOOG, O. (1993): Grundlagen zum Schutz der Flussperlmuschel in Österreich. Schaan: (Bristol-Stiftung, Ruth-und-Herbert-Uhl-Forschungsstelle für Natur- und Umweltschutz), 240 S.

MOORKENS, E.A. (1999): Conservation Management of the Freshwater Pearl Mussel *Margaritifera margaritifera*. Part 1: Biology of the species and its present situation in Ireland. – Irish Wildlife Manuals 8: 35 S.

MOORKENS, E. (2011): *Margaritifera margaritifera*. –In: IUCN (2013): IUCN Red List of Threatened Species. Version 2013.1. – URL: www.iucnredlist.org. (gesehen am 07.10. 2013).

MUTVEI, H. & WESTERMARK, T. (2001): How environmental information can be obtained from Naiad shells. – Ecol. Stud. 145: 367-379.

WILSON, C.D., PRESTON, S.J., MOORKENS E., DICK, J.T.A. & LUNDY, M.G. (2012): Applying morphometrics to choose optimal captive brood stock for an endangered species: a case study using the freshwater pearl mussel *Margaritifera margaritifera* (L.) Aquatic Conservation: – Marine and Freshwater Ecosystems 22: 569-576.

ZAHNER-MEIKE, E. & HANSON, J.M. (2001): Effect of Muskrat Predation on Naiads. – Ecol. Stud. 145: 163-184.

ZIUGANOV, V., SAN MIGUEL, E., NEVES, R.J., LONGA, A., FERNÁNDEZ, C., AMARO, R., BELETSKY, V., POPKOVITCH, E., KALIUZIHIN, S. & JOHNSON T. (2000): Life Span Variation of the Freshwater Pearl Shell: A Model Species for Testing Longevity Mechanisms in Animals. – AMBIO 29 (2): 102-105.

Vierzähnige Windelschnecke *Vertigo geyeri* LINDHOLM 1925

MARTIN HAASE

Biologie der Art

Die Vierzähnige Windelschnecke *Vertigo geyeri* beweidet epiphytische Algen, Bakterien und Pilze auf lebenden wie abgestorbenen krautigen Pflanzen und in der Streuschicht (CAMERON et al. 2003). Die Reproduktion, meist durch Selbstbefruchtung, findet von März bis Juni statt. Gelegegrößen erreichen bis zu 10 weichschalige, einzelne Eier. Die Schnecken erreichen ein Alter von zwei Jahren (POKRYSZKO 1987).

Verbreitung, Habitatansprüche und Populationsdichte

Vertigo geyeri hat, ähnlich wie *Gyraulus acronicus*, eine boreo-alpine Verbreitung, ist also ebenso ein Relikt kälterer Epochen (HÁJEK et al. 2011; SCHENKOVÁ et al. 2012). Im Norden findet sie sich in größeren Beständen lediglich in Skandinavien (VON Proschwitz 2010). Auch in Großbritannien und Irland kommt *V. geyeri* noch an zahlreichen Standorten, wenn auch nicht in großen Zahlen, vor (HOLYOAK 2005; Joint Nature Conservation Commitee 2007; MOORKENS & KILLEE 2011). In Norddeutschland sind nur drei Standorte in Mecklenburg-Vorpommern und einer in Niedersachsen bekannt (JUEG & MENZEL-HARLOFF 1996; COLLING & SCHRÖDER 2003; ZETTLER et al. 2006; JUEG et al. 2010). Etwas besser ist die Situation in Südbayern und Oberschwaben (COLLING & SCHRÖDER 2003). Im Alpen- und Voralpengebiet Österreichs, der Schweiz und Südtirols kennt man nur vereinzelte Funde (KLEMM 1954; TURNER et al. 1998; KISS & KOPF 2009). In den Karpathen nimmt die Häufigkeit wieder zu (HORSÁK & HÁJEK 2005; SCHENKOVÁ et al. 2012).

Die Vierzähnige Windelschnecke bewohnt nährstoffarme Kalkflachmoore, meist Quellmoore, und kalkreiche Sümpfe mit Binsen und Seggen, die einen konstanten Wasserpegel aufweisen (JUEG & MENZEL-HARLOFF 1996; ZETTLER et al. 2006; SCHENKOVÁ et al. 2012). In Deutschland umfassen die meisten Funde nur wenige Individuen. Populationsdichten von über 100 Schnecken pro Quadratmeter sind selten (z.B. DAHL 1995).

PEM-Optionen

Plastizität

Gezielte Untersuchungen zur ökologischen Plastizität von *V. geyeri* liegen nicht vor. Aus ihrer Verbreitung und dem engen Spektrum an Habitaten ist aber ganz klar ersichtlich, dass die Vierzähnige Windelschnecke eine stenöke Art mit sehr engen Toleranzbereichen ist.

Evolution

Zur genetischen Diversität gibt es keine Angaben. Da sich *V. geyeri* vorwiegend selbst befruchtet, ist, ähnlich wie für *Cochlicopa nitens*, eine sehr geringe Variabilität anzunehmen.

Mobilität

Die hauptsächlichen Vektoren für die Verbreitung dieser kleinen Schnecke sind vermutlich Vögel. Auf Laub sitzende Tiere werden vermutlich auch durch den Wind verdriftet. Die einstmals größere und wohl auch geschlossenere Verbreitung legt nahe, dass das Ausbreitungspotential im Prinzip recht gut ist. Die heutige Habitatverfügbarkeit mindert aber wohl die Chancen für den Erfolg.

Zusammenfassung und Schutzempfehlungen

Hier gilt ähnliches wie oben bereits für *Cochlicopa nitens* angeführt. Die größte aktuelle Bedrohung stellt anthropogener Habitatverlust dar. Schutz- und Erhaltungsmaßnahmen von Kalkflachmooren und ähnlichen Standorten begleitet von einem Monitoringprogramm für bestehende Populationen sind prioritär. Um neuen Lebensraum zu schaffen, sind Renaturierungen angezeigt (Literatur siehe oben, unter *C. nitens*). SCHENKOVÁ et al. (2012) weisen besonders darauf hin, dass hydrologische Veränderungen, die Sukzession von produktiverer und strauchiger Vegetation zur Folge haben, verhindert werden müssen. In diesem Zusammenhang ist auch Eutrophierung zu vermeiden.

Anschrift des Autors:

Dr. Martin Haase, Vogelwarte, Zoologisches Institut und Museum, Universität Greifswald, Johann Sebastian Bach-Str. 11/12, 17487 Greifswald

Literatur

CAMERON, R.A.D., COLVILLE, B., FALKNER, G., HOLYOAK, G.A., HORNUNG, E., KILLEEN, I.J., MOORKENS, E.A., POKRYSZKO, B.M., PROSCHWITZ, T. von, TATTERSFIELD, P. & VALOVIRTA, I. (2003): Species accounts for snails of the genus Vertigo listed in Annex II of the Habitats Directive: *V. angustior, V. genesii, V. geyeri and V. moulinsiana* (Gastropoda, Pulmonata: *Vertiginidae*). – Heldia 5 (Sonderheft 7): 151-170.

COLLING, M. & SCHRÖDER, E. (2003): *Vertigo geyeri* LINDHOLM, 1925. – In: PETERSEN, B., ELLWANGER, G., BIEWALD, G., HAUKE, U., LUDWIG, G., PRETSCHER, P., SCHRÖDER, E. & SSYMANK, A. (Bearb.): Das europäische Schutzgebietssystem Natura 2000. Ökologie und Verbreitung von Arten der FFH-Richtlinie in Deutschland. Band 1: Pflanzen und Wirbellose. – Schriftenreihe für Landschaftspflege und Naturschutz 69 (1): 683-693.

DAHL, A. (1995): Ein Beitrag zur Molluskenfauna des Naturschutzgebietes Federsee. – Veröffentlichungen in Naturschutz und Landschaftspflege Baden Württenberg 70: 291-338.

HÁJEK, M., HORSÁK, M., TICHÝ, L., HÁJKOVÁ, P., DÍTE, D. & JAMRICHOVÁ, E. (2011): Testing a relict distributional pattern off en plant and terrestrial snail species at the Holocene scale: a null model approach. – Journal of Biogeography 38: 742-755.

HOLYOAK, G.A. (2005): Widespread occurrence of *Vertigo geyeri* (Gastropoda: *Vertiginidae*) in north and west Ireland. – Irish Naturalists' Journal 28: 141-150.

HORSÁK, M. & HÁJEK, M. (2005): Habitat requirements and distribution of *Vertigo geyeri* (Gastropoda: Pulmonata) in the Western Carpathian rich fens. – Journal of Conchology 38: 683-700.

JOINT NATURE CONSERVATION COMMITTEE. (2007): Second Report by the UK under Article 17 on the implementation of the Habitats Directive from January 2001 to December 2006 – URL: http://jncc.defra.gov.uk/pdf/Article17/FCS2007-S2030-Final.pdf (gesehen am 15.11.2013).

JUEG, U. & MENZEL-HARLOFF, H. (1996): *Vertigo geyeri* LINDHOLM 1925 in Mecklenburg-Vorpommern (subfossil und rezent). – Malakologische Abhandlungen Museum für Tierkunde Dresden 18: 125-131.

JUEG, U., MENZEL-HARLOFF, H. & WACHLIN, V. (2010): *Vertigo geyeri* LINDHOLM, 1925 – Vierzähnige Windelschnecke. – URL: http://www.lung.mv-regierung.de/dateien /ffh_asb_ vertigo_geyeri.pdf .

KISS, Y. & KOPF, T. (2009): Die Vertigo-Arten (Mollusca: Gastropoda: *Vertiginidae*) des Anhang 2 der FFH Richtlinie in Südtirol – eine Pilotstudie. – Gredleriana 9: 135-170.

KLEMM, W. (1954): Die Verbreitung der rezenten Land-Geäuse-Schnecken in Österreich. – Wien (Denkschrift der Österreichischen Akademie der Wissenschaften Band 117 Mathematisch Naturwissenschaftliche Klasse = Supplement 1 des Catalogus Faunae Austriae), 513 S.

MOORKENS, E.A. & KILLEEN, I.J. (2011): Monitoring and Condition Assessment of Populations of *Vertigo geyeri, Vertigo angustior* and *Vertigo moulinsiana* in Ireland. – Dublin, Ireland (Irish Wildlife Manuals, No. 55. National Parks and Wildlife Service, Department of Arts, Heritage and Gaeltacht), 136 S.

POKRYSZKO, B.M. (1987): On the aphally in the *Vertiginidae* (Gastropoda: Pulmonata: Orthurethra): – Journal of Conchology 32: 365-375.

VON PROSCHWITZ, T. (2010): Faunistical news from the Göteborg Natural History Museum 2009 – snails, slugs and mussels – with some notes on *Pupilla pratensis* (CLESSIN) – a land snail species new to Sweden. – Göteborgs Naturhistoriska Museum Årstryck: 41-62.

SCHENKOVÁ, V., HORSÁK, M., PLESKOVÁ, Z. & PAWLIKOWSKI, P. (2012): Habitat preferences and conservation of *Vertigo geyeri* (Gastropoda: Pulmonata) in Slovakia and Poland. – Journal of Molluscan Studies 78: 105-111.

TURNER, H., KUIPER, J.G.J., THEW, N., BERNASCONI, R., RÜETSCHI, J., WÜTHRICH, M. & GOSTELI, M. (1998): Atlas der Mollusken der Schweiz und Liechtensteins. Fauna Helvetica 2. – Neuchâtel (Centre Suisse de Cartographie de la faune, Schweizerische Entomologische Gesellschaft), 527 S.

Edelkrebs Astacus *astacus* (LINNAEUS 1758)

JOHANNES LIMBERG UND KLAUS FISCHER

Biologie der Art

Astacus astacus wird ab dem dritten bis vierten Lebensjahr geschlechtsreif. Die Paarung der nachtaktiven Tiere erfolgt im Oktober/November bei Wassertemperaturen um 10°C (CUKERZIS 1988, TAUGBOL & SKURDAL 1990). Im Anschluss tritt eine Winterruhe ein, die, in Abhängigkeit von der Wassertemperatur, bis in den März reichen kann (BOHL 1989). Unter idealen Bedingungen (Temperatur, Nahrung) kann ein Weibchen alle 2-3 Jahre (REYNOLDS 2002) bis zu 350 Eier legen (EICHERT & WETZLAR 1988). Diese werden vom Weibchen 7-8 Monate unter dem eingeschlagenen Hinterleib getragen (BOHL 1989). Die Larven schlüpfen im Frühsommer (Juni/Juli) und verbleiben etwa 2 Wochen am Muttertier, bevor sie sich frei bewegen (BOHL 1989). Aufgrund des zügigen Wachstums erfolgen in den ersten Jahren zahlreiche Häutungen (bis zu 8 pro Jahr), während adulte Tiere in der Regel nur einmal pro Jahr ihren Panzer abstreifen (HOLDICH & LOWERY 1988, GIMPEL 2006). Je nach Verfügbarkeit dienen Wasserpflanzen, Insektenlarven, Mollusken, tote Fische und Amphibien als Nahrung (BOHL 1989, DORN & WOJDAK 2004, OLSSON et al. 2008). *A. astacus* erreicht ein Gewicht von 250g (GIMPEL 2006) und kann bis zu 20 Jahre alt werden (EDSMAN et al. 2002).

Verbreitung, Habitatansprüche und Populationsdichte

Das Areal von *A. astacus* erstreckt sich von Westeuropa (Frankreich, Spanien) bis an das Schwarze Meer (Ukraine). Die Nord-Süd-Ausdehnung reicht von Finnland bis Griechenland (EDSMAN et al. 2010). Die Hauptvorkommen liegen zwischen Nordfrankreich, dem Balkan, Weißrussland und Südskandinavien (CUKERZIS 1988). Da ein Großteil der Vorkommen gegen Mitte des vergangenen Jahrhunderts durch eine mit amerikanischen Flusskrebsen eingeschleppte Pilzerkrankung (*Aphanomyces astaci,* „Krebspest") vernichtet wurde (ALDERMAN 1996), beschränken sich die heutigen mitteleuropäischen Bestände auf wenige Inselbiotope abseits der Vorkommen der amerikanischen Flusskrebse (BOHL 1987). *A. astacus* ist in allen Bundesländern vertreten. Die Hauptvorkommen befinden sich heute in den Mittelgebirgslagen Bayerns und Baden-Württembergs. Größere Fließgewässer wie Rhein, Main, Donau und Neckar werden von *A. astacus* nicht mehr besiedelt (TROSCHEL & DEHUS 1993). Als Lebensraum dienen sowohl stehende als auch langsam fließende Gewässer. Wichtige Kriterien für die Habitateignung sind neben der Wasserqualität (biologische Gewässergüte < 2,5) die Wassertemperatur (Optimum 18-22°C), die Leitfähigkeit (51-1843µS) und der Sauerstoffgehalt (> 4,8mg/l; BOHL 1989, TROSCHEL 1997). Weiterhin hängt die Habitatqualität entscheidend vom urbanen Einflussgrad und der Prädatorendichte ab (GHERARDI 2002, SCHULZ et al. 2006). Zu den Fressfeinden zählen Fische (v.a. Aal), zahlreiche Säuger (u.a. Fischotter, Bisam) sowie die Wasseramsel, die sich u.a. von der Krebsbrut ernährt (SOUTY-GROSSET et al. 2006). Als Überträger der „Krebspest“ zählen auch die amerikanischen Krebsarten (v.a. *Orconectes limosus,* RAFINESQUE 1817, *Pacifastacus leniusculus,* DANA, 1852) zu den Feinden von *A. astacus*. Diese gelten zudem aufgrund ihrer vergleichsweise hohen Fruchtbarkeit und Durchsetzungsstärke als direkte Konkurrenten heimischer Arten wie *A. astacus* (GHERARDI 2002, PAGLIANTI & GHERARDI 2004, HARLIOĞLU 2009). In Abhängigkeit von Versteckmöglichkeiten werden in Bächen Populationssdichten von bis zu 5 Individuen pro Ufermeter erreicht (WESTMAN & PURSIAINEN 1982, BOHL 1989, MEIKE 1995, TREFZ & GROß 1996). SCHULZ & SPYKE (1999) ermittelten in Brandenburgischen Seen Dichten von bis zu 11000 Individuen pro Hektar.

A. astacus ist eine an Kaltwasser angepasste Art (LAGERSPETZ & VAINIO 2006). Nach TROSCHEL (1997) beträgt die ideale Wassertemperatur im Sommer 18-22°C. Temperaturen oberhalb von 24°C haben einen negativen Effekt auf die Schlupfrate der Larven (WUTZER 1988). Untersuchungen an der Schwesterart *Astacus leptodactylus* (ESCHSCHOLZ 1823) zeigen, dass Temperaturen oberhalb von 25°C zu Stressreaktionen führen und DNA-Schäden verursachen (MALEV et al. 2010). Ein weiteres Risiko durch den Klimawandel besteht darin, dass mit höheren Temperaturen die Pathogenität von Viren möglicherweise zunimmt (vgl. JIRAVANICHPAISAL et al. 2004)

Aktuelle Untersuchungen lassen keine unmittelbare Gefahr durch steigende Temperaturen erkennen. ZIMMERMANN & PALO (2012) belegen anhand der Analyse von Zeitreihen schwedischer Bestände sogar Gegenteiliges: Milde Wintertemperaturen wirken sich günstig auf die Bestandsentwicklung von *A. astacus* aus. Auch andere Studien können einen signifikant positiven Einfluss der Wintertemperatur auf die Bestandsgröße heimischer Flusskrebspopulationen feststellen (OLSSON et al. 2009, SADYKOVA et al. 2009). ZIMMERMANN & PALO (2012) nehmen an, dass höhere Wintertemperaturen sich günstig auf die Fitness der Weibchen, die Eientwicklung und die Überlebensraten der Larven auswirken. Im Zuge des Klimawandels wird nicht nur mit steigenden Temperaturen, sondern auch mit einer veränderten Niederschlags- und Abflussdynamik gerechnet (LOAICIGA et al. 1996). Mit höheren Abflussraten nimmt das Risiko gegenüber Drift und Auswaschung bei Flusskrebsen erheblich zu (BOHL 1989, NAKATA et al. 2003). Flutereignisse haben eine bestandsreduzierende Wirkung (ROBINSON et al. 2008), erhöhen die Aussterbewahrscheinlichkeit lokaler Populationen (MEYER et al. 2007) und sind besonders schwerwiegend wenn Schutzmöglichkeiten fehlen (PARKYN & COLLIER 2004).

Basierend auf Modellsimulationen, die Zeitreihenanalysen und Klimaprognosen berücksichtigen, erwarten ZIMMERMANN & PALO (2012), dass die nordeuropäischen Flusskrebsbestände unter dem Einfluss des Klimawandels stabil bleiben und allenfalls leicht abnehmen. Hinsichtlich der Entwicklung der mitteleuropäischen Bestände herrscht allerdings aufgrund der generell höheren Temperaturen Unsicherheit. So kann eine temperaturbedingte Abnahme der Bestände nicht ausgeschlossen werden.

PEM- Optionen

Plastizität

Untersuchungen an *A. astacus* belegen, dass die Präferenztemperatur entscheidend durch Akklimatisation beeinflusst werden kann (KIVIVUORI 1994). Ähnliches gilt für die Temperaturlimits oberhalb derer bestimmte Körperfunktionen bei *A. astacus* aussetzen (KIVIVUORI 1980, 1983). Eine hohe plastische Kapazität gegenüber Temperaturen kann BOWLER (1963) auch an der nahe verwandten Art *Austropotamobius pallipes* (LEREBOULLET, 1858) nachweisen. Ihm zufolge kann die letale Maximaltemperatur dieser Art durch Akklimatisation signifikant beeinflusst werden. Trotz dieses erheblichen plastischen Potenzials weist die europäische Art *A. pallipes* gegenüber zahlreichen invasiven Arten eine geringere Temperaturvalenz und Anpassungskapazität gegenüber Hitzestress auf (BOVBJERG 1952, SPOOR 1955, PAGLIANTI & GHERARDI 2004). Möglicherweise gilt dies auch für die Schwesterart *A. astacus,* was allerdings derzeit unbekannt ist.

Evolution

Gegenüber den baltischen weisen die zentraleuropäischen Bestände von *A. astacus* eine sehr geringe genetische Diversität auf (SCHRIMPF et al. 2011). Dies kann einerseits darauf zurückgeführt werden, dass das Baltikum möglicherweise ein glaziales Refugium von *A. astacus* darstellt und im Zuge der Rekolonisierung von Mitteleuropa eine genetische Verarmung eintrat. Andererseits mag die geringe genetische Vielfalt auf Besatzmaßnahmen zurückzuführen sein, wie sie bei *A. astacus* über Jahrzehnte in Mitteleuropa und Deutschland durchgeführt wurden (ALBRECHT 1983, SCHRIMPF et al. 2011). Untersuchungen in Deutschland und Nordeuropa stellen neben einer geringen genetischen Diversität der einzelnen Populationen eine starke geographische Differenzierung (genetisch & morphologisch) fest (FEVOLDEN et al. 1994, EDSMAN et al. 2002, FEVOLDEN & HESSEN 2008, SCHRIMPF et al. 2011). Selbst eng benachbarte Populationen (Distanz < 20 km) unterscheiden sich in ihrem Haplotyp, sind sich allerdings ähnlicher als weiter auseinander gelegene Populationen (SCHULZ 2000, EDSMAN et al. 2002). Innerhalb von Flusssystemen ist eine vergleichsweise geringe Differenzierung der Populationen festzustellen (EDSMAN et al. 2002). Unklarheit herrscht hinsichtlich der Frage, ob die geringe genetische Variation innerhalb der Populationen auf lokale Anpassungsprozesse oder genetische Drift beziehungsweise Inzucht infolge geringer Populationsgrößen zurückzuführen ist (SCHULZ et al. 2004). Es ist allerdings anzunehmen, dass mit zunehmender Fragmentierung und Isolation das Risiko gegenüber stochastischen Aussterbeerscheinungen steigt. Anpassungsprozesse werden zusätzlich durch die Einbringung allochtonen Genmaterials erschwert (SCHULZ 2000, SCHRIMPF et al. 2011).

Mobilität

A. astacus gilt als standorttreue wenig mobile Art, dessen Aktionsradius in der Regel nicht über 100 m hinausreicht (BOHL 1999, HUDINA et al. 2008). Nach HUDINA et al. (2008) erstreckt sich die „Home Range" in einem Bachlauf über eine Länge von ca. 19 m. In populationsbiologischen Untersuchungen kommt BOHL (1989) zu ähnlichen Ergebnissen. Ihm zufolge beträgt die kritische Distanz zwischen Individuen einer Populationen 20-30 m. Oberhalb dieser Distanz, d.h. wenn die Tiere nur noch in größeren Abständen vorkommen, ist mit dem Erlöschen der Bestände zu rechnen. Unter dem Einfluss künstlicher Störungen konnten an einzelnen Exemplaren maximale Wanderdistanzen von bis zu 3 km beobachtet werden (BOHL 1999), sodass von einem Dispersionspotential von mindestens mehreren hundert Metern (Flussauf und -abwärts) auszugehen ist (vgl. SCHÜTZE et al. 1999). Es wird angenommen, dass die räumliche Populationsdynamik durch die strömungsbedingte Drift beeinflusst wird. Anhand der Beobachtung invasiver Arten lässt sich die Besiedlungsgeschwindigkeit von Flusskrebsen einschätzen. Diese beträgt zwischen 0,7 (*P. leniusculus*) und 2 km (*Orconectes rusticus,* GIRAD, 1852) pro Jahr (WILSON et al. 2004, BUBB et al. 2005). Eine natürliche Wiederbesiedlung der meisten Gewässer kann jedoch aufgrund von verbreitet vorkommenden Ausbreitungsbarrieren nahezu ausgeschlossen werden.

Zusammenfassung und Schutzempfehlung

Die Verschlechterung der Wasserqualität, Habitatzerstörung, Prädation durch hohe Raubfischbestände, die Konkurrenz durch allochthone Krebsarten und die Ausbreitung der Krebspest haben zu einem negativen Bestandstrend von *A. astacus* in Deutschland und Europa beigetragen (SCHULZ 2000, GIMPEL 2006, BOHMAN & EDSMAN 2011). So sind BLANKE (1998) zufolge die Bestände in Niedersachsen zwischen 1920 und 1990 um etwa 90% eingebrochen. In Deutschland ist die Art vom Aussterben bedroht (Rote Liste BRD: 1; BINOT et al. 1998). Die größte Gefahr für *A. astacus* besteht nach wie vor durch die Krebspest, deren Ausbreitungsrisiko mit der Etablierung allochthoner Arten zunimmt (GIMPEL 2006). Eine unmittelbare Gefährdung durch den Klimawandel wird weitgehend ausgeschlossen, da von einer relativ hohen plastischen Kapazität gegenüber steigenden Temperaturen auszugehen ist. Um etwaige Risiken zu minimieren, können dennoch gezielte Habitatpflegemaßnahmen empfohlen werden. Durch die Bestockung des Ufers mit Weiden und Erlen wird der Wasserkörper beschattet und eine starke Erwärmung verhindert. Außerdem kann durch Entfesselung der natürlichen Fließdynamik eine erhöhte Tiefen- und Temperaturvarianz innerhalb des Bachbetts erzielt werden. Kolke und Gumpen bieten nicht nur den Vorteil thermischer Trägheit, sondern auch Schutz vor kritischen Sohlspannungen. Mit einer höheren Strukturvielfalt lässt sich eine Heterogenisierung des Strömungsgeschehens erzielen und somit das Risiko gegenüber Auswaschungen minimieren (PARKYN & COLLIER 2004).

Im Hinblick auf den Klimawandel wird der genetische Status langfristig als sehr problematisch betrachtet. Die geringe genetische Varianz, die durch Barrieren bedingte eingeschränkte Mobilität und die Verbreitung allochtonen Genmaterials bieten denkbar schlechte Vorrausetzungen für natürliche Anpassungsprozesse. Das Ermöglichen unbeschränkter Dispersion setzt jedoch einen sorgfältigen Abwägungsprozess voraus, da mit der Beseitigung der Barrieren sich die Krebspest ungehindert ausbreiten kann (GROß 2003, SCHULZ et al. 2004). Alternativ wird die Stabilisierung und Wiederbegründung von Populationen durch Besatzmaßnahmen empfohlen. Dabei sollten sehr hohe Kriterien an die Auswahl geeigneter Gewässer und des Besatzmaterials gelegt werden (FEVOLDEN et al. 1994, GIMPEL & KREMER 2001, SCHULZ et al. 2002, KOZÁK et al. 2011, SCHRIMPF et al. 2011) sowie die einschlägigen fachlichen Richtlinien beachtet werden (IUCN/SSC 2013).

Anschrift der Autoren:

Dipl. Laök. J. Limberg, Prof. Dr. K. Fischer, Tierökologie, Zoologisches Institut und Museum, Universität Greifswald, Johann Sebastian Bach-Str. 11/12, 17487 Greifswald

Literatur

ALBRECHT, H. (1983): Besiedlungsgeschichte und ursprünglich holozäne Verbreitung der europäischen Flußkrebse. – Spixiana 6 (1): 61-77.

ALDERMAN, D.J. (1996): Geographical spread of bacterial and fungal diseases of crustaceans. – Revue Scientifique et Technique (International Office of Epizootics) 15 (2): 603-632.

BLANKE, D. (1998): Flußkrebse in Niedersachsen. – Informationsdienst Naturschutz Niedersachsen 18 (6): 146-174.

BINOT, M., BLESS, R., BOYE, P., GRUTTKE, H. & PRETSCHER, P. (1998): Rote Liste gefährdeter Tiere Deutschlands. – Schriftenreihe für Landschaftspflege und Naturschutz 55, 434 S.

BOHL, E. (1987): Crayfish stock and culture situation in Germany. – Report from the workshop on crayfish culture, 16-19 November (Trondheim): 87-90.

BOHL, E. (1989): Untersuchungen an Flusskrebsbeständen. – Bayrische Landesanstalt für Wasserforschung (München), 237 S.

BOHL, E. (1999): Motion of individual noble crayfish *Astacus astacus* in different biological situations: in situ studies using radio telemetry. – Freshwater Crayfish 12 (58): 677-687.

BOHMAN, P. & EDSMAN, L. (2011): Status, management and conservation of crayfish in Sweden: Results and the way forward. – Freshwater Crayfish 18: 19-26.

BOVBJERG, R.V. (1952): Comparative ecology and physiology of the crayfish, *Orconectes propinquus* and *Cambarus fodiens*. – Physiological Zoology 25 (1): 34-56.

BOWLER, K. (1963): A study of the factors involved in acclimatization to temperature and death at high temperatures in *Astacus pallipes*. I. Experiments on intact animals. – Journal of Cellular and Comparative Physiology 62 (2): 119-132.

BUBB, D.H., THOM, T.J. & LUCAS, M.C. (2005): The within-catchment invasion of the non-indigenous signal crayfish *Pacifastacus leniusculus* (DANA), in upland rivers. – Bulletin Francais de la Peche et de la Pisciculture 376-377 (1-2): 665-673.

CUKERZIS, J.M. (1988): *Astacus astacus* in Europe. - In: HOLDICH, D. M. & LOWERY, R. S.: Freshwater crayfish biology, management and exploitation. – London & Sydney (Croom Helm): 309-340.

DORN, N. & WOJDAK, J. (2004): The role of omnivorous crayfish in littoral communities. – Oecologia 140 (1): 150-159.

EDSMAN, L., FARRIS, J.S., KÄLLERSJÖ, M. & PRESTEGAARD, T. (2002): Genetic differentiation between noble crayfish, *Astacus astacus* (L.), populations detected by microsatellite length variation in the rDNA ITS1 region. – Bulletin Francais de la Peche et de la Pisciculture 367: 691-706.

EDSMAN, L., FÜREDER, L., GHERARDI, F. & SOUTY-GROSSET, C. (2010): *Astacus astacus*. – In: IUCN (2011): IUCN Red List of Threatened Species. Version 3.1. – International Union for Conservation and Nature. – URL: www.iucnredlist.org (eingesehen am 22.02.2013).

EICHERT, R. & WETZLAR, H.J. (1988): Die zehnfüßigen Süßwasserkrebse Mitteleuropas. – Tübingen (Regierungspräsidium Tübingen), 28 S.

FEVOLDEN, S.E. & HESSEN, D.O. (2008): Morphological and genetic differences among recently founded populations of noble crayfish (*Astacus astacus*). – Hereditas 110 (2): 149-158.

FEVOLDEN, S.E., TAUGBØL, T. & SKURDAL, J. (1994): Allozymic variation among populations of noble crayfish, *Astacus astacus* L., in southern Norway: implications for management. – Aquaculture Research 25 (9): 927-935.

GHERARDI, F. (2002): Behaviour. - In: HOLDICH, D.M. (Eds.): Biology of Freshwater Crayfish. – Oxford (Blackwell Science Ltd): 258-289.

GIMPEL, K. (2006): Landesweites Artengutachten für den Edelkrebs *Astacus astacus* LINNAEUS, 1758. – Marburg (Hessen-Forst, FIV), 76 S.

GIMPEL, K. & KREMER, M. (2001): Entwicklung eines Artenschutzkonzeptes für den Edelkrebs (*Astacus astacus* L.) im Hessischen Teil des Biosphärenreservates Rhön. – Jahrbuch Naturschutz in Hessen (Zierenberg) 6: 25-27.

GROß, H. (2003): Lineare Durchgängigkeit von Fließgewässern – ein Risiko für Reliktvorkommen des Edelkrebses (*Astacus astacus*)? – Natur und Landschaft 78 (1): 33-35.

HARLIOĞLU, M.M. (2009): A comparison of the growth and survival of two freshwater crayfish species, *Astacus leptodactylus* ESCHSCHOLTZ and *Pacifastacus leniusculus* (DANA), under different temperature and density regimes. – Aquaculture International 17 (1): 31-43.

HOLDICH, D.M. & LOWERY, R.S. (1988): Freshwater Crayfish, Biology, Management and Exploitation. – London & Sydney (Croom Helm), 489 S.

HUDINA, S., MAGUIRE, I. & KLOBUČAR, G.I.V. (2008): Spatial dynamics of the noble crayfish (*Astacus astacus*, L.) in the Paklenica National Park. – Knowledge and Management of Aquatic Ecosystems 388: 1-12.

IUCN/SSC (2013): Guidelines for reintroductions and other conservation translocations. Version 1.0. – Gland, 34 S.

KIVIVUORI, L. (1980): Effects of temperature and temperature acclimation on the motor and neural functions in the crayfish *Astacus astacus* L. – Comparative Biochemistry and Physiology Part A 65 (3): 297-304.

KIVIVUORI, L. (1983): Temperature acclimation of walking in the crayfish *Astacus astacus* L. – Comparative Biochemistry and Physiology Part A 75 (3): 375-378.

KIVIVUORI, L. (1994): Temperature selection behaviour of cold-and warm-acclimated crayfish *Astacus astacus* (L.). – Journal of Thermal Biology 19 (5): 291-297.

KOZÁK, P., FÜREDER, L., KOUBA, A., REYNOLDS, J. & SOUTY-GROSSET, C. (2011): Current conservation strategies for European crayfish. – Knowledge and Management of Aquatic Ecosystems 401 (1), 8 S.

LAGERSPETZ, K.Y. & VAINIO, L.A. (2006): Thermal behaviour of crustaceans. – Biological Reviews 81 (2): 237-258.

LOAICIGA, H.A., VALDES, J.B., VOGEL, R., GARVEY, J. & SCHWARZ, H. (1996): Global warming and the hydrologic cycle. – Journal of Hydrology 174 (1): 83-127.

MALEV, O., SRUT, M., MAGUIRE, I., STAMBUK, A., FERRERO, E.A., LORENZON, S. & KLOBUČAR IV, G. (2010): Genotoxic, physiological and immunological effects caused by temperature increase, air exposure or food deprivation in freshwater crayfish *Astacus leptodactylus*. – Comparative Biochemistry and Physiology Part C 152 (4): 433-443.

MEIKE, E. (1995): Der Edelkrebs (*Astacus astacus* L.) im nördlichen Fichtelgebirge. Populationsparameter, Fortpflanzungszyklus und die Beziehung zur Gattung *Branchiobdella*. – Bayreuth (Universität Bayreuth – Diplomarbeit), 127 S.

MEYER, K.M., GIMPEL, K. & BRANDL, R. (2007): Viability analysis of endangered crayfish populations. – Journal of Zoology 273(4): 364-371.

NAKATA, K., HAMANO, T., HAYASHI, K.-I. & KAWAI, T. (2003): Water velocity in artificial habitats of the Japanese crayfish *Cambaroides japonicus*. – Fisheries Science 69 (2): 343-347.

NYSTRÖM, P. (2002): Ecology. – In: HOLDICH, D.M. (Eds.): Biology of Freshwater Crayfish. – Oxford (Blackwell Science Ltd): 192-235.

OLSSON, K.O.K., GRANÉLI, W.G.W., RIPA, J.R.J. & NYSTRÖM, P.N.P. (2009): Fluctuations in harvest of native and introduced crayfish are driven by temperature and population density in previous years. – Canadian Journal of Fisheries and Aquatic Sciences 67 (1): 157-164.

OLSSON, K.O.K., NYSTRÖM, P.N.P., STENROTH, P.S.P., NILSSON, E.N.E., SVENSSON, M.S.M. & GRANÉLI, W.G.W. (2008): The influence of food quality and availability on trophic position, carbon signature, and growth rate of an omnivorous crayfish. – Canadian Journal of Fisheries and Aquatic Sciences 65 (10): 2293-2304.

PAGLIANTI, A. & GHERARDI, F. (2004): Combined effects of temperature and diet on growth and survival of young-of-year crayfish: a comparison between indigenous and invasive species. – Journal of Crustacean Biology 24 (1): 140-148.

PARKYN, S.M. & COLLIER, K.J. (2004): Interaction of press and pulse disturbance on crayfish populations: flood impacts in pasture and forest streams. – Hydrobiologia 527 (1): 113-124.

REYNOLDS, J.D. (2002): Growth and reproduction. - In: HOLDICH, D.M. (Eds.): Biology of Freshwater Crayfish. – Oxford (Blackwell Science Ltd): 152-191.

SADYKOVA, D., SKURDAL, J., SADYKOV, A., TAUGBØL, T. & HESSEN, D.O. (2009): Modelling crayfish population dynamics using catch data: a size-structured model. – Ecological Modelling 220 (20): 2727-2733.

SCHRIMPF, A., SCHULZ, H.K., THEISSINGER, K., PÂRVULESCU, L. & SCHULZ, R. (2011): The first large-scale genetic analysis of the vulnerable noble crayfish *Astacus astacus* reveals low haplotype diversity in central European populations. – Knowledge and Management of Aquatic Ecosystems 401 (35), 14 S.

SCHULZ, H.K., ŚMIETANA, P. & SCHULZ, R. (2004): Assessment of DNA variations of the noble crayfish (*Astacus astacus* L.) in Germany and Poland using Inter-Simple Sequence Repeats (ISSRs). – Bulletin Francais de la Peche et de la Pisciculture 372-373 (1-2): 387-399.

SCHULZ, H.K., ŚMIETANA, P. & SCHULZ, R. (2006): Estimating the human impact on populations of the endangered noble crayfish (ASTACUS ASTACUS L.) in north-western Poland. – Aquatic Conservation: Marine and Freshwater Ecosystems 16 (3): 223-233.

SCHULZ, R. (2000): Status of the noble crayfish *Astacus astacus* (L.) in Germany: monitoring protocol and the use of RAPD markers to assess the genetic structure of populations. – Bulletin Francais de la Peche et de la Pisciculture 356: 123-138.

SCHULZ, R. & SPYKE, J. (1999): Freshwater crayfish populations *Astacus astacus* (L.) in Northeast Brandenburg (Germany): analysis of genetic structure using RAPD-PCR. – Freshwater Crayfish 12 (32): 387-395.

SCHULZ, R., STUCKI, T. & SOUTY-GROSSET, C. (2002): Roundtable session 4a: management: reintroductions and restocking. – Bulletin Francais de la Peche et de la Pisciculture 367: 917-922.

SCHÜTZE, S., STEIN, H. & BORN, O. (1999): Radio telemetry observations on migration and activity patterns of restocked noble crayfish *Astacus astacus* (L.) in the small River Sempt, north-east of Munich, Germany. – Freshwater Crayfish 12 (59): 688-695.

SOUTY-GROSSET, C., HOLDICH, D.M., NOEL, P.Y., REYNOLDS, J.D. & HAFFNER, P. (2006): Atlas of Crayfish in Europe. – Paris (Museum National d'Histoire Naturelle) 64, 187 S.

SPOOR, W.A. (1955): Loss and gain of heat-tolerance by the crayfish. – In: BOWLER, K. (2005): A Study of the factors involved in acclimatization to temperature and death at high temperatures in ASTACUS PALLIPES – Journal of cellular and comparative physiology 62 (2): 119-132.

TAUGBOL, T. & SKURDAL, J. (1990): Reproduction, molting and mortality of female noble crayfish, *Astacus astacus* (L., 1758), from five Norwegian populations subjected to indoor culture conditions (Decapoda, Astacoidea). – Crustaceana 58 (2): 113-123.

TREFZ, B. & GROß, H. (1996): Populationsökologische Untersuchung zweier Edelkrebsvorkommen *Astacus astacus* (LINNAEUS, 1758) als Grundlage für den Artenschutz. – Natur und Landschaft 71 (10): 423-429.

TROSCHEL, H.J. (1997): In Deutschland vorkommende Flusskrebsarten. Biologie, Verbreitung und Bestimmungsmerkmale. – Fischer & Teichwirt 9: 370-376.

TROSCHEL, H.J. (2003): *Astacus astacus* (LINNAEUS, 1758). – In: PETERSEN, B., ELLWANGER, G., BIEWALD, G., HAUKE, U., LUDWIG, G., PRETSCHER, P., SCHRÖDER, E. & SSYMANK, A. (Bearb.): Das europäische Schutzgebietssystem Natura 2000. Ökologie und Verbreitung von Arten der FFH-RL in Deutschland. Pflanzen und Wirbellose. – Schriftenreihe für Landschaftspflege und Naturschutz 69 (1): 717-721.

TROSCHEL, H.J. & DEHUS, P. (1993): Distribution of crayfish species in the Federal Republic of Germany, with special reference to *Austropotamobius pallipes*. – Freshwater Crayfish 9 (46): 390-398.

WESTMAN, K. & PURSIAINEN, M. (1982): Size and structure of crayfish (*Astacus astacus)* populations in different habitats in Finland. – Hydrobiologia 86 (1): 67-72.

WILSON, K.A., MAGNUSON, J.J., LODGE, D.M., HILL, A.M., KRATZ, T.K., PERRY, W.L. & WILLIS, T.V. (2004): A long-term rusty crayfish (*Orconectes rusticus*) invasion: dispersal patterns and community change in a north temperate lake. – Canadian Journal of Fisheries and Aquatic Sciences 61 (11): 2255-2266.

WUTZER, R. (1988): Erfahrungen mit der Krebshaltung. – Fischer & Teichwirt 9: 263-265.

ZIMMERMANN, J.K.M. & PALO, R.T. (2012): Time series analysis of climate-related factors and their impact on a red-listed noble crayfish population in northern Sweden. – Freshwater Biology 57 (5): 1031-1041.

Steinkrebs *Austropotamobius torrentium* (SCHRANK 1803)

JOHANNES LIMBERG und KLAUS FISCHER

Biologie der Art

Die Geschlechtsreife von *Austropotamobius torrentium* tritt nach zwei bis vier Jahren ein. Die Begattung erfolgt im Herbst (Oktober/November) bei Wassertemperaturen unter 12°C (BOHL 1989). Das Weibchen legt in Abhängigkeit von seiner Größe zwischen 20 und 150 Eier, die unter dem Abdomen getragen werden (LAURENT 1988, BOHL 1989, HUBENOVA et al. 2010). Im Herbst (November) treten die Tiere in Winterruhe, die bis zum Februar/März beibehalten wird (TROSCHEL et al. 1995, MAGUIRE & KLOBUČAR 2011). Die Larven schlüpfen im Mai/Juni und verbleiben noch etwa 2 Wochen am Muttertier (BOHL 1989). Aufgrund des raschen Wachstums erfolgen im ersten Lebensjahr zahlreiche Häutungen (bis zu 10 pro Jahr). Im fortgeschrittenen Alter häuten sich die Tiere nur 1-2-mal pro Jahr (BOHL 1989). Während des Häutungsvorgangs reagieren die Tiere sehr empfindlich auf Schwankungen der Temperatur und des Sauerstoffgehaltes (BOHL 1989). Die maximale Lebenserwartung schätzt TROSCHEL (2003) auf 12 Jahre. Als der kleinste europäische Flusskrebs erreicht *A. torrentium* ein Maximalgewicht von 55 g (MAGUIRE et al. 2002). Das weit gefächerte Nahrungsspektrum umfasst Wasserpflanzen, Insekten-(Larven), Mollusken und (i.d.R tote) Fische und Amphibien (BOHL 1989, RENZ & BREITHAUPT 2000).

Verbreitung, Habitatansprüche und Populationsdichte

Das Verbreitungsgebiet von *A. torrentium* erstreckt sich als schmaler Gürtel diagonal durch Europa. Die nordwestliche Arealgrenze bildet das deutsche Rheineinzugsgebiet. Im Südosten wird das Areal durch das Schwarze Meer (Türkei) und das Mittelmeer (Griechenland, Jugoslawien) begrenzt (HOLDICH 2002, MACHINO & FÜREDER 2005). In Deutschland tritt der Steinkrebs vor allem in den höheren Regionen Süddeutschlands (Bayern, Baden Württemberg) im Einzugsbereich von Rhein und Donau auf. Einzelne Vorkommen sind für Hessen, Rheinland-Pfalz, das Saarland, Sachsen-Anhalt und Thüringen belegt (GIMPEL & HUGO 2005). *A. torrentium* bevorzugt als Lebensraum kleinere Fließgewässer, die eine hohe Breiten- und Tiefenvarianz und ein heterogenes Strömungsbild aufweisen (BOHL 1989, PÖCKL & STREISSL 2005, VLACH et al. 2009). Daneben kann die Art auch in Weihern und Seen auftreten. Entscheidende Kriterien sind eine gute Wasserqualität (biologische Gewässergüte < 2,5), die Temperatur (Sommermaximum unterhalb 20-22°C), der Sauerstoffgehalt (> 4,1mg/l), die Leitfähigkeit (56-1064µS) und genügend Strukturelemente, die als Versteckmöglichkeit dienen können (BOHL 1989, TROSCHEL 1997, STREISSL & HÖDL 2002). Nach LEUPOLD (1988) wirkt sich ein Ufergehölzsaum positiv auf den Krebsbestand aus (Erosionsschutz, Blätter als Nahrung, Beschattung). *A. torrentium* erreicht Bestandsdichten von 0,1 bis 13 Individuen pro Ufermeter (LEUPOLD 1988, TROSCHEL 1990, FISCHER et al. 2004, VLACH et al. 2009). Nach BOHL (1989) können die einzelnen Bestände einige hundert bis mehrere tausend Individuen umfassen. Als Fressfeinde zählen vor allem Fische (v.a. Aal) und Säuger (u.a. Fischotter, Bisam; LEUPOLD 1988). Die amerikanischen Flusskrebsarten (*Orconectes limosus*, *O. immunis* HAGEN, 1870, *Pacifastus liniuculus* DANA, 1852, *Provambus clarkii* GIRARD, 1852) stellen als Überträger der Krebspest (*Aphanomyces astaci*) eine große Gefahr für die heimischen Krebs-Arten dar. Darüber hinaus gelten sie gegenüber den heimischen Arten als vergleichsweise fruchtbar und durchsetzungsstark (VORBURGER & RIBI 2001, GHERARDI et al. 2002, HUBER & SCHUBART 2005). Im Gegensatz zum Edelkrebs (*Astacus astacus* LINNAEUS, 1758) leidet der Steinkrebs gegenwärtig vergleichsweise wenig unter dem Einfluss der allochtonen Arten, da sich die Lebensräume weniger stark überschneiden. So tritt der der Steinkrebs als einziger Flusskrebs überwiegend im Rithral der Fließgewässer auf (DEHUS 1997).

Das Temperaturoptimum der an Kaltwasser angepassten Art liegt zwischen 14-18°C. Temperaturen oberhalb 23°C werden von *A. torrentium* nur über kurze Zeiträume toleriert (CHUCHOLL & DEHUS 2011). Laboruntersuchungen an *A. torrentium* und *Austropotamobius pallipes* (LEREBOULLET, 1858) belegen, dass geringe Temperaturerhöhungen oberhalb der Idealtemperatur eine Verzögerung des Schlupfzeitpunkts und einen verringerten Schlupferfolg zur Folge haben (RHODES 1981, PAGLIANTI & GHERARDI 2004). In diesem Zusammenhang sei auf Untersuchungen der ebenfalls heimischen Art *Astacus leptodactylus* (ESCHSCHOLZ. 1823) verwiesen die zeigen, dass Temperaturen oberhalb 25°C zu Stressreaktionen führen und DNA-Schäden verursachen (MALEV et al. 2010). Demgegenüber stellt PRATTEN (2006) an der Schwesterart *A. pallipes* fest, dass kurzfristige Temperaturerhöhungen, bedingt durch sommerliche Hitzeperioden, sich positiv auf das Wachstum auswirken können.

Im Zuge des Klimawandels wird mit einer veränderten Niederschlags- und Abflussdynamik gerechnet (LOAICIGA et al. 1996). Mit höheren Abflussraten nimmt das Risiko gegenüber Drift und Auswaschung bei Flusskrebsen erheblich zu (BOHL 1989, NAKATA et al. 2003). Die Flutereignisse haben eine bestandsreduzierende Wirkung (ROBINSON et al. 2008), erhöhen die Aussterbewahrscheinlichkeit lokaler Populationen (MEYER et al. 2007) und sind besonders schwerwiegend wenn Schutzmöglichkeiten fehlen (PARKYN & COLLIER 2004). Aufgrund der Anpassung an hohe Strömungsgeschwindigkeiten (bis 5 m/s; STREISSL & HÖDL 2002) ist das Auswaschungsrisiko von *A. torrentium* gegenüber anderen Flusskrebsarten (z.B. *A. astacus*) vermutlich geringer. Auch längere Trockenphasen können eine Gefahr für Steinkrebsbestände darstellen (MARTINEZ et al. 2003, RENAI et al. 2006).

PEM- Optionen

Plastizität

Für *A. torrentium* existieren keinerlei Untersuchungen, die die plastische Thermalkapazität zum Gegenstand haben, weshalb auf Studien anderer heimischer Arten verwiesen werden soll. Sowohl BOWLER (1963) als auch GLADWELL et al. (1976) bescheinigen der Schwesterart *A. pallipes* (LEREBOULLET, 1858) eine hohe Plastizität gegenüber hohen Temperaturen. Sie stellten fest, dass die Hitzetoleranz durch Akklimatisation entscheidend beeinflusst wird. Untersuchungen an *A. astacus* belegen, dass die Präferenztemperatur ebenfalls von der Akklimatisationstemperatur abhängt (KIVIVUORI 1994). Ähnliches gilt für die Temperaturlimits oberhalb derer bestimmte Körperfunktionen bei *A. astacus* aussetzen (KIVIVUORI 1980, 1983). Im direkten Vergleich weist *A. pallipes* gegenüber zahlreichen invasiven Arten eine geringere Temperaturvalenz und Anpassungskapazität gegenüber Hitzestress auf (BOVBJERG 1952, SPOOR 1955, PAGLIANTI & GHERARDI 2004).

Evolution

Als einzige europäische Flusskrebsart ist *A. torrentium,* aufgrund der geringen ökonomischen Bedeutung, innerhalb Europas nie in großem Maßstab verschleppt worden (ALBRECHT 1983). Dieser Umstand prädestiniert die Art für phylogenetische und phylogeographische Untersuchungen. Die vergleichsweise hohe genetische Diversität südosteuropäischer Populationen lässt auf ein glaziales Refugium der Art im Balkan schließen (TRONTELJ et al. 2005). Die geringe Diversität der nordalpinen Populationen wird auf die rasche, mit Gründereffekten verbundene Wiederbesiedlung während des Postglazials zurückgeführt (TRONTELJ et al. 2005, SCHUBART & HUBER 2006). Eine auffallende genetische Vielfalt alpiner Populationen lassen TRONTELJ et al. (2005) vermuten, dass es sich hierbei um glaziale „Mikrorefugien" handelt. Die Fähigkeit der Art, über einen längeren Zeitraum in derartigen Refugien zu überleben, setzt eine hohe Anpassungskapazität voraus. Für verschiedene Arten der Gattung *Austropotamobius* (*A. torrentium, A. pallipes, A. italicus* FAXON, 1914) stellten SANTUCCI et al. (1997) fest, dass in anthropogen geprägten Gegenden die genetische Diversität innerhalb der Populationen besonders gering ist. Die Ergebnisse der Untersuchung legen nahe, dass diese Populationen aufgrund der räumlichen Fragmentierung und der geringen effektiven Populationsgröße (infolge Habitatverlust, Verschmutzung, Krankheiten, etc.) in besonderem Maße Effekten wie Gendrift und Inzucht unterliegen (s.a. GOUIN et al. 2006) und somit über eine verminderte Anpassungskapazität gegenüber kurzfristigen Umweltveränderungen verfügen.

Mobilität

Ältere Untersuchungen bescheinigen *A. torrentium* eine enorme ortstreue und ein geringes Dispersionspotential (BOHL 1989, RENZ 1998). Neuere Untersuchungen an eng verwandten Flusskrebsarten legen jedoch nahe, dass das tatsächliche Dispersionspotential von *A. torrentium* bislang unterschätzt wurde. Anhand radiotelemetrischer Untersuchungen an *A. pallipes* konnten mittlere Wanderdistanzen zwischen 1,7 und 6 m pro Tag ermittelt werden (GHERARDI et al. 1998, ARMITAGE 2000, ROBINSON et al. 2000, BUBB et al. 2006). Das Dispersionspotential von *A. pallipes* schätzen GOUIN et al. (2002) auf der Basis populationsgenetischer Untersuchungen auf 3000 m. Dass Flusskrebse dazu in der Lage sind, Distanzen von mehreren Kilometern (bis zu 3 km) innerhalb weniger Wochen zu überwinden, bestätigen Untersuchungen an der eng verwandten Art *Astacus astacus* (BOHL 1999, SCHÜTZE et al. 1999). Obwohl die Distanz und die Frequenz der Bewegung nicht von der Fließrichtung abhängt (GHERARDI et al. 1998, SCHÜTZE et al. 1999) wird angenommen, dass die räumliche Populationsdynamik durch die strömungsbedingte Drift beeinflusst wird. Die Beobachtung invasiver Arten ermöglicht eine Einschätzung der Besiedlungsgeschwindigkeit von Flusskrebsen. Diese beträgt zwischen 0,7 (*Pacifastus leniusculus*) und 2 km (*Orconectes rusticus,* GIRAD, 1852) pro Jahr (WILSON et al. 2004, BUBB et al. 2005). Vergleichende Untersuchungen von *A. torrentium* und *P. leniusculus* legen nahe, dass die Dispersionsgeschwindigkeit von *A. torrentium* etwas geringer ist (BUBB et al. 2006). Eine natürliche Wiederbesiedlung von Gewässern kann aufgrund der zahlreichen Ausbreitungsbarrieren weitgehend ausgeschlossen werden.

Zusammenfassung und Schutzempfehlung

In den meisten europäischen Ländern, so auch in Deutschland, ist *A. torrentium* im Rückgang begriffen (FÜREDER et al. 2010). In Deutschland gilt die Art als stark gefährdet (Rote Liste BRD: 2; BINOT et al. 1998). Als wesentliche Ursachen werden die anthropogene Veränderung des Lebensraumes (z.B. Ufer- und Querverbau), Gewässerverschmutzung (Nährstoffe, Pestizide), der Über- und Fehlbesatz mit Fischen sowie die Krebspest genannt (GIMPEL & HUGO 2005). Es ist nicht damit zu rechnen, dass sich die Gefährdungsposition von *A. torrentium* durch den Klimawandel unmittelbar verschärft. Steigende Temperaturen dürften der als sehr plastisch eingeschätzten Art eher geringe Schwierigkeiten bereiten, während ein zunehmendes Risiko durch eine veränderte Niederschlags- und Abflussdynamik auf lokaler Ebene nicht ausgeschlossen werden kann. Durch Renaturierungsmaßnahmen kann das Risiko gegenüber Auswaschungen minimiert werden: Eine höhere Strukturvielfalt trägt zu einer Heterogenisierung des Strömungsgeschehens bei. Kolke und Gumpen bieten nicht nur Schutz vor kritischen Sohlspannungen, sondern auch den Vorteil thermischer Trägheit (in Hitzeperioden). Ein Ufergehölzsaum bietet neben zahlreichen günstigen Eigenschaften (z.B. Erosionsschutz, Verstecke am Wurzelfuß) eine Beschattung (Abkühlung) des Wasserkörpers.

Im Hinblick auf den Klimawandel wird der genetische Status langfristig als sehr problematisch betrachtet. Die geringe genetische Varianz und die durch Barrieren bedingt eingeschränkte Mobilität bieten denkbar schlechte Vorrausetzungen für natürliche Anpassungsprozesse. Das Ermöglichen unbeschränkter Dispersion setzt einen sorgfältigen

Abwägungsprozess voraus, da mit der Beseitigung der Barrieren sich die Krebspest ungehindert ausbreiten kann (GROß 2003, SCHULZ et al. 2004). Alternativ wird die Stabilisierung und Wiederbegründung von Populationen durch Besatzmaßnahmen empfohlen. Dabei sollten sehr hohe Kriterien an die Auswahl geeigneter Gewässer und das Besatzmaterial gelegt werden (FEVOLDEN et al. 1994, GIMPEL & KREMER 2001, SCHULZ et al. 2002, KOZÁK et al. 2011, SCHRIMPF et al. 2011) sowie die fachlichen Richtlinien beachtet werden (IUCN/SSC 2013).

Anschrift der Autoren:

Dipl. Laök. J. Limberg, Prof. Dr. K. Fischer, Tierökologie, Zoologisches Institut und Museum Universität Greifswald, Johann Sebastian Bach-Str. 11/12, 17487 Greifswald

Literatur

ALBRECHT, H. (1983): Besiedlungsgeschichte und ursprünglich holozäne Verbreitung der europäischen Flußkrebse. – Spixiana 6 (1): 61-77.

ARMITAGE, V. (2000): Observations of radio tracked crayfish (*Austropotamobius pallipes*) in a northern British river. – In: ROGERS, D. & BRICKLAND, J. (Eds.): Crayfish Conference LeHrsg. Environment Agency: 63-69.

BINOT, M., BLESS, R., BOYE, P., GRUTTKE, H. & PRETSCHER, P. (1998): Rote Liste gefährdeter Tiere Deutschlands. – Schriftenreihe für Landschaftspflege und Naturschutz 55, 434 S.

BOHL, E. (1989): Untersuchungen an Flusskrebsbeständen. – München (Bayrische Landesanstalt für Wasserforschung), 237 S.

BOHL, E. (1999): Motion of individual noble crayfish *Astacus astacus* in different biological situations: in situ studies using radio telemetry. – Freshwater Crayfish 12 (58): 677-687.

BOVBJERG, R.V. (1952): Comparative ecology and physiology of the crayfish, *Orconectes propinquus* and *Cambarus fodiens*. – Physiological Zoology 25 (1): 34-56.

BOWLER, K. (1963): A study of the factors involved in acclimatization to temperature and death at high temperatures in *Astacus pallipes*. I. Experiments on intact animals. – Journal of Cellular and Comparative Physiology 62 (2): 119-132.

BUBB, D.H., THOM, T.J. & LUCAS, M.C. (2005): The within-catchment invasion of the non-indigenous signal crayfish *Pacifastacus leniusculus* (DANA), in upland rivers. – Bulletin Francais de la Peche et de la Pisciculture 376-377 (1-2): 665-673.

BUBB, D.H., THOM, T.J. & LUCAS, M.C. (2006): Movement, dispersal and refuge use of co-occurring introduced and native crayfish. – Freshwater Biology 51 (7): 1359-1368.

CHUCHOLL, C. & DEHUS, P. (2011): Flusskrebse in Baden-Württemberg. – Langenargen (Fischereiforschungsstelle Baden-Württemberg), 92 S.

DEHUS, P. (1997): Flußkrebse in Baden-Württemberg, Gefährdung und Schutz. – Information der Fischereiforschungsstelle des Landes Baden-Württemberg, 2. Aufl., Aulendorf (Staatliche Lehr- und Versuchsanstalt), 26 S.

FEVOLDEN, S.E., TAUGBØL, T. & SKURDAL, J. (1994): Allozymic variation among populations of noble crayfish, *Astacus astacus* L., in southern Norway: implications for management. – Aquaculture Research 25 (9): 927-935.

FISCHER, D., BÁDR, V., VLACH, P. & FISCHEROVÁ, J. (2004): New knowledge about distribution of the stone crayfish in the Czech Republic. – Živa 52: 79-81.

FÜREDER, L., GHERARDI, F. & SOUTY-GROSSET, C. (2010): *Austropotamobius torrentium*. – In: IUCN (2012): IUCN Red List of Threatened Species. Version 2012.2. – International Union for Conservation and Nature. – URL: www.iucnredlist.org (eingesehen am 18 March 2013).

GHERARDI, F., BARBARESI, S. & VILLANELLI, F. (1998): Movement patterns of the white-clawed crayfish, *Austropotamobius pallipes*, in a Tuscan stream. – Journal of Freshwater Ecology 13 (4): 413-424.

GHERARDI, F., SMIETANA, P. & LAURENT, P. (2002): Roundtable session 2b: National interactions between non-indigenous and indigenous crayfish species. – Bulletin Francais de la Peche et de la Pisciculture 75 (367): 899-907.

GIMPEL, K. & HUGO, R. (2005): Landesweites Artengutachten für den Steinkrebs *Austropotamobius torrentium* SCHRANK, 1803. – Bürogemeinschaft für Fisch- und Gewässerökologische Studien (BFS) & Büro für Integrierte Geographische Informationssysteme (GISline), 52 S.

GIMPEL, K. & KREMER, M. (2001): Entwicklung eines Artenschutzkonzeptes für den Edelkrebs (*Astacus astacus* L.) im Hessischen Teil des Biosphärenreservates Rhön. – Jahrbuch Naturschutz in Hessen (Zierenberg) 6: 25-27.

GLADWELL, R.T., BOWLER, K. & DUNCAN, C.J. (1975): Heat death in the crayfish *Austropotamobius pallipes* - ion movements and their effects on exitable tissues during heat death. – Journal of Thermal Biology 1: 79-94.

GOUIN, N., GRANDJEAN, F. & SOUTY-GROSSET, C. (2006): Population genetic structure of the endangered crayfish *Austropotamobius pallipes* in France based on microsatellite variation: biogeographical inferences and conservation implications. – Freshwater Biology 51 (7): 1369-1387.

GOUIN, N., SOUTY-GROSSET, C., ROPIQUET, A. & GRANDJEAN, F. (2002): High dispersal ability of *Austropotamobius pallipes* revealed by microsatellite markers in a French brook. – Bulletin Francais de la Peche et de la Pisciculture 367: 681-689.

GROß, H. (2003): Lineare Durchgängigkeit von Fließgewässern - ein Risiko für Reliktvorkommen des Edelkrebses (*Astacus astacus*)? – Natur und Landschaft 78 (1): 33-35.

HOLDICH, D.M. (2002): Distribution of crayfish in Europe and some adjoining countries. – Bulletin Francais de la Peche et de la Pisciculture 75 (367): 611-650.

HUBENOVA, T., VASILEVA, P. & ZAIKOV, A. (2010): Fecundity of stone crayfish *Austropotamobius torrentium* from two different populations in Bulgaria. – Bulgarian Journal of Agricultural Science 16 (3): 387-393.

HUBER, M.G.J. & SCHUBART, C.D. (2005): Distribution and reproductive biology of *Austropotamobius torrentium* in Bavaria and documentation of a contact zone with the alien crayfish *Pacifastacus leniusculus*. – Bulletin Francais de la Peche et de la Pisciculture 376-377 (1-2): 759-776.

IUCN/SSC (2013): Guidelines for reintroductions and other conservation translocations. Version 1.0. – Gland, 34 S.

KIVIVUORI, L. (1980): Effects of temperature and temperature acclimation on the motor and neural functions in the crayfish *Astacus astacus* L. – Comparative Biochemistry and Physiology Part A 65 (3): 297-304.

KIVIVUORI, L. (1983): Temperature acclimation of walking in the crayfish *Astacus astacus* L. – Comparative Biochemistry and Physiology Part A 75 (3): 375-378.

KIVIVUORI, L. (1994): Temperature selection behaviour of cold-and warm-acclimated crayfish *Astacus astacus* (L.) – Journal of Thermal Biology 19 (5): 291-297.

KOZÁK, P., FÜREDER, L., KOUBA, A., REYNOLDS, J. & SOUTY-GROSSET, C. (2011): Current conservation strategies for European crayfish. – Knowledge and Management of Aquatic Ecosystems 401 (1): 1-8.

LAURENT, P.J. (1988): *Austropotamobius pallipes* and *A. torrentium,* with observations on their interactions with other species in Europe. – In: HOLDICH, D.M. & LOWERY, R.S. (Eds.): Freshwater Crayfish: Biology, Management & Exploitation. – Cambridge (University Press): 341-364.

LEUPOLD, R. (1988): Der Steinkrebs - Populationsanalyse eines Bestandes. Darstellung der Einflussgrößen auf die Lebensbedingungen und Ableitung einer Artenschutzkonzeption. – Freising (FH Weihenstephan – Diplomarbeit), 97 S.

LOAICIGA, H.A., VALDES, J.B., VOGEL, R., GARVEY, J. & SCHWARZ, H. (1996): Global warming and the hydrologic cycle. – Journal of Hydrology 174 (1): 83-127.

MACHINO, Y. & FÜREDER, L. (2005): How to find a stone crayfish *Austropotamobius torrentium* (SCHRANK, 1803): a biogeographic study in Europe. – Bulletin Francais de la Peche et de la Pisciculture 376-377 (1-2): 507-577.

MAGUIRE, I., ERBEN, R., KLOBUČAR, G.I.V. & LAJTNER, J. (2002): Year cycle of *Austropotamobius torrentium* (SCHRANK) in streams on Medvednica mountain (Croatia). – Bulletin Francais de la Peche et de la Pisciculture 367: 943-957.

MAGUIRE, I. & KLOBUČAR, G. (2011): Size structure, maturity size, growth and condition index of stone crayfish *(Austropotamobius torrentium)* in North-West Croatia. – Knowledge and Management of Aquatic Ecosystems 401 (12): 12 S.

MALEV, O., SRUT, M., MAGUIRE, I., STAMBUK, A., FERRERO, E.A., LORENZON, S. & KLOBUČAR, G.I. (2010): Genotoxic, physiological and immunological effects caused by temperature increase, air exposure or food deprivation in freshwater crayfish *Astacus leptodactylus*. – Comparative Biochemistry and Physiology Part C, 152 (4): 433-443.

MARTINEZ, R., RICO, E. & ALONSO, F. (2003): Characterisation of *Austropotamobius italicus* (FAXON, 1914) populations in a Central Spain area. – Bulletin Francais de la Peche et de la Pisciculture 370-371 (3-4): 43-56.

MEYER, K.M., GIMPEL, K. & BRANDL, R. (2007): Viability analysis of endangered crayfish populations. – Journal of Zoology 273 (4): 364-371.

NAKATA, K., HAMANO, T., HAYASHI, K.-I. & KAWAI, T. (2003): Water velocity in artificial habitats of the Japanese crayfish *Cambaroides japonicus*. – Fisheries Science 69 (2): 343-347.

PAGLIANTI, A. & GHERARDI, F. (2004): Combined effects of temperature and diet on growth and survival of young-of-year crayfish: a comparison between indigenous and invasive species. – Journal of Crustacean Biology 24 (1): 140-148.

PARKYN, S.M. & COLLIER, K.J. (2004): Interaction of press and pulse disturbance on crayfish populations: flood impacts in pasture and forest streams. – Hydrobiologia 527 (1): 113-124.

PÖCKL, M. & STREISSL, F. (2005): *Austropotamobius torrentium* as an indicator for habitat quality in running waters? – Bulletin Francais de la Peche et de la Pisciculture 376-377 (1-2): 743-758.

PRATTEN, D.J. (2006): Growth in the crayfish *Austropotamobius pallipes* (Crustacea: Astacidae). – Freshwater Biology, 10 (5): 401-402.

RENAI, B., BERTOCCHI, S., BRUSCONI, S., GHERARDI, F., GRANDJEAN, F., LEBBORONI, M., PARINET, B., SOUTY-GROSSET, C. & TROUILHÉ, M.C. (2006): Ecological characterisation of streams in Tuscany (Italy) for the management of the threatened crayfish Austropotamobius pallipes complex. – Bulletin Francais de la Peche et de la Pisciculture 380-381: 1095-1114.

RENZ, M. (1998): Freilandökologische Untersuchungen zur Struktur von Habitaten des Steinkrebses (*Austropotamobius torrentium*). – Konstanz (Universität Konstanz – Diplomarbeit), 88 S.

RENZ, M. & BREITHAUPT, T. (2000): Habitat use of the crayfish *Austropotamobius torrentium* in small brooks and in Lake Constance, Southern Germany. – Bulletin Francais de la Peche et de la Pisciculture 356: 139-154.

RHODES, C.P. (1981): Artificial incubation of the eggs of the crayfish *Austropotamobius pallipes* (LEREBOULLET). – Aquaculture 25 (2): 129-140.

ROBINSON, C.A., THOM, T.J. & LUCAS, M.C. (2000): Ranging behaviour of a large freshwater invertebrate, the white-clawed crayfish *Austropotamobius pallipes*. – Freshwater Biology 44 (3): 509-521.

SANTUCCI, F., IACONELLI, M., ANDREANI, P., CIANCHI, R., NASCETTI, G. & BULLINI, L. (1997): Allozyme diversity of European freshwater crayfish of the genus *Austropotamobius*. – Bulletin Francais de la Peche et de la Pisciculture 347: 663-676.

SCHRIMPF, A., SCHULZ, H.K., THEISSINGER, K., PÂRVULESCU, L. & SCHULZ, R. (2011): The first large-scale genetic analysis of the vulnerable noble crayfish *Astacus astacus* reveals low haplotype diversity in central European populations. – Knowledge and Management of Aquatic Ecosystems 401 (35), 14 S.

SCHUBART, C.D. & HUBER, M.G.J. (2006): Genetic comparisons of German populations of the stone crayfish, *Austropotamobius torrentium* (Crustacea: Astacidae). – Bulletin Francais de la Peche et de la Pisciculture 380-381: 1019-1028.

SCHULZ, H.K., ŚMIETANA, P. & SCHULZ, R. (2004): Assessment of DNA variations of the noble crayfish (*Astacus astacus* L.) in Germany and Poland using Inter-Simple Sequence Repeats (ISSRs). – Bulletin Francais de la Peche et de la Pisciculture 372-373: 387-399.

SCHULZ, R., STUCKI, T. & SOUTY-GROSSET, C. (2002): Roundtable session 4a: management: reintroductions and restocking. – Bulletin Francais de la Peche et de la Pisciculture 75 (367): 917-922.

SCHÜTZE, S., STEIN, H. & BORN, O. (1999): Radio telemetry observations on migration and activity patterns of restocked noble crayfish *Astacus astacus* (L.) in the small River Sempt, north-east of Munich, Germany. – Freshwater Crayfish 12 (59): 688-695.

SPOOR, W.A. (1955): Loss and gain of heat-tolerance by the crayfish. – In: BOWLER, K. (2005): A Study of the factors involved in acclimatization to temperature and death at high temperatures in *Astacus pallipes* – Journal of cellular and comparative physiology 62 (2): 119-132.

STREISSL, F. & HÖDL, W. (2002): Habitat and shelter requirements of the stone crayfish, *Austropotamobius torrentium* SCHRANK. – Hydrobiologia 477 (1): 195-199.

TRONTELJ, P., MACHINO, Y. & SKET, B. (2005): Phylogenetic and phylogeographic relationships in the crayfish genus *Austropotamobius* inferred from mitochondrial COI gene sequences. – Molecular Phylogenetics and Evolution 34 (1): 212-226.

TROSCHEL, H.J. (1990): Ökologische Untersuchungen an ausgewählten Fließgewässern mit Flußkrebsbeständen. – Freiburg, Basel (Studie im Auftrag des Landesfischerei-Verbandes Baden und der Sandoz AG), 61 S.

TROSCHEL, H.J. (1997): In Deutschland vorkommende Flusskrebsarten. Biologie, Verbreitung und Bestimmungsmerkmale. – Fischer & Teichwirt 9: 370-376.

TROSCHEL, H.J. (2003): *Astacus torrentium* (LINNAEUS, 1758). – In: PETERSEN, B., ELLWANGER, G., BIEWALD, G., HAUKE, U., LUDWIG, G., PRETSCHER, P., SCHRÖDER, E. & SSYMANK, A. (Bearb.): Das europäische Schutzgebietssystem Natura 2000. Ökologie und Verbreitung von Arten der FFH-RL in Deutschland. Pflanzen und Wirbellose. – Schriftenreihe für Landschaftspflege und Naturschutz 69 (1): 728-731.

TROSCHEL, H.J., SCHULZ, U. & BERG, R. (1995): Seasonal activity of stone crayfish *Austroptamobius torrentium*. – Freshwater Crayfish 10 (19): 196-199.

VLACH, P., HULEC, L. & FISCHER, D. (2009): Recent distribution, population densities and ecological requirements of the stone crayfish (*Austropotamobius torrentium*) in the Czech Republic. – Knowledge and Management of Aquatic Ecosystems 13: 394-395.

VORBURGER, C. & RIBI, G. (2001): Aggression and competition for shelter between a native and an introduced crayfish in Europe. – Freshwater Biology 42 (1): 111-119.

WILSON, K.A., MAGNUSON, J.J., LODGE, D.M., HILL, A.M., KRATZ, T.K., PERRY, W.L. & WILLIS, T.V. (2004): A long-term rusty crayfish (*Orconectes rusticus*) invasion: dispersal patterns and community change in a north temperate lake. – Canadian Journal of Fisheries and Aquatic Sciences 61 (11): 2255-2266.

Zwergspinne *Mycula mossakowskii* (SCHIKORA 1994)

KAI DWORSCHAK und NICO BLÜTHGEN

Biologie der Art

Die extrem kleine, epigäische Art *Mycula mossakowskii* (Linyphiidae) wurde erst spät aus wenigen süddeutschen Hochmooren beschrieben. Beide Geschlechter haben eine Größe von 0,8 bis 1mm (SCHIKORA 1994). Anhand der Ergebnisse von Barberfallen-Fängen aus dem Jahr 1968 vermutet SCHIKORA (1994), dass *M. mossakowskii* diplochron mit zwei durch den Winter unterbrochenen Aktivitätsperioden im Herbst und Frühjahr hat. Aufgrund der geringen Zahl an Nachweisen von *M. mossakowskii* (siehe Verbreitung) ist ansonsten nichts über die Biologie der Art bekannt.

Verbreitung, Habitatansprüche und Populationsdichte

M. mossakowskii ist bis jetzt nur von insgesamt fünf Fundorten in Norditalien (Suganertal 1965, Trentino) (THALER 2000), Österreich (Gurgltal 1999-2000, Tirol) (THALER 2000) und Deutschland (SCHIKORA 1994) bekannt. Alle deutschen Funde stammen aus dem Jahr 1968 und beziehen sich auf drei Hochmoore im voralpinen Raum: Wurzacher Ried (Typenfundort), Sindelsbach Filz (Benediktbeuern) und Rottauer Filz (Bernau, Chiemsee).

Die Fundorte deuten darauf hin, dass *M. mossakowskii* in Höhenlagen zwischen 400m und 800m über dem Meeresspiegel verbreitet ist (SCHIKORA 1994). SCHIKORA (1994) weist aber ausdrücklich darauf hin, dass die Art aufgrund ihrer geringen Größe und blassen Färbung leicht übersehen werden kann und deshalb möglicherweise Funde übersehen wurden.

Im Wurzacher Ried wurde *M. mossakowskii* mutmaßlich durch Bodenfallenfänge im Zeitraum zwischen 1995 und 1999 wiederbestätigt, genauere Angaben liegen jedoch nicht vor (HANS-BERT SCHIKORA, schriftliche Mitteilung).

THALER (2000) beschreibt das Fund-Habitat in Italien als „Blockwällchen in kollinem Buschwald mit Erika" und das Habitat in Österreich als „Erika-Föhrenwald auf stabilisiertem Hangschutt“. Die deutschen Funde wurden hauptsächlich in Bulten in offenen Hochmooren gemacht. Diese Habitate sind extrem nährstoffarm und durch typische Torfmoose (*Sphagnum magellanicum*, *Sphagnum rubellum*, Sphagnaceae) und Zwergsträucher (*Calluna vulgaris*, Ericacea) gekennzeichnet (MOSSAKOWSKI 1973, zitiert in SCHIKORA 1994). Nur ein einzelnes Männchen von *M. mossakowskii* wurde außerhalb des ungestörten Moorhabitats im trockenen, abgestochenen Torf gefunden, der spärlich mit *C. vulgaris* und *Molinia caerulea* (Poaceae) bewachsen war (SCHIKORA 1994).

Das Auftreten sowohl an Trockenstandorten, wie von THALER (2000) beschrieben, als auch in Hochmooren, wie von SCHIKORA (1994) beschrieben, wurde auch schon von anderen Arten berichtet (BAUCHHENSS 1990). SCHIKORA (1994) vermutet aus der Kombination der Fundorte, dass *M. mossakowskii* möglicherweise an xerotherme Habitate gebunden ist, da die Bulten im offenen Hochmoor in Oberflächenstruktur und Mikroklima Standorten wie zum Beispiel *Calluna*-Heiden oder alpinen Zwergstrauch-Heiden sehr ähnlich sind (BAUCHHENSS 1990). Aufgrund der extrem geringen Zahl an Nachweisen von *M. mossakowskii* ist über die Populationsdichten nichts bekannt.

PEM-Optionen

Plastizität

Aufgrund der geringen Anzahl von Nachweisen toter Individuen lässt sich über die plastische Anpassungsfähigkeit von *M. mossakowskii* keine definitive Aussage treffen. Die vermutete Anpassung der Art an Standorte mit trocken-warmem Mikroklima lässt jedoch darauf schließen, dass eine Anpassungskapazität zu erwarten ist, da Xero- und Thermophilie zu den typischen Eigenschaften von Klimawandel-Gewinnern zählen (RABITSCH et al. 2010). Allerdings steht dem das eher kältebegünstigte Makroklima der bisherigen Fundorte (kollin bzw. Hochmoore) gegenüber.

Evolution

Wegen nicht vorhandener Untersuchungen und den wenigen Funden sind Aussagen über die genetische Diversität der Art nicht möglich.

Mobilität

Über die Ausbreitungsfähigkeit von *M. mossakowskii* ist nichts bekannt. Aufgrund der geringen Größe der Art ist davon auszugehen, dass eine Ausbreitung nur über geringe Distanzen durch Verdriftung stattfindet.

Zusammenfassung und Schlussempfehlung

Über Populationsdichte und Gefährdungssituation von *M. mossakowskii* lassen sich aufgrund der geringen bekannten Nachweise keine verlässlichen Aussagen treffen. Insgesamt sind sehr wenige europäische Spinnen mit einer so geringen Größe bekannt. Dies könnte einerseits für ihre Seltenheit sprechen, andererseits ist wahrscheinlich, dass sie in der Regel übersehen werden (SCHIKORA 1994). Die Erklärung von Schutzgebieten, d.h. der Erhalt standörtlicher Parameter von sowohl Moor- und Heideflächen als auch von Trockenstandorten trägt zum Erhalt dieser Art bei.

Anschrift der Autoren:

Dipl.-Biol. K. Dworschak, Prof. Dr. N. Blüthgen, Ökologische Netzwerke, Technische Universität Darmstadt, Schnittspahnstr. 3, 64287 Darmstadt

Literatur

BAUCHHENSS, E. (1990): Mitteleuropäische Xerotherm-Standorte und ihre epigäische Spinnenfauna - eine autökologische Betrachtung. – Abhandlungen des Naturwissenschaftlichen Vereins Hamburg 31: 153-162.

MOSSAKOWSKI, D. (1973): Programmierte Auswertung faunistisch-ökologischer Daten. – Faunistisch-ökologische Mitteilungen 4: 255-272.

RABITSCH, W., WINTER, M., KÜHN, E., KÜHN, I., GÖTZL, M., ESSL, F. & GRUTTKE, H. (2010): Auswirkungen des rezenten Klimawandels auf die Fauna in Deutschland. – Naturschutz und biologische Vielfalt 98, 265 S.

SCHIKORA, H.-B. (1994): *Mycula mossakowskii*, a new genus and species of erigonine spider from ombrotrophic bogs in southern Germany (Araneae: Linyphiidae). – Bulletin of the British Arachnological Society 9: 274-276.

THALER, K. (2000): Fragmenta faunistica Tirolensia - XIII (Arachnida: Araneae; Myriapoda: Diplopoda; Insecta, Diptera: Mycetophiloidea, Psychodidae, Trichoceridae). – Berichte des naturwissenschaftlichen-medizinischen Verein Innsbruck 87: 243-256.

Alpen-Mosaikjungfer *Aeshna caerulea* (STRÖM 1783)

CAROLIN DITTRICH und MARK-OLIVER RÖDEL

Biologie der Art

Innerhalb ihrer Gattung gehört die Alpen-Mosaikjungfer, *Aeshna caerulea*, mit einer Flügelspannweite von ca. 83-86 mm und einer Gesamtlänge von ca. 63 mm zu den kleineren Arten (STERNBERG & STERNBERG 2000). Die Männchen weisen eine auffällige azurblaue Färbung am Hinterleib und den Augen auf, die Weibchen sind matt gelblichweiß gefärbt (DREYER 1986).

Die jährliche Flugzeit erstreckt sich von Juni bis September. Der Schlupf der Imagines erfolgt im Juni und Juli, wahrscheinlich nach Erreichen einer bestimmten Temperatursumme im Gewässer (STERNBERG & STERNBERG 2000). Am Morgen sind kurz nach Sonnenaufgang die ersten Imagines am Moor anzutreffen, wo sie sich bis circa 8-9 Uhr sonnen, um danach mit dem Fortpflanzungsgeschehen zu beginnen. Die Weibchen sind meist früher anzutreffen als die Männchen und das Aktivitätsmaximum wird am späten Vormittag erreicht. An heißen Tagen sind die Imagines über die Mittagsstunden in angrenzenden, beschatteten Bereichen und in Gebüschen zu finden und kehren erst am Nachmittag zu den Reproduktionsgewässern zurück. Am Abend werden nur noch vereinzelt auffliegende Imagines beobachtet die ihren Sonnenplatz wechseln. Die meisten suchen vor Sonnenuntergang ihren Übernachtungsplatz auf (STERNBERG & STERNBERG 2000).

Das Sonnenbaden der Alpen-Mosaikjungfer ist innerhalb der Gattung einzigartig. Sie sitzen in der Regel kurz über dem Boden oder auf dem Substrat selbst und drücken die Flügel auf das Substrat. Dadurch wird ein kleiner, abgeschlossener Luftraum unter den Flügeln gebildet und die Luft erwärmt sich um 6-7°C gegenüber der Umgebungstemperatur. So wird ein Abkühlen der Flugmuskulatur vermindert (STERNBERG 1997). Ebenfalls Temperaturabhängig ist ein reversibler, physiologischer Farbwechsel bei den Männchen (siehe Abschnitt Plastizität).

Bei der Suche nach Weibchen verfolgen die Männchen zwei unterschiedliche Strategien. Bei der „aktiven Strategie" fliegen sie innerhalb eines Moorgebietes von einem Gewässer zum nächsten, suchen jeweils einen Teil des Ufers nach Weibchen ab und können so zehn oder mehr Schlenken absuchen. Diese Strategie wird vor allem bei warmer, windstiller Witterung angewandt. Die „passive Strategie" verwenden die Männchen dagegen bei kühlen Temperaturen, stärkeren Windböen sowie eventuell bei hoher Dichte paarungsbereiter Konkurrenten. Dabei setzen sich die Männchen auf die die Reproduktionsgewässer umgebenden Strukturen und warten auf ein Weibchen. Bei der Wahl der Ansitzwarten achten sie darauf, dass diese einen guten Überblick über die Umgebung ermöglichen (STERNBERG & STERNBERG 2000). Das Paarungsrad wird im

Flug gebildet. Die Paarung selbst kann mehr als eine Stunde dauern und findet im Sitzen statt. Dabei können die Männchen, wie andere Libellen auch, das Sperma anderer Männchen aus den Samenbehältern der Weibchen entfernen und somit ihren eigenen Fortpflanzungserfolg erhöhen (STERNBERG & BUCHWALD 2000). Die Eiablage der Weibchen findet allein, unbewacht durch das Männchen, statt. Die Weibchen können mehrere zylindrisch geformte Eier legen, die mit Hilfe des mehrteiligen, beweglichen Legebohrers in Pflanzen injiziert werden. Die Alpen-Mosaikjungfer zeigt sich hierbei wenig spezialisiert und sticht meist wahllos und ungeordnet die Eier in *Sphagnum*-Stengel. Der Schlupf der Larven erfolgt nach einer dreijährigen Entwicklungszeit und kann vom Erklimmen von Seggen bis zum Abflug der geschlüpften und ausgehärteten Libelle bis zu drei Stunden dauern. Die Larven können bei schlechter Witterung (z.B. Gewitter) wieder zurück ins Wasser klettern und einige Tage später schlüpfen (STERNBERG & BUCHWALD 2000).

Das Nahrungsspektrum der Lauerjäger besteht hauptsächlich aus kleineren Fluginsekten, bei kühler Witterung und starkem Wind spezialisiert sich die Art auf größere Beutetiere wie Schmetterlinge (Tagpfauenauge, Kleiner Fuchs und Mohrenfalter), die nahe am Boden fliegend detektiert und gefangen werden. Lässt der Wind nach wendet sich die Alpen-Mosaikjungfer wieder kleineren Beutetieren zu. Dieser witterungsabhängige Wechsel der Beutetierwahl ermöglicht der Art, mit relativ geringem Energieaufwand, auch bei starkem Wind Nahrung aufzunehmen. Die Alpen-Mosaikjungfer scheint im Verhältnis zu anderen Libellenarten relativ konkurrenzunterlegen zu sein. So werden die Männchen werden selbst von kleineren Arten aus dem Habitat vertrieben; die Weibchen von artfremden Männchen bei der Eiablage gestört (STERNBERG & STERNBERG 2000).

Verbreitung, Habitatansprüche und Populationsdichte

Das Verbreitungsgebiet der Alpen-Mosaikjungfer ist disjunkt, boreoalpin und setzt sich aus drei Teilarealen zusammen. Das nordeuropäische Teilareal umfasst Schottland, Skandinavien, Estland, Lettland sowie das nördliche Russland bis über den Ural, fehlt aber in finnischen und norwegischen Gebieten mit Kalkuntergrund. Im sibirischen Teilareal ist die Art im gesamten Taiga- und Tundrengürtel beheimatet. Dort kommt sie bis ca. 77° nördlicher Breite vor und zählt damit zusammen mit *Aeshna subarctica elisabethae* und *Somatochlora arctica* zu den Libellenarten, mit der nördlichsten Arealgrenze (STERNBERG & STERNBERG 2000). Disjunkte Vorkommen in Mitteleuropa bilden das südliche Teilareal. Hier kommt die Alpen-Mosaikjungfer klimabedingt ausschließlich in den Hochlagen der Mittelgebirge und Hochgebirge (über 1000 m) vor. Das größte zusammenhängende Verbreitungsgebiet befindet sich in den Alpen, wo auch der deutsche Verbreitungsschwerpunkt der Art liegt (NUNNER & STADELMANN 1998). Des Weiteren existieren isolierte Vorkommen im Schwarzwald (Feldberg) und dem Erzgebirge (STERNBERG & STERNBERG 2000). Die Populationsdichten sind bei uns allgemein sehr gering. Das Vorkommen im Schwarzwald ist vollkommen isoliert und es wird von einer

Population mit nur wenigen Imagines ausgegangen (STERNBERG & STERNBERG 2000, MUTH 2003).

In den nördlichen Bereichen des nordeuropäischen und sibirischen Teilareals ist die Alpen-Mosaikjungfer eurytop und nicht auf bestimmte Habitatformen beschränkt. Während sie bei ca. 58° nördlicher Breite an den Küsten Skandinaviens und Schottlands noch auf Meeresniveau vorkommt, beschränkt sie sich ungefähr ab 64° nördlicher Breite auf höher gelegene Gebiete und ist in ihrem Vorkommen auf Moorflächen begrenzt. Bei den Populationen des südlichen Teilareals gelten diese Einschränkungen bis einschließlich der hochmontanen Stufe. In den Bereichen ihres Vorkommens wo die Alpen-Mosaikjungfer stenotope Habitatwahl zeigt, bevorzugt sie *Sphagnum*-Moore mit mittlerem Nährstoffgehalt, aus Mineralbodenwasser gespeiste Bereiche der Hochmoore, nährstoffarme Gebirgsmoore oder alpine Quellmoore und Sümpfe. Im Schwarzwald zeigt sie im Vergleich zu anderen Moorlibellenarten (*A. subarctica elisabethae* und *Somatochlora arctica*) eine enge Bindung an die Rasenbinse, eine Charakterart der Ufervegetation, die so wohl eine wichtige Rolle bei der Habitatselektion spielt (STERNBERG & STERNBERG 2000). Das typische Habitat in den hochmontanen Lagen der bayrischen Alpen ist ein saures Moorgewässer mit Beständen der Schnabel-Segge (*Carex rostrata*) und Torfmoosen (*Sphagnum* spp.), sowie Latschenkiefern (*Pinus mugo mugo*) in den Randzonen.

Ab einer Höhe von 1.600-2.400 m wechselt die Alpen-Mosaikjungfer wieder von stenotoper zu eurytoper Habitatwahl. Oberhalb der Waldgrenze ist die Alpen-Mosaikjungfer zusammen mit der Alpen-Smaragdlibelle (*Somatochlora alpestris*) an allen, oft auch sehr kleinen, flachen und vegetationsreichen Gewässern anzutreffen, da sich hier ihre klimatisch bedingte Moorbindung in tiefren Lagen lockert. In diesen subalpinen Zonen meidet sie große offene Wasserflächen und hält sich an größeren Gewässern in der Verlandungszone auf (LEHMANN 1985, KUHN & BÖRZSÖNY 1998)

Die Bindung an die Schnabel-Segge (s.o.) wird auch für die Schweizer Alpen beschrieben. Dort wurde die Alpen-Mosaikjungfer auch häufig an Gewässern mit Schlammseggen-Ried (*Caricetum limosae*) gesichtet (NUNNER & STADELMANN 1998). Die emerse Vegetation der Libellenhabitate wies eine durchschnittliche Höhe von 10-45 cm auf, während die Vegetationsbedeckung zwischen 5 und 80% variierte (WILDERMUTH 1999).

Die Larven haben komplexe Habitatansprüche. Die Vegetation besteht, bevorzugt aus Torf- und Sichelmoosen mit vereinzelten Schlamm-Seggen. Der Gewässergrund besteht aus Torf oder Lehm und hat eine Tiefe von 4-100 cm. Die Gewässer sind flach, zumindest größtenteils ganzjährig wasserführend (mehrjährige Larvalphase), stehend und nährstoffarm und können sich leicht erwärmen. Die Larven häuten sich meist bei Temperaturen zwischen 24-30°C (STERNBERG & STERNBERG 2000).

PEM-Optionen

Plastizität

Im Allgemeinen besitzen Hochmoorlibellen verschiedene Mechanismen sich an die jeweiligen thermischen Bedingungen anzupassen. So kann durch die Kontrolle des Hämolymphflusses vom Thorax zum Abdomen; durch Gleitflüge bei denen die Wärme erzeugende Flugmuskulatur abgeschaltet wird und durch die Verlagerung der Aktivität in geeignetere Tageszeiten die Körpertemperatur in gewissen Umfang reguliert werden (DREYER 1988).

Wie oben beschrieben kann die Alpen-Mosaikjungfer auch durch ihr bodennahes Sonnenbaden ihre Körpertemperatur regulieren. Unterstützend wirkt dabei ein physiologischer, reversibler Farbwechsel. Unterhalb von 16°C verdunkeln sich die tyndallblauen Flecken des Hinterleibs zu einem braungrauen Violett; unterhalb von 12°C verliert sich auch das Blau der Augen. Die dunklere Farbe bildet sich von hinten nach vorn aus und beginnt immer in der Mitte der Farbfelder. Sobald sich die Körpertemperatur wieder auf 13-14°C erhöht, erfolgt der Wechsel zum Tyndallblau (STERNBERG 1987). Die Veränderung der Farbe wird durch die Wanderung von epidermalen Pigmenten in Chromatophoren hervorgerufen, die direkt unter den transparenten Fenstern der Kutikula des Abdomens liegen. Diese „Lichtfallen" ermöglichen es die Sonnenstrahlung optimal für die Thermoregulation zu nutzten und stellen eine besondere Anpassung an die stark fluktuierenden Temperaturen des Habitates der Alpen-Mosaikjungfer dar (STERNBERG 1996).

Dieses Zusammenspiel von ethologischer und physiologischer Temperaturregulation ermöglicht den Männchen, vor allem bei niedrigen Temperaturen länger aktiv zu bleiben und somit den individuellen Fortpflanzungserfolg zu erhöhen. Aber auch bei hohen Temperaturen können sie länger im Fortpflanzungshabitat verbleiben, da die tyndallblaue Farbe eine höhere Reflexion von Lichtstrahlen bewirkt, so dass die Tiere vor Überhitzung geschützt werden. So kann man an heißen Tagen noch lange Männchen beobachten, während sich die Weibchen während der Mittagsstunden aus dem offenen Habitat zurückziehen. Die effektive Wärmeaufnahme erhöht die Toleranzschwelle gegenüber kühlen Temperaturen und verschafft der Art einen selektiven Vorteil gegenüber anderen Edellibellen die erst ab etwa 16°C fliegen. Die Männchen der Alpen-Mosaikjungfer werden schon bei Temperaturen von 13°C aktiv und die Weibchen legen selbst bei 6-8°C noch Eier ab. Allerdings ist ihre Temperaturtoleranz nach oben stark eingeschränkt. Ab Temperaturen von 22-25°C bleibt den Libellen als einzige Maßnahme gegen Überhitzen nur ein Aufsuchen beschatteter Mikrohabitate (STERNBERG 1997).

Interessant und in Bezug auf den zu erwartenden Klimawandel von Relevanz, ist die Beobachtung, dass durch hohe Temperaturen (30°C) androchrome Weibchen erzeugt werden können (STERNBERG 1995). Wahrscheinlich handelt es sich um einen Mechanismus der eine Überhitzung der Weibchen vermeiden soll. So wurden z.B. im mediterranen Gebiet vermehrt androchrome Weibchen in den Populationen von Edellibellen festgestellt (STERNBERG 1997).

Die thermischen Ansprüche der mehrjährigen (semivoltinen) Larven sind sehr komplex, abhängig von der Saison und ihrem physiologischen Zustand. Zur Entwicklung benötigen die Eier eine mehrmalige, kurzfristige Erwärmung von über 20°C oder sie sterben ab. Die jungen Larven bevorzugen Temperaturen um 21°C. Experimente zeigten das eine Entwicklung bei 16°C oder 26°C fast nicht möglich ist (STERNBERG 1997). Dieses enge Temperaturoptimum bedingt in den Bereichen kurzer, alpiner Sommer eine Larvalentwicklung von drei Jahren (STERNBERG & STERNBERG 2000). Diese hochgradige Spezialisierung schränkt die Auswahl geeigneter Larvalhabitate stark ein. Da die Larven auch nur eine sehr geringe Trockenresistenz aufweisen, kann ein längeres oder häufigeres Austrocknen der Larvalgewässer zum Komplettverlust der Nachkommen eines Reproduktionsgewässers führen. Temperatur und Wasserverfügbarkeit (Niederschlag wie Grundwasser) und ihre Wechselwirkung (austrocknende Gewässer heizen sich beispielsweise auch stärker auf) bieten der Alpen-Mosaikjungfer in einem nur sehr geringen Bereich optimale Bedingungen. Temperaturanstieg und veränderte Regenfallmuster könnten die Art so schnell über ihre Toleranzgrenze bringen.

Evolution

Die Alpen-Mosaikjungfer gehört zu den euroasiatischen und sibirischen Faunenelementen und drang vermutlich vor circa 8500 bis 10000 Jahren, nach dem Abschmelzen der Eiskappen, nach Westen vor. Da England über eine Landbrücke mit dem europäischen Festland verbunden war, konnte sich die Art auch dort niederlassen (STERNBERG 1998). Das gegenwärtige disjunkte Verbreitungsareal kam zustande, da die Alpen-Mosaikjungfer zu Zeiten der frühen Warmzeit vor etwa 7000 Jahren gezwungen wurde sich einerseits nach Norden zurückzuziehen und andererseits im südlichen Teil in die höheren Lagen der Gebirge abzuwandern. Dadurch wurde das ehemals zusammenhängende Areal aufgespalten und es bildete sich eine 500 km breite Auslöschungszone im Bereich des norddeutschen Tieflandes (STERNBERG 1998, STERNBERG & STERNBERG 2000). Das einzigartige Sonnenverhalten und der physiologische Farbwechsel sind besondere evolutive Merkmale der Anpassung an kühle Klimate (STERNBERG 1997).

Die isolierten Populationen an der Peripherie des Verbreitungsgebietes könnten durch mehrere genetische Flaschenhalsereignisse gegangen sein und so im Moment eventuell sogar lokal besser angepasst sein als große Populationen im Kerngebiet. Ihre dann vermutlich geringere genetische Variabilität könnte die Anpassungsfähigkeit an sich veränderte Bedingungen allerdings stark einschränken. Daher ist es wichtig möglichst viele Populationen zu erhalten, um das gesamte evolutive und adaptive Potential der Art zur Verfügung zu haben (HABEL et al. 2010).

Mobilität

Die Alpen-Mosaikjungfer zeigt ein wenig ausdauerndes Flugverhalten. Selten dauert ein Flug länger als wenige Minuten. Dabei fliegen sie lediglich 0,5-1 m über dem Boden. Daher liegen auch ihre Jagdhabitate nur wenige zehn Meter vom Fortpflanzungsgewässer entfernt. Generell besitzen sie eine geringe Wanderneigung (STERNBERG & STERNBERG 2000). Wie in der Vergangenheit, zwingt auch der rezente Anstieg der Temperatur die Alpen-Mosaikjungfer dazu, weiter nach Norden (HICKLING et al. 2005) bzw. in höhere Lagen abzuwandern (OTT 2010), da sich die Erhöhung der Temperatur in ihren jetzigen Habitaten direkt limitierend, sowohl auf die Larven, als auch auf die Imagines auswirkt. Da die Art nur relativ schlecht fliegt, ist eine Migration aus den Alpen oder Mittelgebirgen heraus, sehr unwahrscheinlich. Aus diesem Grund besitzt diese kaltstenotherme Art ein sehr hohes lokales und regionales Aussterberisiko unter den prognostizierten Klimaszenarien (OERTLI 2010).

Zusammenfassung und Schutzempfehlungen

Die Alpen-Mosaikjungfer wird in Deutschland als vom Aussterben bedroht in der Roten Liste geführt (OTT & PIPER 1998). Was den Klimawandel betrifft ist sie eine Hochrisikoart mit sehr hohem Aussterberisiko. Sie hat eine sehr starke Habitatbindung an Sonderstandorte. Diese werden auf Grund zunehmender Temperaturen und anderer anthropogener Ursachen (Eutrophierung, Beweidung, Trockenlegung) in ihrem Bestand weiter abnehmen. Die stark eingeschränkten Migrationsmöglichkeiten (schlechte Flieger, sehr isoliert liegende Habitate mit entsprechender Eignung) und die schmale Temperaturtoleranz der Art, stehen einem potentiellen großflächigen Ausweichen, von zunehmend suboptimalen Bedingungen in andere geeigneter Habitaten, entgegen (STERNBERG 1997). Der starke Rückgang der Art im Schwarzwald seit Mitte bis Ende der 70er Jahre, kann neben anderen Faktoren auch auf die stetige Erhöhung des Makroklimas zurück zu führen sein (STERNBERG & STERNBERG 2000). Derzeit liegt das größte Gefährdungspotential der Art aber wohl noch in der Bewirtschaftung von Hochmoorstandorten durch Trockenlegen und/oder Aufforsten, der übermäßigen Beweidung und damit einhergehender Eutrophierung (BINOT-HAFKE et al. 2000).

Die unmittelbaren Schutzempfehlungen legen daher nahe die Bewirtschaftung an den verbliebenen Libellenstandorten einzustellen (NUNNER & STADELMANN 1998). In möglichst großen, heterogenen Lebensräumen mit einer Vielzahl unterschiedlicher Mikrohabitate, liegt vermutlich das größte Potential der Art genügend Auswahlmöglichkeiten und damit eine möglichst große Überlebenschance bei sich verändernden klimatischen Bedingungen zu bieten. Durch ihre variablen morphologischen und ethologischen Anpassungen, sind sie grundsätzlich fähig in geringem Umfang die Auswirkungen von Klimaveränderungen abzupuffern. Dazu müssen aber eine ausreichend große Anzahl unterschiedlichster Reproduktions- und Landlebensräume zur Verfügung stehen.

Anschrift der Autoren

Dipl. Biol Carolin Dittrich, PD Dr. Mark-Oliver Rödel, Museum für Naturkunde, Berlin, Leibniz Institute for Research on Evolution and Biodiversity, Abteilung Diversitätsdynamik, Invalidenstr. 43, 10115 Berlin

Literatur

BINOT-HAFKE, M., BUCHWALD, R., CLAUSNITZER, H.-J., DONATH, H., HUNGER, H., KUHN, J., OTT, J., PIPER, W., SCHIEL, F.-J. & WINTERHOLLER, M. (2000): Ermittlung der Gefährdungsursachen von Tierarten der Roten Liste am Beispiel der gefährdeten Libellen Deutschlands - Projektkonzeption und Ergebnisse. – Natur und Landschaft 75 (9/10): 393-401.

DREYER, W. (1986): Die Libellen: das umfassende Handbuch zur Biologie und Ökologie aller mitteleuropäischen Arten mit Bestimmungsschlüsseln für Imagines und Larven. – Hildesheim (Gerstenberg Verlag), 219 S.

DREYER, W. (1988): Zur Ökologie der Hochmoorlibellen. – Bonner zoologische Beiträge 39 (2): 147-152.

HABEL, J.C., SCHMITT, T. & ASSMANN, T. (2010): Relict species research: some concluding remarks. - In: HABEL, J.C. & ASSMANN, T. (Eds.): Relict species phylogeography and conservation biology. – Heidelberg (Springer Verlag): 441-442.

HICKLING, R., ROY, D.B., HILL, J.K. & THOMAS, C.D. (2005): A northward shift of range margins in British Odonata. – Global Change Biology 11 (3): 502-506.

KUHN, K. & BÖRZSÖNY, L. (1998): Zwerglibelle - *Nehalennia speciosa* (CHARPENTIER, 1840). - In: KUHN, K. & BURBACH, K. (Hrsg.): Libellen in Bayern. – Stuttgart (Ulmer): 106-107.

LEHMANN, G. (1985): Beitrag zur Kenntnis von *Aeshna coerulea* (STRÖM, 1783) und *A. subarctica* (WALK 1908) in Nordtirol (Austria). – Libellula 4: 117-137.

MUTH, M. (2003): *Aeshna caerulea* im Landkreis Oberallgäu: Bestandssituation, Entwicklungsgewässer und Gefährdung (Odonata: Aeshnidae). – Libellula Supplement 4: 71-97.

NUNNER, A. & STADELMANN, H. (1998): Alpen-Mosaikjungfer - *Aeshna caerulea* (STRÖM, 1783). – In: KUHN, K. & BURBACH, K. (Hrsg.): Libellen in Bayern. – Stuttgart (Ulmer): 122-123.

OERTLI, B. (2010): The local species richness of dragonflies in mountain waterbodies: an indicator of climate warming? - BioRisk 5, Special Issues – Monitoring Climatic Change With Dragonflies: 243-251.

OTT, J. (2010): Dragonflies and climatic change - recent trends in Germany and Europe. – BioRisk 5, Special Issues - Monitoring Climatic Change With Dragonflies: 253-286.

OTT, J. & PIPER, W. (1998): Rote Liste der Libellen (Odonata). – In: BUNDESAMT FÜR NATURSCHUTZ (Hrsg.): Rote Liste gefährdeter Tiere Deutschlands. – Schriftenreihe Landschaftspflege und Naturschutz 55: 260-263.

STERNBERG, K. (1987): On reversible, temperature-dependent colour change in males of the dragonfly *Aeshna caerulea* (STRÖM, 1783) (Anisoptera: Aeshnidae). – Odonatologica 16 (1): 57-66.

STERNBERG, K. (1995): Experimentelle Erzeugung androchromer Weibchen durch Einwirkung hoher Temperaturen bei Arten der Libellen-Gattung *Aeshna* (Anisoptera: Aeshnidae). – Entomologia Generalis 20 (1): 37-42.

STERNBERG, K. (1996): Colours, colour change, colour patterns and 'cuticular windows' as light traps - their thermoregulatoric and ecological significance in some *Aeshna* species (Odonata: Aeshnidae). – Zoologischer Anzeiger 235 (1): 77-88.

STERNBERG, K. (1997): Adaptation of *Aeshna caerulea* (STRÖM) to the severe climate of its environment (Anisoptera: Aeshnidae). – Odonatologica 26 (4): 439-449.

STERNBERG, K. (1998): The postglacial colonization of Central Europe by dragonflies, with special reference to southwestern Germany (Insecta, Odonata). – Journal of Biogeography 25 (2): 319-337.

STERNBERG, K. & BUCHWALD, R. (2000): Die Libellen Baden-Württembergs, Band 1: Allgemeiner Teil, Kleinlibellen (Zygoptera). – Stuttgart (Ulmer), 468 S.

STERNBERG, K. & STERNBERG, S. (2000) *Aeshna caerulea* (STRÖM, 1783) – Alpen-Mosaikjungfer. – In: STERNBERG, K. & BUCHWALD, R. (Hrsg.): Die Libellen Baden-Württembergs, Band 2: Großlibellen (Anisoptera). – Stuttgart (Ulmer): 23-38.

WILDERMUTH, H. (1999): Verbreitung und Habitate von *Aeshna caerulea* (STRÖM, 1783) in den Schweizer Alpen (Odonata, Anisoptera: Aeshnidae). – Opuscula Zoologica Fluminensia 166: 1-18.

Hochmoor-Mosaikjungfer *Aeshna subarctica elisabethae* (DJANKONOV 1922)

CAROLIN DITTRICH und MARK-OLIVER RÖDEL

Biologie der Art

Die Hochmoor-Mosaikjungfer ist eine der kleineren Mosaikjungfern und besitzt eine Abdomenlänge von 50-52 mm. Sie ist nur schwer von der Torf-Mosaikjungfer (*Aeshna juncea*) zu unterscheiden. Ein Unterscheidungsmerkmal sind die kleineren gelblichen bis grün-bläulichen Farbflecken auf dem Abdomen und die fehlenden Hinteraugenflecken (STERNBERG 2000).

Regional gibt es große Unterschiede in der Phänologie der Flugzeiten der Imagines. So beginnt die Hauptflugzeit im Schwarzwald Mitte Juli und reicht bis Mitte September, während Beobachtungen aus Norddeutschland einen Beginn der Flugzeit erst Mitte September melden. Statt der achtwöchigen Aktivität in Süddeutschland, dauert diese im Norden so nur drei Wochen bis Anfang Oktober (SCHMIDT 1964). Als mögliche Ursachen, werden neben regional unterschiedlichem Klima, die Konkurrenzvermeidung zu anderen Edellibellen-Arten diskutiert (STERNBERG 2000). So machen sich *A. subarctica elisabethae* und die ihr ökologisch nahestehende *Aeshna juncea* im Schwarzwald kaum Konkurrenz, da erstgenannte hier eine vergleichsweise geringe Abundanz aufweist. Im Kaltenhofer Moor bei Kiel treten dagegen neben der Hochmoor-Mosaikjungfer noch zwei weitere Edellibellenarten und zwei weitere Großlibellen in hoher Abundanz auf (STERNBERG 1994).

Bei der Suche nach Fortpflanzungspartnern gehen die Männchen aktiv vor. Sie fliegen für etwa eine halbe Stunde die Uferbereiche verschiedener Gewässer ab. Nach der Beseitigung des Samens von Vorgängern und der Abgabe des eigenen Spermas ziehen sich die Männchen nach der Paarung aus den Mooren in benachbarte Gebiete zurück. Diese können mehrere Kilometer entfernt sein. Das Weibchen legt an geeigneten Eiablageplätzen ca. zehn Minuten ab, bevor es zum nächsten Eiablageplatz in unmittelbarer Nähe (einige Dezimeter bis mehrere Meter) wechselt. Bleibt das Weibchen ungestört, kann die Eiablage bis zu 1½ Stunden dauern. Die Eier werden in Serie akkurat nebeneinander in Längsrichtung in die Stengel von Torfmoosen nahe der Wasseroberfläche eingestochen (STERNBERG 2000).

Alle abgelegten Eier legen ab einem genetisch festgelegten Stadium eine Diapause ein. Diese dauert ca. 150 Tage und so überdauern die Eier den Winter. Die Ausdifferenzierung der Embryonen dauert weitere 150 Tage. Die Schlüpfperiode der Larven von *A. subarctica elisabethae* beginnt Ende Juni. Die Hauptschlupfzeit in Norddeutschland ist der August (BÖNSEL 1998). Erfolgte die Eiablage vor August, entwickeln sich die Larven nach drei Jahren zu Imagines, ansonsten benötigen sie vier Jahre. Den letzten Winter vor der Imaginalhäutung überdauern alle Larven in einer Larval-Diapause. Dadurch wird der Schlupfbeginn der Imagines mehr oder weniger synchronisiert. Beim Jungfernflug steigen die Imagines bis zu 15 m hoch in die Luft und lassen sich dann auf Bäumen oder auch auf bodennahre Vegetation nieder, bis nach einigen Stunden die Flügel ausgehärtet sind und sie ihren ersten längeren Flug starten. Gerne werden Birken- und Fichtenstämme zum Sonnen aufgesucht. Dies geschieht besonders in den Morgen- und Abendstunden und das Sonnenbaden nimmt mit fortgeschrittener Saison zu (STERNBERG 2000).

Als Beutetiere wurden Stechmücken, Zuckmücken, kleine Fliege, Stein- und Köcherfliegen, Kleinschmetterlinge und Tagfalter, als auch Kleinlibellen dokumentiert. Die Männchen suchen manchmal Baumstämme systematisch nach kleinen Fliegen ab. Die Larven sind Nahrungsopportunisten und fressen alles was sie bewältigen können (STERNBERG 2000).

Verbreitung, Habitatansprüche und Populationsdichte

Aeshna subarctica besitzt ein circumpolares, holarktisches Verbreitungsgebiet welches von Nordamerika über Japan und Sibirien bis nach Nord- und Mitteleuropa reicht. In Europa erstreckt sich das Areal von *Aeshna subarctica elisabethae* bis 69° nördlicher Breite. Damit zählt sie zusammen mit *Aeshna caerulea* zu den Libellenarten mit der nördlichsten Verbreitungsgrenze. In den südlichen Teilen Mitteleuropas ist sie an Höhenlagen über 800m gebunden. Die Alpen bilden ihre südliche Arealgrenze. Die westlichen Vorkommen liegen in den Vogesen, Belgien und den Niederlanden. Die Art fehlt in Norwegen, fast ganz Schweden und auf kalkigen Sedimenten in Finnland (STERNBERG 2000). Das Zirbenwaldmoos (2.050 m) in den österreichischen Alpen beheimatet die höchstgelegenen bekannten Vorkommen (LEHMANN 1985). Die deutschen Verbreitungsschwerpunkte liegen im Schwarzwald, dem Alpenvorland und den letzten intakten Hochmooren des norddeutschen Tieflandes (NUNNER & STADELMANN 1998). Vereinzelt kann die Art auch in den östlichen, bayrischen Mittelgebirgen gefunden werden. Vereinzelte Funde sind aus dem Harz bekannt (BAUMANN 2001).

Zwar gilt die Hochmoor-Mosaikjungfer als Hochmoor-Charakterart, dennoch kann sie auch in mesotrophen Niedermooren vorkommen. Sehr wichtig sind reiche, flutende Torfmoos–Bestände (*Sphagnum* spp.), in denen die Eier abgelegt werden (SCHMIDT 1964, SAHLÉN et al. 2004).

Die Art bevorzugt zur Fortpflanzung weite, baumfreie Moorflächen, in denen die stehenden, fischfreien Gewässer meist voll besonnt liegen. Die Gewässer sind meist größer als 5m^2 und ausnahmslos nährstoffarm, huminsäurereich und kalkfrei. Charakteristische Pflanzen dieser Lebensräume sind neben den Torfmoosen, die Schlamm-Segge, Blasenbinse und Sichelmoose (STERNBERG 2000).

Die Larven stellen hohe und sehr komplexe, mikroklimatische Ansprüche an ihren Lebensraum und sind sehr stark an Hochmoor- oder hochmoornahe Schlenken gebunden. Sie bevorzugen Wassertiefen zwischen 0-20cm, und eine Wassertemperatur zwischen 15-20°C. Die vertikale Verbreitung der Larven im Gewässer wird zum einen durch Temperaturen limitiert, Temperaturen unter 10°C werden gemieden, andererseits durch den Sauerstoffgehalt, der in dichten Torfmoosbeständen bereits in wenigen cm Tiefe gegen Null geht. Dies kann dazu führen, dass sich die Larven an sehr heißen Tagen nicht in kühleres, tieferes Wasser zurückziehen können. Im Winter ist die Gefahr groß, dass die oberste Wasserschicht bis zu 20cm tief gefriert, was die Larven nicht überleben (STERNBERG 2000).

Für die schnellen und problemlosen Häutungen sind Temperaturen von 27-30°C optimal. Zur Metamorphose klettern die Larven meist 5-20cm an Binsen oder Wollgras empor und klammern sich fest. Da sie sich nur an wenigen Halmen halten besteht bei böigem Wind die Gefahr abzurutschen (STERNBERG 2000). Eine Bestandsuntersuchung in Mecklenburg-Vorpommern zeigte stark rückläufige Individuenzahlen, verursacht durch trockenfallen der Gewässer und/oder deren Eutrophierung (BÖNSEL 2001).

PEM-Optionen

Plastizität

Im Allgemeinen besitzen Hochmoor-Libellen verschiedene Mechanismen sich an unterschiedliche thermische Bedingungen anzupassen: die Kontrolle des Hämolymphflusses vom Thorax zum Abdomen; Gleitflüge bei denen die wärmeerzeugende Flugmuskulatur abgeschaltet wird oder die Verlagerung der Aktivitätszeiten. Diese Anpassungen ermöglichen es der Hochmoor-Mosaikjungfer Höhenlagen von 1.300 bis 1.800 m zu besiedeln und dort bereits im Juli aktiv zu sein (DREYER 1988). Dabei meiden die Imagines zu hohe Außentemperaturen (>22°C). Mit ihrer dunklen Färbung sind sie eher an kühle Klimate angepasst, da sich ihr Körper schnell aufheizt (STERNBERG 1990, 1993, 1997). Interessant ist dabei das Auftreten zweier Farbmorphe. Die hellere Form (größere Farbflecken) wurde vorwiegend in heißen Sommern im norddeutschen Tiefland aufgefunden, die dunklere Form dominiert in Skandinavien und den Bergarealen. Ein experimenteller Beweis ob die Farbmorphen durch die Temperatur modifiziert werden steht allerdings noch aus (STERNBERG 2000).

In Aufzuchtexperimenten konnte gezeigt werden, dass sich die Larven an hohe Temperaturen adaptieren können, also die Toleranzgrenze gegenüber erhöhten Temperaturen angepasst werden kann. Die optimalen Larvaltemperaturen liegen bei 16-21°C (STERNBERG 1990, 1993). Die Larven können in den letzten Entwicklungsstadien auch auf andere extreme Umweltsituationen (austrocknendes Gewässer, Nahrungsknappheit) reagieren. Dabei reduzieren sie nicht die Zeit zwischen den einzelnen Häutungen, aber deren Anzahl. Die schlüpfenden Imagines sind dann aber kleiner als ihre Artgenossen, was vermutlich Auswirkungen auf den späteren Reproduktionserfolg haben kann (STERNBERG 2000).

An anderen Libellen konnte mit steigender Temperatur eine Verkürzung der Entwicklungszeit und eine Verlängerung des Aktivitätszeitraumes beobachtet werden (BRAUNE et al. 2008, DINGEMANSE & KALKMAN 2008). Dies könnte auch bei der Hochmoor-Mosaikjungfer eintreten, allerdings wurden dazu noch keine Untersuchungen durchgeführt.

Evolution

Die Hochmoor-Mosaikjungfer gehört zu den euroasiatischen/sibirischen Faunenelementen und drang vermutlich erst spät nach Mitteleuropa vor (circa vor 4000 Jahren). Eine Besiedelung durch den Hochmoorspezialisten wurde erst durch die Bildung der *Sphagnum*-Moore im Atlantikum möglich. Zeitweilig musste sich die Art während des späten Subboreals (trockenes Klima) wieder nach Osten zurückziehen, wodurch die heutige disjunkte Verbreitung zu erklären ist (STERNBERG 1998).

Hochmoor-Mosaikjungfer Populationen sind in Metapopulation eingebunden, das bedeutet, das Subpopulationen miteinander im genetischen Austausch stehen (STERNBERG 1995). Stamm- oder Quellpopulationen in optimalen Habitaten sind individuenreich, haben hohe Schlupfzahlen und viele Imagines während der Hauptflugzeit. Sie produzieren jährlich einen Überschuss an Individuen der abwandert und benachbarte Habitate besiedeln kann. Diese Populationen (Sink-, Neben-, Empfänger- oder Verlustpopulationen) können so theoretisch auch dann Bestand haben, wenn sie sich aus eigener Kraft gar nicht erhalten können. Sie finden sich in suboptimalen Habitaten und bestehen meist nur aus wenigen Individuen. Sie sind auf stetige Zuwanderung angewiesen um sich über mehrere Jahre im Gebiet zu halten. Latenzpopulationen bestehen fast nur aus jungen Larven und werden nur durch die Zuwanderung aus anderen Populationen getragen. Sie können aber bei einem Zusammenbruch der Stammpopulationen zu einer Wiederbelebung des Stammhabitates beitragen. Sie minimieren den Gründereffekt in dem sie vermutlich unterschiedliche Allele in die Population mitbringen und sie können die Stabilisierung der Nebenpopulationen beschleunigen (STERNBERG 1995).

Mobilität

Während adulte Tier recht ortstreu sind (Abwanderrate: 48%), ist die Abwanderrate bei frisch geschlüpften Exemplaren mit 88-92% sehr hoch (SCHMIDT 1964, STERNBERG 2000). Da geeignete Habitate meistens weit voneinander entfernt liegen, ist ein regelmäßiger Individuenaustausch schwierig; obwohl Zuwanderungen aus bis zu 8 km Entfernung dokumentiert wurden (STERNBERG 1995). Im Schwarzwald konnte beobachtet werden, dass ein reger Individuenaustausch zwischen zwei Moorgebieten stattfand, die 1.500 m voneinander entfernt liegen. Die Imagines legten dabei mehrmals täglich bis zu 9 km reine Flugstrecke zurück. Dabei scheint es zwei Arten des Ortwechsels zu geben: entweder sie fliegen in Höhen bis zu 15 m über die Baumwipfel oder in einer Höhe von

1-4 m in Bodennähe. Die Höhenflieger ermöglichen wahrscheinlich die Besiedlung isoliert gelegener Habitate, während die Tiefflieger den Austausch zwischen benachbarten Populationen aufrechterhalten (STERNBERG 2000).

Die stenotope Habitatbindung an nasse *Sphagnum*-Hochmoore schränkt die Art in ihrer Verbreitung stark ein, da dieser Moortyp aus klimatischen und geomorphologischen Gründen auf nur wenige Regionen beschränkt ist (STERNBERG 2000). Durch fehlende Trittsteinhabitate ist eine Abwanderung vom Alpenvorland oder den Mittelgebirgen in andere, geeignetere nördliche Habitate unwahrscheinlich.

Zusammenfassung und Schutzempfehlungen

Die Hochmoor-Mosaikjungfer wird in der Roten Liste als vom Aussterben bedroht geführt (OTT & PIPER 1998). Die meisten Stamm- und Nebenhabitate der Art stehen bereits unter Schutz, dennoch sind viele dieser Gebiete weiterhin durch Eutrophierung und weitere anthropogene Einflüsse – Abtorfung von Mooren, Grundwassersenkungen für bauliche Maßnahmen und Aufforstung/landwirtschaftliche Nutzung von Mooren – gefährdet (BINOT-HAFKE et al. 2000, BÖNSEL 2001). Diese Faktoren führen zu einer Sukzession, bei der *Carex*-Arten die *Sphagnum*-Schlenken überwuchern und so für die Libellen unbrauchbar machen. Eingriffe in den Wasserhaushalt der Moore stellen ebenfalls eine große Gefahr dar, da ein Absinken des Wasserspiegels zu häufigeren und längeren Austrocknungsereignissen führt. Dabei findet auch eine zusätzliche Eutrophierung durch die Mineralisierung des trockeneren Torfes statt, es werden Nährstoffe freigesetzt und gelangen in das Moor. Die Reproduktionsgewässer der Art reagieren bei Wasserspiegelschwankungen und/oder Eutrophierung sehr empfindlich und verlanden schnell. Durch ihre enge Bindung an diese nassen, niemals trockenfallenden Moorkernbereiche mit reichem *Sphagnum*-Bewuchs ist *A. subarctica elisabethae* sehr anfällig gegenüber Veränderungen dieser Art (STERNBERG 2000, DE KNIJF et al. 2001). Dies kann ihr auch im Zuge einer langfristigen Erwärmung des Makroklimas ernsthafte Probleme bereiten, zumal die Erwärmung die regional anthropogen verursachten Veränderungen verstärken könnten.

Um den stetigen Individuenaustausch einer Metapopulation zu gewährleisten ist es nötig alle Subpopulationen, bzw. deren Habitate zu schützen. Daher sollte vor allem den Latenzhabitaten außerhalb von Schutzgebieten erhöhte Aufmerksamkeit zukommen. Eine Pufferzone um die Moore, in der das Düngen verboten ist wäre eine weitere Schutzmaßnahme. Die notwendige Größe einer derartigen Pufferzone hängt dabei von der Geländemorphologie ab. Auch der Erhalt und die Förderung artenreicher Magerwiesen in sonniger, windgeschützter Lage und in Moornähe bildet eine Möglichkeit das Vorkommen von *A. subarctica elisabethae* zu fördern. Die räumliche Nähe dieser Wiesen, welche als Jagdhabitat genutzt werden, zu geeigneten Moorgebieten hätte eine Verkürzung der Flugzeit und somit eine Verlängerung der Aufenthaltsdauer der Tiere im Moor zur Folge. Diese würde zu einer Erhöhung der Abundanz der Imagines im Moor führen, was den Fortpflanzungserfolg und somit eine Stärkung der Art mit sich bringen könnte (STERNBERG 2000).

Anschrift der Autoren

Dipl. Biol Carolin Dittrich, PD Dr. Mark-Oliver Rödel, Museum für Naturkunde, Berlin, Leibniz Institute for Research on Evolution and Biodiversity, Abteilung Diversitätsdynamik, Invalidenstr. 43, 10115 Berlin

Literatur

BAUMANN, K. (2001): Habitat und Vergesellschaftung von *Somatochlora alpestris* und *S. arctica* im Nationalpark Harz (Odonata: Corduliidae). – Libellula 20 (1/2): 47-67.

BINOT-HAFKE, M., BUCHWALD, R., CLAUSNITZER, H.-J., DONATH, H., HUNGER, H., KUHN, J., OTT, J., PIPER, W., SCHIEL, F.-J. & WINTERHOLLER, M. (2000): Ermittlung der Gefährdungsursachen von Tierarten der Roten Liste am Beispiel der gefährdeten Libellen Deutschlands – Projektkonzeption und Ergebnisse. – Natur und Landschaft 75 (9/10): 393-401.

BÖNSEL, A. (1998): Verbreitung und Bestandsabschätzung der Hochmoor-Mosaikjungfer - *Aeshna subarctica* – (WALKER 1908): in Mecklenburg-Vorpommern. – Naturschutzarbeit in Mecklenburg-Vorpommern 41 (1/2): 32-38.

BÖNSEL, A. (2001): Hat *Aeshna subarctica* (WALKER 1908): in Nordostdeutschland eine Überlebungschance? Die Entwicklung zweier Vorkommen im Vergleich zum gesamten Bestand in Mecklenburg-Vorpommern. – Natur und Landschaft 76 (6): 257-261.

BRAUNE, E., RICHTER, O., SÖNDGERATH, D. & SUHLING, F. (2008): Voltinism flexibility of a riverine dragonfly along thermal gradients. – Global Change Biology 14 (3): 470-482.

DE KNIJF, G., ANSELIN, A. & GOFFART, P. (2001): Trends in dragonfly occurrence in Belgium (Odonata). – In: REEMER, M., VAN HELSDINGEN, P.J. & KLEUKERS, R.M.J.C. (Eds.): Proceedings of the 13th International colloquium European invertebrate survey, European Invertebrate Survey – the Netherlands: Leiden: 33-38.

DINGEMANSE, N.J. & KALKMAN, V.J. (2008): Changing temperature regimes have advanced the phenology of Odonata in the Netherlands. – Ecological Entomology 33 (3): 394-402.

DREYER, W. (1988): Zur Ökologie der Hochmoorlibellen. – Bonner zoologische Beiträge 39 (2): 147-152.

LEHMANN, G. (1985): Beitrag zur Kenntnis von *Aeshna coerulea* (STRÖM, 1783) und *A. subarctica* (WALKER, 1908) in Nordtirol (Austria). – Libellula 4: 117-137.

NUNNER, A. & STADELMANN, H. (1998): Hochmoor-Mosaikjungfer - *Aeshna subarctica elisabethae* (DJAKONOV, 1922). – In: KUHN, K. & BURBACH, K. (Hrsg.): Libellen in Bayern. – Stuttgart (Ulmer): 134-135.

OTT, J. & PIPER, W. (1998): Rote Liste der Libellen (Odonata). – In: BUNDESAMT FÜR NATURSCHUTZ (Hrsg.): Rote Liste gefährdeter Tiere Deutschlands. – Schriftenreihe Landschaftspflege und Naturschutz: 260-263.

SAHLÉN, G., BERNARD, R., RIVERA, A.C., KETELAAR, R. & SUHLING, F. (2004): Critical species of Odonata in Europe. – International Journal of Odonatology 7 (2): 385-398.

SCHMIDT, E. (1964): Zur Verbreitung von *Aeshna subarctica* WALKER in Schleswig-Holstein (Odonata). – Faunistische Mitteilungen aus Norddeutschland 2: 184-186.

STERNBERG, K. (1990): Autökologie von sechs Libellenarten der Moore und Hochmoore des Schwarzwaldes und Ursachen ihrer Moorbindung. – Freiburg (Universität Freiburg, Fakultät für Biologie – Dissertation), 431 S.

STERNBERG, K. (1993): Bedeutung der Temperatur für die (Hoch-) Moorbindung der Moorlibellen (Odonata: Anisoptera). – Mitteilungen der Deutschen Gesellschaft für allgemeine und angewandte Entomologie 8: 521-527.

STERNBERG, K. (1994): Niche specialisation in dragonflies. – Advances in Odonatology, 6: 177-198.

STERNBERG, K. (1995): Regulierung und Stabilisierung von Metapopulationen bei Libellen, am Beispiel von *Aeshna subarctica elisabethae* DJAKONOV im Schwarzwald (Anisoptera: Aeshnidae). – Libellula 14: 1-39.

STERNBERG, K. (1997): Adaptation of *Aeshna caerulea* (STRÖM) to the severe climate of its environment (Anisoptera: Aeshnidae). – Odonatologica 26 (4): 439-449.

STERNBERG, K. (1998): The postglacial colonization of Central Europe by dragonflies, with special reference to southwestern Germany (Insecta, Odonata). – Journal of Biogeography 25 (2): 319-337.

STERNBERG, K. (2000): *Aeshna subarctica elisabethae* (DJAKONOV, 1922) – Hochmoor-Mosaikjungfer. – In: STERNBERG, K. & BUCHWALD, R. (Hrsg): Die Libellen Baden-Württembergs, Band 2: Großlibellen (Anisoptera). – Stuttgart (Ulmer): 93-109.

Alpen-Smaragdlibelle *Somatochlora alpestris* (SÉLYS 1840)

CAROLIN DITTRICH und MARK-OLIVER RÖDEL

Biologie der Art

Die Alpen-Smaragdlibelle ist eine mittelgroße, grünlich-schwarz gefärbte Art mit blaugrün leuchtenden Augen. Charakteristisch ist ein feines weißes Band am zweiten Abdominalsegment der Männchen, bei den Weibchen ist dieses auch am 3. und 4. Segment vorhanden, sowie metallisch grüne, behaarte Thoraxflächen (WILDERMUTH 2008).

Die Hauptflugzeit im Schwarzwald beginnt Anfang Juli und erstreckt sich bis Mitte August (STERNBERG 2000). Bei Männchen beträgt die Reifungszeit (Zeit vom Schlupf bis zur Fortpflanzungsfähigkeit) im Mittel 27 Tage, bei Weibchen 31 Tage. Die mittlere Lebensdauer der Adulten liegt bei 40-45 Tagen und das Höchstalter liegt bei ungefähr 70 Tagen (KNAUS 1999).

Bei Sonnenschein ist die Aktivität der Männchen am größten. Ziehen Wolken auf, entfernen sie sich meist vom Gewässer und setzen sich in der Vegetation ab. Demgegenüber sind die Weibchen oft auch bei bewölktem Himmel bei der Eiablage zu beobachten (STERNBERG 2000). Die Zahl beobachteter Paarungen war, im Vergleich zur Häufigkeit der Art am Fortpflanzungsgewässer und dem dort vorherrschenden ausgeglichen Geschlechterverhältnis, sehr niedrig, so dass vermutlich schon vom Reproduktionsgewässer entfernt Paarungen stattfinden (STERNBERG 1985, 1990, KNAUS 1999). Die Paarungsräder fliegen meist größere Strecken und setzten sich in niedriger Vegetation ab; die Kopulation kann bis zu zwei Stunden andauern (STERNBERG 2000).

Pro Eiablage geben die Weibchen zwischen 145 und 410 Eier ins freie Wasser ab (KNAUS 1999), vereinzelt sogar bis zu 772 (STERNBERG 2000). Die Weibchen benötigen 10-20 Tage für das Nachreifen eines Eiersatzes (KNAUS 1999). Es wurden große Unterschiede bei der Embryonal- und Larvalentwicklung zwischen verschiedenen Gelegen beobachtet. So war die Dauer der Embryonalentwicklung vom Datum der Eiablage und eventuell zusätzlich vom Alter des Muttertieres abhängig (STERNBERG 1995).

Im Harz ist die Alpen-Smaragdlibelle eine der frühesten Arten im Jahr. Sie wird in der Literatur auch als „Frühlings-Art“ bezeichnet (CORBET 1962). So schlüpften im Frühling 2000 (besonders warm) die ersten Larven bereits im Mai (BAUMANN 2001). Larven benötigen 2-5 Jahre für ihre Entwicklung. Dabei legen die meisten im letzten Larvalstadium eine Diapause ein, wodurch sich die Imaginalhäutung innerhalb einer Koherte synchronisiert. Mitte Mai bis Mitte Juli beginnt die Alpen-Smaragdlibelle zu schlüpfen (NUNNER & STADELMANN 1998, STERNBERG 2000). Bereits nach 5½ (KNAUS 1999) bis 13 Tagen (STERNBERG 1995) sind 50% der Larven eines Gewässers geschlüpft (EM_{50}-Index). Dazu kriechen sie an Seggen, Binsen oder Wollgrashalmen etwa 15 cm über den Wasserspiegel. Erstaunlich ist hierbei, dass dieses Verhalten reversibel ist und sie bei

Wetterstürzen die Umwandlung abbrechen und wieder ins Wasser zurückkehren (STERNBERG 2000).

Verbreitung, Habitatansprüche und Populationsdichte

Die Alpen-Smaragdlibelle ist in eine paläarktische Art und besitzt heute eine überwiegend arkto-alpine Verbreitung. Sie lebt in drei Teilarealen, wovon zwei im Norden (Skandinavien und Asien) liegen und eines im südlichen Mitteleuropa. Letzteres umfasst die Hochlagen einiger Mittelgebirge (Bayrischer Wald, Böhmerwald, Erzgebirge, Harz, Karpaten, Riesengebirge, Schwarzwald, Tatragebirge, Thüringer Wald, Vogesen) und der Alpen. Hier ist sie hauptsächlich in Lagen oberhalb 1400 m zu finden (STERNBERG 2000). Die Bayrischen Alpen stellen den Verbreitungsschwerpunkt in Deutschland dar (NUNNER & STADELMANN 1998).

In den mittleren Gebirgslagen Mitteleuropas ist die Alpen-Smaragdlibelle stenök an Hoch- oder Übergangsmoore gebunden. Dabei meidet sie den Hochmoorkern. Sie hält sich bevorzugt im Randbereich der Moore auf, wo sich der Baumgürtel zum Moorzentrum hin auflichtet (STERNBERG 1985, 1990). Die Art benötigt ein ausreichend kühles Regionalklima, ein kühles Mikroklima in bestimmten Moorbereichen und einen ausgeglichenen Moorwasserhaushalt (ELLWANGER 1996).

In Nordeuropa und der subalpinen bzw. alpinen Stufe der Alpen, gelegentlich auch in den höchsten Lagen der Mittelgebirge (grundsätzlich bereits kühleres Klima), ist es der Art möglich ein breiteres Habitatspektrum zu besiedeln. In diesen Gebieten kann sie eine hohe Abundanz erreichen und besiedelt flache Verlandungszonen von Bergseen, durchgehend von Seggen durchwachsene kleine Alpweiher, Torfstiche, Quellsümpfe oder Erosionsrillen (MAIBACH & MEIER 1987, WILDERMUTH 1989, 1996). Dieser Wechsel der Habitatansprüche ist vermutlich klimatisch bedingt. Dabei ist zu beachten, dass die Alpen-Smaragdlibelle im westlichen, atlantisch beeinflussten Teil Mitteleuropas erst ab etwa 1400 m ihr Habitatspektrum erweitern kann, während sie weiter östlich, im wesentlich kontinentaleren Erzgebirge und Bayrischen Wald bereits oberhalb 900 m dazu fähig ist (BROCKHAUS 1988, STERNBERG 2000).

Das Larvenhabitat wird im Harz wie folgt beschrieben: kleine Gewässer mit einer mittleren Größe von 4 m^2 (Schlenken); eine Wassertiefe von 10 bis 20 cm; meist vegetationsarm mit einer Torfmoosdeckung von weniger als 2%, dafür Algenbewuchs bis zu 97% und eine Ufervegetation mit verschiedenen Torfmoosen mit geringem Deckungsgrad (BAUMANN 2001).

PEM-Optionen

Plastizität

Im Allgemeinen besitzen Hochmoor-Libellen mehrere Mechanismen sich in gewissem Umfang thermisch an verschiedene Klimabedingungen anzupassen: die Kontrolle des Hämolymphflusses vom Thorax zum Abdomen; Gleitflüge bei denen die wärmeerzeugende Flugmuskulatur abgeschaltet wird und die Verlagerung der Aktivität in geeignetere Tageszeiten (DREYER 1988).

Bei der Alpen-Smaragdlibelle wird die Eientwicklung sowohl durch die Temperatur und die Photoperiode bestimmt (exogene Steuerung), als auch durch das Alter des Weibchens (endogen). So benötigen die Eier von jungen Weibchen – unabhängig von höheren Temperaturen und abnehmenden Tageslängen – mehr Zeit um sich zu entwickeln. Dieses Phänomen bedarf aber noch weiterer Untersuchungen. Bei den Larven scheint es unterschiedliche Strategien zu geben. So schlüpfen machen Larven bereits bei Temperaturen um die 16°C, die anderen bei Temperaturen über 20°C. Diese beiden Strategien könnten die Überlebenschancen der Nachkommen in einer klimatisch variablen Umwelt insgesamt verbessern. So profitieren die frühen Larven von einem warmen Sommer. Bei den späteren Larven verringert sich das Risiko durch unvorhergesehene Kälteeinbrüche zu sterben. Eine weitere Anpassung an variable klimatische Bedingungen liegt darin, dass sich der Anteil von Eiern, welche in eine Diapause eintreten, mit Fortschreiten der Fortpflanzungssaison erhöht (STERNBERG 1995).

Die Larven sind fähig eine bis zu dreimonatige Austrocknung ihrer Gewässer zu überstehen; dabei haben aber älteren Individuen wesentlich höher Überlebenschancen (STERNBERG 1989, 1990, JOHANSSON & NILSSON 1991, ELLWANGER 1996). Diese Anpassung an austrocknende Gewässer ermöglicht es der Art auch sich weitgehend prädatorenfreie Gewässer auszuwählen. Bei Kälte können die Larven bis zu sechs Monaten im Eis eingeschlossen überleben (JOHANSSON & NILSSON 1991). Dagegen sind die Imagines nicht gut an mehrtägige Kälteeinbrüche mit Schneefall angepasst (WILDERMUTH & KNAUS 2002).

An anderen Libellenarten konnte mit steigender Temperatur eine Verschiebung des Verbreitungsgebietes nach Norden beobachtet werden (HICKLING et al. 2005, DE KNIJF & ANSELIN 2010, SÖNDGERATH et al. 2012). In Großbritannien und den Niederlanden wurde nachgewiesen, dass sich die Flugzeiten mit steigender Temperatur verlängern (HASSALL et al. 2007, DINGEMANSE & KALKMAN 2008). Dies könnte auch bei der Alpen-Mosaikjungfer eintreten, allerdings fehlt diesbezüglich die Datengrundlage.

Evolution

Die Alpen-Smaragdlibelle ist bereits aus dem Miozän Ungarns fossil überliefert. Allerdings fehlt sie auf den britischen Inseln, was vermuten lässt das sie zur postglazialen Invasionsfauna gezählt werden kann. Im heutigen Verbreitungsgebiet zeigt sich eine disjunkte Verbreitung mit einem nördlichen und einem südlichen Teil. Zum einen könnte durch die Erwärmung während des Atlantikums (vor etwa 7000 Jahren) die Art nach Norden und in die Höhenlagen der Gebirge im Süden verdrängt worden sein, zum anderen ist auch eine Besiedlung auf zwei getrennten Routen denkbar (LOHMANN 1981, STERNBERG 2000). Aufgrund der Isolation vieler Population könnte eine geringe genetische Variabilität vermutet werden. Hierzu scheint es aber noch keine Untersuchungen zu geben.

Mobilität

Es zeigte sich, dass ein Teil der Männchen (früher Schlupf, größere Flügellänge) sehr ortstreu ist, während ein anderer Teil (späterer Schlupf, kleinere Flügellänge) zwischen verschiedenen benachbarten Habitaten innerhalb eines Radius von ca. 2 km hin und her wechselt. Dies liegt wohl an der früheren Besetzung der Rendezvousplätze durch die erstgeschlüpften, größeren Tiere. Bei ihren Pendelflügen legen die Männchen bis zu 7,5 km zurück (KNAUS 1999, 2000, KNAUS & WILDERMUTH 2002). Die Männchen zeigen territoriales Verhalten und vertreiben sowohl konkurrierende arteigene als und artfremde Männchen (WILDERMUTH 2008).

Durch eine potentielle Erwärmung ist die kaltstenotherme Art stark gefährdet, da sie in den Mittelgebirgen bereits die höchsten Lagen besiedelt und so ein Ausweichen nach oben kaum mehr möglich ist. So könnte es beispielsweise durch eine Erwärmung um 3°C zu einem Verlust potentieller Habitate von bis zu 90% in den Alpen kommen. Eine horizontale Abwanderung in nördliche Breitengrade ist durch fehlende Trittsteinhabitate unwahrscheinlich (DE KNIJF et al. 2011). Allgemein besitzt die Art so ein sehr hohes Aussterberisiko, sowohl auf der lokalen, als auch längerfristig auf regionaler Ebene (O-ERTLI 2010).

Zusammenfassung und Schutzempfehlungen

Da es sich bei den Tieren um recht scheue, versteckt lebende Einzelgänger handelt, sind sie schwer zu beobachten. Dazu kommt, dass sie eine dunkle Körperfärbung aufweisen und in unübersichtlichen Waldmooren und den Baumbeständen zwischen und über den Wipfeln fliegen, wodurch der Nachweis über Imagines erschwert wird. Es empfiehlt sich den Nachweis über die Exuvien während der fünf- bis sechswöchigen Schlüpfzeit zu erbringen (STERNBERG 2000). Dies hat auch den Vorteil zu wissen, dass die Gewässer wirklich zur Fortpflanzung genutzt werden.

Wie bei *Aeshna subarctica elisabethae*, so sind auch für den Erhalt der Alpen-Smaragdlibelle die botanisch und faunistisch oft unscheinbaren Neben- und Latenzbiotope von großer Bedeutung. Diese stehen in der Regel nicht unter Schutz und werden häufig durch Entwässerungsmaßnahmen oder Auffüllen zerstört. Erschwerend für die Identifikation dieser Biotope kommt hinzu, dass die Populationen von *S. alpestris* meist kurzlebig sind und nur aus einem Jahrgang bestehen. Sind die Larven geschlüpft, bleibt das Gewässer oft für mehrere Jahre ungenutzt. Daher wird vermutet, dass *S. alpestris* eine höhere Anzahl solcher Nebenpopulationen zum Erhalt einer Metapopulationsstruktur benötigt (KNAUS & WILDERMUTH 2002).

In den Alpen spielt das Abweiden der Ufervegetation und das Zertreten des Uferbereiches eine weitere Rolle bei der möglichen Gefährdung der Art. Diese Faktoren können aber durch eine Einzäunung der Moorflächen, vergleichsweise einfach, verhindert werden. Des Weiteren führen Exkremente von Weidetieren zu einer Eutrophierung der Gewässer (STERNBERG 2000). Nährstoffeintrag und sich verändernde Wasserstände in den Gewässern können sich auf die Sukzession auswirken und somit das Habitat nachhaltig verändern (DE KNIJF et al. 2011). Durch all diese Eingriffe wird die Isolation der ohnehin schon sehr zerstreut liegenden Habitate erweitert, was eine Verringerung des Populationsaustausches mit sich bringen kann. Eine Aufrechterhaltung eines möglichst dichten Netzes geeigneter Lebensräume in den entsprechenden Klimazonen von Mittel- und Hochgebirgen, scheinen das beste Mittel zum langfristigen Erhalt dieser Art zu sein.

Anschrift der Autoren

Dipl. Biol Carolin Dittrich, PD Dr. Mark-Oliver Rödel, Museum für Naturkunde, Berlin, Leibniz Institute for Research on Evolution and Biodiversity, Abteilung Diversitätsdynamik, Invalidenstr. 43, 10115 Berlin

Literatur

BAUMANN, K. (2001): Habitat und Vergesellschaftung von *Somatochlora alpestris* und *S. arctica* im Nationalpark Harz (Odonata: Corduliidae). – Libellula 20 (1/2): 47-67.

BROCKHAUS, T. (1988): Erste Ergebnisse von Odonaten - Bestandsaufnahmen in Regenmooren des Erzgebirges (Bezirk Karl-Marx-Stadt, DDR). – Libellula 7 (3/4): 103-109.

CORBET, P.S. (1962): A biology of dragonflies. – London (Whiterby).

DE KNIJF, G. & ANSELIN, A. (2010): When south goes north: Mediterranean dragonflies (Odonata) conquer Flanders (North-Belgium). – In: OTT, J. (Ed.) Monitoring climate change with dragonflies. – Special issue BioRisk 5: 141-153.

DE KNIJF, G., FLENKER, U., VANAPPELGHEM, C., MANCI, C.O., KALKMAN, V.J. & DEMOLDER, H. (2011): The status of two boreo-alpine species, *Somatochlora alpestris* and *S. arctica*, in Romania and their vulnerability to the impact of climate change (Odonata: Corduliidae). – International Journal of Odonatology 14 (2): 111-126.

DINGEMANSE, N.J. & KALKMAN, V.J. (2008): Changing temperature regimes have advanced the phenology of Odonata in the Netherlands. – Ecological Entomology 33 (3): 394-402.

DREYER, W. (1988): Zur Ökologie der Hochmoorlibellen. – Bonner zoologische Beiträge 39 (2): 147-152.

ELLWANGER, G. (1996): Zur Ökologie von *Somatochlora alpestris* SÉLYS (Anisoptera: Corduliidae) am Brocken im Hochharz (Sachsen-Anhalt). – Libellula 15 (3/4): 101-129.

HASSALL, C., THOMPSON, D.J., FRENCH, G.C. & HARVEY, I.F. (2007): Historical changes in the phenology of British Odonata are related to climate. – Global Change Biology 13 (5): 933-941.

HICKLING, R., ROY, D.B., HILL, J.K. & THOMAS, C.D. (2005): A northward shift of range margins in British Odonata. – Global Change Biology 11 (3): 502-506.

JOHANSSON, F. & NILSSON, A. (1991): Freezing tolerance and drought resistance of *Somatochlora alpestris* (SELYS) larvae in boreal temporary pools (Anisoptera: Corduliidae). – Odonatologica 20 (2): 245-252.

KNAUS, P. (1999): Untersuchungen zur Emergenz, zur Mobilität und zum Paarungssystem an einer Metapopulation von *Somatochlora alpestris* (SÉLYS 1840) in den Zentralalpen (Anisoptera: Corduliidae). – Zürich (Universität Zürich, Wildforschung und Naturschutzökologie, Zoologisches Institut – Diplomarbeit), 130 S.

KNAUS, P. (2000): Emergenzstudien an *Somatochlora alpestris* in den Zentralalpen (Odonata: Corduliidae). – Libellula 19 (3/4): 117-142.

KNAUS, P. & WILDERMUTH, H. (2002): Site attachment and displacement of adults in two alpine metapopulations of *Somatochlora alpestris* (Odonata: Corduliidae). – International Journal of Odonatology 5 (2): 111-128.

LOHMANN, H. (1981): Postglaziale Disjunktionen bei europäischen Libellen. – Libellula 1 (1): 2-4.

MAIBACH, A. & MEIER, C. (1987): Verbreitungsatlas der Libellen der Schweiz (Odonata) - mit Roter Liste. – Documenta Faunistica Helvetiae 4: 1-228.

NUNNER, A. & STADELMANN, H. (1998): Alpen-Smaragdlibelle - *Somatochloris alpestris* (SÉLYS 1840). – In: KUHN, K. & BURBACH, K. (Hrsg.): Libellen in Bayern. Stuttgart (Bayerisches Landesamt für Umweltschutz & Bund Naturschutz in Bayern e.V.):150–151.

OERTLI, B. (2010): The local species richness of dragonflies in mountain waterbodies: an indicator of climate warming? – In: OTT, J. (Ed.) Monitoring climate change with dragonflies. – Special issue BioRisk 5: 243-251.

SÖNDGERATH, D., RUMMLAND, J. & SUHLING, F. (2012): Large spatial scale effects of rising temperatures: modelling a dragonfly's life cycle and range throughout Europe. – Insect Conservation and Diversity 5 (6): 461-469.

STERNBERG, K. (1985): Zur Biologie und Ökologie von sechs Hochmoorlibellen in Hochmooren des südlichen Hochschwarzwaldes. – Freiburg (Universität Freiburg, Biologisches Institut – Diplomarbeit), 165 S.

STERNBERG, K. (1989): Ergebnisse quantitativer Exuvienaufsammlungen in einigen Mooren des südlichen Hochschwarzwaldes, Bundesrepublik Deutschland: eine vorläufige Bewertung (Odonata). – Opuscula Zoologica Fluminensia 34: 21-26.

STERNBERG, K. (1990): Autökologie von sechs Libellenarten der Moore und Hochmoore des Schwarzwaldes und Ursachen ihrer Moorbindung. – Freiburg (Universität Freiburg, Fakultät für Biologie – Dissertation), 431 S.

STERNBERG, K. (1995): Influence of oviposition date and temperature upon embryonic development in *Somatochlora alpestris* and *S. arctica* (Odonata: Corduliidae). – Journal of Zoology 235 (1): 163-174.

STERNBERG, K. (2000): *Somatochlora alpestris* (SÉLYS, 1840) - Alpen-Smaragdlibelle. – In: STERNBERG, K. & BUCHWALD, R. (Hrsg.): Die Libellen Baden-Württembergs, Band 2: Großlibellen (Anisoptera). – Stuttgart (Ulmer): 236-250.

WILDERMUTH, H. (1989): On the distribution and ecology of *Somatochlora arctica* (ZETT.) and *S. alpestris* (SEL.) in Switzerland (Odonata: Corduliidae). – Opuscula Zoologica Fluminensia 34: 30–32.

WILDERMUTH, H. (1996): Niche overlap, niche segregation and habitat selection in *Somatochlora arctica* (ZETT.) and *S. alpestris* (SEL.) in Switzerland (Anisoptera: Corduliidae). – Notulae Odonatologicae 4 (8): 125-136.

WILDERMUTH, H. (2008): Die Falkenlibellen Europas. - Hohenwarsleben (Westarp Wissenschaften). – Die Neue Brehm Bücherei 653: 512 S.

WILDERMUTH, H. & KNAUS, P. (2002): The impact of incidental summer snowfall on two alpine metapopulations of *Somatochlora alpestris* (SÉLYS) (Anisoptera: Corduliidae). – Odonatologica 31 (1): 55-63.

Zwerglibelle *Nehalennia speciosa* (CHARPENTIER, 1840)

CAROLIN DITTRICH und MARK-OLIVER RÖDEL

Biologie der Art

Die Zwerglibelle ist mit einer Körpergröße von 20-25 mm die kleinste und auch seltenste mitteleuropäische Libellenart. Die Weibchen sind polychrom und treten in drei Farbmorphen auf. Die Männchen kommen in zwei Farbmorphen vor (SCHIESS 1973).

Die Flugzeit erstreckt sich von Anfang Juni bis Ende August. Kleine Männchen führen einen wellenartigen Flugtanz auf um nach Weibchen zu suchen und fliegen dazu in Höhen von 10-40 cm zwischen den Seggen-Beständen hindurch. Dank ihres langen Abdomens sind sie sehr manövrierfähig. Die größeren Männchen warten meist sitzend an den Eiablageplätzen bis ein Weibchen auftaucht. Das Tandem wird ohne vorheriges Werbeverhalten gebildet. Die Bildung des Paarungsrades kann 20-50 min in Anspruch nehmen. Während der langen Kopulation, durchschnittlich zwei Stunden, entfernt das Männchen vermutlich zuerst das Sperma des Vorgängers aus den Samentaschen. Um bei der Paarung nicht von suchenden Männchen gestört zu werden, setzt sich das Paarungsrad in einer Höhe von 50 bis 80 cm an Seggenhalme ab. Die Eiablage nehmen die Weibchen meist einzeln vor, in einzelnen Fällen konnten auch Tandems bei der Eiablage beobachtet werden (SCHMIDT & STERNBERG 2000).

Der Großteil (80-90%) einer Larvenpopulation entwickelt sich im Laufe eines Jahres, der Rest scheint mehr als ein Jahr für die Entwicklung zu benötigen. Die Schlupfperiode erstreckt sich von Mitte/Ende Mai bis Mitte/Ende Juli. Dabei kommt es in der 2. Junihälfte zu einer Häufung der Schlupfereignisse. Abhängig von der Gewässergröße und der örtlichen Besonnungsintensität ist die Hälfte der Larven nach 10-36 Tagen geschlüpft. Folgen zahlreiche Sonnentage aufeinander kann es zu Massenschlüpfereignissen kommen. Die Larven der Zwerglibelle wurden bisher nur in Gewässern gefunden in denen Larven anderer Libellenarten fehlten. Dies wird so interpretiert, dass die Zwerglibellenlarven extrem konkurrenzschwach sind oder einem großen Prädationsdruck durch andere Libellenlarven unterliegen (SCHMIDT & STERNBERG 2000).

Die Imagines sind eine Woche nach dem Schlupf geschlechtsreif und die gesamte Adult-Lebensdauer dürfte nur um die zwei Wochen betragen (KUHN & BÖRZSÖNY 1998). Sie leben sehr versteckt in dichten Halmbeständen (Seggen und Pfeiffengras) und sind kryptisch gefärbt (SCHMIDT & STERNBERG 2000).

Die Nahrung der Zwerglibelle besteht hautsächlich aus Kleininsekten wie Fliegen und Kleinschmetterlingen. Zu den Prädatoren gehören die Grünfrösche, Radnetz- und Streckerspinnen, Teichjungfern und Schlanklibellen, manchmal verfängt sich die Zwerglibelle auch an den klebrigen Fangblättern des Sonnentaus (SCHMIDT & STERNBERG

2000). Die frisch umgewandelten Junglibellen sind manchmal noch von Wassermilben befallen, was ihre Flugfähigkeit einschränkt (BERNARD & WILDERMUTH 2005a).

Verbreitung, Habitatansprüche und Populationsdichte

Die Zwerglibelle ist ein euroasiatisches Faunenelement. Sie ist die einzige paläarktische Art einer ansonsten amerikanisch verbreiteten Gattung. Das Verbreitungsgebiet der Zwerglibelle erstreckt sich von der westlichen Schweiz (MONNERATH 2008) und Westdeutschland (SAHLÉN et al. 2004), ostwärts bis nach Japan, in nördlicher Richtung bis Südschweden und Finnland, und im Süden bis Ungarn und den italienischen Alpen. Innerhalb ihres Areals lebt sie nur in glazial geformten Regionen, welches ihr Vorkommen in Bayern auf eine Höhe zwischen 500 bis 700 m beschränkt; in Baden-Württemberg wurde sie zwischen 400 bis 750 m nachgewiesen (KUHN & BÖRZSÖNY 1998, SCHMIDT & STERNBERG 2000). In Deutschland existieren nach SCHMIDT und STERNBERG (2000) nur noch 25-30 solide Vorkommen, von denen die meisten im bayrischen Alpenvorland liegen. Vereinzelt sind Fundorte aus Niedersachsen, Oberschwaben, der Uckermark und dem südöstlichen Mecklenburg-Vorpommern bekannt geworden (BERNARD & WILDERMUTH 2005a). Aus diesem Grund wird sie in der Roten Liste Deutschlands als vom Aussterben bedroht geführt (OTT & PIPER 1998).

Die Zwerglibelle ist eine stenöke Art und somit auf spezifische Standortfaktoren angewiesen. In Deutschland werden oft Sekundärhabitate besiedelt. Diese sind anthropogen beeinflusst: feuchte Streuwiesen, alte Fischteiche und besonders Tümpel in Torfstichen. Diese Lebensräume sind gekennzeichnet durch veränderte Seggen-Bestände, vor allem Schnabel- und Steif-Segge die Horste bilden und zur Verlandung der Gewässer beitragen (KUHN & BÖRZSÖNY 1998, BERNARD & WILDERMUTH 2005a).

In Bayern ist die Art noch in primären, meist in feuchten Wäldern liegenden Habitaten anzutreffen. Die kleinen Tümpel und Schlenken, die von auf Torfböden wachsendem dichtem Wald umstanden sind, weisen folgende Merkmale auf: niedrige Wassertiefe; ein reiches Angebot an Unterwasservegetation (Torfmoose und Teile von Sumpfpflanzen – insbesondere Wasserschlauch, *Utricularia*); sehr dichte, schmalblättrige und nicht bultige Seggen, gemischt mit einigen breitblättrigen Sumpfpflanzen (vor allem Schlamm- und Faden-Segge), sowie nährstoffarmes, huminstoffreiches Wasser mit einem geringen pH, einer geringen Leitfähigkeit und Härte (BERNARD & WILDERMUTH 2005a).

Die Larvalgewässer sind im Regelfall Kleinstgewässer von 0,02-10 m^2 Größe (SCHMIDT & STERNBERG 2000, BERNARD & WILDERMUTH 2005b). In diesen herrscht geringere Konkurrenz mit anderen Arten und ein günstiges Mikroklima. Die Larven nutzen neben submerser Vegetation auch die abgestorbenen Seggen-Halme um sich vertikal und horizontal fortzubewegen. So wird zum Beispiel eine Vertikalwanderung der Larven entlang des Temperatur- und Sauerstoffgradienten möglich. Die Gewässer haben eine mittlere

Tiefe von nur 9,4 cm und führen für gewöhnlich ganzjährig Wasser (SCHMIDT & STERNBERG 2000).

PEM-Optionen

Plastizität

Die Aktivität der Imagines wird durch das Wetter beeinflusst. Verantwortlich sind hierbei wohl eine Kombination aus Temperatur, Luftfeuchte, Wind und Sonneneinstrahlung. Anders als die meisten anderen europäischen Kleinlibellen, ist die Zwerglibelle bereits bei 15 bis 18°C aktiv, und dies auch selbst bei leichtem Regen oder Nieselwetter. Bei schwerem Regen kann sie im oberen Bereich der Vegetation ausharren. Sie meidet starke Sonneinstrahlung und Temperaturen über 25°C. Wind ist ein limitierender Faktor für die kleine Art. Schon bei moderatem Wind sucht sie Schutz in der dichten Vegetation. Optimale Bedingungen sind moderate Temperaturen, keine direkte Sonneneinstrahlung, und kein oder nur leichter Wind (BERNARD & WILDERMUTH 2005b).

Die Weibchen treten in drei Farbmorphen auf, welche dem jeweiligen Alter des Tieres entsprechen. So sind immature Weibchen blau gefärbt, was sie vor paarungswilligen Männchen schützt. Die subadulten Weibchen besitzen eine grünliche bis blau orangene Färbung, so dass sie zwischen den Seggen-Beständen kaum zu erkennen sind. Sind sie zur Eiablage bereit färbt sich ihr Körper eher bräunlich. Sie sind so auf dem Eiablagesubstrat wenig sichtbar (SCHIESS 1973, BERNARD & WILDERMUTH 2005a).

An anderen Libellen konnte mit steigender Temperatur sowohl eine Verkürzung der Entwicklungszeit und eine Verlängerung des Aktivitätszeitraums beobachtet werden (BRAUNE et al. 2008), als auch eine Verlängerungen der Flugzeiten (HASSALL et al. 2007, DINGEMANSE & KALKMAN 2008). Für die eher kühle Temperaturen bevorzugende Zwerglibelle liegen dafür keine Daten vor.

Evolution

Die ökologische Spezialisierung der Zwerglibelle, insbesondere ihre Habitatwahl, erlaubt: a) den Larven sich innerhalb eines Jahres zu entwickeln (da sich das flache, braune Wasser schnell erwärmt) und Prädatoren in ihren Spezialgewässern weitgehend fehlen, b) schützt die Imagines vor letalen Witterunsbedingungen durch günstiges Mikroklima, und c) minimiert interspezifische Konkurrenz (BERNARD & WILDERMUTH 2005a).

Die genetische Diversität zwischen und innerhalb von Populationen ist sehr gering. Es konnte keine geographisch korrelierte genetische Differenzierung gefunden werden. Dies lässt vermuten, dass die Art während der Würm-Eiszeit in einem Refugium überlebt hat (Ostrussland-Mandschurei) und ein genetischer Flaschenhalseffekt zu dieser geringen Variabilität geführt hat (BERNARD & SCHMITT 2010, BERNARD et al. 2011,

SUVOROV 2011). Aufgrund der Stenotopie und der geringen genetischen Variabilität scheint das evolutive Potential der Art eher gering.

Mobilität

Zwerglibellen gelten als flugscheu und fliegen selten Distanzen die über mehr als 1-3 m hinausgehen. Dies führt letztlich zu einer großen „Ortstreue" der Art. So entfernt sich kaum ein Individuum mehr als 100 m von seinem Eiablagegewässer und 92,3% wurden in einer Entfernung von nur bis zu 10 m von den Larvengewässern gefunden (SCHMIDT & STERNBERG 2000).

In einer Studie zur Ausbreitungsfähigkeit wurde die Neubesiedlung von Gewässern durch die Zwerglibelle untersucht, an denen sich innerhalb weniger Jahre kleine Zwerglibellenpopulationen angesiedelt hatten. Die Entfernungen zu großen Spenderpopulationen betrugen dabei bis zu 11,5 km. Der Autor schließt daraus, dass eine Ausbreitungsfähigkeit von 10-30 km gegeben sein muss. Auf Grund ihrer geringen Größe wird die Zwerglibelle vermutlich eher passiv, mit dem Wind, verdriftet, als dass sie aktiv neue Gewässer sucht. Eventuell wird das Verdriften jedoch aktiv durch Auffliegen der Libellen unterstützt. Meist sind geeignete Lebensräume in der Nähe noch bestehender großer Populationen selten geworden sind, so dass eine Neubesiedlung ohne gezielte Maßnahmen nur in Ausnahmesituationen möglich ist (BURBACH & SCHIEL 2004). Durch ihre stark begrenzte Ausbreitungsmöglichkeit und die enge ökologische Amplitude besitzt die Zwerglibelle eine hohe lokale Aussterbewahrscheinlichkeit (SCHMIDT & STERNBERG 2000).

Zusammenfassung und Schutzempfehlungen

Nach den bisher veröffentlichten Daten kommt der Zwerglibelle ein hohes Gefährdungspotential zu. Dabei spielt ihre starke Habitatbindung an sensible und räumlich sehr beschränkte Lebensräume eine wichtige Rolle. Ihre Primärhabitate sind stark im Rückgang betroffen, so ist z.B. auch die Schlamm-Segge eine in Deutschland als stark gefährdet eingestufte Pflanzenart; die charakteristisch für die Habitate der Zwerglibelle ist. Auch das geringe Ausbreitungspotential der Art trägt zu ihrer Gefährdung bei, ist sie doch so kaum in der Lage aus ungeeignet werdenden Lebensräumen in andere auszuweichen. Weitere Gefährdungsgründe liegen vor allem in der Eutrophierung ihrer Entwicklungsgewässer durch intensive landwirtschaftliche Nutzung der angrenzenden Flächen, in der Entwässerung von Moorweihern bei der Gewässer entweder ganz verschwinden oder durch die sukzessive Veränderungen der Vegetation ungeeignet werden, sowie die zunehmende Erwärmung im Sommer (BINOT-HAFKE et al. 2000, WILDERMUTH 2004).

Geeignete Schutzmaßnahmen wären die Etablierung von Pufferzonen um Vorkommensgebiete der Zwerglibelle. Des Weiteren sollten Niedermoorbereiche nicht als Retentionsflächen zur Abschwächung von Hochwasserereignissen benachbarter Fließgewässer genutzt werden, da dies zu einer generellen Umgestaltung des Gebiets führen würde. Stattdessen raten SCHMIDT & STERNBERG (2000) zu überprüfen, ob alternativ Wiesenflächen für eventuelle Hochwassererflutungen geeignet sind, in deren Flachwasserzonen gegebenenfalls sogar neue Lebensräume für Libellen entstehen können. Der beste Schutz der Larvengewässer der Zwerglibelle besteht darin sie möglichst wenig zu stören (Betretungsverbot und Besucherlenkungsmaßnahmen) und von anthropogenen Einflüssen aus Boden, Wasser und Luft zu schützen, sie z.B. in Natura 2000 Gebiete aufzunehmen (BERNARD & WILDERMUTH 2005a). Pflegemaßnahmen sind wohl nur kurzfristig erfolgversprechend. Auf hohe Temperaturen und längeres Trockenfallen ihrer Lebensräume reagiert die Zwerglibelle sehr empfindlich. Da es sich um flache Kleingewässer handelt, die mitunter sehr schnell austrocknen, stellt der Klimawandel eine potentiell große Gefahr für die Art in der Zukunft dar (SCHMIDT & STERNBERG 2000, GONSETH & MONNERATH 2001, BERNARD & WILDERMUTH 2005a). Gerade für Mitteleuropa werden höhere Temperaturen, stärkere Winterregenfälle und trockenere Sommer prognostiziert, was zu einer erheblichen Veränderung der Zwerglibellenhabitate führen könnte.

Momentan liegt die Hauptgefährdung der Zwerglibelle nicht in der Isolation der Populationen sondern allein bei der möglichen Qualitätsverschlechterung der Habitate. Eine Wiederansiedlung in potentiell geeigneten Habitaten könnte eine Möglichkeit sein, den Bestand über das Verbreitungsgebiet zu sichern (BERNARD & WILDERMUTH 2005a). Um den Erfolg von Erhaltungsmaßnahmen zu bewerten müssten allerdings regelmäßig Bestandsaufnahmen durchgeführt werden. Dazu gehört die Aufnahme der Anzahl der Individuen – am besten geeignet ist die Suche nach Exuvien und Larven – und Beobachtungen der Fortpflanzungsgewässer (WILDERMUTH 2010).

Anschrift der Autoren

Dipl. Biol Carolin Dittrich, PD Dr. Mark-Oliver Rödel, Museum für Naturkunde, Berlin, Leibniz Institute for Research on Evolution and Biodiversity, Abteilung Diversitätsdynamik, Invalidenstr. 43, 10115 Berlin

Literatur

BERNARD, R., HEISER, M., HOCHKIRCH, A. & SCHMITT, T. (2011): Genetic homogeneity of the sedgling *Nehalennia speciosa* (Odonata: Coenagrionidae) indicates a single Würm glacial refugium and trans-Palaearctic postglacial expansion. – Journal of Zoological Systematics and Evolutionary Research 49 (4): 292-297.

BERNARD, R. & SCHMITT, T. (2010): Genetic poverty of an extremely specialized wetland species, *Nehalennia speciosa*: implications for conservation (Odonata: Coenagrionidae). – Bulletin of Entomological Research 100 (4): 405-413.

BERNARD, R. & WILDERMUTH, H. (2005a): *Nehalennia speciosa* (CHARPENTIER, 1840) in Europe: A case of a vanishing relict (Zygoptera: Coenagrionidae). – Odonatologica 34 (4): 335-378.

BERNARD, R. & WILDERMUTH, H. (2005b): Verhaltensbeobachtungen an *Nehalennia speciosa* in Bezug auf Raum, Zeit und Wetter (Odonata: Coenagrionidae). – Libellula 24 (3/4): 129-153.

BINOT-HAFKE, M., BUCHWALD, R., CLAUSNITZER, H.-J., DONATH, H., HUNGER, H., KUHN, J., OTT, J., PIPER, W., SCHIEL, F.-J. & WINTERHOLLER, M. (2000): Ermittlung der Gefährdungsursachen von Tierarten der Roten Liste am Beispiel der gefährdeten Libellen Deutschlands – Projektkonzeption und Ergebnisse. – Natur und Landschaft 75 (9/10): 393-401.

BRAUNE, E., RICHTER, O., SÖNDGERATH, D. & SUHLING, F. (2008): Voltinism flexibility of a riverine dragonfly along thermal gradients. – Global Change Biology 14 (3): 470-482.

BURBACH, K. & SCHIEL, F.-J. (2004): Beobachtungen zur Ausbreitungsfähigkeit von *Nehalennia speciosa* (Odonata: Coenagrionidae). – Libellula 23 (3/4): 115-126.

DINGEMANSE, N.J. & KALKMAN, V.J. (2008): Changing temperature regimes have advanced the phenology of Odonata in the Netherlands. – Ecological Entomology 33 (3): 394-402.

GONSETH, Y. & MONNERATH, C. (2001): Recent changes in distribution of dragonflies in Switzerland (Odonata). – In: REEMER, M., P.J. VAN HELSDINGEN, P.M. & KLEUKERS, R.M.J.C. (Eds.): Proceedings of the 13th International Colloquium of the European Invertebrate Survey. European Invertebrate Survey – the Netherlands. Leiden: 23-31.

HASSALL, C., THOMPSON, D.J., FRENCH, G.C. & HARVEY, I.F. (2007): Historical changes in the phenology of British Odonata are related to climate. – Global Change Biology 13 (5): 933-941.

KUHN, K. & BÖRZSÖNY, L. (1998): Zwerglibelle-*Nehalennia speciosa* (CHARPENTIER 1840). – In: KUHN, K. & BURBACH, K. (Hrsg.): Libellen in Bayern. – Stuttgart (Ulmer): 106-107.

MONNERATH, C. (2008): Neufund einer Population von *Nehalennia speciosa* in der Westschweiz (Odonata: Coenagrionidae). – Libellula 27 (1/2): 39-51.

OTT, J. & PIPER, W. (1998): Rote Liste der Libellen (Odonata). – In: BUNDESAMT FÜR NATURSCHUTZ (Hrsg.): Rote Liste gefährdeter Tiere Deutschlands. – Schriftenreihe Landschaftspflege und Naturschutz 55: 260-263.

SAHLÉN, G., BERNARD, R., RIVERA, A.C., KETELAAR, R. & SUHLING, F. (2004): Critical species of Odonata in Europe. – International Journal of Odonatology 7 (2): 385-398.

SCHIESS, H. (1973): Beitrag zur Kenntnis der Biologie von *Nehalennia speciosa* (CHARPENTIER, 1840) (Zygoptera: Coenagrionidae). – Odonatologica 2 (1): 33-37.

SCHMIDT, B. & STERNBERG, K. (2000): *Nehalennia speciosa* (CHARPENTIER, 1840) – Zwerglibelle. – In: STERNBERG, K. & BUCHWALD, R. (Hrsg.): Die Libellen Baden-Württembergs, Band 1: Allgemeiner Teil, Kleinlibellen (Zygoptera). – Stuttgart (Ulmer): 358–368.

SUVOROV, A. (2011): Comparative molecular genetics of *Nehalennia speciosa* (CHARPENTIER) from geographically distant populations (Zygoptera: Coenagrionidae). – Odonatologica 40 (2): 131-136.

WILDERMUTH, H. (2004): *Nehalennia speciosa* in der Schweiz: ein Nachruf (Odonata: Coenagrionidae). – Libellula 23 (3/4): 99-113.

WILDERMUTH, H. (2010): Monitoring the effects of conservation actions in agricultural and urbanized landscapes – also useful for assessing climate change? – In: OTT, J. (Ed.): Monitoring climate change with dragonflies. – BioRisk 5: 175-192.

Gefleckte Schnarrschrecke *Bryodemella tuberculata* (Fabricius 1775)

UTA SCHRÖDER und KLAUS FISCHER

Biologie der Art

Die Gefleckte Schnarrschrecke (*Bryodemella tuberculata*) ist eine tagaktive, xerothermophile und stenöke Heuschreckenart (HARZ 1957, REICH 1991b, 2003, 2006, INGRISCH & KÖHLER 1998, BELLMANN 2003). Die Tiere überwintern im Eistadium und schlüpfen zeitlich synchron im Mai (REICH 1991b, REICH 2003). Über vier Larvalstadien erfolgt die hemimetabole Entwicklung zum Imago. Die ersten adulten Tiere erscheinen meist ab Mitte Juli bis Anfang August und haben eine Lebensdauer von bis zu 83 Tagen (REICH 1991b). *B. tuberculata* weist einen Sexualdimorphismus auf, wobei die Weibchen mit 29-39 mm deutlich größer sind als die Männchen mit 26-30 mm (INGRISCH & KÖHLER 1998, BELLMANN 2006). Beide Geschlechter sind flugfähig, jedoch können nur die Männchen größere Distanzen fliegend überwinden (HARZ 1957, REICH 1991b, BELLMANN 2006). Die ersten Paarungen sind i.d.R. bereits wenige Tage nach der Imaginalhäutung zu beobachten (REICH 1991b). Sowohl die Paarungen als auch die Eiablage finden vorrangig um die Mittagszeit bis in den frühen Nachmittag statt (REICH 1991b). Die Weibchen legen im Laufe ihres Lebens bis zu acht Eipakete (WEFING 1995) mit bis zu 22 Eiern pro Gelege (REICH 1991b). Die Gelege werden 2-3 cm tief in offene, kiesige Bereiche ohne Pflanzenwuchs abgelegt (REICH 1991b). Als Nahrungsquelle dient sowohl den Larven als auch den adulten Tiere ein breites Spektrum an Kräutern und Gräsern (HARZ 1957, REICH 1991b, INGRISCH & KÖHLER 1998, BELLMANN 2006).

Verbreitung, Habitatansprüche und Populationsdichte

Das Zentrum der Verbreitung von *B. tuberculata* liegt in Zentralasien. Dort besiedelt sie die Steppengebiete Mittel- und Süd-Russlands, Teile Sibiriens, der Mongolei, der Mandschurei und Nordchinas (REICH 1991b). In Mitteleuropa erreicht die Art ihre westliche Verbreitungsgrenze und ist hier nur noch mit wenigen Populationen in den Nördlichen Alpen, auf der Insel Öland und in Südfinnland vertreten (REICH 1991a,b, 2006, VÄISÄNEN 1991). Auf Öland besiedelt sie die sogenannte Stora Alvaret, eine steppenähnliche Pflanzenformation auf Kalkstein (HARTMANN & REICH 1998). Im Alpenraum kommt sie hauptsächlich auf vegetationsarmen Kiesbänken und Schotterfluren entlang von Bach- oder Flussläufen vor (HARZ 1957, REICH 1991b, MAAS et al. 2002, BELLMANN 2006). Hier war sie vor ca. 100 Jahren noch weit verbreitet. Heute gibt es nur noch drei größere Metapopulationen (im Isartal zwischen Wallgau und dem Sylvensteinspeicher, im Friedergries und am Oberen Lech in Tirol) sowie mehrere kleine, stark isolierte Populationen (REICH 2006). Pflanzensoziologisch sind die Gebiete im Alpenraum dem Myricario-Chondrilletum chondrilloides (Knorpelsalatflur) und dem Salici-Myricarietum (Weiden-Tamarisken-Gesellschaft) zuzuordnen (NADIG 1986, MÜLLER

1988, REICH 1991b). Vegetationsarme Kiesbänke sind typische Habitate alpiner und dealpiner Wildflusslandschaften und somit ständiger Veränderung unterworfen. Durch die Umlagerung und Neubildung von Kiesbänken werden Sukzessionsvorgänge unterbrochen und damit ständig neuer Lebensraum für *B. tuberculata* geschaffen (REICH 1991b, STELTER et al. 1997, PLACHTER 1998, PLACHTER & REICH 1998).

Sowohl die Imagines als auch die Larven bevorzugen Kiesbankbereiche mit sehr geringen Deckungsgraden der Vegetation (< 25%), wobei die Präferenz für extrem vegetationsarme Bereiche (< 10%) bei den Larven noch stärker ausgeprägt ist (REICH 1991b). Jedoch ist der Deckungsgrad für die Habitatwahl nicht das einzige Kriterium. Weitere entscheidende Faktoren sind die Grundwasser- und Abflussverhältnisse und, damit in Zusammenhang stehend, die Sommerniederschläge (REICH 1991b). In niederschlagsreichen Sommern bevorzugt *B. tuberculata* höher gelegene Kiesbankbereiche mit höheren Deckungsgraden der Vegetation (bis 50%), wohingegen in trockenen, sonnigen Sommern die tieferen, gewässernahen Bereiche mit geringem Deckungsgrad (< 25%) favorisiert werden (REICH 1991b).

In einer 2-jährigen Studie von REICH (1991b) wurde ein ca. 1 ha großer Kiesbank-Komplex untersucht und die Populationsdichte der Imagines für dieses Gebiet ermittelt. Die Populationsgröße blieb über diese Zeit konstant und betrug im Mittel 30,5 Individuen/1.000m^2. Eine großräumige Studie zur Metapopulationsdynamik (REICH 2006) zeigte aber, dass in einem Zeitraum von sieben Jahren sowohl die Gesamtgrößen der untersuchten Metapopulation als auch die Größen der einzelnen Lokalpopulationen starken Schwankungen unterworfen waren, wobei keine Korrelation der lokalen Dynamiken festgestellt werden konnte.

PEM-Optionen

Plastizität

Es gibt in der Literatur keine Informationen darüber, inwieweit *B. tuberculata* dazu in der Lage ist, plastisch auf klimatische Veränderungen zu reagieren. Der Lebensraum in den nördlichen Alpen ist durch extreme Temperaturschwankungen und den Wechsel zwischen Überschwemmung und extremer Trockenheit gekennzeichnet (REICH 1991b), was ein gewisses Maß an Plastizität nahelegt. Die lange nacheiszeitliche Besiedlungsgeschichte in Mitteleuropa wie auch die großräumige Verbreitung in Asien deuten ebenso auf ein plastisches Potential hin (REICH 2006). Gravierender als unmittelbare Temperatureinflüsse sind vermutlich die potenziellen Auswirkungen des Klimawandels auf die Abfluss- und Sukzessionsverhältnisse in den Auen (REICH 2010).

Evolution

Auch zur genetischen Variation bzw. zum genetischen Anpassungspotential liegen für *B. tuberculata* keine Studien vor. Der Grad der morphologischen Differenzierung ist innerhalb des Verbreitungsgebietes sehr gering, Tiere aus Bayern sehen aus wie solche aus Schweden oder der Mongolei (REICH 2006 und pers. Mitt.). Zwischen den Subpopulationen von Metapopulationen kommt es gelegentlich oder regelmäßig, je nach Entfernung, zum Individuenaustausch. Dieser trägt einerseits zum Erhalt der genetischen Varianz bei und kann andererseits lokale Aussterbeereignisse ausgleichen (ZÖLLER 1995). Bei *B. tuberculata* können ausschließlich die Männchen größere Distanzen überwinden und somit zum genetischen Austausch zwischen entfernteren Teilpopulationen beitragen, während die Neu- oder Wiederbesiedlung durch die Weibchen nur über kürzere Distanzen möglich ist (REICH 1991b, 2006).

Mobilität

B. tuberculata lebt in typischen Metapopulationen, die aus zahlreichen Lokalpopulationen bestehen, welche zumindest gelegentlich untereinander in Individuenaustausch stehen (REICH 1991b, REICH & GRIMM 1996, STELTER et al. 1997). Aufgrund von Sukzession, Hochwassern und Überschwemmungen kommt es immer wieder zum Aussterben einiger lokaler Populationen (REICH 1991a, 1991b, 2006). Solange sich Aussterbe- und Neubesiedlungsprozesse der Subpopulationen die Waage halten, wird die Population als solches nicht negativ beeinflusst (REICH 1991b, REICH & GRIMM 1996, STELTER et al. 1997), sie kann aber trotzdem erheblichen Schwankungen unterworfen sein (REICH 2006). Für Arten, deren Lebensraum dynamischen Veränderungen unterworfen ist, spielt das Ausbreitungsverhalten bzw. die Fähigkeit, geeignete Lebensräume neu zu besiedeln, eine entscheidende Rolle (REICH 1991a, 1991b, GRIMM et al. 1994, REICH & GRIMM 1996, STELTER et al. 1997). Die individuellen Aktionsräume und die Ausbreitungsdynamik einer Population sind hierfür wichtige Parameter. Aufgrund der einjährigen Entwicklung mit Überwinterung im Eistadium und der geringen Mobilität der Larven finden diese Prozesse bei *B. tuberculata* hauptsächlich im Imaginalstadium statt und unterscheiden sich stark zwischen den Geschlechtern (REICH 1991b). Wie eine Studie von REICH (1991b) zeigte, sind der limitierende Faktor für die Ausbreitungsdynamik von *B. tuberculata* die kleinen (max. 1.880 m^2) Aktionsräume der Weibchen. Die Männchen dagegen weisen wesentlich größere Aktionsräume (max. 27.970 m^2) auf. Die Ausbreitungsdynamik der Männchen wird, im Gegensatz zu den Weibchen kaum durch natürliche Barrieren wie Wasserarme oder dichte Vegetation beeinflusst (REICH 1991a, 1991b, INGRISCH & KÖHLER 1998). An den Ausbreitungs- und Neubesiedlungsprozessen sind nur ca. 8-11% der Weibchen einer Population beteiligt (REICH 1991b). Insgesamt muss das Ausbreitungspotential der Art als gering erachtet werden und ist daher in Deutschland praktisch ausschließlich entlang linearer Strukturen, d.h. entlang der Fließgewässer, zu erwarten. Damit kommt der Konnektivität der Habitate eine entscheidende Bedeutung zu.

Zusammenfassung und Schutzempfehlung

B. tuberculata tritt in Mitteleuropa entlang von Bächen und Flüssen der Nordalpen auf. Sie besiedelt als ausgesprochen xerothermophile Art ausschließlich vegetationsarme

Kiesbänke und Schotterfluren. Diese sind ständigen Veränderungen unterworfen: Fortschreitende Sukzession reduziert den Lebensraum von *B. tuberculata*, was letztlich zu lokalem Aussterben führen kann (REICH 1990, 1991a, 1991b, GRIMM et al. 1994, STELTER et al. 1997). Andererseits entstehen infolge extremer Hochwasser, die auch regelmäßig zum Aussterben von Lokalpopulationen führen (REICH 2006), immer wieder neue Kiesbänke oder bestehende Kiesbänke werden umgelagert. Für ein langfristiges Überleben der Vorkommen sind somit intakte Metapopulationsstrukturen von entscheidender Bedeutung (REICH 1991a, 1991b, GRIMM et al. 1994, STELTER et al. 1997). Die Ausbreitungsfähigkeit der Weibchen stellt hierbei den limitierenden Faktor für die Neubesiedlung geeigneter Habitate dar. Die größte Gefahr für das Überleben von *B. tuberculata* stellen Eingriffe des Menschen in die natürliche Flussdynamik sowie, damit in Zusammenhang stehend, eine zunehmende Fragmentierung der Habitate dar. Das Simulationsmodell von STELTER et al. (1997) konnte zeigen, wie entscheidend das Umschichten der Kiesbänke durch regelmäßig auftretende Hochwasser-Ereignisse für das längerfristige Überleben (der Metapopulationen) der Art ist. Wird die Häufigkeit der Überflutungsereignisse durch Flussverbauung (Längs- und Querbauwerke) vermindert, oder auch erhöht, so verkleinert sich der Lebensraum entscheidend und die Art droht auszusterben. Zudem wird das Ausbreitungspotential durch Querbauwerke, Staustufen etc. entscheidend verringert. Ein Ausweichen von *B. tuberculata* auf sekundäre Lebensräume wie Abbaustellen (Kiesgruben) stellt, aufgrund der fehlenden natürlichen Dynamik, keine Alternative zur Wiederherstellung naturnaher Fließgewässersysteme dar (REICH 1991b, REICH 1998). Dieser muss folglich allerhöchste Priorität eingeräumt werden.

Anschrift der Autoren:

Dipl. Biol. U. Schröder, Prof. Dr. K. Fischer, Tierökologie, Zoologisches Institut und Museum, Universität Greifswald, Johann Sebastian Bach-Str. 11/12, 17487 Greifswald

Literatur

BELLMANN, H. (2006): Der Kosmos Heuschreckenführer: Die Arten Mitteleuropas sicher bestimmen. – Stuttgart (Verlag Franckh-Kosmos): 350 S.

GRIMM, V., STELTER, C., REICH, M. & WISSEL, C. (1994): Ein Modell zur Metapopulationsdynamik von *Bryodema tuberculata* (Saltatoria, Acrididae). – Zeitschrift für Ökologie und Naturschutz 3 (3): 189-195.

HARTMANN, H. & REICH, M. (1998): Populationsstruktur und Mobilität von *B. tuberculata* (FABRICIUS, 1775) in der Stora Alvaret (Öland, Schweden). – Articulata 13 (2): 10-119.

HARZ, K. (1957): Die Geradflügler Mitteleuropas. – Jena (Verlag Gustav Fischer): 494 S.

INGRISCH S. & KÖHLER G. (1998): Die Heuschrecken Mitteleuropas. – Magdeburg (Verlag Westarp Wissenschaften): 460 S.

MAAS, S., DETZEL, P. & STAUDT, A. (2002): Gefährdungsanalyse der Heuschrecken Deutschlands. Verbreitungsatlas, Gefährdungseinstufung und Schutzkonzepte – Münster (Landwirtschaftsverlag): 401 S.

MÜLLER, N. (1988): Zur Flora und Vegetation des Lechs bei Forchach (Reutte-Tirol) – letzte Reste nordalpiner Wildflußlandschaften. – Natur und Landschaft 63 (6): 263-269.

NADIG, A. (1986): Oekologische Untersuchungen im Unterengadin D6: Heuschrecken (Orthoptera). – Ergebnisse wissenschaftlicher Untersuchungen im schweizerischen Nationalpark 12 (10): 103-167.

PLACHTER, H. (1998): Die Auen alpiner Wildflüsse als Modelle störungsgeprägter ökologischer Systeme. – Schriftreihe für Landschaftspflege und Naturschutz 56: 21-66.

PLACHTER, H. & REICH, M. (1998): The significance of disturbance for populations and ecosystems in natural floodplains. – Conferance Proceedings of the International Symposium on River Restoration, Tokyo: 29-38.

REICH, M. (1990): Verbreitung, Lebensweise und Gefährdungsursachen von *Bryodema tuberculata* (F.) (Gefleckte Schnarrschrecke) als Grundlagen eines Schutzkonzeptes. – Schriftenreihe des Bayerischen Landsamt für Umweltschutz 99: 49-54.

REICH, M. (1991a): Grasshoppers (Orthoptera, Saltatoria) on alpine and dealpine riverbanks and their use as indicators for natural floodplain dynamics. – Regulated Rivers 6 (4): 333-339.

REICH, M. (1991b): Struktur und Dynamik einer Population von *Bryodema tuberculata* (FABRICIUS 1975) (Saltatoria, Acrididae). – Ulm (Universität Ulm – Dissertation), 105 S.

REICH, M. & GRIMM, V. (1996): Das Metapopulationskonzept in Ökologie und Naturschutz: eine kritische Bestandsaufnahme. – Zeitschrift für Ökologie und Naturschutz 5 (3-4): 123-139.

REICH, M. (1998): Wildflußlandschaften. – In: DETZEL, P. (Hrsg.): Die Heuschrecken Baden-Württembergs. – Stuttgart (Ulmer): 580 S.

REICH, M. (2003): Gefleckte Schnarrschrecke *Bryodemella tuberculata* (FABRICIUS, 1775). – In: SCHLUMPRECHT, H. & WAEBER, G. (Hrsg.): Heuschrecken in Bayern. – Stuttgart (Ulmer): 480 S.

REICH, M. (2006): Linking metapopulation structures and landscape dynamics: grasshoppers (Saltatoria) in alluvial floodplains. – Articulata Supplement 11: 154 S.

REICH, M. (2010): Konzeption und Durchführung eines Monitorings für BRYODEMELLA TUBERCULATA (Gefleckte Schnarrschrecke). – Gutachten im Auftrag des Bayerischen Landesamtes für Umwelt: 54 S.

STELTER, C., REICH, R., GRIMM, V. & WISSEL, C. (1997): Modelling the persistence in dynamic landscapes: Lessons from a metapopulation of the grasshopper BRYODEMA TUBERCULATA. – Journal of Animal Ecology 66 (4): 508-518.

VÄISÄNEN, R., SOMERA, P., KUUSSAARI, M. & NIEMINEN, M. (1991): *Bryodema tuberculata* und *Psophus stridulus* in southwestern Finland. – Entomologica Fennica 2: 27-32.

WEFING, H. (1995): Schlüsselfaktoren der Metapopulationsdynamik von *Bryodema tuberculata* (Saltatoria, Acrididae) an der Oberen Isar. – Marburg (Philipps-Universität Marburg – Diplomarbeit), 75 S.

ZÖLLER, S. (1995): Untersuchungen zur Ökologie von *Oedipoda germanica* (LATREILLE, 1804) unter besonderer Berücksichtigung der Populationsstruktur, der Habitatbindung und der Mobilität. – Articulata 19 (1): 21-59.

Wir danken Prof. Dr. MICHAEL REICH (Hannover) für die kritische Durchsicht des Manuskriptes und wertvolle Hinweise.

Kurzschröter *Aesalus scarabaeoides* (Panzer 1794)

SABRINA ARNOLD und ELISABETH OBERMAIER

Biologie der Art

Mit einer Körperlänge von nur 3-7 mm ist *Aesalus scarabaeoides* (Coleoptera: Lucanidae) die kleinste der einheimischen Lucanidenarten und unterscheidet sich zudem mit seiner matt schwarzbraunen Körperfarbe und den rotbraunen Beinen, Fühlern und Unterleib optisch stark von verwandten Hirschkäferarten (BRECHTEL & KOSTENBADER 2002, FINNBERG 2009). Die Larven von *A. scarabaeoides* bewohnen feuchte Totholzhöhlen, in denen sie sich von Holz unterschiedlicher Zerfallstufen (jedoch nicht Zerfallstufe1 und frühe Zerfallstufe 2) ernähren. Dazu muss das Kernholz von Braunfäulepilzen vorzersetzt sein. Ältere Larven wurden zuweilen auch in bis zu 2 m Entfernung zur Bruthöhle gefunden, wo sie auch an schwachen Wurzeln gefressen haben (KLAUSNITZER & SPRECHER-UEBERSAX 2008). Die Puppenwiege der Käfer befindet sich zumeist am Ende der zahlreichen Fraßgänge im harten Außenbereich der bewohnten Mulmhöhlen oder in deren Bodensubstrat. Die Puppenruhe beginnt im Spätsommer oder Frühherbst und dauert nur wenige Wochen. Die aus der freien Puppe (Pupa exarata) geschlüpften Imagos überwintern bis teilweise Mai oder Juni des Folgejahres in der Puppenwiege (BRECHTEL & KOSTENBADER 2002, KLAUSNITZER & SPRECHER-UEBERSAX 2008). Literaturangaben über die Gesamtdauer der Entwicklung vom Ei bis hin zum fertigen Imago schwanken zwischen einem (LEILER 1949 bzw. KURTSCHEWA 1958 in KLAUSNITZER & SPRECHER-UEBERSAX 2008) und drei Jahren (BRECHTEL & KOSTENBADER 2002, MACHATSCHKE 1967 in KLAUSNITZER & SPRECHER-UEBERSAX 2008). Die photophile Art gilt als nachtaktiv und sucht während der Dunkelheit neue Brutplätze auf (KLAUSNITZER & SPRECHER-UEBERSAX 2008, BRECHTEL & KOSTENBADER 2002). Immer wiederkehrende Vergesellschaftungen von *A. scarabaeoides* mit anderen xylobionten Arten sind in der Literatur häufig beschrieben. Zumeist handelt es sich hierbei um diverse Schnellkäferarten (Gattung *Ampedus*, KLAUSNITZER & SPRECHER-UEBERSAX 2008, BRECHTEL & KOSTENBADER 2002, MÖLLER 2005) aber auch um Mitglieder der Familie der Tenebrionidae (Schwarz- oder Dunkelkäfer, *Pentaphyllus testaceus*, BRECHTEL & KOSTENBADER 2002), sowie dem Eichenwurzel-Düsterkäfer (*Hypulus quercinus*, HORION 1958 in KLAUSNITZER & SPRECHER-UEBERSAX 2008) und schwarzen Waldameisen (Artensteckbrief Thüringen 2009). Zu den natürlichen Feinden der Art zählen nach KLAUSNITZER & SPRECHER-UEBERSAX (2008) neben waldbewohnenden Vogelarten wie Spechten (Familie Picidae), Eulen (Familie Strigidae) und dem Eichelhäher (*Garrulus glandarius*) auch im Waldboden wühlende Säugetierarten wie das Wildschwein (*Sus scrofa*), der Dachs (*Meles meles*) oder das Eichhörnchen (*Sciurus vulgaris*). Zudem zählen fast alle Entwicklungsstadien von *A. scarabaeoides* zum Beutespektrum der Larven von *Ampedus quadrisignatus* (FREUDE et al. 1979, ZABRANSKY 2001, BERGER 2005).

Verbreitung, Habitatansprüche und Populationsdichte

Das europäische Verbreitungsgebiet von *A. scarabaeoides* erstreckt sich vom Westen aus über die Pyrenäen, in den Mittelmeerraum hinein bis in den Kaukasus. Vereinzelt sind zudem Sichtungen in der Türkei bekannt (KLAUSNITZER & SPRECHER-UEBERSAX 2008). Südskandinavien bildet die nördliche Grenze des Verbreitungsgebietes, wohingegen Norditalien, Jugoslawien und die Schwarzmeerküste das Vorkommen im Süden abgrenzen (BRECHTEL & KOSTENBADER 2002). Deutschlandweit finden sich neuere Funde nach 1950 nur in den südlichen (Bayern, Baden-Württemberg, Rheinland-Pfalz, Saarland) und östlichen (Brandenburg, Sachsen, Sachsen-Anhalt, Thüringen) Bundesländern (KLAUSNITZER & SPRECHER-UEBERSAX 2008, BRECHTEL & KOSTENBADER 2002). Nachweise aus Schleswig-Holstein und Mecklenburg-Vorpommern fehlen gänzlich, wohingegen Nordrhein-Westfalen, Hessen und Niedersachsen nur veraltete Nachweise vor 1950 vorweisen können (KLAUSNITZER & SPRECHER-UEBERSAX 2008). Ein relativ aktueller Fund aus dem Jahr 2003 im Stadtwald des fränkischen Bad Windsheim entwickelte sich lokalpolitisch zu einem wichtigen Punkt bei der Diskussion um die Ausweisung eines Naturwaldreservats. Letztendlich wurde 2005 das 49 Hektar große Naturwalreservat Jachtal ausgewiesen, dessen Kerngebiet aus einem seit 30 Jahren forstwirtschaftlich ungenutzten Mittelwald besteht (FINNBERG 2009).

In Höhenlagen von 150 bis 540 m ü. NN (BRECHTEL & KOSTENBADER 2002, BUßLER pers. Mitteilung) werden in den Ebenen und Vorgebirgen des gesamten Verbreitungsgebiets urständige und großflächige Laubwälder in nicht zwingend wärmebegünstigter Lage besiedelt (KLAUSNITZER & SPRECHER-UEBERSAX 2008, BRECHTEL & KOSTENBADER 2002). Für eine Urwaldreliktart wie *A. scarabaeoides* ist hierbei eine lange Biotop- und Faunentradition der Areale von großer Bedeutung (BRECHTEL & KOSTENBADER 2002, FINNBERG 2009), da nur bei alt gewachsenen Baumvorkommen eine ausreichende Menge an qualitativ geeignetem braunfaulem Totholz zur Verfügung steht. *A. scarabaeoides* bevorzugt Stümpfe oder Stämme morscher und lebender Eichen, wobei auch andere Laub- und Nadelhölzer (Buche, Birke, Kirsche bzw. Kiefer, Fichte, Tanne) bewohnt werden können (BRECHTEL & KOSTENBADER 2002). Geeignete Habitate finden sich vor allem in feuchten und schattigen Lagen (KLAUSNITZER & SPRECHER-UEBERSAX 2008, BRECHTEL & KOSTENBADER 2002), da hier unter anderem die für die Art wichtigen Holzpilze gedeihen. MÖLLER (2005) nennt hier zum Beispiel den Schwefelporling (*Laetiporus sulphureus*) als lebensraumgestaltendes Element. Dieser Braunfäulepilz ist in der Lage die Zellulosebestandteile des Holzes zu zersetzten und vermehrt dadurch das für *A. scarabaeoides* und andere xylobionte Arten wichtige Bodensubstrat. Da der Kurzschröter selbst nicht über eine entsprechend notwendige Enzymausstattung zur Zersetzung von Kohlehydraten verfügt, befindet er sich gegenüber dem Holzpilz in einem zum Teil sehr engen Abhängigkeitsverhältnis.

Für eine zuverlässige Einschätzung der Populationsdichte im gesamten Verbreitungsgebiet finden sich in der Literatur auf Grund der Seltenheit der Art nur wenige Informationen. Basierend auf verhältnismäßig guten Kenntnissen über die Biologie und Ökologie des Kurzschröters lässt sich jedoch feststellen, dass bei geeigneten Lebensraumbedingungen ein Vorkommen von 60 bis 80 Tieren in verschiedenen Entwicklungsstufen je besiedelter Struktur keine Seltenheit darstellt (KLAUSNITZER & SPRECHER-UEBERSAX 2008, BRECHTEL & KOSTENBADER 2002). Dies ist zum einen bedingt durch die gesellige Lebensweise der Imagines und zum anderen durch deren Standorttreue. Es kommt hierbei zu so genannten „mehr Generationen Stämmen", welche von der Art solange durchgehend bewohnt werden bis das Brutsubstrat aufgebraucht ist (KLAUSNITZER & SPRECHER-UEBERSAX 2008, BRECHTEL & KOSTENBADER 2002, Artensteckbrief Thüringen 2009). Da aktuelle Funde nach 1950 zunehmend seltener geworden sind liegt jedoch der Schluss nahe, dass die Bestandszahlen des Kurzschröters und auch vieler anderer Hirschkäferarten grundsätzlich im Rückgang begriffen sind (KLAUSNITZER & SPRECHER-UEBERSAX 2008).

PEM-Optionen

Plastizität

Die direkten Folgen bzw. die Anpassungskapazität der Art *A. scarabaeoides* an den prognostizierten Temperaturanstieg sind aus Mangel an konkreten Untersuchungen nur schwer eindeutig zu definieren. Der Einschätzung von J. KULBE (pers. Mitteilung) folgend ist das zukünftige Überleben vieler Altholzrelikte, wie der vorliegenden Art, in wärmeren Phasen, eng an die Entwicklung der mitteleuropäischen Laubwälder, besonders im nördlichen Teil gekoppelt. Eine Erwärmung könnte eine zusätzliche Bedrohung darstellen, wenn die wenigen Restvorkommen ihre Althölzer verlieren. Zusätzlich darf bei einer Beurteilung der zukünftigen Totholz- und damit Habitatentwicklung nicht vernachlässigt werden, dass die den Holzzerfall maßgeblich gestaltenden abiotischen Umweltfaktoren Feuchtigkeit und Temperatur unmittelbar mit der lokalen Situation und damit dem Standort des Baumbestandes zusammenhängen (MÖLLER 2005). WEISS & KÖHLER (2005) beschreiben für „regenreiche Mittelgebirgslagen" eine positive Auswirkung wärmerer Temperaturen und vermehrter Sonneneinstrahlung auf das vorhandene Totholzvolumen, was in diesem Fall auch verschiedenen Mulmkäferarten zu Gute kommen würde. *A. scarabaeoides* wird als thermophil beschrieben, ist jedoch innerhalb seines europäischen Verbreitungsgebietes auf planar colline bis submontane Höhenlagen beschränkt (RABITSCH et al. 2010). Es ist fragwürdig, ob sich eine langfristige Verlagerung der Vorkommen in höhere Lagen einstellt, wenn dort die Habitatstrukturen zuträglicher werden als in den bisher bewohnten niedrigen Lagen. In wie weit die mit der Klimaerwärmung zu erwartenden vermehrten und länger anhaltenden Trockenphasen längerfristig zu einer nachteiligen Veränderung des Mikroklimas in den Brutbäumen führen und damit die Art gefährden können, kann aufgrund der vorliegenden Literatur nicht mit Sicherheit beurteilt werden. Auch hier könnten das geringe Ausbreitungspotential und die jetzt schon zu erkennende Isolation von einzelnen Populationen einem Fortbestehen der Art entgegenwirken.

Evolution

Auch wenn man teilweise in geeigneten Habitaten individuenreiche Populationen von *A. scarabaeoides* vorfindet, so sind diese Populationen meist räumlich durch weniger geeignete Habitate oder andere Barrieren wie Straßen, landwirtschaftlich genutzte Flächen etc. voneinander isoliert und dadurch aus populationsgenetischer Sicht als risikobehaftet einzuordnen. KLAUSNITZER & SPRECHER-UEBERSAX (2008) gehen davon aus, dass es ohne einen Genaustausch zwischen den Populationen zu einem Rückgang der genetischen Vielfalt und damit zu einer verringerten Überlebensfähigkeit der Einzelpopulationen kommen kann. Bei einer hochgradigen Isolation von Einzelpopulationen wäre zudem auch eine erhöhte Wahrscheinlichkeit stochastischer Aussterbeprozesse, das zusätzliche Auftreten von Allee-Effekten oder Inzuchtdepression denkbar, wie es HARRY et al. (2005) für die Art *Carabus menteriesi pacholei* prognostizieren. Auch diese stenöke Art ist auf Grund schwindender Habitatflächen (Moore) von einer zunehmenden Fragmentierung ihres Lebensraums und der damit einhergehenden Isolation von Einzelpopulationen bedroht. Angaben zu einer Mindestgröße einer dauerhaft überlebensfähigen Population von *A. scarabeoides* finden sich in der Literatur nicht (KLAUSNITZER & SPRECHER-UEBERSAX 2008, Artensteckbrief Thüringen 2009).

Mobilität

Die Ausbreitungstendenz der Gattung der Lucanidae wird in der Literatur gemeinhin als gering eingeschätzt. KLAUSNITZER & SPRECHER-UEBERSAX (2008) gehen davon aus, dass eine erfolgreiche Neu- oder Wiederbesiedelung von Habitaten, welche zwischen 0,5 und 5 km weit voneinander entfernt liegen als unwahrscheinlich zu betrachten ist. Einen Grund für diese Einschätzung liefern Daten der wohl am besten erforschten Hirschkäferart *Lucanus cervus*. Während männliche Tiere dieser Art pro Tag eine Strecke von bis zu 800 m zurücklegen, konnten weibliche Exemplare nur in einem Radius von maximal 35 m außerhalb ihrer Brutstätte nachgewiesen werden (KLAUSNITZER & SPRECHER-UEBERSAX 2008) Beide Geschlechter von *L. cervus* haben einen Aktionsradius von bis zu 2 km (BUßLER pers. Mitteilung). Diese Untersuchung kann hier lediglich als Anhaltspunkt bzw. Orientierung für eine Abschätzung des Ausbreitungspotentials von *A. scarabaeoides* herangezogen werden, da für den Kurzschröter ähnliche Studien nicht zur Verfügung stehen.

Zusammenfassung und Schutzempfehlung

Die Art *A. scarabaeoides* ist ein thermophiles Altholzrelikt, welches europaweit bevorzugt braunfaules Eichenholz in schattigen und feuchten oder wechselfeuchten bis wechseltrockenen Lagen von 150 bis 550 m ü. NN besiedelt. Eine ausgesprochene Standorttreue bei einem gleichzeitig als gering einzuschätzenden Migrationspotential kann bei einer qualitativen Verschlechterung oder dem Verlust geeigneter Habitate zu einer Verschlechterung des Genpools und damit zu einer mangelhaften Vitalität oder dem Erlöschen von Einzelpopulationen führen. Neben der anthropogenen Waldnutzung können auch klimatische Veränderungen in Form von Temperaturerhöhung oder eine Veränderung der Niederschlagsmenge Gründe für den Qualitätsverlust der Habitate sein. Ohne Beachtung welche der genannten Ursachen im Fokus steht, sollte das Hauptaugenmerk des mitteleuropäischen Naturschutzes in jedem Fall auf artspezifisch ausgerichteten Waldbewirtschaftungsmaßnahmen liegen (KULBE pers. Mitteilung, Artensteckbrief Thüringen 2009). Viele Quellen legen für den notwendigen Erhalt von großflächigen Waldlebensräumen (Laub- aber auch Nadelholzstrukturen) eine zunehmende Tolerierung von absterbenden und toten Bäumen (bes. Eichen) sowie deren zusätzliche Förderung nahe (BRECHTEL & KOSTENBADER 2002). BRECHTEL & KOSTENBADER (2002) sprechen sich zudem für die Ausweisung von Bannwaldgebieten aus. Ob sogenannte Hirschkäfermeiler, wie sie für *L. cervus* erfolgreich eingerichtet wurden (TOCHTERMANN 1992, 1987), auch für *A. scarabaeoides* geeignet sind, ist sehr fragwürdig (BUßLER pers. Mitteilung).

Anschrift der Autoren:

Dipl. Biol. Sabrina Arnold, Hauptstraße 53, 91054 Erlangen.

PD Dr. Elisabeth Obermaier, Ökologisch-Botanischer Garten (ÖBG), Universität Bayreuth, Universitätsstr. 30, 95440 Bayreuth.

Literatur

BERGER, R. (2005): Ökosystem Wien: die Naturgeschichte der Stadt. – Wien (Böhlau Verlag), 744 S.

BRECHTEL, F. & KOSTENBADER, H. (2002): Die Pracht- und Hirschkäfer Baden-Württembergs. – Stuttgart (Ulmer), 632 S.

FINNBERG, S. (2009): Das Naturwaldreservat Jachtal. – LWF Wissen 61: 79-81.

FREUDE, H., HARDE, K.W. & LOHSE, G.A. (1979): Die Käfer Mitteleuropas, Bd. 6. – Heidelberg/Berlin (Spektrum-Verlag), 367 S.

HARRY, I., ASSMANN, T., RIETZE, J. & TRAUTNER, J. (2005): Der Hochmoorlaufkäfer *Carabus ménétriesi* im voralpinen Moor- und Hügelland Bayerns. – Angewandte Carabidologie, Supplement 4: 53-64.

HORION, A. (1958): Faunistik der mitteleuropäischen Käfer. Band VI, Lamellicornia (Scarabaeidae - Lucanidae). – Überlingen (Kommissionsverlag A. Feyel), 343 S.

KLAUSNITZER, B. & SPRECHER-UEBERSAX, E. (2008): Die Hirschkäfer. – Hohenwarsleben (Westarp Wissenschaften-Verlagsgesellschaft), 168 S.

KURTSCHEWA, G. F. (1958): Nekotoryie licinki plastinchatousky obitaiuscie v gniloj drevesine Lesov Kavkasa. – Entomologiceskoie Obosrenije 27 (2): 358-368.

LEILER, T.E. (1949): Bestimmungstabelle der schwedischen Lucanidenlarven (Col.). – Opuscula Entomologica 15: 157-160.

MACHATSCHKE, J.W. (1967): 86. Familie: Lucanidae (Hirschkäfer). – In: FREUDE H., HARDE K.W. & LOHSE G.A. (Hrsg.): Die Käfer Mitteleuropas, Band 8. – Krefeld (Goecke und Evers): 367-371.

MÖLLER, G. (2005): Habitatstrukturen holzbewohnender Insekten und Pilze. – LÖBF-Mitteilungen 3: 30-35.

RABITSCH, W., WINTER, M., KÜHN, E., KÜHN, I., GÖTZL, M., ESSL, F. & GRUTTKE, H. (2010): Auswirkungen des rezenten Klimawandels auf die Fauna in Deutschland. – Naturschutz und Biologische Vielfalt 98: 268 S.

TOCHTERMANN, E. (1992): Neue biologische Fakten und Problematik der Hirschkäferförderung. – Allgemeine Forstzeitschrift 6: 308-311.

TOCHTERMANN, E. (1987): Modell zur Arterhaltung der Lucanidae. – Allgemeine Forstzeitschrift 8: 183-184.

WEISS, J. & KÖHLER, F. (2005): Erfolgskontrollen von Maßnahmen des Totholzschutzes im Wald- Einzelbaumschutz oder Baumgruppenerhaltung? – LÖBF- Mitteilungen 3: 26-29.

ZABRANSKY, P. (2001) Der Lainzer Tiergarten als Refugium für gefährdete xylobionte Käfer (Coleoptera). – Entomologica Austriaca 31: 14 S.

Hochmoorlaufkäfer *Carabus menetriesi pacholei* (SOKOLÁŘ 1911)

SABRINA ARNOLD und ELISABETH OBERMAIER

Biologie der Art

Der jahreszeitliche Aktivitätszeitraum des bis zu 24 mm langen Laufkäfers (Coleoptera: Carabidae) liegt zwischen April und Oktober. Nach dem Erscheinen der Imagines Anfang April erfolgt die Eiablage (ca. 20 Stück) im Zeitraum von April bis Juli. Während die Imagines 8-10 Wochen später sterben, schlüpfen die Larven nach 8-10 Tagen. Nach zweimaliger Häutung erfolgt ca. 40 Tage später die Verpuppung und zwischen Mitte September und Mitte Oktober der Schlupf der Folgegeneration. Diese überwintert anschließend in Bulten oder in Totholz. Der vorwiegend karnivor lebende Käfer ist ein stenökes Kaltzeitrelikt (NÜSSLER 1969), dessen Überlebenstaktik ihn in der Literatur als typischen K-Strategen mit einer einzigen Generation pro Jahr im Klimaxlebensraum ausweist (SCHMIDT & MEITZNER 2011, Gebert o.J.). Die im Zuge von HARRY et al. (2005) durchgeführten Freiland- und Terrarienbeobachtungen haben gezeigt, dass *Carabus menetriesi pacholei* vorwiegend nachtaktiv ist und nur eine geringe, gerichtete lokomotorische Aktivität an den Tag legt. Die bisherigen Angaben der beobachteten zurückgelegten Laufstrecken schwanken demnach zwischen einem Minimum von 22 m in 30 Tagen (Fang-Wiederfang, HARRY et al. 2005) und einem Maximum von 126 m (GEBERT o.J., keine Zeitangabe).

Verbreitung, Habitatansprüche und Populationsdichte

Das Verbreitungsgebiet von *C. m. pacholei* umfasst die kontinentalen Regionen Europas mit Schwerpunkt auf Tschechien, Österreich und Deutschland. Disjunkte Populationen sind hier in Mecklenburg-Vorpommern, Sachsen (Erzgebirge) und Bayern (Bayerischer Wald, Alpenvorland) nachgewiesen. Eine einheitliche taxonomische Zuordnung der einzelnen deutschen Unterarten in ihren Verbreitungsgebieten ist derzeit nicht vorhanden. MÜLLER-KROEHLING (2005, 2012) geht davon aus, dass es sich nur bei den Vorkommen im Bayerischen Wald um die Unterart *C. m. pacholei* im engsten Sinne handelt, die Populationen aus dem Erzgebirge der Unterrat *ssp. pseudogranulatus* und aus dem bayerischen Alpenvorland den *ssp. witzgalli* und *knabli* zuzuordnen sind (MÜLLER-KROEHLING 2012). In Bezug auf die FFH-Richtlinie besteht Einigkeit, dass alle Vorkommen Deutschlands zu *C. m. pacholei* zu stellen sind, mit Ausnahme der Vorkommen im Peenetal Mecklenburg-Vorpommerns, welche zur Nominatform gehören (MÜLLER-KROEHLING 2012, HENNICKE & KULBE 2004). Im Gegensatz zur Unterart *pacholei* ist die Nominatform im Anhang II der FFH-Richtlinie nicht aufgeführt (MÜLLER-KROEHLING 2012). HENNICKE & KULBE (2005) nennen in einer Broschüre über den vorgeschlagenen Nationalpark Peenetal diese Art den *Menetries*-Laufkäfer, für welchen eine überregional hohe Verantwortung vorläge, da das Peental der einzige Fundort dieser Art auf der deutschen Ebene sei (HENNICKE & KULBE 2005, MÜLLER-KROEHLING 2012).

C. m. pacholei gilt als stenök für Hoch- und Übergangsmoore sowie Moorwälder. V.a. in Höhenlagen ist die Art in Quellmooren zu finden (MÜLLER-KROEHLING 2005). Idealerweise sollte der geeignete Lebensraum für eine überlebensfähige Population eine Mindestgröße von 20ha aus Gründen der strukturellen Vielfalt und der Konkurrenzvermeidung (HARRY et al. 2005, MÜLLER-KROEHLING 2005) nicht unterschreiten. Eine in besiedelten Mooren oft geklumpte Verteilung der Population weißt zudem auf hohe Habitatansprüche hin. Kennzeichnend für eine gute Habitatqualität ist ein hoher struktureller Reichtum mit abwechslungsreicher Bodenvegetation. Hier spielen vor allem vitale Sphagnum-Bulten (Torfmoose) und ein krautreicher Vegetationsteppich eine vorrangige Rolle (HARRY et al. 2005). MÜLLER-KROEHLING (2005) konnte einen signifikant positiven Zusammenhang zwischen der Dominanz verschiedener Zeigerpflanzen (Rausch- und Moosbeeren, Heidel- und Preiselbeeren) und dem Vorkommen des Carabiden aufzeigen. *C. m. pacholei* wird zudem als hochgradig hygrophil beschrieben und ist auf einen ausgeglichenen ombrotroph oder minerotroph gespeisten Wasserhaushalt und die dadurch verursachten nassen bis sehr nassen Bodenverhältnisse angewiesen. So genannte „tote Torfe“ oder durch nicht vorhandene oder eingestellte Landnutzung verheidete Moore sind daher als Habitat nicht geeignet (MÜLLER-KROEHLING 2005). Die hochmoortypische Nährstoffarmut stellt hingegen kein Problem für die Art dar und bildet neben einem ungestörten Wasserhaushalt den zweiten Schlüsselfaktor für die Besiedelungsfähigkeit des entsprechenden Gebiets.

Auch bezüglich der Bestandssituation in Deutschland herrscht unter Forschern ein erkennbarer Konsens. Die von HARRY et al. (2005) erhobenen Daten in Südwestbayern lassen auf eine eher geringe Bestandsgröße schließen, welche durch die geringe Größe der Moorflächen im Untersuchungsgebiet und eine niedrige Populationsdichte verursacht wird. Eine Art mit derartigem Verteilungsmuster wird gemeinhin als „low-density species“ bezeichnet. Stochastische Modelle (nach JOLLY-SEBER) ergaben einen Wert von 0,31 Individuen/10 m^2. Dieser errechnete Wert ist jedoch, trotz der Dominanz von *C. m. pacholei* im Untersuchungsgebiet, im Vergleich zu anderen Carabiden-Arten in unterschiedlichen Lebensräumen als gering einzustufen (vgl. *Carabus auronitens* in Laub- und Mischwäldern europäischer Höhenlagen mit 0,7-2,7 Individuen/10 m^2). Gleichwohl beurteilen die Autoren die Art als lokal persistent, da die durch Einzelpopulationen besiedelten Moore hochqualitative Habitate darstellen, wodurch die Wahrscheinlichkeit stochastischer Aussterbeprozesse verringert wird. Ein ähnliches Bild zeigt sich bei Untersuchungen im Bayerischen Wald (MÜLLER-KROEHLING 2005): trotz einer geringen Populationsdichte sind die nachgewiesenen Populationen in optimalen Habitaten momentan stabil. Der Verfasser vermutet jedoch bei einer abnehmenden Habitatqualität durch anthropogene Einflüsse einen zumindest langfristigen Rückgang der Population bis in einen kritischen Bereich. Ein solcher Rückgang ist bereits heute bei den zwei einzigen bekannten, disjunkten Populationen im sächsischen Teil des Erzgebirges zu verzeichnen (GEBERT o.J.). Im direkten Zusammenhang mit dem stetigen Niedergang der beiden Populationen steht hier neben einer zunehmenden Eutrophierung des Grundwassers vor allem der fortschreitende Ausbau der Infrastruktur.

PEM-Optionen

Plastizität

HARRY et al. (2005) konnten bei Untersuchungen im voralpinen Hochland Bayerns einen negativen Zusammenhang zwischen der Niederschlagssumme und der Aktivität (entspricht hier der Anzahl an Lebendfängen) sowie gleichzeitig einen positiven Zusammenhang zwischen der Tageshöchsttemperatur und der Aktivität feststellen. Eine weiterreichende Diskussion dieser Ergebnisse ist in der Arbeit nicht aufgeführt. Nach Einschätzung von J. KULBE (pers. Mitteilung) ist davon auszugehen, dass Kälterelikte wie *C. m. pacholei* durchaus in der Lage sind Erhöhungen der Jahresdurchschnittstemperatur von bis zu 2° C zu ertragen. Andererseits unterliegt *C. m. pacholei* der Gefahr eines drastischen Lebensraumverlustes durch eine solche Temperaturerhöhung. Nach neuesten Untersuchungen von MÜLLER-KROELING (2012) zur Klimahülle der Art wird der Überlappungsbereich ihrer derzeitigen Klimahülle (ermittelt anhand von Jahresdurchschnittstemperatur und -niederschlag der Fundorte) mit dem Klima Deutschlands erheblich schrumpfen. Nur Gebiete, deren Jahresdurchschnittstemperatur nach der Erhöhung noch unter ca. 8°C und deren Niederschlags-Untergrenze bei ca. 850 mm liegt, würden noch im Klima-Toleranzbereich der Art verbleiben und könnten mit hoher Wahrscheinlichkeit ein langfristiges Überleben gewährleisten (MÜLLER-KROEHLING 2012). Nach MÜLLER-KROEHLING (2012) wird der für *C. m. pacholei* geeignete Klimabereich in einem zukünftig wärmeren Klima wesentlich seltener sein als gegenwärtig.

Evolution

Derzeit findet man in der Literatur nur sehr wenige Informationen über das genetische Potential dieser Art. Ausgehend von kleinen Populationsgrößen, welche in direktem Zusammenhang mit relativ kleinräumigen Moorflächen und einer niedrigen Populationsdichte zu sehen sind, schließen HARRY et al. (2005) aus populationsdynamischer Sicht auf eine erhöhte Wahrscheinlichkeit stochastischer Aussterbeprozesse, dem zusätzlichen Auftreten von Allee-Effekten und Inzuchtdepression. Zahlreiche Studien beschäftigen sich zudem mit anderen Arten der Gattung *Carabus*, von denen einige ein ähnliches Spezialisierungs- und Verbreitungsmuster aufzeigen und die daher als Anhaltspunkt hinsichtlich der evolutiven Anpassungskapazität von *C. m. pacholei* herangezogen werden können.

Der in humiden Waldregionen anzutreffende *Carabus solieri* beispielsweise ist auf eng begrenzte Areale in einigen Regionen Südfrankreichs und der ligurischen Alpen angewiesen. GARNIER et al. (2004) konnten anhand von Clusteranalysen zeigen, dass zwischen den untersuchten Einzelpopulationen eine nachweisbare genetische Differenzierung besteht. Diese wird umso deutlicher, je weiter die Populationen voneinander entfernt sind (isolation by distance) und je mehr das Untersuchungsgebiet fragmentiert ist. Auch wenn Hybriden aus Überschneidungsgebieten einzelner Populationen bekannt sind, so sehen die Autoren doch eine Gefährdung der Art mit der zunehmenden Verschlechterung der im Idealfall großräumigen und homogenen Habitate durch den Straßenbau und die stetige Abnahme geeigneter Waldflächen.

Zu einem ähnlichen Ergebnis kommen BROUAT et al. (2004): Der in hochgelegenen Laub- und Mischwäldern Mittel-, Ost- und Westeuropas vorkommende *Carabus punctatoauratus* gilt als Waldspezialist und zeigt bei optimalen Habitatbedingungen (hohes Baumalter, moosdurchsetzte Bodenverhältnisse, große Baumdichte) eine hohe genetische Diversität. Die Forscher fanden jedoch auch heraus, dass ein hoher Spezialisierungsgrad nicht an eine höhere Sensibilität gegenüber Umweltbedingungen (z.B. Baumbestand, -alter, -höhe, Grad der Bodenbedeckung, Anteil krautiger Pflanzen) im Habitat gekoppelt ist, sondern dass vielmehr abiotische Faktoren, wie die (Hang-) Lage, die Höhenlage oder der Grad der Gesteinsbedeckung ausschlaggebend für die vorgefundene Verteilung der genetischen Varianz von *C. punctatoauratus* ist. Zudem gelangte man bereits in einer früheren Studie zu dem Ergebnis, dass die zunehmende Fragmentierung von Waldhabitaten zu einer Verschlechterung der genetischen Variabilität der spezialisierten Carabidenfauna führt, was nachhaltig einen negativen Einfluss auf das Langzeitüberleben einiger Arten haben dürfte (BROUAT et al. 2003).

Basierend auf diesen Kenntnissen liegt die Schlussfolgerung nahe, dass auch *C. m. pacholei* als hochgradig stenöke Art sensibel und wahrscheinlich nachteilig auf Veränderungen seines von vorn herein räumlich beschränkten Habitats reagieren würde. Die Fragmentierung bzw. Verkleinerung seines empfindlichen Lebensraumes kann hierbei sowohl durch anthropogenes Zutun als auch durch Klimaänderung von statten gehen, und würde vermutlich im schlimmsten Fall zum zumindest lokalen Erlöschen der Art führen.

Mobilität

Eine weitere Frage bezüglich der Anpassungskapazität von *C. m. pacholei* an klimatische Veränderungen befasst sich mit dem Vermögen der Art ihren Lebensraum in eine geografisch günstigere Lage, beispielsweise in eine weiter nördlich oder höher gelegene Zone, zu verlagern. Eine derartige Reaktion setzt jedoch voraus, dass qualitativ gleichwertige Habitate mit dem Ausbreitungspotential der Art zu erreichen sind. Hierbei ergeben sich für *C. m. pacholei* zwei gravierende Probleme, welche einen solchen Schritt unwahrscheinlich werden lassen.

Zum einen sind die speziellen Lebensraumansprüche der Art zum Großteil auf Hoch- und Übergangsmoore im montanen Bereich der Verbreitungsgebiete beschränkt. Schon minderqualitative Randbereiche besiedelter Habitate werden gemieden und stellen eine Ausbreitungsbarriere dar (HARRY et al. 2005). Die potentielle Fläche des Habitates sollte mindestens 20ha betragen, um laut FFH-Kriterien als gut geeignet (Wertstufe B) zu gelten (SCHNITTER 2006). Auf Grund der speziellen Lebensraumansprüche wird jedes einzelne besiedelte Moor als Population, jeder besiedelte Moorkomplex als Metapopulation aufgefasst. Erschwerend hinzu kommt die bereits beschriebene geringe gerichtete lokomotorische Aktivität der Art, welche auf ein nur geringes Ausbreitungspotential schließen lässt (HARRY et al. 2005). Somit stellen großflächig ungeeignete aber natürlich vorkommende Areale bereits eine nicht gerichtet zu überwindende Barriere für *C. m. pacholei* dar. Dementsprechend sollten die Teilflächen eines Moor-Komplexes maximal 100m voneinander entfernt sein und keine unüberwindbaren Barrieren aufweisen (FFH-Richtlinie Anhang II). Die zunehmende Fragmentierung des Lebensraums verschlimmert diese Situation zusätzlich, indem sie zum einen zu einer nicht mehr tolerierbaren Verkleinerung der Habitate führt und zudem eine (Wieder-) Besiedlung von potentiell geeigneten Habitaten nahezu ausschließt. Geht man davon aus, dass die genetische Variabilität, welche langfristig einen großen Einfluss auf das Überleben einer Art hat, maßgeblich durch das Ausbreitungspotential und erst danach durch die Habitatqualität beeinflusst wird (BROUAT et al. 2003), so ist *C. m. pacholei* diesbezüglich als gefährdet einzustufen.

Zusammenfassung und Schutzempfehlung

Die bisherigen Recherchen machen die hohe Gefährdungsdisposition von *C. m. pacholei* deutlich. Dabei spielen die starke Bindung an seinen sensiblen und räumlich beschränkten Lebensraum und sein geringes Ausbreitungspotential eine maßgebliche Rolle. Die größten Gefahrenquellen liegen hierbei, nach Meinung von Forschern, neben der Verkleinerung und Fragmentierung seines Lebensraumes durch Straßen- und Siedlungsbau, vorwiegend in der Trockenlegung der Moorgebiete durch Grundwasser- und Materialentnahme, den Rodungen von Moor- und Moorrandwäldern und dem zunehmenden Eintrag von Schadstoffen durch Landwirtschaft, Verkehr und Industrie. Nach MÜLLER-KROEHLING (2012) verstärkt der Klimawandel diese Gefährdungssituation und der für *C. m. pacholei* geeignete Klimabereich wird in einem zukünftig wärmeren Klima wesentlich seltener vorhanden sein als gegenwärtig, so dass etliche der aktuellen Vorkommen in Deutschland zukünftig außerhalb des derzeitig geeigneten Klimaareals dieser Art zu liegen kommen werden. Die Anfälligkeit der geeigneten Lebensräume des *C. m. pacholei* gegenüber dem Klimawandel ist unterschiedlich und hängt von Standort und intakter Hydrologie des Moores ab (MÜLLER-KROEHLING 2012). Eingehende Einzelfallbetrachtungen hinsichtlich der Hydrologie von in Frage kommenden Mooren werden daher in Bezug auf klimatische Veränderungen seitens des Experten angeraten.

Da die heimischen Moore teilweise seit 1977 (Bayern), spätestens aber seit dem Beschluss der FFH-Richtlinie 1992 unter „europäischem Schutz“ stehen (MÜLLER-KROEHLING 2005), ist die Erklärung von Schutzgebieten eine erste notwendige Maßnahme. Hierbei steht der Erhalt des Status quo, also der direkte Schutz der Flächen und die Bewahrung der standörtlichen Parameter (insbesondere des Wasserhaushalts), im Vordergrund (HARRY et al. 2005). Renaturierungsmaßnahmen degradierter Moore stoßen hingegen oft an ihre Grenzen, da es sich bei diesen Landschaften um „im Laufe von Jahrtausenden und unter anderen klimatischen Bedingungen gewachsene Einzelschöpfungen" handelt (MÜLLER-KROEHLING 2005). Notwendige Erhaltungsmaßnahmen für *C. m. pacholei* beinhalten vor allem den konsequenten Schutz seines Lebensraumes. Dies schließt den Verschluss aller Grabensysteme, wo möglich, ein, um der Austrocknung der Flächen entgegenzuwirken. Von einer Rodung und Entfernung von Moor- und Moorrandwäldern in den betreffenden Gebieten wird dringend abgeraten, da diese Schatten spenden und Windschutz bieten um das natürliche feuchte Klima des Moores zu erhalten. So wird auch die Gefahr der Austrocknung in langen Sommerperioden vermindert. Ebenfalls sollte auf Eingriffe, wie zum Beispiel durch Holznutzung, oder Fremdstoffeintrag (Salzlecken, Fütterungen), in allen Vorkommensgebieten soweit wie möglich verzichtet werden (MÜLLER-KROEHLING 2012). Die Offenhaltung von Moorflächen durch extensive Beweidung kann in Einzelfällen dazu beitragen, eine weitere Verschlechterung der Habitatqualität und damit eine mittel- bis langfristig zu erwartende Extinktion der Art zu verhindern (HARRY et al. 2005). Sie sollte aber nur dort angewandt werden, wo dieses Verfahren tradiert ist, da sich die Habitatansprüche der Art in den einzelnen Teilarealen unterscheiden und nicht immer auf andere Regionen übertragbar sind (MÜLLER-KROEHLING 2005, MÜLLER-KROEHLING 2012). Die Einrichtung von Pufferzonen um geschützte Moorareale kann zusätzlich dazu beitragen, dass der Eintrag von Schadstoffen minimiert und der Wasserhaushalt weniger stark beeinträchtigt wird. MÜLLER-KROEHLING (2005, 2012) machen jedoch deutlich, dass an einem Zukauf von geeigneten Flächen, sei es durch Privatpersonen oder staatliche Institutionen, kein Weg vorbei führt. Zudem sollten bei unausweichlichen Bauvorhaben alle Alternativen für den Flächenerwerb oder einen möglichen Flächentausch ausgeschöpft werden.

Anschrift der Autoren:

Dipl. Biol. Sabrina Arnold, Hauptstraße 53, 91054 Erlangen.

PD Dr. Elisabeth Obermaier, Ökologisch-Botanischer Garten (ÖBG), Universität Bayreuth, Universitätsstr. 30, 95440 Bayreuth.

Literatur

BROUAT, C., CHEVALLIER, H., MEUSNIER, S., NOBLECOURT, T. & RASPLUS, J.Y. (2004): Specialization and habitat: spatial and environmental effects on abundance and genetic diversity of forest generalist and specialist *Carabus* species. – Molecular Ecology 13: 1815-1826.

BROUAT, C., SENNEDOT, F., AUDIOT, P., LEBLOIS, R. & RASPLUS, J.Y. (2003): Fine-scale genetic structure of two carabid species with contrasted levels of habitat specialization. – Molecular Ecology 12: 1731-1745.

GARNIER, S., ALIBERT, P., AUDIOT, P., PRIEUR, B. & RASPLUS, J.Y. (2004): Isolation by distance and sharp discontinuities in gene frequencies: implications for the phylogeography of an alpine insect species, *Carabus solieri*. – Molecular Ecology 13: 1883-1897.

GEBERT, J. (o.J.): *Carabus menetriesi pacholei* SOKOLÁŘ, 1911 – Menetries-Laufkäfer. – URL: http//www.artensteckbrief.de/index.php?ID_Art=8457&PHPSESSID=vpmec52mav8ttf3mijp2m0b490 (gesehen am: 25.05.2012).

HARRY; I., ASSMANN, T., RIETZE, J. & TRAUTNER, J. (2005): Der Hochmoorlaufkäfer Carabus ménétriesi im voralpinen Moor- und Hügelland Bayerns. – Angewandte Carabidologie, Supplement 4: 53-64.

HENNICKE, F. & KULBE, J. (2005): Ein Nationalpark im Peenetal Zweckverband. „Peenetal-Landschaft" (Anklam). – Greifswald (Eigenverlag), 19 S.

MÜLLER-KROEHLING, S. (2013): Zukunftsaussichten des Hochmoorlaufkäfers (*Carabus menetriesi*) im Klimawandel. – Waldökologie, Landschaftsforschung und Naturschutz 13: 73-8.

MÜLLER-KROEHLING, S. (2005): Verbreitung, Habitatbindung und Lebensraumansprüche der prioritären FFH-Anhang II-Art *Carabus menetriesi pacholei* SOKOLÁŘ, 1911 (bohemicus Tanzer 1934) (Böhmischer Hochmoorlaufkäfer) in Ostbayern und Überlegungen zu ihrem Schutz. – Angewandte Carabidologie, Supplement 4: 65-85.

NÜSSLER, H. (1969): Zur Ökologie und Biologie von *Carabus menetriesi* HUMMEL. Entomologische Abhandlungen. – Staatliches Museum für Tierkunde Dresden 36: 281-302.

SCHMIDT, J. & MEITZNER, V. (2011): *Carabus menetriesi* (FALDERMANN in HUMMEL, 1827) Menetries-Laufkäfer. – Landesamt für Umwelt und Geologie Mecklenburg-Vorpommern. – URL: http://www.lung.mv-regierung.de/dateien/ffh_asb_carabus_menetriesi.pdf (gesehen am: 19.11.2013)

SCHNITTER P. (2006): Käfer (Coleoptera). – Berichte des Landesamtes für Umweltschutz Sachsen-Anhalt Halle, Sonderheft 2: 140-158.

Schwarzer Grubenlaufkäfer *Carabus variolosus nodulosus* (CREUTZER 1799)

SABRINA ARNOLD und ELISABETH OBERMAIER

Biologie der Art

Die adulten Individuen der Laufkäferart *Carabus variolosus nodulosus* (Coleoptera: Carabidae) erscheinen schwarz mit mattem Glanz und erreichen eine Körperlänge von 20-30 mm. Die Elytren sind mit „tiefen Gruben und knotenartigen Erhebungen" auffallend strukturiert (LANUV NRW o.J.). Sowohl die Larven als auch die Adulten pflegen eine semiaquatische Lebensweise und besitzen das beste Tauchvermögen aller *Carabus*-Arten (CASALE et al. 1987). Während sich die Beute der Larven zumeist auf Wasserkäferlarven beschränkt, ergänzen die ausgewachsenen Tiere ihre carnivore Ernährung mit Wasserschneckchen, Krebsen, Insekten und auch kleineren Fischen. Um das Risiko zu hoher Individuenverluste während der Entwicklung und der Winterruhe zu minimieren, erstreckt sich die Gesamtentwicklungszeit der Art vermutlich über mehrere Jahre (MATERN et al. 2008). Die Imagines schlüpfen bereits im Juli bis August aus den Puppen (MATERN et al. 2008) und überwintern in humiden Totholzbereichen bis zum Beginn des Frühling, wo sie ein Aktivitätsmaximum erreichen (LANUV NRW o.J., MANDL 1972). Angaben zur Ablage und Anzahl der Eier sowie detaillierte Verhaltensbeobachtungen sind derzeit nicht verfügbar. Den Angaben von MÜLLER-KROEHLING (2006) zufolge handelt es sich bei *C. variolosus nodulosus* um eine Unterart von *Carabus variolosus*. Vielfach wird sie jedoch auch als eigene Art geführt, so dass das Bild in der Literatur derzeit nicht einheitlich ist (Diskussion vgl. in MÜLLER-KROEHLING 2006). Eine Unterscheidung der einzelnen (Unterarten) ist anhand der männlichen Kopulationsorgane möglich (MANDL 1972).

Verbreitung, Habitatansprüche und Populationsdichte

C. variolosus nodulosus ist eine europaweit vorkommende Art, deren Verbreitungsschwerpunkt sich über fragmentierte Areale Mittel- und Südeuropas erstreckt. In Deutschland befand sich die nördliche Verbreitungsgrenze nahe Hamburg, die Art ist jedoch hier wie im Südlichen Niedersachsen ausgestorben. Während die Art in den Nachbarländern Österreich und Frankreich mit rezenten Funden belegt ist, gilt sie in Belgien, der Schweiz und in Italien als ausgestorben.

Die bevorzugten Standorte von *C. variolosus nodulosus* sind Feuchtwälder sowie sumpfige Ufer von Waldbächen und feuchte Wiesen in collinen, submontanen und montanen Höhenlagen (BREUNING 1926). Die häufige Angabe, dass *C. variolosus nodulosus* in Erlenbrüchen vorkommt, trifft für Nordrhein-Westfalen (KOTH 1974) und Bayern nicht zu (MÜLLER-KROEHLING, mündl. Mitteilung). Bedingt durch die Hygrophilie der Art sind ideale Standorte immer stark von Grund- oder Quellwasservorkommen geprägt

(LANUV NRW o.J.). Neben einem ständigen Zugang zu Wasservorkommen führt MATERN et al. (2007) einen nahezu neutralen pH-Wert des Bodens und einen lichten Baumbestand mit ausreichendem Totholzvorkommen als Habitatparameter der Art an. Die besiedelten Feuchtwälder sollten zudem lediglich „berieselte Rohböden" aufweisen (PAILL 2010), da sich eine zu dichte Bodenstreu nachteilig auf das Vorkommen der Art auswirken kann (MATERN et al. 2009).

Genaue Einschätzungen von Populationsdichten sind derzeit aus der Literatur nicht ersichtlich. Es herrscht jedoch die einhellige Meinung, dass der Bestand von *C. variolosus nodulosus* europaweit rückläufig ist, wobei dieser Rückgang in Deutschland über die letzten Dekaden relativ gut dokumentiert ist. Zudem sind die rezenten Bestände oft stark isoliert und besiedeln oft Flächen von nur wenigen 100 Quadratmetern (MATERN et al. 2008).

PEM-Optionen

Plastizität

Über die direkten Auswirkungen des rezenten Klimawandels auf die Art *C. variolosus nodulosus* ist derzeit wenig bekannt. Auf Grund der hochgradig stenotopen Lebensweise, des geringen Ausbreitungspotentials und der Abhängigkeit von Grund- und Quellwasservorkommen ist es jedoch denkbar, dass sich jedwede klimatische Veränderung, wenn nicht direkt dann vermutlich aber indirekt, nachteilig auf die Überlebenswahrscheinlichkeit der Art auswirkt.

Evolution

Eine der wenigen Arbeiten hinsichtlich einer Einschätzung der genetischen Variabilität der seltenen Laufkäferart stammt von MATERN et al. (2009) aus dem Lehrstuhl für Ökologie und Umweltchemie der Universität Lüneburg. Für diese Studie wurde die Diversität an 16 Allozym Genloci für 12 Einzelpopulationen ermittelt. Die Herkunft des verwendeten Materials erstreckt sich von der nord-westlichen Verbreitungsgrenze der Art in Deutschland und Frankreich bis hin zu den östlichen Vorkommen an der Grenze von Serbien und Kroatien. Man fand eine nur geringe genetische Diversität, welche sich an den Rändern des Verbreitungsgebietes nicht signifikant von den Werten aus dessen Mitte unterschied. Ebenso wenig fand man eine Übereinstimmung zwischen genetischer und geografischer Distanz. Signifikant hingegen waren die Unterschiede der Diversität zwischen den einzelnen Populationen, was in dieser Studie zu dem Schluss führt, dass es sich bei den untersuchten Populationen um demografisch unabhängige, hochgradig isolierte Gemeinschaften handelt. Der hohe Isolationsgrad wird hier vor allem mit dem als sehr gering anzusetzenden Ausbreitungspotential begründet. MATERN et al. (2009) regen daher für zukünftige Schutzmaßnahmen an, jede Population als eigene „Managementeinheit" zu sehen, wobei das Ergebnis auf die Erhaltung möglichst vieler Einzelpopulationen an möglichst vielen Standorten abzielen sollte.

Mobilität

Trotz des eher mäßigen Wissensstandes über die Biologie und Ökologie von *C. variolosus nodulosus* gilt die eingeschränkte Mobilität des Tieres auf Grund der mangelnden Flugfähigkeit neben der hochgradigen Stenotopie als Hauptgrund des äußerst geringen Ausbreitungspotentials der Art (LANUV NRW o.J., MATERN et al. 2008 und 2009). MATERN et al. (2009) gehen noch einen Schritt weiter und konstatieren *C. variolosus nodulosus* sogar im Vergleich zu anderen flugunfähigen Käferarten als minimal und bestärkt damit das Ergebnis einer vorangegangenen Studie, in der bei Fang- und Wiederfangversuchen auch nach zwei Jahren kein einziges markiertes Individuum in einer angrenzenden Population gefunden wurde (MATERN et al. 2008).

Zusammenfassung und Schutzempfehlung

Auf Grund des geringen Kenntnisstandes über die Biologie und Ökologie der seltenen Laufkäferart *C. variolosus nodulosus* ist es schwierig, an dieser Stelle Managementvorschläge hinsichtlich der Thematik des Klimawandels zu erörtern. Es bleibt hier die Empfehlung Maßnahmen, welche eine weitere Fragmentierung potentiell geeigneter Habitate (Straßen- und Wegebau, Erweiterung von Siedlungsflächen) bzw. eine Qualitätsverschlechterung bewohnter Habitate (Beseitigung von Totholz, Aufforsten von Lichtungen, Umforstung zu wirtschaftlich rentableren Nadelholzwäldern, Baumschlag während des Aktivitätszeitraums) zur Folge haben, zu reduzieren bzw. in der direkten Umgebung bekannter Populationen vollständig zu unterlassen (LANUV NRW o.J.). Ein weiteres Anliegen der zukünftigen Schutzbemühungen sollte die Stabilisierung des Wasserhaushalts in den betreffenden Gebieten sein (LANUV NRW o.J., MATERN et al. 2007). Hierfür sollte zunächst von Drainagen abgesehen und natürliche Flutungs- und Sedimentationsprozesse nicht künstlich unterbunden werden. Derartige Maßnahmen könnten zudem zu einer qualitativen Verbesserung des Bodens beitragen. MATERN et al. (2007) empfiehlt an dieser Stelle auch die Reduzierung großflächiger Kiefernkulturen (Gefahr der Boden- und Wasserversäuerung, Abnahme offener Flächen im Wald) sowie die Renaturierung von Flüssen, Bächen und Quellgebieten.

Anschrift der Autoren:

Dipl. Biol. Sabrina Arnold, Hauptstraße 53, 91054 Erlangen.

PD Dr. Elisabeth Obermaier, Ökologisch-Botanischer Garten (ÖBG), Universität Bayreuth, Universitätsstr. 30, 95440 Bayreuth.

Literatur

BREUNING, S. (1926): Über *Carabus variolosus*. – Koleopt. Rdsch. 12: 19-25.

CASALE, A., STURANI, M. & VIGNA TAGLIANTI, A. (1982): Coleoptera. Carabidae: 1. Introduzione, Paussinae, Carabinae. – Fauna D'Italia 18: 1-499.

KOTH, W. (1974): Vergesellschaftung von Carabiden bodennasser Habitate des Arnsberger Waldes verglichen mit der Renkonen-Zahl. – Abh. Westl. Landesmus. Naturkde. Münster 36 (3): 1-43.

LANDESAMT FÜR NATUR, UMWELT UND VERBRAUCHERSCHUTZ NORDRHEIN-WESTFALEN (LANUV) (o.J.):. Schwarzer Grubenlaufkäfer (*Carabus nodulosus* Creutzer, 1799) – URL: http://www.naturschutz-fachinformationssystemenrw.de /artenschutz/de/arten/gruppe/kaefer/kurzbeschreibung/103451 (gesehen am: 24.05.2012).

MANDL, K. (1972): Die Arten der Gattung *Carabus* L. im Raum von Linz und ihre weitere Verbreitung in den übrigen Gebieten von Oberösterreich. – Naturkundliches Jahrbuch der Stadt Linz 11: 203-255.

MATERN, A., DESENDER, K., DREES, C., GAUBLOMME, E., PAILL, P. & ASSMANN T. (2009): Genetic diversity and population structure of the endangered insect species *Carabus variolosus* in its western distribution range: Implications for conservation. – Conservation Genetics 10 (2): 391-405.

MATERN, A., DREES, C., MEYER, H. & ASSMANN, T. (2008): Population ecology of the rare carabid beetle Carabus variolosus (Coleoptera: Carabidae) in north-west Germany. – Journal of Insect Conservation 12 (6): 591-600.

MATERN, A., DREES, C., KLEINWÄCHTER, M. & ASSMANN, T. (2007): Habitat modelling for the conservation of the rare ground beetle species *Carabus variolosus* (Coleoptera, Carabidae) in the riparian zones of headwaters. – Biological Conservation 136 (4): 618-627.

MÜLLER-KROEHLING, S. (2006): Ist der Gruben-Großlaufkäfer *Carabus (variolosus) nodulosus* ein Taxon des Anhanges II der FFH-Richtlinie in Deutschland? – Waldökologie Online 3: 57-62.

PAILL, W. (2010): Die seltenen und unbekannten FFH-Käfer. – Institut für Faunistik & Tierökologie, Graz, 11 S.

Scharlachkäfer *Cucujus cinnaberinus* (SCOPOLI 1763)

SABRINA ARNOLD und ELISABETH OBERMAIER

Biologie der Art

Namensgebend für die Art *Cucujus cinnaberinus* (Coleoptera: Cucujidae) ist der auffällige Habitus der Imagines mit stark rot gefärbtem Kopf- und Halsschild und matt roten Elytren. Die 11-15 mm langen adulten Tiere überwintern in relativ trockenen Bereichen der besiedelten Totholzstrukturen (STRAKA 2006) und erscheinen mit Beginn der Vegetationszeit aus der Winterruhe (HORÁK & CHOBOT 2011). Funde in „flight interception traps" von Mitte Frühjahr bis Mitte Sommer belegen, dass während der Paarungszeit Flüge von beiden Geschlechtern unternommen werden (HORÁK & CHOBOT 2011). Zudem wurden in Baden-Württemberg zwei Individuen beim Fliegen beobachtet (BUßLER pers. Mitteilung). Während die adulten Tiere nach der Kopulation bzw. nach der Eiablage sterben schlüpft die nächste Larvalgeneration bereits nach etwa 10 Tagen (HORÁK & CHOBOT 2011). Die Larven durchlaufen insgesamt 5 Larvalstadien (BUßLER 2002, STRAKA 2007), wobei sich die Gesamtentwicklungszeit über zwei (Straka 2006) vermutlich aber drei Jahre hinziehen kann (RABITSCH et al. 2010). Ihre Puppenwiege legen die Larven selbst an und kleiden diese mit feinen Nagespänen aus (BUßLER 2002, HORÁK & CHOBOT 2011, STRAKA 2006). Im August erfolgt dann die Verpuppung der Larven. Die geschlüpften Käfer verlassen oftmals ihre Puppenwiege und steigen die Bäume hinauf, was als Strategie gegen ein Ertrinken bei Hochwasser gedeutet werden kann (BUßLER, pers. Mitteilung). Die fertig entwickelten Imagines überwintern in trockenen Bereichen des Wirtsbaumes und sind dabei häufig gruppiert und in Gesellschaft diverser Platt- und Ameisenbuntkäfer sowie Bodenwanzen anzutreffen (STRAKA 2006). Während sich die Larven von Partikeln der Mikroflora und -fauna ernähren, verfolgen die adulten Tiere eine karnivore, räuberische Ernährungsstrategie (STRAKA 2007), wobei sich das Beutespektrum breit gefächert über verschiedene xylobionte Arthropodenarten erstreckt (MAZZEI et al. 2011).

Verbreitung, Habitatansprüche und Populationsdichte

Nachweise von *C. cinnaberinus* sind im östlichen Teil Zentraleuropas häufig und teilweise im Zuwachs begriffen, während Angaben über rezente Vorkommen in den nördlichen und südlichen Randbereichen (Skandinavien bzw. Spanien und Italien) in neuerer Zeit rückläufig sind (HORÁK et al. 2010, NIETO et al. 2010). Die Situation der Art in Osteuropa (Weissrussland, Russland, Ukraine) kann auf Grund fehlender Daten nicht eingeschätzt werden (HORÁK et al. 2010). Im Jahr 2012 gelang TEUNISSEN und VENDRIG (2012) erstmals der Nachweis von *C. cinnaberinus* in den Niederlanden in einem Naturschutzgebiet bei Eindhoven. Der derzeitige Hotspot dieses Käfers ist in der Tschechei zu finden. HORÁK et al. (2010) konnte hier anhand einer Studie archivierter und eigener Daten aus den Jahren 1898-2007 unter anderem nachweisen, dass in den Jahren 1998-2007 eine Zunahme positiver Nachweise um das Zehnfache im Vergleich zur vorangegangenen Dekade zu verzeichnen ist. Im angrenzenden Deutschland hingegen, waren rezente Funde lange Zeit nur aus Bayern bekannt (BUßLER 2002, HORÁK et al. 2010). Inzwischen gelang jedoch der Nachweis von *C. cinnaberinus* auch in Baden-Württemberg und Hessen. Zudem ist in Bayern eine deutliche Zunahme dieser Käferart zu verzeichnen. Ob es sich hierbei um eine echte Zunahme dieser Spezies handelt, oder deren häufigeres Auftreten lediglich auf einer intensiveren Untersuchung und verbesserte Kenntnisse der Larvenstadien beruht, ist unklar (BUßLER pers. Mitteilung). Seitdem nicht nur nach adulten Tieren, sondern auch nach Larven gesucht wird, häufen sich die Nachweise. Dies hat dazu geführt, dass der Status von *C. cinnaberinus* als FFH-Art mittlerweile von einigen Experten in Frage gestellt wird. Die horizontale Verbreitung von *C. cinnaberinus* erstreckt sich von submontanen bis hin zu subalpinen Höhenstufen (RABITSCH et al. 2010, HOLZER & FRIES 2001, BUßLER 2002). In Baden-Württemberg und Hessen ist *C. cinnaberinus* auch im kollinen Bereich, in den Niederlanden sogar planar zu finden (BUßLER pers. Mitteilung). Eine eingehende Untersuchung der bayerischen Vorkommen hat gezeigt, dass eine vermehrte Individuenzahl bei 500-550 m über N.N. zu finden ist, wobei generell eine Spanne von 300-900 m über N.N. besiedelt wird (BUßLER 2002).

C. cinnaberinus besiedelt stärkeres (Durchmesser min. 20 cm, STRAKA 2006) und im Idealfall stehendes Totholz verschiedener Laub- und seltener auch Nadelbaumarten an Auen- und Bergmischwaldstandorten, sowie Urwaldstandorten (BUßLER 2002, STRAKA 2006). STRAKA (2006) benennt Silber- und Schwarzpappeln (*Populus alba* bzw. *Populus nigra),* Ulmen (*Ulmus spp.*) und Eschen (*Fraxinus excelsior*) als häufige Wirtsbäume. Das Spektrum an Laubholz, das von dieser Käferart genutzt wird, erstreckt sich zudem noch auf Silberweide, Eiche, Linde, Bergahorn und Rotbuche (BUßLER pers. Mitteilung). Tannen, Fichten und Kiefern komplettieren das Spektrum bezüglich der Nadelbaumarten (BUßLER 2002). Im Gegensatz zu zahlreichen anderen xylobionten Käferarten ist *C. cinnaberinus* nicht zwingend an alte Primärwälder gebunden (HORÁK et al. 2010, BUßLER 2002). Neben regelmäßig überschwemmten Gebieten werden auch (Hybrid-) Pappelkulturen (*Populus canadensis*), nicht jedoch Balsam-Pappeln, erfolgreich besetzt (BUßLER et al. 2010, HORÁK et al. 2010). Dass lichte und besonnte Standorte im Vergleich zu geschlossenen, kompakten Wäldern mit weniger Sonneneinstrahlung favorisiert werden (HORÁK et al. 2010), kann für die Standorte in Bayern nicht bestätigt werden (BUßLER pers. Mitteilung).

Ein potentiell bewohnbares Habitat bietet feuchte Milieubedingungen mit stehendem Totholz im Alter von einem bis mehreren Jahren. Der Holzkörper des Wirtsbaumes selbst sollte noch fest sein, während sich die Rinde bereits gelöst hat (BUßLER 2002, STRAKA 2006). Von Larven befallenes Holz ist in der Regel verpilzt und die weißlich bis schwärzlich verfärbten Schichten zwischen Bast und Kambium sind zum Teil von Rhizomorphen durchzogen (BUßLER 2006).

Trotz des momentan hohen Schutzstandards der Art sind genaue Angaben sowohl zu konkreten Habitatansprüchen als auch zu Populationsgrößen derzeit nicht ausreichend dokumentiert (HORÁK et al. 2010). Aktuelle Arbeiten aus der Tschechei weisen jedoch darauf hin, dass zumindest lokale Populationen stabil und teilweise im Wachstum begriffen sind, wodurch der bisherige Standpunkt, dass es sich bei *C. cinnaberinus* um eine seltene Waldart bzw. eine Urwaldreliktart handelt, in Einzelfällen korrigiert werden muss (HORÁK et al. 2010). STRAKA (2006) konnte anhand gezielter Studien zur Ökologie und Biologie der Art ein Maximum von 25 Larven in einer Silberweide bzw. 12 überwinternde Imagos in einer Schwarzpappel belegen. Beide Entwicklungsstadien zeigten hierbei enge Gruppierungen in den weichen und verrottenden Holzstrukturen.

PEM-Optionen

Plastizität

Über einen durch klimatische Umweltbedingungen (längere Trocken- oder Kälteperioden) bedingten Rückgang oder die Extinktion von Populationen konnten anhand der gesichteten Literatur keine Angaben ausfindig gemacht werden. Lediglich STRAKA (2006) erwähnt, dass zumindest die Larven von *C. cinnaberinus* „weniger frostempfindlich" zu sein scheinen als die Larven vergesellschafteter Arten.

Evolution

Auf Grund einer relativ guten Ausbreitungskapazität ist es *C. cinnaberinus* möglich, auch „geeignete Bäume in isolierter Lage zu besiedeln" (STRAKA 2006). Gleichwohl scheint die Art in der Lage zu sein, sich an neue oder veränderte Lebensraumbedingungen, wie man sie beispielsweise in intensiv bewirtschafteten Wäldern oder in der näheren Umgebung von Städten vorfindet, zu adaptieren (HORÁK & CHOBOT 2011). Beide Umstände sprechen hier sowohl für einen möglichen Genaustausch zwischen einzelnen Populationen als auch für einen reaktionsfähigen Genpool innerhalb einer Population. Im Vergleich zu anderen hier beschriebenen xylobionten Käferarten stellt *C. cinnaberinus* jedoch diesbezüglich eher eine Ausnahme dar.

Mobilität

Im Gegensatz zu anderen xylobionten Käferarten wird bei *C. cinnaberinus* ein relativ gutes Ausbreitungspotential vermutet. HORÁK et al. (2010) geht davon aus, dass es der Art, vermehrt während der Paarungszeit im Frühjahr, sehr gut möglich ist, sich sowohl innerhalb eines besiedelten Habitats zu verbreiten, als auch geeignete sekundäre Habitate zu erobern. Zudem stellt die Ausbreitung entlang vernetzter Fließwassersysteme eine weitere Möglichkeit für die (Wieder-) Besetzung geeigneter Habitate dar (BUßLER et al. 2010).

Zusammenfassung und Schutzempfehlung

C. cinnaberinus befindet sich mit seinem relativ hohen Ausbreitungspotential und seiner Fähigkeit zur Adaption an sich ändernde Lebensraumbedingungen auf den ersten Blick in einer scheinbar weniger ungünstigen Überlebenssituation als die meisten anderen xylobionten Hochrisikokäferarten. Trotzdem ist auch diese Art zunehmend durch anthropogene Eingriffe in ihre ursprünglichen Lebensräume, ufernahe Auenstandorte und offene Waldbereiche mit einem großen Anteil an totem Weichholz, gefährdet. STRAKA (2006) benennt hier die Durchforstung der Wälder, sowie die kurze forstwirtschaftliche Umtriebszeit und die aus wirtschaftlichen Gründen häufig praktizierte Bestandsumwandlung der Forste als negative Maßnahmen. Die Auswirkungen derartiger Eingriffe bewirken in jedem Fall eine Abnahme der Habitatquantität und -qualität. So führt das selektive Schlagen unrentabler Weichholzarten zu einer Abnahme der verfügbaren Habitatfläche und das Drainieren und Säubern von Uferbereichen zu einer Abnahme der natürlichen Pappel-/Weiden-Auenwälder. Zudem wird eine natürliche Sukzession von Pionierbaumarten unterbunden, wodurch offene Waldflächen zusätzlich verloren gehen (HORÁK & CHOBOT 2011). Sowohl STRAKA (2006) als auch HORÁK & CHOBOT (2011) sprechen die Problematik der Lagerung von Nutzholz im Wald an. Derartige Lagerstellen werden von *C. cinnaberinus* nachweislich häufig als Larvalhabitat genutzt, wobei bei einem Abtransport und der anschließenden Nutzung des Holzes als Brennholz Eier und Larven der Folgegeneration verloren gehen. Eine Absprache mit den verantwortlichen Forstmitarbeitern könnte hier bereits hilfreich sein, um lokale Vorkommen zu schützen. Ein weiterer Managementvorschlag sieht das „Pflanzen von heterogenen gemischten Streifen mit Weichholzlaubbäumen" vor (HORÁK & CHOBOT 2011). Eine solche Schutzmaßnahme würde sowohl den Larven als auch den adulten Tieren von Nutzen sein, da in diesem Fall beide Entwicklungsstadien die gleichen Habitatansprüche stellen. Neben differenzierten forstwirtschaftlichen Maßnahmen erachten sowohl HORÁK & CHOBOT (2011) als auch BUßLER (2002) die landschaftlich gestaltenden Aktivitäten von Bibern als zuträglich für die Art *C. cinnaberinus,* da auf diese Weise auf natürlichem Wege das Totholzvorkommen vermehrt wird.

Um Beeinträchtigungen von *C. cinnaberinus* durch forstwirtschaftliche Bewirtschaftung zu verhindern bzw. zu minimieren, werden folgende Maßnahmen empfohlen: Belassen von berindetem, stärkerem Laubtotholz beim Holzeinschlag in Wirtschaftswäldern, Zulassen der ungestörten Entwicklung von Alt- und Totholzelementen in Wirtschaftswäldern zumindest auf Teilflächen durch Totalschutz oder Auswahl von Zukunftsbäumen nach bestimmten Kriterien (best. Laubbaumarten im Bereich der lokalen Population, mehrere Altersklassen, keine forstwirtschaftliche Nutzung dieser Bäume). Die Entfernung von Baumbeständen und Totholz bei Hochwasser- oder Dammsicherungsmaßnahmen sollte nur bei akuter Gefährdung von Anlagen vorgenommen werden. Sind solche Maßnahmen nicht zu vermeiden, sollte stärkeres Laubtotholz in angrenzende Bestände verbracht und dort belassen werden (s. Artensteckbriefe des BfN für die FFH Anhang IV-Arten) (BUßLER & BUSE o.J.).

Anschrift der Autoren:

Dipl. Biol. Sabrina Arnold, Hauptstraße 53, 91054 Erlangen.

PD Dr. Elisabeth Obermaier, Ökologisch-Botanischer Garten (ÖBG), Universität Bayreuth, Universitätsstr. 30, 95440 Bayreuth.

Literatur

BUßLER, H., BLASCHKE, M. & WALENTOWSKI, H. (2010): Bemerkenswerte xylobionte Käferarten in Naturwaldreservaten des Bayerischen Waldes (Coleoptera). – Entomologische Zeitschrift Stuttgart 120: 263-268.

BUßLER, H. & BUSE, J. (o.J.): Scharlachkäfer (*Cucujus cinnaberinus*). Artensteckbriefe des BfN für die FFH Anhang IV-Arten. – URL: http://www.ffh-anhang4.bfn.de/ffh_anhang4-scharlachkaefer.html?&no_cache=1 (gesehen am: 30.10.2013)

BUßLER, H. (2002): Untersuchungen zur Faunistik und Ökologie von *Cucujus cinnaberinus* (Scop., 1763) in Bayern. – Nachrichtenblatt der bayerischen Entomologen 51: 42-60.

HOLZER, E. & FRIEß, T. (2001): Bestandsanalyse und Schutzmaßnahmen für die EU-geschützten Käferarten *Cucujus cinnaberinus* Scop., *Osmoderma eremita* Scop., *Lucanus cervus* (L.) und *Cerambyx cerdo* L. (Insecta: Coleoptera) im Natura 2000-Gebiet Feistritzklamm/Herberstein (Steiermark, Österreich). – Entomologica Austriaca 1: 11-14.

HORÁK, J. & CHOBOT, K. (2011): Phenology and notes on the behaviour of *Cucujus cinnaberinus*: points for understanding the conservation of the saproxylic beetle. – North-Western Journal of Zoology 7: 352-355.

HORÁK, J., VÁVROVÁ, E. & CHOBOT, K. (2010): Habitat preferences influencing populations, distribution and conservation of the endangered saproxylic beetle *Cucujus cinnaberinus* (Coleoptera: Cucujidae) at the landscape level. European – Journal of Entomology 107: 81-88.

MAZZEI, A., BONACCI, T., CONTARINI, B., ZETTO, T. & BRANDMAYR, P. (2011): Rediscovering the 'umbrella species' candidate *Cucujus cinnaberinus* (Scopoli, 1763) in Southern Italy (Coleoptera Cucujidae), and notes on bionomy. – Italian Journal of Zoology 78: 264-270.

NIETO, A., MANNERKOSKI, I., PUTCHKOV, A., TYKARSKI, P., MASON, F., DODELIN, B., HORÁK, J. & TEZCAN, S. (2010): *Cucujus cinnaberinus*. In: IUCN 2011. IUCN Red List of Threatened Species. Version 2011.2. – URL: http://www.iucnredlist.org (gesehen am: 20.05.2012).

RABITSCH, W., WINTER, M., KÜHN, E., GÖTZL, M., ESSL, F. & GRUTTKE, H. (2010): Auswirkungen des rezenten Klimawandels auf die Fauna in Deutschland. – Naturschutz und Biologische Vielfalt 98, 265 S.

STRAKA, U. (2007): Zur Biologie des Scharlachkäfers *Cucujus cinnaberinus* (Scopoli 1763). – Beiträge zur Entomofaunistik 8: 11-26.

STRAKA, U. (2006): Zur Verbreitung und Ökologie des Scharlachkäfers *Cucujus cinnaberinus* (Scopoli, 1763) in den Donauauen des Tullner Feldes (Niederösterreich). – Beiträge zur Entomofaunistik 7: 3-20.

TEUNISSEN, A.P.J.A. & VENDRIG C.F.P. (2012): Een Nederlandse populatie van de zeldzame en beschermde vermiljoenkever *Cucujus cinnaberinus* (Coleoptera: Cucujidae). – Entomologische Berichte 72: 218-221.

Großer Birken-Prachtkäfer *Dicerca furcata* (THUNBERG 1787)

SABRINA ARNOLD und ELISABETH OBERMAIER

Biologie der Art

Dicerca furcata (Coleoptera: Buprestidae) erreicht eine Körpergröße von 16-18 mm und erscheint meist mit einer bronze- oder kupferfarbenen Oberseite. Er besiedelt kranke oder frisch abgestorbene Birken in deren Baumspalten auch die Eiablage erfolgt. Nach dem Schlupf der Larven findet die weitere Entwicklung im Stamm des Wirtsbaumes statt, der nach kurzer Zeit mit Fraßgängen durchzogen ist, welche in Längsrichtung bis zu 10 cm tief unter der Oberfläche verlaufen. Die für das geübte Auge typische Puppenwiege befindet sich schließlich näher an der Stammoberfläche und meist auf der der Sonne zugewandten Seite des Baumes. Nach einer dreijährigen Entwicklungszeit erscheinen die Imagos im Frühjahr und sind dann von Mai bis August auch fliegend anzutreffen (BRECHTEL & KOSTENBADER 2002).

Verbreitung, Habitatansprüche und Populationsdichte

Das Hauptverbreitungsgebiet von *D. furcata* erstreckt sich von Mittel-, Ost- und Nordeuropa über Sibirien bis in die nordöstlichen Teile Chinas (Mandschurei). In der Mongolei ist diese Art noch recht häufig anzutreffen (BUßLER pers. Mitteilung). Hingegen existieren deutschlandweit nur (vermutlich) reliktäre Funde an der Mittelelbe (Sachsen) und in Südbayern. Hier werden vorwiegend voralpine Hochmoore und deren angrenzende Randbereiche besiedelt (BRANDL mdl. in BRECHTEL & KOSTENBADER 2002, RABITSCH et al. 2010). Experten vermuten zudem bisher unentdeckte Vorkommen in Hochmoorgebieten in Oberschwaben (Baden-Württemberg). Zwei Hauptgründe für diese Vermutung sind die räumliche Nähe zu den bayerischen Vorkommen und die relativ ähnliche Landschaftsgeschichte des vermuteten Vorkommensgebietes (BRECHTEL & KOSTENBADER 2002).

Als Wirtspflanze werden ausschließlich in besonnter Lage stehende, kranke oder frisch abgestorbene Birken mit einem Durchmesser von mindestens 6-10 cm genutzt (BRECHTEL & KOSTENBADER 2002, RABITSCH et al. 2010). Hellrigl (1978, in BRECHTEL & KOSTENBADER 2002) benennt hier die Arten *Betula pendula und Betula pubescens* als wichtigste Vertreter. BRECHTEL & KOSTENBADER (2002) setzen das „permanente Vorhandensein absterbender Birken in großer Menge" als unabdingbare Voraussetzung für das Überleben der Art voraus, welches man heutzutage nur noch an sehr wenigen Reliktstandorten vorfindet. Neben den eigentlichen Kernzonen der Hochmoore kommen hierbei noch deren Randzonenwälder oder künstlich angelegte Birkenalleen in Frage.

Die Bestandsdichte der Art *D. furcata* wird bei RABITSCH et al. (2010) mit „ss“ also extrem selten bis sehr selten angegeben. Auch BRECHTEL & KOSTENBADER (2002) gehen von einer minimalen Bestandsdichte aus, wobei die Art in Bayern als vom Aussterben bedroht und in Sachsen-Anhalt als bereits ausgestorben deklariert wird. Allgemein wird angenommen, dass noch existente Populationen auf Grund ihres schwindenden Lebensraums ebenfalls im Rückgang begriffen sind.

PEM-Optionen

Plastizität

Direkte Folgen klimatischer Veränderungen auf das Verhalten und die Entwicklung der Art können mit dem derzeitigen Wissensstand nur vermutet werden. In der Mongolei ist die Art in Habitaten mit negativen Jahresdurchschnittstemperaturen und extremer Winterkälte verbreitet (BUßLER pers. Mitteilung). Nach Einschätzung von J. KULBE (pers. Mitteilung) sind Temperaturschwankungen von bis zu 2°C unter natürlichen Bedingungen für Kälterelikte wie *D. furcata* durchaus tolerabel, da solche Schwankungen erdzeitgeschichtlich keine Seltenheit darstellen und kälteliebende Arten in unseren Mooren schon mehrmals wärmeren Perioden ausgesetzt waren. Vielmehr sieht er die Problematik, dass der Wasserhaushalt der Moore bei lang anhaltenden Wärmeperioden empfindlich gestört werden könnte, was längerfristig den Verlust des gesamten Lebensraums „Moor“ zur Folge haben könnte. Da bereits heute ein Großteil der Moore künstlich entwässert wurde und die meisten Moore daher nur über einen geringen „Puffer“ hinsichtlich ihrer hydrologischen Anpassungskapazität verfügen, dürften alle moorbewohnenden Kälterelikte in Mitteleuropa mehr oder weniger stark bedroht sein.

Laut H. BUßLER (pers. Mitteilung) stellt neben einer ansteigenden Jahresdurchschnittstemperatur die periodisch fehlende Winterkälte ein weiteres Risiko für *D. furcata* dar. Eine denkbare Folge wäre hier eine zunehmende Mortalität der Larven und Puppen auf Grund von Pilzinfektionen in warm-feuchten Wintern.

Evolution

Auf Grund der Seltenheit der Art konnte keine Literatur zu genetisch orientierten Arbeiten gefunden werden.

Mobilität

BRECHTEL & KOSTENBADER (2002) berichten zwar einerseits von fliegenden Imagines im Zeitraum von Mai bis August, andererseits fehlen jedoch Informationen zur tatsächlichen Migrationsfähigkeit und dem Ausbreitungsverhalten der Art (RABITSCH et al. 2010). PALM (1951 in BRECHTEL & KOSTENBADER 2002) berichtet von Standorten mit bis zu 30 Schlupflöchern verschiedener Altersstufen, was für eine mehrjährige Besiedelung des Baumes spricht. Gleichzeitig würde dieser Umstand aber auch Grund zur Annahme geben, dass *D. furcata*, zumindest bei einer gleich bleibend guten Brutbaumqualität, nicht zu einem Brutbaumwechsel und damit auch nicht zu einem erkennbaren Ausbreitungsverhalten tendiert. Verfolgt man diesen Gedanken weiter, so könnte eine verschlechterte Brutbaumqualität bzw. deren vollständiger Verlust vermutlich zum Erlöschen von Einzelpopulationen oder gar ganzen lokalen Vorkommen führen. Dem entgegen stehen Beobachtungen in der Mongolei, wonach frisch gebrochene oder absterbende Birken sofort angeflogen werden (BUßLER pers. Mitteilung). Dies spricht für eine deutlich bessere Ausbreitungsfähigkeit von *D. furcata*. Allerdings handelt es sich hierbei um Habitate mit hohen Totholzmengen (> 20fm/ha) von Birken (*Betula platyphylla*) nach Waldbränden. Über Jahre (> 5) hinweg lieferten Waldbrände in diesem Gebiet immer wieder frisches Birkentotholz, da Bäume, die bei einem durchlaufenden Bodenfeuer nur am Stammfuß oder im Wurzelbereich angebrannt wurden und zunächst den Brand überlebt haben, von Pilzen und xylobionten Insekten besiedelt werden und dann irgendwann (nach Laubaustrieb) umbrechen.

Zusammenfassung und Schutzempfehlung

Die im eurosibirischen Areal beheimatete und sehr seltene Kältereliktart *D. furcata* bewohnt ausschließlich kranke oder frisch abgestorbene Birken in besonnten Lagen großflächiger voralpiner Hochmoore. Der gesamte „Lebensraum Hochmoor“ ist heute meist stark durch anthropogene Eingriffe wie Entwässerung, Stoffentnahme und landwirtschaftliche Pflegemaßnahmen geprägt und im Rückgang begriffen. Um den Lebensraum für *D. furcata* zu erhalten, sollte bei zukünftigen Pflegemaßnahmen speziell auf die Biotopansprüche der Art eingegangen werden (BRECHTEL & KOSTENBADER 2002). Absterbende Birken in sonnigen Lagen sollen demnach nicht sofort entfernt werden. Da *D. furcata* keine toten oder nahezu verrotteten Bäume bewohnt, könnte es ausreichen, entsprechende Bäume für einen Zeitraum von 5 Jahren im natürlichen Umfeld zu belassen. Im Falle bewohnter Birkenalleen entlang befahrener Straßen sollen zunächst lediglich die Baumkronen kränkelnder Bäume entfernt werden, um den übrigen Stamm als Lebensraum zu erhalten.

Anschrift der Autoren:

Dipl. Biol. Sabrina Arnold, Hauptstraße 53, 91054 Erlangen.

PD Dr. Elisabeth Obermaier, Ökologisch-Botanischer Garten (ÖBG), Universität Bayreuth, Universitätsstr. 30, 95440 Bayreuth.

Literatur

BRECHTEL, F. & KOSTENBADER, H. (2002): Die Pracht- und Hirschkäfer Baden-Württembergs. – Stuttgart (Ulmer), 632 S.

HELLRIGL, K. (1978): Ökologie und Brutpflanzen europäischer Prachtkäfer (Coleoptera, Buprestidae). Teil 1+2. – Zeitschrift für Angewandte Zoologie 85: 167-191, 253-275.

PALM, T. (1951): Die Holz- und Rinden-Käfer der nordschwedischen Laubbäume. De nordsvenska lövträdens ved- och barkskalbagger. – Meddn St. Skogsforskn. inst. 40 (2): 1-242.

RABITSCH, W., WINTER, M., KÜHN, E., KÜHN, I., GÖTZL, M., ESSL, F. & GRUTTKE, H. (2010): Auswirkungen des rezenten Klimawandels auf die Fauna in Deutschland. – Naturschutz und Biologische Vielfalt 98, 265 S.

Veilchenblauer Wurzelhals-Schnellkäfer *Limoniscus violaceus* (MÜLLER 1821)

SABRINA ARNOLD und ELISABETH OBERMAIER

Biologie der Art

Die Biologie des bis zu 12 mm großen, im Totholz lebenden, „Veilchenblauen Wurzelhalsschnellkäfer“, *Limoniscus violaceus,* (Coleoptera: Elateridae) ist auf Grund seiner Seltenheit in der Literatur nur wenig bekannt und beschrieben (ZACH 2003). Sicher ist jedoch, dass sich die Larvalentwicklung des standorttreuen Xylobionten über mindestens zwei evtl. auch bis zu drei Jahre hinzieht (SCHAFFRATH 2005, SCHIMMEL 1989 in SCHAFFRATH 2005). Das Weibchen legt Eier in Spalten und Nischen von (erdbodennahen) Laubbaumhöhlen (z.B. Buche, Eiche, Esche, wo sich der Mulm „dochtartig“ in den Erdboden hinein erstreckt (Schnitter, pers. Komm.)) in welchen auch die Larven bodennah verschiedene Stadien verbringen. Im Sommer des zweiten Jahres verpuppen sich die Larven bis zu 1 m tief im Sediment vergraben (ZACH 2003) und erscheinen im September des gleichen Jahres als fertige Imagines, welche jedoch bis zum darauf folgenden Frühling noch in ihrer Puppenwiege verbleiben. Während sich die ausgewachsenen Käfer karnivor von lebenden und toten Insekten aus der Baumhöhle ernähren, wird die Ernährung der saprophagen Larven zusätzlich durch totes Holz und welke Blätter ergänzt. Der in glänzendem Blau bis Schwarz erscheinende Käfer ist flugfähig (SCHAFFRATH 1999), vorwiegend nachtaktiv und findet sich oft in Gesellschaft des etwas häufiger anzutreffenden Elateriden *Ischnodes sanguinicollis* (SCHAFFRATH 2005, ZACH 2003, MÜLLER-KRÖHLING 2008). Blütenbesuche außerhalb der geschützten Baumhöhle sind selten, konnten jedoch gelegentlich beobachtet werden (FFH-Artenhandbuch, ZACH 2003, SCHAFFRATH 2005).

Verbreitung, Habitatansprüche und Populationsdichte

Als „hochanspruchsvolle Rarität“ (SCHAFFRATH 2005) ist *L. violaceus* heute nur noch in Ebenen und niedrigen Lagen weniger Reliktstandorte des ehemaligen mittel- und seltener des südeuropäischen Urwalds anzutreffen (Urwald-Reliktart im engeren Sinne Kat. 1 (MÜLLER et al. 2005). Im deutschsprachigen Raum sind erste Funde in der Mark Brandenburg und Tirol seit ca. 1910 bekannt. Nachweise jüngerer Zeit beschränken sich auf relativ seltene Einzelfunde. So verzeichnet das Bundesland Hessen beispielsweise lediglich 5 Funde nach 1975 (SCHAFFRATH 2005), das Landesamt für Umwelt, Wasserwirtschaft und Gewerbeaufsicht (LUWG) Rheinland-Pfalz meldet 10 Fundorte nach 1990 (MÜLLER-KRÖHLING 2008). Weitere Vorkommen finden sich bundesweit nur noch in Bayern, Sachsen-Anhalt und Niedersachsen und Brandenburg, wobei hier viele Sichtungen nur mündlich überliefert wurden (LANDESAMT FÜR UMWELTSCHUTZ SACHSEN-ANHALT 2006). Ein ähnliches Bild bietet sich bei einem Blick auf andere europäische Länder. In Großbritannien wurde *L. violaceus* erstmals 1937 erfasst, konnte seither jedoch nur an drei weiteren Standorten nachgewiesen werden (SMITH 2003). Mehrjährige Studien von ZACH (2003) haben gezeigt, dass die Art im Zentralgebiet bzw. im Osten der Slowakei in einigen seminatürlichen und naturnahen Waldgebieten relativ beständig anzutreffen ist.

Die zunehmende und intensive Kultivierung der mitteleuropäischen Wälder führte nach und nach zum Verschwinden echter Urwälder (MÜLLER et al. 2005, DEPENHEUER & MÖHRING 2010) und damit zum Verlust lebenswichtiger Strukturen und Ressourcen für xylobionte Arten. Für *L. violaceus* bedeutet dies vor allem den Verlust der in Deutschland heute nur noch in wenigen Habitaten zu findenden Mulmhöhlen (MÜLLER et al. 2005). Diese entstehen im Zuge mehrer Zerfallsphasen aus organischem Material in oder an toten oder lebenden Buchen-, Eichen- oder Ulmenbeständen. Das dabei entstehende Lockersediment (Mulm) besteht aus zersetzten Holz- und Pflanzenresten, sowie den Stoffwechselprodukten von Detritus- zersetzenden Bakterien, Pilzen und Insekten. Kennzeichnend für das Substrat der Baumfußhöhlen sind zudem ein hoher Nitrogen- und Mineralstoffgehalt sowie eine durch den Grundwasserspiegel beeinflusste kontinuierliche Humidität (SCHAFFRATH 2005, ZACH 2003). Die Öffnung der Höhle nach außen sollte möglichst schmal beschaffen sein, um eine Austrocknung des Sediments durch Sonneneinstrahlung zu verhindern. Zudem schützt ein enger Zugang die gegen „Nässe von oben" empfindlichen Larven gegen den Einbruch von Regenwasser (SCHAFFRATH 2005). Eine tragende Rolle für das langfristige Überleben der in höchstem Maße stenöken Art (MÜLLER-KRÖHLING 2008, SCHAFFRATH 2005) spielt die so genannte ungebrochene Habitattradition, welche sich durch „die Kontinuität eines Bestandes hinsichtlich Totholzangebot und Bestandsstruktur" über einen sehr langen Zeitraum definiert (MÜLLER et al. 2005). Hinzu kommen sehr hohe Ansprüche an die Totholzqualität und -quantität, welche wiederum stark an die Alters- und Zerfallstruktur der entsprechenden Waldgebiete gekoppelt sind. Entsprechend großflächige, zusammenhängende und biogeographisch alte und gewachsene Wälder sind heute so gut wie nicht mehr existent, was das isolierte Vorkommen neu entdeckter Populationen auf zum Teil sehr kleinen Flächen erklärt (ZACH 2003).

Auf Grund der Seltenheit von *L. violaceus* ergibt sich ein nur geringer Kenntnisstand darüber, wie sich Eingriffe in den Lebensraum, welche einer genaueren Einschätzung von Populationsdichten dienlich sein könnten (diverse Fangvorrichtungen im sommerlichen Aktivitätszeitraum, Suche nach Imagines und Larven während des Winterhalbjahres im Substrat), direkt oder indirekt auf das Überleben einer Stammpopulation auswirken. Auch wenn ein Verzicht auf derartige Methoden eine gravierende Einschränkung für den Nachweis von *L. violaceus* bedeutet, so ist es nach Einschätzung von Forschern ratsam zu Gunsten der Erhaltung lebensfähiger Populationen auf eine genauere Erfassung von Einzelindividuen zu verzichten (MALCHAU 2010, SCHAFFRATH 2005). Die von ZACH (2003) veröffentlichten Daten machen mehr als deutlich, dass eine solche Beurteilung der Situation mehr als angebracht ist. In den insgesamt 14 Jahren der Datenerhebung (1987-2000 und 2002) wurden 51 viel versprechende Areale im Süden und Westen der Slowakei begangen. Von den 1072 beprobten Bäumen (vorwiegend aus der Gattung *Quercus* und die Art *Carpinus bietulus*) konnte *L. violaceus* in lediglich 61 Einzelbäumen nachgewiesen werden, wobei bei einem Großteil der Funde nur Elytren oder ähnliche Fragmente identifiziert werden konnten. In nur 16 Bäumen fanden sich lebende Larven und Imagines (insgesamt 96 bzw. 18 Individuen). Das Maximum an Individuen einer isolierten Stammpopulation lag hier bei 35 Larven und 8 Käfern. Eine als „gut" eingeschätzte Populationsgröße der Art liegt bei 3-7 besiedelten Bäumen pro 20ha, eine mittlere bis schlechte bei 1-2 besiedelten Bäumen (SCHNITTER 2006).

PEM-Optionen

Plastizität

Über einen direkten Zusammenhang zwischen klimatisch bedingten Temperaturveränderungen und dem Überleben der Art *L. violaceus* ist in der Literatur nur wenig bekannt. Offenkundig ist jedoch, dass Veränderungen der Temperatur- und Feuchtigkeitsbedingungen in der Bruthöhle nur in sehr geringem Maße toleriert werden können (Schaffrath 2005), wenn eine optimale Entwicklung der Larven gewährleistet werden soll. Den entscheidenden Faktor des im Idealfall luftfeuchten Mikroklimas stellt hierbei ein ausreichender Grund- oder Hangwasserdruck dar (ZACH 2003, MÜLLER-KRÖHLING et al. 2006). Der in dieser Studie prognostizierte Temperaturanstieg kann hierbei mehrfach Einfluss auf den Grundwasserspiegel nehmen. Ein denkbares Szenario erhöht den Grundwasserspiegel durch vermehrten lokalen Niederschlag, was zu einer schadhaften Durchnässung des Substrats führen kann. Bei lang anhaltenden Dürreperioden wäre hingegen mit einer Absenkung des Grundwasserspiegels zu rechnen, was letztlich in den Bruthöhlen eine „Austrocknung von unten" (SCHAFFRATH 2005) zur Folge hätte. Aus einem anderen Blickwinkel betrachtet könnten jedoch bereits eine Temperaturerhöhung und veränderte Niederschläge per se negativen Einfluss auf den Fortbestand der Art haben. Zum einen würde eine dauerhaft vermehrte Sonneneinstrahlung die Bruthöhle „von oben" austrocknen. Eine damit gekoppelte vermehrte Verdunstungsrate könnte diesen Effekt zusätzlich verstärken. Zum anderen könnte eine erhöhte Niederschlagsmenge neben einzelnen Standorten ganze Vorkommensgebiete langfristig durchweichen und somit die Grundlage der notwendigen Habitatqualität zerstören.

Evolution

Auf Grund der extremen Seltenheit der Art (s.o.) konnte keine Literatur zu genetisch orientierten Arbeiten gefunden werden.

Mobilität

Trotz der verborgenen Lebensweise von *L. violaceus* spricht die Literatur dieser Art eindeutig eine nur geringe Ausbreitungskapazität zu (GOUIX et al. 2011, MALCHAU 2010, ZACH 2003). Dieser Umstand ist zum größten Teil der sesshaften Lebensweise und der als gering einzuschätzenden Mobilität der Imagines zuzuschreiben (GOUIX et al. 2011, MALCHAU 2010). GOUIX et al. (2011) stützen diese Aussage mit einer auf eigenen Daten basierenden Hochrechnung bei der von 10 vermuteten erwachsenen Individuen pro untersuchter Baumhöhle durchschnittlich weniger als drei Individuen den Brutbaum verlassen. Dieses Ergebnis deckt sich mit Beobachtungen der vergleichbaren Art *Osmoderma eremita.* Zudem hat sich bei einem Vergleich verschiedener Detektionsmethoden gezeigt, dass die bei Käfer-Monitoringverfahren regelmäßig verwendeten „flight interception traps" auch in geeigneter Umgebung nur sehr wenige fliegende Individuen der Art *L. violaceus* nachweisen konnten. Für einen erfolgreichen Migrationsversuch durch kurze oder mittellange Flugphasen spielt darüber hinaus die lokale Beschaffenheit des Habitats eine wichtige Rolle. Die hierbei erforderliche Dichte potentiell besiedelbarer Wirtsbäume in erreichbarer Entfernung setzt dabei großräumige Walgebiete mit einer relativ naturnahen Waldentwicklung voraus (MALCHAU 2010). Derartige Strukturen sind jedoch im gesamten Verbreitungsgebiet von *L. violaceus* so gut wie nicht mehr vorzufinden. Eine im Rahmen einer Langzeitstudie durchgeführte „nearest-neighbour"-Analyse in der Slowakei konnte zusätzlich zeigen, dass für Einzelstandorte, welche durch ungeeignete Habitatflächen wie Nadelwälder, Felder und Wiesen isoliert sind, eine erfolgreiche Neu- oder Wiederbesiedelung nahezu ausgeschlossen ist (ZACH 2003).

Zusammenfassung und Schutzempfehlung

Die xylobionte Urwaldreliktart *L. violaceus* ist in höchstem Maße auf hochqualitative Habitate in Form von sedimentbedeckten Mulmhöhlen mit größerem Mulmvolumen (> 10l) angewiesen. Derartige Habitate setzen eine gewachsene Alters- und damit Zerfallsstruktur des Waldbestandes mit ausreichend Totholzvorkommen voraus wie sie im gesamten europäischen Raum durch zunehmende Kultivierung und Nutzung der Waldflächen sowie Flurbereinigungsmaßnahmen kaum noch vorhanden ist. Dementsprechend selten ist *L. violaceus* im gesamten Verbreitungsgebiet anzutreffen, wobei es sich bei vielen Vorkommen um isolierte Einzelstandorte mit mehr oder weniger stabilen Populationen handelt. Zudem geht die Standorttreue der Art mit einer erheblichen Sensibilität für mikroklimatische Veränderungen einher, welche unter anderem durch den Grundwasserspiegel bedingt werden können. Um dahingehende negative Auswirkungen zu minimieren empfiehlt es sich von künstlich herbeigeführten Grundwasserabsenkungen abzusehen (FFH- Artenhandbuch). Zudem wird in der gleichen Arbeit von „Freistellungsmaßnahmen von Stammläufen" abgeraten. Bezüglich einer künstlichen Vermehrung des Totholzvorkommens in geeigneten Waldgebieten sind die Meinungen der Forscher geteilt. Während SCHAFFRATH (2005) neben reduzierten oder ausbleibenden Flurbereinigungsmaßnahmen zudem anrät gesunde Bäume zu verletzten, um eine vermehrte oder beschleunigte Höhlenbildung herbeizuführen, vertreten andere Autoren die Ansicht, dass solche gängigen Maßnahmen der Totholzvermehrung das Vorkommen der Art nicht fördern. Eine extensive Nutzung potentiell geeigneter Waldgebiete bzw. eine gänzliche Aufgabe der forstwirtschaftlichen Nutzung im Falle eines nachgewiesenen

Vorkommens stellt hier eine Ideallösung dar (LUWG RHEINLAND-PFALZ 2010). Derartige Maßnahmen würden dazu beitragen das Vorkommen natürlicher Bruthöhlen zu erhöhen, indem zusammenhängende und alterstrukturierte Zonen geschaffen werden (SCHAFFRATH 2005).

Anschrift der Autoren:

Dipl. Biol. Sabrina Arnold, Hauptstraße 53, 91054 Erlangen.

PD Dr. Elisabeth Obermaier, Ökologisch-Botanischer Garten (ÖBG), Universität Bayreuth, Universitätsstr. 30, 95440 Bayreuth.

Literatur

GOUIX, N. & BRUSTEL, H. (2011): Emergence trap, a new method to survey *Limoniscus violaceus* (Coleoptera: Elateridae) from hollow trees. – Biodiversity and Conservation 21 (2): 421-436.

LANDESAMT FÜR UMWELT, WASSERWIRTSCHAFT UND GEWERBEAUFSICHT (LUWG) Rheinland-Pfalz (2010): Artensteckbrief zur FFH- Art 1079/ Veilchenblauer Wurzelhalsschnellkäfer (*Limoniscus violaceus*). – URL: http://www.natura2000.rlp.de/steckbriefe/index.php?a=s&b=a&c=ffh&pk=1079 (gesehen am: 15.03.2012).

LANDESAMT FÜR UMWELTSCHUTZ SACHSEN-ANHALT (2006): Empfehlungen für die Erfassung und Bewertung von Arten als Basis für das Monitoring nach Artikel 11 und 17 der FFH- Richtlinie in Deutschland. – Berichte des Landesamtes für Umweltschutz Sachsen-Anhalt Halle, Sonderheft 2/2006, 372 S.

MALCHAU, W. (2010): *Limoniscus violaceus* (MÜLLER, 1821) Veilchenblauer Wurzelhals-Schnellkäfer. – Berichte des Landesamtes für Umweltschutz Sachsen-Anhalt Halle, Sonderheft 2/2010: 189-192.

DEPENHEUER, O. & MÖHRING, B. (2010): Waldeigentum: Dimensionen und Perspektiven. – Heidelberg (Springer Verlag), 411 S.

MÜLLER, J., BUßLER, H., BENSE, U., BRUSTEL, H., FLECHTNER, G., FOWLES, A., KAHLEN, M., MÖLLER, G., MÜHLE, H., SCHMIDL, J. & ZABRANSKY, P. (2005): Urwald relict species - Saproxylic beetles indicating structural qualities and habitat tradition. – Waldoekologie Online 2: 106-113.

MÜLLER-KRÖHLING, S. (2008): FFH-Nachrichten-TICKER, Bayerische Landesanstalt für Wald und Forstwirtschaft. – URL: http://www.lwf.bayern.de (gesehen am: 26.05.2012).

MÜLLER-KRÖHLING, S., FRANZ, C., BINNER, V., MÜLLER, J., PECHACEK, P. & ZAHNER, V. (2006): Artenhandbuch der für den Wald relevanten Tier- und Pflanzenarten des Anhangs II der Fauna-Flora-Habitat-Richtlinie und des Anhanges I der Vogelschutz-Richtlinie in Bayern. 4. Aufl. – Bayerische Landesanstalt für Wald und Forstwirtschaft, Freising, 200 S.

SCHAFFRATH, U. (2005): Erfassung der gesamthessischen Situation des Veilchenblauen Wurzelhalsschnellkäfers *Limoniscus violaceus* (MÜLLER, 1821) sowie die Bewertung der rezenten Vorkommen. – Hessisches Dienstleistungszentrum für Landwirtschaft, Gartenbau und Naturschutz, Gießen, 25 S.

SCHAFFRATH, U. (1999): Zur Käferfauna am Edersee. – Philippia 9 (1): 1-94.

SCHIMMEL, R. (1989): Monographie der rheinland-pfälzischen Schnellkäfer (Insecta: Coleoptera: Elateridae). – Pollichia-Buch 16, 158 S.

SCHNITTER, P. (2006) Käfer (Coleoptera). – Berichte des Landesamtes für Umweltschutz Sachsen-Anhalt Halle, Sonderheft 2/2006: 140-158.

SMITH, M.N. (2003): Saproxylic beetles in Britain, an overview of the status and distribution of four Biodiversity Action Plan species. – In: BOWEN, C.P. (Ed): Proceedings of the second pan-European conference on Saproxylic Beetles. – People's Trust for Endangered Species, London, 77 S.

ZACH, P. (2003): The occurrence and conservation status of *Limoniscus violaceus* and *Ampedus quadrisignatus* (Coleoptera, Elateridae) in Central Slovakia. – In: BOWEN, C.P. (Ed): Proceedings of the second pan-European conference on Saproxylic Beetles. – People's Trust for Endangered Species, London, 77 S.

Gestreifelter Bergwald-Bohrkäfer *Stephanopachys substriatus* (PAYKULL 1800)

SABRINA ARNOLD und ELISABETH OBERMAIER

Biologie der Art

Der Habitus der adulten Tiere von *Stephanopachys substriatus* (Coleoptera: Bostrichidae) ist durch eine zylindrisch Körperform geprägt, bei der der Halsschild kapuzenförmig den Kopf des Käfers bedeckt. Die Art erreicht eine Körperlänge von 3,5-6,5 mm (ELLMAUER 2005, MAIRHUBER 2005). Der jahreszeitliche Aktivitätszeitraum erstreckt sich von Juni bis November mit einem Aktivitätsmaximum im August (MAIRHUBER 2005). Daten und Beobachtungen über das weitere Verhalten, Paarung, Eiablage, Eizahlen und Überwinterung stehen derzeit nicht zur Verfügung. Einzig eine corticole und lignicole Lebendweise der Imgines konnte mit Bestimmtheit dokumentiert werden (MAIRHUBER 2005). Hierbei bewohnen die Käfer neben der Rinde auch das Choriotop unter der selbigen als auch den Holzkörper der Wirtsbäume.

Verbreitung, Habitatansprüche und Populationsdichte

Das Gesamtverbreitungsareal von *S. substriatus* erstreckt sich von Nord- und Mitteleuropa bis nach Sibirien und Nordamerika. Deutschlandweit liegen nur Funde aus Bayern vor, wobei der letzte rezente Fund aus dem Jahr 2002 stammt (MÜLLER-KRÖHLING 2006). *S. substriatus* ist eine boreo-montane Art, die in Deutschland vor allem in den Alpen zu erwarten ist.

Als Habitate werden „ursprüngliche Waldgebiete mit boreomontaner Prägung" bevorzugt (MAIRHUBER 2005). Neben Wäldern mit hohem Nadelholzanteil (Fichte, Tanne, Kiefer) stellen auch Moore, wenn sie von Kiefer und Fichte geprägt sind, einen geeigneten Lebensraum dar. Ein idealer Standort weißt trockene Bodenverhältnisse mit sonnenexponierten Totholzstämmen auf, welche nicht auf dem Boden aufliegen sollten (ELLMAUER 2005, MAIRHUBER 2005). DODDS (2004) beschreibt die Art mit einem weit gefassten Wirtsbaumspektrum und einer nur geringen Wirtsbaumspezialisierung. In Finnland und in der Mongolei konnte die Art vor allem an durch Brand abgetöteten Kiefern und Fichten in größerer Anzahl nachgewiesen werden. Dort meist zusammen mit *S. linearis*. Es scheint, dass Brände ein wichtiger Faktor sind, um geeignete stehende Totholzstrukturen in der Landschaft bereit zu stellen (MÜLLER et al. 2013).

Über konkrete Populationsgrößen von *S. substriatus* ist in der Literatur derzeit wenig beschrieben. ELLMAUER (2005) geht jedoch davon aus, dass die Bestandszahlen rückläufig sind, da im Vergleich zwischen historischen und rezenten Funden eine negative Tendenz zu beobachten ist.

PEM-Optionen

Plastizität

Über direkte Auswirkungen von Temperaturveränderungen auf *S. substriatus* ist in der Literatur aktuell nicht viel beschrieben. Der Einschätzung von J. KULBE (pers. Mitteilung) folgend, sollen Temperaturschwankungen im Bereich von 2°C für eine Kältereliktart unter natürlichen Bedingungen keine gravierenden Nachteile zur Folge haben. Vielmehr sieht er eine Gefahr in der Umgestaltung der natürlichen Lebensräume durch die zunehmend intensivere Land- und Forstwirtschaft. Gefährdete Wald-Arten mit subalpiner oder montaner Verbreitung sieht Herr Kulbe durch ein Verschwinden des benötigten Waldtyps als besonders bedroht an, da ein Ausweichen nach „oben“ hier nicht möglich ist.

Evolution

Wie sich im Laufe dieser Recherche gezeigt hat, sind Arbeiten, welche eine Aussage über die genetische Anpassungskapazität seltener Käferarten treffen können, derzeit stark unterrepräsentiert. Dies beruht vermutlich auf der erschwerten praktischen Umsetzung solcher Studien bei der extremen Seltenheit einzelner Tiere. Theoretisch ist ein Genaustausch, und damit die Chance auf eine vitale und überlebensfähige Population, oft eng an das Ausbreitungs- bzw. Besiedelungspotential der Art gekoppelt. *S. substriatus* wird hier eine gute Flugfähigkeit zugeschrieben, welche ihm rein theoretisch einen Ortswechsel ermöglichen sollte. Dies wird auch untermauert durch die nachgewiesenermaßen erfolgreichen Besiedlungen von Brandflächen, die in Finnland aus Naturschutzgründen angelegt wurden (HYVÄRINEN et al. 2006, 2009). Dieser Umstand lässt annehmen, dass auch ein ausreichender Genaustausch zwischen verschiedenen Einzelpopulationen möglich ist und stattfindet. Dass dies auf der Landschaftsebene jedoch nicht unbegrenzt der Fall ist zeigt die Arbeit von KOUKI et al (2012).

Mobilität

MAIRHUBER (2005) schreibt *S. substriatus* eine gute Flugfähigkeit zu, welche ihm eine „relativ gute Ausbreitungspotenz“ in Aussicht stellt. Im Gegensatz zu manch anderen xylobionten Käferarten steht ihm damit die Möglichkeit zur Verfügung bei einer Abnahme der Habitatqualität oder einer Störung auch andere potentiell geeignete Habitate zu erreichen. In welcher Entfernung ein solches Habitat maximal vom ursprünglichen entfernt liegen kann ist aus dieser und auch aus anderen Quellen nicht ersichtlich.

Zusammenfassung und Schutzempfehlung

Die xylobionte Art *S. substriatus* ist ein Kälterelikt in montanen und alpinen Nadelwald- und Moorgebieten. Diese Lebensweise spricht zunächst dafür, dass für die heimischen Bestände „auf Grund der bevorzugten Lebensräume“ keine höhergradige Gefährdung der Art zu erwarten ist“ (ELLMAUER 2005, MÜLLER-KRÖHLING 2006). Laut J. MÜLLER (pers. Mitteilung) dürften die negativen Bestandestrends in ME weniger auf den Klimawandel sondern vielmehr auf den Verlust natürlicher Dynamik, insbesondere von Bränden in den Kiefern- und Fichtenwäldern der Alpen zurückgehen. Um die Art zu fördern sollten in geeigneten Flächen Brände zugelassen werden und ggf. auch Einzelbäume aktiv gebrannt werden. Diese Methoden haben sich für die Art in Finnland als förderlich erwiesen. Desweitern sollten stehende Totholzstrukturen von Fichte, Lärche und Kiefer in besonnten Wäldern gefördert werden. Mit dem Klimawandel könnten Brände zunehmen was die Art sogar fördern dürfte (J. MÜLLER, pers. Mitteilung).

Anschrift der Autoren:

Dipl. Biol. Sabrina Arnold, Hauptstraße 53, 91054 Erlangen.

PD Dr. Elisabeth Obermaier, Ökologisch-Botanischer Garten (ÖBG), Universität Bayreuth, Universitätsstr. 30, 95440 Bayreuth.

Literatur

DODDS, J., GILMORE, D.W. & SEYBOLD, S.J. (2004): Ecological Risk Assessments for Insect Species Emerged from Western Larch Imported to Northern Minnesota. – St. Paul (Department of Forest Resources College of Natural Resources And Minnesota Agricultural Experiment Station University of Minnesota St. Paul, MN). – Staff Paper Series No. 174, 61 S.

ELLMAUER, T. (2005): Entwicklung von Kriterien, Indikatoren und Schwellenwerten zur Beurteilung des Erhaltungszustandes der Natura 2000-Schutzgüter. Band 4: Populäre Schutzobjekt-Steckbriefe. – Wien (Bundesministerium für Land- und Forstwirtschaft, Umwelt und Wasserwirtschaft, Umweltbundesamt), 267 S.

HYVÄRINEN, E., KOUKI, J. & MARTIKAINEN, P. (2009): Prescribed fires and retention trees help to conserve beetle diversity in managed boreal forests despite their transient negative effects on some beetle groups. – Insect Conservation and Diversity 2: 93-105.

HYVÄRINEN, E., KOUKI, J. & MARTIKAINEN, P. (2006): Fire and Green-Tree Retention in Conservation of Red-Listed and Rare Deadwood-Dependent Beetles in Finnish Boreal Forests. – Conservation Biology 20: 1711-1719.

KOUKI, J., HYVÄRINEN, E., LAPPALAINEN, H., MARTIKAINEN, P. & SIMILA, M. (2012): Landscape context affects the success of habitat restoration: large-scale colonization patterns of saproxylic and fire-associated species in boreal forests. – Diversity and Distribution 18: 348-355.

MAIRHUBER, C. & PAILL, W. (o.J.): Der Gekörnte Bergwald-Bohrkäfer (*Stephanopachys substriatus*) im Nationalpark Gesäuse. – URL: http://www.nationalpark.co.at/it/wirbellose-tiere/der-gekornte-bergwald-bohrkafer-stephanopachys-substriatus-im-nationalpark-gesause.html (gesehen am: 26.05.2012).

MÜLLER-KRÖHLING, S., FRANZ, C., BINNER, V., MÜLLER, J., PECHACEK, P. & ZAHNER, V. (2006): Artenhandbuch der für den Wald relevanten Tier- und Pflanzenarten des Anhangs II der Fauna-Flora-Habitat-Richtlinie und des Anhanges I der Vogelschutz-Richtlinie in Bayern. 4. Aufl. – Freising (Bayerische Landesanstalt für Wald und Forstwirtschaft), 200 S.

MÜLLER, J., JARZABEK-MÜLLER, A. & BUSSLER, H. (2013): Some of the rarest European saproxylic beetles are common in the wilderness of Northern Mongolia. – Journal of Insect Conservation 17: 989-1001.

Bartflechten-Rindenspanner *Alcis jubata* (THUNBERG 1788)

KAI DWORSCHAK, KONRAD FIEDLER und NICO BLÜTHGEN

Biologie der Art

Der Bartflechten-Rindenspanner (*Alcis jubata*, Geometridae) ist univoltin. Die Imagines fliegen von Ende Mai bis Anfang September, mit einem Maximum im Juli (EBERT 2003). Die Nahrung der Raupen sind Bartflechten der Gattung *Usnea* (Parmeliaceae), die vor allem auf Tannen, Fichten und Kiefern wachsen (SKOU 1986). Das Weibchen legt bis zu 200 Eier einzeln oder in kleine Gruppen in den Flechten ab, woraus die Raupe nach ungefähr zwei Wochen schlüpft. Sie überwintert in den Bartflechten nach zwei bis drei Häutungen. Die Verpuppung findet dann in einem losen Gespinst zwischen Ende Juni und Mitte August des Folgejahres statt. Die Raupenentwicklung dauert somit circa 11 Monate (EBERT 2003).

Die Nahrung der nachtaktiven Falter ist unbekannt, sie wurden mehrmals mit Ködern gelockt (EBERT 2003) und kommen selten ans Licht (BERGMANN 1955).

Verbreitung, Habitatansprüche und Populationsdichte

A. jubata ist im Süden bis Spanien und den Balkan, im Westen bis Frankreich und die britischen Inseln, im Norden bis zum mittleren Fennoskandien und im Osten bis China verbreitet (EBERT 2003). In Baden-Württemberg ist das Hauptverbreitungsgebiet der Schwarzwald. Sehr lokal wurde die Art auf der Schwäbischen Alb gefunden (EBERT 2003). Ansonsten fehlt *A. jubata*. *A. jubata* ist in Deutschland eine montane Art, die meisten Funde wurden zwischen 900 m und 1.000 m gemacht. Nur vereinzelt wurde die Art in den Randlagen des Schwarzwaldes (300-400 m) nachgewiesen (EBERT 2003). In den Alpen steigt die Art bis auf 1600m (FORSTER & WOHLFAHRT 1981). Da Art auf Bartflechten angewiesen ist, bestimmt die Verbreitung dieser Flechten wohl auch die Verbreitung der Falter (EBERT 2003).

Der Lebensraum von *A. jubata* ist in alten Wäldern mit hoher Luftfeuchte und hohem Bartflechten-Angebot. EBERT (2003) beschreibt unter anderem Fichten-Tannenwälder sowie Buchenhochwälder, FORSTER & WOHLFAHRT (1981) Nadelwälder. Für den Schwarzwald wird die dort häufigste Bartflechte *Usnea filipendula* als Nahrungspflanze angenommen (HIRNEISEN 1990, zitiert in EBERT 2003). In Brandenburg gelten *Usnea barbata* und *Pseudovernia prunastri* als Hauptnahrung (PROCHNOW 1905, zitiert in EBERT 2003), in Skandinavien werden dafür *Usnea dasypoda* und *Alectoria* spp. (Parmeliaceae) angegeben (SKOU 1986).

Trotz des relativ großen Verbreitungsareals kommt *A. jubata* überall nur sehr selten und lokal vor (FORSTER & WOHLFAHRT 1981). In Deutschland gilt die Art als verschollen bzw. ausgestorben (Brandenburg, Mecklenburg-Vorpommern, Sachsen, Thüringen) oder als stark gefährdet bzw. vom Aussterben bedroht (Baden-Württemberg, Bayern).

PEM-Optionen

Plastizität

Durch die hauptsächlich montane Verbreitung und da Bartflechten niederschlagsreiche Kaltluftgebiete bevorzugen, wird eine Anfälligkeit von *A. jubata* gegenüber einer Klimaerwärmung erwartet.

Evolution

Genetische Untersuchungen zu *A. jubata* liegen nicht vor. Das sehr lokale Vorkommen in Deutschland, wo die Art vom Aussterben bedroht ist (EBERT 2003, FORSTER & WOHLFAHRT 1981), lässt allerdings auf eine geringe genetische Diversität schließen.

Mobilität

Angaben zur Migrationsfähigkeit der Art liegen nicht vor, sie wird aber als eher gering eingeschätzt.

Zusammenfassung und Schlussempfehlung

Die Bedrohung dieser Art hängt direkt mit dem starken Rückgang der Bartflechten zusammen. Dafür sind einerseits Luftverschmutzung und saures Regenwasser, andererseits auch Dezimierung von Bartflechten-reichen Beständen durch forstwirtschaftliche Maßnahmen verantwortlich (WIRTH 1987, LUQUE et al. 2007). Deshalb sind die systematische Erfassung der Populationsdichte und der Erhalt beziehungsweise die Förderung Bartflechten-reicher Waldbestände unbedingt notwendig.

Anschrift der Autoren:

Dipl.-Biol. K. Dworschak, Prof. Dr. N. Blüthgen, Ökologische Netzwerke, Technische Universität Darmstadt, Schnittspahnstr. 3, 64287 Darmstadt

Prof. Dr. K. Fiedler, Tropical Ecology and Animal Biodiversity, Universität Wien, Rennweg 14, 1030 Wien

Literatur

EBERT, G. (2003): *Alcis jubata* (THUNBERG, 1788). – In: EBERT, G. (Hrsg.): Die Schmetterlinge Baden-Württembergs. Band 9: Nachtfalter VII. – Stuttgart (Ulmer): 479-482.

BERGMANN, A. (1955): Die Großschmetterlinge Mitteldeutschlands. Band 5/2: Spanner. – Jena (Urania-Verlag), 433 S.

FORSTER, W. & WOHLFAHRT, T. A. (1981): Die Schmetterlinge Mitteleuropas. Band 5: Spanner (Geometridae). – Stuttgart (Franckh), 312 S.

HIRNEISEN, N. (1990): Faunistik und Ökologie der lichenophagen Lepidopteren Baden-Württembergs unter Berücksichtigung aller westpaläarktischen Arten. – Tübingen (Eberhard-Karl-Universität Tübingen, Fakultät für Biologie – Diplomarbeit), 248 S.

LUQUE, C., GERS, C., LAUGA, J., MARIANO, N., WINK, M. & LEGAL, L. (1990): Analysis of forestry impacts and biodiversity in two Pyrenean forests through a comparison of moth communities (Lepidoptera, Heterocera). – Insect Science 14: 323-328.

PROCHNOW, O. (1905): Beiträge zur Morphologie und Biologie der Lepidoptera. II. *Boarmia jubata* THBG. – Entomologische Zeitschrift 19: 105-107, 116-117.

SKOU, P. (1986): The geometroid moths of North Europe (Lepidoptera, Drepanidae and Geometridae). – In: LYNEBORG L. (Ed.). Entomograph Vol. 6 – Leiden, Kopenhagen (E. J. Brill/Scandinavian Science Press), 348 S.

WIRTH, V. (1987): Die Flechten Baden-Württembergs. Verbreitungsatlas. – Stuttgart (Ulmer), 528 S.

Moorbunteule *Coranarta cordigera* (THUNBERG 1792)

KAI DWORSCHAK, KONRAD FIEDLER und NICO BLÜTHGEN

Biologie der Art

Die Falter der tyrphobionten Moorbunteule (*Coranarta cordigera*, Noctuidae) erscheinen frühestens Anfang Mai. Die Flugzeit erstreckt sich dann bis Anfang Juli (EBERT 1998). Der Schwerpunkt des Falterfluges liegt in der zweiten Maihälfte, ist jedoch von den Witterungsverhältnissen abhängig (EBERT 1998, GELBRECHT et al. 2003). Die Falter sind tagaktiv und fliegen im Zick-Zack-Flug auf offenen, sonnigen Hochmoorflächen. Als Nahrung der Falter dienen Sumpfporst (*Rhododendron tomentosum*, Ericaceae) und Rauschbeere (*Vaccinium uliginosum*, Ericaceae) (GELBRECHT et al. 2003), in Finnland auch Rosmarinheide (*Andromeda polifolia*, Ericaceae). Auch Harz- oder Honigtauaufnahme von der Moorkiefer (*Pinus rotundata*, Pinaceae) wird berichtet (EBERT 1998). Bei zu kaltem oder bedecktem Wetter ruhen die Falter auf Stämmen, zum Beispiel von Kiefern (EBERT 1998, GELBRECHT et al. 2003). Die Eiablage findet bei Sonnenschein auf frei stehenden Raupenfutterpflanzen statt, die Eier werden einzeln abgelegt (EBERT 1998). Als Nahrungspflanze der Raupe wird für Deutschland allgemein die Gewöhnliche Moosbeere (*Vaccinium oxycoccos*) angenommen (GELBRECHT et al. 2003). Es wurden in Brandenburg aber auch schon Raupen auf Rosmarinheide (*Andromeda polifolia*, Ericaceae) gefunden, in der Zucht nehmen sie auch Pflaume (*Prunus domestica*, Rosaceae) an (GELBRECHT et al. 2003). Weiterhin werden Heidelbeere (*Vaccinium myrtillus*) und Preiselbeere (*Vaccinium vitis-idea*) als Futterpflanzen angenommen (GELBRECHT 1988). EBERT (1998) gibt für Baden-Württemberg ausschließlich die Rauschbeere (*Vaccinium uliginosum*) als Raupenfutterpflanze an. In Fennoskandien und Schottland wurden die Raupen auch auf der Echten Bärentraube (*Arctostaphylos uva-ursi*, Ericaceae) gefunden (BRETHERTON et al. 1979, SKOU 1991, zitiert in EBERT 1998).

Verbreitung, Habitatansprüche und Populationsdichte

C. cordigera ist, sehr lokal, zwischen den Alpen und dem nördlichen Fennoskandien, bis zum Ural verbreitet. In Europa findet man die Art hauptsächlich in Nord-, Nordwest- und Nordost-Europa. Im südlichen Teil des Verbreitungsgebiets ist *C. cordigera* hauptsächlich in den Voralpen, den Alpen und Mittelgebirgen vorhanden, im nördlichen Mitteleuropa auch im Tiefland. Die auf der nördlichen iberischen Halbinsel fliegenden Falter werden inzwischen als eigene Art *C. restricta* angesehen (YELA 2002). In Deutschland gilt sie in Nordrhein-Westfalen, Sachsen-Anhalt und Schleswig-Holstein als verschollen, in Hessen, Rheinland-Pfalz und im Saarland wurde sie nie nachgewiesen (GELBRECHT et al. 2003). In Baden-Württemberg kommt *C. cordigera* nur auf wenigen Hochmooren im Schwarzwald und Oberschwaben vor, ältere Fundorte gelten als erloschen (EBERT 1998). In Nordostdeutschland wurde die Art in den letzten Jahrzehnten nur noch spärlich nachgewiesen, in Brandenburg an nur noch an einem Fundort (GELBRECHT et al. 1995). Allerdings erfolgten im vergangenen Jahrzehnt weitere Nachweise in oligotroph-sauren Mooren in Brandenburg und Mecklenburg-Vorpommern bei gezielten Nachsuchen (GELBRECHT et al. 2003).

C. cordigera benötigt zwergstrauchreiche Hochmoore und Moorwälder mit ausreichenden Beständen von Moosbeere und Sumpfporst (EBERT 1998, GELBRECHT et al. 1995, GELBRECHT et al. 2003). In Norddeutschland wird die Rauschbeere als hauptsächliche Nahrungspflanze angenommen (GELBRECHT et al. 1995). Die höchste Individuendichte der tagaktiven Falter findet sich im offenen Heide- und Wollgrashochmoor. Unklar ist, ob das Larvalhabitat im Bergkiefern-Moor (Pino mugo-Sphagnetum) oder im Beerstrauch-Bergkiefern Moorwald (Vaccinio uliginosi-Pinetum rotundatae) zu finden ist (EBERT 1998). In Tieflagen ist *C. cordigera* eng an Hochmoore gebunden, in Mittelgebirgslagen kommt die Art auch auf moorigen Heiden vor (GELBRECHT 1988).

Seit den 1990er Jahren liegen kaum noch Nachweise von *C. cordigera* vor, so dass lokale Populationsgrößen nicht abgeschätzt werden können. Wegen der größeren Verbreitung der Raupennahrungspflanzen vermutet EBERT (1998), dass dies vor allem im verschärften Schutzstatus von Hochmooren begründet ist. GELBRECHT et al. (2003) führen die schwere Nachweisbarkeit auf die Verhaltensweise der tagaktiven Falter zurück (schneller Zick-Zack-Flug dicht über der Vegetation). Auch sie vermuten, dass *C. cordigera* vielerorts übersehen werden könnte.

PEM-Optionen

Plastizität

Untersuchungen zur Anpassungsfähigkeit der Art liegen nicht vor. Es liegen jedoch einige Anhaltspunkte vor, die auf eine geringe Plastizität hinweisen. *C. cordigera* ist in Deutschland sehr lokal auf kleinen Arealen verbreitet (EBERT 1998, GELBRECHT 1988). Die nordisch-montan-alpine Verbreitung und die enge Bindung an Hochmoore zumindest in Tieflagen sprechen für eine ausgeprägte Hygrophilie der Art. All diese Faktoren sind charakteristisch für potentielle Verlierer des Klimawandels (RABITSCH et al. 2010).

Evolution

Genetische Untersuchungen zu *C. cordigera* liegen nicht vor. Die disjunkte Verbreitung lässt aufgrund eines fehlenden Austauschs zwischen den einzelnen Populationen allerdings eine geringe genetische Diversität vermuten. So sinkt zum Beispiel der Allelreichtum in Population des tyrphobionten Hochmoor-Glanz-Flachläufers (*Agonum ericeti*, Coleoptera) (DREES et al. 2011a) und des stenotopen Zierlichen Buntgrabläufers (*Poecilus lepidus*, Coleoptera) (DREES et al. 2011b) mit der Habitatgröße.

Mobilität

Die Zahl der besiedelten Moore hat in den vergangenen Jahrzehnten wahrscheinlich abgenommen (EBERT 1998, GELBRECHT 1988). Dieser Befund lässt einerseits auf die starke Veränderung bzw. das Verschwinden geeigneter Habitate schließen, andererseits auf die geringe Fähigkeit von *C. cordigera* Barrieren zwischen den fragmentierten Habitaten zu überwinden.

Zusammenfassung und Schlussempfehlung

C. cordigera ist in Deutschland lokal verbreitet. Die Art ist zumindest im mittleren Verbreitungsgebiet eng an oligotroph-saure Moore gebunden. Die Zahl der besiedelten Moore hat in den vergangenen Jahrzehnten wahrscheinlich abgenommen (EBERT 1998, GELBRECHT 1988). Die Art ist durch den Klimawandel vor allem durch Trockenfallen der Moore bedroht. Daher sind der Erhalt des Grundwasserspiegels und des Wasserhaushalts und die Wiedervernässung bestehender Moore die zentralen Schutzaufgaben. Die anthropogen verursachte Degradierung der Moore durch Torfabbau beziehungsweise Eutrophierung durch angrenzende Landwirtschaft muss verhindert werden. Dazu tragen ausreichend große Pufferzonen um die Schutzgebiete bei, in denen auf Ackernutzung und Grünlanddüngung verzichtet wird. Außerdem muss die Einleitung nährstoffreichen Fremdwassers ausgeschlossen werden.

Weiterhin ist die systematische Inventarisierung der bestehenden Hochmoore eine zentrale Aufgabe. Es ist unklar, an welchen historischen Fundorten die Art möglicherweise noch vorkommt. Dort wäre unter Umständen auch ein längerfristiges Monitoring sinnvoll, um die Populationsgrößen abschätzen zu können. Können die noch vorhandenen Populationen stabilisiert werden, ist als zusätzlicher Schritt ist die Einrichtung eines Netzwerks von weiteren Schutzgebieten sinnvoll. Dies sollte vor allem regional durchgeführt werden, da die Mobilität der Arten eher gering ist. Es sollte geprüft werden, ob naturschutzfachlich und wissenschaftlich begleitete Wiederansiedlungen auf geeigneten, regenerierten Hochmoorflächen mit stabilen Ericaceen-Vorkommen das Aussterberisiko der kleinen Restpopulationen minimieren können (GELBRECHT 1988). Dazu wäre eine weitere Erforschung der Biologie und ökologischen Ansprüche der Art erforderlich. Es wäre vor allem darauf zu achten, dass auf diesen Flächen langfristig ein stabiler Wasserhaushalt eingehalten werden kann und die Aussterberisiken, die ursprünglich zum Rückgang der Art beigetragen haben, ausgeschlossen werden können (siehe zum Beispiel IUCN/SSP 2013).

Anschrift der Autoren:

Dipl.-Biol. K. Dworschak, Prof. Dr. N. Blüthgen, Ökologische Netzwerke, Technische Universität Darmstadt, Schnittspahnstr. 3, 64287 Darmstadt

Prof. Dr. K. Fiedler, Tropical Ecology and Animal Biodiversity, Universität Wien, Rennweg 14, 1030 Wien

Literatur

BRETHERTON, R. F., GOATER, B. & LORIMER, R. I. (1979): Noctuidae. – In: HEATH J. & EMMET M. (Eds.): The moths and butterflies of Great Britain and Ireland Vol. 9. – London (Curwen Books): 120-278.

DREES, C., ZUMSTEIN, P., BUCK-DOBRICK, T., HARDTLE, W., MATERN, A., MEYER, H., VON OHEIMB, G. & ASSMANN, T. (2011a): Genetic erosion in habitat specialist shows need to protect large peat bogs. – Conservation Genetics 12: 1651-1656.

DREES, C., DE VRIES, H., HARDTLE, W., MATERN, A., PERSIGEHL, M. & ASSMANN, T. (2011b): Genetic erosion in a stenotopic heathland ground beetle (Coleoptera: Carabidae): a matter of habitat size? – Conservation Genetics 12: 105-117.

EBERT, G. (1998): *Anarta cordigera* (Thunberg, 1792). – In: EBERT, G. (Hrsg.): Die Schmetterlinge Baden-Württembergs. Band 7: Nachtfalter V. – Stuttgart (Ulmer): 157-161.

GELBRECHT, J. (1988): Zur Schmetterlingsfauna von Hochmooren in der DDR. – Entomologische Nachrichten und Berichte 32: 49-56.

GELBRECHT, J., RICHERT, A. & WEGNER, H. (1995): Biotopansprüche ausgewählter vom Aussterben bedrohter oder verschollener Schmetterlingsarten der Mark Brandenburg (Lep.). – Entomologische Nachrichten und Berichte 39: 183-203.

GELBRECHT, J., KALLIES, A., GERSTBERGER, M., DOMMAIN, R., GÖRITZ, U., HOPPE, H., RICHERT, A., ROSENBAUER, F., SCHNEIDER, A., SOBCZYK, T. & WEIDLICH, M. (2003): Die aktuelle Verbreitung der Schmetterlinge der nährstoffarmen und sauren Moore des nordostdeutschen Tieflandes (Lepidoptera). – Märkische Entomologische Nachrichten 5: 1-68.

IUCN/SSC (2013) Guidelines for reintroductions and other conservation translocations. Version 1.0. – Gland, Switzerland (IUCN Species Survival Commission), 66 S.

RABITSCH, W., WINTER, M., KÜHN, E., KÜHN, I., GÖTZL, M., ESSL, F. & GRUTTKE, H. (2010): Auswirkungen des rezenten Klimawandels auf die Fauna in Deutschland. – Münster (Landwirtschaftsverlag). – Naturschutz und biologische Vielfalt 98, 265 S.

SKOU, P. (1991): Nordens Ugler. Handbog over de i Danmark, Norge, Sverige, Finland og Island forekommende arter af Herminiidae og Noctuidae (Lepidoptera). – Steenstrup (Apollo Books), 565 S.

YELA, J. L. (2002): The internal genitalia as a taxonomic tool: description of the relict endemic moth, *Coronarta restricta* sp.n., from the Iberian Peninsula (Lepidoptera: Noctuidae: Hadeninae). – Entomologica Fennica 13: 1-12.

Moorwiesen-Striemenspanner *Chariaspilates formosaria* (EVERSMANN 1837)

KAI DWORSCHAK, KONRAD FIEDLER und NICO BLÜTHGEN

Biologie der Art

Die Flugzeit der Falter des Moorwiesen-Striemenspanners (*Chariaspilates formosaria*, Geometridae) liegt in den Monaten Juni und Juli. Die Raupen erscheinen im August. Sie überwintern und verpuppen sich in einem weißen Gespinst zwischen Blättern im Mai des Folgejahres (KOCH et al. 1976). Sie ernähren sich bevorzugt von Gagel (*Myrica gale*, Myricaceae) oder Gewöhnlichem Gilbweiderich (*Lysimachia vulgaris*, Primulaceae) (URBAHN & URBAHN 1939).

Verbreitung, Habitatansprüche und Populationsdichte

C. formosaria kommt sehr lokal und disjunkt in wenigen moorigen Gebieten in Europa und auch in Japan vor. Die Art bewohnt Niedermoore, sumpfige Wiesen und Ufergebiete (KOCH et al. 1976). Im nordostdeutschen Tiefland kommt sie hauptsächlich in oligotroph- oder mesotroph-sauren Mooren vor (GELBRECHT et al. 2003). Der letzte Nachweis in Brandenburg liegt vor 1945 (GELBRECHT 1999). Danach wurde *C formosaria* nur noch im Naturschutzgebiet Anklamer Stadtbruch in Mecklenburg-Vorpommern gefunden. Auch dort konnte die Art aber seit den 1970er Jahren nicht mehr nachgewiesen werden (GELBRECHT 1987).

PEM-Optionen

Plastizität

Es liegen keine Angaben vor.

Evolution

Genetische Untersuchungen liegen nicht vor. Dass nur noch eine (mögliche) Restpopulation in Deutschland bekannt ist, lässt allerdings auf eine geringe genetische Diversität schließen. So sinkt zum Beispiel der Allelreichtum in Population des tyrphobionten Hochmoor-Glanz-Flachläufers (*Agonum ericeti*, Coleoptera) (DREES et al. 2011a) und des stenotopen Zierlichen Buntgrabläufers (*Poecilus lepidus*, Coleoptera) (DREES et al. 2011b) mit der Habitatgröße.

Mobilität

Angaben zur Migrationsfähigkeit der Art liegen nicht vor, sie wird aber als eher gering eingeschätzt.

Zusammenfassung und Schlussempfehlung

C. formosaria gilt in Deutschland als ausgestorben beziehungsweise als vom Aussterben bedroht. Die Art ist vor allem durch Meliorationsmaßnahmen gefährdet bzw. aufgrund dieser verschwunden (GELBRECHT 1987).

Anschrift der Autoren:

Dipl.-Biol. K. Dworschak, Prof. Dr. N. Blüthgen, Ökologische Netzwerke, Technische Universität Darmstadt, Schnittspahnstr. 3, 64287 Darmstadt

Prof. Dr. K. Fiedler, Tropical Ecology and Animal Biodiversity, Universität Wien, Rennweg 14, 1030 Wien

Literatur

DREES, C., ZUMSTEIN, P., BUCK-DOBRICK, T., HARDTLE, W., MATERN, A., MEYER, H., VON OHEIMB, G. & ASSMANN, T. (2011a): Genetic erosion in habitat specialist shows need to protect large peat bogs. – Conservation Genetics 12: 1651-1656.

DREES, C., DE VRIES, H., HARDTLE, W., MATERN, A., PERSIGEHL, M. & ASSMANN, T. (2011b): Genetic erosion in a stenotopic heathland ground beetle (Coleoptera: Carabidae): a matter of habitat size? – Conservation Genetics 12: 105-117.

GELBRECHT, J. (1987): Kommentiertes Verzeichnis der Spanner der DDR nach dem Stande von 1986 (Lep., Geometridae). – Entomologische Nachrichten und Berichte 31: 97-106.

GELBRECHT, J. (1999): Die Geometriden Deutschlands - eine Übersicht über die Bundesländer. – Entomologische Nachrichten und Berichte 43: 9-26.

GELBRECHT, J., KALLIES, A., GERSTBERGER, M., DOMMAIN, R., GÖRITZ, U., HOPPE, H., RICHERT, A., ROSENBAUER, F., SCHNEIDER, A., SOBCZYK, T. & WEIDLICH, M. (2003): Die aktuelle Verbreitung der Schmetterlinge der nährstoffarmen und sauren Moore des nordostdeutschen Tieflandes (Lepidoptera). – Märkische Entomologische Nachrichten 5: 1-68.

KOCH, M., HEINICKE, W. & MÜLLER, B. (1976): Wir bestimmen Schmetterlinge. Band 4: Spanner. 2. Aufl. – Radebeul (Neumann Verlag, Radebeul), 291 S.

URBAHN, E. & URBAHN, H. (1939): Die Schmetterlinge Pommerns mit einem vergleichenden Überblick über den Ostseeraum. – Stettin (Entomologischer Verein zu Stettin), 642 S.

Grüner Flechten-Rindenspanner *Cleorodes lichenaria* (HUFNAGEL 1767)

KAI DWORSCHAK, KONRAD FIEDLER und NICO BLÜTHGEN

Biologie der Art

Der grüne Flechten-Rindenspanner (*Cleorodes lichenaria*, Lepidoptera: Geometridae) ist in Mitteleuropa wahrscheinlich bivoltin, wobei die zweite Generation unvollständig ist (EBERT 2003, FORSTER & WOHLFAHRT 1981, ROTH & ERNST 1995). Auf der Schwäbischen Alb beschreibt EBERT (2003) die Flugphase zwischen Mitte Juni und Mitte August und schließt daher auf univoltine Populationen, im Schwarzwald beschreibt er Funde zwischen Ende Mai und Ende September (allerdings mit Lücke zwischen Mitte August und Ende September). Die Überwinterung findet im Raupenstadium statt (EBERT 2003). In Skandinavien ist die Flugzeit zwischen Ende Juni und Anfang August und die Hauptschlupfzeit der Raupen im späten Juli. Dort überwintert das vierte Larvenstadium, die Verpuppung findet im darauffolgenden Juni statt (PÖYKKÖ 2006).

Die Raupen sind nachtaktiv und relativ mobil (PÖYKKÖ 2006). Sie fressen an Flechten verschiedenster Baumarten wie Apfel, Esche, Eiche, Kiefer, Zwetschge oder Ulmen (SKOU 1986, EBERT 2003). Sie wurden aber auch an Flechten auf Mauern und Dächern gefunden (EBERT 2003). Wie breit das Spektrum an Flechtenarten ist allerdings unbekannt (PÖYKKÖ 2006). SKOU (1986) beschreibt die Art als polyphag. Für Großbritannien wird *Usnea barbata* (Parmeliaceae) als hauptsächliche Wirtsflechte angegeben (EBERT 2003, PAULSON & THOMPSON 1913). SIGAL (1984) vermutet dass die graugrüne Färbung der Raupen eine Anpassung an diese Flechtenart ist. Allerdings kommt *C. lichenaria* sowohl in Großbritannien als auch Deutschland in Lagen vor, in denen *U. barbata* nicht häufig ist bzw. nicht vorkommt. In Finnland zeigt *C. lichenaria* eine starke Präferenz für *Ramalina*-Arten (Ramalinaceae), auf denen sich die Raupen am schnellsten entwickeln. Sie entwickeln sich dort aber auch erfolgreich auf *Xanthoria parietina* (Teloschistaceae) oder *Parmelia sulcata* (Parmeliaceae) (PÖYKKÖ 2006). In Norddeutschland fressen die Raupen hauptsächlich an *R. farinacea* (HEINECKE 2011). ROTH & ERNST (1995) vermuten in Hessen *P. sulcata*, *P. caperata* und *P. glabra* als wahrscheinlichste Wirtsflechten. Die Raupen können verschiedene sekundäre Inhaltsstoffe von Flechten verdauen, wobei klare Adaptionen zu erkennen sind. Inhaltsstoffe von *R. fraxinea* und *P. sulcata* verlangsamen das Wachstum nur zu Beginn der Entwicklung, solche der Blasenflechte (*Hypogymnia physodes*, Parmeliaceae) wirken letal (PÖYKKÖ et al. 2010).

Die Falter sind nachtaktiv und kommen an Köder sowie ans Licht. Tagsüber verbergen sie sich zwischen Flechten (BERGMANN 1955, EBERT 2003). *C. lichenaria* ist ein sogenannter „capital breeder“, d.h. die Energie für die Eiproduktion stammt hauptsächlich aus dem Larvenstadium. Die Weibchen legen circa 50% der Eier zu Beginn der Reproduktionsperiode (in der ersten Nacht) ab. Zusätzliche Energieaufnahme während des Imaginalstadiums erhöht die Fruchtbarkeit nicht. Allerdings sind die Weibchen wahrscheinlich in der Lage, Thoraxgewebe zu resorbieren um es für die Oogenese einzusetzen (PÖYKKÖ 2009). Die Überlebenswahrscheinlichkeit von Nachkommen, die aus früh abgelegten Eiern schlüpfen, ist jedoch höher als die solcher aus später abgelegten Eiern (PÖYKKÖ & MÄNTTÄRI 2012).

Verbreitung, Habitatansprüche und Populationsdichte

Der grüne Flechten-Rindenspanner ist von der iberischen Halbinsel und dem Balkan über West- und Mitteleuropa, dem Schwarzmeergebiet bis zum südlichen Fennoskandien verbreitet. Die vertikale Verbreitung liegt im Hügel- und unteren Bergland mit dem Schwerpunkt zwischen 500 m und 700 m (BERGMANN 1955, EBERT 2003).

Für Baden-Württemberg beschreibt EBERT (2003) verschiedenste Lebensräume dieser Art. Neben Bruchwäldern, Bachtälern mit Galeriewäldern und Feuchtgebüschen, wo eine hohe Luftfeuchte vorhanden ist und damit erwartungsgemäß ein großes Flechtenvorkommen herrscht, wurde die Art auch in verschiedenen trocken-warmen Lebensräumen die ein entsprechendes Flechtenangebot bieten, wie Wacholderheiden, Muschelkalkfelshang mit Halbtrockenrasen oder stark verbuschten Trockenhängen, gefunden. Daneben besiedelt die Art auch Kulturflächen (PÖYKKÖ 2006), wie zum Beispiel Parks und Obstanlagen (EBERT 2003). BERGMANN (1955) beschreibt das Habitat von *C. lichenaria* als lichte, feuchte und flechtenreiche Laubholz- und Laubstrauchbestände warmer Lagen. Auch ROTH & ERNST (1995) machten den Wiederfund der in Hessen als verschollen geltenden Art in einem wärmebegünstigten Gebiet, in dem Obst- und Sukzessionsgehölz vorherrschte. Die Raupen von *C. lichenaria* bevorzugen offensichtlich Flechtenarten, die ihnen durch die Wuchsform (band-, blatt- oder büschelförmige Thalli) bedingt einen höheren Schutz vor Frassfeinden bieten als solche, auf denen sie sich besser entwickeln (PÖYKKÖ 2011a, 2011b, ROTH & ERNST 1995).

Über die aktuelle Verbreitung und Häufigkeit in Deutschland ist wenig bekannt. Die Mehrzahl der Funde stammt aus der ersten Hälfte des 20. Jahrhunderts, aktuellere Nachweise gibt es nur vereinzelt (EBERT 2003, ERLACHER 1998, FORSTER & WOHLFAHRT 1981, GELBRECHT 1999, HEINECKE 2011, ROTH & ERNST 1995). Auch in Großbritannien stellten CONRAD et al. (2006) in einer Langzeitstudie eine Abnahme der Population zwischen 1968 und 2002 fest.

PEM-Optionen

Plastizität

BERGMANN (1955) und ROTH & ERNST (1995) vermuten, dass *C. lichenaria* wärmebegünstigte Standorte bevorzugt. Dies lässt darauf schließen, dass die Art eine Anpassungskapazität an die erwartete Klimaerwärmung besitzt. So gibt es in Österreich Nachweise aus fast allen Bundesländern, allerdings nur aus Tieflagen und dem Alpenrand (HUEMER et al. 2009) und in Fennoskandien nur aus dem Süden. Dies unterstreicht einerseits die Wärmebedürftigkeit der Art und andererseits ihr Ausbreitungspotenzial nach Norden bzw. in die Höhe.

Evolution

Genetische Untersuchungen zu *C. lichenaria* liegen nicht vor. Dass die Art in Deutschland weitgehend als verschollen gilt lässt allerdings auf eine geringe genetische Diversität innerhalb der verbliebenen Restpopulationen schließen, da diese wahrscheinlich sehr lokal und räumlich getrennt sind.

Mobilität

Angaben zur Migrationsfähigkeit der Art liegen nicht vor, sie wird aber als eher gering eingeschätzt.

Zusammenfassung und Schlussempfehlung

Die Wirtsspezifität von *C. lichenaria* in Deutschland ist weitgehend unbekannt. In Finnland zeigt die Art jedoch klare Präferenzen für *Ramalia*-Arten und wird als eher monophag eingestuft (PÖYKKÖ 2006). Die bevorzugten Habitate scheinen wärmebegünstigte, feuchte Standorte mit ausreichenden Flechtenvorkommen zu sein (BERGMANN 1955, EBERT 2003, ROTH & ERNST 1995). Inwieweit die Vorkommen auf Trockenstandorten (EBERT 2003) Ausnahmebeobachtungen sind ist unklar. Das Vorkommen von *C. lichenaria* scheint seit der Mitte des 20. Jahrhunderts stark rückläufig zu sein. Die Bedrohung dieser Art beruht auf ihrer Bindung an Rindenflechten, die mit zunehmender Forstkultur und dem Verschwinden von alten Obstbäumen selten geworden sind (EBERT 2003). Zusätzlich gingen die Flechtenbestände im letzten Jahrhundert durch atmosphärische Luftverschmutzung drastisch zurück. Eine systematische Erfassung der Populationsdichte, der Habitat- und Wirtspräferenzen sind wichtige Aufgaben.

Anschrift der Autoren:

Dipl.-Biol. K. Dworschak, Prof. Dr. N. Blüthgen, Ökologische Netzwerke, Technische Universität Darmstadt, Schnittspahnstr. 3, 64287 Darmstadt

Prof. Dr. K. Fiedler, Tropical Ecology and Animal Biodiversity, Universität Wien, Rennweg 14, 1030 Wien

Literatur

BERGMANN, A. (1955): Die Großschmetterlinge Mitteldeutschlands. Band 5/2: Spanner. – Jena (Urania-Verlag), 433 S.

CONRAD, K.F., WARREN, M.S., FOX, R., PARSONS, M.S. & WOIWOD, I.P. (2006): Rapid declines of common, widespread British moths provide evidence of an insect biodiversity crisis. – Biological Conservation 132: 279-291.

EBERT, G. (2003): *Cleorodes lichenaria* (HUFNAGEL, 1767). – In: EBERT, G. (Hrsg.): Die Schmetterlinge Baden-Württembergs. Band 9: Nachtfalter VII. – Stuttgart (Ulmer): 491-493.

ERLACHER, J. (1998): Wiederfunde verschollen geglaubter Spannerarten für die Thüringer Fauna (Lep., Geometridae). – Entomologische Nachrichten und Berichte 42: 45-49.

FORSTER, W. & WOHLFAHRT, T.A. (1981): Die Schmetterlinge Mitteleuropas. Band 5: Spanner (Geometridae). – Stuttgart (Franckh), 312 S.

GELBRECHT, J. (1999): Die Geometriden Deutschlands - eine Übersicht über die Bundesländer (Lep.). – Entomologische Nachrichten und Berichte 43: 9-26.

HEINECKE, C. (2011): Empfehlungen zu Schutzmaßnahmen für Schmetterlinge (Makrolepidoptera) und deren Lebensräume im Nationalpark Niedersächsisches Wattenmeer. – URL: http://www.nabu-oldenburg.de/projekte/schmetterlinge-kueste-schutzempfehlungen.pdf (gesehen am: 20.07.2013).

HUEMER, P. & MALICKY, M. (EDS) (2009): Verbreitungsatlas der Tierwelt Österreichs: Lepidoptera, Geometridae. – Linz (Biologiezentrum Linz), 192 S.

PAULSON, R. & THOMPSON, P.G. (1913): Report on the lichens of Epping Forest. – Essex Naturalist 17: 90-104.

PÖYKKÖ, H. (2006): Females and larvae of a geometrid moth, *Cleorodes lichenaria*, prefer a lichen host that assures shortest larval period. – Environmental Entomology 35: 1669-1676.

PÖYKKÖ, H. (2009): Egg maturation and oviposition strategy of a capital breeder, *Cleorodes lichenaria*, feeding on lichens at the larval stage. – Ecological Entomology 34: 254-261.

PÖYKKÖ, H., BAČKOR, M., BENCÚROVÁ, E., MOLCANOVÁ, V., BABKOROVÁ, M. & HYVÄRINEN, M. (2010): Host use of a specialist lichen-feeder: dealing with lichen secondary metabolites. – Oecologia 164: 423-430.

PÖYKKÖ, H. (2011a): Host growth form underlies enemy-free space for lichen-feeding moth larvae. – Journal of Animal Ecology 80: 1324-1329.

PÖYKKÖ, H. (2011b): Enemy-free space and the host range of a lichenivorous moth: a field experiment. – Oikos 120: 564-569.

PÖYKKÖ, H. & MÄNTTÄRI, S. (2012): Egg size and composition in an ageing capital breeder - consequences for offspring performance. – Ecological Entomology 37: 330-341.

ROTH, J.T. & ERNST, M. (1995): Der seit weit mehr als 50 Jahren verschollene *Cleorodes lichenaria* HUFNAGEL 1767 im Sommer 1993 wieder aufgefunden (Lepidoptera: Geometridae. – Nachrichten des entomologischen Vereins Apollo 15: 493-497.

SIGAL, L.L. (1984): Of lichens and lepidopterons. – The Bryologist 87: 66-68.

SKOU, P. (1986): The geometroid moths of North Europe (Lepidoptera, Drepanidae and Geometridae). – In: LYNEBORG L. (Ed.): Entomograph Vol. 6 – Leiden, Kopenhagen (E.J. Brill / Scandinavian Science Press), 348 S.

Moosbeerenspanner *Carsia sororiata* (HÜBNER 1813)

KAI DWORSCHAK, KONRAD FIEDLER und NICO BLÜTHGEN

Biologie der Art

Der Moosbeerenspanner (*Carsia sororiata*, Geometridae) ist univoltin. Die Falter haben eine Flügelspannweite zwischen 20 und 30 mm. Sie erscheinen zwischen Mitte Juni und Mitte August (EBERT 2001, FORSTER & WOHLFAHRT 1981, GELBRECHT 1988). Sie können vor allem Anfang bis Mitte Juli zahlreich auftreten. Das Überwinterungsstadium ist das Ei. Die Raupe lebt im Harz, im bayerischen Alpenvorland und vermutlich auch in Oberschwaben monophag an der Gewöhnlichen Moosbeere (*Vaccinium oxycoccos*, Ericaceae) (EBERT 2001, HAUSMANN & VIIDALEPP 2012, GELBRECHT et al. 2003). Allerdings kommt in Habitaten der Alpen, in denen die Moosbeere fehlt, auch die Heidelbeere (*Vaccinium myrtillus*) als Futterpflanze in Frage (WOLFGANG NÄSSIG, ROLF WEYH, persönliche Mitteilung). In den österreichischen Alpen ist die Alpen-Rauschbeere (*Vaccinium gaultherioides*) als Wirtspflanze belegt (HAUSMANN & VIIDALEPP 2012). Über die Nahrung der Falter ist nichts bekannt. In Großbritannien wird Nektar verschiedener Moorpflanzen vermutet (SKINNER 2009). Sie sind tagaktiv, kommen aber auch (wenn auch nur sporadisch) nachts ans Licht (EBERT 2001, HAUSMANN & VIIDALEPP 2012).

Verbreitung, Habitatansprüche und Populationsdichte

C. sororiata ist von Großbritannien über das nördliche Asien bis Labrador verbreitet. Fundorte in Nordeuropa liegen in Nordrussland, Fennoskandien und im Baltikum. In Südeuropa kommt die Art in den Karpaten, den Zentralalpen und im Schweizer Jura vor (EBERT 2001, GELBRECHT et al. 2003). Das hauptsächliche Vorkommen ist nordisch-montan-alpin und liegt in Nord- und Mitteleuropa (FORSTER & WOHLFAHRT 1981). In Deutschland kommt *C. sororiata* sehr lokal im nordostdeutschen Tiefland, im Oberharz, im oberen Erzgebirge, im Bayerischen Wald, im Alpenvorland und in den Alpen vor (GELBRECHT et al. 2003).

C. sororiata gilt als Hochmoorindikator. Der Lebensraum der Art ist das Oxycocco-Sphagneatum (zwergstrauchreiche Hochmoor-Torfmoos-Gesellschaften), das Larvalhabitat ist das Sphagnion magellanici (Hochmoorkern) (EBERT 2001, GELBRECHT et al. 2003). Die tyrphobionte Art ist ausgesprochen eng an oligotroph-saure, sehr nasse Hochmoore mit offenen Schwingrasen mit großen Beständen von Moosbeere gebunden (GELBRECHT 1988, GELBRECHT et al. 2003). Diese enge Bindung gilt wohl nicht für alpine Habitate. Auch in Großbritannien werden verschiedene Moortypen und feuchte Heidebiotope als Habitat angegeben (HAUSMANN & VIIDALEPP 2012).

Von vielen Nord-ostdeutschen Hochmooren ist *C. sororiata* verschwunden und wurde nach 1960 nur noch auf wenigen Mooren nachgewiesen (GELBRECHT 1988). In Baden-Württemberg ist *C. sororiata* nur noch in Mooren des Alpenvorlandes vertreten. Aktuellere Funde liegen zwischen 500 und 800m (EBERT 2001).

PEM-Optionen

Plastizität

Untersuchungen zur Anpassungsfähigkeit der Art liegen nicht vor. Es liegen jedoch einige Anhaltspunkte vor, die auf eine geringe Plastizität hinweisen. *C. sororiata* ist in Deutschland sehr disjunkt und auf kleinen Arealen verbreitet (EBERT 2001, GELBRECHT 1988). Die nordisch-montan-alpine Verbreitung und die enge Bindung an nasse Hochmoorkerne sprechen für eine ausgeprägte Hygro- und Hydrophilie der in Deutschland seltenen Art. All diese Faktoren sind charakteristisch für potentielle Verlierer des Klimawandels (RABITSCH et al. 2010).

Evolution

Genetische Untersuchungen zu *C. sororiata* liegen nicht vor. Die disjunkte Verbreitung lässt aufgrund eines fehlenden Austauschs zwischen den einzelnen Populationen allerdings eine geringe genetische Diversität vermuten. So sinkt zum Beispiel der Allelreichtum in Population des tyrphobionten Hochmoor-Glanz-Flachläufers (*Agonum ericeti*, Coleoptera) (DREES et al. 2011a) und des stenotopen Zierlichen Buntgrabläufers (*Poecilus lepidus*, Coleoptera) (DREES et al. 2011b) mit der Habitatgröße.

Mobilität

Die Zahl der besiedelten Moore hat in den vergangenen Jahrzehnten sehr wahrscheinlich stark abgenommen (EBERT 2001, GELBRECHT 1988). Dieser Befund lässt einerseits auf die starke Veränderung bzw. das Verschwinden geeigneter Habitate schließen, andererseits auf die geringe Fähigkeit von *C. sororiata* Barrieren zwischen den fragmentierten Habitaten zu überwinden.

Zusammenfassung und Schlussempfehlung

C. sororiata ist in Deutschland sehr disjunkt verbreitet. Die Zahl der besiedelten Moore hat in den vergangenen Jahrzehnten sehr wahrscheinlich stark abgenommen (EBERT 2001, GELBRECHT 1988). *C. sororiata* ist extrem eng an oligotroph-saure Moore gebunden. Bei Veränderung des Habitats, z.B. durch Austrocknung, infolge von Sukzessionsveränderungen verschwindet die Art sehr schnell (GELBRECHT 1988, GELBRECHT et al. 1995). Die Art ist durch den Klimawandel vor allem durch Trockenfallen der Moore bedroht. Daher sind der Erhalt des Grundwasserspiegels und des Wasserhaushalts und die Wiedervernässung bestehender Moore die zentralen Schutzaufgaben. Auch das Offenhalten der Habitate ist zum Schutz dieser Art nötig (GELBRECHT 1988). Die anthropogen verursachte Degradierung der Moore durch Torfabbau beziehungsweise Eutrophierung durch angrenzende Landwirtschaft muss verhindert werden. Dazu tragen ausreichend große Pufferzonen um die Schutzgebiete bei, in denen auf Ackernutzung und Grünlanddüngung verzichtet wird. Außerdem muss die Einleitung nährstoffreichen Fremdwassers ausgeschlossen werden.

Weiterhin ist die systematische Inventarisierung der bestehenden Hochmoore eine zentrale Aufgabe. Es ist unklar, an welchen historischen Fundorten die Art möglicherweise noch vorkommt. Dort wäre unter Umständen auch ein längerfristiges Monitoring sinnvoll, um die Populationsgrößen abschätzen zu können. Können die noch vorhandenen Populationen stabilisiert werden, ist als zusätzlicher Schritt ist die Einrichtung eines Netzwerks von weiteren Schutzgebieten sinnvoll. Dies sollte vor allem regional durchgeführt werden, da die Mobilität der Arten eher gering ist. Es sollte geprüft werden, ob naturschutzfachlich und wissenschaftlich begleitete Wiederansiedlungen auf geeigneten, regenerierten Hochmoorflächen mit stabilen Ericaceen-Vorkommen das Aussterberisiko der kleinen Restpopulationen minimieren können (GELBRECHT 1988). Dazu wäre eine weitere Erforschung der Biologie und ökologischen Ansprüche der Art erforderlich. Es wäre vor allem darauf zu achten, dass auf diesen Flächen langfristig ein stabiler Wasserhaushalt eingehalten werden kann und die Aussterberisiken, die ursprünglich zum Rückgang der Art beigetragen haben, ausgeschlossen werden können (siehe zum Beispiel IUCN/SSP 2013).

Anschrift der Autoren:

Dipl.-Biol. K. Dworschak, Prof. Dr. N. Blüthgen, Ökologische Netzwerke, Technische Universität Darmstadt, Schnittspahnstr. 3, 64287 Darmstadt

Prof. Dr. Konrad Fiedler, Tropical Ecology and Animal Biodiversity, Universität Wien, Rennweg 14, 1030 Wien

Literatur

DREES, C., ZUMSTEIN, P., BUCK-DOBRICK, T., HARDTLE, W., MATERN, A., MEYER, H., VON OHEIMB, G. & ASSMANN, T. (2011a): Genetic erosion in habitat specialist shows need to protect large peat bogs. – Conservation Genetics 12: 1651-1656.

DREES, C., DE VRIES, H., HARDTLE, W., MATERN, A., PERSIGEHL, M. & ASSMANN, T. (2011b): Genetic erosion in a stenotopic heathland ground beetle (Coleoptera: Carabidae): a matter of habitat size? – Conservation Genetics 12: 105-117.

EBERT, G. (2001): *Carsia sororiata* (HÜBNER, 1813). – In: EBERT, G. (Hrsg.): Die Schmetterlinge Baden-Württembergs. Band 8: Nachtfalter VI. – Stuttgart (Ulmer): 466-468.

FORSTER, W. & WOHLFAHRT, T.A. (1981): Die Schmetterlinge Mitteleuropas, Band 5: Spanner. – Stuttgart (Franckh), 312 S.

GELBRECHT, J. (1988): Zur Schmetterlingsfauna von Hochmooren in der DDR. – Entomologische Nachrichten und Berichte 32: 49-56.

GELBRECHT, J., RICHERT, A. & WEGNER, H. (1995): Biotopansprüche ausgewählter vom Aussterben bedrohter oder verschollener Schmetterlingsarten der Mark Brandenburg (Lep.). – Entomologische Nachrichten und Berichte 39: 183-203.

GELBRECHT, J., KALLIES, A., GERSTBERGER, M., DOMMAIN, R., GÖRITZ, U., HOPPE, H., RICHERT, A., ROSENBAUER, F., SCHNEIDER, A., SOBCZYK, T. & WEIDLICH, M. (2003):. Die aktuelle Verbreitung der Schmetterlinge der nährstoffarmen und sauren Moore des nordostdeutschen Tieflandes (Lepidoptera). – Märkische Entomologische Nachrichten 5: 1-68.

HAUSMANN, A. & VIIDALEPP, J. (2012): Larentiinae 1. – In: HAUSMANN, A. (Ed.): The Geometrid Moths of Europe 3. – Steenstrup (Apollo Books), 743 S.

IUCN/SSC (2013): Guidelines for reintroductions and other conservation translocations. Version 1.0. – Gland, Switzerland (IUCN Species Survival Commission), 66 S.

RABITSCH, W., WINTER, M., KÜHN, E., KÜHN, I., GÖTZL, M., ESSL, F. & GRUTTKE, H. (2010): Auswirkungen des rezenten Klimawandels auf die Fauna in Deutschland. – Münster (Landwirtschaftsverlag). – Naturschutz und biologische Vielfalt 98, 265 S.

SKINNER, B. (2009): Colour identification guide to the moths of the British Isles. – Colchester (Harley Books), 325 S.

Amethysteule *Eucarta amethystina* (HÜBNER 1803)

KAI DWORSCHAK, KONRAD FIEDLER und NICO BLÜTHGEN

Biologie der Art

Die Flugzeit der Imagines der Amethysteule (*Eucarta amethystina*, Noctuidae) liegt zwischen Mitte Juni und Anfang August. Möglicherweise stellen die spät auftretenden Falter eine zweite, sehr unvollständige Generation dar (EBERT 1997). Im südlichen Verbreitungsgebiet sind zwei Generationen wahrscheinlich die Regel (RAKOSY 1996).

Die Nahrung der Raupen besteht aus Haarstrang (*Peucedanum* sp., Apiaceae) (EBERT 1997). Weiterhin kommen Möhre (*Daucus carota*, Apiaceae) und Wiesensilge (*Silaum silaus*, Apiaceae) in Frage (BERGMANN 1954, KOCH 1984), in der Zucht wird auch Petersilie (*Petroselinum crispum*, Apiaceae) angenommen (EBERT, 1997). Frühe Raupenstadien fressen von circa Mitte bis Ende Juli an den Dolden, spätere Stadien von Anfang August bis Mitte September an Blättern und Stengeln (BERGMANN 1954). *E. amethystina* überwintert als Puppe (EBERT 1997).

Die Nahrung der nachtaktiven Falter ist unbekannt, sie kommen aber an Köder und auch ans Licht. Sie scheinen ihre Larvalhabitate nicht zu verlassen und damit sehr standorttreu zu sein (EBERT 1997).

Verbreitung, Habitatansprüche und Populationsdichte

Die Amethysteule (*Eucarta amethystina*, Noctuidae) ist in Mitteleuropa lokal verbreitet. Im Süden wird das Verbreitungsgebiet von Nordspanien, Südfrankreich, dem Schwarzen Meer und dem Kaukasus begrenzt, im Norden über das Mittelrheingebiet, Niedersachsen und Brandenburg bis zum Ural. In Asien erstreckt sich das östliche Verbreitungsareal bis zum Pazifik (EBERT 1997). *E. amethystina* kommt hauptsächlich in der Ebene und der unteren Hügelstufe bis 400m vor (EBERT 1997).

Der Lebensraum der Amethysteule sind offene bis schwach verbuschte, feuchte Wiesengebiete wie Fett- und Nasswiesen, aber auch wechselfeuchte bis trockene Gebiete wie Halbtrockenrasen (EBERT 1997) und Hochstaudenflure auf sumpfigen bis moorigen Standorten (RAKOSY 1996). Alle Fundorte in Baden-Württemberg weisen eine mittlere Jahrestemperatur von 8°C bis über 9°C auf.

PEM-Optionen

Plastizität

Angaben über die Anpassungskapazität von *E. amethystina* liegen nicht vor. Die enge Bindung an Haarstrangarten in Feuchtgebieten lässt jedoch eine Anfälligkeit erwarten, da diese Habitate eine zumindest teilweise hohe Bodenfeuchte bzw. relativ milde Sommertemperaturen voraussetzen.

Evolution

Genetische Untersuchungen zu *E. amethystina* liegen nicht vor. Der Rückgang der Art (EBERT 1997) lässt allerdings auf eine inzwischen eher geringe genetische Diversität schließen.

Mobilität

Angaben zur Migrationsfähigkeit der Art liegen nicht vor, sie wird aber als eher gering eingeschätzt. Ein Neufund aus Dänemark aus dem September 2003 (AHOLA & SILVONEN 2005), der wahrscheinlich einen Falter einer zweiten Generation darstellt, könnte allerdings auf eine teilweise höhere Migrationsfähigkeit schließen lassen.

Zusammenfassung und Schlussempfehlung

E. amethystina ist eng an das Vorkommen von Haarstrangarten in Feuchtgebieten gebunden. In Baden-Württemberg konnte die Art an zahlreichen älteren Fundorten nicht mehr nachgewiesen werden. Sie ist vor allem durch Konvertierung von Wiesen in Acker- und Bauland, Trockenlegung von Feuchtgebieten, Intensivierung der Landwirtschaft und Ausdehnung von Siedlungen und Industriegebieten bis in Auengebiete bedroht (EBERT 1997). Zum Schutz von *E. amethystina* ist die Erhaltung von Feuchtwiesen mit Haarstrang-Vorkommen in Kombination mit systematischen Bestandsaufnahmen unbedingt notwendig. Das primäre Habitat von *E. amethystina* könnten Hochstaudenflure in Auenlandschaften gewesen sein (RAKOSY 1996), die durch jährliche Mahd zum falschen Zeitpunkt zerstört würden.

Anschrift der Autoren:

Dipl.-Biol. K. Dworschak, Prof. Dr. N. Blüthgen, Ökologische Netzwerke, Technische Universität Darmstadt, Schnittspahnstr. 3, 64287 Darmstadt

Prof. Dr. K. Fiedler, Tropical Ecology and Animal Biodiversity, Universität Wien, Rennweg 14, 1030 Wien

Literatur

AHOLA, M. & SILVONEN, K. (2005): Larvae of Northern European Noctuidae Vol. 1. – Stenstrup (Apollo Books), 657 S.

BERGMANN, A. & PETRY, A. (1954): Die Großschmetterlinge Mitteldeutschlands. Band 4: Eulen. – Jena (Urania-Verlag), 483 S.

EBERT, G. (1997): *Eucarta amethystina* (HÜBNER, 1803). – In: EBERT, G. (Hrsg.): Die Schmetterlinge Baden-Württembergs. Band 6: Nachtfalter IV. – Stuttgart (Ulmer): 376-378.

KOCH, M. (1984): Schmetterlinge. Tagfalter, Eulen, Schwärmer, Spinner & Spanner. – Radebeul (Neumann), 792 S.

RAKOSY, L. (1996): Die Noctuiden Rumäniens. – Linz (O.Ö. Landesmuseum), 648 S.

Gagelstrauch-Moor-Holzeule *Lithophane lamda* (FABRICIUS 1787)

KAI DWORSCHAK, KONRAD FIEDLER und NICO BLÜTHGEN

Biologie der Art

Die Raupen der Gagelstrauch-Moor-Holzeule (*Lithophane lamda*, Noctuidae) finden sich zwischen Anfang Juni und Anfang August. Sie fressen an Sumpfporst (*Rhododendron tomentosum*, Ericaceae), Rosmarinheide (*Andromeda polifolia*), Moosbeere (*Vaccinium oxycoccos*), Rauschbeere (*V. uliginosum*), Zwerglorbeer (*Chamaedaphne calyculata*), Gagel (*Myrica gale*, Myricaceae) und Bitterklee (*Menyanthes trifoliata*, Menyanthaceae) (AHOLA & SILVONEN 2008, GELBRECHT et al. 2003). In der Zucht nehmen die Raupen auch Heidelbeere (*V. myrtillus*) und Birke (*Betula* spp., Betulaceae) an (GELBRECHT et al. 2003). Sie ruhen unter nicht befressenen Blättern (GELBRECHT et al. 1995) und verpuppen sich in feuchtem Torfmoos (GELBRECHT et al. 2003).

Die Falter stellen das Überwinterungsstadium dar. Ihre Flugzeit liegt zwischen Ende September und Anfang November und im darauffolgenden Frühjahr bis Anfang Juni (GELBRECHT et al. 2003). Sie besuchen im Frühjahr blühende Weiden (URBAHN & URBAHN 1939) und kommen sowohl an Köder als auch ans Licht (GELBRECHT et al. 2003).

Verbreitung, Habitatansprüche und Populationsdichte

L. lamda ist südlich bis in die italienischen Alpen, Ober- und Niederösterreich (dort nur in den Moorgebieten der Mittelgebirge im direkten Anschluss des Bayerischen Waldes), die montanen Hochmoore des Böhmerwalds und die Schweizer Alpen verbreitet. Im Osten kommt sie in Polen und Weißrussland und vereinzelt in den Gebirgen Rumäniens und Bulgariens vor. Im Norden erstreckt sich das Verbreitungsgebiet bis zum Polarkreis und im Westen bis Belgien (EBERT 1997a, GELBRECHT et al. 2003, SPITZER & JAROS 1993). In Deutschland ist die Art nur auf wenigen Mooren in Bayern, Nordrhein-Westfalen, Niedersachsen, Schleswig-Holstein, Brandenburg und Mecklenburg-Vorpommern nachgewiesen (GELBRECHT et al. 2003). In vielen Mooren gilt *L. lamda* als verschollen beziehungsweise ausgestorben, sie kommt nur noch sehr lokal vor und hat ihr Hauptvorkommen in Deutschland im Norden des Landes (GELBRECHT et al. 2003).

L. lamda ist eng an oligotroph-saure Moore gebunden. Die Art benötigt halbschattige bis sonnige Standorte mit Vorkommen von Sumpfporst, Rosmarinheide, Moosbeere, Rauschbeere oder Gagel (GELBRECHT et al. 1995, GELBRECHT et al. 2003). Gelbrecht (1988) gibt das Ledo-Pinetum und das Eriophorum-Pineto-Betuletum als Habitat an.

PEM-Optionen

Plastizität

Untersuchungen zur Anpassungsfähigkeit der Art liegen nicht vor. Es liegen jedoch einige Anhaltspunkte vor, wie die in Deutschland sehr lokale Verbreitung und die enge Bindung an Hochmoore, die auf eine geringe Plastizität hinweisen. Bei *L. lamda* kommt hinzu, dass die überwinternden Falter durch milde Wintertemperaturen gefährdet sein könnten. EBERT (1997b) zeigt dies an einem Rechenbeispiel: bei einem Falter mit einem Gewicht von 0,1g und 6mg Zucker aufgenommen hat, reichen diese Energiereserven bei einer Temperatur von -3°C 193 Tage bis sie erschöpft sind, bei 0°C 24 Tage und bei 10°C nur 11 Tage (falls keine alternativen Nahrungsquellen wie verrottende Früchte vorhanden sind).

Evolution

Genetische Untersuchungen liegen nicht vor. Die disjunkte Verbreitung lässt aufgrund eines fehlenden Austauschs zwischen den einzelnen Populationen allerdings eine geringe genetische Diversität vermuten. So sinkt zum Beispiel der Allelreichtum in Population des tyrphobionten Hochmoor-Glanz-Flachläufers (*Agonum ericeti*, Coleoptera) (DREES et al. 2011a) und des stenotopen Zierlichen Buntgrabläufers (*Poecilus lepidus*, Coleoptera) (DREES et al. 2011b) mit der Habitatgröße.

Mobilität

Die Zahl der besiedelten Moore hat in den vergangenen Jahrzehnten stark abgenommen (GELBRECHT et al. 2003). Dieser Befund lässt einerseits auf die starke Veränderung bzw. das Verschwinden geeigneter Habitate schließen, andererseits auf die geringe Fähigkeit von *L. lamda* Barrieren zwischen den fragmentierten Habitaten zu überwinden.

Zusammenfassung und Schlussempfehlung

L. lamda ist in Deutschland eng an oligotroph-saure Moore gebunden und sehr lokal verbreitet. Die Zahl der besiedelten Moore hat in den vergangenen Jahrzehnten sehr wahrscheinlich stark abgenommen (GELBRECHT et al. 2003). Die Art ist durch den Klimawandel vor allem durch Trockenfallen der Moore bedroht. Daher sind der Erhalt des Grundwasserspiegels und des Wasserhaushalts und die Wiedervernässung bestehender Moore die zentralen Schutzaufgaben. Die anthropogen verursachte Degradierung der Moore durch Torfabbau beziehungsweise Eutrophierung durch angrenzende Landwirtschaft muss verhindert werden. Dazu tragen ausreichend große Pufferzonen um die Schutzgebiete bei, in denen auf Ackernutzung und Grünlanddüngung verzichtet wird. Außerdem muss die Einleitung nährstoffreichen Fremdwassers ausgeschlossen werden.

Weiterhin ist die systematische Inventarisierung der bestehenden Hochmoore eine zentrale Aufgabe. Es ist unklar, an welchen historischen Fundorten die Art möglicherweise noch vorkommt. Dort wäre unter Umständen auch ein längerfristiges Monitoring sinnvoll, um die Populationsgrößen abschätzen zu können. GELBRECHT (1988) und GELBRECHT et al. (2003) schlagen dafür die Suche nach den bzw. das Klopfen der grünen Raupen zwischen Mitte Juni und Mitte Juli vor, da die Falter schwer nachzuweisen sind. Allerdings könnten auch systematische Köderfänge sowohl im Herbst als auch im Frühjahr den Nachweis der Art erleichtern, da *Lithophane*-Arten gerne verrottende Früchte bzw. Köder aufsuchen (SÜSSENBACH & FIEDLER 1999).

Können die noch vorhandenen Populationen stabilisiert werden, ist als zusätzlicher Schritt ist die Einrichtung eines Netzwerks von weiteren Schutzgebieten sinnvoll. Dies sollte vor allem regional durchgeführt werden, da die Mobilität der Arten eher gering ist. Es sollte geprüft werden, ob naturschutzfachlich und wissenschaftlich begleitete Wiederansiedlungen auf geeigneten, regenerierten Hochmoorflächen mit stabilen Ericaceen-Vorkommen das Aussterberisiko der kleinen Restpopulationen minimieren können (GELBRECHT 1988). Dazu wäre eine weitere Erforschung der Biologie und ökologischen Ansprüche der Art erforderlich. Es wäre vor allem darauf zu achten, dass auf diesen Flächen langfristig ein stabiler Wasserhaushalt eingehalten werden kann und die Aussterberisiken, die ursprünglich zum Rückgang der Art beigetragen haben, ausgeschlossen werden können (siehe zum Beispiel IUCN/SSP 2013).

Anschrift der Autoren:

Dipl.-Biol. K. Dworschak, Prof. Dr. N. Blüthgen, Ökologische Netzwerke, Technische Universität Darmstadt, Schnittspahnstr. 3, 64287 Darmstadt

Prof. Dr. K. Fiedler, Tropical Ecology and Animal Biodiversity, Universität Wien, Rennweg 14, 1030 Wien

Literatur

AHOLA, M. & SILVONEN, K. (2008): Larvae of Northern European Noctuidae Vol. 2. – Stenstrup (Apollo Books), 672 S.

DREES, C., ZUMSTEIN, P., BUCK-DOBRICK, T., HARDTLE, W., MATERN, A., MEYER, H., VON OHEIMB, G. & ASSMANN, T. (2011a): Genetic erosion in habitat specialist shows need to protect large peat bogs. – Conservation Genetics 12: 1651-1656.

DREES, C., DE VRIES, H., HARDTLE, W., MATERN, A., PERSIGEHL, M. & ASSMANN, T. (2011b): Genetic erosion in a stenotopic heathland ground beetle (Coleoptera: Carabidae): a matter of habitat size? – Conservation Genetics 12: 105-117.

EBERT, G. (1997a): *Lithophane lamda* (FABRICIUS, 1787). – In: EBERT, G. (Hrsg.): Die Schmetterlinge Baden-Württembergs. Band 6: Nachtfalter IV. – Stuttgart (Ulmer): 517.

EBERT, G. (1997b): Die Wintereulen der Gattungen *Eupsilia*, *Jodia*, *Conistra*, *Lithophane* und *Xylena*. – In: EBERT, G. (Hrsg.): Die Schmetterlinge Baden-Württembergs. Band 6: Nachtfalter IV. – Stuttgart (Ulmer): 457-458.

GELBRECHT, J. (1988): Zur Schmetterlingsfauna von Hochmooren in der DDR. – Entomologische Nachrichten und Berichte 32: 49-56.

GELBRECHT, J., RICHERT, A. & WEGNER, H. (1995): Biotopansprüche ausgewählter vom Aussterben bedrohter oder verschollener Schmetterlingsarten der Mark Brandenburg (Lep.). – Entomologische Nachrichten und Berichte 39: 183-203.

GELBRECHT, J., KALLIES, A., GERSTBERGER, M., DOMMAIN, R., GÖRITZ, U., HOPPE, H., RICHERT, A., ROSENBAUER, F., SCHNEIDER, A., SOBCZYK, T. & WEIDLICH, M. (2003): Die aktuelle Verbreitung der Schmetterlinge der nährstoffarmen und sauren Moore des nordostdeutschen Tieflandes (Lepidoptera). – Märkische Entomologische Nachrichten 5: 1-68.

IUCN/SSC (2013): Guidelines for reintroductions and other conservation translocations. Version 1.0. – Gland, Switzerland (IUCN Species Survival Commission), 66 S.

SPITZER, K. & JAROS, J. (1993): Lepidoptera associated with the Cervené Blato bog (Central Europe): conservation implications. – European Journal of Entomology 90: 323-336.

SÜSSENBACH, D. & FIEDLER, K. (1999) Noctuid moths attracted to fruit baits: testing models and methods of estimating species diversity. – Nota Lepidoptera 22: 115-154.

URBAHN, E. & URBAHN, H. (1939): Die Schmetterlinge Pommerns mit einem vergleichenden Überblick über den Ostseeraum. – Stettin (Entomologischer Verein zu Stettin), 642 S.

Heidebürstenspinner *Orgyia antiquoides* (Hübner 1822)

Kai Dworschak, Konrad Fiedler und Nico Blüthgen

Biologie der Art

Die männlichen Falter des Heidebürstenspinners (*Orgyia antiquoides*, Erebidae) sind tagaktiv und haben ihre Flugzeit im Juli und August. Das Weibchen ist flügellos. Es bleibt über seine gesamte Lebenszeit in seinem Puppengespinst (Gelbrecht et al. 2003). Das Weibchen gibt kurz nach dem Schlupf aus der Puppe Sexualpheromone ab, um Männchen anzulocken. Dies passiert hauptsächlich in den Morgen- und Abendstunden. (6Z,9Z)-Heneikosan-6,9-dien und (Z)-6-Heneikosan-11-on sind wahrscheinlich die beiden Schlüsselbestandteile des Pheromons, wobei das letztere ein häufiger Bestandteil von Sexualpheromonen in der Gattung *Orgyia* ist (Chen et al. 2010). Nach der Begattung legt das Weibchen bis zu 250 Eier in das alte Puppengespinst ab (Cui et al. 2011). Adulte Tiere der Gattung *Orgyia* nehmen keine Nahrung auf. Damit bestimmt die Nahrungsmenge, die das Weibchen im Larvalstadium aufgenommen hat (und damit seine Größe), die Anzahl und die Menge der Energiereserven der Eier (Tammaru et al. 2002).

Die Eier stellen das Überwinterungsstadium dar. Die Raupen erscheinen zwischen Mai und Juli und fressen hauptsächlich an Heidekraut (*Calluna vulgaris*, Ericaceae) und Glockenheide (*Erica tetralix*, Ericaceae). Sie wurden auch an Moorbirke (*Betula pubescens*, Betulaceae) und Wollgras (*Eriophorum* spp., Cyperaceae) gefunden (Gelbrecht 1988, Gelbrecht et al. 2003). Die Anzahl der Larvenstadien ist wie auch bei anderen *Orgyia*-Arten flexibel (Tammaru et al. 2002, Shengli 2010). Im asiatischen Verbreitungsgebiet hat *O. antiquoides* meist zwei Generationen pro Jahr (Chen et al 2010).

Verbreitung, Habitatansprüche und Populationsdichte

In Europa ist *O. antiquoides* im Baltikum und in den Tiefländern Westeuropas (Frankreich, Belgien, Holland, Deutschland) sowie in Polen vorhanden, möglicherweise auch in Bulgarien, Rumänien und Ungarn. In Deutschland kommt die Art nur in Mecklenburg-Vorpommern, Niedersachsen, Nordrhein-Westfalen und Schleswig-Holstein vor (Gelbrecht et al. 2003). Außerhalb Europas findet man die Art in Russland, der Mongolei und China.

O. antiquoides besiedelt offene, oberflächlich trockengefallene, verheidete Moorflächen, auch ehemalige Torfabbauflächen mit Heidekraut und Glockenheidebeständen (Gelbrecht et al. 2003). Im asiatischen Verbreitungsgebiet kann *O. antiquoides* ein ernsthafter Schädling von Baum- und Straucharten sein, wie zum Beispiel von *Hedysarum scoparium* (Fabaceae), *Ammopiptanthus mongolicus* (Fabaceae) oder *Hippophae rhamnoides* (Elaeagnaceae) (Chen et al 2010).

Die Populationsgrößen in Deutschland sind nicht bekannt. Allerdings sind Populationen der nordamerikanischen Art *O. vetusta* in kleineren, isolierten Habitaten größer als in größeren Habitaten (Yoo 2006). Als wahrscheinliche Gründe dafür nennt Yoo (2006) eine höhere Mortalität der Raupen durch Prädation und der Puppen durch Parasitierung in größeren Habitaten.

PEM-Optionen

Plastizität

Die Vorliebe von *O. antiquoides* für sonnige, trockenere Habitate lässt auf eine Anpassungskapazität an eine Klimaerwärmung schließen. Ein weiterer Hinweis auf eine vorhandene Plastizität ist, dass die Entwicklungsdauer im Bereich zwischen 18 und 28°C mit steigender Temperatur sinkt. Bei 18°C durchlaufen die Raupen fünf Larvenstadien, darüber sechs Stadien (Shengli 2010). Bei Weibchen der Gattung *Orgyia* bestimmt die Anzahl der Larvenstadien das Puppengewicht (Tammaru et al. 2002) und damit direkt den Fortpflanzungserfolg (siehe oben).

Evolution

Genetische Untersuchungen zu *O. antiquoides* liegen nicht vor. Die disjunkte Verbreitung lässt aufgrund eines fehlenden Austauschs zwischen den einzelnen Populationen allerdings eine geringe genetische Diversität vermuten. So sinkt zum Beispiel der Allelreichtum in Population des tyrphobionten Hochmoor-Glanz-Flachläufers (*Agonum ericeti*, Coleoptera) (Drees et al. 2011a) und des stenotopen Zierlichen Buntgrabläufers (*Poecilus lepidus*, Coleoptera) (Drees et al. 2011b) mit der Habitatgröße.

Mobilität

Die Mobilität von *O. antiquoides* ist als äußerst gering einzuschätzen, da die Weibchen flügellos sind und an dem Ort bleiben, an dem sie sich verpuppt haben. Die Ausbreitung kann also nur durch Windverdriftung stattfinden. Dies passiert in der Gattung *Orgyia* fast ausschließlich im ersten Larvenstadium (Yoo 2006). Da die besiedelten Moore in Deutschland räumlich stark getrennt sind, kann ein Austausch zwischen den Populationen wohl nur schwer stattfinden. Aufgrund ihrer physiologischen Polyphagie ist eine Neubesiedlung durch verdriftete Larven allerdings durchaus denkbar.

Zusammenfassung und Schlussempfehlung

O. antiquoides ist in Deutschland sehr lokal verbreitet. Das bevorzugte Habitat der sind in Deutschland moorige Heidekrautflächen, d.h. sonnige, stärker ausgetrocknete Teile von Hochmooren. In diesen Gebieten findet verstärkt eine natürliche Sukzession durch Birken- und Kiefernbewuchs statt. Deshalb sind Pflegemaßnahmen wie das Offenhalten von Heidekrautflächen (Gehölzentfernung) zum Schutz dieser Art notwendig (Gelbrecht 1988).

Weiterhin ist die systematische Inventarisierung der bestehenden Hochmoore eine zentrale Aufgabe. Es ist unklar, an welchen historischen Fundorten die Art möglicherweise noch vorkommt. Dort wäre unter Umständen auch ein längerfristiges Monitoring sinnvoll, um die Populationsgrößen abschätzen zu können. Da die männlichen Falter von *O. antiquoides* tagaktiv und sehr schnelle Flieger sind (GELBRECHT et al 2003, YUFEI et al. 2009), empfehlen GELBRECHT et al. (2003) die Raupensuche zum Nachweis der Art bzw. zur Feststellungen der Populationsgröße. Können die noch vorhandenen Populationen stabilisiert werden, ist als zusätzlicher Schritt ist die Einrichtung eines Netzwerks von weiteren Schutzgebieten sinnvoll. Dies sollte vor allem regional durchgeführt werden, da die Mobilität der Arten eher gering ist.

Anschrift der Autoren:

Dipl.-Biol. K. Dworschak, Prof. Dr. N. Blüthgen, Ökologische Netzwerke, Technische Universität Darmstadt, Schnittspahnstr. 3, 64287 Darmstadt

Prof. Dr. K. Fiedler, Tropical Ecology and Animal Biodiversity, Universität Wien, Rennweg 14, 1030 Wien

Literatur

CHEN, G.F., SHENG, M.L., LI, T., MILLAR, J.G. & ZHANG, Q.H. (2010): Synergistic sex pheromone components of the grey-spotted tussock moth, *Orgyia ericae*. – Entomologia Experimentalis et Applicata 136: 227-234.

CUI, Y.-Q., SHENG, M.-L., LUO, Y.-Q. & ZONG, S.-X. (2011): Emergence patterns of *Orgyia ericae* (Lepidoptera: Lymantriidae) parasitoids. – Revista Colombiana de Entomología 37: 240-243.

DREES, C., ZUMSTEIN, P., BUCK-DOBRICK, T., HARDTLE, W., MATERN, A., MEYER, H., VON OHEIMB, G. & ASSMANN, T. (2011a): Genetic erosion in habitat specialist shows need to protect large peat bogs. – Conservation Genetics 12: 1651-1656.

DREES, C., DE VRIES, H., HARDTLE, W., MATERN, A., PERSIGEHL, M. ASSMANN, T. (2011b): Genetic erosion in a stenotopic heathland ground beetle (Coleoptera: Carabidae): a matter of habitat size? – Conservation Genetics 12: 105-117.

GELBRECHT, J. (1988): Zur Schmetterlingsfauna von Hochmooren in der DDR. – Entomologische Nachrichten und Berichte 32: 49-56.

GELBRECHT, J., KALLIES, A., GERSTBERGER, M., DOMMAIN, R., GÖRITZ, U., HOPPE, H., RICHERT, A., ROSENBAUER, F., SCHNEIDER, A., SOBCZYK, T. & WEIDLICH, M. (2003): Die aktuelle Verbreitung der Schmetterlinge der nährstoffarmen und sauren Moore des nordostdeutschen Tieflandes (Lepidoptera). – Märkische Entomologische Nachrichten 5: 1-68.

SHENGLI, X.U. (2010): Threshold temperature and effective accumulated temperature of *Orgyia ericae* Germar. – Forest Pest and Disease 6: 009.

TAMMARU, T., ESPERK, T. & CASTELLANOS, I. (2002): No evidence for costs of being large in females of *Orgyia* spp. (Lepidoptera, Lymantriidae): larger is always better. – Oecologia 133: 430-438.

YOO, H.J.S. (2006): Local population size in a flightless insect: importance of patch structure-dependent mortaility. – Ecology 87: 634-647.

YUFEI, W., CAIFEN, X., NAICHEN, Y., CUIQIN, L., WEISHENG, W. & ZEXING, X. (2009): Biological characteristics of harming seabuckthorn's *Orgyia ericae* and its prevention. – The Global Seabuckthorn Research and Development 1: 010.

Natterwurz-Perlmutterfalter *Boloria titania* (ESPER 1793)

JOHANNES LIMBERG und KLAUS FISCHER

Biologie der Art

Die Flugphase des Natterwurz-Perlmutterfalter (*Boloria titania*) dauert von Anfang Juni bis Ende August (SBN 1987, EBERT & RENNWALD 1991). Die Eier legt der univoltine Falter an der Futterpflanze oder in deren unmittelbaren Nähe ab (SBN 1987). Die Raupen ernähren sich hauptsächlich von Schlangenknöterich (EBERT & RENNWALD 1991). In der Literatur werden weitere Wirtsarten (*Viola spec.*) genannt (WEIDEMANN 1995), welche allerdings nicht sicher belegt sind. Da die Eier relativ groß sind, vermutet WEIDEMANN (1995), dass die Art als Eiraupe ohne Nahrungsaufnahme überwintert. Die Metamorphose zum Schmetterling erfolgt in einer Stürzpuppe in Bodennähe (Mai bis Juli; SBN 1987). Als Nektarquelle des Falters sind zahlreiche Staudenarten (u.a. *Senecio cordatus, Cirsium palustris, Sonchus arvensis*) belegt (EBERT & RENNWALD 1991).

Verbreitung, Habitatansprüche und Populationsdichte

In Europa befindet sich der Verbreitungsschwerpunkt von *B. titania* in den Alpen und Voralpen sowie auf dem Balkan. Größere Vorkommen existieren auch im östlichen Ostseeraum (Südfinnland, Baltikum). Über Europa hinaus reicht die Verbreitung der boreo-alpinen Art über Sibirien und Asien bis nach Nordamerika und Alaska (EBERT & RENNWALD 1991, KUDRNA et al. 2011). In Deutschland ist die Art ausschließlich in der montanen und subalpinen Stufe des Schwarzwaldes, der Alpen und der Voralpen (Baden-Württemberg, Bayern) vertreten (WEIDEMANN 1995). OSTHELDER (1925) zufolge trat die Art bis 1700 regelmäßig auch kollin auf, was jedoch rezent nicht mehr der Fall ist. Als Habitat dienen neben Feuchtwiesen und Übergangsmooren auch Bergwiesen und Magerweiden (EBERT & RENNWALD 1991). Von besonderer Bedeutung ist die Kontaktzone zwischen Offenlandbereichen und Hochwald (WEIDEMANN 1995, CUVELIER & DINCĂ 2007). Während das Larvalhabitat eine hohe Dichte der Wirtspflanze aufweist, kennzeichnet das Imaginalhabitat, das die nähere Umgebung des Larvalhabitats umfasst, üppige Staudenbestände. Als geeignete Pflanzengesellschaften wurden in der deutschen Literatur bislang die feuchten Bereiche des Polygono Trisetion, waldnahe und blütenreiche Bestände des Adenostylion und Trifolion medii sowie benachbarte Nardion-Gesellschaften festgestellt (EBERT & RENNWALD 1991).

B. titania ist als glaziale Reliktart auf kühle und humide Bedingungen angewiesen (OSTHELDER 1925). Steigende Temperaturen können sich nachteilig auf die Überlebensrate und den Fortpflanzungserfolg von Reliktarten auswirken: In Laborexperimenten mit *B. aquilonaris* wurde belegt, dass die Überlebensfähigkeit der Larven mit steigenden Temperaturen sinkt (TURLURE et al. 2010). Ähnliche Versuche an *B. eunomia* weichen dahingehend ab, dass weder Eier noch Larven vor der Diapause eine erhöhte Sterblichkeit aufwiesen, sondern nur die Larven während der Diapause (RADCHUK et al. 2013). RADCHUK et al. (2013) nehmen an, dass durch milde Wintertemperaturen das Risiko für Krankheiten (z.B. Pilzinfektionen) steigt. Derartige Laboruntersuchungen berücksichtigen allerdings nicht, dass das natürliche Habitat in Abhängigkeit von der Vegetationsstruktur einen breiten mikroklimatischen Gradienten aufweist. TURLURE et al. (2011) zufolge bewegen sich die Larven von *B. titania und B. eunomia* gezielt entlang solcher Gradienten, um thermalen Stress zu vermeiden. Somit können klimatische Veränderungen mittelfristig möglicherweise abgepuffert werden. Ungeachtet dessen prognostizieren SCHWEIGER et al. (2008) unter dem Einfluss des Klimawandels für *B. titania* und dessen Wirtspflanze *Bistorta officinalis* deutliche Arealverschiebungen. Aufgrund der unterschiedlichen ökologischen Ansprüche drohe eine zunehmende Auftrennung der jeweiligen Areale. Unter der Annahme, dass *B. titania* nur eingeschränkt dispersionsfähig ist, gehen auch SETTELE et al. (2008) von einem hohen Gefährdungspotential für die Art aus (Arealverlust > 50%).

PEM-Optionen

Plastizität

Abgesehen von den bereits oben erwähnten Reaktionen von *B. aquilonaris* und *B. eunomia* auf erhöhte Temperaturen existieren keinerlei Kenntnisse über kurzfristig klimatisch bedingte Anpassungsreaktionen von *B. titania* oder eng verwandten Arten.

Evolution

In der Literatur finden sich keinerlei Hinweise, die Aufschluss über das genetische Potential der Art geben könnten. Aus diesem Grund soll auf Untersuchungen der eng verwandten Art *B. eunomia* verwiesen werden, die hinsichtlich ökologischer Nische, Verbreitungsmuster und Gefährdungsstatus ihrer Schwesterart ähnelt. Die Ergebnisse zahlreicher Studien weisen darauf hin, dass die räumliche Fragmentierung das Anpassungspotential von *B. eunomia* entscheidend beeinträchtigen kann (VANDEWOESTIJNE & BAGUETTE 2005, NEVE et al. 2008). So nimmt mit wachsender Distanz die genetische Differenzierung zwischen den Populationen zu (NÈVE et al. 2001, 2009). Infolge des reduzierten genetischen Austauschs sowie von Gendrift und Gründereffekten tragen isolierte und randlich gelegene (Teil-)Populationen deutliche Zeichen einer genetischen Verarmung (verminderter Heterozygotiegrad; BARASCUD et al. 1999, NÈVE et al. 2009). Gleichwohl können isolierte Populationen oberhalb einer gewissen Mindestgröße lange Zeiträume in Isolation ohne deutliche Einbußen der genetischen Vielfalt überdauern, wie das Beispiel einer Tschechischen Population zeigt (NÈVE et al. 2009). Dass *B. eunomia* in der Lage ist, stabile Populationen aus sehr kleinen Gründerpopulationen zu etablieren (BARASCUD et al. 1999), mag als weiterer Hinweis für eine relativ hohe Anpassungsfähigkeit (genetisch / plastisch) dienen.

Mobilität

B. titania gilt als vergleichsweise sesshafte Art (BINK 1992), deren durchschnittliche Dispersionsdistanz mehrere hundert Meter beträgt (SCOTT 1975). Genauere Untersuchungen stehen zu der Art nicht zur Verfügung. Allerdings kommen neuere Untersuchungen eng verwandter Arten mit vergleichbaren ökologischen Ansprüchen zu ähnlichen Ergebnissen. So wird die durchschnittliche Dispersionsdistanz von *B. eunomia* und *B. aquilonaris* mit wenigen hundert Metern beziffert (BAGUETTE & NÉVE 1994, MOUSSON et al. 1999, BAGUETTE 2003, MENNECHEZ et al. 2004, GORBACH 2011). Die maximal beobachtete Distanz beträgt bei *B. eunomia* fünf Kilometer (MENNECHEZ et al. 2004) und bei *B. aquilonaris* 14 km (GORBACH 2011). Anhand der langjährigen Ausbreitungsmuster einer neu etablierten Population schließen NEVE et al. (1996) auf eine mittlere Kolonisierungsgeschwindigkeit von *B. eunomia* von 0,4 km pro Jahr. Die Besiedlung von neuen Flächen oberhalb einer Distanz von zehn Kilometern halten sie für unwahrscheinlich. Hinweise dafür, dass *B. titania* über ein ähnliches Mobilitätspotential verfügt, geben Untersuchungen zur räumlichen Struktur der Population: So weisen Teilpopulationen in Wisconsin eine auffallende Aggregierung im Abstand von fünf bis fünfzehn Kilometern auf (NEKOLA & KRAFT 2002). Basierend auf ihren Beobachtungen halten NEVE et al. (1996) die Durchquerung von habitat-fremden Strukturen über eine Länge von mehreren Kilometern für möglich. Die zönobionte Anpassung an Waldstrukturen (EBERT & RENNWALD 1991) lässt vermuten, dass größere Waldabschnitte keine absolute Ausbreitungsbarriere darstellen (vgl. COZZI et al. 2008).

Zusammenfassung und Schutzempfehlung

Es wird angenommen, dass der Bestand von *B. titania* seit den 70er Jahren in Deutschland und Europa um bis zu 50% abgenommen hat (VAN SWAAY & WARREN 1999). Diese Entwicklung wird vor allem auf die Intensivierung der Landwirtschaft (Einsatz von Herbiziden/Pestiziden, Entwässerung, falsches Nutzungsregime), forstwirtschaftliche Maßnahmen (Aufforstung, Beseitigung wichtiger Strukturelemente) sowie Flächenversiegelung und Freizeitsport zurückgeführt (VAN SWAAY & WARREN 1999). In Deutschland gilt die Art als stark gefährdet (Rote Liste 2; REINHARDT & BOLZ 2011). Mit dem Klimawandel wird sich die der Gefährdungsgrad vermutlich stark erhöhen, da größere Arealverschiebungen der stenök-hygrophilen Art und dessen Wirt zu erwarten sind und die Auftrennung der jeweiligen Areale droht. Selbst unter der Annahme einer unbeschränkten Dispersion wird künftig ein deutlicher Arealverlust von *B. titania* erwartet (SCHWEIGER et al. 2008). Allerdings könnte eine recht hohe genetische Anpassungsfähigkeit, ähnlich derjenigen von *B. eunomia*, der Art zum Vorteil gereichen (z.B. Umstellung auf andere Wirtsart).

Ein geeignetes Habitatmanagement für *B. titania* verlangt den Erhalt dichter Wirtspflanzen- und blütenreicher Staudenbestände. COZZI et al. (2008) betrachten sowohl die Rotationsmahd als auch die Beweidung (in mehrjährigem Abstand) als geeignete Pflegeverfahren. Insbesondere im Hinblick auf den Klimawandel kommt dem Erhalt der Strukturvielfalt eine besondere Bedeutung zu, da durch die Bereitstellung eines breiten Spektrums mikroklimatischer Nischen makroklimatische Veränderungen möglicherweise abgepuffert werden können (TURLURE et al. 2010). Darüber hinaus könnte der Erhalt einer intakten Hydrologie für das Mikroklima der hygrophilen Art von entscheidender Bedeutung sein, wie Untersuchungen an *B. aquilonaris* nahelegen (TURLURE et al. 2010). Über die Pflege bestehender Habitate hinaus sollten im Sinne des Metapopulationsansatzes Korridore und potentielle Habitatflächen bereitgestellt werden. Vor dem Hintergrund der zu erwartenden Arealverschiebungen dienen diese Maßnahmen auch dazu, eine weiträumige Dispersion zu ermöglichen.

Anschrift der Autoren:

Dipl. Laök. J. Limberg, Prof. Dr. K. Fischer, Tierökologie, Zoologisches Institut und Museum, Universität Greifswald, Johann Sebastian Bach-Str. 11/12, 17487 Greifswald

Literatur

BAGUETTE, M. (2003): Long distance dispersal and landscape occupancy in a metapopulation of the cranberry fritillary butterfly. – Ecography 26 (2): 153-160.

BAGUETTE, M. & NÉVE, G. (1994): Adult movements between populations in the specialist butterfly *Proclossiana eunomia* (Lepidoptera, Nymphalidae). – Ecological Entomology 19 (1): 1-5.

BARASCUD, B., MARTIN, J.F., BAGUETTE, M. & DESCIMON, H. (1999): Genetic consequences of an introduction-colonization process in an endangered butterfly species. – Journal of Evolutionary Biology 12 (4): 697-709.

BINK, F.A. (1992): Ecologische Atlas van de Dagvlinders van Noordwest-Europa. – Haarlem (Schuyt & Co.), 510 S.

COZZI, G., MÜLLER, C.B. & KRAUSS, J. (2008): How do local habitat management and landscape structure at different spatial scales affect fritillary butterfly distribution on fragmented wetlands? – Landscape Ecology 23 (3): 269-283.

CUVELIER, S. & DINCĂ, V. (2007): New data regarding the butterflies (Lepidoptera: Rhopalocera) of Romania, with additional comments (general distribution in Romania, habitat preferences, threats and protection) for ten localized Romanian species. – Phaega 35 (3): 93-115.

EBERT, G. & RENNWALD, E. (1991): Die Schmetterlinge Baden-Württembergs Band 1: Tagfalter. – Stuttgart (Ulmer), 552 S.

GORBACH, V.V. (2011): Spatial distribution and mobility of butterflies in a population of the cranberry fritillary *Boloria aquilonaris* (Lepidoptera, Nymphalidae). – Russian Journal of Ecology 42 (4): 321-327.

KUDRNA, O., HARPKE, A., LUX, K., PENNERSTORFER, J., SETTELE, J. & WIEMERS, M. (2011): Distribution Atlas of Butterflies in Europe. – Halle (Gesellschaft für Schmetterlingsschutz), 576 S.

MENNECHEZ, G., PETIT, S., SCHTICKZELLE, N. & BAGUETTE, M. (2004): Modelling mortality and dispersal: consequences of parameter generalisation on metapopulation dynamics. – Oikos 106 (2): 243-252.

MOUSSON, L., NÈVE, G. & BAGUETTE, M. (1999): Metapopulation structure and conservation of the cranberry fritillary *Boloria aquilonaris* (lepidoptera, nymphalidae) in Belgium. – Biological Conservation 87 (3): 285-293.

NEKOLA, J.C. & KRAFT, C.E. (2002): Spatial constraint of peatland butterfly occurrences within a heterogeneous landscape. – Oecologia 130 (1): 53-61.

NEVE, G., BARASCUD, B., DESCIMON, H. & BAGUETTE, M. (2008): Gene flow rise with habitat fragmentation in the bog fritillary butterfly (Lepidoptera: Nymphalidae). – BMC Evolutionary Biology 8 (84): 1-10.

NÈVE, G., BARASCUD, B., DESCIMON, H. & BAGUETTE, M. (2001): Genetic structure of *Proclossiana eunomia* populations at the regional scale (Lepidoptera, Nymphalidae). – Heredity 84 (6): 657-666.

NEVE, G., BARASCUD, B., HUGHES, R., AUBERT, J., DESCIMON, H., LEBRUN, P. & BAGUETTE, M. (1996): Dispersal, colonization power and metapopulation structure in the vulnerable butterfly *Proclossiana eunomia* (Lepidoptera: Nymphalidae). – Journal of Applied Ecology 33 (1): 14-22.

NÈVE, G., PAVLICKO, A. & KONVICKA, M. (2009): Loss of genetic diversity through spontaneous colonization in the bog fritillary butterfly, *Proclossiana eunomia* (Lepidoptera: Nymphalidae) in the Czech Republic. – European Journal of Entomology 106 (1): 11-19.

OSTHELDER, L. (1925): Die Schmetterlinge Südbayerns und der angrenzenden nördlichen Kalkalpen, I. Teil. Die Großschmetterlinge. – Mitteilungen der Münchener Entomologischen Gesellschaft, Beilage 15 (1): 1-166.

RADCHUK, V., TURLURE, C. & SCHTICKZELLE, N. (2013): Each life stage matters: the importance of assessing the response to climate change over the complete life cycle in butterflies. – Journal of Animal Ccology 82 (1): 275-285.

REINHARDT, R. & BOLZ, R. (2011): Rote Liste und Gesamtartnliste der Tagfalter (Rhopalocera) (Lepidoptera: Papilionidae et Hesperioidea) Deutschlands. – Naturschutz und Biologische Vielfalt 70 (3): 167-194.

SBN (SCHWEIZERISCHER BUND FÜR NATURSCHUTZ) (1987): Tagfalter und ihre Lebensräume. Arten-Gefährdung-Schutz. – Basel (SBN), 516 S.

SCHWEIGER, O., SETTELE, J., KUDRNA, O., KLOTZ, S. & KÜHN, I. (2008): Climate change can cause spatial mismatch of trophically interacting species. – Ecology, 89 (12): 3472-3479.

SCOTT, J.A. (1975): Flight patterns among eleven species of diurnal Lepidoptera. – Ecology 56 (6): 1367-1377.

SETTELE, J., KUDRNA, O., HARPKE, A., KÜHN, I., VAN SWAAY, C., VEROVNIK, R., WARREN, M.S., WIEMERS, M., HANSPACH, J., HICKLER, T., KÜHN, E., V. HALDER, I., VELING, K., VLIEGENTHART, A., WYNHOFF, I. & SCHWEIGER, O. (2008): Climatic Risk Atlas of European Butterflies. – Moskau (Pensoft), 710 S.

VAN SWAAY, C. & WARREN, M. (1999): Red Data Book of European Butterflies (Rhopalocera). – Strasburg (Council of Europe Publishing), 259 S.

TURLURE, C., CHOUTT, J., BAGUETTE, M. & VAN DYCK, H. (2010): Microclimatic buffering and resource-based habitat in a glacial relict butterfly: significance for conservation under climate change. – Global Change Biology 16 (6): 1883-1893.

TURLURE, C., RADCHUK, V., BAGUETTE, M., VAN DYCK, H. & SCHTICKZELLE, N. (2011): On the significance of structural vegetation elements for caterpillar thermoregulation in two peat bog butterflies: *Boloria eunomia* and *B. aquilonaris*. – Journal of Thermal Biology 36 (3): 173-180.

VANDEWOESTIJNE, S. & BAGUETTE, M. (2005): Genetic population structure of the vulnerable bog fritillary butterfly. – Hereditas 141 (3): 199-206.

WEIDEMANN, H.J. (1995): Tagfalter. – Augsburg (Naturbuch Verlag), 659 S.

Heilziest-Dickkopffalter *Carcharodus floccifera* (ZELLER 1847)

JOHANNES LIMBERG und KLAUS FISCHER

Biologie der Art

Der Heilziest-Dickkopffalter (*Carcharodus floccifera*) fliegt in Deutschland von Anfang Juni bis Ende Juli. Partiell kann eine zweite Generation im Spätsommer (Ende August bis Mitte September) auftreten (TOLMAN & LEWINGTON 1997, ALBRECHT ET AL. 1999). Die Eier werden überwiegend einzeln an die Rosettenblätter von *Stachys officinalis* (Heilziest) angeheftet (EBERT & RENNWALD 1991). Einzig der Heilziest ist in Deutschland als Nahrungspflanze von *C. floccifera* sicher nachgewiesen. Allerdings gehen ALBRECHT et al. (1999) davon aus, dass regional auch andere *Stachys*-Arten als Nahrung dienen, da die Verbreitung des Falters, insbesondere im Alpenraum, über das Areal des Heilziests hinausreicht. Die Raupen wachsen im Sommer bis zum dritten Larvalstadium heran, um anschließend an der Basis der Nahrungspflanze zu überwintern (WEIDEMANN 1995, TOLMAN & LEWINGTON 1997). Bis zur Verpuppung in einer mit Gespinst ausgekleideten Blattröhre erfolgen zwei weitere Häutungen (ALBRECHT et al. 1999). Die Puppenruhe beginnt Ende Mai und erstreckt sich über ca. zwei Wochen. Als wichtigste Nektarquelle dient den Faltern in Mitteleuropa der Heilziest. Nur gelegentlich saugt der Falter an anderen Arten (ALBRECHT et al. 1999).

Verbreitung, Habitatansprüche und Populationsdichte

Das Verbreitungsgebiet von *C. floccifera* reicht von Südwest- über Mitteleuropa bis nach Westsibirien (EBERT & RENNWALD 1991). In Europa erstreckt sich das Areal in seiner Länge von Sizilien bis nach Estland (KUDRNA et al. 2011). Die einzigen Vorkommen in Deutschland befinden sich fast ausschließlich im Voralpenraum Bayerns und Baden-Württembergs (ALBRECHT et al. 1999). Bis in das letzte Jahrhundert war die Art auch in Rheinland-Pfalz und Hessen vertreten (ALBRECHT et al. 1999). Nach ALBRECHT et al. (1999) hat sich die nördliche Verbreitungsgrenze in Deutschland und Frankreich durch die Veränderung der Lebensräume innerhalb des letzten Jahrhunderts um mehrere hundert Kilometer nach Süden verschoben. Die Höhenverbreitung reichte von der Ebene (100 m, Rheinebene) bis in das Mittelgebirge (850 m, Alpenvorland; ALBRECHT et al. 1999). Als Lebensraum dienen magere Offenlandbiotope auf nassem bis wechselfeuchtem Untergrund (Feuchtwiesen, Flachmoore, Randbereiche von Hochmooren; ALBRECHT et al. 1999). Pflanzensoziologisch können die Habitate überwiegend Pfeifengrasgesellschaften (Molinion-Typ) zugeordnet werden (EBERT & RENNWALD 1991). Von besonderer Bedeutung sind kleinräumige Mosaike aus Streuwiesenkomplexen mit üppigen Heilziest-Beständen (WEIDEMANN 1995). ALBRECHT et al. (1999) bemerken, dass vor allem niedrigwüchsige Saumbereiche für die Eiablage bevorzugt werden. Selbst in ideal erscheinenden Habitaten tritt der Falter nur in sehr geringen Individuendichten auf (HESSELBARTH et al. 1995, WEIDEMANN 1995, ALBRECHT et al. 1999). ALBRECHT et al. (1999) schätzen, dass die Gesamtgröße einer Population in Oberschwaben nicht mehr als 40 Individuen beträgt. Ihm Zufolge kann die Existenz von Metapopulationen in dieser Region weitgehend ausgeschlossen werden, da die einzelnen Vorkommen weit voneinander isoliert sind.

C. floccifera ist eine mediterran-atlantisch geprägte Art, deren Verbreitungsschwerpunkt im Mittelmeerraum liegt. Unter dem Einfluss des Klimawandels wird eine Ausdehnung des potentiell geeigneten Areals vor allem in Mittel- und Nordeuropa erwartet (SETTELE et al. 2008). Höhere Temperaturen und eine verlängerte Vegetationsperiode mögen auch in Deutschland zu einem vermehrten Auftreten einer zweiten Faltergeneration führen. Demgegenüber werden sich die Bedingungen in Südeuropa verschlechtern. Mit zunehmenden Trockenphasen kann die Raupenentwicklung der hygrophilen Art infolge von Nahrungsmangel verzögert werden (Eintreten einer Sommerruhe; VERITY 1940, NEL 1985), so dass in bislang überwiegend zweibrütigen Populationen Italiens und Spaniens (ALBRECHT et al. 1999) möglicherweise nur noch eine Faltergeneration auftreten wird. Trockenheitsbedingte Gefährdungen sind Deutschland möglicherweise auf lokaler Ebene zu erwarten.

PEM-Optionen

Plastizität

Bislang wurden keinerlei Untersuchungen an *C. floccifera* durchgeführt, die die plastische Kapazität gegenüber Temperaturen zum Gegenstand haben. Möglicherweise unterliegt der Voltinismus (uni- / bivoltin) der Art einer klimatisch bedingten plastischen Reaktion. Auch zu verwandten Arten liegen keine Untersuchungen vor, die Rückschlüsse erlauben würden.

Evolution

Es existieren keinerlei Untersuchungen, die Auskunft über den genetischen Status und das genetische Anpassungspotential von *C. floccifera* geben könnten. Es ist allerdings zu vermuten, dass in den Populationen im Alpenvorland aufgrund der Isolation (ALBRECHT et al. 1999) eine genetische Verarmung eingetreten ist, die künftige Anpassungsprozesse erschwert. Außerdem sind lokalgenetische Anpassungen zu erwarten, die auch die Thermalkapazität der Art betreffen.

Mobilität

C. floccifera gilt überwiegend als ortstreue Art, die allenfalls kurze Entfernungen zu nahe gelegenen Biotopen zurücklegt (BALLETTO & KUDRNA 1985, ALBRECHT et al. 1999). Das Dispersionspotential der Art ist bislang nicht untersucht. Beobachtungen einzelner Individuen in einer Entfernung von einigen hundert bis zu mehreren tausend Metern (5 km) abseits der nächstgelegen Population (ALBRECHT et al. 1999) lassen ein vergleichsweise ausgeprägtes Dispersionspotential vermuten. Die Tatsache, dass es *C. floccifera* nicht gelungen ist die Mittelmeerinseln zu besiedeln (ALBRECHT et al. 1999), schließt allerdings die Fähigkeit zur Überwindung größerer Barrieren aus. Beobachtungen weisen darauf hin, dass habitatfremde Strukturen wie Gehölze, Fettwiesen und Straßen keine zwingenden Ausbreitungshindernisse darstellen (ALBRECHT et al. 1999).

Zusammenfassung und Schutzempfehlung

Während in Europa die Bestände von *C. floccifera* als weitgehend stabil eingeschätzt werden (VAN SWAAY & WARREN 1999), existieren in Deutschland infolge eines drastischen Rückgangs nur noch wenige isolierte Vorkommen, so dass die Art hier vom Aussterben bedroht ist (Rote Liste BRD: 1; REINHARDT & BOLZ 2011). Als Ursachen werden vor allem Intensivierung (Düngung, Entwässerung, Aufforstung) und Aufgabe der Nutzung mageren Feuchtgrünlands genannt (ALBRECHT et al. 1999). Eine weitere Gefahr ist der zunehmende Nährstoffeintrag in Bracheflächen, der eine veränderte Vegetationszusammensetzung und eine beschleunigte Sukzession zur Folge hat (ALBRECHT ET al. 1999). Für den Erhalt geeigneter Sukzessionsstadien wird die Rotationsmahd empfohlen (ALBRECHT et al. 1999). Obwohl nach DOLEK & GEYER (1997) *C. floccifera* eine frühe Mahd (Juni) bevorzugt, empfehlen ALBRECHT et al. (1999) eine Spätmahd (Ende September), da sich dieser Termin nicht nur für *C. floccifera* sondern gleichermaßen auch für andere syntop auftretende Arten (z.B. *Maculinea spec.*) eignet. Allerdings ist eine Vorverlegung des Mahdtermines gelegentlich sinnvoll, um die Verbuschung und die Ausbreitung von Neophyten und Schilf zu bekämpfen und die Heilziest-Bestände zu fördern (ALBRECHT et al. 1999). Grundsätzlich wird eine Beräumung des Mahdgutes zur Aushagerung der Flächen angeraten. Die extensive Beweidung kann als Pflegemaßnahme nur eingeschränkt empfohlen werden, da vielfach negative Erfahrungen in der Beweidung von Moorlebensräumen gesammelt wurden (RINGLER 1981, BLAB 1993). Insbesondere im Hinblick auf den Klimawandel sollte ein Pflegekonzept ein geeignetes Grundwassermanagement berücksichtigen. So ist nicht auszuschließen, dass durch längere Trockenphasen und die veränderte Niederschlagsdynamik eine verstärkte Fluktuation des Grundwasserspiegels zur Folge haben. Das Risiko durch den Klimawandel besteht vor allem darin, dass die kleinen instabilen Restpopulationen womöglich sehr sensibel auf Veränderungen in der Habitatqualität reagieren. Aus diesem Grund gilt dem Erhalt der verbleibenden Habitate oberste Priorität. Unter der Annahme eines ausgeprägten Dispersionspotentials rechnen SETTELE et al. (2008) mit einer nordwärtigen Ausdehnung des Areals. Inwiefern sich diese Prognose erfüllt, wird entscheidend von der Größe und Vitalität der Stammpopulationen und der Verfügbarkeit potentiell geeigneter Vegetationsstrukturen abhängen.

Anschrift der Autoren:

Dipl. Laök. J. Limberg, Prof. Dr. K. Fischer, Tierökologie, Zoologisches Institut und Museum, Universität Greifswald, Johann Sebastian Bach-Str. 11/12, 17487 Greifswald

Literatur

ALBRECHT, M., GOLDSCHALT, M. & TREIBER, R. (1999): Der Heilziest-Dickkopffalter *Charcharodus floccifera* (ZELLER, 1847) (Lepidoptera, Hesperiidae). – Nachrichten des entomologischen Vereins Apollo 18 (20): 1-256.

BALLETTO, E. & KUDRNA, O. (1985): Some aspects of the conservation of butterflies in Italy, with recommendations for a further strategy (Lepidoptera Hesperiidae & Papilionidea). – Bolletino d. Sicietà Entomologica Italiana (Genova) 117 (1-3): 39-59.

BLAB, J. (1993): Grundlagen des Biotopschutz für Tiere. 4. Aufl. – Schriftenreihe für Landschaftspflege und Naturschutz. – Greven (Kilda Verlag), 479 S.

DOLEK, M. & GEYER, A. (1997): Influence of management on butterflies of rare grassland ecosystems in Germany. – Journal of Insect Conservation 1 (2): 125-130.

EBERT, G. & RENNWALD, E. (1991): Die Schmetterlinge Baden-Württembergs. Band 2. Tagfalter 2. – Stuttgart (Ulmer), 535 S.

HESSELBARTH, G., VAN OORSCHOT, H. & WAGENER, S. (1995): Die Tagfalter der Türkei unter Berücksichtigung der angrenzeden Länder. Band 1. Allgemeiner Teil. Spezieller Teil: Nymphalidae, Papilionidae, Pieridae, Lycaenidae. – Bocholt (Selbstverlag S. Wagener), 754 S.

KUDRNA, O., HARPKE, A., LUX, K., PENNERSTORFER, J., SETTELE, J. & WIEMERS, M. (2011): Distribution Atlas of Butterflies in Europe. – Halle (Gesellschaft für Schmetterlingsschutz), 576 S.

NEL, J. (1985): Note sur la répartition, les plantes-hôtes et le cyle de dévelopement des Pyrgninae en Provence. – Alexanor 14 (2): 51-63.

REINHARDT, R. & BOLZ, R. (2011): Rote Liste und Gesamtartenliste der Tagfalter (Rhopalocera) (Lepidoptera: Papilionidae et Hesperioidea) Deutschlands. – Naturschutz und Biologische Vielfalt 70 (3): 167-194.

RINGLER, A. (1981): Die Alpenmoore Bayerns - Landschaftsökologische Grundlagen, Gefährdung, Schutzkonzept. – Berichte der Arbeitsgemeinschaft Naturschutz und Landschaftspflege 5: 4-98.

SETTELE, J., KUDRNA, O., HARPKE, A., KÜHN, I., VAN SWAAY, C., VEROVNIK, R., WARREN, M.S., WIEMERS, M., HANSPACH, J., HICKLER, T., KÜHN, E., V. HALDER, I., VELING, K., VLIEGENTHART, A., WYNHOFF, I. & SCHWEIGER, O. (2008): Climatic Risk Atlas of European Butterflies. – Moskau (Pensoft), 710 S.

VAN SWAAY, C. & WARREN, M. (1999): Red Data Book of European Butterflies (Rhopalocera). – Strasburg (Council of Europe Publishing), 259 S.

TOLMAN, T. & LEWINGTON, R. (1997): Butterflies of Britain and Europe. – London (Collins), 383 S.

VERITY, R. (1940): Le farfalle diurne d'Italia. 1. Considerazioni generali. Superfamiglia – Firenze (Marzocco), 131 S.

WEIDEMANN, H.J. (1995): Tagfalter. – Augsburg (Naturbuch Verlag), 659 S.

Goldener Scheckenfalter *Euphydryas aurinia* (ROTTEMBURG 1775)

JOHANNES LIMBERG und KLAUS FISCHER

Biologie der Art

Die Flugphase des Skabiosenscheckenfalters (*Euphydryas aurinia*) erstreckt sich in Deutschland über einen Zeitraum von Anfang Mai bis Ende Juli (EBERT & RENNWALD 1991). In Abhängigkeit von Ökotyp (feuchte bzw. trockene Habitate) und Witterungsbedingungen können dabei deutliche regionale Unterschiede auftreten (THOSS et al. 2005). Basierend auf Populationsmodellen errechnen WAHLBERG et al. (2002) eine durchschnittliche Lebensdauer von 9 (♀) beziehungsweise 11 (♂) Tagen. Innerhalb dieser Zeit sucht das Weibchen gut besonnte, leicht zugängliche Standorte für die Eiablage auf (ANTHES & NUNNER 2006). Die Eier werden in kompakten Einzelgelegen (bis zu 300 Eier) oder kleineren Nachgelegen auf den Blattunterseiten der Raupenfutterpflanzen abgelegt (PORTER 1983, BINK 1992, KLEMETTI & WAHLBERG 1997). Als Hauptwirte der Raupen dienen der Gewöhnliche Teufelsabbiss (*Succisa pratensis*) und die Tauben-Skabiose (*Scabiosa columbaria*). Je nach Ökotyp treten weitere Arten aus den Familien der *Dipsacaceae* und *Gentianaceae* als Nebenwirte auf (THOSS et al. 2005, ANTHES & NUNNER 2006). Die Raupen, die etwa nach einem Monat schlüpfen, leben bis zur dritten Häutung gemeinschaftlich in einem Gespinst an der Wirtspflanze (BINK 1992). Für die Überwinterung im vierten Larvalstadium wird ein weiteres Gespinst in der Bodenvegetation angelegt (WEIDEMANN 1995). Es wird angenommen, dass sich in klimatisch benachteiligten Räumen Mitteleuropas (z.B. im Alpenraum) die Larval-Entwicklung fakultativ um ein Jahr verzögern kann (THOSS et al. 2005, ANTHES & NUNNER 2006). Im Frühjahr, nachdem eine weitere Häutung erfolgt ist, verlassen die Raupen das gemeinschaftliche Gespinst und suchen alleine nach Nahrung, um sich schließlich im Mai zu verpuppen. Die Puppenruhe in der an bodennahe Pflanzenteile angehefteten Stürzpuppe beträgt durchschnittlich 18 Tage (BINK 1992). Der Schlupf der univoltinen Falter erfolgt protandrisch (~ 1 Woche Differenz) und zieht sich über einen relativ langen Zeitraum hin (MUNGUIRA et al. 1997, WANG et al. 2004, SCHTICKZELLE et al. 2005, NÈVE & SINGER 2008). Die Falter verhalten sich in der Wahl der Nektarpflanze hinsichtlich Art, Familie, Blütenfarbe und Infloreszenzstyp opportunistisch (18 Pflanzenarten belegt; ANTHES & NUNNER 2006).

Verbreitung, Habitatansprüche und Populationsdichte

E. aurinia ist innerhalb der gemäßigten Zone von Westeuropa bis Asien (Korea) verbreitet. In seiner geographischen Länge erstreckt sich das Areal vom Süden Skandinaviens bis nach Nordafrika (EBERT & RENNWALD 1991). Mit Ausnahme Fennoskandinaviens und der südlichen Balkanhalbinsel ist die Art nahezu in ganz Europa vertreten. Während die Art im Westen Europas verbreitet vorkommt, ist der Osten durch eine vergleichsweise spärliche Verbreitung gekennzeichnet (siehe KUDRNA et al. 2011). In Europa werden bis zu fünf Unterarten von *E. aurinia* unterschieden (LAFRANCHIS 2004), wovon zwei, die Nominatform ssp. *aurinia* und die im Alpenraum auftretende ssp. *debilis* (Status noch unklar; MADE & WYNHOFF 1996), in Deutschland auftreten. Bis in die 50er Jahre war die Art in nahezu ganz Deutschland vertreten. Die heutigen Restvorkommen konzentrieren hauptsächlich auf das Saarland (Bliesgau), Rheinland-Pfalz (linksrheinische Mittelgebirge), Thüringen (Thüringer Becken), Sachsen (Vogtland), Baden-Württemberg (Oberschwaben) und Bayern (Frankenalb, Alpenvorland; Anthes 2002). Von der Ebene bis in die Alpen (< 2.000 m NN) werden magere (bis mesophile) Wiesengesellschaften besiedelt, die im Wesentlichen zwei Ökotypen (trocken/nass) zugeordnet werden können (ANTHES & NUNNER 2006). Somit stellen teilverbrachte Feuchtwiesen, Nieder- und Quellmoore (Molinion, Caricion) ein ebenso geeignetes Habitat dar wie magere Glatthafer- und Steuobstwiesen (Arrenatherion), Kalk-Trocken- und Halbtrockenrasen (Mesobromiom, Xerobromion), verbrachte Borstgrasrasen (Nardion) und hochalpine bzw. subalpine Magerrasen mit Kurzstengel-Enzian (EBERT & RENNWALD 1991, PRETSCHER 2000). Gegenwärtig wird angenommen, dass die Art ursprünglich das gesamte Spektrum des mageren Wirtschaftsgrünlands besetzte und erst im Zuge der Nutzungsintensivierung an trockene und feuchte Grenzertragsstandorte verdrängt wurde (EBERT & RENNWALD 1991, FISCHER 1997). Ein ideales Habitat verfügt über eine gewisse Mindestgröße, einen hohen Vernetzungsgrad und ein dichtes Wirtspflanzenangebot. Darüber hinaus sollte es niedrigwüchsige, krautige Strukturen mit reicher Besonnung aufweisen (ANTHES et al. 2003b, KONVIČKA et al. 2003, BETZHOLTZ et al. 2007, BULMAN et al. 2007, BOTHAM et al. 2011). In Abhängigkeit von Mikroklima und Wirtspflanzenart kann der Schlupftermin der Larven zeitlich variieren (ANTHES et al. 2003a). Die zeitliche Streuung der Schlupfphase mindert das Risiko gegenüber stochastischen Umwelteinflüssen. Feucht-kühle Witterung beeinträchtigt die Art ebenso wie heiße Trockenphasen während des Spätsommers (ELIASSON & SHAW 2003, KARBIENER 2005, THOSS et al. 2005). Die Art wird häufig massiv von Brackwespen befallen (PORTER 1983, KANKARE & SHAW 2004, KANKARE et al. 2005, FORD & FORD 2009). Die Hypothese, dass steigende Temperaturen zu einem Ungleichgewicht zwischen Wirt und Parasit führen könnte, wurde bislang nicht bestätigt (KLAPWIJK et al. 2010). Paradoxer Weise können steigende Temperaturen durch Veränderungen in der Vegetationsstruktur eine mikroklimatische Abkühlung zur Folge haben (WALLIS DE VRIES & VAN SWAAY 2006). Insbesondere auf Magerrasen könnte sich dann ein ungünstigeres Mikroklima einstellen, da die Verfrühung der Vegetationsperiode und der zunehmende Eintrag von Luftstickstoff zu einer erhöhten Biomasseproduktion führen.

Zahlreiche Beobachtungen von lokalen Aussterbe- und Wiederbesiedlungsereignissen innerhalb größerer Bestände sind Belege für die Existenz von Metapopulationen (WARREN 1994, WAHLBERG et al. 2002, ANTHES et al. 2003b, WANG et al. 2003, HULA et al. 2004, THOSS et al. 2005, ZHANG et al. 2009, ZIMMERMANN et al. 2011). Basierend auf bisherigen Bestandsschätzungen gehen ANTHES & NUNNER (2006) davon aus, dass es sich in den meisten Gebieten um kleine (< 250 Imagines, < 100 Gespinste) und mittelgroße (250-500 Imagines, 100-250 Gespinste), jedoch selten um größere Populationen (> 500 Imagines, > 250 Gespinste) handelt. Die Angaben zu Individuendichten rangieren in Deutschland zwischen 4 und 260 Individuen pro Hektar (FISCHER 1997, SETTELE et al. 1999, ANTHES et al. 2003a).

PEM-Optionen

Plastizität

Sowohl KARBIENER (2005) als auch THOSS et al. (2005) stellen fest, dass sich ungewöhnliche Hitzeereignisse/-perioden positiv auf die Populationsgröße auswirken können. Unter bestimmten Bedingungen kann sich die Larvalentwicklung offenbar derart verkürzen, dass eine zweite Faltergeneration auftritt. Dieses Phänomen wurde in Brandenburg im Folgejahr der Wiederansiedlung einer Population beobachtet (WACHLIN 2009). Obgleich es sich in Brandenburg um einen Sonderfall handelt (Population allochthon, geringer Anpassungszeitraum), kann der Auftritt einer zweiten Faltergeneration in anderen Populationen künftig nicht ausgeschlossen werden. Um vertiefte Erkenntnisse über die thermische Plastizität von *E. aurinia* zu erlangen, stehen Labor- und Zuchtexperimente noch aus. An *Melitea cinxia* konnte ADVANI (2012) unter Laborbedingungen feststellen, dass sich Populationen unterschiedlicher Herkunft (Finnland bis Spanien) hinsichtlich ihrer Temperaturtoleranz nicht unterscheiden. Allerdings weisen die Individuen südlicher Populationen eine höhere Plastizität gegenüber Hitzestress auf (stärkere Expression von Hitzeschockproteinen). Sie halten dies für eine Anpassung an die extremeren Umweltbedingungen in südlichen Gefilden.

Evolution

Innerhalb seines europäischen Areals weist *E. aurinia* eine Vielzahl an morphologischen und ökologischen Unterschieden auf, was auf ein recht hohes Evolutionspotential schließen lässt. Anhand genetischer Untersuchungen können nordfranzösische und deutsche Populationen aufgrund ihrer Ähnlichkeit einer Linie zugeordnet werden (JUNKER 2010). Von diesen Populationen wird angenommen, dass sie während des Glazials einen gemeinsamen Rückzugsort in den Alpen bzw. Pyrenäen hatten. Die in den Alpen auftretende Subspezies *debilis* gehört einer weiteren Linie an. Darüber hinaus kann das Auftreten von Hybridpopulationen in Ostdeutschland im Übergangsbereich zu der osteuropäischen Linie nicht ausgeschlossen werden (JUNKER 2010). Seinen Untersuchungen zufolge ist die genetische Diversität von *E. aurinia* in Europa mit derjenigen anderer relativ weit verbreiteter Arten vergleichbar. Demnach habe im gesamteuropäischen Kontext kein bemerkenswerter Verlust genetischer Diversität stattgefunden. Studien auf nationaler Ebene kommen allerdings zu differenzierteren Ergebnissen: Bei den Britischen Population handelt es sich weitgehend um große intakte Metapopulation, die keine unmittelbare Gefährdung anhand des genetischen Status erkennen lassen (JOYCE & PULLIN 2003). In den wesentlich kleineren dänischen Populationen hingegen finden sich deutliche Zeichen einer genetischen Verarmung (SIGAARD et al. 2008). Diese seien auf eine außerordentliche räumliche Fragmentierung (reduzierter Genfluss, Gendrift) zurückzuführen. Eine deutliche Korrelation zwischen Isolation und genetischer Distanz konnte bislang nicht eindeutig belegt werden (JOYCE & PULLIN 2003, 2003, SIGAARD et al. 2008). JOYCE & PULLIN (2003) vermuten, dass die verbliebenen Populationen weitgehend geschlossene Systeme darstellen und heute derart isoliert voneinander sind, dass Gendrift einen stärkeren Einfluss auf die genetische Distanz hat als die geographische Distanz. Durch die für die Art charakteristischen Populationsschwankungen wird Gendrift begünstigt. Dadurch werden vor allem bei kleinen Populationen adaptive Anpassungsprozesse erschwert und das Risiko gegenüber stochastischen Aussterbeerscheinungen erhöht (SIGAARD et al. 2008). Gleichwohl existieren Beispiele für isolierte Einzelpopulationen, die eine erstaunlich lange Persistenz aufweisen (JOYCE & PULLIN 2003, ANTHES & NUNNER 2006). Dies sei allerdings weniger Zeichen einer besonderen Anpassungsfähigkeit, sondern vielmehr stochastischen Zufalls (ANTHES & NUNNER 2006). Die Chancen eines langfristigen Erhalts dieser Populationen seien deshalb gering. Alles weist darauf hin, dass der genetische Status intakter Populationen als unproblematisch betrachtet werden kann. Allerdings führen eine geringe Populationsgröße und die Isolation zu Gendrift und schränken das Evolutionspotential der Art ein.

Mobilität

E. aurinia wird in der Literatur überwiegend als standorttreue, wenig mobile Art bezeichnet, die die nähere Umgebung des Larvalhabitats selten verlässt (NORBERG et al. 2002, WAHLBERG et al. 2002, WANG et al. 2004, FRIC et al. 2010, JUNKER 2010). Die Angaben für die durchschnittliche Dispersionsdistanz der Weibchen als weniger mobilem Geschlecht reichen von 40 bis 150 m (MUNGUIRA et al. 1997, NORBERG et al. 2002, WANG et al. 2004, FRIC & KONVICKA 2007, JUNKER 2010). Einzelne Individuen sind allerdings in der Lage, größere Strecken von wenigen Kilometern (< 5 km) zurückzulegen (KLEMETTI & WAHLBERG 1997, ULRICH 2004, BETZHOLTZ et al. 2007, FRIC & KONVICKA 2007, ZIMMERMANN et al. 2011). Die Fähigkeit, neue Kolonien in einem Abstand von 20 km zur nächsten Population zu gründen, lässt WARREN (1994) auf ein erheblich höheres Dispersionspotential der Art schließen. Untersuchungen, die unterhalb eines Schwellenwertes von zwanzig Kilometern keine signifikante genetische Differenzierung zwischen Populationen feststellen können, unterstützen diese Annahme (JOYCE & PULLIN 2003). Die teilweise sehr unterschiedlichen Ergebnisse der Fang- und Wiederfangstudien mögen auch auf die jeweiligen Raumstrukturen (Permeabilität) der Untersuchungsgebiete zurückzuführen sein. So können Hecken und Waldstrukturen Ausbreitungshindernisse darstellen (PORTER 1983, NORBERG et al. 2002, FRIC et al. 2010).

Gleichzeitig sind die Saumbereiche derartiger Strukturen aufgrund des Windschutzes für Wanderbewegungen von besonderer Bedeutung (ULRICH 2004).

Zusammenfassung und Schutzempfehlung

E. aurinia stellt eine in Deutschland und Europa gefährdete Art dar (FFH RL, Anh. II, IV; Rote Liste BRD: 3; REINHARDT & BOLZ, 2011), da die Bestände in den letzten 30 Jahren um bis zu 75% zurückgegangen sind. Als Gründe werden vor allem die Landwirtschaft (Intensivierung, Nutzungsaufgabe, Entwässerung, Fragmentierung, chem. Belastung), die Forstwirtschaft (Aufforstung, Waldumbau) und schließlich eine zunehmende Flächenversiegelung genannt (VAN SWAAY & WARREN 1999). Gegenwärtig droht vor allem Gefahr durch den Grünlandumbruch im Zuge des Ausbaus der Bioenergie. Die bestehende Fragmentierung und Isolation von Populationen erhöht das Aussterberisiko und erschwert die für den Klimawandel notwendigen Anpassungsprozesse. Eine unmittelbare, klimatisch bedingte Gefährdung ergibt sich für *E. aurinia* allerdings vermutlich nicht, da die Art eine relativ breite ökologische Nische und ein recht hohes Dispersionspotential aufweist. Da gegenwärtig von einer potentiellen Gefährdung auszugehen ist (SETTELE et al. 2008), müssen die Schutzbemühungen fortgesetzt werden. Dies setzt die genaue Kenntnis der Habitatansprüche voraus. Während über die Feuchtstandorte der Art relativ viel bekannt ist, herrschen nach wie vor große Wissensdefizite hinsichtlich der Trockenstandorte. Aufgrund der breiten Standortamplitude müssen Pflegekonzepte individuell in Abhängigkeit von Lage, Größe und Habitatqualität entwickelt werden. Der Pflegeaufwand ist der Sukkzessionsgeschwindigkeit beziehungsweise der Produktivität des Standortes anzupassen. So können Magerrasen ohne Eingriffe über Jahre günstige strukturelle Bedingungen aufweisen, während auf Standorten hoher Nährstoffverfügbarkeit eine höhere Eingriffsintensität vonnöten ist. Für den Erhalt der Habitatqualität ist oftmals die Streuwiesennutzung ein geeignetes Verfahren. Um die Verluste möglichst gering zu halten, wird eine hoch angesetzte Mahd während des Ei- bzw. Jungraupenstadiums (L1, Juli/August) empfohlen (GOFFART et al. 2001, ULRICH 2003, THOSS et al. 2005, ANTHES & NUNNER 2006). Allerdings sollten zu diesem Zeitpunkt nur Teilflächen gemäht werden, um das Nektarangebot nicht allzu sehr einzuschränken. Alternativ kann die Mahd kann auch im September erfolgen (GOFFART et al. 2001). Grundsätzlich ist ein gestaffeltes Pflegeverfahren zu empfehlen, da dieses zum Erhalt der Strukturvielfalt beiträgt und somit den unterschiedlichen mikroklimatischen Ansprüchen von *E. aurinia* während der Entwicklung Rechnung trägt (LIU et al. 2006). Darüber hinaus können makroklimatische (Klimawandel) und strukturelle (Eintrag Luftstickstoff) Veränderungen durch das Aufsuchen bestimmter mikroklimatischer Nischen möglicherweise ausgeglichen werden. Alternative Pflegemethoden wie die Beweidung durch Rinder und Schafe können in Einzelfällen geeignet sein (GOFFART et al. 2001, ULRICH 2003, SAARINEN et al. 2005, SMEE et al. 2011), werden jedoch aufgrund schlechter Erfahrungen und der mangelnden Steuerbarkeit überwiegend abgelehnt (WARREN 1994, HULA et al. 2004, THOSS et al. 2005, ANTHES & NUNNER 2006). Über die gezielte Flächenpflege hinaus sollte ein Managementplan im Sinne des Metapopulationsansatzes die Vernetzung von Flächen sowie den Erhalt und die Bereitstellung unbesetzter Habitatflächen verfolgen, um räumlich-dynamische Prozesse zu ermöglichen

(ANTHES et al. 2003a, FOWLES & SMITH 2006, BOTHAM et al. 2011). Vor dem Hintergrund des Klimawandels wird ein geeignetes Grundwassermanagement auf den Feuchtstandorten angeraten.

Anschrift der Autoren:

Dipl. Laök. J. Limberg, Prof. Dr. Klaus Fischer, Tierökologie, Zoologisches Institut und Museum, Universität Greifswald, Johann Sebastian Bach-Str. 11/12, 17487 Greifswald

Literatur

ADVANI, N.K. (2012): Thermal ecology of the Glanville Fritillary butterfly (*Melitaea cinxia*). – Austin (University of Austin – Dissertation), 173 S.

ANTHES, N. (2002): Lebenszyklus, Habitatbindung und Populationsstruktur des goldenen Scheckenfalters *Euphydryas aurinia* Rott. im Alpenvorland. – Münster (Westfälische Wilhelms-Universität – Diplomarbeit), 61 S.

ANTHES, N., FARTMANN, T. & HERMANN, G. (2003a): Wie lässt sich der Rückgang des Goldenen Scheckenfalters (*Euphydryas aurinia*) in Mitteleuropa stoppen? Erkenntnisse aus populationsökologischen Studien in voralpinen Niedermoorgebieten und der Arealentwicklung in Deutschland. – Naturschutz und Landschaftsplanung 35 (9): 279-287.

ANTHES, N., FARTMANN, T., HERMANN, G. & KAULE, G. (2003b): Combining larval habitat quality and metapopulation structure - the key for successful management of pre-alpine *Euphydryas aurinia* colonies. – Journal of Insect Conservation 7 (3): 175-185.

ANTHES, N. & NUNNER, A. (2006): Populationsökologische Grundlagen für das Management des Goldenen Scheckenfalters, *Euphydryas aurinia*, in Mitteleuropa. – In: FARTMANN, T. & HERMANN, G. (2006): Larvalökologie von Tagfaltern und Widderchen in Mitteleuropa. – Abhandlungen aus dem Westfälischen Museum für Naturkunde 68 (3/4): 323-352.

BETZHOLTZ, P.E., EHRIG, A., LINDEBORG, M. & DINNÉTZ, P. (2007): Food plant density, patch isolation and vegetation height determine occurrence in a Swedish metapopulation of the marsh fritillary *Euphydryas aurinia* (ROTTEMBURG, 1775) (Lepidoptera, Nymphalidae). – Journal of Insect Conservation 11 (4): 343-350.

BINK, F.A. (1992): Ecologische Atlas van de Dagvlinders van Noordwest-Europa. – Haarlem (Schuyt & Co.), 510 S.

BOTHAM, M.S., ASH, D., ASPEY, N., BOURN, N.A.D., BULMAN, C.R., ROY, D.B., SWAIN, J., ZANNESE, A. & PYWELL, R.F. (2011): The effects of habitat fragmentation on niche requirements of the marsh fritillary, *Euphydryas aurinia* (ROTTEMBURG, 1775), on calcareous grasslands in southern UK. – Journal of Insect Conservation 15 (1): 269-277.

BULMAN, C.R., WILSON, R.J., HOLT, A.R., BRAVO, L.G., EARLY, R.I., WARREN, M.S. & THOMAS, C.D. (2007): Minimum viable metapopulation size, extinction debt, and the conservation of a declining species. – Ecological Applications 17 (5): 1460-1473.

EBERT, G. & RENNWALD, E. (1991): Die Schmetterlinge Baden-Württembergs Band 1: Tagfalter. – Stuttgart (Ulmer), 552 S.

ELIASSON, C.E. & SHAW, M.R. (2003): Prolonged life cycles, oviposition sites, food-plants and *Cotesia* parasitoids of Melitaeini butterflies in Sweden. – Oedippus 21: 1-52.

FISCHER, K. (1997): Zur Ökologie des Skabiosen-Scheckenfalters *Euphydyas aurinia* (ROTTEMBURG, 1775) (Lepidoptera: Nymphalidae). – Nachrichten des Entomologischen Vereins Apollo 18 (2/2): 287-300.

FORD, H.D. & FORD, E.B. (2009): Fluctuation in numbers, and its influence on variation, in *Melitaea aurinia*, ROTT. (Lepidoptera). – Transactions of the Royal Entomological Society of London 78 (2): 345-352.

FOWLES, A.P. & SMITH, R.G. (2006): Mapping the habitat quality of patch networks for the marsh fritillary *Euphydryas aurinia* (ROTTEMBURG, 1775) (Lepidoptera, Nymphalidae) in Wales. – Journal of Insect Conservation 10 (2): 161-177.

FRIC, Z., HULA, V., KLIMOVA, M., ZIMMERMANN, K. & KONVICKA, M. (2010): Dispersal of four fritillary butterflies within identical landscape. – Ecological Research 25 (3): 543-552.

FRIC, Z. & KONVICKA, M. (2007): Dispersal kernels of butterflies: power-law functions are invariant to marking frequency. – Basic and Applied Ecology 8 (4): 377-386.

GOFFART, P., BAGUETTE, M., DUFRÊNE, M., MOUSSON, L., NÉVE, G., SAWCHIK, J., WEISERBS, A. & LEBRUN, P. (2001): Gestion des milieux semi-naturels et restauration de populations menacées de papillons de jour. Région Wallonne. – Louvain-la-Neuve (Direction générale des Ressources naturelles et de l' Environment), 125 S.

HULA, V., KONVICKA, M., PAVLICKO, A. & FRIC, Z. (2004): Marsh Fritillary (*Euphydryas aurinia*) in the Czech Republic: monitoring, metapopulation structure, and conservation of an endangered butterfly. – Entomologica Fennica 15: 231-241.

JOYCE, D.A. & PULLIN, A.S. (2003): Conservation implications of the distribution of genetic diversity at different scales: a case study using the marsh fritillary butterfly (*Euphydryas aurinia*). – Biological Conservation 114 (3): 453-461.

JUNKER, M. (2010): Kritische Betrachtung des FFH-Konzeptes unter Berücksichtigung von Ökologie, Management-Einheiten und Evolutionär Signifikanten Einheiten am Beispiel der Schmetterlingsart *Euphydryas aurinia*. – Trier (Universität Trier – Dissertation), 162 S.

KANKARE, M. & SHAW, M.R. (2004): Molecular phylogeny of *Cotesia* CAMERON, 1891 (Insecta: Hymenoptera: Braconidae: Microgastrinae) parasitoids associated with Melitaeini butterflies (Insecta: Lepidoptera: Nymphalidae: Melitaeini). – Molecular Phylogenetics and Evolution 32 (1): 207-220.

KANKARE, M., STEFANESCU, C., VAN NOUHUYS, S. & SHAW, M.R. (2005): Host specialization by *Cotesia* wasps (Hymenoptera: Braconidae) parasitizing species-rich Melitaeini (Lepidoptera: Nymphalidae) communities in north-eastern Spain. – Biological Journal of the Linnean Society 86 (1): 45-65.

KARBIENER, O. (2005): Goldener Scheckenfalter (*Eurodryas aurinia*). – In: EBERT, G. (Hrsg.): Die Schmetterlinge Baden-Württembergs Band 10. – Stuttgart (Ulmer): 98-101.

KLAPWIJK, M.J., GROEBLER, B.C., WARD, K., WHEELER, D. & LEWIS, O.T. (2010): Influence of experimental warming and shading on host-parasitoid synchrony. – Global Change Biology 16 (1): 102-112.

KLEMETTI, T. & WAHLBERG, N. (1997): Punakeltaverkkoperhosen (*Euphydryas aurinia*) ekologia ja populaatiorakenne Suomessa. – Baptria 22 (2): 87-93.

KONVIČKA, M., HULA, V. & FRIC, Z. (2003): Habitat of pre-hibernating larvae of the endangered butterfly *Euphydryas aurina* (Lepidoptera: Nymphalidae): What can be learned from vegetation composition and architechture? – European Journal of Entomology 100: 313-322.

KUDRNA, O., HARPKE, A., LUX, K., PENNERSTORFER, J., SETTELE, J. & WIEMERS, M. (2011): Distribution Atlas of Butterflies in Europe. – Halle (Gesellschaft für Schmetterlingsschutz), 576 S.

LAFRANCHIS, T. (2004): Butterflies of Europe.-New Field Guide and Key. – Paris (Diatheo): 351 S.

LIU, W., WANG, Y. & XU, R. (2006): Habitat utilization by ovipositing females and larvae of the Marsh fritillary (*Euphydryas aurinia*) in a mosaic of meadows and croplands. – Journal of Insect Conservation 10 (4): 351-360.

MADE, J.V.D. & WYNHOFF, I. (1996): Lepidoptera - Butterflies and Moths. – In: VAN HELSDINGEN, P.J., WILLEMSE, L. & SPEIGHT, M.L. (Eds.): Background information on invertebrates of the Habitat Directive and the Bern Convention. Part I – Crustacea, Coleoptera and Lepidoptera. – Nature and Environment (Council of Europe Publishing) 79: 75-217.

MUNGUIRA, M.L., MARTÍN, J., GARCÍA-BARROS, E. & VIEJO, J.L. (1997): Use of space and resources in a Mediterranean population of the butterfly *Euphydryas aurinia*. – Acta Oecologica 18 (5): 597-612.

NÈVE, G. & SINGER, M.C. (2008): Protandry and postandry in two related butterflies: conflicting evidence about sex-specific trade-offs between adult size and emergence time. – Evolutionary Ecology 22 (6): 701-709.

NORBERG, U., ENFJÄLL, K. & LEIMAR, O. (2002): Habitat exploration in butterflies - an outdoor cage experiment. – Evolutionary Ecology 16 (1): 1-14.

PORTER, K. (1983): Multivoltinism in *Apanteles bignellii* and the influence of weather on synchronisation with its host *Euphydryas aurinia*. – Entomologia Experimentalis et Applicata 34 (2): 155-162.

PRETSCHER, P. (2000): Aufbereitung ökologischer und faunistischer Grundlagendaten für die Schmetterlingsdatenbank LEPIDAT des Bundesamtes für Naturschutz (BfN) am Beispiel ausgewählter Arten der FFH-Richtlinie, der Roten Liste Tiere Deutschlands und des "100-Arten-Korbes". – Natur und Landschaft 75 (6): 264-266.

REINHARDT, R. & BOLZ, R. (2011): Rote Liste und Gesamtartenliste der Tagfalter (Rhopalocera) (Lepidoptera: Papilionidae et Hesperioidea) Deutschlands. – Naturschutz und Biologische Vielfalt 70 (3): 167-194.

SAARINEN, K., JANTUNEN, J. & VALTONEN, A. (2005): Resumed forest grazing restored a population of *Euphydryas aurinia* (Lepidoptera: Nymphalidae) in SE Finland. – European Journal of Entomology 102 (4): 683-690.

SCHTICKZELLE, N., CHOUTT, J., GOFFART, P., FICHEFET, V. & BAGUETTE, M. (2005): Metapopulation dynamics and conservation of the marsh fritillary butterfly: population viability analysis and management options for a critically endangered species in Western Europe. – Biological Conservation 126 (4): 569-581.

SETTELE, J., FELDMANN, R. & REINHARDT, R. (1999): Die Tagfalter Deutschlands. – Stuttgart (Ulmer), 452 S.

SETTELE, J., KUDRNA, O., HARPKE, A., KÜHN, I., VAN SWAAY, C., VEROVNIK, R., WARREN, M.S., WIEMERS, M., HANSPACH, J., HICKLER, T., KÜHN, E., V. HALDER, I., VELING, K., VLIEGENTHART, A., WYNHOFF, I. & SCHWEIGER, O. (2008): Climatic Risk Atlas of European Butterflies. – Moskau (Pensoft), 710 S.

SIGAARD, P., PERTOLDI, C., MADSEN, A.B., SØGAARD, B. & LOESCHCKE, V. (2008): Patterns of genetic variation in isolated Danish populations of the endangered butterfly *Euphydryas aurinia*. – Biological Journal of the Linnean Society 95 (4): 677-687.

SMEE, M., SMYTH, W., TUNMORE, M., FFRENCH-CONSTANT, R. & HODGSON, D. (2011): Butterflies on the brink: habitat requirements for declining populations of the marsh fritillary (*Euphydryas aurinia*) in SW England. – Journal of Insect Conservation 15 (1): 153-163.

VAN SWAAY, C. & WARREN, M. (1999): Red Data Book of European Butterflies (Rhopalocera). – Strasburg (Council of Europe Publishing), 259 S.

THOSS, S., FISCHER, U., REINHARDT, R. & WALTER, S. (2005): Der Abbiss-Scheckenfalter *Euphydryas aurinia* (ROTTEMBURG, 1775) (Lep., Nymphalidae) in Sachsen – ein Überblick zur Verbreitung, Bestandesentwicklung, Biologie und Ökologie der letzten rezenten Vorkommen im Vogtland. – Entomologische Nachrichten und Berichte 49 (2): 81-90.

ULRICH, R. (2003): Die FFH-Art Goldener Scheckenfalter (*Euphydryas aurinia* ROTEMBURG, 1775) im Saarland. Aktuelle Verbreitung, Bedeutung für die deutsche Gesamtpopulation und Schutz. – Naturschutz und Landschaftsplanung 3 (6) 178-183.

ULRICH, R. (2004): Das Wanderverhalten des Goldenen Scheckenfalters (*Euphydryas aurinia* ROTTEMBURG, 1775) in einem Metapopulationssystem im Muschelklakgebiet des Bliesgaus/Saarland. – Natur und Landschaft 79 (8): 358-363.

WACHLIN, V. (2012): *Euphydryas aurinia* – Steckbriefe der in M-V vorkommenden Arten der Anhänge II und IV der FFH-Richtlinie. – URL: www.lung.mv-regierung.de/dateien/ffh_asb_euphydryas_aurinia.pdf (eingesehen am 10.01.2013).

WAHLBERG, N., KLEMETTI, T., SELONEN, V. & HANSKI, I. (2002): Metapopulation structure and movements in five species of checkerspot butterflies. – Oecologia 130 (1): 33-43.

WALLIS DE VRIES, M.F. & VAN SWAAY, C.A.M. (2006): Global warming and excess nitrogen may induce butterfly decline by microclimatic cooling. – Global Change Biology 12 (9): 1620-1626.

WANG, R., WANG, Y., CHEN, J., LEI, G. & XU, R. (2004): Contrasting movement patterns in two species of chequerspot butterflies, *Euphydryas aurinia* and *Melitaea phoebe*, in the same patch network. – Ecological Entomology 29 (3): 367-374.

WANG, R.J., WANG, Y.F., LEI, G.C., XU, R.M. & PAINTER, J. (2003): Genetic differentiation within metapopulations of *Euphydryas aurinia* and *Melitaea phoebe* in China. – Biochemical Genetics 41 (3-4): 107-118.

WARREN, M.S. (1994): The UK status and suspected metapopulation structure of a threatened European butterfly, the marsh fritillary *Eurodryas aurinia*. – Biological Conservation 67 (3): 239-249.

WEIDEMANN, H.J. (1995): Tagfalter. – Augsburg (Naturbuch Verlag), 659 S.

ZHANG, Y., LIU, L. & XU, R. (2009): The effect of migration on the viability, dynamics and structure of two coexisting metapopulations. – Ecological Modelling 220 (3): 272-282.

ZIMMERMANN, K., FRIC, Z., JISKRA, P., KOPECKOVA, M., VLASANEK, P., ZAPLETAL, M. & KONVICKA, M. (2011): Mark-recapture on large spatial scale reveals long distance dispersal in the Marsh Fritillary, *Euphydryas aurinia*. – Ecological Entomology 36 (4): 499-510.

Blauschillernder Feuerfalter *Lycaena helle* (DENIS & SCHIFFERMÜLLER 1975)

JOHANNES LIMBERG und KLAUS FISCHER

Biologie der Art

Die westeuropäischen Bestände des Blauschillernden Feuerfalters, so auch fast alle Deutschlands, sind univoltin (EBERT & RENNWALD 1991, FISCHER 1998, NUNNER 2006). In Abhängigkeit des jeweiligen lokalen Klimas kann sich die Flugzeit über einen Zeitraum von Anfang April bis Anfang Juli erstrecken (EBERT & RENNWALD 1991, FISCHER 1998, NUNNER 2006). Eine Ausnahme bildet eine zweibrütige Population in Mecklenburg-Vorpommern mit einer weiteren Flugperiode von Mitte Juli bis Mitte August (SCHUBERT 2008, WACHLIN 2009). Die Eier, etwa 80 bis 120 pro Weibchen, werden an der Blattunterseite des Schlangenknöterichs platziert (FISCHER 1998). Dabei dient die Streuung der Eier über ein breites Standortspektrum vermutlich der Risikominimierung (BIEWALD & NUNNER 2006). Die Larven schlüpfen nach ein bis zwei Wochen und entwickeln sich innerhalb von vier bis sechs Wochen über vier Stadien bis zur Puppe (FISCHER 1998). Die Überwinterung erfolgt als Gürtelpuppe unter Laub am Boden (EBERT & RENNWALD 1991, WIPKING et al. 2007). Als Eiablage- und Raupenfraßpflanze ist für Mittel- und Westeuropa einzig der Schlangenknöterich (*Bistorta officinalis*) sicher belegt (EBERT & RENNWALD 1991, NUNNER 2006). In Skandinavien übernimmt jenseits der Arealgrenze des Schlangenknöterichs der Knöllchenknöterich (*Bistorta vivipara*) die Funktion als Wirtspflanze (VAN SWAAY & WARREN 1999). Für die Nektarversorgung der Imagines sind mehr als 40 Stauden belegt (HASSELBACH 1985, FISCHER et al. 1999, BIEWALD & NUNNER, 2006).

Verbreitung, Habitatansprüche und Populationsdichte

L. helle ist eine boreo-montane Art, deren Verbreitungsareal mit lokalen Vorkommen in Westeuropa und Skandinavien bis in den Norden Asiens reicht (EBERT & RENNWALD 1991). War *L. helle*, wenn auch nur disjunkt, postglazial in Mitteleuropa weit verbreitet, konzentrieren sich heute die wenigen isolierten Populationen Mitteleuropas auf die submontanen Bereiche der Mittelgebirge, Alpen, Voralpen und Pyrenäen (MEYER 1980, BIEWALD & NUNNER, 2006, HABEL et al. 2011a). Mit 80 Fundorten stellen der Westerwald (Rheinland-Pfalz, Hessen) und das bayrische Alpenvorland (70 Fundorte) die Verbreitungsschwerpunkte in Deutschland dar (FISCHER et al. 1999, NUNNER 2006, DOLEK 2012). Weitere Vorkommen bestehen im Sauerland, der Eifel, im Hohen Venn (Nordrhein-Westfalen, Rheinland-Pfalz) und bei Donaueschingen (Baden-Württemberg; BIEWALD & NUNNER 2006). Als einziges Vorkommen im norddeutschen Tiefland stellt die

Population im Ueckertal (Mecklenburg-Vorpommern) eine Besonderheit dar (HENNICKE 1996; WACHLIN 2009).

Da die ursprünglichen Lebensräume, zu denen Quellmoore, Randbereiche von Hochmooren und Erlenbruchwäldern, Übergangsmoore und Bachauen zählen (SBN 1987, FISCHER et al. 1999, VAN SWAAY & WARREN 1999, TURLURE et al. 2009), kaum noch vorhanden sind, kommt *L. helle* heute hauptsächlich in anthropogenen Ersatzhabitaten vor. Zu diesen zählen oligo- bis mesotrophe Feuchtbrachen (v.a. Calthion-, Filipendulion-, Molinio-Verbände), die neben zahlreichen Nektarpflanzen vor allem ausgedehnte Bestände an *Bistorta officinalis* (resp. *B. vivipara*) aufweisen (FISCHER et al. 1999, NUNNER 2006, RÖHL et al. 2006, BAUERFEIND et al. 2008, DOLEK 2012). FISCHER et al. (1999) heben die Bedeutung der *Deschampsia ceaspitosa-Bistorta officinalis*-Gesellschaft für *L. helle* hervor. Besonders geeignet sind Sukzessionsstadien, die ein kleinräumiges Mosaik aus offenen Flächen und Gehölzen bieten. Die enge Bindung an Gehölzstrukturen ist sowohl auf die verringerte Gefahr der Winddrift als auch das ausgeglichene Mikroklima in der Umgebung zurückzuführen (WIPKING et al. 2007, STEINER et al. 2006).

Die noch vorhandenen (Larval-)Habitate, selten größer als 1ha, beherbergen überwiegend kleine Populationen (< 100 Ind.) und unterliegen ausgeprägten Populationsschwankungen. Grundsätzlich stellen Populationsdichten von über 100 Individuen pro Hektar mittlerweile eine Ausnahme dar (vgl. LIMBERG et al. 2011, NUNNER 2006, RÖHL et al. 2006, WIPKING et al. 2007). Die regionalen Verbreitungsmuster lassen typische Strukturen von Metapopulationen erkennen (BAUERFEIND et al. 2008, SAWCHIK et al. 2003). Im gesamten westeuropäischen Areal, so auch in Deutschland, gilt *L. helle* als stark rückläufig (FISCHER et al. 1999, VAN SWAAY & WARREN 1999). Als Hauptursachen dieser Entwicklung werden die Nutzungsaufgabe von Grenzertragsstandorten, die Aufforstung von Feuchtstandorten sowie die Instabilität der Feuchtwiesenbrachen genannt (BIEWALD & NUNNER 2006, FALKENHAHN 1995, FISCHER et al. 1999). Die Ausbreitung von Hochstauden und Gehölzen wird durch eine zunehmende Eutrophierung (infolge von Entwässerung & evtl. atmosphärische Stickstoffdeposition) beschleunigt (FISCHER et al. 1999, NUNNER 2006).

Es wird angenommen, dass steigende Temperaturen und verminderte Sommerniederschläge den Grundwasserspiegel der Feuchtbrachen zusätzlich absenken werden. In Verbindung mit Hitzeperioden könnte der Schlangenknöterich an Vitalität einbüßen (Welke-Erscheinungen) und somit das Nahrungsangebot für Larven und Imagines einschränken. Eine verringerte Luftfeuchte mag vor allem in Sommermonaten die Embryonal- und Larvalentwicklung der hygrophilen Art beeinträchtigen (Austrocknungsgefahr). Demgegenüber könnte in Gebieten mit gutem Grundwasseranschluss aufgrund einer höheren Verdunstungsrate eine mikroklimatische Abkühlung eintreten. Infolge milderer Winter vermuten BEHRENS et al. (2009) ein erhöhtes Mortalitätsrisiko, dass auf einen erhöhten Stoffwechselumsatz während der Puppenruhe sowie eine steigende Aktivität der Parasiten zurückzuführen sei. Außerdem könne die Verpilzungsgefahr der Puppen durch eine zunehmende Luftfeuchte (höhere Winterniederschläge) steigen. Mithilfe von Modellprojektionen, denen verschiedene Klimaszenarien (IPCC 2001) zugrunde liegen, wird versucht die zukünftige Arealentwicklung von *L. helle* abzuschätzen. HABEL et al. (2011a) prognostizieren für die Szenarien A2a und B2a einen drastischen Arealverlust in Westeuropa. Allein Pyrenäen, Zentralmassiv und Teile der Alpen würden bis ins Jahr 2080 geeignete Räume für *L. helle* bieten. Damit würde sich die vertikale Verlagerung der Habitate, die mit der postglazialen Erwärmung bereits einsetzte, in Zukunft in beschleunigter Form fortsetzen. Demgegenüber sagen die Modelle von SETTELE et al. (2008) einen sehr geringen Habitatverlust in Mitteleuropa voraus (Szenarien B1, A2, A1FI). Aufgrund der höheren Auflösung hat das Populationsmodell von HABEL et al. (2011a) allerdings vermutlich eine größere Aussagekraft.

PEM-Optionen

Plastizität

Das plastische Reaktionsverhalten von *L. helle* gegenüber klimatischen Veränderungen ist weitgehend unbekannt. Demgegenüber sind ausgeprägte plastische Reaktionen von *Lycaena hippothoe* und *Lycaena tityrus* unter dem Einfluss unterschiedlicher Temperaturen belegt. Höhere Temperaturen können die Wachstumsbedingungen von *L. hippothoe* derart begünstigen, dass die Diapause gebrochen und die Anzahl der Larvalstadien reduziert wird (FISCHER & FIEDLER 2002). Unter dem Einfluss einer verlängerten Photoperiode zeigt *L. tityrus* generell eine direkte Entwicklung (FISCHER & FIEDLER 2000). Westerwälder Individuen von *L. helle* hingegen, behalten unter dem Einfluss dieser Faktoren die Diapause immer bei (mündl. Mittlg. K. FISCHER). Dieser Befund, unerwartet vor dem Hintergrund, dass eine zweibrütige Population im milderen Klima des norddeutschen Tieflandes (Ueckermünde) existiert, ist möglicherweise ein Hinweis auf eine sehr geringe thermische Plastizität von *L. helle*. Es ist allerdings zu berücksichtigen, dass das Anpassungsvermögen in Abhängigkeit von der Herkunft stark variieren kann. Unter dem Einfluss höherer Temperaturen entwickeln alpine Individuen von *L. hippothoe* und *L. tityrus* eine geringere Stressresistenz gegenüber hohen Temperaturen als nichtalpine Individuen (FISCHER & FIEDLER 2002, KARL et al. 2008). Somit könnte das plastische Reaktionsvermögen auf hohe Temperaturen (Hitzewellen) vor allem von Individuen aus höheren Lagen von *L. helle* eingeschränkt sein.

Evolution

Infolge der postglazialen Erwärmung zog sich *L. helle* in Mitteleuropa weitgehend in die höheren Lagen zurück, so dass aus einem einst großen Areal kleine isolierte Bestände hervorgingen (HABEL et al. 2011a). Die Jahrtausende andauernde Isolation führte zu einer genetischen und morphologischen Differenzierung dieser Bestände (FINGER et al. 2009, HABEL et al. 2010b). MEYER (1982) beschreibt für Mitteleuropa neun Unterarten. Im Gegensatz zu anderen Reliktarten wie z.B. *Parnassius appollo*, die eine genetische

Verarmung als Folge andauernder Isolation aufweisen, verfügen die einzelnen Bestände von *L. helle* nach wie vor über eine ausgeprägte genetische Vielfalt (FINGER et al. 2009, HABEL et al. 2010b). Dies spricht für ein hohes genetisches Anpassungspotential der verbleibenden Populationen. Dennoch deuten Ergebnisse von Zeitreihenanalysen genetischen Materials auf einen rezent fortschreitenden Verlust der genetischen Vielfalt und einzigartiger Allele hin (HABEL et al. 2011b). Darüber hinaus ist innerhalb zahlreicher Bestände eine starke genetische Strukturierung festzustellen, die auf einen reduzierten Genfluss zwischen den Populationen hinweist (FINGER et al. 2009, HABEL et al. 2010b). Die Populationen im Eifel-Ardennen-Gebiet weisen eine positive Korrelation zwischen Entfernung und genetischer Differenzierung auf (isolation by distance; FINGER et al. 2009, HABEL et al. 2010c). Unter dem Einfluss des Klimawandels ist eine fortschreitende Fragmentierung und ein weiterer Verlust der Arealfläche zu erwarten (HABEL et al. 2010c). Die verbleibenden Bestände drohen infolge einer genetischen Erosion einzubrechen, da diese weder die nötige Größe noch ein kritisches Maß an genetischer Diversität aufweisen (HABEL et al. 2011a).

Alpine und nichtalpine Individuen von *L. tityrus* weisen genetische Differenzierungen auf, die vor allem den Genlocus PGI betreffen (KARL et al. 2009). Vermutlich infolge thermaler Selektion weisen alpine Populationen im Gegensatz zu Populationen niedriger Lagen rezent eine nahezu monomorphe Ausprägung des PGI-Gens auf (KARL et al. 2009). Da wichtige Eigenschaften und Funktionen an das PGI-Gen gekoppelt sind (Dauer Larvalentwicklung, Puppenmasse; KARL et al. 2009), könnten alpine Populationen von *L. tityrus* unter dem Einfluss sich ändernder Umweltbedingungen (höhere Temperaturen) erhöhte Anpassungsschwierigkeiten haben. Möglicherweise gilt dies auch für alpine Populationen von *L. helle*.

Mobilität

L. helle gilt als sesshafte Art mit geringer Ausbreitungsfähigkeit (BACHELARD & DESCIMON 1999, FISCHER et al. 1999). In Fang-Wiederfang-Untersuchungen ermittelten FISCHER et al. (1999) durchschnittliche Flugdistanzen von 37 m (♂) bzw. 61 m (♀). Ein Großteil der Individuen konnte in unmittelbarer Nähe des Markierungsortes wieder gefangen werden. Einzelne Individuen legten Flugdistanzen von bis zu 560 m zurück (FISCHER et al. 1999). Die Wahrscheinlichkeit, dass *L. helle* Entfernungen oberhalb von 1000 Metern zurücklegt, schätzen FISCHER et al. (1999) als sehr gering ein. Die starke genetische Fragmentierung zwischen benachbarten Populationen (z.B. Westerwald, Ardennen) ist ebenso ein Beleg für das geringe Dispersionspotential wie die Vielzahl der lokaler Morphen (FINGER et al. 2009). MEYER (1982) sieht einen weiteren Beweis für die Sesshaftigkeit darin, dass die heutigen Bestände von *L. helle* in Mitteleuropa sich nach wie vor in Nähe der Eisrandlage der letzten pleistozänen Vereisung befinden. Aufgrund der ursprünglich engen Bindung an Moore und Sümpfe und der Stabilität und Isolation dieser Lebensräume ergab sich vermutlich keine Notwendigkeit, effektivere Kolonisierungsstrategien zu entwickeln (FISCHER et al. 1999). Das geringe Dispersionspotential kann durch bestimmte Landschaftselemente zusätzlich beeinträchtigt werden. Dichte geschlossene Wälder stellen eine Barriere dar (EBERT & RENNWALD 1991, FISCHER et al. 1999). Offene Flächen schränken die Dispersionsfähigkeit ein, da der mangelnde Windschutz gerichtete Bewegungen erschwert (FISCHER et al. 1999, CHULUUNBAATAR et al. 2009).

Mit Ausnahme der alpinen Regionen wird für Deutschland bis zum Ende dieses Jahrhunderts ein nahezu kompletter Arealverlust für *L. helle* erwartet (HABEL et al. 2011b). Alpine Populationen haben im Gegensatz zu den Mittelgebirgspopulationen (und der Tieflandpopulation) die Chance, die Klimaveränderung durch eine vertikale Arealverschiebung zu kompensieren (BEHRENS et al. 2009, HABEL et al. 2010a). Angesichts des zeitlichen Maßstabs bevorstehender Umweltveränderungen ist *L. helle* zu relativ schnellen Ortsveränderung gezwungen, die zu einer genetischen Verarmung und einer Beeinträchtigung der Fitness (genetischer Flaschenhals) führen könnten (HABEL et al. 2010b).

Zusammenfassung und Schutzempfehlung

Der negative Entwicklungstrend der ohnehin kleinen Bestände macht *L. helle* zu einer in Mitteleuropa vom Aussterben bedrohten Art (FFH RL, Anh. II, IV; Rote Liste BRD: 1; REINHARDT & BOLZ 2011). Der in den letzten Jahren verzeichnete Trend wird vor allem auf den Habitatverlust und eine verminderte Habitatqualität zurückgeführt. Kleinere Habitate und die zunehmende Isolation erhöhen die Wahrscheinlichkeit stochastischer Aussterbeprozesse. Unter dem Einfluss des Klimawandels werden diese Prozesse beschleunigt. Damit drohen eine erhebliche Einschränkung des Genpools und der Verlust einzigartiger Allele. Vor allem die Bestände der Mittelgebirge und des Tieflandes (Mecklenburg-Vorpommern) unterliegen einem erhöhten Extinktionsrisiko. Um dieses Risiko zu mindern, gilt dem Aufbau und Erhalt von Metapopulationen oberste Priorität (FISCHER et al. 1999, BAUERFEIND et al. 2008, HABEL et al. 2011a). Dies umfasst, neben dem Erhalt, die Bereitstellung geeigneter Habitate mit einer entsprechenden Vernetzung. Die unmittelbare Gefährdung von *L. helle* zwingt zu einer Fokussierung auf Sekundärlebensräume, da die Wiederherstellung der ursprünglichen Habitate nur langfristig möglich ist. Da die Ersatzlebensräume, verglichen mit Moorstandorten, sehr instabil sind, müssen lenkende Eingriffe vorgenommen werden (FISCHER et al. 1999, FALKENHAHN 2007). Dazu zählen gestaffelte Mahdverfahren sowie die Optimierung des Gehölzanteils (FISCHER et al. 1999, NUNNER 2006, RÖHL et al. 2006, STEINER et al. 2006, DOLEK 2012). Die Unterbindung des Stickstoffeintrags kann neben einer Sanierung des Wasserhaushaltes nicht nur die Habitatqualität fördern, sondern auch eine längerfristige Stabilität sichern (FISCHER et al. 1999, NUNNER 2006, RÖHL et al. 2006, FALKENHAHN 2007, DOLEK 2012, FISCHER et al. 2014). Für die Erweiterung der Biotopflächen wird die Überführung ausgewählter einschüriger Wiesen in ein Rotationsmahd-Brache-System empfohlen. Eine Alternative zur Mahd ist möglicherweise die extensive Beweidung durch Rinder und Pferde (NUNNER 2006, RÖHL et al. 2006, STEINER et al. 2006,

WIPKING et al. 2007, GOFFART et al. 2010). Aufgrund des geringen Flächenanspruchs von *L. helle* können auch kleinflächige Maßnahmen von Bedeutung sein. So können schmale Saumbereiche von Wäldern und Bächen nicht nur als Habitat sondern auch als Korridor dienen (LIMBERG et al. 2011). Die Herstellung eines Biotopverbundes gewinnt vor allem vor dem Hintergrund einer zu erwartenden Verlängerung der Vegetationsperiode und einer damit einhergehenden Nutzungsintensivierung (Aufgabe Brachflächen, Erhöhung der Mahdfrequenz) an Bedeutung (BEHRENS et al. 2009). Erfahrungen zeigen, dass die Pflegemaßnahmen sich aufgrund der Nutzungssensitivität von *L. helle* nicht in Bewirtschaftungskreisläufe integrieren lassen (FALKENHAHN 2007, GOFFART et al. 2010, DOLEK 2012).

Eine Besonderheit und Ausnahme stellen die Habitatflächen bei Ueckermünde (Mecklenburg-Vorpommern) dar, die Aufgrund der Eutrophierung mindestens einmal pro Jahr gemäht werden müssen, um die Habitatqualität zu erhalten. Da sich die ökologischen Ansprüche dieser Population von allen anderen deutschen Populationen substantiell unterscheiden, sind in Ueckermünde besondere Pflege- und Schutzmaßnahmen erforderlich (SCHUBERT et al. 2013, WACHLIN 2009, FISCHER et al. 2014). Eine regelmäßige Nutzung dieser Flächen wird hier möglicherweise von der Art infolge der Zweibrütigkeit der betreffenden Population toleriert, was eine schnellere Erholung nach Eingriffen erlaubt (DOLEK 2012).

Anschrift der Autoren:

Dipl. Laök. J. Limberg, Prof. Dr. K. Fischer, Tierökologie, Zoologisches Institut und Museum, Universität Greifswald, Johann Sebastian Bach-Str. 11/12, 17487 Greifswald

Literatur

BACHELARD, P. & DESCIMON, H. (1999): *Lycaena helle* (DENIS & SCHIFFERMÜLLER, 1775) dans le Massif central (France): une analyse écogéographique (Lepidoptera, Lycaenedae). – Linneana Belgica 17 (1): 23-41.

BAUERFEIND, S.S., THEISEN, A. & FISCHER, K. (2008): Patch occupancy in the endangered butterfly *Lycaena helle* in a fragmented landscape: effects of habitat quality, patch size and isolation. – Journal of Insect Conservation 13 (3): 271-277.

BEHRENS, M., FARTMANN, T. & HÖLZEL, N. (2009): Auswirkungen von Klimaänderungen auf die Biologische Vielfalt: Pilotstudie zu den voraussichtlichen Auswirkungen des Klimawandels auf ausgewählte Tier- und Pflanzenarten in Nordrhein-Westfalen, Teil 2: zweiter Schritt der Empfindlichkeitsanalyse: Wirkprognose. – Gutachten im Auftrag MUNLV NRW, Münster (Institut für Landschaftsökologie), 364 S.

BIEWALD, G. & NUNNER, A. (2006): Das europäische Schutzgebietssystem Natura 2000. Ökologie und Verbreitung von Arten der FFH Richtlinie in Deutschland. – Schriftenreihe für Landschaftspflege und Naturschutz 69 (3): 188 S.

CHULUUNBAATAR, G., BARUA, K.K. & MUEHLENBERG, M. (2009): Habitat association and movement patterns of the violet copper (*Lycaena helle*) in the natural landscape of West Khentey in Northern Mongolia. – Journal of Entomology and Nematology 1 (5): 56-63.

DOLEK, M. (2012): Blauschillernder Feuerfalter (*Lycaena helle*). – Internethandbuch Arten Anhang IV FFH-Richtlinie, Bundesamt für Naturschutz.

EBERT, G. & RENNWALD, E. (1991): Die Schmetterlinge Baden-Württembergs. Band 2. Tagfalter 2. – Stuttgart (Ulmer), 535 S.

FALKENHAHN, H. (2007): Artenhilfskonzept Blauschillernder Feuerfalter (*Lycaena helle*) in Hessen im Auftrag von Hessen-Forst FENA. – Gießen, 31 S.

FINGER, A., SCHMITT, T., EMMANUEL ZACHOS, F., MEYER, M., ASSMANN, T. & HABEL, J.C. (2009): The genetic status of the violet copper *Lycaena helle* – a relict of the cold past in times of global warming. – Ecography 32 (3): 382-390.

FISCHER, K. (1998): Zu Fekundität, Fertilität und Präimaginalbiologie des Blauschillernden Feuerfalters *Lycaena helle* (Lepidoptera: Lycaenidae). – Verhandlungen Westdeutscher Entomologentag 1997, Düsseldorf (Löbbecke Museum): 167-176.

FISCHER, K., BEINLICH, B. & PLACHTER, H. (1999): Population structure, mobility and habitat preferences of the violet copper *Lycaena helle* (Lepidoptera: Lycaenidae) in Western Germany: implications for conservation. – Journal of Insect Conservation 3 (1): 43-52.

FISCHER, K. & FIEDLER, K. (2000): Methodische Aspekte von Fang-Wiederfangstudien am Beispiel der Feuerfalter *Lycaena helle* und *L. hippothoe*. – Beiträge zur Ökologie 4 (2): 157-172.

FISCHER, K. & FIEDLER, K. (2002): Life-history plasticity in the butterfly *Lycaena hippothoe:* local adaptations and trade-offs. – Biological Journal of the Linnean Society 75 (2): 137-279.

FISCHER, K. & KARL, I. (2010): Exploring plastic and genetic responses to temperature variation using copper butterflies. – Climate Research 43 (1-2): 17-30.

FISCHER, K., SCHUBERT, E. & LIMBERG, J. (2014): Caught in a trap: How to preserve a post-glacial relict species in secondary habitats? – In: HABEL, J.C., MEYER, M. & SCHMITT, T. (Eds.): Jewels in the mist - a biological synopsis on the endangered butterfly *Lycaena helle*. – Prag (Pensoft): 217-229.

GOFFART, P., SCHTICKZELLE, N. & TURLURE, C. (2010): Conservation and management of the habitats of two relict butterflies in the Belgian Ardenne: *Proclossiana eunomia* and *Lycaena helle*. – In: HABEL, J.C. & ASSMANN, T. (Eds.): Relict Species. Berlin (Springer): 357-370.

HABEL, J., IVINSKIS, P. & SCHMITT, T. (2010a): On the limit of altitudinal range shifts-populaton genetics of relict butterfly populations. – Acta Zoologica Academiae Scientiarum Hungaricae 56 (4): 383-393.

HABEL, J.C., SCHMITT, T., MEYER, M., FINGER, A., RÖDDER, D., ASSMANN, T. & ZACHOS, F.E. (2010b): Biogeography meets conservation: the genetic structure of the endangered lycaenid butterfly *Lycaena helle* (DENIS & SCHIFFERMÜLLER, 1775). – Biological Journal of the Linnean Society 101 (1): 155-168.

HABEL, J.C., AUGENSTEIN, B., MEYER, M., NÈVE, G., RÖDDER, D. & ASSMANN, T. (2010c): Population genetics and ecological niche modelling reveal high fragmentation and potential future extinction of the endangered relict butterfly LYCAENA HELLE. – In: HABEL, J. C. & ASSMANN, T. (Eds.): Relict Species. – Berlin (Springer): 417-439.

HABEL, J.C., RÖDDER, D., SCHMITT, T. & NÈVE, G. (2011a): Global warming will affect the genetic diversity and uniqueness of *Lycaena helle* populations. – Global Change Biology 17 (1): 194-205.

HABEL, J.C., FINGER, A., SCHMITT, T. & NEVE, G. (2011b): Survival of the endangered butterfly *Lycaena helle* in a fragmented environment: Genetic analyses over 15 years. – Journal of Zoological Systematics and Evolutionary Research 49 (1): 25-31.

HENNICKE, M. (1996): Entdeckung eines Vorkommens von *Lycaena helle* SCHIFF. in Mecklenburg-Vorpommern (Lep. Lycaenidae). – Entomologische Nachrichten und Berichte 40 (2): 129-130.

HASSELBACH, W. (1985): *Lycaena helle* – Die Zucht einer in der Bundesrepublik Deutschland vom Aussterben bedrohten Art (Lep.: Lycaenidae). – Entomologische Zeitschrift 95 (6): 70-76.

IPCC (2001): Climate Change 2001: The Scientific Basis. – Cambridge (Cambridge University Press), 94 S.

KARL, I., JANOWITZ, S.A. & FISCHER, K. (2008): Altitudinal life-history variation and thermal adaptation in the copper butterfly *Lycaena tityrus*. – Oikos 117 (5): 778-788.

KARL, I., SCHMITT, T. & FISCHER, K. (2009): Genetic differentiation between alpine and lowland populations of a butterfly is related to PGI enzyme genotype. – Ecography 32 (3): 488-496.

LIMBERG, J., KUNZ, M., WEBER, T. & FISCHER, K. (2011): Stichprobenmonitoring zur FFH-Richtlinie: *Lycaena helle*. – Greifswald (Gutachten im Auftrag des Landesamtes für Umwelt, Wasserwirtschaft und Gewerbeaufsicht Rheinland-Pfalz), 44 S.

MEYER, M. (1980): Die Verbreitung von *Lycaena helle* in der Bundesrepublik Deutschland (Lep.: Lycaenidae). – Entomologische Zeitschrift 90 (20): 217-224.

MEYER, M. (1982): Révision systématique, chorologique et écologique de *Lycaena helle* DENIS & SCHIFFERMÜLLER, 1775 (Lycaenidae). 3ème partie: l'écologie. – Linneana Belgica, Pars VIII (10): 451-466.

NUNNER, A. (2006): Zur Verbreitung, Bestandssituation und Habitatbindung des Blauschillernden Feuerfalters (*Lycaena helle*) in Bayern – In: FARTMANN, T. & HERMANN, G. (Hrsg.): Larvalökologie von Tagfaltern und Widderchen in Mitteleuropa. – Abhandlungen aus dem Westfälischen Museum für Naturkunde 68 (3/4): 153-170.

REINHARDT, R. & BOLZ, R. (2011): Rote Liste und Gesamtartenliste der Tagfalter (Rhopalocera) (Lepidoptera: Papilionidae et Hesperioidea) Deutschlands. – Naturschutz und Biologische Vielfalt 70 (3): 167-194.

RÖHL, M., POPP, S. & WENDLER, C. (2006): Auswirkung von Landschaftspflegemaßnahmen auf Populationen des Blauschillernden Feuerfalters (*Lycaena helle*) in Moorkomplexen im Umfeld des Birkenrieds auf der Ostbaar - Abschlussbericht im Auftrag des Landesamtes Baden Württemberg. – Nürtingen (Institut für Angewandte Forschung der Hochschule Nürtingen-Geißlingen), 47 S.

SAWCHIK, J., DUFRENE, M. & LEBRUN, P. (2003): Estimation of habitat quality based on plant community, and effects of isolation in a network of butterfly habitat patches. – Acta Oecologica 24 (1): 25-33.

SBN (SCHWEIZERISCHER BUND FÜR NATURSCHUTZ) (1987): Tagfalter und ihre Lebensräume. Arten-Gefährdung-Schutz. – Basel (SBN), 516 S.

SCHUBERT, E. (2008): Habitatnutzung des Blauschillernden Feuerfalters (*Lycaena helle*) bei Uckermünde. – Greifswald (Ernst-Moritz-Arndt Universität Greifswald – Diplomarbeit), 76 S.

SETTELE, J., KUDRNA, O., HARPKE, A., KÜHN, I., VAN SWAAY, C., VEROVNIK, R., WARREN, M.S., WIEMERS, M., HANSPACH, J., HICKLER, T., KÜHN, E., V. HALDER, I., VELING, K., VLIEGENTHART, A., WYNHOFF, I. & SCHWEIGER, O. (2008): Climatic Risk Atlas of European Butterflies. – Moskau (Pensoft), 710 S.

STEINER, R., TRAUTNER, J. & GRANDCHAMP, A.-C. (2006): Larvalhabitate des Blauschlillernden Feuerfalters (*Lycaena helle*) am schweizerischen Alpennordrand unter Berücksichtigung des Einflusses von Beweidung. – In: FARTMANN, T. & HERMANN, G. (Hrsg.): Larvalökologie von Tagfaltern und Widderchen in Mitteleuropa. – Abhandlungen aus dem Westfälischen Museum für Naturkunde 68 (3/4): 135-151.

TURLURE, C., VAN DYCK, H., SCHTICKZELLE, N. & BAGUETTE, M. (2009): Resource-based habitat definition, niche overlap and conservation of two sympatric glacial relict butterflies. – Oikos 118 (6): 950-960.

VAN SWAAY, C. & WARREN, M. (1999): Red Data Book of European Butterflies (Rhopalocera). – Strasburg (Council of Europe Publishing), 259 S.

WACHLIN, V. (2009): Steckbrief FFH-Arten: *Lycaena helle*. – Greifswald (Institut für Landschaftsökologie und Naturschutz), 7 S.

WIPKING, W., FINGER, A. & MEYER, M. (2007): Habitatbindung und Bestandssituation des Blauschillernden Feuerfalters *Lycaena helle* (DENIS & SCHIFFERMÜLLER) in Luxemburg (Lepidoptera, Lycaenidae). – Bulleltin de la Société des naturalistes luxembourgeois 108: 81-87.

Dunkler Wiesenknopf-Ameisenbläuling *Maculinea nausithous* (BERGSTRÄSSER 1779)

JOHANNES LIMBERG und KLAUS FISCHER

Biologie der Art

Die Flugzeit des Dunklen Wiesenknopf-Ameisenbläulings (*Maculinea nausithous*) erstreckt sich in Deutschland in der Regel von Mitte Juli bis Ende August mit einer Generation. Innerhalb dieses Zeitraumes werden die Eier (120-180 pro Weibchen) einzeln oder in Gruppen ausschließlich auf Knospen des Großen Wiesenknopfs (*Sanguisorba officinalis*) platziert (SBN 1987, EBERT & RENNWALD 1991). Bevorzugt werden endständige bzw. kurz vor der Entfaltung befindliche Knospen aufgesucht (THOMAS 1984, EBERT & RENNWALD 1991, DIERKS & FISCHER 2009). Die monophagen Raupen, die nach ca. 8 Tagen schlüpfen, bohren sich sogleich in den Fruchtknoten um diesen von innen auszufressen (SBN 1987). Nachdem ca. Ende August die dritte Häutung erfolgt ist, verlässt die Larve den Blütenkopf und lässt sich zu Boden fallen. Die Abgabe von Pheromonen, die denen der Wirtsameise *Myrmica rubra* ähneln, veranlasst die Arbeiterameisen die Larve in ihr Nest zu tragen. Während die Larven im Nest überwintern, ernähren sie sich ausschließlich von der Ameisenbrut (THOMAS et al. 1989, ELMES et al. 1998, FIEDLER, 1998). Übernimmt *M. rubra* in der Regel die Wirtsfunktion, bezeugen einzelne Beobachtungen in Osteuropa, dass *M. scabrinodis* und *M. ruginodis* als Nebenwirte auftreten können (WITEK et al. 2006, TARTALLY et al. 2008). Zahlreiche Indizien weisen auf eine fakultativ zweijährige Larvalentwicklung hin (WEIDEMANN 1995, WITEK et al. 2006). Die Larven verpuppen sich im Frühjahr (Mai/Juni) im oberen Teil des Ameisennests, um nach etwa drei Wochen zu schlüpfen und das Nest zu verlassen (BINK 1992). Mit einer durchschnittlichen Lebensdauer von nur zwei bis drei Tagen sind die Falter äußerst kurzlebig (NOWICKI et al. 2005). Nektaraufnahme, Paarung und Schlaf finden fast ausschließlich auf den Blütenköpfen des Großen Wiesenknopf statt (DREWS 2003).

Verbreitung, Habitatansprüche und Populationsdichte

M. nausithous ist von Mitteleuropa über den Ural bis nach Westsibirien verbreitet. Die südliche Grenze des Areals wird durch isolierte Vorkommen in Nordspanien und Anatolien markiert. Das in Mitteleuropa weitgehend geschlossene Areal reicht im Norden bis an den Rand der nordeuropäischen Tiefebene (EBERT & RENNWALD 1991, WYNHOFF 1998a, KUDRNA et al. 2011). In Deutschland befindet sich ein Schwerpunktvorkommen der Art. Mit Ausnahme der nördlichen Bundesländer (Schleswig-Holstein, Mecklenburg-Vorpommern, Bremen, Hamburg) ist *M. nausithous* in allen Bundesländern vertreten. Die Hauptvorkommen beherbergen Rheinland-Pfalz, Hessen, Thüringen, Baden Württemberg und Bayern (KUNZ 2000, PRETSCHER 2001, DREWS 2003). Besiedelt werden vorwiegend ebene Lagen und das angrenzende Hügelland (planar/kollin; EBERT & RENNWALD 1991). Im Westerwald wurde in den letzten 10 Jahren eine deutliche Ausbreitung in mittleren und höheren Lagen beobachtet (K. FISCHER, pers. Beob.). Als ursprüngliches Habitat gelten Auen, Sümpfe und Niedermoore (THOMAS 1984, STEVENS et al. 2008). Heute dienen überwiegend Feuchtgrünland und junge Feuchtbrachen (3-5 Jahre) als Ersatzhabitat (Vegetationstypen: Molinion, Calthion, Cnidion, Arrhenaterion, Filipendulion, Nardion strictae, Juncion acutiflori, Violion caninae; SBN 1987, EBERT & RENNWALD 1991, PRETSCHER 2001, GIESSELMANN et al. 2012). Von besonderer Bedeutung sind nicht nur große, offene Flächen mit einem üppigen *Sanguisorba*-Bestand sondern auch kleinstrukturierte Saumbereiche von Wiesen, Gräben, Dämmen und Wäldern, die eine dichte und hochgrasige (30-100 cm) Vegetation aufweisen (BATÁRY et al. 2009). Aufgrund der obligatorischen Wirtsbindung stellt die Anwesenheit von Nestern der Ameisen-Art *M. rubra* ein Schlüsselrequisit dar. Nach ANTON et al. (2008) kann die Nestdichte der Wirtsameise die Abundanz von *M. nausithous* limitieren. Die Tatsache, dass die Art innerhalb der Feuchtwiesenkomplexe trockenere und moderat warme gegenüber frischen und kühleren Flächen bevorzugt, wird vor allem auf die Standortansprüche von *M. rubra* (mesophil-feucht, dichte Vegetationsstrukturen) zurückgeführt (THOMAS et al. 1989, ELMES et al. 1997, ELMES et al. 1999, DIERKS & FISCHER 2009). Aufgrund des geringen Flächenanspruchs ist *M. nausithous* in der Lage, auf kleinen Flächen (1.000-2.000 m^2) hohe Abundanzen zu etablieren. Im Westerwald und in Südostbayern wurden Maximalwerte von 100 Faltern auf 1.000 m^2 ermittelt (STETTMER et al. 2001a, DIERKS & FISCHER 2009). Trotz hoher Abundanz fällt die effektive Populationsgröße oft relativ gering aus, da die Art protandrisch und die individuelle Lebenszeit im Verhältnis zur Gesamtflugzeit (40-50 Tage) sehr gering ist (NOWICKI et al. 2005). So kann jedes Individuum sich nur mit einem Bruchteil der Gesamtpopulation verpaaren. Langjährige Untersuchungen in Südostbayern belegen starke Abundanzschwankungen innerhalb der Teilpopulationen sowie zahlreiche Extinktions- und Kolonisationsereignisse, was die Existenz von Metapopulationen nahelegt (STETTMER et al. 2001a). Aktuelle Untersuchungen gehen davon aus, dass die jährlichen Fluktuationen dichteabhängig sind (NOWICKI et al. 2009).

Es wird angenommen, dass mit der Zunahme von Extremwetterereignissen (Hitze,- Trockenperioden) das Mortalitätsrisiko von Eiern und Larven der hygrophilen Art steigen wird. Auch die Wirtsameise, die an humide Klimate angepasst ist, wird von derartigen Bedingungen negativ betroffen sein. ELMES et al. (1999) rechnen mit einem deutlichen Rückgang von *M. rubra* in kontinental geprägten Regionen. Mit einer verringerten Bodenfeuchte (~Grundwasserspiegel) wird *Sanguisorba officinalis* zunehmend von Dürreereignissen betroffen sein und somit an Vitalität verlieren. Demgegenüber wird eine Erhöhung der Wintertemperatur aufgrund der unterirdischen Überwinterung von *Maculinea*-Arten als unproblematisch betrachtet (BEHRENS et al. 2009).

PEM-Optionen

Plastizität

Bislang wurden keinerlei Versuche an *Maculinea*-Arten durchgeführt, die die Klimaplastizität der Gattung zum Gegenstand haben. Hinweise auf das plastische Potential finden sich in der Literatur allein bezüglich der Lebensraumnutzung im Zuge einer erfolgreichen Wiederansiedlung von *M. nausithous* und *M. teleius* in den Niederlanden (WYNHOFF 1998a, SERGEJ et al. 2012). Nachdem in den 70er Jahren beide Arten als ausgestorben galten, wurden *M. nausithous* und *M. teleius* Anfang der 90er Jahre aus Polen wieder eingeführt. Die Tatsache, dass sich beide Arten mit ihrer lokalspezifischen genetischen Anpassung in den Niederlanden innerhalb von 20 Jahren in kleinen Populationen etablieren konnten, spricht für eine erhebliche Klimaplastizität (kontinentales vers. atlantisches Klima). In Anpassung an das regionale Klima tritt die Hauptflugphase der heutigen Populationen gegenüber derjenigen der Herkunftspopulation zeitiger ein (WYNHOFF 1998b). Die Tatsache, dass sich die Hauptflugphase der heutigen niederländischen Populationen beider Arten gegenüber den ursprünglichen Populationen um einige Tage nach vorn verlagert hat (WYNHOFF 1998b), kann als Reaktion auf den Klimawandel gedeutet werden.

Evolution

Verglichen mit anderen Lycaeniden weisen *Maculinea*-Arten eine deutlich geringere genetische Vielfalt auf (ALS et al. 2004, PECSENYE et al. 2007). Dieser Befund wird vor allem auf den komplexen Lebenszyklus zurückgeführt (hohe Sterblichkeitsrate/Generation), welcher den Effekt der Gendrift besonders begünstigt und eine gerichtete Selektion behindert (PECSENYE et al. 2007). Jedoch unterscheidet sich der genetische Status innerhalb der Gattung von Art zu Art. So weisen aktuelle Studien nach, dass *M. nausithous* gegenüber der syntop auftretenden Schwesterart *M. teleius* nicht nur über eine größere genetische Vielfalt (Heterozygotie), sondern auch über eine deutlich geringere genetische Differenzierung zwischen den Populationen verfügt (FIGURNY-PUCHALSKA et al. 2000, STETTMER et al. 2001a). Als Ursache werden artspezifische evolutive Anpassungen angeführt (hohe Larvalkapazität der Wirtsameisennester, höhere Dispersionsraten), die bei *M. nausithous* höhere Reproduktionsraten ermöglichen und das Risiko der Gendrift reduzieren (THOMAS & ELMES 1998, FIGURNY-PUCHALSKA et al. 2000, PECSENYE et al. 2007).

Als mögliche Folge einer zunehmen Fragmentierung der mitteleuropäischen Landschaft weisen russische Individuen von *M. nausithous* gegenüber westeuropäischen eine breitere genetische Vielfalt auf (FIGURNY-PUCHALSKA et al. 2000). Die Bedeutung der räumlichen Fragmentierung ist durch den Nachweis von „isolation by distance“ für *M. nausithous* belegt (ANTON et al. 2007). Gleichwohl sind für Mitteleuropa keinerlei Inzuchteffekte bekannt (FIGURNY-PUCHALSKA et al. 2000, STETTMER et al. 2001a, PECSENYE et al. 2007). Dies mag einerseits für ein hohes Anpassungspotential, andererseits für stabile Bestände von *M. nausithous* sprechen, deren effektive Populationsgröße die nötige Mindestgröße bislang nicht unterschreitet.

Mobilität

M. nausithous wird in der Literatur überwiegend als standortstreue Art bezeichnet (SBN 1987, EBERT & RENNWALD 1991, STETTMER et al. 2001a, NOWICKI et al. 2005), deren durchschnittlicher Aktionsradius mit 37 m (LAUX 1995) angegeben wird und nach STETTMER et al. (2001a) 400 m kaum überschreitet. Gehen ältere Studien von einem sehr niedrigen Dispersionspotential aus, belegen aktuelle Fang-Wiederfang-Untersuchungen, dass einzelne Individuen durchaus dazu in der Lage sind, größere Entfernungen (bis zu 5 km) zurückzulegen (BINZENHÖFER & SETTELE 2000, STETTMER et al. 2001a). STETTMER et al. (2001a) beobachteten, dass etwa 10% der Teilpopulationen Entfernungen über 1 km zurücklegen und Straßen, Äcker und Gehölzstrukturen keine zwingenden Ausbreitungshindernisse darstellen. Weitere Hinweise auf das Dispersionspotential liefern Genanalysen von Teilpopulationen, die auf eine recht hohe Genflussrate zwischen 7 bis 39 km schließen lassen. STETTMER et al. (2001a) folgern, dass ein regelmäßiger Individuenaustausch zwischen verschiedenen Habitaten über eine Distanz von mehreren Kilometern stattfindet. NOWICKI et al. (2005) können diese Ergebnisse nicht bestätigen: Ihnen zufolge sind die Ausstauschraten selbst zwischen nahe gelegenen Populationen äußerst gering. Darüber hinaus stellten bereits schmale Wiesenstreifen ohne *Sanguisorba*-Bestand ein Ausbreitungshindernis und Waldstreifen eine absolute Barriere dar. Die sehr unterschiedlichen Ergebnisse sind möglicherweise darauf zurückzuführen, dass die Emigrationsrate innerhalb einer Population vor allem dichteabhängig ist und somit stark fluktuiert (NOWICKI & VRABEC 2011).

Zusammenfassung und Schutzempfehlung

Aufgrund des starken Bestandsrückgangs von *M. nausithous* in Mitteleuropa (bis zu 50% innerhalb der letzten 25 Jahre) wird die Art in den Anhängen II und IV der FHH-Richtlinie geführt (VAN SWAAY & WARREN 1999). Diese Entwicklung ist vor allem auf die Nutzungsintensivierung zurückzuführen (Entwässerung, Düngung, Herbizide, Bodenverdichtung, mehrfache Mahd; DREWS 2003). Vor dem Hintergrund des Klimawandels betrachten SETTELE et al. (2008) *M. nausithous* als besonders gefährdete Art, da mit großen Arealverlusten vor allem in den kontinentalen Regionen Mitteleuropas zu rechnen sei. Der flächendeckende Rückgang der Art in den neuen Bundesländern (innerhalb der letzten 25 Jahre; STETTMER et al. 2001a) ist möglicherweise Ausdruck sich ändernder Klimabedingungen (trocknere Frühjahre und Sommer). Darüber hinaus mag der Strukturwandel in der Agrarlandschaft diese Entwicklung entscheidend beeinflusst haben.

Gilt die Art auch in Deutschland als gefährdet (Rote Liste 3; REINHARDT & KRETSCHMER 2011), tritt sie hier dennoch vergleichsweise häufig auf. Mit den größten Beständen in Mitteleuropa kommt Deutschland eine besondere Verantwortung für den Schutz und den Erhalt von *M. nausithous* zu. Die derzeitige Bestandssituation und der genetische Status lassen keine unmittelbare Gefährdung der Art in Deutschland erkennen. Dennoch muss der Art aufgrund der extremen Sensitivität, die vor allem auf die Komplexität des Lebenszyklus (enge Wirtsbindung) zurückzuführen ist, besondere Beachtung geschenkt werden.

Der Schutz von *M. nausithous* sollte sich in Deutschland vor allem auf den Erhalt der bisherigen Bestände durch ein geeignetes Habitatmanagement konzentrieren. Die Herausforderung besteht darin, ein bestimmtes Sukzessionsstadium zu erhalten, um eine günstige Konkurrenzsituation für *M. nausithous* und dessen Wirt (*M. rubra*) sowie die Futterpflanze (*S. officinalis*) zu schaffen. Gegenwärtig droht vor allem Gefahr durch die Nutzungsintensivierung (v.a. Grünlandumbruch) infolge des Ausbaus der Bioenergie. Darüber hinaus wirken Verbrachung und die massive Ausbreitung von Hochstauden bestandsgefährdend (u.a. durch Nährstoffeintrag aus der Luft: JOHST et al. 2006).

Um dieser Entwicklung vorzubeugen, eignet sich eine extensive Bewirtschaftung, die auf Düngung, Herbizideinsatz, schwere Maschinen und intensive Beweidung verzichtet (DREWS 2003). Von entscheidender Bedeutung bei der Mahd ist der Zeitpunkt, da die Flugzeit von *M. nausithous* sehr kurz ist und ein etwaiger Verlust an Präimaginalstadien somit kaum ausgeglichen werden kann (STETTMER et al. 2001b). Die Mahd sollte deshalb entweder im Frühjahr (vier Wochen vor Erscheinen der ersten Imagines) oder im September im Anschluss an die Flugphase erfolgen (GEIßLER-STROBEL 1999, STETTMER et al. 2001b, JOHST et al. 2006, GRILL et al. 2008, GIESSELMANN et al. 2012). In Abhängigkeit von der Produktivität eines Standortes wird eine mehrschürige, aushagernde Mahd oder eine abschnittsweise alternierende Mahd empfohlen (STETTMER et al. 2001b). Bei großflächigen Vorkommen ist eine zeitlich versetzte Mahd von Teilabschnitten von Vorteil (GEIßLER-STROBEL 1999, JOHST et al. 2006, GRILL et al., 2008, DIERKS & FISCHER 2009). Aufgrund des geringen Flächenanspruchs von *M. nausithous* lohnt auch die Pflege kleinräumiger Flächen (z.B. Säume, Grabenränder, Deiche). Der Erhalt derartiger Flächen dient der Habitatvernetzung und der Unterstützung einer natürlichen Populationsdynamik, die von Extinktion und Wiederbesiedlung geprägt ist (THOMAS 1984, SBN 1987, STETTMER et al. 2001b). Vor dem Hintergrund des Klimawandels sollten Managementpläne die Optimierung des Wasserhaushaltes grundsätzlich anstreben (THOMAS 1984, STETTMER et al. 2001b).

Anschrift der Autoren:

Dipl. Laök. J. Limberg, Prof. Dr. K. Fischer, Tierökologie, Zoologisches Institut und Museum, Universität Greifswald, Johann Sebastian Bach-Str. 11/12, 17487 Greifswald

Literatur

ALS, T.D., VILA, R., KANDUL, N.P., NASH, D.R., YEN, S.H., HSU, Y.F., MIGNAULT, A.A., BOOMSMA, J.J. & PIERCE, N.E. (2004): The evolution of alternative parasitic life histories in large blue butterflies. – Nature 432: 386-390.

ANTON, C., MUSCHE, M. & SETTELE, J. (2007): Spatial patterns of host exploitation in a larval parasitoid of the predatory dusky large blue *Maculinea nausithous*. – Basic and Applied Ecology 8 (1): 66-74.

ANTON, C., MUSCHE, M., HULA, V. & SETTELE, J. (2008): Myrmica host-ants limit the density of the ant-predatory large blue *Maculinea nausithous*. – Journal of Insect Conservation 12 (5): 511-517.

BATÁRY, P., KŐRÖSI, Á., ÖRVÖSSY, N., KÖVÉR, S. & PEREGOVITS, L. (2009): Species-specific distribution of two sympatric *Maculinea* butterflies across different meadow edges. – Journal of Insect Conservation 13 (2): 223-230.

BEHRENS, M., FARTMANN, T. & HÖLZEL, N. (2009): Auswirkungen von Klimaänderungen auf die Biologische Vielfalt: Pilotstudie zu den voraussichtlichen Auswirkungen des Klimawandels auf ausgewählte Tier- und Pflanzenarten in Nordrhein-Westfalen, Teil 2: zweiter Schritt der Empfindlichkeitsanalyse: Wirkprognose. – Münster (Gutachten im Auftrag MUNLV NRW, Institut für Landschaftsökologie), 364 S.

BINK, F.A. (1992): Ecologische Atlas van de Dagvlinders van Noordwest-Europa. – Haarlem (Schuyt & Co.), 510 S.

BINZENHÖFER, S. & SETTELE, J. (2000): Vergleichende autökologische Untersuchungen an *Maculinea nausithous* BERGSTR. und *Maculinea telius* BERGSTR. (Lepidoptera Lycaenidae) im nördlichen Steigerwald. – UFZ-Berichte 2/2000: 1-98.

DIERKS, A. & FISCHER, K. (2009): Habitat requirements and niche selection of *Maculinea nausithous* and *M. teleius* (Lepidoptera: Lycaenidae) within a large sympatric metapopulation. – Biodiversity and Conservation 18 (13): 3663-3676.

DREWS, M. (2003): *Glaucopsyche nausithous* (BERGSTRÄSSER, 1779). – In: PETERSEN, B., ELLWANGER, G., BIEWALD, G., HAUKE, U., LUDWIG, G., PRETSCHER, P., SCHRÖDER, E. & SSYMANK, A. (Bearb.): Das europäische Schutzgebietssystem Natura 2000. Ökologie und Verbreitung von Arten der FFH-RL in Deutschland. Pflanzen und Wirbellose. – Schriftenreihe für Landschaftspflege und Naturschutz 96 (1): 493-501.

EBERT, G. & RENNWALD, E. (1991): Die Schmetterlinge Baden-Württembergs Band 1: Tagfalter. – Stuttgart (Ulmer), 552 S.

ELMES, G.W., THOMAS, J.A., WARDLAW, J.C., HOCHBERG, M.E., CLARKE, R.T. & SIMCOX, D.J. (1998): The ecology of *Myrmica* ants in relation to the conservation of *Maculinea* butterflies. – Journal of Insect Conservation 2 (1): 67-78.

ELMES, G.W., WARDLAW, J.C., NIELSEN, M.G., KIPYATKOV, V.E., LOPATINA, E.B., RADCHENKO, A.G. & BARR, B. (1999): Site latitude influences on respiration rate, fat content and the ability of worker ants to rear larvae: A comparison of *Myrmica rubra* (Hymenoptera: Formicidae) populations over their European range. – European Journal of Entomology 96 (2): 117-124.

FIEDLER, K. (1998): Lycaenid-ant interactions of the *Maculinea* type: tracing their historical roots in a comparative framework. – Journal of Insect Conservation 2 (1): 3-14.

FIGURNY-PUCHALSKA, E., GADEBERG, R.M.E. & BOOMSMA, J.J. (2000): Comparison of genetic population structure of the large blue butterflies *Maculinea nausithous* and *M. teleius*. – Biodiversity and Conservation 9 (3): 419-432.

GEIßLER-STROBEL, S. (1999): Landschaftsplanungsorientierte Studien zu Ökologie, Verbreitung, Gefährdung und Schutz der Wiesenknopf-Ameisen-Bläulinge *Glaucopsyche (Maculinea) nausithous* und *Glaucopsyche (Maculinea) teleius*. – Neue Entomologische Nachrichten 44: 1-105.

GIESSELMANN, K, WIDDIG, T. & DOLEK, M. (2012): Dunkler-Wiesenkopf-Ameisenbläuling (*Maculinea nausithous*). – Internethandbuch Arten Anhang IV FFH-Richtlinie, Bundesamt für Naturschutz.

GRILL, A., CLEARY, D.F.R., STETTMER, C., BRÄU, M. & SETTELE, J. (2008): A mowing experiment to evaluate the influence of management on the activity of host ants of *Maculinea* butterflies. – Journal of Insect Conservation 12 (6): 617-627.

JOHST, K., DRECHSLER, M., THOMAS, J. & SETTELE, J. (2006): Influence of mowing on the persistence of two endangered large blue butterfly species. – Journal of Applied Ecology 43 (2): 333-342.

KUDRNA, O., HARPKE, A., LUX, K., PENNERSTORFER, J., SETTELE, J. & WIEMERS, M. (2011): Distribution Atlas of Butterflies in Europe. – Halle (Gesellschaft für Schmetterlingsschutz), 576 S.

KUNZ, M. (2000): Zum Vorkommen der Moorbläulinge *Maculinea nausithous* (BERGSTRÄSSER 1779) und *Maculinea teleius* (BERGSTRÄSSER 1779) im Westerwald (Rheinland-Pfalz) (Lepidoptera: Lycaenidae). – Fauna Flora Rheinland-Pfalz 9 (2): 583-600.

LAUX, P. (1995): Populationsbiologische und ethologische Untersuchungen an *Maculinea nausithous* und *Maculinea teleius* (Insecta, Lepidoptera, Lycaenidae) im Naturschutzgebiet "Feuchtgebiet Dreisel"/Sieg. – Bonn (Rheinische Friedrich-Wilhelms-Universität Bonn – Diplomarbeit), 87 S.

NOWICKI, P., BONELLI, S., BARBERO, F. & BALLETTO, E. (2009): Relative importance of density-dependent regulation and environmental stochasticity for butterfly population dynamics. – Oecologia 161 (2): 227-239.

NOWICKI, P. & VRABEC, V. (2011): Evidence for positive density-dependent emigration in butterfly metapopulations. – Oecologia 167 (3): 657-665.

NOWICKI, P., WITEK, M., SKORKA, P., SETTELE, J. & WOYCIECHOWSKI, M. (2005): Population ecology of the endangered butterflies *Maculinea teleius* and *M. nausithous* and the implications for conservation. – Population Ecology 47 (3): 193-202.

PECSENYE, K., BERECZKI, J., TIHANYI, B.A.L., TOTH, A., PEREGOVITS, L. & VARGA, Z.A.N. (2007): Genetic differentiation among the *Maculinea* species (Lepidoptera: Lycaenidae) in eastern Central Europe. – Biological Journal of the Linnean Society 91 (1): 11-21.

PRETSCHER, P. (2001): Verbreitung und Art-Steckbriefe der Wiesenknopf-Ameisenbläulinge (*Maculinea [Glaucopsyche] nausithous und teleius* BERGSTRÄSSER, 1779) in Deutschland. – Natur und Landschaft 76 (6): 288-294.

REINHARDT, R. & KRETSCHMER, H. (2011): Nachtrag zur Arbeit: Die Ameisen-Bläulinge *Maculinea nausithous* (BERGSTRÄSSER, 1779) und *M. teleius* (BERGSTRÄSSER, 1779) – faunistische und populationsdynamische Analysen (Lepidoptera, Lycaenidae). – Entomologische Nachrichten und Berichte 55: 57-62.

SBN (SCHWEIZERISCHER BUND FÜR NATURSCHUTZ) (1987): Tagfalter und ihre Lebensräume. Arten-Gefährdung-Schutz. – Basel (SBN), 516 S.

SERGEJ, H.D.R.J., HOLMGREN, M., VAN LANGEVELDE, F. & WYNHOFF, I. (2012): Resource use of specialist butterflies in agricultural landscapes: conservation lessons from the butterfly *Phengaris (Maculinea) nausithous*. – Journal of Insect Conservation 16 (6): 921-930.

SETTELE, J., KUDRNA, O., HARPKE, A., KÜHN, I., VAN SWAAY, C., VEROVNIK, R., WARREN, M.S., WIEMERS, M., HANSPACH, J., HICKLER, T., KÜHN, E., V. HALDER, I., VELING, K., VLIEGENTHART, A., WYNHOFF, I. & SCHWEIGER, O. (2008): Climatic Risk Atlas of European Butterflies. – Moskau (Pensoft), 710 S.

STETTMER, C., BINZENHÖFER, B. & HARTMANN, P. (2001a): Habitatmanagement und Schutzmaßnahmen für die Ameisenbläulinge *Glaucopsyche teleius* und *Glaucopsyche nausithous*. Teil I: Populationsdynamik, Ausbreitungsverhalten und Biotopverbund. – Natur und Landschaft 76 (6): 278-287.

STETTMER, C., BINZENHÖFER, B., GROS, P. & HARTMANN, P. (2001b): Habitatmanagement und Schutzmaßnahmen für die Ameisenbläulinge *Glaucopsyche teleius* und *Glaucopsyche nausithous*. Teil II: Habitatansprüche, Gefährdung und Pflege. – Natur und Landschaft 76 (8): 366-376.

STEVENS, M., BRAUN, T., SCHWAN, H., SORG, M., GROßE, V., KAISER, M. & KIEL, E.F. (2008): Die Rückkehr des Dunklen Wiesenknopf-Ameisenbläulings. – Natur in NRW 4/2008: 37-41.

VAN SWAAY, C. & WARREN, M. (1999): Red Data Book of European Butterflies (Rhopalocera). – Strasburg (Council of Europe Publishing), 259 S.

TARTALLY, A., RÁKOSY, L., VIZAUER, T.C., GOIA, M. & VARGA, Z. (2008): *Maculinea nausithous* exploits *Myrmica scabrinodis* in Transylvania: Unusual host ant species of a myrmecophilous butterfly in an isolated region (Lepidoptera: Lycaenidae, Hymenoptera: Formicidae). – Sociobiology 51 (2): 373-380.

THOMAS, J.A. (1984): The behaviour and habitat requirements of *Maculinea nausithous* (the Dusky Large Blue butterfly) and *M. teleius* (the Scarce Large Blue) in France. – Biological Conservation 28 (4): 325-347.

THOMAS, J.A. & ELMES, G.W. (1998): Higher productivity at the cost of increased host-specificity when *Maculinea* butterfly larvae exploit ant colonies through trophallaxis rather than by predation. – Ecological Entomology 23 (4): 457-464.

THOMAS, J.A., ELMES, G.W., WARDLAW, J.C. & WOYCIECHOWSKI, M. (1989): Host specificity among *Maculinea* butterflies in *Myrmica* ant nests. – Oecologia 79 (4): 452-457.

WEIDEMANN, H.J. (1995): Tagfalter. – Augsburg (Naturbuch Verlag), 659 S .

WITEK, M., SLIWINSKA, E.B., SKÓRKA, P., NOWICKI, P., SETTELE, J. & WOYCIECHOWSKI, M. (2006): Polymorphic growth in larvae of *Maculinea butterflies*, as an example of biennialism in myrmecophilous insects. – Oecologia 148 (4): 729-733.

WYNHOFF, I. (1998a): The recent distribution of the European *Maculinea* species. – Journal of Insect Conservation 2 (1): 15-27.

WYNHOFF, I. (1998b): Lessons from the reintroduction of *Maculinea teleius* and *M. nausithous* in the Netherlands. – Journal of Insect Conservation 2 (1): 47-57.

Heller Wiesenknopf-Ameisenbläuling *Maculinea teleius* (BERGSTRÄSSER 1779)

JOHANNES LIMBERG und KLAUS FISCHER

Biologie der Art

Die Flugzeit des Hellen Wiesenknopf-Ameisenbläulings (*Maculinea teleius*) erstreckt sich von Ende Mai bis Ende August. Der Beginn der Flugzeit kann regional sehr stark variieren (Ende Mai bis Anfang Juli; vgl. BRÄU 2001). Unter gleichen Umweltbedingungen fliegt die univoltine Art einige Tage früher als die Schwesterart *M. nausithous*, da für die Eiablage die unreifen (grün bis errötend), noch geschlossenen Knospen des Dunklen Wiesenknopf (*Sanguisorba officinalis*) bevorzugt werden (EBERT & RENNWALD 1991, FIGURNY & WOYCIECHOWSKI 1998, VÖLKL et al. 2008). Die Raupen, die ca. nach einer Woche schlüpfen, ernähren sich bis zu der dritten Häutung (September) innerhalb der Blütenköpfe (BINK 1992). Als dann lassen sie sich zu Boden fallen, um von der Wirtsameise aufgelesen und in deren Nest getragen zu werden (WEIDEMANN 1995). Die Adoption erfolgt im Gegensatz zu derjenigen von *M. nausithous* langsamer und weniger effektiv (FIEDLER 1990). In der Literatur werden für Westeuropa hauptsächlich *Myrmica scabrinodis* als Hauptwirt und *M. rubra* als Nebenwirt genannt (THOMAS et al. 1989, EBERT & RENNWALD 1991). Neuere Untersuchungen weisen jedoch darauf hin, dass regionalspezifische Präferenzen vorliegen können (STETTMER et al. 2008, VÖLKL et al. 2008, DIERKS & FISCHER 2009). Osteuropäische Studien belegen sieben weitere *Myrmica*-Arten als Wirte (TARTALLY & VARGA 2008, WITEK et al. 2010). Die Larven von *M. teleius* ernähren sich in den Brutkammern der Ameisennester ausschließlich parasitisch. Aufgrund der geringen Nestgröße von *Myrmica scabrinodis* wächst (in Westeuropa) in der Regel nur eine Raupe pro Nest auf (SEIFERT 1996). Beobachtungen weisen darauf hin, dass die Entwicklung der Larven während des Nestaufenthaltes fakultativ zweijährig ist (WEIDEMANN 1995, WITEK et al. 2006). Der Überwinterung folgt die Verpuppung im Frühjahr (Mai/Juni). Nach zwei bis vier Wochen verlässt der Falter das Ameisennest (THOMAS 1995). Die durchschnittliche Lebensdauer im Feld beträgt zwei bis drei Tage, wobei einzelne Individuen bis zu zwei Wochen alt werden können (STETTMER et al. 2001a, NOWICKI et al. 2005). Der Schmetterling ernährt sich überwiegend vom Nektar des Großen Wiesenknopfs. In Abhängigkeit von den regionalen Bedingungen stellen auch andere Pflanzen (*Lythrum salicaria, Vicia cracca, Stachys officinalis, Prunella vulgaris*) die Hauptnektarquelle (THOMAS 1984, EBERT & RENNWALD 1991, GEIẞLER-STROBEL 1999).

Verbreitung, Habitatansprüche und Populationsdichte

Das Areal von *M. teleius* erstreckt sich innerhalb der gemäßigten Zone von Mitteleuropa über Sibirien bis Japan (ELMES & THOMAS 1987). Das in Mitteleuropa weitgehend geschlossene Areal reicht im Westen bis in die Mittelgebirge Frankreichs. Kleine, isolierte Populationen in Nordspanien markieren die westliche Verbreitungsgrenze (KUDRNA et al. 2011). In Deutschland sind die Vorkommen weitgehend auf den mittel- bis süddeutschen Raum beschränkt (Ausnahme: Inselvorkommen in Brandenburg). Die bedeutsamsten Vorkommen liegen in Hessen, Rheinland-Pfalz, Baden-Württemberg und Bayern (KUNZ 2000, PRETSCHER 2001, DREWS 2003, REINHARDT 2010). In Deutschland reicht die Höhenausdehnung von der Ebene über das angrenzende Hügelland bis in die alpine Stufe (EBERT & RENNWALD 1991, PRETSCHER 2001). *M. teleius* besiedelt natürlicherweise Feucht- und Nasswiesen in Sümpfen, Auen, Fluss- und Stromtälern. Innerhalb der Kulturlandschaft stellt regelmäßig bewirtschaftetes Feuchtgrünland das wichtigste Habitat dar. Ähnlich wie bei der Schwesterart zeichnet sich ein geeignetes Habitat durch eine hohe Abundanz von Futterpflanze und Wirtsameisennestern aus (LEOPOLD et al. 2006, WYNHOFF et al. 2008, DOLEK & GEISSLER-STROBEL 2012). Allerdings bevorzugt *M. teleius,* entsprechend den Habitatansprüchen der Hauptwirtsameise, frühere Sukzessionsstadien (niedrigere, offenere Vegetation) sowie tendenziell feuchtere Standorte (ELMES et al. 1998, STETTMER et al. 2001b). Aufgrund der vergleichsweise geringen Nestkapazität der Wirtsameise weist *M. teleius* einen etwas größeren Flächenbedarf als die Schwesterart auf (THOMAS et al. 1989, GEIßLER-STROBEL 1999), so dass vor allem flächige Strukturen besiedelt werden (STETTMER et al. 2001b, BATARY et al. 2007). Unter günstigen Bedingungen können Abundanzen von bis zu 100 Individuen auf $1000m^2$ erreicht werden (STETTMER et al. 2001a, NOWICKI et al. 2005, DIERKS & FISCHER 2009). Ausgeprägte Bestandsschwankungen werden vor allem auf das parasitische Ernährungsverhalten (THOMAS et al. 1993) und die Parasitierung durch Schlupfwespen der Gattung *Neotypus* zurückgeführt (STETTMER et al. 2001b).

Unter dem Einfluss steigender Temperaturen und sinkender Sommerniederschläge sind Eier und Larven der hygrophilen Art vermutlich einem erhöhten Austrocknungsrisiko ausgesetzt. Wiederkehrende Extremwetterereignisse (z.B. Hitzewellen, Platzregen) stellen für *M. teleius* aufgrund der geringen effektiven Populationsgröße (kurze Lebenszeit der Imagines, ausgeprägte Populationszyklen) ein besonderes Risiko dar. Eine verstärkte Oszillation des Grundwasserspiegels wird Vitalität und Qualität der Wirtspflanze mindern. Eine vergleichsweise geringe ökologische Potenz der Wirtsameise, die an feucht-mesophile Bedingungen angepasst ist (SEIFERT 1996), lässt deutliche Arealverschiebungen und -verluste von *M. scabrinodis* erwarten (STETTMER et al. 2001b). In diesem Fall wäre die fakultative Wirtsbindung von Vorteil. Es kann nicht ausgeschlossen werden, dass *M. teleius* mittelfristig vom Klimawandel profitiert: DIERKS & FISCHER (2009) beobachteten im Westerwald unter dem Einfluss von zunehmend trockeneren und wärmeren Sommern eine positive Bestandsentwicklung von *M. teleius*, nicht aber von *M. nausithous*, dessen Vorkommen stabil blieben.

PEM-Optionen

Plastizität

Bislang wurden keinerlei Versuche an *Maculinea*-Arten durchgeführt, die die Klimaplastizität der Gattung zum Gegenstand haben. Hinweise auf plastische Reaktionen ergeben sich aus einem Wiederansiedlungsprojekt in der Niederlanden (WYNHOFF 1998a, SERGEJ et al. 2012) sowie Verschiebungen der Hauptflugphase (WYNHOFF 1998b). Für nähere Angaben siehe bei *M. nausithous*.

Evolution

Aktuelle phylogenetische Untersuchungen grenzen innerhalb Europas zwei Unterarten ab (ssp. *teleius/euphema*). Innerhalb der Gattung werden weitere „kryptische" Arten vermutet (PECH et al. 2004, ALS et al. 2004, FRIC et al. 2007). Genetische Untersuchungen in Polen und Deutschland bescheinigen der Art eine sehr geringe genetische Diversität (FIGURNY-PUCHALSKA et al. 2000, STETTMER et al. 2001a, PECSENYE et al. 2007). Insbesondere die bayerischen Populationen tragen deutliche Zeichen einer genetischer Verarmung (Verschiebung in Allelfrequenzen, Allel-Verlust). Russische Populationen wiederum weisen ein hohes Maß an genetischer Diversität auf. Es wird angenommen, dass es sich hierbei um intakte Metapopulationen handelt (FIGURNY-PUCHALSKA et al. 2000). Diese verfügen über gute Konnektivität und effektive Größe, so dass der Effekt der Gendrift, der einen Verlust der genetischen Variabilität bewirkt, von geringer Bedeutung ist. Ein Zusammenhang zwischen Distanz und Differenzierungsgrad (isolation by distance) konnte bislang nicht eindeutig belegt werden. Verglichen mit der Schwesterart *M. nausithous* weist *M. teleius* eine weitaus geringere genetische Variabilität und eine sehr viel stärkere Differenzierung zwischen den Teilpopulationen auf (FIGURNY-PUCHALSKA et al. 2000, STETTMER et al. 2001a). *M. teleius* unterliegt in besonderem Maße dem Effekt der Gendrift, da die Art über weniger effiziente Fortpflanzungsstrategien (komplexerer Adoptionsprozess, geringere Nestkapazität) verfügt (FIGURNY-PUCHALSKA et al. 2000). Darüber hinaus birgt die „prädatorische" Ernährungsweise (*M. nausithous, M. teleius, M. arion*) gegenüber der „kleptomanen" (*M. alcon, M. rebeli*) zusätzliche Risiken, indem erstere aufgrund von Nahrungskonkurrenz größere Bestandsfluktuationen zur Folge hat (THOMAS et al. 1993, NOWICKI et al. 2005).

Mobilität

Ähnlich *M. nausithous* gilt *M. teleius* als sehr standorttreue Art (ELMES & THOMAS 1987, BINK 1992), deren durchschnittlicher Aktionsradius mit 23,4 m angegeben wird (LAUX 1995). Die Bewegungsfrequenz ist selbst innerhalb kurzer Distanzen sehr gering (STETTMER et al. 2001a, NOWICKI et al. 2005). Im Gegensatz zu älteren Studien, die von einem sehr niedrigen Dispersionspotential ausgehen, belegen neuere Untersuchungen jedoch, dass einzelne Individuen auch größere Distanzen von mehreren Kilometern (bis zu 2,5 km) zurücklegen können (SETTELE et al. 1996, BINZENHÖFER & SETTELE 2000, STETTMER et al. 2001a). Untersuchungen in Polen und Bayern, die eine starke genetische Differenzierung auf regionaler Ebene zwischen benachbarten Populationen feststellen, schließen jedoch einen regelmäßigen Individuenaustausch über derartige Distanzen aus. Nach STETTMER et al. (2001a) stellen Gehölzstreifen (bis 50 m) und Ortschaften keine unüberwindliche Barriere dar. Demgegenüber stellen NOWICKI et al. (2005) fest, dass Gehölze ein absolutes Hindernis und offene Flächen (v.a. Flächen mit geringem *Sanguisorba*-Bestand) die Ausbreitung deutlich einschränken können. Aufgrund einer Vielzahl unterschiedlicher Befunde herrscht Uneinigkeit hinsichtlich der Frage, welche der beiden Schwesterarten (*M. teleius, M. nausithous*) die vagilere ist. KOHORÖSI et al. (2012) können keinerlei Unterschiede in der mittleren Bewegungsdistanz beider Arten feststellen, obwohl Verhaltensbeobachtungen darauf hindeuten, dass *M. teleius* die „flugkräftigere" Art ist (höhere Fluggeschwindigkeit, größere Flughöhe; LAUX 1995, BINZENHÖFER & SETTELE 2000).

Zusammenfassung und Schutzempfehlung

Strukturelle Veränderungen in der Landwirtschaft haben Qualität und Quantität des Lebensraumes von *M. teleius* deutlich vermindert. Infolge der Nutzungsintensivierung (Düngung, Herbizideinsatz, Entwässerung, mehrschürige Mahd, Bodenverdichtung, Aufforstung) und Nutzungsaufgabe (Verbrachung; EBERT & RENNWALD 1991, WYNHOFF 1998b, PRETSCHER 2001, DOLEK & GEISSLER-STROBEL 2012) sind die Bestände in Deutschland und Europa seit den 80er Jahren um 25 bis 75% eingebrochen (VAN SWAAY & WARREN 1999). Trotz des Schutzstatus (FFH RL, Anh. II, IV; Rote Liste BRD: 3; REINHARDT & BOLZ 2011) drohen gegenwärtig weitere Gefahren. Problematisch ist vor allem die Nutzungsintensivierung (v.a. Umbruch von Dauergrünland) im Zuge des Ausbaus der Bioenergie. Unter dem zusätzlichen Einfluss des Klimawandels wird sich der negative Entwicklungstrend vor allem in den kontinental geprägten Regionen verschärfen (Arealverlust bis zu 95%, Klimaszenario A1FI; SETTELE et al. 2008). Aufgrund der Komplexität des Lebenszyklus ist von einer besonders hohen Sensitivität gegenüber dem Klimawandel auszugehen. STETTMER et al. (2001a) schätzen *M. teleius* gegenüber *M. nausithous* bezüglich der ökologischen Ansprüche als die stenökere und empfindlichere Art ein. So hängt das Überleben entscheidend von der bevorzugten Wirtsameise ab, für die allerdings klimabedingte Arealverschiebungen und -verluste in Westeuropa erwartet werden. Das Risiko für *M. teleius* ist besonders hoch einzuschätzen, da die starke räumliche Fragmentierung und der genetische Status stochastische Aussterbeereignisse forcieren und das Potential für genetische Anpassungsprozesse vermindern Um notwendige Anpassungsprozesse zu ermöglichen, gilt es, die bestehenden Populationen von *M. teleius* zu stabilisieren. Im Sinne des Metapopulationsansatzes sollte das Pflegekonzept ein großflächiges Nutzungsmosaik mit ausreichender Vernetzung anstreben. Dies gilt insbesondere für *M. teleius*, da diese Art außerordentlichen Populationsschwankungen unterworfen ist. Die komplexe Autökologie der Zielart erfordert ein individuelles Habitatmanagement, das auf die jeweilige Vegetationsstruktur und Produktivität des Standortes abgestimmt werden muss. Dabei gilt es, sowohl für die

Wirts- als auch die Zielart geeignete Sukzessionsstadien bereit zu stellen. Generell ist der Mahd der Vorzug zu geben, obgleich die Beweidung nicht grundsätzlich auszuschließen ist (BATARY et al. 2007). Empfohlen wird je nach Standort eine ein- bis zweischürige Mahd im Abstand von ein bis drei Jahren (JOHST et al. 2006, GRILL et al. 2008, STETTMER et al. 2008, VÖLKL et al. 2008, DOLEK & GEISSLER-STROBEL 2012). Während der Zeitpunkt der Frühjahrsmahd von der Flugzeit (etwa drei Wochen vor Flugbeginn) und dem Wachstum der Wirtspflanze abhängt, sollte der Termin der Herbstmahd auf die Larvalphänologie abgestimmt werden (nach dem dritten Larvalstadium, ab Mitte September; THOMAS & ELMES 2001). Für den Erhalt der Strukturvielfalt wird eine abschnittsweise, jährlich alternierende Mahd empfohlen (STETTMER et al. 2001b, SKÓRKA et al. 2007, DOLEK & GEISSLER-STROBEL 2012). Diese Maßnahme gewinnt vor dem Hintergrund des Klimawandels an besonderer Bedeutung, da Zielart und Wirt dadurch unterschiedliche Mikroklimate (~Vegetationshöhen) aufsuchen und somit makroklimatische Einflüsse möglicherweise abpuffern können (THOMAS et al. 2009). Für die langfristige Sicherung der Habitatqualität wird ein geeignetes Grundwassermanagement empfohlen (THOMAS 1984, GRILL et al. 2008).

Anschrift der Autoren:

Dipl. Laök. J. Limberg, Prof. Dr. K. Fischer, Tierökologie, Zoologisches Institut und Museum, Universität Greifswald, Johann Sebastian Bach-Str. 11/12, 17487 Greifswald

Literatur

ALS, T.D., VILA, R., KANDUL, N.P., NASH, D.R., YEN, S.H., HSU, Y.F., MIGNAULT, A.A., BOOMSMA, J.J. & PIERCE, N.E. (2004): The evolution of alternative parasitic life histories in large blue butterflies. – Nature 432: 386-390.

BATARY, P., ORVOSSY, N., KOROSI, A., NAGY, M.V. & PEREGOVITS, L. (2007): Microhabitat preferences of *Maculinea teleius* (Lepidoptera: Lycaenidae) in a mosaic landscape. – European Journal of Entomology 104 (4): 731-736.

BINK, F.A. (1992): Ecologische Atlas van de Dagvlinders van Noordwest-Europa. – Haarlem (Schuyt & Co.), 510 S.

BINZENHÖFER, S. & SETTELE, J. (2000): Vergleichende autökologische Untersuchungen an *Maculinea nausithous* BERGSTR. und *Maculinea telius* BERGSTR. (Lepidoptera Lycaenidae) im nördlichen Steigerwald. – UFZ-Berichte 2/2000: 1-98.

BRÄU, M. (2001): Empfehlungen von Arten des Anhangs II der FFH-RL: *Glaucopsyche nausithous* u. *G. teleius*. – In: FARTMANN, T., GUNNEMANN, H., SALM, P., & SCHRÖDER, E.: Berichtspflichten in Natura- 2000-Gebieten – Empfehlungen für Arten des Anhangs II und Charakterisierung der Lebensraumtypen des Anhangs I der FFH-Richtlinie. – Angewandte Landschaftsökologie 42: 384-393.

DIERKS, A. & FISCHER, K. (2009): Habitat requirements and niche selection of *Maculinea nausithous* and *M. teleius* (Lepidoptera: Lycaenidae) within a large sympatric metapopulation. – Biodiversity and Conservation 18 (13): 3663-3676.

DOLEK, M. & GEISSLER-STROBEL, S. (2012): Heller-Wiesenkopf-Ameisenbläuling (*Maculinea teleius*). – Internethandbuch Arten Anhang IV FFH-Richtlinie, Bundesamt für Naturschutz.

DREWS, M. (2003): *Glaucopsyche telius* (BERGSTRÄSSER, 1779). -- In: PETERSEN, B., ELLWANGER, G., BIEWALD, G., HAUKE, U., LUDWIG, G., PRETSCHER, P., SCHRÖDER, E. & SSYMANK, A. (Bearb.): Das europäische Schutzgebietssystem Natura 2000. Ökologie und Verbreitung von Arten der FFH-RL in Deutschland. Pflanzen und Wirbellose. – Schriftenreihe für Landschaftspflege und Naturschutz. 69 (1): 502-509.

EBERT, G. & RENNWALD, E. (1991): Die Schmetterlinge Baden-Württembergs Band 1: Tagfalter. – Stuttgart (Ulmer), 552 S.

ELMES, G.W. & THOMAS, J.A. (1987): Die Gattung *Maculinea*. - In: SCHWEIZERISCHER BUND FÜR NATURSCHUTZ (SBN) (Hrsg.): Tagfalter und ihre Lebensräume. Arten, Gefährdung und Schutz. – EGG/ZH (Fotorotar AG): 354-368.

ELMES, G.W., THOMAS, J.A., WARDLAW, J.C., HOCHBERG, M.E., CLARKE, R.T. & SIMCOX, D.J. (1998): The ecology of *Myrmica* ants in relation to the conservation of *Maculinea* butterflies. – Journal of Insect Conservation 2 (1): 67-78.

FIEDLER, K. (1990): New information on the biology of *Maculinea nausithous und M. telius*. – Nota Lepidopterologica 12 (4): 246-256.

FIGURNY, E. & WOYCIECHOWSKI, M. (1998): Flowerhead selection for oviposition by females of the sympatric butterfly species *Maculinea teleius* and *M. nausithous* (Lepidoptera: Lycaenidae). – Entomologia Generalis 23 (3): 215-222.

FIGURNY-PUCHALSKA, E., GADEBERG, R.M.E. & BOOMSMA, J.J. (2000): Comparison of genetic population structure of the large blue butterflies *Maculinea nausithous* and *M. teleius*. – Biodiversity and Conservation 9 (3): 419-432.

FRIC, Z., WAHLBERG, N., PECH, P. & ZRZAVÝ, J. (2007): Phylogeny and classification of the *Phengaris-Maculinea* clade (Lepidoptera: Lycaenidae): total evidence and phylogenetic species concepts. – Systematic Entomology 32 (3): 558-567.

GEIßLER-STROBEL, S. (1999): Landschaftsplanungsorientierte Studien zu Ökologie, Verbreitung, Gefährdung und Schutz der Wiesenknopf-Ameisen-Bläulinge *Glaucopsyche (Maculinea) nausithous* und *Glaucopsyche (Maculinea) teleius*. – Neue Entomologische Nachrichten 44: 1-105.

GRILL, A., CLEARY, D.F.R., STETTMER, C., BRÄU, M. & SETTELE, J. (2008): A mowing experiment to evaluate the influence of management on the activity of host ants of *Maculinea* butterflies. – Journal of Insect Conservation 12 (6): 617-627.

JOHST, K., DRECHSLER, M., THOMAS, J.A. & SETTELE, J. (2006): Influence of mowing on the persistence of two endangered large blue butterfly species. – Journal of Applied Ecology 43 (2): 333-342.

KOHORÖSI, Á., ÖRVÖSSY, N., BATÁRY, P., HARNOS, A. & PEREGOVITS, L. (2012): Different habitat selection by two sympatric *Maculinea* butterflies at small spatial scale. – Insect Conservation and Diversity 5 (2): 118-126.

KUDRNA, O., HARPKE, A., LUX, K., PENNERSTORFER, J., SETTELE, J. & WIEMERS, M. (2011): Distribution Atlas of Butterflies in Europe. – Halle (Gesellschaft für Schmetterlingsschutz), 576 S.

KUNZ, M. (2000): Zum Vorkommen der Moorbläulinge *Maculinea nausithous* (BERGSTRÄSSER 1779) und *Maculinea teleius* (BERGSTRÄSSER 1779) im Westerwald (Rheinland-Pfalz) (Lepidoptera: Lycaenidae). – Fauna Flora Rheinland-Pfalz 9 (2): 583-600.

LAUX, P. (1995): Populationsbiologische und ethologische Untersuchungen an *Maculinea nausithous* und *Maculinea teleius* (Insecta, Lepidoptera, Lycaenidae) im Naturschutzgebiet "Feuchtgebiet Dreisel"/Sieg. – Bonn (Rheinische Friedrich-Wilhelms-Uiversität Bonn – Diplomarbeit), 87 S.

LEOPOLD, P., PRETSCHER, P., BINZENHOFER, B., REISER, B., LORITZ, H. & RENNWALD, E. (2006): Kriterien zur Bewertung des Erhaltungszustandes der Populationen des Hellen Wiesenknopf Ameisenbläulings *Glaucopsyche teleius* (BERGSTRÄSSER [1779]). – In: SCHNITTLER, P., EUCHEN, C., ELLWANGER, G., NEUKIRSCHEN, M. & SCHRÖDER, E. (Hrsg.): Empfehlungen für die Erfassung und Bewertung von Arten als Basis für das Monitoring nach Artikel 11 und 17 der FFH-Richtlinie in Deutschland. – Berichte des Landesamtes für Umweltschutz Sachsen-Anhalt Sonderheft 2: 180-182.

NOWICKI, P., WITEK, M., SKORKA, P., SETTELE, J. & WOYCIECHOWSKI, M. (2005): Population ecology of the endangered butterflies *Maculinea teleius* and *M. nausithous* and the implications for conservation. – Population Ecology 47 (3): 193-202.

PECH, P., FRIC, Z., KONVIČKA, M. & ZRZAVÝ, J. (2004): Phylogeny of *Maculinea blues* (Lepidoptera: Lycaenidae) based on morphological and ecological characters: evolution of parasitic myrmecophily. – Cladistics 20 (4): 362-375.

PECSENYE, K., BERECZKI, J., TIHANYI, B.A.L., TOTH, A., PEREGOVITS, L. & VARGA, Z.A.N. (2007): Genetic differentiation among the *Maculinea* species (Lepidoptera: Lycaenidae) in eastern Central Europe. – Biological Journal of the Linnean Society 91 (1): 11-21.

PRETSCHER, P. (2001): Verbreitung und Art-Steckbriefe der Wiesenknopf-Ameisenbläulinge (*Maculinea [Glaucopsyche] nausithous* und *teleius* BERGSTRÄSSER, 1779) in Deutschland. – Natur und Landschaft 76 (6): 288-294.

REINHARDT, R. (2010): Die Ameisen-Bläulinge *Maculinea nausithous* (BERGSTRÄSSER, 1779) und *M. teleius* (BERGSTRÄSSER, 1779) – faunistische und populationsdynamische Analysen (Lepidoptera, Lycaenidae). – Entomologische Nachrichten und Berichte 54 (2): 85-94.

REINHARDT, R. & BOLZ, R. (2011): Rote Liste und Gesamtartenliste der Tagfalter (Rhopalocera) (Lepidoptera: Papilionidae et Hesperioidea) Deutschlands. – Naturschutz und Biologische Vielfalt 70 (3): 167-194.

SEIFERT, B. (1996): Ameisen bestimmen, beobachten. – Augsburg (Natur Buch Verlag), 351 S.

SERGEJ, H.D.R.J., HOLMGREN, M., VAN LANGEVELDE, F. & WYNHOFF, I. (2012): Resource use of specialist butterflies in agricultural landscapes: conservation lessons from the butterfly *Phengaris (Maculinea) nausithous*. – Journal of Insect Conservation 16 (6): 921-930.

SETTELE, J., HENLE, K. & BENDER, C. (1996): Metapopulation und Biotopverbund: Theorie und Praxis am Beispiel von Schmetterlingen und Reptilien. – Zeitschrift für Ökologie und Naturschutz 6: 187-206.

SETTELE, J., KUDRNA, O., HARPKE, A., KÜHN, I., VAN SWAAY, C., VEROVNIK, R., WARREN, M.S., WIEMERS, M., HANSPACH, J., HICKLER, T., KÜHN, E., V. HALDER, I., VELING, K., VLIEGENTHART, A., WYNHOFF, I. & SCHWEIGER, O. (2008): Climatic Risk Atlas of European Butterflies. – Moskau (Pensoft), 710 S.

SKÓRKA, P., SETTELE, J. & WOYCIECHOWSKI, M. (2007): Effects of management cessation on grassland butterflies in southern Poland. – Agriculture, Ecosystems & Environment 121 (4): 319-324.

STETTMER, C., BINZENHÖFER, B. & HARTMANN, P. (2001a): Habitatmanagement und Schutzmaßnahmen für die Ameisenbläulinge *Glaucopsyche teleius* und *Glaucopsyche nausithous*. Teil I: Populationsdynamik, Ausbreitungsverhalten und Biotopverbund. – Natur und Landschaft 76 (6): 278-287.

STETTMER, C., BINZENHÖFER, B., GROS, P. & HARTMANN, P. (2001b): Habitatmanagement und Schutzmaßnahmen für die Ameisenbläulinge *Glaucopsyche teleius* und *Glaucopsyche nausithous*. Teil II: Habitatansprüche, Gefährdung und Pflege. – Natur und Landschaft 76 (8): 366-376.

STETTMER, C., BINZENHOFER, B., REISER, B. & SETTELE, J. (2008): Pflegeempfehlungen für das Management der Ameisenbläulinge *Maculinea teleius, Maculinea nausithous* und *Maculinea alcon*. Ein Wegweiser für die Naturschutzpraxis. – Natur und Landschaft 83 (11): 480-487.

VAN SWAAY, C. & WARREN, M. (1999): Red Data Book of European Butterflies (Rhopalocera). – Strasburg (Council of Europe Publishing), 259 S.

TARTALLY, A. & VARGA, Z. (2008): Host ant use of *Maculinea teleius* in the Carpathian Basin (Lepidoptera: Lycaenidae). – Acta Zoologica Academiae Scientiarum Hungaricae 54 (3): 257-268.

THOMAS, J.A., SIMCOX, D.J. & CLARKE, R.T. (2009): Successful conservation of a threatened *Maculinea* butterfly. – Science 325: 80-83.

THOMAS, J.A. (1984): The behaviour and habitat requirements of *Maculinea nausithous* (the Dusky Large Blue butterfly) and *M. teleius* (the Scarce Large Blue) in France. – Biological Conservation 28 (4): 325-347.

THOMAS, J.A. (1995): The ecology and conservation of *Maculinea arion* and other European species of Large Blue Butterfly. – In: PULLIN, A.S. (Ed.): Ecology and Conservation of Butterflies. – Sofia-Moscow (Pensoft): 180-197.

THOMAS, J.A. & ELMES, G.W. (2001): Food-plant niche selection rather than the presence of ant nests explains oviposition patterns in the myrmecophilous butterfly genus *Maculinea*. – Proceedings of the Royal Society of London 268: 471-477.

THOMAS, J.A., ELMES, G.W. & WARDLAW, J.C. (1993): Contest competition among *Maculinea rebeli* butterfly larvae in ant nests. – Ecological Entomology 18 (1): 73-76.

THOMAS, J.A., ELMES, G.W., WARDLAW, J.C. & WOYCIECHOWSKI, M. (1989): Host specificity among *Maculinea* butterflies in *Myrmica* ant nests. – Oecologia 79 (4): 452-457.

VÖLKL, R., SCHIEFER, T., STETTMER, C., BINZENHOFER, B. & SETTELE, J. (2008): Auswirkungen von Mahdtermin und -turnus auf Wiesenknopf-Ameisen-Bläulinge. – Naturschutz und Landschaftsplanung 40 (5): 147-155.

WEIDEMANN, H.J. (1995): Tagfalter. – Augsburg (Naturbuch Verlag), 659 S.

WITEK, M., NOWICKI, P., ŚLIWIŃSKA, E.W., SKÓRKA, P., SETTELE, J., SCHÖNROGGE, K. & WOYCIECHOWSKI, M. (2010): Local host ant specificity of *Phengaris (Maculinea) teleius* butterfly, an obligatory social parasite of *Myrmica* ants. – Ecological Entomology 35 (5): 557-564.

WITEK, M., ŚLIWIŃSKA, E.B., SKÓRKA, P., NOWICKI, P., SETTELE, J. & WOYCIECHOWSKI, M. (2006): Polymorphic growth in larvae of *Maculinea* butterflies, as an example of biennialism in myrmecophilous insects. – Oecologia 148 (4): 729-733.

WYNHOFF, I. (1998a): The recent distribution of the European *Maculinea* species. – Journal of Insect Conservation 2 (1): 15-27.

WYNHOFF, I. (1998b): Lessons from the reintroduction of *Maculinea teleius* and *M. nausithous* in the Netherlands. – Journal of Insect Conservation 2 (1): 47-57.

WYNHOFF, I., GRUTTERS, M. & VAN LANGEVELDE, F. (2008): Looking for the ants: selection of oviposition sites by two myrmecophilous butterfly species. – Animal Biology 58 (4): 371-388.

Schwarzer Apollo *Parnassius mnemosyne* (LINNAEUS 1758)

JOHANNES LIMBERG und KLAUS FISCHER

Biologie der Art

Der Schwarze Apollo *(Parnassius mnemosyne)* fliegt nur in einer Generation pro Jahr. In Deutschland erstreckt sich die Flugzeit von Mitte Mai bis Mitte Juli, wobei die Falter nicht länger als drei Wochen leben (EBERT & RENNWALD 1991, KUDRNA & SEUFERT 1991). Die Tatsache, dass die Wirtpflanze in dieser Zeit bereits vollständig verschwunden ist, lässt vermuten, dass die Eiablage olfaktorisch erfolgt (GROSSER 1992). Die Eier, 50 bis 70 an der Zahl (WEIDEMANN 1986, BERGSTRÖM 2005), werden an verschieden Substraten (Laubstreu, Zweige, Baumrinde, Moos) zumeist in Bodennähe abgelegt (SBN 1987, WEIDEMANN 1995, BERGSTRÖM 2005). Entscheidende Kriterien für die Wahl des Eiablageplatzes sind Gehölznähe (Windschutz), Besonnung (Halbschatten) und eine niedrige Bodentemperatur (BERGSTRÖM 2005, LEOPOLD et al. 2005). Die für Schmetterlinge vergleichsweise niedrige Fortpflanzungsrate (*P. apollo* ~ 300 Eier) zeichnet *P. mnemosyne* als K-Strategen aus (MEGLÉCZ et al. 1997). Wie aus Zuchten bekannt, schlüpfen die bis zum Winter fertig entwickelten Raupen im darauf folgenden Frühjahr aus dem Ei (März/April; SBN 1987, EBERT & RENNWALD 1991). Für die Ernährung der Raupen dienen in Mitteleuropa überwiegend der Mittlere Lerchensporn (*Corydalis intermedia*) und der Hohle Lerchensporn (*C. cava*). Je nach Verfügbarkeit (Geographie, Jahreszeit) dienen auch *C. solida* und *C. lutea* als Wirtspflanzen (SBN 1987, KUDRNA & SEUFERT 1991, WEIDEMANN 1995, MEIER et al. 2005). Nachdem die Larven vier Entwicklungsstadien durchlaufen haben, erfolgt die Verpuppung in einem Kokon in Bodennähe (Anfang Mai bis Mitte Juni). Die Puppenruhe kann sich über einen Zeitraum von 2 bis 4 Wochen erstrecken (SBN 1987, EBERT & RENNWALD 1991). Die Imagines sind auf günstige Wetterbedingungen angewiesen (Sonne, Trockenheit, wenig Wind) und reagieren sehr empfindlich auf Feuchtigkeit und kühle Temperaturen (KUDRNA & SEUFERT 1991). Hinsichtlich der Nektarversorgung sind die Falter nicht an bestimmte Arten gebunden. Sie nutzen das gesamte ihnen zu Verfügung stehende Angebot an Blütenpflanzen (DREWS 2003).

Verbreitung, Habitatansprüche und Populationsdichte

Das Areal von *P. mnemosyne*, das sich über weite Teile der Paläarktis erstreckt, reicht von den Pyrenäen über Zentral- (Griechenland bis Südfinnland) und Osteuropa (Türkei bis Baltikum) bis nach Zentralasien und umschließt kolline bis alpine Lagen (EBERT & RENNWALD 1991, KUDRNA ET AL. 2011). Am westlichen Rand des Verbreitungsareals konzentrieren sich die disjunkten Vorkommen vor allem auf Gebirgslagen von Pyrenäen, Zentralmassiv, Voralpen und Alpen (KUDRNA et al. 2011). Die Hauptvorkommen in Deutschland befinden sich in den Chiemgauer und Berchtesgadener Alpen und in der

Hochrhön (Bayern, Hessen, Thüringen). Während die Rhöner Vorkommen in den letzten Jahrzenten stärkeren Bestandsschwankungen unterlagen, wurden die alpinen Populationen mit mehreren tausend Individuen als weitestgehend stabil eingeschätzt (BLFU 2012). Kleinere Bestände befinden sich noch auf der Schwäbischen Alb (Baden-Württemberg) und im Vogelsberg (Hessen, Thüringen; DREWS 2003, BLFU 2012). Vor nur wenigen Jahren sind die Vorkommen in Harz und Schwarzwald erloschen (BLFU 2012). Während sich alle rezenten Populationen in einer Höhe von 500-2.500 m befinden, bezeugen ältere Nachweise die frühere Existenz von Populationen auch in tieferen Lagen (KUDRNA & SEUFERT 1991).

P. mnemosyne ist ein Bewohner offener Waldökotone. Aufgrund der unterschiedlichen Ansprüche der jeweiligen Entwicklungsstadien ist er auf ein Mosaik aus blütenreichen Wiesen und lichten Laubmischwaldbeständen (v.a. Fagion) angewiesen. Bevorzugte Habitate sind Waldränder mit angrenzenden Wiesen, Waldlichtungen, Waldlückensysteme und Lichtwaldbereiche von Laubwäldern (EBERT & RENNWALD 1991, KUDRNA & SEUFERT 1991, LUOTO et al. 2001, LEOPOLD et al. 2005, DOLEK 2012). Von besonderer Bedeutung sind mikroklimatisch begünstigte Lagen von Tälern und Berghängen (GROSSER 1992, LUOTO et al. 2001, MEIER et al. 2005). Ein feucht-warmes Mikroklima, wie es typischer Weise in Gehölzsäumen und Lichtungen herrscht, ist für die Ei- und Larvalentwicklung erforderlich (KUDRNA & SEUFERT 1991, WEIDEMANN 1995). Darüber hinaus muss ein geeignetes Habitat über größere Bestände von Lerchensporn verfügen (EBERT & RENNWALD 1991). In unmittelbarer Nachbarschaft zu den Larvalhabitaten suchen die Imagines zur Paarung und Nektaraufnahme staudenreiche Wiesen auf (SBN 1987, EBERT & RENNWALD 1991). Die Falter bevorzugen blau-violett blühende Nektarpflanzen (VOJNITS & ÁCS 2000). Während einst offene Sukzessionsflächen natürlichen Ursprungs (Brände, Windbruch, Schneebruch, Lawinenbahnen etc.) ein geeignetes Habitat für *P. mnemosyne* stellten, bieten heute Waldränder mit angrenzenden Grünlandkomplexen, Schneisen und Schlagfluren, junge Fichtenschonungen, Hecken- und Gebüschkomplexe Ersatzhabitate (KUDRNA & SEUFERT 1991, LEOPOLD et al. 2005).

Nach heutigem Kenntnisstand wird sich unter dem Einfluss des Klimawandels die Arealfläche von *P. mnemosyne* in Europa stark verringern (SETTELE et al. 2008). Es ist davon auszugehen, dass sich die Vorkommen der an kühle Klimate angepassten Art vor allem an der westlichen Arealgrenze in höhere Lagen der Mittel- und Hochgebirge verschieben werden. BEHRENS et al. (2009) vermuten für zahlreiche Schmetterlingsarten der Mittelgebirge einen Zusammenhang zwischen der durchschnittlichen Wintertemperatur und der Sterblichkeitsrate, da bei höheren Temperaturen mit einem erhöhten Stoffwechselumsatz zu rechnen sei, welcher einen höheren Energieverlust zur Folge hat. Außerdem sei unter dem Einfluss höherer Winterniederschläge (~höhere Luftfeuchte) ein zunehmender Pilz- bzw. Parasitenbefall zu erwarten (vgl. WENZEL 1957). Demgegenüber stellten MATTER et al. (2011) an *Parnassius smintheus* fest, dass milde Winter sich günstig auf die Überlebensrate von alpinen Populationen auswirken. Gleichzeitig verweisen sie auf die Bedeutung einer isolierenden Schneedecke. So kann ein verändertes Niederschlagsverhalten im Winter vor allem in höheren Lagen die Mortalität der Larven entscheidend beeinflussen. Mit der zunehmenden Trockenheit im Sommer (bzw. späten Frühjahr) wird die Vitalität der Wirtspflanzen abnehmen. Mit außergewöhnlichen Hitzeperioden und länger anhaltenden Trockenphasen wird das Risiko für Larven und Eier auszutrocknen steigen (vgl. BERGSTRÖM 2005, LEOPOLD et al. 2005). Positiv hingegen könnte sich die Zunahme von Windwurfereignissen auswirken, da hierdurch potentielle Habitatflächen entstehen.

PEM-Optionen

Plastizität

Es sind keine Untersuchungen bekannt, die sich mit plastischen Reaktionen von *P. mnemosyne* auf potentielle Einflüsse des globalen Klimawandels beschäftigen oder die entsprechende Rückschlüsse erlauben.

Evolution

Im Zuge der postglazialen Erwärmung zog sich *P. mnemosyne* in Westeuropa in die kühleren Klimate der Mittel- und Hochgebirgsregionen zurück (GRATTON et al. 2008). Die Jahrtausende andauernde Isolation der verschiedenen Vorkommen (GRATTON et al. 2008) führte zur Entstehung zahlreicher Unterarten (in Deutschland sieben Unterarten; VAISANEN et al. 1991, DREWS 2003). Dies lässt auf eine große genetische Diversität innerhalb der Art schließen, was ein gewisses Anpassungspotential auf genetischer Ebene nahelegt. Jedoch weisen infolge der langen Isolation die westlichen Populationen von *P. mnemosyne* rezent eine geringere genetische Diversität als die östlichen Populationen (große geschlossene Areale) auf (SCHMITT & HEWITT 2004, GRATTON et al. 2008). Die Tatsache, dass insbesondere westliche Populationen einen ausgeprägt negativen Entwicklungstrend aufweisen, halten SCHMITT & HEWITT (2004) für einen möglichen Hinweis auf die geringere genetische Diversität und ein dadurch reduziertes Anpassungspotential.

Räumlich getrennte Populationen weisen bei *P. mnemosyne* eine deutliche genetische Differenzierung auf (NAPOLITANO & DESCIMON 1994, MEGLECZ et al. 1998). Ein direkter Zusammenhang zwischen Distanz und genetischer Differenzierung von Subpopulationen (isolation by distance) ist allerdings nur in einem Fall belegt (MEGLÉCZ et al. 1999). Eine deutliche geographische Differenzierung, die in aller Regel auf Gendrift zurückzuführen ist, wird häufig durch eine komplexe Besiedlungsgeschichte und unterschiedliche Raumstrukturen verwischt (NAPOLITANO & DESCIMON 1994). Isolierte oder in Randzonen gelegene Vorkommen weisen häufig eine genetische Verarmung auf (Verlust seltener Allele). Sie könnten dadurch möglichweise einem erhöhten Extinktionsrisiko unterliegen (NAPOLITANO & DESCIMON 1994, MEGLÉCZ et al. 1997, MEGLECZ et al. 1998). Die effektive Populationsgröße ist bei *P. mnemosyne* aufgrund ungleicher Geschlechterverhältnisse, starker Populationsschwankungen und Gründereffekten oft relativ klein (VOJNITS & ÁCS 2000), was die Gefahr von Inzucht mit sich bringt. Als „Katastrophenart" (Kurzlebigkeit der Waldökotone) sollte *P. mnemosyne* allerdings in der Lage sein, selbst in kleinen Populationen längere Phasen der Isolation zu überdauern. Hinweise auf solch eine Fähigkeit finden MEGLECZ et al. (1998) innerhalb eines ungarischen Vorkommens: Eine kleine Population (350 Individuen) von der angenommen wird, dass sie seit 200 Jahren nicht mehr mit dem benachbarten Hauptvorkommen (~15 km) in Kontakt getreten ist, weist eine starke genetische Differenzierung, nicht aber einen Verlust von genetischer Vielfalt gegenüber dem Hauptvorkommen auf.

Mobilität

P. mnemosyne gilt als sesshafte Art, da sich die Flugbewegungen im Wesentlichen auf die nähere Umgebung des Larvalhabitats beschränken (DREWS 2003, VÄLIMÄKI & ITÄMIES 2003). Innerhalb eines Habitatnetzwerks beträgt die mittlere Aktionsdistanz der Individuen zwischen 100 und 200 m (VÄLIMÄKI & ITÄMIES 2003, VOJNITS & ÁCS 2000). Der Befund, dass Subpopulationen, die wenige hundert Meter voneinander entfernt sind, keine genetische Differenzierung aufweisen, lässt auf einen regelmäßigen Individuenaustausch schließen (NAPOLITANO & DESCIMON 1994, MEGLÉCZ et al. 1997). Demgegenüber belegen Studien an norwegischen Populationen keinerlei Austausch über eine Distanz von zwei Kilometern (MEGLÉCZ et al. 1997). VÄLIMÄKI & ITÄMIES (2003) belegen für zwei Exemplare Dispersionsdistanzen von drei Kilometern, halten jedoch Neubesiedlungen von Flächen über diese Distanz für unwahrscheinlich. Die Existenz zahlreicher Unterarten am Rande des westlichen Verbreitungsareals verdeutlicht, dass eine Dispersion über lange Strecken zumindest nicht regelmäßig erfolgt. Während Siedlungen und dichte Wälder Barrieren darstellen können, beeinflussen lichte Wälder und schmale Waldstreifen die räumliche Permeabilität kaum (KONVIČKA & KURAS 1999, VÄLIMÄKI & ITÄMIES 2003, LEOPOLD et al. 2005). Der Idee des Mosaik-Zyklus-Konzeptes folgend muss *P. mnemosyne* regelmäßig neue Habitate erobern und ist somit zu einer gewissen räumlichen Flexibilität gezwungen. Hohe Emigrationsraten können als Anpassung an die Instabilität an das (Primär-) Habitat verstanden werden. Da kleine gegenüber großen Populationen einen signifikant höheren Anteil an Emigranten aufweisen, unterliegen sie einem erhöhten Extinktionsrisiko (VÄLIMÄKI & ITÄMIES 2003).

Zusammenfassung und Schutzempfehlung

Gegenwärtig gilt *P. mnemosyne* in Deutschland und Europa als eine vom Aussterben bedrohte Art (FFH RL Anhang IV, Rote Liste I; REINHARDT, R. & BOLZ 2011). Durch den Verlust an Flächen mit natürlicher Waldsukzession, einen künstlich erhöhten Nadelholzanteil (Beschattung der Larvalhabitate) und der landwirtschaftlichen Intensivierung (frühe Mahd während der Flugperiode, Beseitigung blütenreicher Waldsäume, Pestizideinsatz, Düngung) ist der Bestand in Mitteleuropa innerhalb der letzten Jahrzehnte stark eingebrochen (EBERT & RENNWALD 1991, DREWS 2003, DOLEK 2012). Es ist anzunehmen, dass die in den letzten Jahren zu beobachtende vertikale Arealverlagerung und eine Verschiebung der Hauptflugphase (LEOPOLD et al. 2005) mit dem rezenten Temperaturanstieg in Zusammenhang stehen. Eine besondere Gefährdung herrscht für *P. mnemosyne* deshalb, da die Vorkommen isoliert sind und die Ausbreitungsfähigkeit relativ gering ist. Somit ist unter dem Einfluss steigender Temperaturen ein weiterer Rückgang der Mittelgebirgsvorkommen der kühl-stenothermen Art zu erwarten (SETTELE et al. 2008). Durch den zu erwartenden Arealverlust droht zahlreichen Populationen eine zunehmende Isolation. Trotz der Fähigkeit, in Isolation einige Zeit zu überdauern, wird mittelfristig eine genetische Verarmung eintreten, die die Wahrscheinlichkeit des Aussterbens lokaler Populationen erhöht. Vor allem kleine Populationen werden einem erhöhten Extinktionsrisiko ausgesetzt sein, da sowohl die Fortpflanzungsrate als auch die effektive Populationsgröße von *P. mnemosyne* als sehr gering eingestuft werden. Unter dem Einfluss sich ändernder Umweltbedingungen empfehlen VÄLIMÄKI & ITÄMIES (2003) dem Schutz und Aufbau großer Populationen oberste Priorität einzuräumen, da diese gegenüber kleinen Populationen nicht nur eine höhere genetische Stabilität, sondern auch eine größere Anzahl an Emigranten (Aufbau Metapopulation) aufweisen. Für Erhalt und Aufbau stabiler Bestände eignen sich gezielte Habitatmanagementmaßnahmen, wie Erfahrungen in der Schwäbischen Alb belegen (TRUSCH & HAFNER 2005). Gehölzauflichtungen, Erhalt lichter (Rand-) Zonen und früher Sukzessionsstadien von Laubmischwäldern mit Lerchenspornbeständen haben sich bewährt (TRUSCH & HAFNER 2005, KOLB 2007, DOLEK 2012). Dabei ist ein behutsames Vorgehen angeraten, da Eier und Larven auf unmittelbare Gehölznähe angewiesen sind (BERGSTRÖM 2005). Basierend auf der Idee des Mosaik-Zyklus-Konzeptes verfolgen MEGLÉCZ et al. (1999) einen weniger pflegeintensiven Ansatz: Die Rodung kleinerer Waldflächen in der Umgebung besetzter Habitate in einem regelmäßigen Turnus (3 bis 10 Jahre). Darüber hinaus gilt es, ein entsprechendes Nektarangebot in Nähe der Larvalhabitate in Form blütenreicher Wiesen aufrecht zu erhalten. Voraussetzung dafür sind Gehölzregulierung und ein angepasstes Mahdregime (z.B. Rotationsmahd) bzw. eine extensive Beweidung (GROSSER 1992, LANGE & WENZEL 2003, BERGSTRÖM 2005). Untersuchungen an *P. apollo* kommen zu dem Ergebnis, dass vor dem Hintergrund des Klimawandels der Erhalt der Strukturvielfalt besonders wichtig ist, da klimatische Veränderungen durch das Aufsuchen unterschiedlicher mikroklimatischer Nischen möglicherweise kompensiert werden können (ASHTON et al. 2009). Durch ein gezieltes Grundwassermanagement können negative Auswirkungen des Klimawandels (z.B. Trockenperioden) möglicherweise abgepuffert werden. Um Metapopulationsdynamiken zu ermöglichen, sollten potentielle und aktuell besetze Habitate über eine entsprechende Konnektivität verfügen (MEGLECZ et al. 1998, KONVIČKA & KURAS 1999, VÄLIMÄKI & ITÄMIES 2003, KOLB 2007).

Anschrift der Autoren:

Dipl. Laök. J. Limberg, Prof. Dr. K. Fischer, Tierökologie, Zoologisches Institut und Museum, Universität Greifswald, Johann-Sebastian-Bach-Str. 11/12, 17487 Greifswald

Literatur

ASHTON, S., GUTIERREZ, D. & WILSON, R.J. (2009): Effects of temperature and elevation on habitat use by a rare mountain butterfly: implications for species responses to climate change. – Ecological Entomology 34 (4): 437-446.

BLFU (BAYRISCHES LANDESAMT FÜR UMWELT; 2012): Artensteckbrief *Parnassius mnemosyne*. – URL: http://www.lfu.bayern.de/natur/sap/arteninformationen/steckbrief/zeige/108762 (eingesehen am 22.05.2012).

BEHRENS, M., FARTMANN, T. & HÖLZEL, N. (2009): Auswirkungen von Klimaänderungen auf die Biologische Vielfalt: Pilotstudie zu den voraussichtlichen Auswirkungen des Klimawandels auf ausgewählte Tier- und Pflanzenarten in Nordrhein-Westfalen, Teil 2: zweiter Schritt der Empfindlichkeitsanalyse: Wirkprognose. – Münster (Gutachten im Auftrag MUNLV NRW, Institut für Landschaftsökologie), 364 S.

BERGSTRÖM, A. (2005): Oviposition site preferences of the threatened butterfly *Parnassius mnemosyne* – implications for conservation. – Journal of Insect Conservation 9 (1): 21-27.

DOLEK, M. (2012): Schwarzer Apollo (*Parnassius Mnemosyne*). – Internethandbuch Arten Anhang IV FFH-Richtlinie, Bundesamt für Naturschutz.

DREWS, M. (2003): *Parnassisus mnemosyne* (*Linnaeus*, 1758). – In: PETERSEN, B., ELLWANGER, G., BIEWALD, G., HAUKE, U., LUDWIG, G., PRETSCHER, P., SCHRÖDER, E. & SSYMANK, A. (Bearb.): Das europäische Schutzgebietssystem Natura 2000. Ökologie und Verbreitung von Arten der FFH-RL in Deutschland. Pflanzen und Wirbellose. – Schriftenreihe für Landschaftspflege und Naturschutz 69 (1): 529-533.

EBERT, G. & RENNWALD, E. (1991): Die Schmetterlinge Baden-Württembergs. Band 1. Tagfalter 1. – Stuttgart (Ulmer), 552 S.

GRATTON, P., KONOPIŃSKI, M. & SBORDONI, V. (2008): Pleistocene evolutionary history of the Clouded Apollo (*Parnassius mnemosyne*): genetic signatures of climate cycles and a "time-dependent" mitochondrial substitution rate. – Molecular Ecology 17 (19): 4248-4262.

GROSSER, N. (1992): *Parnassius mnemosyne* (LINNAEUS 1758), Schwarzapollo. – In: MINISTERIUM FÜR UMWELT UND NATURSCHUTZ (Hrsg): Artenhilfsprogramm des Landes Sachsen-Anhalt. – Magdeburg (Schönebeck), 24 S.

KOLB, K.H. (2007): Der Schwarze Apollo in der bayerischen Rhön. – In: Naturschutzprojekte in der Rhön - zehn Jahre Förderung durch die ZGF. – Oberelsbach (Regierung Unterfranken & ZGF), 52 S.

KONVIČKA, M. & KURAS, T. (1999): Population structure, behaviour and selection of oviposition sites of an endangered butterfly, *Parnassius mnemosyne*, in Litovelské Pomoravíl. Czech Republic. – Journal of Insect Conservation 3 (3): 211-223.

KUDRNA, O., HARPKE, A., LUX, K., PENNERSTORFER, J., SETTELE, J. & WIEMERS, M. (2011): Distribution Atlas of Butterflies in Europe. – Halle (Gesellschaft für Schmetterlingsschutz), 576 S.

KUDRNA, O. & SEUFERT, W. (1991): Ökologie und Schutz von Parnassisus mnemosyne (LINNAEUS, 1758) in der Rhön. – Oedippus 2: 1-48.

LANGE, A.C. & WENZEL, A. (2003): Artensteckbrief *Parnassisus mnemosyne*. – Gießen (Hessen-Forst FENA), 8 S.

LEOPOLD, P., HAFNER, S. & PRETSCHER, P. (2005): *Parnassius mnemosyne* (LINNAEUS, 1758) - Schwarzer Apollofalter. – In: BUNDESAMT FÜR NATURSCHUTZ (Hrsg.): Methodenhandbuch für die Erfassung der Anhang IV- und V-Arten der FFH-Richtlinie. – Naturschutz und Biologische Vielfalt 20: 196-200.

LUOTO, M., KUUSSAARI, M., RITA, H., SALMINEN, J. & VON BONSDORFF, T. (2001): Determinants of distribution and abundance in the clouded apollo butterfly: a landscape ecological approach. – Ecography 24 (5): 601-617.

MATTER, S.F., DOYLE, A., ILLERBRUN, K., WHEELER, J. & ROLAND, J. (2011): An assessment of direct and indirect effects of climate change for populations of the Rocky Mountain Apollo butterfly (*Parnassius smintheus* Doubleday). – Insect Science 18 (4): 385-392.

MEGLÉCZ, E., NÈVE, G., PECSENYE, K. & VARGA, Z. (1999): Genetic variations in space and time in *Parnassius mnemosyne* (L.) (Lepidoptera) populations in north-east Hungary: implications for conservation. – Biological Conservation 89 (3): 251-259.

MEGLÉCZ, E., PECSENYE, K., PEREGOVITS, L. & VARGA, Z. (1997): Allozyme variation in *Parnassius mnemosyne* (L.) (Lepidoptera) populations in North-East Hungary: variation within a subspecies group. – Genetica 101 (1): 59-66.

MEGLECZ, E., PECSENYE, K., VARGA, Z. & SOLIGNAC, M. (1998): Comparison of differentiation pattern at allozyme and microsatellite loci in *Parnassius mnemosyne* (Lepidoptera) populations. – Hereditas 128 (2): 95-103.

MEIER, K., KUUSEMETS, V., LUIG, J. & MANDER, U. (2005): Riparian buffer zones as elements of ecological networks: Case study on *Parnassius mnemosyne* distribution in Estonia. – Ecological Engineering 24 (5): 531-537.

NAPOLITANO, M. & DESCIMON, H. (1994): Genetic structure of French populations of the mountain butterfly *Parnassius mnemosyne* L. (Lepidoptera: Papilionidae). – Biological Journal of the Linnean Society 53 (4): 325-341.

REINHARDT, R. & BOLZ, R. (2011): Rote Liste und Gesamtartenliste der Tagfalter (Rhopalocera) (Lepidoptera: Papilionidae et Hesperioidea) Deutschlands. – Naturschutz und Biologische Vielfalt 70 (3): 167-194.

SBN (SCHWEIZERISCHER BUND FÜR NATURSCHUTZ) (1987): Tagfalter und ihre Lebensräume. Arten-Gefährdung-Schutz. 2. Aufl. – Basel (SBN), 516 S.

SCHMITT, T. & HEWITT, G. (2004): The genetic pattern of population threat and loss: a case study of butterflies. – Molecular Ecology 13 (1): 21-31.

SETTELE, J., KUDRNA, O., HARPKE, A., KÜHN, I., VAN SWAAY, C., VEROVNIK, R., WARREN, M.S., WIEMERS, M., HANSPACH, J., HICKLER, T., KÜHN, E., v. HALDER, I., VELING, K., VLIEGENTHART, A., WYNHOFF, I. & SCHWEIGER, O. (2008): Climatic Risk Atlas of European Butterflies. – Moskau (Pensoft), 710 S.

TRUSCH, R. & HAFNER, S. (2005): Neue Beobachtungen zu *Parnassius mnemosyne* auf der Schwäbischen Alb. – In: EBERT, G. (Hrsg.) (2005): Die Schmetterlinge Baden-Württembergs. Band 10, Ergänzungsband. – Stuttgart (Ulmer): 38-41.

VAISANEN, R., HELIOVAARA, K. & SOMERMA, P. (1991): Morphological variation of *Parnassius mnemosyne* (LINNAEUS) in eastern Fennoscandia (Lepidoptera: Papilionidae). – Insect Systematics and Evolution 22 (3): 353-363.

VÄLIMÄKI, P. & ITÄMIES, J. (2003): Migration of the clouded Apollo butterfly *Parnassius mnemosyne* in a network of suitable habitats - effects of patch characteristics. – Ecography 26 (5): 679-691.

VOJNITS, A.M. & ÁCS, E. (2000): Biology and behavior of a hungarian population of *Parnassisus mnemosyne* (LINNAEUS, 1758). – Oedippus 17: 1-24.

WEIDEMANN, H.J. (1995): Tagfalter. – Augsburg (Naturbuch Verlag), 659 S.

WENZEL, G. (1957): Eine Zucht des Schwarzen Apollos (*Parnassius mnemosyne* L.) ab ovo. – Mitteilungsblatt für Insektenkunde 1 (1): 25-28.

Groppe *Cottus gobio* LINNEAUS 1758

TONI FLEISCHER und GERALD KERTH

Biologie der Art

Groppen gehören zu den Grundeln (*Cottidae*), eine Familie die sich vor allem durch die Reduzierung und Umwandlung der Schuppen in Dornen auszeichnet (KOTTELAT MAURICE 2007). In Europa kommen 15 Groppen-Arten vor (KOTTELAT MAURICE 2007), jedoch ist wegen der hohen morphologischen Diversität mit mehr Arten zu rechnen (FREYHOF & HUCKSTORF 2006, KOTTELAT & FREYHOF 2007). Die Groppe erreicht eine Standardlänge (Länge vom Kopf bis zur Basis der Schwanzflosse) von 9 cm.

Die Art kommt in kühlen, klaren, sauerstoffreichen und schnell fließenden Flussabschnitten vor. Es sind jedoch auch Vorkommen in kalten Seen und im Westen der Ostseeküste bekannt. Die Tiere sind auf steinige Böden oder Kies zur Eiablage angewiesen (KOTTELAT & FREYHOF 2007). Groppen sind dämmerungs- und nachtaktiv, räuberisch und ernähren sich von einer Vielzahl Wirbelloser, aber auch Laich und Jungfischen wie z.B. der Bachforelle *Salmo trutta* (GERSTMEIER & ROMIG 2003).

Die Geschlechtsreife ist mit ca. 2 Jahren erreicht. Die Weibchen laichen im Frühjahr von Februar bis Mai ab, wenn die Wassertemperatur 12°C überschritten hat. Die Eier werden an Steinen in von Männchen angelegten Gruben befestigt. Anschließend wird das Nest bis zum Schlupf der Jungfische vom Männchen bewacht (GERSTMEIER & ROMIG 2003). Ein Männchen kann dabei die Nester mehrerer Weibchen bewachen (KOTTELAT & FREYHOF 2007). Nach dem Schlupf der Jungfische bleibt das Männchen weitere zwei Wochen am Nest, um es gegen Prädatoren zu verteidigen. Während dieser Zeit nehmen die Männchen kaum Nahrung auf und fressen, um nicht zu verhungern, eher einige Eier und Jungfische, als dass sie sich vom Nest zu entfernen (BISAZZA & MARCONATO 1988). Das Höchstalter wird mit 10 Jahren angegeben (MILLS & MANN 1983).

Verbreitung, Habitatansprüche und Populationsdichte

Die Groppe hat ihren Verbreitungsschwerpunkt in Mitteleuropa. Sie kommt in Schweden, im Südosten Norwegens und der Küste Finnlands, Russlands und Estlands vor. Es gibt Vorkommen im Westen der Ostsee sowie in Teilen der Nordseeküste Deutschlands. Im Einzugsgebiet der Schelde (Belgien) ist sie vermutlich eingeführt. Weitere Vorkommen sind in Abschnitten von Ems, Rhön, Weser, Elbe, Donau und in Zuflüsse des Rheins bekannt. Im Süden und Südosten kommt sie in Italien, Bulgarien und vermutlich Bosnien Herzegowina vor (FREYHOF 2011).

Je nach Lebensabschnitt werden verschiedene Habitate bevorzugt. Jungfische halten sich vorwiegend in Habitaten mit ausreichend Vegetation auf, in der sie sich vor Räubern schützen können. Mit zunehmender Körpergröße verbirgt sich die Groppe tagsüber unter steinige Substraten (z.B. MILLS & MANN 1987, ZBINDEN et al. 2004). Laut LE-GALLE et al. (2005) ziehen kleinere Tiere Flachwasserbereiche mit höheren Strömungsgeschwindigkeiten vor, während sich große Tiere auch in Habitaten mit niedrigen Strömungsgeschwindigkeiten aufhalten.

Die Wassertemperatur ist einer der wichtigsten Faktoren für die Habitatqualität. Die Wassertemperaturen im Sommer sollten unter 20°C bleiben (ELLIOTT & ELLIOTT 1995). Hierbei ist jedoch anzumerken, dass diese Studie an britischen Populationen durchgeführt wurde. Die in England vorkommenden Groppen werden aktuell als eigene Art, *C. pefiretum*, beschrieben (KOTTELAT & FREYHOF 2007).

Ein weiterer wichtiger Umweltparameter ist die Kalziumkonzentration im Wasser. Kalzium wirkt sich negativ auf das Wachstum der Groppe aus. Gewässer mit hohen Mengen an Kalzium werden gemieden, wobei die Ursache für den negativen Einfluss noch unklar ist (NOCITA et al. 2009).

Global gilt die Art als ungefährdet (least concern), jedoch ist der Populationstrend unbekannt (FREYHOF 2011). In Deutschland gilt die Groppe als ungefährdet, allerdings hält man langfristig einen Rückgang für möglich (HAUPT et al. 2008).

PEM-Optionen

Plastizität

Aussagen zur Plastizität sind nur eingeschränkt möglich, da trotz einer ersten taxonomischen Evaluation (FREYHOF et al. 2005) weitere systematische Aufarbeitungen empfohlen werden (KOTTELAT & FREYHOF 2007). Generell gilt die Artengruppe als stenök, hat eine geringen Temperatur- und Schadstofftoleranz sowie sich ontogenetisch ändernden Habitatansprüchen. So führt eine Erhöhung der Temperatur um 4°C zu einem verfrühten Ablaichen. Ein Anstieg um 8°C verhindert die Entwicklung der Gonaden in beiden Geschlechtern (DORTS et al. 2012). REYJOL et al. (2009) zeigen für französische Populationen, dass steigende Temperaturen alle Lebensstadien der Groppe negativ beeinflussen. Erste Modellierungen zur Beschreibung, wie sich die Art unter verschiedenen Temperaturen entwickelt (CHARLES et al. 2008) deuten darauf hin, dass Wassertemperatur und Wachstum negativ, Größe und Fekundität dagegen positiv miteinander korrelieren.

Evolution

Für die Evolution gelten die gleichen Einschränkungen wie für die Plastizität. So wurden nach der taxonomischen Evaluierung 2005 durch FREYHOF et al. die im Rhein und der Schelde vorkommenden Bestände als eigene Arten (*C. prefitorum* und *C. rhenanus*) angesprochen. Hierbei ist zu beachten dass beide Arten miteinander hybridisieren und die Hybride selbst als invasive Art neue Habitate rheinaufwärts erobern (NOLTE et al.

2005). Hierbei sind sie bereits bis in die Zuflüsse des Rheins vorgedrungen, in denen *C. gobio* vorkommt. Hybride mit *C. gobio* wurden allerdings noch nicht beobachtet.

Allgemein ist die Groppe weit verbreitet, so dass vorerst nicht mit einer verringerten genetischen Diversität zu rechnen ist. Dies gilt jedoch unter der Einschränkung, dass die taxonomische Situation noch nicht zufriedenstellend geklärt ist und möglicherweise weitere kryptische Arten vorkommen, wie es für die westlichen Linien wahrscheinlich ist.

Mobilität

Die Groppe hält sich überwiegend am Boden auf. Sie besitzt keine Schwimmblase, so dass Schwimmen in der Wassersäule kaum möglich ist (GERSTMEIER & ROMIG 2003). Die Mobilität der Art ist daher stark eingeschränkt. Bereits Fischtreppen, die dafür angelegt wurden, migrierende Arten bei ihren Wanderungen zu unterstützen, stellen für Groppen unüberwindbare Hindernisse dar (ZBINDEN et al. 2004, DE BOECK et al. 2006, KNAEPKENS et al. 2006). Genetische Analysen die auf Dispersionsbarrieren, besonders flussaufwärts hindeuten, finden sich bei HÄNFLING & WEETMAN (2006) und JUNKER et al. (2012). Die hohen Habitatansprüche erschweren die Besiedlung neuer Lebensräume zusätzlich.

Zusammenfassung und Schutzempfehlung.

Die Groppe ist mit sehr hoher Wahrscheinlichkeit durch den Klimawandel bedroht. Steigende Gewässertemperaturen führen entweder zu kleineren, weniger fekunden Tieren oder zum kompletten Brutausfall. Auf Grund ihrer stark eingeschränkten Mobilität ist eine Besiedelung kälterer Oberläufe nur in wenigen Fällen möglich. Allerdings ist das Migrationspotential noch nicht vollständig verstanden. So haben FRILUND et al. (2009) in Nord-Trøndelag (Norwegen) neuerdings vermehrt Groppen in Gewässern nachgewiesen, wobei unklar ist, ob es sich tatsächlich um einen natürlichen Besiedlungsprozess handelt oder die Tiere ausgesetzt wurden.

Die einwandernde Hybrid-Form sollte unter allen Umständen beobachtet werden, um die genetische Integrität der Groppe (*C. gobio*) zu bewahren. Zucht-Experimente könnten helfen Migrationspotential, Temperatur- und Schadstofftoleranz der Hybride zu verstehen, um deren Invasionswege vorhersagen zu können.

Sofern umsetzbar, ist eine weitere taxonomische Evaluierung angeraten, um abgeschlossene Populationen mit möglichen lokalen Anpassungen anhand ihrer genetischen Identität zu identifizieren. Habitaten mit geeigneten Temperaturen aber ohne losem Substrat können durch das Ausbringen von Kacheln oder ähnlichem Strukturen kostengünstig aufgewertet werden, um so neue Lebensräume für die Groppe zu schaffen KNAEPKENS et al. (2003).

Anschrift der Autoren:

Dipl. Laök. T. Fleischer, Prof. Dr. G. Kerth, Angewandte Zoologie und Naturschutz, Zoologisches Institut und Museum, Universität Greifswald, Johann Sebastian Bach-Str. 11/12, 17487 Greifswald

Literatur

BISAZZA, A. & MARCONATO, A. (1988): Female mate choice, male-male competition and parental care in the river bullhead, *Cottus gobio* L.(Pisces, *Cottidae*). – Animal Behaviour 36: 1352-1360.

CHARLES, S., SUBTIL, F., KIELBASSA, J. & PONT, D. (2008): An individual-based model to describe a bullhead population dynamics including temperature variations. – Ecological Modelling 215 (4): 377-392.

DE BOECK, G., BLUST, R., CHARLEROV, D., VERBLEST, H., VOLCKAERT, F., BARET, P. & PHILIPPART, J-C. (2006): Impact assessment and remediation of anthropogenic interventions on fish populations. – Bruxelles (FISHGUARD), 100 S.

DORTS, J., GRENOUILLET, G., DOUXFILS, J., MANDIKI, S.N.M., MILLA, S., SILVESTRE, F. & KESTEMONT, P. (2012): Evidence that elevated water temperature affects the reproductive physiology of the European bullhead *Cottus gobio*. – Fish physiology and biochemistry 38 (2): 389-99.

ELLIOTT, J. & ELLIOTT, J. (1995): The critical thermal limits for the bullhead, *Cottus gobio*, from three populations in north-west England. – Freshwater Biology 33: 411-419.

FREYHOF, J. (2011): *Cottus gobio* (Bullhead). IUCN 2013. IUCN Red List of Threatened Species. Version 2013.1. – URL: http://www.iucnredlist.org (gesehen am 04.07. 2013).

FREYHOF, J. & HUCKSTORF, V. (2006): Conservation and management of aquatic genetic resources: a critical checklist of German freshwater fishes. Schutz und Management Aquatischer Genetischer Ressourcen: Kritische Checkliste deutscher Süßwasserfische: – Berichte des IGB 23: 113-126.

FREYHOF, J., KOTTELAT, M. & NOLTE, A. (2005): Taxonomic diversity of European Cottus with description of eight new species (Teleostei : Cottidae). – Ichthyological Exploration of Freshwaters 16 (2): 107-172.

FRILUND, G.E., KOKSVIK, J., RIKSTAD, A. & BERGER, H.M. (2009): *Cottus gobio* (LINNAEUS, 1758), a new fish-species in Nord-Trøndelag County, Norway. – Fauna norvegica 29: 55-60.

GERSTMEIER, R. & ROMIG, T. (2003): Die Süßwasserfische Europas für Naturfreunde und Angler. – Stuttgart (Franckh-Kosmos), 367 S.

HÄNFLING, B. & WEETMAN, D. (2006): Concordant genetic estimators of migration reveal anthropogenically enhanced source-sink population structure in the river sculpin, *Cottus gobio*. – Genetics 173 (3): 1487-501.

HAUPT, H., LUDWIG, G., GRUTTKE, H., BINOT-HAFKE, M., OTTO, C. & PAULY, A. (2008): Rote Liste gefährdeter Tiere, Pflanzen und Pilze Deutschlands. Band 1: Wirbeltiere. – Naturschutz und Biologische Vielfalt 70 (1), 386 S.

JUNKER, J., PETER, A., WAGNER, C.E., MWAIKO, S., GERMANN, B., SEEHAUSEN, O. & KELLER, I. (2012): River fragmentation increases localized population genetic structure and enhances asymmetry of dispersal in bullhead (*Cottus gobio*). – Conservation Genetics 13 (2): 545-556.

KNAEPKENS, G., BAEKELANDT, K. & EENS, M. (2006): Fish pass effectiveness for bullhead (*Cottus gobio*), perch (*Perca fluviatilis*) and roach (*Rutilus rutilus*) in a regulated lowland river. – Ecology of Freshwater Fish 15 (1): 20-29.

KNAEPKENS, G., BRUYNDONCX, L., COECK, J. & EENS, M. (2004): Spawning habitat enhancement in the European bullhead (*Cottus gobio*), an endangered freshwater fish in degraded lowland rivers. – Biodiversity and Conservation 13 (13): 2443-2452.

KOTTELAT, M. & FREYHOF, J. (2007): Handbook of european freshwater fishes. – Cornol, Berlin (Kottelat & Freyhof), 648 S.

LEGALLE, M., MASTRORILLO, S., SANTOUL, F. & CÉRÉGHINO, R. (2005): Ontogenetic Microhabitat Shifts in the Bullhead, *Cottus gobio* L.,in a Fast Flowing Stream. – International Review of Hydrobiology 90 (3): 310-321.

MILLS, C. & MANN, R. (1983): The bullhead *Cottus gobio*, a versatile and successful fish. – Ambleside (Annual Report, Freshwater Biological Association): 76-88.

NOCITA, A., MASSOLO, A., VANNINI, M. & GANDOLFI, G. (2009): The influence of calcium concentration on the distribution of the river bullhead *Cottus gobio* L. (Teleostes, Cottidae). – Italian Journal of Zoology 76 (4): 348-357.

NOLTE, A.W., FREYHOF, J., STEMSHORN, K.C. & TAUTZ, D. (2005): An invasive lineage of sculpins, *Cottus sp.* (Pisces, Teleostei) in the Rhine with new habitat adaptations has originated from hybridization between old phylogeographic groups. – Proceedings of the Royal Society B: Biological Science 272: 2379-2387.

REYJOL, Y., LÉNA, J.-P., HERVANT, F. & PONT, D. (2009): Effects of temperature on biological and biochemical indicators of the life-history strategy of bullhead *Cottus gobio*. – Journal of fish biology 75 (6): 1427-45.

ZBINDEN, S., PILOTTO, J.-D. & DUROUVENOZ, V. (2004): Biologie, Gefährdung und Schutz der Groppe (*Cottus gobio*) in der Schweiz. Vollzug Umwelt. – Mitteilungen zur Fischerei 77: 1-73.

Atlantischer Lachs *Salmo salar* LINNAEUS 1758

TONI FLEISCHER und GERALD KERTH

Biologie der Art

Der Lachs wird zu den anadromen Wanderfischen gezählt, d.h. er gehört zu den Arten, die im Meer geschlechtsreif werden und anschließend ins Süßwasser abwandern, um dort zu laichen. Der Laichvorgang der in Deutschland vorkommenden Populationen findet im November in Fließgewässern statt. Die Männchen verteidigen die Weibchen, allerdings haben beide Geschlechter mehrere Partner. Die Mortalitätsrate während der Paarungsphase kann bis zu 40% für die Männchen betragen. Bei den Weibchen laichen nur 6% ein zweites Mal ab, wobei dies auch abhängig von der zurückgelegten Wanderstrecke ist. So wurden bei kurzen Wanderstrecken bis zu sechs Laichvorgänge derselben Weibchen beobachtet (KOTTELAT & FREYHOF 2007). Beide Geschlechter nehmen im Süßwasserbereich keine Nahrung auf.

Die Entwicklungszeit im Ei dauert je nach Wassertemperatur 70-200 Tage. Die erste Wachstumsphase nach dem Schlupf ist temperatursensitiv, aber auch abhängig von Strömungsgeschwindigkeit und Nahrungsverfügbarkeit. Sie kann ein bis fünf Jahre andauern (GERSTMEIER & ROMIG 2003). Die Larven (Alevin) sind nach dem Schlupf zunächst photophob. Sie verbergen sich im Substrat und ernähren sich vom Dottersack (KOTELLAT & FREYHOF 2007). Ist der Dottersack komplett aufgebraucht und übersteigt die Wassertemperatur 8°C, verlassen die Jungfische das Substrat, um Territorien aufzusuchen, die sie gegen andere Jungfische verteidigen (Parr-Phase). Nach einer weiteren Größenzunahme folgt die Smolt-Phase, in der die Jungtiere ins Meer abwandern.

Die Meeresphase dient der weiteren Größenzunahme, vor allem jedoch dem Aufbau des Fettspeichers für die Wanderungen zurück in die Laichgebiete. Auch sie ist abhängig von klimatischen Bedingungen und dauert 1-4 Jahre (GERSTMEIER & ROMIG 2003).

Lachse sind brutgebietstreu, weshalb ein Besatz mit Jungfischen auch bei günstigen ökologischen Verhältnissen zum Misserfolg führen kann. Die Entwicklungsgeschwindigkeit im Ei, die Wachstumsrate der Jungfische und die Zeit des Abwanderns in Brack- und Meerwasserbereiche sind an den lokalen Bedingungen des Brutgebiets angepasst. Die Tiere behalten ihre Laichzeiten auch dann bei, wenn sie in neue Habitate ausgesetzt werden (KOTELLAT & FREYHOF 2007)

Verbreitung, Habitatansprüche und Populationsdichte

Das Verbreitungsgebiet des Lachses erstreckt sich weit über den nördlichen Atlantikraum, inklusive der Arktischen See, dem Mittelmeer und dem Schwarzen Meer. An den Küsten Europas findet man ihn vom Norden Portugals bis nach Island, Norwegen, Finnland und Russland, zudem kommt die Art in Kanada und den USA natürlicherweise vor.

Eingeführt wurde der Lachs in Argentinien, Chile, Australien, Neuseeland, aber auch im Südwesten des Atlantiks sowie im Südwesten und Osten des Pazifiks (WORLD CONSERVATION MONITORING CENTER 1996).

Für den Laichvorgang werden flache Wasserstellen von etwa 1m Tiefe und lockerem Substrat benötigt. Hierbei werden von den Weibchen Gruben im Kiesbett durch Schwanzschläge freigelegt. Es folgen mehrere Laichvorgänge nach dem Balzspiel. Die befruchteten Eier werden anschließend mit Kies abgedeckt.

Generell kann der Lachs eine Wassertemperatur von 0°C-30°C tolerieren. Zu beachten sind jedoch lokale Anpassungen. Das Eistadium ist allgemein am temperaturempfindlichsten, so dass während des Frühjahres Temperaturen von 16°C nicht überschritten werden dürfen.

Global ist die Art als ungefährdet (least concern, IUCN) eingestuft, allerdings mit dem Verweis, dass dies auf eine Beurteilung von 1996 zurückgeht und es einer Evaluierung der Information bedarf. Auch fehlt eine Angabe über die Entwicklung der globalen Population (WORLD CONSERVATION MONITORING CENTER 1996).

Lokal hingegen sind zahlreiche Vorkommen des Lachses verschwunden. Gründe hierfür sind neben der Überfischung der Verbau von Fließgewässern, so dass Laichgebiete nicht mehr erreicht werden können sowie Lebensraumverlust durch Verschmutzung, und Verschlämmung. In Deutschland wird der Lachs in der Kategorie 1, vom Aussterben bedroht mit starkem Rückgang als Trend, geführt (HAUPT et al. 2009).

PEM-Optionen

Plastizität

Der Lachs zeichnet sich durch eine sehr hohe Anpassung an das lokale Brutgebiet aus (z.B. KOTTELAT & FREYHOF 2007). Obwohl bei einer weltweiten Verbreitung und der Besiedlung verschiedener Habitate eine hohe Plastizität zu erwarten wäre, sind es die lokalen Anpassungen, welche die Plastizität lokaler Populationen stark einschränken. Neben unterschiedlich langen Entwicklungs- und Wanderungszeiten, betrifft dies auch die Physiologie und das Verhalten. Die Plastizität ist daher als gering einzustufen.

Mildere Winter führen zu einer kürzeren oder gar fehlenden Eisdecke in Flüssen. Dies könnte die Mortalitätsrate von überwinternden Jungfischen erhöhen, da diese für gewöhnlich in Dunkelheit einen geringeren Metabolismus haben, um so den Winter energiesparend zu überstehen (LINNANSAARI et al. 2009, HEDGER et al. 2013). Vermehrte Niederschläge (als Regen anstelle von Schnee) und eine offene Eisdecke führen zu Flutereignissen und höheren Strömungsgeschwindigkeiten, die besonders die Frühstadien stark schädigen können (JENSEN & JOHNSEN 1999). Hinzu kommt, dass die Fließgeschwindigkeit neben der Temperatur ein möglicher Auslöser für die Migration ins Brack- und Salzwasser der Jungfische ist (MCCORMICK et al. 1998). Außerdem können die erhöhten Regenfälle eine verfrühte Migration bereits im Herbst anstatt im Frühjahr auslösen, wie es z.B. bei der Forelle (*Salmo trutta*) der Fall ist (Hembrel et al. 2001). Bei Jungfischen, die bereits im Herbst ins Meer abwandern, wurde eine niedrigere Überlebensrate beobachtet. Zurück geführt wird dies auf die verkürzte Entwicklungszeit im Süß- und Brackwasserbereichen, die dazu dient, sich physiologisch auf die Bedingungen im Salzwasser vorzubereiten (RILEY et al. 2008). Ein- bis zweijährige Jungfische (Parr) weichen bei steigenden Temperaturen in Habitate mit kühleren Temperaturen aus (BREAU 2007). Dieses Verhalten wurde nicht bei Jungtieren beobachtet, die im selben Jahr geboren wurden. Diese Jungtiere sind so höheren Temperaturen ausgesetzt. Im Winter werden Lachse bei Temperaturen unterhalb von 7-11°C photophob. Sie verlassen ihre Reviere und suchen tiefere und verborgene Habitate auf (VALDIMARSSON et al. 1997). Bei einer geringeren Eisdecke als Folge von milderen Wintertemperaturen müssen die Tiere mehr Energie für die Nahrungssuche aufwenden. Zudem steht eine geringe Anzahl von Verstecken zur Verfügung.

Mehrere Untersuchungen zeigen, dass mit steigender Meeresoberflächentemperatur das Wachstum der Lachse beeinträchtigt ist (PEYRONNET et al. 2007, TODD et al. 2008, JONSSON & JONSSON 2009). FRIEDLAND et al. (1998, 2000) konnten zudem eine höhere Überlebenswahrscheinlichkeit mit steigender Körpergröße nachweisen.

Arbeiten von SAUNDERS & HENDERSON, (1983) mit Zuchtlachsen in Norwegen zeigen, dass strenge Winter Wanderungen in die Laichgebiete verhindern. Auf diese Weise können die Tiere mehr Zeit im Meer in Wachstum und den Aufbau von Fettreserven investieren, bevor sie zurück zu ihrem Geburtsort zurückkehren, um zu laichen. Mildere Winter würden dazu führen, dass ein größerer Anteil jüngerer Tiere (1-Meeres-Jahr), also auch kleinerer und schwächerer Tiere, zum Laichen abwandert. Weitere Arbeiten aus Norwegen von JONSSON & JONSSON (2004) an Wildtieren bestätigen diesen Trend. Eine tragende Rolle scheint hierbei die Strömungsgeschwindigkeit zu spielen. Niedrige Strömungsgeschwindigkeiten verzögert die Migration zurück in die Flüsse, während hohe Strömungsgeschwindigkeiten eine Migration zu begünstigen scheinen (POTTER 1988). Hierbei spielen jedoch Größe und Herkunft der Tiere eine Rolle. Kleinere Individuen (< 70 cm) und nördliche Populationen ziehen niedrigere Strömungsgeschwindigkeiten von 2,5-7,5 m^3/s vor, während größere Individuen und Tiere südlicher Populationen Strömungsgeschwindigkeiten von 3,8-10 m^3/s vorziehen (JONSSON et al. 2007). Es ist daher damit zu rechnen, dass jüngere und damit kleinere Tiere ablaichen, was die Anzahl der Eier ebenso wie die Körpergröße der Jungtiere negativ beeinflusst. Durch die Brutgebietstreue werden auch dann die vertrauten Habitate aufgesucht, wenn diese in Folge von steigenden Wassertemperaturen in ihrer Qualität abnehmen. Dies kann sich negativ auf lokale Vorkommen auswirken, wenn z.B. die Jugendmortalität zunimmt oder geeignete Laichplätze zurückgehen, was die Rivalenkämpfe der Männchen verstärkt (JONSSON & JONSSON 2009).

Dennoch ist eine Anpassung an die Folgen des Klimawandels potentiell möglich. So konnten für eine nordirische Population (River Bush) KENNEDY & CROZIER (2010) im Zeitraum von 31 Jahren (1978-2008) eine Verschiebung der Migration ins Meer von 3,6-4,8 Tagen pro 10 Jahre nachweisen. Einer der Hauptgründe für die Verschiebung der Migration ins Meer ist die steigende Wassertemperatur des Fließgewässers. Allerdings fiel auch auf, dass mit steigender Temperaturdifferenz von Fließgewässer und Meerwasser die Überlebensrate der einjährigen Lachse abnahm.

Evolution

Mit steigenden Wassertemperaturen wird eine höhere Virulenz verschiedener Fischkrankheiten prognostiziert. Hitzestress beeinflusst die Gesundheit der Lachse negativ, so dass die Gefahr besteht, dass Krankheitserreger sich schneller verbreiten und häufiger in Lachs-Populationen vorkommen (z.B. JOKINEN et al. 2011). Die Vermehrungsrate von *Tetracapsuloides bryosalmonae*, dem Auslöser der Proliferativen Nierenkrankheit bei Fischen steigt mit zunehmenden Temperaturen an (TOPS et al. 2006). *Caligus elongatus*, ein ektoparasitischer Ruderfußkrebs, und *Lepeophtheirus salmonis*, ein Bakterium und Auslöser der Furunkulose, nehmen ebenso mit steigenden Temperaturen zu. *L. salmonis* verkürzt bei steigenden Temperaturen seinen Lebenszyklus und setzt so mehr Generationen in einer Saison frei. In milden Wintern ist die Überlebensrate *von L. salmonis* höher, was eine stärkere Vermehrung und Parasitierung von Lachsen bereits im Frühjahr ermöglicht (HEUCH et al. 1995). Von *L. salmonis* befallenen Junglachse haben auch noch als Adulte schlechtere Überlebenschancen und eine niedrigere Fekundität (SKILBREI et al. 2013). In der Nordsee und im Nordosten des Atlantiks ist zudem mit einem erhöhten Aufkommen toxischer Algenblüten zu rechnen (EDWARDS et al. 2006). Eine Übersicht der Schäden durch toxische Algenblüten liefern z.B. Hamish et al. (2010). Darüber hinaus können steigenden Wassertemperaturen einwandernden Phytoplankton-Arten begünstigen, die z.B. über Ballastwasser eingeschleppt werden (NEHRING 1998a, 1998b).

Mildere Winter als Folge des Klimawandels führen bei Jungtieren im Parr-Stadium zu einer längeren Phase der Nahrungsaufnahme und somit zu größeren Tieren. Große Jungtiere die bereits mit einem Jahr ins Meer abwandern, nehmen dort jedoch langsamer an Körpergröße zu als Tiere, die erst ab dem zweiten Jahr ins Meer ziehen (NICIECA & BRANA 1993). Dies trifft nicht auf Tiere zu, die in der Ostsee die Geschlechtsreife erreichen (SALIMINEN 1997). Unklar ist jedoch, ob im Meer langsamer wachsende Individuen auch später geschlechtsreif werden (JONSSON & JONSSON 2009).

Durch seine Brutgebietstreue haben sich zahlreiche geografische Gruppen des Lachses gebildet. Dies spiegelt sich auch in der genetischen Diversität der Populationen wieder (GRIFFITHS et al. 2010). Als Konsequenz muss bei Aufstockungen von Beständen darauf geachtet werden, dass möglichst genetisch ähnliche Populationen benutzt werden, um die lokale genetische Integrität zu erhalten. Zudem besteht die Gefahr, dass Lachse aus südlichen Populationen ihre Habitate vollständig verlieren und weiter nördliche neue

Habitate aufsuchen (JONSSON & JONSSON 2009), was möglicherweise die genetische Integrität lokaler Populationen gefährden kann.

Mobilität

Die Brutgebietstreue hat vor allem Konsequenzen für die Wiederansiedlung und Aufstockungen von Beständen. Es muss nicht nur auf eine ähnliche genetische Linie geachtet werden, sondern es können nur Tiere verwendet werden, die aus sehr ähnlich ökologischen Habitaten stammen. Für die Rhein-Population werden Tiere aus dem Ätran (Schweden) entnommen (SCHNEIDER 2011), da die Tiere ähnliche lokale Anpassungen haben. Wird dies nicht beachtet, können selbst in einem optimalen Habitat ausgesetzte Populationen wieder verschwinden.

Ein möglicher Vorteil ergibt sich jedoch durch mildere Winter, wenn in Flüssen das Grundeis ausbleibt. Auf diese Weise können Tiere zusätzliche Reviere für die Überwinterung besiedeln (LINNANSAARI et al. 2009). Dies ist insofern relevant, da die Bestandsdichte einen höheren Einfluss auf Wachstum der Tiere hat als die Wassertemperatur. (BAL et al. 2011).

Zusammenfassung und Schutzempfehlung

Der atlantische Lachs ist mit sehr hoher Wahrscheinlichkeit stark von steigenden Temperaturen durch den Klimawandel betroffen. JONSSON & JONSSON (2009) geben als potentielle Folgen des Klimawandels folgende Punkte an: Verschiebung der Populationen in Richtung Norden, erhöhte Gefahr durch Krankheiten, eine höhere Wintersterblichkeit der Jungfische (Parr), Verzögerungen zum Zeitpunkt des Ablaichens, zeitliche Verschiebung der Meeresmigration (Smolts), zeitliche Verschiebung der Migration zurück in den Süßwasserbereich, ein verzögertes Wachstum im Meer, höhere Sterblichkeit der Lachse in der Meeresphase, Migration zurück in den Süßwasserbereich von jüngeren und kleineren Tieren und als allgemeine Folge, eine reduzierte Rekrutierung, da kleine Weibchen auch weniger Eier produzieren (HEINIMAA & HEINIMAA 2004).

Das Hauptproblem ist hierbei die lokale Anpassung der Tiere an die Umweltparameter der Laichgebiete, so dass eine Aussage über die Bedrohung für jede Populationen getrennt evaluiert werden muss. Um den Schutz zu optimieren, ist eine europaweite Datenbank mit allen relevanten Parametern der Laichgebiete wie Wassertemperatur, Wassertiefe, Strömungsgeschwindigkeit, Pathogene, Dichte und Alter bei Abwanderung anzustreben, um bedrohte Bestände so effizient wie möglich aufzustocken, neue Lebensräume zu etablieren und verlorene Lebensräume neu zu besiedeln.

Zusätzlich können steigende Wassertemperaturen lokal durch Bepflanzung der Ufer und damit durch Beschattung von Fließgewässern abgepuffert werden. Hohen Strömungsgeschwindigkeiten, die Gelege schädigen und zu einer verfrühten Abwanderung von Jungfische führen können, können durch Renaturierung von Flüssen wie z.B. durch künstlich angelegte Verzweigungen und Nebenflüssen entgegen gewirkt werden.

Anschrift der Autoren:

Dipl. Laök. T. Fleischer, Prof. Dr. G. Kerth, Angewandte Zoologie und Naturschutz, Zoologisches Institut und Museum, Universität Greifswald, Johann Sebastian Bach-Str. 11/12, 17487 Greifswald

Literatur

BAL, G., RIVOT, E., PRÉVOST, E., PIOU, C. & BAGLINIÈRE, J.L. (2011): Effect of water temperature and density of juvenile salmonids on growth of young-of-the-year Atlantic salmon *Salmo salar*. – Journal of Fish Biology 78 (4): 1002-1022.

BREAU, C., CUNJAK, R.A. & BREMSET, G. (2007): Age-specific aggregation of wild juvenile Atlantic salmon *Salmo salar* at cool water sources during high temperature events. – Journal of Fish Biology 71: 1179-1191.

EDWARDS, M., JOHNS, D.G., LETERME, S.C., SVENDSEN, E. & RICHARDSON, A.J. (2006): Regional climate change and harmful algal blooms in the northeast Atlantic. – Limnology and Oceanography 51 (2): 820-829.

FRIEDLAND, K. (2000): Linkage between ocean climate, post-smolt growth, and survival of Atlantic salmon (*Salmo salar* L.) in the North Sea area. – ICES Journal of Marine Science 57 (2): 419-429.

FRIEDLAND, K.D., HANSEN, L.P., & DUNKLEY, D.A. (1998): Marine temperatures experienced by postsmolts and the survival of Atlantic salmon, *Salmo salar* L., in the North Sea area, Fisheries. – Oceanography 7 (1): 22-34.

GERSTMEIER, R. & ROMIG, T. (2003): Die Süßwasserfische Europas für Naturfreunde und Angler. – Stuttgart (Franckh-Kosmos), 367 S.

GRIFFITHS, A.M., MACHADO-SCHIAFFINO, G., DILLANE, E., COUGHLAN, J., HORREO, J.L., BOWKETT, A.E., MINTING, P., TOMS, S., ROCHE, W., GARGAN, P., MCGINNITY, P., CROSS, T., BRIGHT, D., GARCIA-VAZQUEZ, E. & STEVENS, J.R. (2010): Genetic stock identification of Atlantic salmon (*Salmo salar*) populations in the southern part of the European range. – BMC Genetics 11: 31.

HAUPT, H., LUDWIG, G., GRUTTKE, H., BINOT-HAFKE, M., OTTO, C. & PAULY, A., (2008): Rote Liste gefährdeter Tiere, Pflanzen und Pilze Deutschlands. Band 1: Wirbeltiere - Münster (Landwirtschaftsverlag). – Naturschutz und Biologische Vielfalt 70 (1), 386 S.

HEDGER, R.D., NÆSJE, T.F., FISKE, P., UGEDAL, O., FINSTAD, A.G., & THORSTAD, E.B. (2013): Ice-dependent winter survival of juvenile Atlantic salmon. – Ecology and evolution 3 (3): 523-35.

HEINIMAA, S. & HEINIMAA, P. (2004): Effect of the female size on egg quality and fecundity of the wild Atlantic salmon in the sub-arctic River Teno. – Boreal environment research 9: 55-62.

HEMBREL, B. (2001): Effects of water discharge and temperature on the seaward migration of anadromous browntrout, Salmo trutta, smolts. – Ecology o Freshwater Fish 10: 61-64.

JENSEN, A.J. & JOHNSEN, B.O. (1999): The functional relationship between peak spring floods and survival and growth of juvenile Atlantic Salmon (*Salmo salar*) and Brown Trout (*Salmo trutta*). – Functional Ecology 13: 778-785

JONSSON, N. & JONSSON, B. (2004): Size and age of maturity of Atlantic salmon correlate with the North Atlantic Oscillation Index (NAOI). – Journal of Fish Biology 64: 241-247.

JONSSON, N. & JONSSON, B. (2007): Sea growth, smolt age and age at sexual maturation in Atlantic salmon. – Journal of Fish Biology 71 (1): 245-252.

JONSSON, B., JONSSON, N. & HANSEN, L.P. (2007): Factors affecting river entry of adult Atlantic salmon in a small river. – Journal of Fish Biology 71: 943-956.

JONSSON, B. & JONSSON, N. (2009): A review of the likely effects of climate change on anadromous Atlantic salmon *Salmo salar* and brown trout *Salmo trutta*, with particular reference to water temperature and flow. – Journal of Fish Biology 75 (10): 2381-447.

KENNEDY, R.J. & CROZIER, W.W. (2010): Evidence of changing migratory patterns of wild Atlantic salmon *Salmo salar* smolts in the River Bush, Northern Ireland, and possible associations with climate change. – Journal of Fish Biology 76 (7): 1786-805.

KOTTELAT, M. & FREYHOF, J. (2007): Handbook of European freshwater fishes. – Cornol, Berlin (Kottelat & Freyhof), 646 S.

LINNANSAARI, T., ALFREDSEN, K., STICKLER, M., ARNEKLEIV, J.O.V., HARBY, A. & CUNJAK, R.A. (2009): Does ice matter? Site fidelity and movements by Atlantic salmon *(Salmo salar* L.) parr during winter in a substrate enhanced river reach. – River Research and Applications 25 (6): 773-787.

MCCORMICK, S.D., HANSEN, L.P., QUINN, T.P. & SAUNDERS, R. L. (1998): Movement, migration, and smolting of Atlantic salmon (*Salmo salar*). – Canadian Journal of Fisheries and Aquatic Sciences 55: 77-92.

NEHRING, S. (1998a): Non-indigenous phytoplankton species in the North Sea: supposed region of origin and possible transport vector. – Archive of Fishery and Marine Research 46 (3): 181-194.

NEHRING, S. (1998b): Establishment of thermophilic phytoplankton species in the North Sea: biological indicators of climatic changes? – ICES Journal of Marine Science 55: 818-823.

NICIEZA, A.G. & BRANA, F. (1993): Relationships among smolt size, marine growth, and sea age at maturity of Atlantic salmon (*Salmo salar*) in northern Spain. – Canadian Journal of Fisheries and Aquatic Sciences 50: 1632-1640.

PEYRONNET, A., FRIEDLAND, K.D., MAOILEIDIGH, N.Ó., MANNING, M. & POOLE, W.R. (2007): Links between patterns of marine growth and survival of Atlantic salmon *Salmo salar*, L. – Journal of Fish Biology 71 (3): 684-700

RILEY, W.D., IBBOTSON, A.T., LOWER, N., COOK, A.C., MOORE, A., MIZUNO, S., PINDER, A.C., BEAUMONT, W.C.R. & PRIVITERA, L. (2008): Physiological seawater adaptation in juvenile Atlantic salmon (*Salmo salar*) autumn migrants. – Freshwater Biology 53 (4): 745-755.

SALMINEN, M. (1997): Relationships between smolt size and sea age at maturity in Atlantic salmon ranched in the Baltic Sea. – Journal of Applied Ichthyology 13: 121-130.

SAUNDERS, R. & HENDERSON, E. (1983): Evidence of a major environmental component in determination of the grilse: Larger salmon ratio in Atlantic salmon (*Salmo salar*). – Aquaculture 33: 107-118.

SCHNEIDER, J. (2011): Review of reintroduction of Atlantic salmon (*Salmo salar*) in tributaries of the Rhine River in the German Federal States of Rhineland-Palatinate and Hesse. – Journal of Applied Ichthyology 27: 24-32.

SKILBREI, O.T., FINSTAD, B., URDAL, K., BAKKE, G., KROGLUND, F. & STRAND, R. (2013): Impact of early salmon louse, *Lepeophtheirus salmonis*, infestation and differences in survival and marine growth of sea-ranched Atlantic salmon, *Salmo salar* L., smolts 1997-2009. – Journal of Fish Diseases 36 (3): 249-260.

TODD, C.D., HUGHES, S.L., MARSHALL, C.T., MACLEAN, J.C., LONERGAN, M.E. & BIUW, E.M. (2008): Detrimental effects of recent ocean surface warming on growth condition of Atlantic salmon. – Global Change Biology 14 (5): 958-970.

TOPS, S., LOCKWOOD, W. & OKAMURA, B. (2006): Temperature-driven proliferation of *Tetracapsuloides bryosalmonae* in bryozoan hosts portends salmonid declines. – Diseases of Aquatic Organisms 70: 227-236.

VALDIMARSSON, S.K., METCALFE, N.B., THORPE, J.E. & HUNDTINGFORD, F.A. (1997): Seasonal changes in sheltering: effect of light and temperature on diel activity in juvenile salmon. – Animal Behaviour 54: 1405-1412.

WORLD CONSERVATION MONITORING CENTRE (1996): *Salmo salar*. – In: IUCN 2013. IUCN Red List of Threatened Species. Version 2013.1. – URL: http://www.iucnredlist.org (gesehen am 01.11. 2013).

Äsche *Thymallus thymallus* (LINNEAUS 1758)

TONI FLEISCHER und GERALD KERTH

Biologie der Art

Die Äsche gehört zur Gruppe der Lachsartigen (*Salmonoidea*). Sie ist zirkumpolar verbreitet mit einem Schwerpunkt in Asien. In Europa kommt nur die Art *Thymallus thymallus* vor (KOTTELAT & FREYHOF 2007). Die Äsche ist leicht an ihrer großen Rückenflosse zu erkennen. Sie kann eine Standardlänge (Länge vom Kopf bis zur Basis der Schwanzflosse) von bis zu 50cm erreichen.

Die Geschlechtsreife wird bei den Männchen mit zwei, die der Weibchen mit drei Jahren erreicht. Angaben für ein mittleres Alter fehlen. Die Laichzeit ist von März-April bei Temperaturen von 4-8°C (KOTTELAT & FREYHOF 2007). Wie bei anderen Lachsartigen benötigen die Weibchen lockeres Substrat, in dem die Weibchen Gruben für die Eier anlegen (GERSTMEIER & ROMIG 2003). Beide Geschlechter haben hierbei mehrere Paarungspartner (HADDELAND 2012). Die Männchen bewachen die Gelege, attackieren hierbei andere Männchen, Weibchen aber auch Jungtiere (JØRGEN & HADDELAND 2012). Die Weibchen selbst zeigen keine Aggressionen (PONCIN 1996).

Verbreitung, Habitatansprüche und Populationsdichte

Die Äsche ist in ganz Nord- und Mitteleuropa verbreitet. Im Osten kommt sie in Gewässern bis zum Ural vor. Im Westen fehlt sie in Irland, Portugal, Spanien und Griechenland. (KOTTELAT & FREYHOF 2007). Genetische Daten lassen vermuten, dass die Population im Gebiet der Adria und der Loire wahrscheinlich eigenständige Arten darstellen. Allerdings wurden noch keine morphologischen Daten erhoben, um dies zu bestätigen (KOTELAT & FREYHOF 2007). Durch viele Aufstockungen von Individuen aus und in diese Gebiete ist jedoch unklar, ob die Variabilität der Linien noch erkennbar ist.

Allgemein kommt die Äsche in kühlen, sauerstoffreichen, submontanen Flussabschnitten vor. Hierbei wird ein Mosaik verschiedener Lebensräume für die jeweiligen Entwicklungsphasen benötigt (NYKÄNEN 2004, SEMPESKI & GAUDIN 1995a, SEMPESKI & GAUDIN 1995b). Für die Eiablage werden Flachwasserbereiche zwischen 10-70 cm Tiefe (SEMPESKI & GAUDIN 1995a, NYÄNEN 2004) aufgesucht. Neben dem bereits erwähnten lockeren Substrat ist für die Eier auch die mittlere Strömungsgeschwindigkeit der Flussabschnitte in denen die Tiere ablaichen, relevant. Sie liegt zwischen 40-70 cm/s und ist für die optimale Sauerstoffversorgung der Eier erforderlich (NYÄNEN et al. 2004). Die Deckung ist ein weiterer wichtiger Faktor, da die Männchen die Nester verteidigen, wobei sie sich visuell orientieren. Eine Vielzahl an Rückzugs- und Deckungsmöglichkeiten ermöglicht eine höhere Anzahl an Territorien und reduziert Angriffe auf Jungtiere beider Geschlechter.

Nach dem Schlupf suchen die Larven flache, ufernahe Habitat mit ausreichend Vegetation, feinem Substrat und niedrigen Strömungsgeschwindigkeiten von ca. 20 cm/s auf. Mit zunehmender Größe der Jungfische verbessert sich auch deren Schwimmfähigkeit, so dass im Laufe der Größenzunahme uferferne Habitate mit höheren Strömungsgeschwindigkeiten und weniger Vegetation besiedelt werden (NYKÄNEN et al. 2004). Je nach Beschaffenheit des Habitats migrieren die Tiere im Laufe des Jahres zwischen Sommer- und Winterhabitaten, in denen sich die Tiere fortpflanzen. Ausschlaggebend sind hierbei vor allem die Wassertemperaturen. Wenn diese 8°C im Frühjahr überschreiten, wandern die Tiere in Habitate mit niedrigeren Wassertemperaturen ab.

Die IUCN stuft die Äsche als ungefährdet (least concern) ein, verweist jedoch auf die Gefährdung lokaler Populationen durch Verschmutzung und den Klimawandel (FREYHOF 2011). Der Populationstrend ist unbekannt. In Deutschland gehört die Äsche zu den stark gefährdeten Arten (Rote Liste „2“). Sie ist selten, die Bestände nehmend ab (HAUPT et al. 2009).

PEM-Optionen

Plastizität

Nach CHARLES et al. (2006) hängt das Überleben der Jungtiere von der Temperatur, der Strömungsgeschwindigkeit und der Populationsdichte ab. Bei den adulten Tieren ist nur noch die Temperatur entscheidend. KAVANAGH et al. (2012) testeten die Temperaturtoleranz von Populationen aus kühlen und wärmeren Habitaten in Norwegen. In beiden Fällen überlebten keine der Embryonen Temperaturen unter 5°C und über 12°C. Die Autoren erwähnen dass in mitteleuropäischen Populationen Embryonen 12°C überstehen, jedoch zeigt die Arbeit, dass die Äsche wahrscheinlich eine sehr schmale lokale Temperaturtoleranz hat. Erhöhte Temperaturen führen in Kombination mit einer Belastung von Eisen und Aluminium in den Gewässern zu einer deutlich höheren Sterberate als bei niedrigen Temperaturen (PEURANEN et al. 2003).

Evolution

Obwohl die Äsche weit verbreitet ist, legt sie nur sehr kurze Strecken bei der Migration zurück. Schon wenige Kilometer (< 10) können ausreichen, um Populationen soweit zu isolieren, dass lokale Anpassungen erkennbar sind (KAVANAGH et al. 2010). In einer Untersuchung an norwegischen Populationen konnte die Besiedlung von kühleren und wärmeren Flussläufen beobachtet werden. Die Tiere haben sich innerhalb von nur 22 Generationen soweit an die Wassertemperaturen ihrer Lebensräume angepasst, dass ein genetischer Austausch kaum mehr möglich ist (KAVANAGH et al. 2010).

In der Schweiz haben steigende Temperaturen zu einer Vorverlegung der Laichzeit um mehr als 3 Wochen in einem Zeitraum von 39 Jahren geführt (WEDEKIND & KÜNG, 2010). Die Wassertemperatur nahm hierbei über die Jahre im Frühjahr soweit zu, dass die Tiere früher, im Februar anstatt im März, ablaichen. Allerdings steigt die Wassertemperatur erst im April weiter an, so dass Eier und Larven eine längere Zeit kühlen Temperaturen ausgesetzt sind. Dies könnte sich auf das Geschlechterverhältnis auswirken, da bei einigen Salmoniden die Temperatur einen Einfluss auf die Entwicklung des Geschlechts ausübt. Unter kühlen Bedingungen schlüpfen überwiegend Männchen (DAVIDSON et al. 2009). Ob dies auch auf die Äsche zutrifft, ist unbekannt. WEDEKIND & KÜNGEL (2010) berichten jedoch von einem vermehrten Auftreten von Männchen in ihrer Untersuchung schweizerischer Populationen.

Eine Übersicht der hohen genetischen Diversität der Äsche in Europa liefert WEISS et al. (2002). Die Autoren weisen auf die Bedeutung lokaler Populationen hin, deren genetische Integrität durch Aufstockung und der künstlichen Verbindung von Flüssen über Kanäle bedroht ist.

Mobilität

Wie bereits beschrieben sind Äschen auf kühle Wassertemperaturen und strukturreiche Habitate angewiesen (KOTTELAT & FREYHOF 2007). THOMASSEN et al. (2011) zeigen für norwegische Populationen dass neue Habitate innerhalb der Temperaturtoleranz erreicht werden können, sich jedoch bereits in nur 20-25 Generationen lokale Anpassungen herausbilden die weitere Besiedlungen sowohl einschränken als auch begünstigen können. MATULLA et al. (2007) prognostizieren für die Populationen der Alpen ein Abwandern flussaufwärts mit steigenden Temperaturen, da die konkurrenzstärkere Bachforelle *(Salmo trutta fario)* einwandert. Die Migrationsstrecken der Äsche sind im Mittel 5 km lang (PARKINSON et al. 1999, OVIDIO et al. 2004, NYANEN 2004). Allerdings sind auch Strecken von bis zu über 150 km nachgewiesen (HEGGENES et al. 2006). Wehre stellen für migrierende Tiere unüberwindbare Hindernisse dar (MEYER 2001).

Zusammenfassung und Schutzempfehlung

Als kalt-stenöke Art mit hohen Habitatansprüchen und geringer Temperaturtoleranz ist die Äsche durch die Folgen des Klimawandels sehr wahrscheinlich bedroht. Neue Habitate können zwar saisonal und sogar dauerhaft besiedelt werden, allerdings kann die schnelle Anpassung an die Umweltbedingungen eines neuen Habitats den Genfluss zwischen Populationen reduzieren, wenn sich die Habitate stärker in ihren Wassertemperaturen voneinander unterscheiden (KAVANAGH et al. 2010, JUNGE et al. 2011). Mit nur kurzen Migrationsstrecken, die zudem durch Wehre unterbrochen werden können, ist die Mobilität der Art sehr stark eingeschränkt.

Hinzu kommt eine niedrige Temperaturtoleranz, da bereits bei wenig mehr als 10°C die Embryonalentwicklung unterbrochen wird (KAVANAGH et al. 2012). Darüber hinaus reagieren die Äsche bei höheren Wassertemperaturen empfindlicher auf Schadstoffeinträge (gezeigt für Eisen und Aluminium) (PEURANEN et al. 2003).

Die genetische Diversität der Äsche in Europa ist hoch, allerdings gibt es zahlreiche lokale Populationen deren genetische Integrität durch Aufstockung und künstliche Verbindungen von Flussabschnitten gefährdet ist. Darüber hinaus sollte der Einfluss der Temperatur bei der Entwicklung des Geschlechts unter allen Umständen untersucht werden, um eine Verschiebung des Geschlechterverhältnisses frühzeitig zu erkennen.

Erfolgreiche Restaurationen von Flussabschnitten, um Habitate für die Äsche zu schaffen (ZEH & DÖNNI 1994, VEHANEN et al. 2003), sind ein gutes Mittel zur Erhaltung der Art. So können künstliche Inseln die Fließgeschwindigkeit in kanalisierten Flussabschnitten herabsetzen, wenn diese zu hoch für die Äsche ist. Auch wird damit die Transportkapazität des Flusses herabgesenkt, so dass Schotter und Kies nicht fortgespült werden und so Habitate für die Äsche entstehen (VEHANEN et al. 2003). Zudem sollten Migrationsstrecken nach möglichen Hindernissen untersucht und wenn möglich, diese entfernt werden.

Anschrift der Autoren:

Dipl. Laök. T. Fleischer, Prof. Dr. G. Kerth, Angewandte Zoologie und Naturschutz, Universität Greifswald, Johann-Sebastian-Bach-Str. 11/12, 17487 Greifswald

Literatur

CHARLES, S., MALLET, J-P. & PERSAT, H. (2006): Population Dynamics of Grayling: Modelling Temperature and Discharge Effects. – Mathematical Modelling of Natural Phenomena 1 (1): 31-48.

DAVIDSON, W.S., HUANG, T-K., FUJIKI, K., SCHALBURG, K.R. von & KOOP, B.F. (2009): The sex determining loci and sex chromosomes in the family salmonidae. Sexual development : genetics, molecular biology, evolution, endocrinology, embryology, and pathology of sex determination and differentiation. – Sexual Developmet 3: 78-87.

FREYHOF, J. (2011): *Thymallus thymallus*. – In: IUCN (2013): IUCN Red List of Threatened Species. Version 2013.1. – URL: http://www.iucnredlist.org (gesehen am 02.11. 2013).

GERSTMEIER, R. & ROMIG, T. (2003): Die Süßwasserfische Europas für Naturfreunde und Angler. – Stuttgart (Franckh-Kosmos), 367 S.

HEGGENES, J., QVENILD, T., STAMFORD, M.D. & TAYLOR, E.B. (2006): Genetic structure in relation to movements in wild European grayling (*Thymallus thymallus*) in three Norwegian rivers. – Canadian Journal of Fisheries & Aquatic Sciences 63 (6): 1309-1319.

HADDELAND, P.J.T. (2012): The breeding system of the European grayling (*Thymallus thymallus*) – a genetic perspective. – Oslo (University of Oslo, Master Thesis), 32 S.

HAUPT, H., LUDWIG, G., GRUTTKE, H., BINOT-HAFKE, M., OTTO, C. & PAULY, A. (2008): Rote Liste gefährdeter Tiere, Pflanzen und Pilze Deutschlands. Band 1: Wirbeltiere – Naturschutz und Biologische Vielfalt 70 (1), 386 S.

JUNGE, C., VØLLESTAD, L.A., BARSON, N.J., HAUGEN, T.O., OTERO, J., SÆTRE, G.P., LEDER, E.H. & PRIMMER, C.R. (2011): Strong gene flow and lack of stable population structure in the face of rapid adaptation to local temperature in a spring-spawning salmonid, the European grayling (*Thymallus thymallus*). – Heredity 106 (3): 460-71.

KAVANAGH, K.D., HAUGEN, T.O., GREGERSEN, F., JERNVALL, J. & VØLLESTAD, L.A. (2010): Contemporary temperature-driven divergence in a Nordic freshwater fish under conditions commonly thought to hinder adaptation. – BMC Evolutionary Biology 10 (1): 350.

KOTTELAT, M. & FREYHOF, J. (2007): Handbook of European freshwater fishes. – Cornol, Berlin (Kottelat & Freyhof), 646 S.

MATULLA, C., SCHMUTZ, S., MELCHER, A, GERERSDORFER, T. & HAAS, P. (2007): Assessing the impact of a downscaled climate change simulation on the fish fauna in an Inner-Alpine River. – International Journal of Biometeorology 52 (2): 127-37.

MEYER, L. (2001): Spawning migration of grayling *Thymallus thymallus* (L. 1758) in a Northern German Lowland river. – Archiv für Hydrobiologie 152: 99-117.

NYKÄNEN, M. (2004): Habitat selection by riverine grayling, *Thymallus thymallus* L. – Jyväskylä (University of Jyväskylä – Dissertation), 40 S.

NYKÄNEN, M., HUUSKO, A. & LAHTI, M. (2004): Movements and habitat preferences of adult grayling (*Thymallus thymallus* L.) from late winter to summer in a boreal river. – Archiv für Hydrobiologie 161 (3): 417-432.

OVIDIO, M., PARKINSON, D., SONNY, D. & PHILIPPART, J. (2004): Spawning movements of European grayling *Thymallus thymallus* in the River Aisne (Belgium). – Folia Zoologica 53 (1): 87-98

PARKINSON, D., PHILIPPART, J. & BARAS, E. (1999): A preliminary investigation of spawning migrations of grayling in a small stream as determined by radio-tracking. – Journal of Fish Biology 55: 172-182.

PEURANEN, S., KEINÄNEN, M., TIGERSTEDT, C. & VUORINEN, P.J. (2003). Effects of temperature on the recovery of juvenile grayling (*Thymallus thymallus*) from exposure to Al+Fe. – Aquatic Toxicology 65 (1): 73-84.

PONCIN, P. (1996). A field observation on the influence of aggressive behaviour on mating success in the European grayling. – Journal of Fish Biology 48: 802-804.

SEMPESKI, P. & GAUDIN, P. (1995a). Habitat selection by grayling — I. Spawning habitats. – Journal of Fish Biology 47: 256-265.

SEMPESKI, P. & GAUDIN, P. (1995b). Habitat selection by grayling-II. Preliminary results on larval and juvenile daytime habitats. – Journal of Fish Biology 47: 345-349.

THOMASSEN, G., BARSON, N.J., HAUGEN, T.O. & VØLLESTAD, L.A. (2011). Contemporary divergence in early life history in grayling (*Thymallus thymallus*). – BMC Evolutionary Biology 11 (1): 360.

VEHANEN, T., HUUSKO, A. & YRJÄNÄ, T. (2003). Preference by grayling (*Thymallus thymallus*) in an artificially modified, hydropeaking riverbed: a contribution to understand the effectiveness of habitat enhancement. – Journal of Applied Ichthyology 19: 15-20.

WEDEKIND, C. & KÜNG, C. (2010). Shift of spawning season and effects of climate warming on developmental stages of a grayling *(Salmonidae*). – Conservation Biology : the journal of the Society for Conservation Biology 24 (5): 1418-23.

WEISS, S., PERSAT, H. & EPPE, R. (2002). Complex patterns of colonization and refugia revealed for European grayling *Thymallus thymallus*, based on complete sequencing of the mitochondrial DNA control. – Molecular Ecology 11: 1393-1407.

ZEH, M. & DÖNNI, W. (1994). Restoration of spawning grounds for trout and grayling in the river High-Rhine. – Aquatic Sciences 56 (1): 59-69.

Stechlin-Maräne *Coregonus fontanae* SCHULZ & FREYHOF 2003

TONI FLEISCHER und GERALD KERTH

Biologie der Art

Die Stechlin-Maräne gehört zur Gruppe der Salmoniden und innerhalb dieser zur großen Gruppe der *Coregonoiden*. Sie kommt nur im Stechlinsee in Brandenburg vor. Dort lebt sie zusammen mit der kleinen Maräne *C. albula*.

Die Stechlin-Maräne zählt zu den Zwerg-Arten. Ausgewachsene Weibchen erreichen eine Standardlänge (Kopf bis Schwanzbasis) von 90-26 mm (Standard-Länge) und ist damit deutlich kleiner als die sympatrisch vorkommende kleine Maräne (136-167 mm) oder der Luzin-Maräne *C. lucinensis* (106-162 mm). Bis zur Beschreibung als eigene Art durch SCHULZ & FREYHOF (2003) hielt man die Stechlin-Maräne für einen nahen Verwandten der Luzin-Maräne. Neue Ergebnisse zeigen jedoch eine unabhängige Evolution beider Arten (SCHULZ & FREYHOF 2006).

Im Alter von 1,5-2 Jahren beginnen sich die Tiere zu reproduzieren. Die Laichzeit beginnt im späten Frühling, meist in Mai und Juni. Einige Individuen können aber auch schon im April oder erst im September ablaichen. Nur wenige Tiere durchlaufen zwei Reproduktionsphasen. Die Eier werden in Bodennähe ab einer Tiefe von 25 m gelegt. Die Weibchen produzieren 1.000-3.600 Eier. In Relation zum Körpergewicht entspricht die der kleinen Maräne (SCHULZ & FREYHOF 2003).

Die Stechlin-Maräne ist eine in tieferen Wasserschichten vorkommende Art, die ab einer Tiefe von 20 m am häufigsten anzutreffen ist. Sie kommt aber noch bei einer Tiefe bis zu 60 m vor. Nachts finden Migrationen in höhere Schichten statt (MEHNER et al. 2010).

Beide genannten Maränenarten kommen zusammen mit Kaulbarsch (*Gymnocephalus cernua*), Flussbarsch (*Perca fluviatilis*), Rotauge (*Rutilus rutilus*) und Ukelei (*Alburnus alburnus*) im Stechlinsee vor. Als Nahrung werden Ruderfußkrebse (*Copepoda*) und Wasserflöhe (*Cladocera*) genannt (MICHAEL & FREYHOF 2003).

Verbreitung, Habitatansprüche und Populationsdichte

Die Stechlin-Maräne ist im Stechlinsee (Brandenburg) endemisch, einem oligotrophen, dimiktischen See mit einer Fläche von ca. 4,25 km², einer maximalen Tiefe von 68,5 m und einer mittleren Tiefe von 23 m. Er liegt im Naturpark Stechlin-Ruppiner Land. Über besondere Habitatsansprüche lassen sich keine näheren Angaben machen, da es nur ein Vorkommen gibt.

Da bisher nur dieses eine Vorkommen bekannt wurde, ist Deutschland „in besonderem Maße verantwortlich" für die Art (HAUPT et al. 2008). Zurzeit sind keine Gefährdungen für die Stechlin-Maräne bekannt, daher wird sie bei der IUCN als ungefährdet (least concern) eingestuft (FREYHOF & KOTTELAT 2008). In der Roten Liste Deutschland wird die Stechlin- Maräne als selten (R) geführt (HAUPT et al. 2008). Zwar fehlen bisher Angaben zur Populationsgröße doch wird der Bestand der Stechlin-Maräne als stabil eingeschätzt (HAUPT et al. 2008).

PEM-Optionen

Plastizität

Historisch wurden Coregonen als *C. lavaretus* bezeichnet vor und in zahlreiche Ökomorphe eingeteilt (KOTTELAT & FREYHOF 2007). Bei näherer Betrachtung zeigte sich jedoch, dass es sich häufig um verschiedene, sympatrisch vorkommende Arten mit individuellen Anforderungen an Gewässer und spezifischen Unterschiedenen in der Biologie wie z.B. der Laichzeit handelt. Die Arten unterscheiden sich morphologisch geringfügig untereinander und eine einheitliche taxonomsiche Einteilung aller in Deutschland vorkommenden Arten fehlt nach wie vor (KOTTELAT & FREYHOF 2007). Zahlreiche Arten wurden in Gewässern ausgesetzt wo sie mit bestehenden Arten hybridisierten oder diese verdrängten. Es ist daher unklar wie plastisch die Stechlin-Maräne ist. Dem Vorsorgeprinzip nach sollte jedoch eine geringe Plastizität angenommen werden, erst recht da es sich um das weltweit einzigartiges Vorkommen handelt.

OHLBERGER et al. (2008a) konnten zeigen, dass die Stechlin-Maräne an tiefe Temperaturen angepasst ist. Ihr Stoffwechsel ist, verglichen mit der kleinen Maräne die in den höheren Wasserschichten vorkommt, generell niedriger, was als Anpassung an die geringe Nahrungsverfügbarkeit der tieferen Schichten interpretiert wird. Beide Arten sind wenig spezialisiert und konkurrieren um die gleichen Nahrungsressourcen, wobei die kleine Maräne die konkurrenzstärkere Art ist (OHLBERGER et al. 2008b). Im Experiment wählte die Stechlin-Maräne Wassertemperaturen bei 4°C während die kleine Maräne Wassertemperaturen von 9°C vorzog. Dies zeigen auch die Kosten für den Stoffwechsel, die für die Stechlin-Maräne bei 4°C am geringsten ausfielen während bei der kleinen Maräne das Optimum bei ca. 8°C liegt (OHLBERGER et al. 2008c).

Evolution

Ursprüngliche wurden alle Coregonen des Ostseeraums als *C. albula* bezeichnet und in „Formen“ eingeteilt (SCHULZ & FREYHOF 2003). Unterschiede in Alter und Größe bei der Geschlechtsreife sowie unterschiedliche Laichzeiten haben zur Einteilung in verschiedene Arten geführt. Nahe dem Stechlinsee liegt der Breite Luzin, ein See in dem neben der kleinen Maräne die Luzin-Maräne vorkommt, welche wie die Stechlin-Maräne im Frühjahr/Sommer ablaicht. Obwohl beide Seen über das Entzugsgebiet der Elbe miteinander verbunden sind, konnten genetische Untersuchungen aller drei Arten zeigen, dass Stechlin- und Luzin-Maräne jeweils einen eigenen Ursprung haben und nicht näher miteinander verwandt sind. Zudem gab es keine Hinweise auf Hybride (SCHULZ & FREYHOF 2006). Es ist derzeit keine Bedrohung der genetischen Integrität der Stechlin-Maräne durch Hybridisierung oder Verdrängung, durch einwandernde Arten bekannt.

Mobilität

Als Endemit mit nur einem weltweiten Vorkommen ist eine Aussage über die Dispersionsfähigkeit nicht möglich.

Zusammenfassung und Schutzempfehlung

Bisher konnte für die Stechlin-Maräne keine Gefahr durch die Folgen des Klimawandels identifiziert werden. Dies liegt vor allem daran, dass sich das Vorkommen in einem Schutzgebiet befindet, was anthropogene Einflüsse (Eutrophierung, Verschmutzung, Besatz gebietsfremder Arten) reduziert. Dennoch sollte dringend eine Bestandshöhe ermittelt werden, um bereits kleine Änderungen, die sich als Trends fortsetzen könnten, rechtzeitig zu erkennen. Solange Sauerstoffgehalt und Wassertemperatur in den tieferen Schichten keine größere Änderung erfahren, sind Bestandsrückgänge unwahrscheinlich.

DOKULIL et al. (2006) untersuchten 12 große Seen (Fläche > 8 km²) in Europa nach einem Signal des Klimawandels und konnten einen Temperaturanstieg von 0,1-0,2°C/Dekade im Bereich des Hypolimnions nachweisen. Auf ähnlich Werte kommen auch Autoren für große Seen aus den USA (ARHONDITSIS et al. 2004, COATS et al. 2006). Für kleinere Gewässer wie z.B. dem Stechlinsee fehlen solche Untersuchungen. Da die Stechlin-Maräne an kalte Temperaturen angepasst ist, sind ähnliche Untersuchungen an kleineren Gewässern empfehlenswert, um zu prüfen, ob auch hier mit einem Temperaturanstieg zu rechnen ist.

LEHTONEN wies bereits 1996 darauf hin, dass die Bestände der kleinen Maräne bei ansteigenden Temperaturen zurückgehen werden. Es sollten daher auch die Populationsgrößen der sympatrisch vorkommenden kleinen Maräne im Stechlinsee beobachtet wenden. Sollte deren Bestände sinken, so ist unklar, wie sich dies auf den Bestand der Stechlin-Maräne auswirkt.

Anschrift der Autoren:

Dipl. Laök. T. Fleischer, Prof. Dr. G. Kerth, Angewandte Zoologie und Naturschutz, Zoologisches Institut und Museum, Universität Greifswald, Johann-Sebastian-Bach-Str. 11/12, 17487 Greifswald

Literatur

ARHONDITSIS, G.B., BRETT, M.T., DEGASPERI, C.L. & SCHINDLER, D. E. (2004): Effects of climatic variability on the thermal properties of Lake Washington. – Limnology and Oceanography 49 (1): 256-270.

COATS, R., PEREZ-LOSADA, J., SCHLADOW, G., RICHARDS, R. & GOLDMAN, C. (2006): The Warming of Lake Tahoe. – Climatic Change 76 (1-2): 121-148.

DOKULIL, M.T., JAGSCH, A., GEORGE, G.D., ANNEVILLE, O., JANKOWSKI, T., WAHL, B., LENHART, B., BLENCKNER, T. & TEUBNER, K. (2006): Twenty years of spatially coherent deepwater warming in lakes across Europe related to the North Atlantic Oscillation. – Limnology and Oceanography 51 (6): 2787-2793.

FREYHOF, J. & KOTTELAT, M. (2008): *Coregonus fontane*. – IUCN (2013): IUCN Red List of Threatened Species. Version 2013.1. – URL: http://www.iucnredlist.org (gesehen am 04.07. 2013).

HAUPT, H., LUDWIG, G., GRUTTKE, H., BINOT-HAFKE, M., OTTO, C. & PAULY, A. (2008): Rote Liste gefährdeter Tiere, Pflanzen und Pilze Deutschlands. Band 1: Wirbeltiere. – Naturschutz und Biologische Vielfalt 70 (1), 386 S.

KOTTELAT, M. & FREYHOF, J. (2007): Handbook of european freshwater fishes. – Cornol, Berlin (Kottelat & Freyhof), 648 S.

LEHTONEN, H. (1996): Potential effects of global warming on northern European freshwater fish and fisheries. – Fisheries Management and Ecology 3: 59-71.

MEHNER, T., BUSCH, S., HELLAND, I.P., EMMRICH, M. & FREYHOF, J. (2010): Temperature-related nocturnal vertical segregation of coexisting coregonids. – Ecology of Freshwater Fish 19 (3): 408-419.

OHLBERGER, J., MEHNER, T., STAAKS, G. & HÖLKER, F. (2008a): Temperature-related physiological adaptations promote ecological divergence in a sympatric species pair of temperate freshwater fish, *Coregonus spp.* – Functional Ecology 22 (3): 501-508.

OHLBERGER, J., MEHNER, T., STAAKS, G. & HÖLKER, F. (2008b): Is ecological segregation in a pair of sympatric coregonines supported by divergent feeding efficiencies? – Canadian Journal of Fisheries and Aquatic Sciences 65 (10): 2105-2113.

OHLBERGER, J., STAAKS, G., PETZOLDT, T., MEHNER, T. & HOELKER, F. (2008c): Physiological specialization by thermal adaptation drives ecological divergence in a sympatric fish species pair. – Evolutionary Ecology Research 10: 1173-1185.

SCHULZ, M. & FREYHOF, J. (2003): *Coregonus fontane*, a new spring spawning cisco from lake Stechlin, northern Germany (Salmoniformes: Coregonidae). – Ichthyological Exploration of Freshwaters 14 (3): 209-216.

SCHULZ, M. & FREYHOF, J. (2006): Evidence for independent origin of two spring-spawning ciscoes (Salmoniformes: Coregonidae) in Germany. – Journal of Fish Biology 68: 119-135.

Gelbbauchunke *Bombina variegata* (LINNEAUS 1758)

CAROLIN DITTRICH und MARK-OLIVER RÖDEL

Biologie der Art

Die adulten Gelbbauchunken gehören mit einer Größe von 30-55 mm zu den kleineren Amphibienarten Deutschlands. Ihre Gestalt ist gedrungen und flach, ihre Oberseite meist lehm- bis olivenfarben, grau oder bräunlich, mit unregelmäßigen dunkleren Flecken und deutlich ausgebildeten Warzen. Die Warzen sind von Hornhöckern umgeben und besitzen oft eine zentrale verhornte Spitze. In den Körnerdrüsen wird ein Sekret produziert, welches bakterizid und hämolytisch wirkt (MIGNOGNA et al. 1993). Ein auffälliges Merkmal der Unken sind ihre herz- bis tropfenförmigen Pupillen. Ihre gelbe Bauchseite ist mit grauen und schwarzen Flecken und Bändern überzogen. Dieses lebenslang erkennbare Muster kann zur individuellen Identifizierung verwendet werden (GOLLMANN & GOLLMANN 2011).

Der Sexualdimorphismus ist nur geringfügig ausgeprägt. Allgemein sind Weibchen etwas größer und schwerer als Männchen, dies gilt allerdings nicht für alle Populationen. In der Paarungszeit sind die Brunftschwielen der Männchen stark ausgeprägt und verlaufen vom Unterarm bis zum 1. und 2. Finger der Hand (GOLLMANN & GOLLMANN 2012). Die Arme bzw. der Abstand zwischen den Armen, ist bei den Männchen länger als bei den Weibchen, was wie die Brunftschwielen vermutlich das Klammern der Weibchen während der Paarung erleichtert (DI CERBO & BIANCARDI 2012).

Die Aktivitätsperiode der Gelbbauchunken setzt bei Temperaturen um die 10°C ein, kann also in einigen Regionen witterungsbedingt bereits im März beginnen. Meist werden die Unken jedoch erst im April aktiv. Die Paarungszeit erstreckt sich von Mai bis August, wobei die Eiablage durch starke Regenfälle, Wassertemperaturen ab 14°C und hormonell stimuliert wird. Die tägliche Aktivitätsrhythmik ist ebenfalls stark witterungsabhängig. Meist fällt die Rufaktivität in einen Zeitraum zwischen den späten Vormittagsstunden bis Mitternacht. An heißen Tagen gibt es eine längere Rufpause um die Mittagszeit oder die Unken fangen erst am späten Nachmittag an zu rufen (BARANDUN & REYER 1998, GOLLMANN & GOLLMANN 2012).

Die Männchen geben dabei Inspirationslaute von sich, deren Funktion vielfältig scheint und noch nicht vollständig verstanden ist. Die Laute werden teils als Paarungsrufe, teils als Anwesenheitsrufe bezeichnet (intrasexuelles Signal); eine individuelle Partnerfindung konnte durch die Rufe nicht nachgewiesen werden. Territoriales Verhalten zeigen einige Männchen in dem sie mit den Hinterbeinen Wasserwellen erzeugen, die anderen Männchen signalisieren, dass dieser Rufplatz bereits besetzt ist. Diese Männchen waren größer als ihre Konkurrenten und hatten einen größeren Paarungserfolg (SEIDEL 1999). Im lumbalen Amplexus wird das Weibchen vom Männchen, nicht wie bei „höheren“

Fröschen hinter den Vorderbeinansätzen, sondern in der Hüfte geklammert. Die Weibchen können, über die Laichperiode verteilt, mehrmals kleine Gelege ablegen (1-60 Eier; im Durchschnitt 10-20 Eier), die an Pflanzen angeheftet oder auf dem Grund abgelegt werden.

Die Entwicklungsdauer der Eier zur geschlüpften Larve ist stark temperaturabhängig und kann zwischen 4-10 Tagen in Anspruch nehmen. Die Metamorphose erreichen die Jungtiere nach 36-77 Tagen (NIEKISCH 1995, BARANDUN & REYER 1997b, SCHLÜPMANN et al. 2011). Die Geschlechtsreife erlangen die Gelbbauchunken mit 2-3 Jahren, wobei sie auch im Freiland ein Alter von mindestens 15 Jahren erreichen können (SEIDEL 1993). Vereinzelt werden Tiere gefunden die 20 Jahre alt wurden (PLYTYCZ & BIGAJ 1993, DINO et al. 2010) und aus Terrarienhaltung wurde eine Unke mit 27 Jahren bekannt (NÖLLERT & GÜNTHER 1996).

Unken sind, wie die meisten Amphibienarten, Nahrungsgeneralisten. Das Nahrungsspektrum der Unken umfasst vorwiegend terrestrische Invertebraten wie: Käfer, Schmetterlinge und deren Raupen, Würmer, Spinnen und Milben. Die Zusammensetzung der Nahrung in einer Gelbbauchunkenpopulation hängt von der Verfügbarkeit der Beutetiere, so wie vom Lebensraum und der Jahreszeit ab, es scheint keine gezielte Wahl bestimmter Beuteorganismen zu geben (GOLLMANN & GOLLMANN 2012). Bei juvenilen Unken war, vermutlich größenbedingt, der Anteil an Springschwänzen in der Nahrung erhört. Oft wurden in den Mägen Häutungsreste gefunden. Vor allem die Männchen scheinen auch die Häute von anderen Unken aus der Population zu verzehren. Jungtiere und Weibchen verfolgen bei der Beutesuche eine Mischstrategie aus Suchen und Ansitzen, „warten bis sich etwas in ihrer Umgebung bewegt". Männliche Tiere sind überwiegend Ansitzjäger (SAS et al. 2005).

Adulte Unken haben wenige Fressfeinde da ihr Hautsekret für die meisten potentiellen Räuber giftig ist. Unter Stress wird ein scharf riechendes, schaumiges Sekret mit einem geringen pH-Wert und antibiotischer, sowie hämolytischer Wirkung abgegeben. Dieses Sekret kann bei Menschen allergische Reaktionen hervorrufen. Bei der als Unkenreflex bekannt gewordenen Abwehrhaltung präsentieren die Unken in Kahnstellung (Hand- und Fußunterseiten sind nach oben gebogen, der Körper liegt in einem flachen U auf der Erde) die gelbgefleckte Bauchunterseite. Dies signalisiert potenziellen Räubern ihre Giftigkeit. Grundsätzlich sind Unken farblich sehr gut an ihre Umgebung angepasst und können sich bei Gefahr in den lehmigen Boden des Gewässers eingraben oder mit den Hinterbeinen das Bodensubstrat aufwühlen und sich somit vor Angreifern in Sicherheit bringen. Zu den wenigen Fressfeinden zählen: Schwarzstörche, Fischotter, sowie Ringel- und Würfelnattern. Die Larven und metamorphosierenden Unken zeigen noch keine Giftwirkung und fallen daher öfter Räubern zum Opfer. Darunter sind räuberische Wasserinsekten und deren Larven, verschiedene Vogelarten und Ringelnattern (GOLLMANN & GOLLMANN 2012).

Verbreitung, Habitatansprüche und Populationsdichte

Das Verbreitungsgebiet der Gelbbauchunke, auch Bergunke genannt, erstreckt sich von Frankreich im Westen bis nach Griechenland im Osten. Dabei werden große Teile Mitteleuropas und der Balkanhalbinsel besiedelt, sowie Enklaven in den ungarischen Mittelgebirgen (Karpaten). Im Osten ihres Verbreitungsgebietes überlappt die Gelbbauchunke teilweise mit der Rotbauchunke (*Bombina bombina*). In diesen Kontaktzonen lassen sich auch Hybriden der beiden Arten finden. Großräumig betrachtet verläuft die Verbreitungsgrenze der Gelbbauchunke ab einer Höhenlinie von über 250 m NN. Das Höhenvorkommen erstreckt sich aber von 100 bis 800 m (GOLLMANN & GOLLMANN 2012). Vereinzelt, insbesondere im Süden ihres Areals, konnten Gelbbauchunken auch auf über 1.000 m, in Griechenland sogar auf über 2.000 m NN, nachgewiesen werden (DI CERBO & FERRI 1996, GENTHNER & HÖLZINGER 2007, GLASER et al. 2008, GOLLMANN et al. 2012).

In Deutschland verläuft die nördliche Grenze des Verbreitungsgebietes in Nordrhein-Westfalen, Niedersachsen, Hessen und Thüringen, der nördlichste Fundpunkt liegt in Niedersachsen in den Bückebergen (BUSCHMANN 2001). Im Süden Deutschlands ist die Art flächig und weit verbreitet, an der nördlichen Verbreitungsgrenze sind Populationen größtenteils voneinander isoliert (NÖLLERT & GÜNTHER 1996).

Die Habitate der Gelbbauchunke müssen heterogen strukturiert sein. Sie benötigen Versteckmöglichkeiten bei extremen Temperaturen, sowohl im Sommer, als auch im Winter. Als Laichgewässer nutzen sie kleine, flache und temporäre Gewässer, die sonnenexponiert und meist vegetationsfrei sind. Meist sind sie in Sekundärhabitaten anzutreffen, wie Ton- oder Kiesgruben, Steinbrüchen und Truppenübungsplätzen, in denen durch menschliche Aktivität immer wieder Freiflächen mit temporären Gewässern entstehen. In Buchen-, Au- oder Bruchwäldern werden durch Rückegassen, Fahrspuren oder Wildschweinsuhlen Freiflächen geschaffen, die oft von der Gelbbauchunke angenommen werden. Ihre natürlichen Lebensräume waren in Mitteleuropa ursprünglich wohl dynamische Flusslandschaften mit durch Hochwässer generierten temporären Tümpeln entlang der Fluss- und Bachbette, sowie Quellmoore, Sümpfe und Feuchtwiesen (GOLLMANN & GOLLMANN 2012). In Südeuropa kommt sie nicht selten in vom Flusslauf getrennten Tümpeln entlang von Bergbächen oder in ausgetrockneten Restpfützen in diesen Bachläufen vor (z.B. RÖDEL 1994). Der Sommerlebensraum, die Laich- und Aufenthaltsgewässer (diese Gewässertrennung scheint für die meisten Unkenpopulationen typisch zu sein), sowie die Überwinterungsplätze zeigen meist eine starke, räumliche Überlappung. Die Aufenthaltsgewässer können, im Gegensatz zu den Laichgewässern, beschattet und reich an Vegetation sein und werden in Hitzeperioden von nicht fortpflanzungswilligen Weibchen und Jungtieren aufgesucht. Der Landlebensraum kann, neben anthropogenen Sekundärhabitaten (s.o.) auch feuchte Wiesen oder Waldgebiete umfassen und bis mehrere hundert Meter vom Laichgewässer entfernt liegen. Als ideale Lebensräume für die Gelbbauchunke gelten offene Gebiete in Waldnähe mit einer Vernetzung von trockenen und feuchten Habitaten und einer Vielfalt kleiner temporärer Gewässer (GOLLMANN et al. 2012). Den Winter verbringen Gelbbauchunken meist an Land im Waldboden in und unter Totholz, in Höhlen in Gewässernähe oder unter Steinen. Sie sind auf Verstecke angewiesen die Spalten oder Höhlungen aufweisen, da sie sich nicht selbst eingraben können (NIEKISCH 1995).

Populationsgrößenschätzungen sind für die Gelbbauchunken nicht einfach, da sie von mehreren Faktoren abhängen. Gelbbauchunken pflanzen sich über fast ihre gesamte Aktivitätsperiode fort (Laichzählungen wie bei Braunfröschen sind so z.B. kein adäquates Mittel) und so sind nicht immer alle Individuen einer Population zu jedem Zeitpunkt an der Fortpflanzung beteiligt. Da die Population zu jedem Zeitpunkt über ein größeres Gebiet verteilt sein kann, werden nie alle Individuen an Laich- oder Aufenthaltsgewässern gefunden werden. Auch hängt die Aktivität und Anwesenheit im Gewässer (dann sind Gelbbauchunken am leichtesten zu finden) stark von der Witterung ab (GOLLMANN & GOLLMANN 2012). Zuverlässige Schätzungen sind nur mit Fang-Markier-Wiederfangmethoden zu erreichen (siehe z.B. HEYER et al. 1994). Hier ist allerdings die individuelle Bauchzeichnung der Unken von großem Vorteil und auf andere, teils invasive Markiermethoden kann bei dieser Art verzichtet werden.

In einer italienischen Population konnten über einen Zeitraum von 22 Jahren nur 94 Unken festgestellt werden (DINO et al. 2010). BARANDUN (1990) gibt dagegen für eine Schweizer Population, auf einer Fläche von bis zu 15 ha, einen Bestand von 1.500-2.000 Unken an. Im Allgemeinen können relativ große Populationsdichten insbesondere in Sekundärhabitaten vorgefunden werden, Populationen mit mehreren 100 bis mehrere 1.000 Individuen sind allerdings die große Ausnahme (SCHIEMENZ & GÜNTHER 1994, GENTHNER & HÖLZINGER 2007, SCHLÜPMANN et al. 2011). Generell nehmen die Bestände der Art in Westeuropa ab (z.B. NIEKISCH 1995, GENTHNER & HÖLZINGER 2007). Dies ist besonders im nördlichen und westlichen Teil des Verbreitungsgebites besonders dramatisch (DUGUET & MELKI 2003, SCHLÜPMANN et al. 2011). SCHLÜPMANN et al. (2011) geben an, dass kaum eine andere deutsche Amphibienart derart große Bestandseinbußen zu verzeichnen hat wie die Gelbbauchunke. Laut Roter Liste (2009) sind die Bestandsgrößen in großen Teilen der Bundesrepublik rückläufig und einige Vorkommen erloschen. In manchen Bereichen, so z.B. auch im nördlichen Verbreitungsgebiet in Niedersachsen, konnten dagegen eine positive Bestandsentwicklung ermittelt werden, was auf ein erfolgreiches Management der Fläche zurückgeführt wurde. Beispielsweise stieg in einem Steinbruch die Individuenzahl von 319 Tieren im Jahr 2000 auf 699 Tiere im Jahr 2007; die Gesamtindividuenzahl im kompletten Untersuchungsgebiet schätzten die Autoren auf 2.400 Unken (BUSCHMANN et al. 2013). Innerhalb der Bundesrepublik sind überwiegend kleine, aber auch sehr große Population mit teilweise mehreren tausend Individuen bekannt (z.B. SCHIEMENZ & GÜNTHER 1994, NÖLLERT & GÜNTHER 1996; GENTHNER & HÖLZINGER 2007).

PEM-Optionen

Plastizität

Die Gelbbauchunke weist ein großes Verbreitungsareal auf und kann hier unterschiedlichste, meist dynamische Habitate mit wenig vorhersehbaren Umweltfluktuationen besiedeln, was auf eine große ökologische Plastizität der Art hindeutet. Selbst die Farbe der Unken wird offensichtlich durch Umweltbedingungen beeinflusst. So zeigen Unken in lehmigen Gewässern eine hellere Grundfarbe, als Unken in Torfgewässern (GOLLMANN et al. 2012).

Die Gelbbauchunke hat eine sehr opportunistische Fortpflanzungsstrategie bei der sie schnell auf aktuelle klimatische Bedingungen reagieren kann. So wird meist nur abgelaicht, wenn sich nach starken Regenfällen temporäre Kleinstgewässer gebildet haben. Sind die klimatischen Bedingungen unvorteilhaft können die Weibchen auf die Eiablage verzichten und erst im darauffolgenden Jahr wieder am Laichgeschehen teilnehmen (BARANDUN et al. 1997b). Das Weibchen immer nur wenige ablagereife Eier produzieren und diese in kleinen Portionen in verschiedene temporäre Gewässer ablegen, sich dafür aber innerhalb eines Jahres mehrfach fortpflanzen können, minimiert das Risiko des Komplettverlustes von Nachkommen z.B. durch das Austrocknen eines Gewässers. Die Langlebigkeit der Gelbbauchunken minimiert ebenfalls das Aussterberisiko von Populationen, da es u.U. ausreicht wenn nur alle paar Jahre Bedingungen herrschen die eine erfolgreiche Entwicklung der Larven ermöglichen (ABBÜHL & DURRER 1998).

Neben Niederschlägen hat auch die Umgebungstemperatur einen Einfluss auf den Zeitpunkt der Fortpflanzung und zusätzlich auf die Dauer der Entwicklung. Bei einer Wassertemperatur von 12,4°C benötigen die Embryonen 277 Stunden bis das Entwicklungsstadium 20 nach GOSNER (1960) erreicht wird. Bei 29,2°C reduziert sich die Zeit auf 72 Stunden (PAWLOWSKA-INDYK 1980). Die Larvalentwicklung wird gleichfalls durch höhere Temperaturen beschleunigt. Bei einer Temperatur von 27°C dauerte die Entwicklung von der Eiablage bis zur Metamorphose durchschnittlich 65 Tage, bei 15°C verlängert sich die Entwicklung auf durchschnittlich 107 Tage (MORAND et al. 1997). Eine schnellere Entwicklung ist bei stark austrocknungsgefährdeten Gewässern zwar grundsätzlich von Vorteil, kann aber auch Nachteile mit sich bringen. Schnell wachsende Larven können mit einem geringeren Gewicht an Land gehen, was erhebliche Nachteile in der weiteren Entwicklung und Überlebensfähigkeit mit sich bringen kann (s.u.).

Die Temperaturtoleranz der Kaulquappen ist allerdings nach oben begrenzt; 30°C Wassertemperatur kann von den Kaulquappen gerade noch kurzfristig ertragen werden (GOLLMANN & GOLLMANN 2012). Unter konstanten Temperaturbedingungen in Laborversuchen führte eine Temperatur von über 30°C beispielsweise zu einer hohen Mortalitätsrate der Embryonen und frisch geschlüpften Larven (PAWŁOWSKA-INDYK 1980) und deutete so auf thermale Limits für die Larven in diesem Bereich. Andererseits wiesen kleine temporäre Laichgewässer bei einer Untersuchung von BARANDUN & REYER

(1997a) eine durchschnittliche Wassertemperatur von 31,9°C auf und die höchste Anzahl von Eiern wurde in 35°C warmem Wasser gefunden. Eine Angabe zur Mortalität wurde hier leider nicht gemacht.

In den von uns untersuchten Steinbruchgewässern stiegen die Temperaturen oft auf die aus der Literatur (s.o.) bekannten suboptimalen oder gar schädlichen Temperaturen von 35°C und mehr. Dass dies bereits nahe am physiologisch gerade noch zu ertragenden Limit der Gelbbauchunken-Kaulquappen sein kann, deutet sich auch aus Versuchen zur Temperaturpräferenz der Kaulquappen an. Hier bevorzugten die Gelbbauchunken aus Steinbrüchen deutlich niedrigere Temperaturen als in ihren Lebensräumen gemessen wurden (SPATZ et al. unpubl. Daten).

Die ursprüngliche Eigröße beeinflusst das Wachstum und die Entwicklung der Larven ebenfalls, da Larven aus größeren Eiern – mit einem höheren Anteil an Dotter – etwas schneller die Metamorphose erreichen können, wiederum ein Vorteil in austrocknenden Gewässern. Auf die Entwicklungsgeschwindigkeit, die Größe und das Gewicht bei der Metamorphose wirken sich außerdem der Wasserstand (Signal für die Wasserhaltekapazität; bzw. sinkende Wasserstände sind in der Regel auch mit höheren Wassertemperaturen gekoppelt), bei hoher Kaulquappendichte im Gewässer Nahrungskonkurrenz, sowie die An- oder Abwesenheit von Fressfeinden aus (BÖLL 2002, GOLLMANN & GOLLMANN 2012). BÖLL (2002) konnte – neben einer hohen Variabilität in der Larvalentwicklung – zwei Strategien bei der Entwicklung der Larven finden. Larven mit einer eher langen Entwicklungszeit, zeigten eine hohe phänotypische Plastizität und passten sich gegebenenfalls an später abnehmende Wasserstände mit einer beschleunigten Entwicklung auf Kosten der Größe an. Die Larven die sich von Anfang an schneller entwickelten, waren weniger plastisch und zeigten keine Reaktion an sich ändernde Wasserstände.

In unter semi-natürlichen Bedingungen durchgeführten Experimenten (empirischer Teil dieser Studie) stellten wir fest, dass Gelbbauchunken-Kaulquappen aus Offenlandhabitaten (Steinbrüchen) größer metamorphosierten als Tiere aus Waldhabitaten und zwar ungeachtet dessen ob sie unter den originalen (besonnt, warm) oder alternativen Bedingungen (Schatten mit niedrigeren Temperaturen) aufgezogen wurden. Unter sonnig/warmen Bedingungen entwickelten sich aber Kaulquappen aus beiden ursprünglichen Habitattypen schneller als in kühlerer Umgebung. Während die Unterschiede in der Entwicklungsgeschwindigkeit für die gesamte Aktivitätsphase der Gelbbauchunken galten, waren die Größenunterschiede wie oben geschildert im Früh- und Hochsommer zu beobachten. Im Spätsommer (bei immer noch nahezu identischen Wassertemperaturen) waren die Größen der metamorphosierenden Unken sehr ähnlich. Unken aus unterschiedlichen Lebensräumen zeigten also, obwohl räumlich sehr nahe zueinander vorkommend, deutliche lokale und habitatsspezifische Unterschiede in ihren Entwicklungsparametern. Zudem konnten wir saisonale Unterschiede bei der Entwicklung dokumentieren. Dies spricht zum einen für eine sehr hohe Plastizität der Entwicklungsbiologie dieser Art, andererseits aber auch für mögliche sehr lokal begrenzte Anpassungen. Während die Art als solche also mit einem breiten Spektrum an Umweltparametern zu Recht kommen kann, ist die Anpassungsfähigkeit einzelner Populationen u.U. stärker beschränkt.

Das Gewicht und die Größe bei der Metamorphose wirken sich nicht nur auf die Überlebenschancen der Jungtiere aus, sondern sind bis zur Fortpflanzungsfähigkeit delektierbar. Zum einen wird dadurch die Dauer bis zum Erreichen der Geschlechtsreife, 2-3 Jahre, beeinflusst, zum anderen wirkt sich dies auf die Größe der dann produzierten Eier – welche wiederum einen Einfluss auf die Schlupfgröße der Larven haben – aus (GOLLMANN & GOLLMANN 2012).

Die Zeit, die Amphibien für das Wachstum nach der Metamorphose bis zur ersten Überwinterung zur Verfügung steht, bzw. die diese zur erfolgreichen Überwinterung benötigen, hat einen Einfluss auf die Larvalzeit und das Gewicht der metamorphen Tiere. So zeigen Larven des nordamerikanischen Waldfrosches, *Lithobates salvatica,* die mehr Zeit für Wachstum nach der Metamorphose haben, eine kürzere Entwicklungszeit und ein geringeres Gewicht als Larven die spät in der Aktivitätsphase metamorphosieren (EDGE et al. 2013). Dies könnte auch auf die Gelbbauchunke zutreffen. Befinden sich die zu Individuen bzw. Populationen mit den derzeitigen Umgebungstemperaturen bereits nahe am thermalen Optimum, kann eine Erhöhung der Umgebungstemperatur zu einem verringerten Wachstum führen. Sind sie allerdings weiter vom thermalen Optimum entfernt, kann sich eine Temperaturerhöhung positiv auf das Wachstum auswirken (s.o.). Beobachtete Veränderungen der Körpergröße durch empirische Daten sollten in einen weiteren ökologischen Kontext behandelt werden. Verändern sich Körpergrößen wirkt sich dies auf die Größenverteilung der Population, als auch auf die Lebensgemeinschaft unterschiedlicher Spezies eines Habitats aus (OHLBERGER 2013).

Auch sich verändernde Regenfallmuster können die Gemeinschaft von Amphibien stark beeinflussen. Durch eine Verschiebung des Reproduktionszeitraumes und dadurch auftretende Konkurrenz und Prädation, können Lebensgemeinschaften nachhaltig verändert werden (WALLS et al. 2013). Neben einer potentiellen, zukünftigen Temperaturerhöhung, die Gelbbauchunken und ihre Larven an physiologische Limits kommen lassen könnten, aber auch generell das Austrocknungsrisiko der Entwicklungsgewässer erhöhen, könnten sich insbesondere veränderte Regenfallmuster durch den Verlust geeigneter Laichhabitate während der Hauptaktivitätsphase der Unken stark negativ auswirken.

Evolution

Die Gelbbauchunke gehört zur Familie der Bombinatoridae. Neben der ebenfalls Europäischen Rotbauchunke umfasst die Familie mehrheitlich asiatische Arten. Lange Zeit wurden vier Unterarten der Gelbbauchunke unterschieden. Die Nominalform *Bombina variegata variegata, B. v. pachypus* (BONAPARTE, 1838) auf der Appeninhalbinsel, *B. v. scabra* (KÜSTER, 1843) auf der Balkanhalbinsel und *B. v. kolombatovici* (BEDRIAGA, 1890) in Dalmatien (GOLLMANN et al. 2012). Die Form *B. pachypus* wird seit 1991 als eigenständige Art behandelt (GUARINO 2012, AMPHIBIAWEB 2013), was auch durch morphologische Daten (GUARINO 2012), nicht aber durch mitochondriale Marker bestätigt wurde (HOFMAN et al. 2007).

Innerhalb der Gelbbauchunke lassen sich zwei genetische Gruppen unterscheiden, die westliche reicht von der Balkanhalbinsel bis nach Frankreich; die vom Balkan in den Karpaten. Innerhalb der westlichen Gruppe lassen sich drei Linien differenzieren: eine aus dem Apennin in Italien (*B. v. pachypus*), aus den Rhodopen in Bulgarien *(B. v. scabra*) und die westeuropäische Linie (*B. v. variegata*) (HOFMAN et al. 2007). Der Zeitpunkt der Aufspaltung in diese genetischen Linien wird im Vorpleistozän – vor mehr vor 2,6 Millionen Jahren – vermutet (FIJARCZYK et al. 2011).

Eine neuere Studie, die auf HOFMAN et al. (2007) aufbaut, bestätigt diese genetische Differenzierung und erklärt sie anhand der europäischen Topografie (Bergregionen die als Barrieren für Genfluss fungieren). Außerdem bestätigte sie, dass sich eiszeitliche Rückzugsgebiete (Refugien) der Art auf dem Balkan, in den Karpaten und auf der Apenninhalbinsel befunden haben und sich die Gelbbauchunke von dort nach dem letzten glazialen Maximum wieder nach Norden und Westen ausgebreitet hat. Die genetische Diversität ist in den südlichen Karpaten am höchsten und nimmt Richtung Westen ab (FIJARCZYK et al. 2011).

Wie bereits bemerkt konnte in der Kontaktzone von *B. bombina* und *B. variegata* Genaustausch beobachtet werden (FIJARCZYK et al. 2011). Die Hybriden der beiden Arten sind größtenteils fruchtbar und kreuzen sich mit den Elternarten zurück. Allerdings gibt es auch genetische Inkompatibilität mit dadurch ausgelösten Entwicklungsstörungen bei den Hybriden (GOLLMANN & GOLLMANN 2012). Auch haben beide Elternarten unterschiedliche Habitatansprüche (RAFINSKA 1991, NÖLLERT & GÜNTHER 1996).

Sich ändernde Umwelten könnten neue Stressoren mit sich bringen (z.B. Schadstoffe, Krankheitserreger) und durch hohen Selektionsdruck, bei vorhandener genetischer Vielfalt, in kurzer Zeit zu einer genetisch angepassten Population führen. Offensichtlich wird ein nicht unbeträchtlicher Teil dieser Anpassungsfähigkeit mütterlich vererbt (z.B. Immunfaktoren). Maternale Effekte wirken sich so auf den Phänotyp der Nachkommen aus und können somit eine treibende Kraft in evolutiven Prozessen sein (RÄSÄNEN & KRUUK 2007). Eine Gefährdung der Art könnte durch genetische Flaschenhals-Effekte auftreten, da die genetische Divergenz im westlichen Verbreitungsgebiet verringert ist und Populationen oft isoliert sind. Diese könnte theoretisch zu einer geringeren Anpassungsfähigkeit gegenüber sich verändernden Umwelten führen (BADYAEV & ULLER 2009, RICHTER-BOIX et al. 2013).

Mobilität

Allgemein wird die Gelbbauchunke als eine Art gesehen die umhervagabundiert und somit schnell geeignete Habitate auffinden kann (ABBÜHL & DURRER 1998). Dies wäre bei sich veränderten Umweltbedingungen grundsätzlich von Vorteil, da die Art dann mit höherer Wahrscheinlichkeit wieder auf geeignete Habitate treffen würde, als Arten mit hoher Ortstreue. Andererseits gibt es auch Befunde, dass Gelbbauchunken ausgesprochen ortstreu sind. Beides trifft hier zu. Die größte Bereitschaft zur Migration zeigen die Juvenilen und Subadulten. Bei Umsetzungsversuchen kehrten diese Altersgruppen prozentual am wenigsten zu ihrem Ursprungsgewässer zurück, sie akzeptierten zu 50% das neue Gewässer (NIEKISCH 1995). Somit können die Jungtiere für die Ausbreitung der Art sorgen. Für die adulten Gelbbauchunken konnte eine hohe Ortsstetigkeit und eine geringe Wanderaktivität festgestellt werden. Es scheint, dass diese Tiere zwar zwischen den Laichgewässern und dem restlichen Lebensraum hin und her wandern, sich aber dann doch immer wieder am selben Laichgewässer einfinden (BARANDUN & REYER 1998). Die durchschnittlichen Wanderdistanzen von Gelbbauchunken werden mit 100-300 m angegeben (BESHKOV & JAMESON 1980, ABBÜHL & DURRER 1996, HARTEL 2008). Es wurden aber auch einzelne Individuen bekannt die Distanzen von bis zu 1.700 m zurückgelegt haben (NIEKISCH 1995). Bewegungen über Land erfolgen in frostfreien Nächten oder bewölkten Tagen bei einer Luftfeuchtigkeit von mindestens 85% (GOLLMANN et al. 2012).

Mögliche Auswirkungen von höheren Temperaturen und veränderten Regenfallmustern könnten generell verringerte Migrationsaktivität der Jungunken sein, da diese aufgrund ihres Oberflächen-Volumen Verhältnisses am Stärksten durch Austrocknung gefährdet sind. Die Erschließungswahrscheinlichkeit neuer Habitate wäre damit verringert. Das Ausweichen in andere Habitate ist aber auch für die Adulten problematisch, da sie sind auf ein vernetztes, heterogenes Gesamthabitat angewiesen sind (Laich-, Aufenthaltsgewässer, Landlebensraum, Überwinterungsquartiere), welches in unserer fragmentierten Kulturlandschaft seltener wird.

Zusammenfassung und Schutzoptionen

In Sachsen gilt die Gelbbauchunke als ausgestorben und in den meisten anderen Bundesländern in denen sie vorkommt, ist sie als „stark gefährdet" oder als „vom Aussterben bedroht" gelistet. Die langfristige Prognose geht von einem starken Rückgang der Art aus. Als Hauptrisikofaktoren werden Fragmentierung und Isolation von Populationen angegeben, aber auch generell anthropogen bedingter Habitatverlust genannt (KÜHNEL et al. 2009). Diese Gefährdungsfaktoren resultieren insbesondere aus zunehmender Bebauung und dadurch einhergehender Zerschneidung von Lebensräumen, dem Trockenlegen von feuchten Wiesen, der Verfüllung von Kleinstgewässern, der Befestigung von Waldwegen und Rückegassen, intensiverer Landwirtschaft mit einhergehender Nutzung von Düngemitteln, sowie der natürlichen Sukzession von Pionierstandorten, dem natürlichen Hauptlebensraum der Gelbbauchunke bei uns.

Dem entgegenwirken können eine Reduzierung von Stickstoff- und Phosphoreintrag durch die Landwirtschaft durch ein effizientes Management von Dünge- und Pflanzenschutzmitteln; das Anlegen von Pufferzonen (Grasstreifen, stickstofffixierende Pflanzen) oder die Wiedervernässung von Feuchtgebieten (MEWES 2012). Die Gelbbauchunke ist eine Art die natürlicherweise auf Störungen angewiesen ist. Sie bevorzugen zur Laichabgabe vegetationsfreie, flache Gewässer wie sie durch Befahrung unbefestigter Wege mit schwerem Gerät oder durch Abbauprozesse hervorgerufen werden. Eine Verminderung dieser Störungen kann zur Sukzession geeigneter Gewässer und damit der Verringerung der Eignung für die Gelbbauchunke und so letztlich zur Abnahme der jeweiligen Populationsdichten führen. Sollen solche Standorte gemanagt werden, ist auf ein heterogenes Geländemosaik zu achten, eine Mischung aus Flächen unterschiedlicher Sukzessionsstadien (WARREN & BÜTTNER 2008, BUSCHMANN et al. 2013, HILL et al. ohne Jahr).

Maßnahmen die eine Stabilisierung von bestehenden Populationen ermöglichen sind: die Renaturierung von Bach und Flussläufen (mit Überschwemmungsflächen auf denen temporäre Kleinstgewässer entstehen können), eine Wiedervernässung von Feuchtwiesen, die künstliche Schaffung von Kleinstgewässern und das Zulassen von Rückegassen im Wirtschaftswald (z.B. HILL et al. ohne Jahr). Sollte eine eigene Dynamik zur Entstehung temporärer Kleinstgewässer nicht gegeben sein, müssen regelmäßig, jährlich, neue Gewässer angelegt oder zurückgesetzt (auf ein Ausgangsstadium der Sukzession) werden. Am Einfachsten erfolgt dies durch Bodenverdichtung an vernässten Bodenstellen oder auf staunassem Grund. Bedacht werden sollte, dass die Gewässer auch zeitweise trockenfallen um eine Ansiedlung von Prädatoren und Vegetation zu vermeiden bzw. zu verringern. In Steinbrüchen können jährlich unterschiedliche Gebiete abgebaut werden. Neue und damit besonders dicht besiedelte Gewässer sollten in Bereichen liegen in denen während der Fortpflanzungszeit nicht abgebaut wird. Viele größere Populationen lassen sich auf diesen Sekundärstandorten finden. Ein Habitatmanagement muss hier oft erst eingreifen wenn die Standorte aufgegeben und der natürlichen Sukzession überlassen werden.

Vor allem Habitattrittsteine zwischen isolierten Populationen könnten dem Auftreten von genetischer Isolation entgegenwirken und damit die Anpassungsfähigkeit der Art fördern, da eine verringerte genetische Variabilität zu einem geringerem Anpassungspotenzial führen kann (NIEKISCH 1995, MERMOD et al. 2011, GOLLMANN & GOLLMANN 2012). Die Chancen eine Art in einer Region zu erhalten erhöhen sich durch das clustern geeigneter Lebensräume (RYBICKI & HANSKI 2013), so zeiget z.B. eine Untersuchung am amerikanischen Waldfrosch, dass die Vernetzung unterschiedlicher Habitate für das Überleben der Art wichtig ist (BALDWIN et al. 2006).

Der prognostizierte Klimawandel bedroht die Gelbbauchunke grundsätzlich durch potentiell veränderte Regenfallmuster und erhöhte Temperaturen. Da die Eiablage meist in sehr flachen, temporären Gewässern mit hohem Austrocknungsrisiko erfolgt, ist die Hauptursache für Mortalität vor allem das Austrocknen von Laichgewässern (BARANDUN & REYER 1997b). Wenn nötig könnten Gewässeranlagen so verändert werden, dass der Austrocknungsrisiko verringert wird, um den Larven eine Entwicklung bis zur Metamorphose zu ermöglichen. Allerdings ist dies nicht einfach, da gleichzeitig das regelmäßige Austrocknen von Gewässern notwendig ist um z.B. die dauerhafte Besiedlung dieser Gewässer mit Prädatoren zu verhindern und die Geschwindigkeit der Sukzession zu verlangsamen. Auch die terrestrischen Adulten sind von lang anhaltender Trockenheit in ihrem Lebensraum bedroht (WALLS et al. 2013). Zwar können sich einzelne Populationen durch die Langlebigkeit der Unken auch über schlechte Fortpflanzungsjahre hinweg halten, aber mehrere ungünstige Jahre würden sich letztlich vermutlich fatal auswirken.

Unsere Untersuchungen legen nahe, dass weiter ansteigende Temperaturen die Gelbbauchunke nicht nur über höhere Frequenzen der Austrocknung ihrer Laichgewässer gefährden, sondern auch das physiologische Limit der Kaulquappen überschreiten könnten. Wir empfehlen deshalb auch bei dieser Art in Zukunft vermehrt darauf zu achten die bestehenden Waldpopulationen zu erhalten und weiter zu entwickeln. In diesem Lebensraum könnten Klimaveränderungen zukünftig besser abgepuffert werden als im Offenland.

Anschrift der Autoren

Dipl. Biol Carolin Dittrich, PD Dr. Mark-Oliver Rödel, Museum für Naturkunde, Berlin, Leibniz Institute for Research on Evolution and Biodiversity, Abteilung Diversitätsdynamik, Invalidenstr. 43, 10115 Berlin

Literatur

ABBÜHL, R. & DURRER, H. (1996): Habitatpräferenz und Migrationsverhalten bei der Gelbbauchunke (*Bombina variegata variegata*) in einer seminatürlichen Versuchsanlage. – Salamandra 32 (1): 23-30.

ABBÜHL, R. & DURRER, H. (1998): Modell zur Überlebensstrategie der Gelbbauchunke (*Bombina variegata*). – Salamandra 34 (3): 273-278.

BADYAEV, A.V. & ULLER, T. (2009): Parental effects in ecology and evolution: mechanisms, processes and implications. – Philosophical Transactions of the Royal Society B: Biological Sciences 364 (1520): 1169-1177.

BALDWIN, R.F., CALHOUN, A.J.K. & DE MAYNADIER, P.G. (2006): Conservation planning for amphibian species with complex habitat requirements: A case study using movements and habitat selection of the wood frog *Rana sylvatica*. – Journal of Herpetology 40 (4): 442-453.

BARANDUN, J. & REYER, H.-U. (1997a): Reproductive ecology of *Bombina variegata*: characterisation of spawning ponds. – Amphibia-Reptilia 18 (2): 143-154.

BARANDUN, J. & REYER, H.-U. (1997b): Reproductive ecology of *Bombina variegata*: development of eggs and larvae. – Journal of Herpetology 31 (1): 107-110.

BARANDUN, J. & REYER, H.-U. (1998): Reproductive ecology of *Bombina variegata*: habitat use. – Copeia 1998 (2): 497-500.

BARANDUN, J., REYER, H.-U. & ANHOLT, B. (1997): Reproductive ecology of *Bombina variegata*: aspects of life history. – Amphibia-Reptilia 18 (4): 347-355.

BESHKOV, V.A. & JAMESON, D.L. (1980): Movement and abundance of the yellow-bellied toad *Bombina variegata*. – Herpetologica 36 (4): 365-370.

BÖLL, S. (2002): Ephemere Laichgewässer: Anpassungsstrategien und physiologische Zwänge der Gelbbauchunke (*Bombina variegata*) in einem Lebensraum mit unvorhersehbarem Austrocknungsrisiko. – Würzburg (Bayerische Julius-Maximilians-Universität Würzburg, Theodor-Boveri-Institut für Biowissenschaften – Dissertation), 196 S.

BUSCHMANN, H. (2001): Bemerkungen zum Vorkommen der Gelbbauchunke, *Bombina variegata variegata* (LINNAEUS, 1758) im Schaumburger Land, Niedersachsen, BR Deutschland. – Herpetozoa 14 (1/2): 21-30.

BUSCHMANN, H., SCHEEL, B. & JACOB, A. (2013): Populationsstruktur und -entwicklung der Gelbbauchunke (*Bombina variegata*) in Schaumburg (Niedersachsen). – Zeitschrift für Feldherpetologie 20 (1): 10-26.

DI CERBO, A.R. & BIANCARDI, C.M. (2012): Are there real sexual morphometric differences in yellow-bellied toads (*Bombina* spp.; Bombinatoridae)? – Amphibia-Reptilia 33 (2): 171-183.

DI CERBO, A.R. & FERRI, V. (1996): Situation and conservation problems of *Bombina v. variegata* in Lombardy, North Italy. – Naturschutzreport 11: 204-214.

DINO, M., MILESI, S. & DI CERBO, A.R. (2010): A long term study on *Bombina variegata* (Anura: Bombinatoridae) in the "Parco dei Colli di Bergamo" (north-western Lombardy). – In: DI TIZIO, L., DI CERBO, A.R., DI FRANCESCO, N. & CAMELI, A. (Eds.): Atti VIII Congresso Nazionale SHI. – Chieti (22-26 September 2010): 225-231.

DUGUET, R. & MELKI, F. (2003): Les amphibiens de France, Belgique et Luxembourg. – Metz (Collection Parthénope, éditions Biotope), 480 S.

EDGE, C., THOMPSON, D. & HOULAHAN, J. (2013): Differences in the phenotypic mean and variance between two geographically separated populations of wood frog (*Lithobates sylvaticus*). – Evolutionary Biology 40 (2): 276-287.

FIJARCZYK, A., NADACHOWSKA, K., HOFMAN, S., LITVINCHUK, S.N., BABIK, W., STUGLIK, M., GOLLMANN, G., CHOLEVA, L., COGĂLNICEANU, D.A.N., VUKOV, T., DŽUKIĆ, G. & SZYMURA, J.M. (2011): Nuclear and mitochondrial phylogeography of the European fire-bellied toads *Bombina bombina* and *Bombina variegata* supports their independent histories. – Molecular Ecology 20 (16): 3381-3398.

GENTHNER, H. & HÖLZINGER, H. (2007): Gelbbauchunke *Bombina variegata* (LINNAEUS, 1758). In: LAUFER, H., FRITZ, K. & SOWIG, P. (Hrsg.): Die Amphibien und Reptilien Baden-Württembergs. – Stuttgart (Ulmer): 271-292.

GLASER, F., CABELA, A., DECLARA, A., GRILLITSCH, H. & TIEDEMANN, F. (2008): Amphibians (Amphibia) and reptiles (Reptilia) in the Schlern (Sciliar) region (Italy, South Tyrol). – Gredleriana 8: 537-563.

GOLLMANN, B. & GOLLMANN, G. (2012): Die Gelbbauchunke: Von der Suhle zur Radspur. Bielefeld (Laurenti-Verlag). – Beiheft der Zeitschrift für Feldherpetologie 4, 176 S .

GOLLMANN, B., GOLLMANN, G. & GROSSENBACHER, K. (2012): *Bombina variegata* - Gelbbauchunke. – In: GROSSENBACHER, K. (Hrsg.): Band 5.1. Froschlurche (Anura). – 1. (Alytidae, Bombinatoridae, Pelodytidae, Pelobatidae). – Wiebelsheim (Aula). Handbuch der Reptilien und Amphibien Europas: 303-361.

GOLLMANN, G. & GOLLMANN, B. (2011): Ontogenetic change of colour pattern in *Bombina variegata*: implications for individual identification. – Herpetology Notes 4: 333-335.

GOSNER, K.L. (1960): A simplified table for staging anuran embryos and larvae with notes on identification. – Herpetologica 16 (3): 183-190.

GUARINO, F.M. (2012): *Bombina pachypus* (Bonaparte, 1838) - Apennin-Gelbbauchunke. – In: GROSSENBACHER, K. (Hrsg): Band 5.1. Froschlurche (Anura). – 1. (Alytidae, Bombinatoridae, Pelodytidae, Pelobatidae). – Wiebelsheim (Aula). – Handbuch der Reptilien und Amphibien Europas: 295-301.

GÜNTHER, R. (1996): Die Amphibien und Reptilien Deutschlands. – Jena, Stuttgart (Gustav Fischer Verlag), 825 S.

HARTEL, T. (2008): Movement activity in a *Bombina variegata* population from a deciduous forested landscape. – North-Western Journal of Zoology 4 (1): 79-90.

HEYER, W.R., DONNELLY, M.A., MCDIARMID, R.W., HAYEK, L.-A.C. & FOSTER, M.S. (1994): Measuring and monitoring biological diversity. Standard methods for amphibians. – Washington, London (Smithsonian Institution Press), 384 S.

HILL, B.T., BEINLICH, B. & MAUTES, K.: Gelbbauchunke (*Bombina variegata*). – In: Internethandbuch zu den Arten der FFH-Richtlinie Anhang IV – URL: http://www.ffh-anhang4.bfn.de/erhaltung-gelbbauchunke.html (gesehen am: 20.10.2013).

HOFMAN, S., SPOLSKY, C., UZZELL, T., COGĂLNICEANU, D.A.N., BABIK, W. & SZYMURA, J.M. (2007): Phylogeography of the fire-bellied toads *Bombina*: independent Pleistocene histories inferred from mitochondrial genomes. – Molecular Ecology 16 (11): 2301-2316.

KÜHNEL, K., GEIGER, A., LAUFER, H., PODLOUCKY, R. & SCHLÜPMANN, M. (2009): Rote Liste und Gesamtartenliste der Lurche (Amphibia) Deutschlands. – In: BUNDESAMT FÜR NATURSCHUTZ (Hrsg.): Rote Liste gefährdeter Tiere, Pflanzen und Pilze Deutschlands, Band 1: Wirbeltiere. – Naturschutz und Biologische Vielfalt 70 (1): 259-288.

MADEJ, Z. (1964): Studies on the fire bellied toad (*Bombina bombina* LINNAEUS, 1761) and yellow bellied toad (*Bombina variegata* LINNAEUS, 1758) of Uppaer Silesia and Moravian Gate. – Acta Zoologica Cracoviensia 9 (3): 291-334.

MERMOD, M., ZUMBACH, S., BORGULA, A., KRUMMENACHER, E., LÜSCHER, B., PELLET, J. & SCHMIDT, B. (2011): Gelbbauchunke (*Bombina variegata*). – KOORDINATIONSSTELLE FÜR AMPHIBIEN- UND REPTILIENSCHUTZ IN DER SCHWEIZ (Hrsg.): Praxismerkblatt Artenschutz. – Neuenburg, 27 S.

MEWES, M. (2012): Diffuse nutrient reduction in the German Baltic Sea catchment: Cost-effectiveness analysis of water protection measures. – Ecological Indicators 22: 16-26.

MIGNOGNA, G., SIMMACO, M., KREIL, G. & BARRA, D. (1993): Antibacterial and haemolytic peptides containing D-alloisoleucine from the skin of *Bombina variegata*. – The EMBO Journal 12 (12): 4829.

MORAND, A., JOLY, P. & GROLET, O. (1997): Phenotypic variation in metamorphosis in five anuran species along a gradient of stream influence. – Comptes Rendus de l'Académie des Sciences - Series III – Sciences de la Vie 320 (8): 645-652.

NIEKISCH, M. (1995): Die Gelbbauchunke: Biologie, Gefährdung, Schutz. – Weikersheim (Margraf Verlag), 234 S.

NÖLLERT, A. & GÜNTHER, R. (1996): Gelbbauchunke - *Bombina variegata* (Linnaeus, 1758). – In: GÜNTHER, R. (Hrsg.): Die Amphibien und Reptilien Deutschlands. – Jena, Stuttgart (Gustav Fischer Verlag): 232-252.

OHLBERGER, J. (2013): Climate warming and ectotherm body size - from individual physiology to community ecology. – Functional Ecology 27 (4): 991-1001.

PAWLOWSKA-INDYK, A. (1980): Effects of temperature on the embryonic development of *Bombina variegata* L. – Zoologica Poloniae 27 (3): 397-407.

PLYTYCZ, B. & BIGAJ, J. (1993): Studies on the growth and longevity of the yellow-bellied toad, *Bombina variegata*, in natural environments. – Amphibia-Reptilia 14 (1): 35-44.

RAFINSKA, A. (1991): Reproductive biology of the fire-bellied toads, *Bombina bombina* and *B. variegata* (Anura: Discoglossidae): egg size, clutch size and larval period length differences. – Biological Journal of the Linnean Society 43 (3): 197-210.

RÄSÄNEN, K. & KRUUK, L. (2007): Maternal effects and evolution at ecological time-scales. – Functional Ecology 21 (3): 408-421.

RICHTER-BOIX, A., QUINTELA, M., KIERCZAK, M., FRANCH, M. & LAURILA, A. (2013): Fine-grained adaptive divergence in an amphibian: genetic basis of phenotypic divergence and the role of nonrandom gene flow in restricting effective migration among wetlands. – Molecular Ecology 22 (5): 1322-1340.

RÖDEL, M.-O. (1994): Beiträge zur Kenntnis der Verbreitung, Habitatwahl und Biologie griechischer Amphibien und Reptilien: Daten aus 7 Exkursionen von 1987-1991 (Amphibia et Reptilia). – Faunistische Abhandlungen des Museums für Tierkunde Dresden 19 (29): 227-246.

RYBICKI, J. & HANSKI, I. (2013): Species-area relationships and extinctions caused by habitat loss and fragmentation. – In: HOLYOAK, M. & HOCHBERG, M. (Eds..): Ecological effects of environmental change. – Ecology Letters 16 (s1): 27-38.

SAS, I., COVACIU-MARCOV, S.D., CUPŞA, D., CICORT-LUCACIU, A.Ş. & POPA, L. (2005): Food analysis in adults (males/females) and juveniles of *Bombina variegata*. – Analele Ştiinţifice ale Universităţii „Al. I. Cuza" Iaşi, s. Biologie animală 51: 169-177.

SCHIEMENZ, H. & GÜNTHER, R. (1994): Verbreitungsatlas der Amphibien und Reptilien Ostdeutschlands (Gebiet der ehemaligen DDR). – Rangsdorf (Natur & Text), 143 S.

SCHLÜPMANN, M., BUßMANN, M., HACHTEL, M. & HAESE, U. (2011): Gelbbauchunke - *Bombina variegata*. – In: ARBEITSKREIS AMPHIBIEN REPTILIEN NRW (Hrsg.): Handbuch der Amphibien und Reptilien Nordrhein-Westfalens, Band I. – Bielefeld (Laurenti Verlag): 507-542.

SEIDEL, B. (1993): Bericht aus einer seit 1984 laufenden Studie über eine Gelbbauchunkenpopulation *Bombina variegata*: Ein Diskussionsansatz für feldherpetologische Studien. – Salamandra 29 (1): 6-15.

SEIDEL, B. (1999): Water-wave communication between territorial male *Bombina variegata*. – Journal of Herpetology 33 (3): 457-462.

WALLS, S., BARICHIVICH, W. & BROWN, M. (2013): Drought, deluge and declines: the impact of precipitation extremes on amphibians in a changing climate. – Biology 2 (1): 399-418.

WARREN, S.D. & BÜTTNER, R. (2008): Relationship of endangered amphibians to landscape disturbance. – Journal of Wildlife Management 72 (3): 738-744.

Moorfrosch *Rana arvalis* NILSSON 1842

CAROLIN DITTRICH und MARK-OLIVER RÖDEL

Biologie der Art

Der Moorfrosch ist mit 4-6 cm Größe die kleinste Braunfroschart Deutschlands. Zu den Braunfröschen gehören hier der Grasfrosch (*Rana temporaria*) und der Springfrosch (*Rana dalmatina*). Allen gemeinsam ist die kurze Paarungszeit (Explosionslaicher) zu Beginn des Frühjahres, je nach Standort Ende März/Anfang April. Grasfrosch und Springfrosch können am besten durch ihren Körperbau (Grasfrosch eher gedrungen; Springfrosch eher grazil), die Länge der Hinterbeine und die Größe des inneren Fersenhöckers unterschieden werden (GLANDT 2006). TOMASIK (1971) hebt vier Merkmale hervor um den Moorfrosch vom Grasfrosch abzutrennen. Der Moorfrosch besitzt eine zugespitzte und kurze Kopf- und Schnauzenform, des weiteren sind die dorsolateralen Drüsenleisten (die hinter dem Auge beginnend, entlang des Übergangs von Flanken zu Rücken, bis in den Hüftbereich ziehen) stark ausgeprägt und heben sich meist heller von der Grundfärbung ab. Die anderen Unterscheidungsmerkmale beziehen sich auf die Form und Größe des inneren Fersenhöckers (Metatarsaltuberkel), der beim Moorfrosch groß, hart und halbmondförmig hervorgewölbt ist. Der Quotient aus der Länge der 1. Zehe und der Länge des Fersenhöckers beträgt weniger als 2.

Die Färbung des Moorfrosches ist sehr variabel. SCHRÖDER (1973) definiert sieben Farb- und Zeichnungstypen. Grob kann man gestreifte und ungestreifte Formen unterscheiden. Die gestreiften Tiere besitzen einen meist hellen, vom Kopf über den Rücken ziehenden, Streifen; bei der ungestreiften Variante fehlt dieser. Häufig findet man Tiere beider Variationen mit heller oder dunkler bräunlicher Grundfarbe, seltener sind dagegen dunkel marmorierte und gefleckte Tiere. Der rötliche und ungestreifte Farbtyp tritt am seltensten auf. Die Unterseite ist meist ungefleckt, es treten regional aber auch Tiere mit gefleckter Bauchseite auf (GLANDT 2008).

Zur Paarungszeit sind die Männchen des Moorfrosches bläulich gefärbt, zumeist die Kopf- und Flankenregion, manchmal auch der Rücken und die Extremitäten. Allein die Bauchunterseite bleibt weißlich. RIES et al. (2008) zeigten, dass das von der Haut reflektierte Lichts während der Fortpflanzungszeit zu kürzeren Wellenlängen verschoben ist, sodass die Männchen blau erscheinen. Sie vermuten, dass es sich hierbei um ein inter- und intrasexuelles Signal handelt. In einer aktuellen Studie, in der den Männchen ein blaues und ein braunes Froschmodel vorgeführt wurden, wurde das Braune viermal länger kontaktiert. Dies lässt darauf schließen, dass die blaue Färbung insbesondere als intrasexuelles Unterscheidungsmerkmal dient, um Fehlpaarungen mit anderen Männchen zu verhindern und somit zu einem schnelleren/gezielteren Fortpflanzungserfolg beiträgt (SZTATECSNY et al. 2012).

Grundsätzlich gelten Moorfroschmännchen als bei der Paarung weniger aggressiv als beispielsweise Grasfrösche und Erdkröten und so sind Paarungsknäuel von mehreren Männchen mit einem Weibchen eher selten zu beobachten (MERILÄ & KNOPP 2009). Neben der Färbung unterscheiden sich die Geschlechter währen der Paarungszeit auch durch die Ausbildung von Brunftschwielen auf dem 1. Finger der Männchen.

Die Wanderung zu den Laichgewässern wird durch Tagestemperaturen um die 8°C und über mehrere Tage andauernde Nachttemperaturen im unteren positiven Bereich ausgelöst. Die Moorfrösche verbleiben von nur wenigen Tagen bis zu einem Monat am Laichgewässer, bevor sie die Sommerlebensräume aufsuchen. Die Laichabgabe erfolgt meist im Flachwasserbereich (bis 30 cm Tiefe) zwischen lockeren vertikalen Strukturen, auf dem Grund oder auf submerser horizontaler Vegetation. Die Laichballen werden meist sonnenexponiert oder im Halbschatten abgelegt. Die Eizahlen variieren zwischen 500 bis 1.500 Eier pro Laichballen (RÄSÄNEN et al. 2008). Je nach der Temperatur schlüpfen die 5 bis 7 mm großen Larven nach fünf Tagen bis drei Wochen. Die noch mit Außenkiemen und einem ventralen Haftorgan versehenen Kaulquappen ernähren sich zunächst noch von ihrem Dottervorrat, bevor sie Außenkiemen und Haftorgan zurückbilden und freischwimmend Nahrung aufnehmen. Algen, Pflanzenreste, pflanzliche oder tierische Kleinstlebewesen werden generell als Larvennahrung angegeben. Die genaue Nahrungszusammensetzung heimischer Kaulquappen ist allerdings noch so gut wie unerforscht. Die Metamorphose setzt nach sechs bis 16 Wochen bei einer Größe von 30 bis 40 mm ein. Das Gros der frisch umgewandelten Jungfrösche ist im Juli anzutreffen. Die Geschlechtsreife erlangen die Tiere durchschnittlich nach zwei Jahren. Nach GÜNTHER (1996) können sie in der Natur ein Alter von 12 Jahren erreichen.

Die Art ist sowohl tags- als auch nachts aktiv. Während trockener Witterung verharren sie in ihren Verstecken und streifen nur nachts oder bei Regen in der Umgebung des Verstecks umher. Das Nahrungsspektrum ist breit gefächert, was darauf hinweist das die Frösche weniger bestimmte Beutetiere bevorzugen, als letztlich diese nur über die Größe als geeignet oder ungeeignet definiert werden. Zum Nahrungsspektrum gehören beispielsweise: Käfer, Doppelfüßer, Ameisen, Webspinnen und Weberknechte (ZIMKA 1968). In einem rumänischen Waldgebiet werden Schmetterlingslarven, Käfer, Wanzen, Hundertfüßer und Asseln als Nahrung nachgewiesen (ASZALOS et al. 2005).

Als Verstecke werden Strukturen genutzt die Wind- und Sonnenschutz bieten; dies können Höhlungen, Binsen- oder Grasbülten, als auch *Sphagnum*-Polster sein (GLANDT 2006). Öfter wurden Herbstwanderungen beobachtet, bei der adulte Frösche bereits zu den Laichgewässern wandern und im oder in der Nähe des Gewässers überwintern (HARTUNG & GLANDT 2008). Soweit bekannt findet die Überwinterung der meisten Tiere eingegraben in 20-30 cm Tiefe an Land statt. NICO BLÜTHGEN (pers. Mitt.) wies auch Überwinterung im Wasser nach. Der große Fersenhöcker wird hierbei zum Eingraben genutzt (GÜNTHER 1996).

Verbreitung, Habitatansprüche und Populationsdichte

Die Art ist von Mitteleuropa bis Ostsibirien verbreitet und überschreitet im Norden den Polarkreis (GLANDT 2010). Obwohl überwiegend in tieferen Lagen verbreitet, sind Vorkommen von Meeresspiegelhöhe bis über 2.000 m Höhe bekannt. So kann für die Art von einer sehr breiten ökologischen Plastizität ausgegangen werden (ROCEK & SANDERA 2008).

Im Westen finden sich isolierte Vorkommen im Norden Frankreichs, den Niederlanden und in Belgien (DUGUET & MELKI 2003). Der nördlichste Fundpunkt befindet sich jenseits des Polarkreises im finnischen Teil Lapplands (TERHIVUO 1993). Im Osten erstreckt sich Verbreitung bis zum Baikalsee und im Süden bis zum Schwarzen Meer. Die vertikale Verbreitung wird von Meereshöhe (z.B. entlang der Ostsee) bis zu einer maximalen Höhe von 2.140 m NN im Altaigebirge angegeben. Letzteres ist nicht unumstritten (siehe GLANDT 2006). In den meisten europäischen Ländern wird die Höhenobergrenze mit unter 1.000 m NN angegeben.

Der Moorfrosch lebt in zwei Hauptverbreitungsgebieten. Das Nördliche hat die größere Ausdehnung: Nordfrankreich bis Sibirien. Das Südliche ist auf das Karpatische Becken beschränkt und nur über eine Landenge mit dem nördlichen in Verbindung (RAFINSKI & BABIK 2000). In Deutschland ist das Hauptverbreitungsgebiet auf die nördlichen und östlichen Bundesländer beschränkt (SCHIEMENZ & GÜNTHER 1994; GÜNTHER & NABROWSKY 1996), einzelne Vorkommen sind aber auch aus Baden-Württemberg, Bayern und Hessen bekannt (JEDICKE 1992, LAUFER & PIEH 2007).

Aufgrund der großen geografischen Verbreitung sind die von der Art besiedelten Habitate sehr variabel. Dies gilt vor allem für die zentralen Areale des Verbreitungsgebietes in denen die Art als euryök einzustufen ist. Dagegen scheint sie in ihren Randgebieten regional stenök zu sein (GLANDT 2008). Auch innerhalb Deutschlands erscheint die Art in ihren Ansprüchen an Sommer-, Winter- und Laichhabitate als sehr vielfältig. Im nördlichen Rheinland wird die Art beispielsweise als stenök beschrieben und aus nährstoffarmen Gewässern der Heidemoore gemeldet, während sie im süddeutschen Raum z.B. auch in Auenwäldern zu finden ist (HÜBNER & SENNERT 1987). FELDMANN (1987) nennt den Moorfrosch in Westfalen nur für das Tiefland in Verbindung mit Hoch- und Niedermooren. Soweit möglich kann allgemein gesagt werden, dass der Moorfrosch in Gebieten mit hohem Grundwasserstand oder staunassen Flächen, sowie auf Nasswiesen, sumpfigem Grünland, Zwischen-, Flach- und Niedermooren, wie auch in Erlen- und Birkenbrüchen anzutreffen ist. Die bevorzugten Laichgewässer sind oligo- bis mesotroph, wobei es sich oft um Teiche, Weiher, Altwässer und Sölle handelt. Es werden aber auch temporäre Kleinstgewässer, zeitweilig überschwemmte Wiesen, Gräben und Uferbereiche von Seen und Stauseen zum Ablaichen genutzt. Die Größe der Gewässer schwankt dabei von wenigen m^2 bis zu mehreren ha (GÜNTHER & NABROWSKY 1996). Die Landhabitate weisen eine ähnliche Variationsbreite auf. So werden Sumpfwiesen und Flachmoore besiedelt, aber auch Auwälder, Weiden-, Erlen- und Birkenbrüche und zu einem geringeren Anteil sonstige Laub- und Mischwälder, Wiesen und Weiden, sowie Hoch-, Zwischen und Heidemoore (GÜNTHER & NABROWSKY 1996).

Die Populationsdichten unterscheiden sich stark zwischen dem norddeutschen Tiefland sowie den ostdeutschen Gebieten und den Vorkommen im süddeutschen Raum. Während bei ersteren Bestandsgrößen von mehr als 1.000 Tieren nicht selten sind (SCHIEMENZ & GÜNTHER 1994, VON BÜLOW et al. 2011), können ähnlich große Populationen im süddeutschen Raum nur selten festgestellt werden (LAUFER & PIEH 2007).

PEM-Optionen

Plastizität

Allgemein kann von einer großen Plastizität der Art, in ihrer Gesamtheit, ausgegangen werden. Zum einen ist dies durch die weiträumige Verbreitung und der daraus resultierenden Vielfalt der besiedelten Habitate zu schließen; zum anderen soll dies durch die vielen Farb- und Zeichnungsvarianten, und einer damit postulierten genetischen Vielfalt angedeutet sein (GLANDT 2006). Untersuchungen zur lokalen Anpassungsplastizität von Moorfroschpopulationen und zur genetischen Vielfalt fehlen aber weitgehend. Ausnahmen sind z.B. die Arbeiten von RAFINSKI & BABIK (2000), VOS et al. (2001), BABIK et al. (2004), ARENS et al. (2007) und HANGARTNER et al. (2012a, b), sowie die Studien von RÄSÄNEN und Kollegen (siehe Literatur).

Es ist bekannt, dass die gestreifte Zeichnungsvariante durch eine Mutation in einem einzigen Gen hervorgerufen und dominant vererbt wird. Diese Mutation führt zu einer verringerten Permeabilität der Haut (für Natrium-Kalium, Sauerstoff und andere Substanzen), wodurch die Lungenatmung verstärkt eingesetzt werden muss und eine erhöhte Anzahl von blutbildenden Zellen vorhanden ist. Dies führt dazu, dass weniger Schadstoffe in den Körper gelangen. Die gestreifte Form der Art ist häufiger in Gebieten mit geochemischen Anomalien und in gestörten Umwelten zu finden. So können die Tiere wohl eher auf sich ändernde Umweltbedingungen reagieren bzw. mit diesen zurechtkommen (VERSHININ 2004). Diese Genmutation zieht allerdings auch Veränderungen der Physiologie nach sich. So zeigen Individuen mit hellem Rückenstreifen eine erhöhte Stoffwechselrate, wodurch die Lebenserwartung verkürzt wird (VERSHININ 2006). Als ein weiteres plastisches Merkmal wird das Vorkommen von kurz- und langbeinigen Formen von *R. arvalis* im Norden der Ukraine beschrieben. Morphometrische Messungen zeigten, dass beide Formen dort sympatrisch; allerdings in unterschiedlichen Habitaten vorkommen. Die kurzbeinige Form ist eher in nördlichen Laubwaldgebieten zu finden, während die langbeinige Form vermehrt in Steppen und gestörten Lebensräumen anzutreffen ist. Es könnte sich hierbei um ein Beispiel phänotypischer Plastizität handeln (KOTSERZHYNSKA 2005).

Ein für die nördlich verbreitet Art wichtiges Merkmal ist ihre Frosttoleranz um den Winter zu überleben. So konnte gezeigt werden, dass Jungtiere des Moorfrosches bis zu

72h mit einer Körpertemperatur von -3°C überleben können. Dazu werden Glucosemoleküle im Zellgewebe angereichert um die Osmolarität der Zellflüssigkeit zu erhöhen und somit den Gefrierpunkt herabzusetzen, zusätzliche „Frostschutzmoleküle" können angereichert werden (VOITURON et al. 2009). Dieser Mechanismus trägt dazu bei, dass die Tiere auch bei starken Frostphasen und nur minimalem Schutz durch das Eingraben in den Erdboden, den Winter überleben können.

Beim Moorfrosch wurden auch lokale Anpassungen an die anthropogen verursachte Versauerung von Gewässern beobachtet (RÄSÄNEN et al. 2003, HANGARTNER et al. 2012a, b). Dabei spielen maternale Effekte in ihrem Einfluss auf Wachstum, Entwicklung und Überlebenswahrscheinlichkeit der Kaulquappen eine wichtige Rolle (RÄSÄNEN et al. 2005, 2008). Die Toleranz der Eier und Larven gegenüber Gewässerversauerung war lokal unterschiedlich. Die Mütter die in einem Gewässer mit pH~4 aufwuchsen, produzierten größere aber weniger Eier. Die daraus geschlüpften Larven wuchsen schneller, entwickelten sich aber langsamer (RÄSÄNEN et al. 2005). Der Moorfrosch scheint also in Bezug auf diesen Faktor plastisch die Reproduktion und Larvalentwicklung verändern zu können.

Inwieweit dies auch bei steigenden Temperaturen der Fall ist, ist bislang für den Moorfrosch nicht bekannt. Das höhere Temperaturen Wachstum negativ beeinflussen können, konnte an verschiedenen Organismen bereits bestätigt werden (ANGILLETTA et al. 2004, SHERIDAN & BICKFORD 2011). Befinden sich die zu untersuchenden Individuen bzw. Populationen mit den derzeitigen Umgebungstemperaturen bereits nahe am thermalen Optimum, kann eine Erhöhung der Umgebungstemperatur zu einem verringerten Wachstum führen. Sind sie allerdings weiter vom thermalen Optimum entfernt, kann sich eine Temperaturerhöhung positiv auf das Wachstum auswirken. Beobachtete Veränderungen der Körpergröße durch empirische Daten sollten in einen weiteren ökologischen Kontext behandelt werden. Verändern sich Körpergrößen wirkt sich dies auf die Größenverteilung der Population, als auch auf die Lebensgemeinschaft unterschiedlicher Spezies eines Habitats aus (OHLBERGER 2013). In unseren empirischen Untersuchungen zeigten Moorfroschkaulquappen allerdings bei höheren Temperaturen weder negative Auswirkungen auf die gemessenen Entwicklungsparameter (Larvaldauer und Metamorphosegröße), noch höhere Mortalität.

Verändernde Regenfallmuster könnten Moorfrösche ebenfalls stark beeinflussen. Dies wäre insbesondere dann der Fall wenn kleinere Laichgewässer im Frühjahr, durch fehlenden Regen oder Schnee, nicht gefüllt oder bei höheren Temperaturen und ausbleibendem Regen im Frühsommer und Sommer, vor Beendigung der Metamorphose der Kaulquappen, austrocknen würden. Weiter ist z.B. denkbar, dass es durch eine Verschiebung des Reproduktionszeitraumes anderer Amphibienarten (früheres Ablaichen von Arten die sich eigentlich später fortpflanzen) zu verstärkter Konkurrenz und Prädation für die Moorfroschlarven kommen könnte. So könnten auch ganze Lebensgemeinschaften nachhaltig verändert werden (WALLS et al. 2013). Untersuchungen zu diesen

Themenkomplexen und der potentiellen Fähigkeit des Moorfrosches plastisch auf solche Veränderungen zu reagieren, sind uns allerdings nicht bekannt geworden.

Evolution

Anhand der verschieden Moorfroschmorphen und ihrer Lebensräume wurden vier Unterarten unterschieden: *Rana arvalis arvalis, Rana a. wolterstorffi* FEJÉRVÁRY, 1919, *Rana a. altaica* KASHENKO, 1899 und *Rana a. issaltschikovi* TERENTJEV, 1927. Der Status dieser Unterarten wird allerdings in Frage gestellt (LITVINCHUK et al. 2008), da die morphologischen Unterschiede ein Ausdruck phänotypischer Plastizität der Art sein könnten und die genetische Divergenz zwischen den verschiedenen Formen gering ist (BABIK & RAFINSKI 2000, RAFINSKI & BABIK 2000). Neuere Erkenntnisse an Untersuchungen des mitochondrialen Cytochrom-*b* Genes europäischer Moorfrösche zeigten, dass es zwei Hauptgruppen an Haplotypen gibt, den A und B-Stamm (Babik et al. 2004). Der A-Stamm beinhaltet alle Haplotypen nördlich und östlich der Karpaten, als auch die meisten Haplotypen der Tschechischen Republik, der Slowakei, dem östlichen Ungarn und Rumänien. Tiere des B-Stammes sind im Karpatischen Becken (östliches Österreich und westliches Ungarn) zu finden. Es wird vermutet, dass die Art während des Pleistozän (2,5 Mio bis 10.000 Jahre) ein Refugium im Karpatischen Becken gefunden hatte und sich von dort wieder nach Nord- und Osteuropa ausgebreitet hat (BABIK et al. 2004). Ein weiteres Refugium wird im südsibirischen Raum vermutet (RAFINSKI & BABIK 2000). Inwieweit sich diese genetischen Gruppen in ihrer Anpassungsfähigkeit an veränderte Umwelten unterscheiden bzw. was ihre Anpassungsfähigkeit ist, ist nicht bekannt.

Die Toleranz gegenüber niedrigen pH-Werten kann jedoch als Beispiel herangezogen werden, dass der Moorfrosch zu schnellen evolutionären Anpassungen in der Lage sein könnte, da die Versauerung in den untersuchten Gewässern auf die letzten 100 Jahre (40 Generationen) zurückzuführen sind (RÄSÄNEN et al. 2003). Ob für die vererbte Anpassungsfähigkeit an sich ändernde Umwelten hauptsächlich maternale Effekte wichtig sind (RÄSÄNEN & KRUUK 2007, BADYAEV & ULLER 2009), bzw. ob sich eine erhöhte genetische Vielfalt, z.B. durch multiple Vaterschaften positiv auswirkt, ist schwer abzuschätzen. Bekannt ist, dass durch das ungleiche Geschlechterverhältnis bei Explosionslaichern in der Paarungszeit (großer Männchenüberschuss), es öfter zu mehrfacher Befruchtung der Laichballen durch unterschiedliche Männchen kommen kann (LAURILA & SEPPÄ 1998, VIEITES et al. 2004). Beim Moorfrosch kommt es in 10-20% der Paarungen zu einer Befruchtung der Laichballen durch mehrere Väter (MERILÄ & KNOPP 2009).

Mobilität

Die Wanderungen von Moorfröschen sind saisonal in die Frühjahrswanderungen zu den Laichgewässern, den Abwanderungen in die Sommerhabitate und die Wanderung zu den Überwinterungsquartieren einzuteilen. Dabei können zur Anwanderung an das Laichgewässer Strecken von 400 bis 1.000 m zurückgelegt werden (KOVAR et al. 2009).

Um neue Habitate zu besiedeln, können bis zu 7.600 m zurückgelegt werden, was allerdings von der Landschaftsstruktur und potentiell vorhandenen Barrieren wie z.B. Straßen, Schienen etc. abhängt (VOS et al. 2001). Studien zur genetischen Differenzierung von Populationen durch Fragmentierung der Habitate wurden vor allem in den Niederlanden durchgeführt (VOS & CHARDON 1998, ARENS et al. 2007).

Erstaunlich ist, dass bei der Frühjahrswanderung der Moorfrösche eine große Zahl an subadulten Tieren zum Gewässer wandert. Die Autoren vermuten, dass die subadulten Tiere zum Laichgewässer wandern um sich an das enge Raum-Zeit-System eines „explosive breeders" einzufügen (HARTUNG & GLANDT 2008). In einer Studie über die Größe des Home-ranges von Moorfröschen im Sommerhabitat, bestimmte LOMAN (1994) Flächen von 150 m^2.

Grundsätzlich sind der Ausbreitungsfähigkeit des Moorfrosches, und damit dem Ausweichen von ungünstigen zu günstigeren klimatischen Bedingungen, in der Zivilisationslandschaft durch die Zersiedelung der Landschaft mit unüberwindlichen Barrieren (Straßen, aber auch ungeeignete Lebensräume wie große Ackermonokulturen mit intensivem Chemieeinsatz) und die Fragmentierung geeigneter Habitate (z.B. Moore, Auen, überschwemmte Wissen), enge Grenzen gesetzt. Insbesondere die isolierten Populationen im Westen und Süden der Bundesrepublik könnten so bei potentiell für den Moorfrosch negativen klimatischen Veränderungen, einem hohen Aussterberisiko ausgesetzt sein, da eine Wiederbesiedlung von verschwundenen Populationen durch einen Metapopulationsverbund nicht möglich ist.

Zusammenfassung und Schutzempfehlung

In der Roten Liste Deutschlands wird der Moorfrosch als gefährdet eingestuft. In den einzelnen Bundesländern variiert der Status beträchtlich. Im nordostdeutschen Tiefland ist die Art gefährdet, in den westlichen und südlichen Bundesländern als vom Aussterben bedroht eingestuft und im Saarland gilt die Art als ausgestorben (GLANDT 2006).

Die größte Gefährdung für den Moorfrosch geht von der Zerstörung oder negativen Veränderung der Laichgewässer aus. Zum einen geschieht dies durch den Verlust von Laichgewässern, durch die Beseitigung von Flachwasserzonen oder die Absenkung des Wasserstandes, zum anderen durch die Verschmutzung mit Abwässern oder den Einsatz von Fischen (GÜNTHER & NABROWSKY 1996). Die Intensivierung von Land- und Forstwirtschaft führt zudem zu einer Verringerung der möglichen terrestrischen Lebensräume (PIHA et al. 2007). In Rumänien wird der Rückgang der Moorfroschpopulationen, verursacht durch den Verlust an geeigneten Lebensräumen, auf bis zu 80% geschätzt (DEMETER et al. 2012). Die Fragmentierung der Landschaft durch Straßen spielt eine große Rolle für den Moorfrosch. Je Größer die Straßendichte und das Verkehrsaufkommen, desto geringer ist die Wahrscheinlichkeit einer Besiedlung potentiell geeigneter Habitate durch den Moorfrosch, bzw. dessen Fähigkeit ungeeignete Lebensräume zu verlassen

(VOS & CHARDON 1998). Um der Fragmentierung der Habitate entgegenzuwirken, sollten bei der Ausweisung von Schutzgebieten auf Vernetzungen geachtet werden, da sich bei einem geclusterten Gesamtlebensraum die Chancen auf ein fortbestehen der Art erhöhen (RYBICKI & HANSKI 2013). Eine Untersuchung am ökologisch ähnlichen nordamerikanischen Waldfrosch, *Lithobates sylvaticus*, kam ebenfalls zu dem Ergebnis, dass die Vernetzung unterschiedlicher Habitate für das Überleben dieser Art wichtig ist (BALDWIN et al. 2006).

Zum Gewässermanagement gehören Maßnahmen die bei Trockenheit ein komplettes Austrocknen der Laichgewässer vermeiden. Durch den Ausfall von Regenereignissen steigt die Gefahr der Austrocknung eines Gewässers bevor die Entwicklung zum terrestrisch lebenden Individuum abgeschlossen ist. Inwieweit dieses Szenario eine realistische Bedrohung für den Moorfrosch in seinem Hauptverbreitungsgebiet in der Bundesrepublik in Nord- und Ostdeutschland darstellt, ist mit den derzeitigen Vorhersagen zum Klimawandel nicht realistisch abzuschätzen. Würden veränderte Regenfallmengen und – zeiten eintreffen, könnte dies allerdings auch die terrestrischen Adulten in ihren Lebensräumen bedrohen (WALLS et al. 2013). Gerade für den Moorfrosch sind staunasse Böden und überflutete Wiesenbereiche für das Überleben in der terrestrischen Phase wichtig.

Da der Moorfrosch nährstoffarme Gewässer bevorzugt sollte der Stickstoff-, Phosphor- und Pestizideintrag durch die Landwirtschaft grundsätzlich so weit wie möglich reduziert werden: z.B. durch ein effizientes Management von Dünge- und Pflanzenschutzmitteln, das Anlegen von Pufferzonen (Grasstreifen, Stickstofffixierende Pflanzen) oder die Wiedervernässung von Feuchtgebieten (MEWES 2012, BEINLICH et al. ohne Jahr). In einem Projekt zur Bewertung des landwirtschaftlichen Risikopotenzials, wurde ein ökonomisches GIS-Tool entwickelt, mit dem Flächenaufwertungen bewertet werden können (PFEIFFENBERGER et al. 2012). Dieses Projekt wurde am Beispiel des Peenetals durchgeführt, welches im Hauptverbreitungsgebiet des Moorfrosches im norddeutschen Tiefland liegt. Inwieweit Moorfrösche auf bestimmte Inhaltsstoffe in Düngemitteln und/oder Pestiziden sowohl in der aquatischen Larval- als auch in der terrestrischen Aldultphase sensitiv reagieren, z.B. mit funktioneller Geschlechtsumwandlung, wurde unserem Wissen nach noch nicht untersucht.

Eine Gefahr für den Moorfrosch ist die Verpilzung des Laichs durch die Absenkung des pH-Wertes der Gewässer. Zwar ist der Moorfrosch an saure Gewässer besser angepasst als seine Verwandten und die Versauerung von Gewässern und Böden durch „sauren Regen" zurückgegangen, aber in vielen Gebieten Europas und auch Deutschlands haben sich die Gewässer und Böden noch nicht erholt (ALEWELL et al. 2000). Dies ist problematisch, da sich ab einem pH-Wert unter 4 die Eier nicht mehr zu Larven entwickeln (HÜBNER & SENNERT 1987). In den Niederlanden konnte die Verpilzung des Laichs stark vermindert werden, in dem die Gewässer mit Mergel gekalkt wurden. Dies stellt eine Möglichkeit dar den pH leicht zu erhöhen, ohne die Lebensgemeinschaft im Gewässer nachhaltig zu beeinflussen. Die Empfehlung bezieht sich dabei hauptsächlich auf permanente Gewässer und sollte jedes Jahr vor dem Ablaichen des Moorfrosches durchgeführt werden (auf keinen Fall aber während der Frühjahrswanderung der Frösche; BEINLICH et al. ohne Jahr); sowie Beobachtungen der Populationsentwicklung und der chemischen Parameter (BELLEMAKERS & VAN DAM 1992). Solche Maßnahmen sollten allerdings intensiv biologisch überwacht werden (auch unter Einbeziehung anderer Organismenarten) um unerwünschte Nebeneffekte zu vermeiden.

Gerade in den isolierten Populationen des Moorfrosches im Westen und Süden Deutschlands sollte auf ein nachhaltiges Gewässermanagement geachtet werden, welches den angrenzenden terrestrischen Lebensraum mit berücksichtigt (siehe auch BEINLICH et al. ohne Jahr). Diese Populationen besitzen nur ein sehr eingeschränktes Potential abzuwandern um geeignetere Habitate aufzusuchen. Außerdem treten bei isolierten Populationen geringere genetische Variationen auf. Eine Vernetzung dieser isolierten Vorkommen könnte sich positiv auf den Genpool auswirken (RAFINSKI & BABIK 2000). Die Stenökie die an den Verbreitungsgrenzen der Art beobachtet wurde, legt nahe, dass die Art dort vergleichsweise weniger anpassungsfähig sein könnte (GLANDT 2008).

Die Beobachtung, dass die gestreifte „Striata" Morphe als Indikator für gestörte bzw. belastete Umwelten dienen kann (VERSHININ 2006), könnte, wenn zutreffend, ein interessantes Managmenttool für den Moorfrosch eröffnen. Ein Monitoring der prozentualen Häufigkeit dieser Morphe in Moorfroschpopulationen könnte so evtl. als Frühwarnsystem für Veränderungen eingesetzt werden. Ebenso könnte eine Verringerung der Körpergrößen in der Population auf Störungen der thermalen Optima im Habitat hindeuten (OHLBERGER 2013). Durch das Monitoring der Körpergrößen und Farbmorphen ausgewählter Populationen könnte versucht werden, das Gefährdungspotential des Moorfrosches bei weiteren klimatischen Veränderungen abzuschätzen und gezielte Maßnahmen einzuleiten.

Anschrift der Autoren

Dipl. Biol. Carolin Dittrich, PD Dr. Mark-Oliver Rödel, Museum für Naturkunde, Berlin, Leibniz Institute for Research on Evolution and Biodiversity, Abteilung Diversitätsdynamik, Invalidenstr. 43, 10115 Berlin

Literatur

ALEWELL, C., MANDERSCHEID, B., MEESENBURG, H. & BITTERSOHL, J. (2000): Environmental chemistry: Is acidification still an ecological threat? – Nature 407: 856-857.

ANGILLETTA, M.J., STEURY, T.D. & SEARS, M.W. (2004): Temperature, growth rate, and body size in ectotherms: fitting pieces of a life-history puzzle. – Integrative and Comparative Biology 44 (6): 498-509.

ARENS, P., VAN DER SLUIS, T., VAN'T WESTENDE, W.P.C., VOSMAN, B., VOS, C.C. & SMULDERS, M.J.M. (2007): Genetic population differentiation and connectivity among fragmented moor frog (*Rana arvalis*) populations in The Netherlands. – Landscape Ecology 22 (10): 1489-1500.

ASZALOS, L., BOGDAN, H., KOVACS, E.-H. & PETER, V.-I. (2005): Food composition of two *Rana* species on a forest habitat (Livada Plain, Romania). – North-Western Journal of Zoology 1 (1): 25-30.

BABIK, W., BRANICKI, W., SANDERA, M., LITVINCHUK, S., BORKIN, L.J., IRWIN, J.T. & RAFIŃSKI, J. (2004): Mitochondrial phylogeography of the moor frog, *Rana arvalis*. – Molecular Ecology 13 (6): 1469-1480.

BABIK, W. & RAFINSKI, J. (2000): Morphometric differentiation of the moor frog (*Rana arvalis* NILSS.) in Central Europe. – Journal of Zoological Systematics and Evolutionary Research 38 (4): 239-247.

BADYAEV, A.V. & ULLER, T. (2009): Parental effects in ecology and evolution: mechanisms, processes and implications. – Philosophical Transactions of the Royal Society B: Biological Sciences 364 (1520): 1169-1177.

BALDWIN, R.F., CALHOUN, A.J.K. & DE MAYNADIER, P.G. (2006): Conservation planning for amphibian species with complex habitat requirements: A case study using movements and habitat selection of the wood frog *Rana sylvatica*. – Journal of Herpetology 40 (4): 442-453.

BEINLICH, B., HILL, B.T. & MAUTES, K.: Moorfrosch (*Rana arvalis*). – In: Internethandbuch zu den Arten der FFH-Richtlinie Anhang IV. – URL: http://www.ffh-anhang4.bfn.de/erhaltung-moorfrosch.html (gesehen am: 20.10.2013).

BELLEMAKERS, M.J.S. & VAN DAM, H. (1992): Improvement of breeding success of the moor frog (*Rana arvalis*) by liming of acid moorland pools and the consequences of liming for water chemistry and diatoms. – Environmental Pollution 78 (1-3): 165-171.

BÜLOW, D. von, GEIGER, A. & SCHLÜPMANN, M. (2011): Moorfrosch - *Rana arvalis*. – In: ARBEITSKREIS AMPHIBIEN REPTILIEN NRW (Hrsg.): Handbuch der Amphibien und Reptilien Nordrhein-Westfalens, Band I. – Bielefeld (Laurenti Verlag): 725-762.

DEMETER, L., KELEMEN, A., PETER, G. & CSERGÖ, A.M. (2012): Distribution, adult population size and conservation issues of some moor frog (*Rana arvalis*) and common frog (*R. temporaria*) populations in the Gheorgheni Basin, Romania. – Romanian Journal of Biology 57 (1): 15-28.

DUGUET, R. & MELKI, F. (2003): Les amphibiens de France, Belgique et Luxembourg. – Metz (Collection Parthénope, éditions Biotope), 480 S.

FEJÉRVÁRY, G. (1919): On two south-eastern varieties of *Rana arvalis* NILSS. – Annales historico-naturales Musei nationalis hungarici 17: 178-183.

FELDMANN, R. (1987): Zur Verbreitung des Moorfrosches in Westfalen. – In: GLANDT, D. & PODLOUCKY, R. (Hrsg.): Der Moorfrosch-Metelener Artenschutzsymposium. – Beiheft Schriftenreihe für Naturschutz und Landschaftspflege in Niedersachsen 19: 53-54.

GLANDT, D. (2006): Der Moorfrosch – Einheit und Vielfalt einer Braunfroschart. – Bielefeld (Laurenti Verlag), 160 S.

GLANDT, D. (2008): Der Moorfrosch (*Rana arvalis*): Erscheinungsvielfalt, Verbreitung, Lebensräume, Verhalten sowie Perspektiven für den Artenschutz. – Beihefte der Zeitschrift für Feldherpetologie 13: 11-34.

GLANDT, D. (2010): Taschenlexikon der Amphibien und Reptilien Europas. – Wiebelsheim (Quelle & Meyer Verlag), 363 S.

GÜNTHER, R. (1996): Die Amphibien und Reptilien Deutschlands. – Jena, Stuttgart (Gustav Fischer Verlag), 825 S.

GÜNTHER, R. & NABROWSKY, H. (1996): Moorfrosch - *Rana arvalis* NILSSON, 1842. – In: GÜNTHER, R. (Hrsg.): Die Amphibien und Reptilien Deutschlands. – Jena, Stuttgart (Gustav Fischer Verlag): 364-388.

HANGARTNER, S., LAURILA, A. & RÄSÄNEN, K. (2012a): Adaptive divergence in moor frog (*Rana arvalis*) populations along an acidification gradient: Inferences from Qst-Fst correlations. – Evolution 66 (3): 867-881.

HANGARTNER, S., LAURILA, A. & RÄSÄNEN, K. (2012b): The quantitative genetic basis of adaptive divergence in the moor frog (*Rana arvalis*) and its implications for gene flow. – Journal of Evolutionary Biology 25 (8): 1587-1599.

HARTUNG, H. & GLANDT, D. (2008): Seasonal migrations and choice of direction of moor frogs (*Rana arvalis*) near a breeding pond in north-west Germany. – Zeitschrift für Feldherpetologie Supplement 13: 455-465.

HÜBNER, T. & SENNERT, G. (1987): Verbreitung und Ökologie des Moorfrosches (*Rana arvalis* NILSSON 1842) im nördlichen Rheinland. – In: GLANDT, D. & PODLOUCKY, R. (Hrsg.): Der Moorfrosch - Metelener Artenschutzsymposium. – Hannover. – Beihefte der Schriftenreihe für Naturschutz und Landschaftspflege in Niedersachsen, 19:43-51.

JEDICKE, E. (1992): Die Amphibien Hessens. – Stuttgart (Ulmer), 152 S.

KOTSERZHYNSKA, I. (2005): Habitat variation in *Rana arvalis* of northeastern Ukraine. – Russian Journal of Herpetology, Supplement 12: 161-163.

KOVAR, R., BRABEC, M., VITA, R. & BOCEK, R. (2009) Spring migration distances of some Central European amphibian species. – Amphibia-Reptilia 30 (3): 367-378.

LAUFER, H. & PIEH, A. (2007): Moorfrosch *Rana arvalis* NILSSON, 1842. – In: LAUFER, H., FRITZ, K. & SOWIG, P. (Hrsg.): Die Amphibien und Reptilien Baden-Württembergs. – Stuttgart (Ulmer-Verlag), 397-414.

LAURILA, A. & SEPPÄ, P. (1998): Multiple paternity in the common frog (*Rana temporaria*): genetic evidence from tadpole kin groups. – Biological Journal of the Linnean Society 63 (2): 221-232.

LITVINCHUK, S.N., BORKIN, L. & ROSANOV, J.M. (2008): Genome size variation in *Rana arvalis* and some related brown frog species, including taxonomic comments on the validity of the *R. arvalis* subspecies. – Zeitschrift für Feldherpetologie Supplement 13: 95-112.

LOMAN, J. (1994): Site tenacity, within and between summers, of *Rana arvalis* and *Rana temporaria*. – Alytes 12 (1): 15-29.

MERILÄ, J. & KNOPP, T. (2009): Multiple paternity in the moor frog, *Rana arvalis*. – Amphibia-Reptilia 30 (4): 515-521.

MEWES, M. (2012): Diffuse nutrient reduction in the German Baltic Sea catchment: Cost-effectiveness analysis of water protection measures. – Ecological Indicators 22: 16-26.

OHLBERGER, J. (2013): Climate warming and ectotherm body size - from individual physiology to community ecology. – Functional Ecology 27 (4): 991-1001.

PFEIFFENBERGER, M., KASTEN, J. & FOCK, T. (2012): Landwirtschaft und Naturschutz: Möglichkeiten zur Erfassung, Bewertung und Verringerung von landwirtschaftlichen Risikopotenzialen – Ergebnisse des Peenetalprojektes. GIL-Tagungsband, Gesellschaft für Informatik eV. – Bonn: 219-222.

PIHA, H., LUOTO, M. & MERILÄ, J. (2007): Amphibian occurrence is influenced by current and historic landscape characteristics. – Ecological Applications 17 (8): 2298-2309.

RAFINSKI, J. & BABIK, W. (2000): Genetic differentiation among northern and southern populations of the moor frog *Rana arvalis* NILSSON in central Europe. – Heredity 84 (5): 610-618.

RÄSÄNEN, K. & KRUUK, L. (2007): Maternal effects and evolution at ecological timescales. – Functional Ecology 21 (3): 408-421.

RÄSÄNEN, K., LAURILA, A. & MERILÄ, J. (2003): Geographic variation in acid stress tolerance of the moor frog, *Rana arvalis*. I. Local adaptation. – Evolution 57 (2): 352-362.

RÄSÄNEN, K., LAURILA, A. & MERILÄ, J. (2005): Maternal investment in egg size: environment- and population-specific effects on offspring performance. – Oecologia 142 (4): 546-553.

RÄSÄNEN, K., LAURILA, A., MERILÄ, J. & SINERVO, B. (2003): Geographic variation in acid stress tolerance of the moor frog, *Rana arvalis*. II. Adaptive maternal effects. – Evolution 57 (2): 363-371.

RÄSÄNEN, K., SÖDERMAN, F., LAURILA, A. & MERILÄ, J. (2008): Geographic variation in maternal investment: acidity affects egg size and fecundity in *Rana arvalis*. – Ecology 89 (9): 2553-2562.

ROCEK, Z. & SANDERA, M. (2008): Distribution of *Rana arvalis* in Europe: a historical perspective. – Zeitschrift für Feldherpetologie Supplement 13: 135-150.

RYBICKI, J. & HANSKI, I. (2013): Species-area relationships and extinctions caused by habitat loss and fragmentation. – In: HOLYOAK, M. & HOCHBERG, M. (Eds.): Ecological effects of environmental change. – Ecology Letters, 16 (s1): 27-38.

SCHIEMENZ, H. & GÜNTHER, R. (1994): Verbreitungsatlas der Amphibien und Reptilien Ostdeutschlands (Gebiet der ehemaligen DDR). – Rangsdorf (Natur & Text), 143 S.

SHERIDAN, J.A. & BICKFORD, D. (2011): Shrinking body size as an ecological response to climate change. – Nature Climate Change 1 (8): 401-406.

SZTATECSNY, M., PREININGER, D., FREUDMANN, A., LORETTO, M.-C., MAIER, F. & HÖDL, W. (2012): Don't get the blues: conspicuous nuptial colouration of male moor frogs (*Rana arvalis*) supports visual mate recognition during scramble competition in large breeding aggregations. – Behavioral Ecology and Sociobiology 66 (12): 1587-1593.

TERHIVUO, J. (1993): Provisional atlas and status of populations for the herpetofauna of Finland in 1980-92. – Annales Zoologici Fennici 30 (1): 55-69.

VERSHININ, V.L. (2004): The striata morph and its role in the ways of adaptation of the genus Rana in the modern biosphere. – Doklady Biological Sciences 396 (1-6): 212-214.

VERSHININ, V.L. (2006): Role of recessive and dominant mutations in adaptation the genus Rana to recent biosphere. – Russian Journal of Genetics 42 (7): 744-747.

VIEITES, D.R., NIETO-ROMÁN, S., BARLUENGA, M., PALANCA, A., VENCES, M. & MEYER, A. (2004): Post-mating clutch piracy in an amphibian. – Nature 431: 305-308.

VOITURON, Y., PAASCHBURG, L., HOLMSTRUP, M., BARRE, H. & RAMLOV, H. (2009): Survival and metabolism of *Rana arvalis* during freezing. – Journal of Comparative Physiology B Biochemical Systemic and Environmental Physiology 179 (2): 223-230.

VOS, C.C., ANTONISSE-DE JONG, A.G., GOEDHART, P.W. & SMULDERS, M.J.M. (2001): Genetic similarity as a measure for connectivity between fragmented populations of the moor frog (*Rana arvalis*). – Heredity 86 (5): 598-608.

VOS, C.C. & CHARDON, J.P. (1998): Effects of habitat fragmentation and road density on the distribution pattern of the moor frog *Rana arvalis*. – Journal of Applied Ecology 35 (1): 44-56.

WALLS, S., BARICHIVICH, W. & BROWN, M. (2013): Drought, deluge and declines: The impact of precipitation extremes on amphibians in a changing climate. – Biology 2 (1): 399-418.

ZIMKA, J.R. (1968): The frog as a secondary order predator in the macrofauna communities of the bottom of the forest. – Ekologia Polska Seria B 14: 357-362.

Alpensalamander *Salamandra atra* LAURENTI 1768

CAROLIN DITTRICH und MARK-OLIVER RÖDEL

Biologie der Art

Der jahreszeitliche Aktivitätszeitraum der 10-15 cm großen Alpensalamander liegt abhängig von der Höhenlage zwischen April/Mai bis September. Über die gesamte Aktivitätszeit erfolgen auch die Paarungen (MEYER et al. 2009). Hat ein paarungsbereites Männchen ein Weibchen aufgespürt, wird dieses von hinten oder der Seite bestiegen, so dass das Männchen auf dem Rücken des Weibchens zum Liegen kommt und die Kehle des Weibchens mit den Vorderbeinen umklammert. In dieser Position reibt das Männchen seine Kehle an dem Kopf des Weibchens. Das Männchen steigt dann vom Weibchen herab und schiebt sich unter dessen Körper. Das Weibchen wird dabei mit den Vorderbeinen des Männchens fixiert. Das Männchen setzt schließlich eine Spermatophore ab, welche von dem Weibchen aufgenommen wird (HÄFELI 1971).

Die Besonderheit der Alpensalamander ist die vivipare Entwicklung. Die Salamander wachsen in den Eileitern des Weibchens heran und werden, meist zwei, lebend, bereits lungenatmend geboren. Dabei wird jeweils nur ein Ei pro Eileiter befruchtetet. Alle übrigen Eier dienen den sich entwickelnden Larve als Nahrung. HÄFELI (1975) fand in Höhenlagen unter 1.000 m eine zweijährige Tragezeit vor, in Höhen über 1.400 m eine dreijährige Tragezeit. Somit bringen geschlechtsreife Weibchen alle 3-4 Jahre zwei Jungtiere zur Welt. Die Salamander werden je nach Höhenlage 2-4 Jahre nach der Geburt geschlechtsreif (HÄFELI 1975). Auf die Bedeutung dieser geringen Anzahl von Nachkommen, wird in den PEM-Optionen genauer eingegangen.

Die Aktivität des Alpensalamanders ist an mehrere Faktoren gebunden, am Wichtigsten scheinen jedoch die relative Luftfeuchte und die Temperatur zu sein. Die Bodentemperatur muss mehr als 4°C betragen, wobei das Optimum zwischen 8 bis 15°C liegt, und die Luftfeuchte über 85% liegen muss damit die Tiere aktiv sind und ihre Verstecke verlassen. Die Art ist nacht- und dämmerungsaktiv und die Hauptaktivitätszeit liegt zwischen 4-8 Uhr morgens. Bei Regenfällen nach Trockenphasen ist die Art auch in den Tagstunden außerhalb des Versteckes anzutreffen (KLEWEN 1986). Die Salamander ernähren sich opportunistisch, d.h. in ihren Lebensräumen hauptsächlich von Käfern, diversen anderen Arthropoden und deren Larven, Ringelwürmern und kleinen Schnecken (FACHBACH 1975).

Verbreitung, Habitatansprüche und Populationsdichte

Der Alpensalamander kommt in den Alpengebieten zwischen Frankreich, der Schweiz bis zum östlichen Österreich vor (DUGUET & MELKI 2003, GUEX & GROSSENBACHER 2004). Isolierte Populationen kommen im Dinarischen Gebirge bis Albanien vor, wobei er in Höhen zwischen 700 bis über 2.000 m anzutreffen ist (GUEX & GROSSENBACHER 2004). In Deutschland liegt das Vorkommen in den bayrischen Alpen und im württembergischen Allgäu (FREYTAG 1955, GROSSENBACHER & GÜNTHER 1996, FRITZ & SOWIG 2007, ANDREONE 2009). Bevorzugter Lebensraum der Art sind feuchte Laub- und Bergmischwälder in der Nähe von Bachläufen, oberhalb der Baumgrenze Karstgebiete sowie feuchte Almwiesen und Schutthalden. Dabei halten sie sich tagsüber vornehmlich unter Steinplatten oder Totholz auf (NÖLLERT & NÖLLERT 1992). Außerdem werden Kleinsäugerhöhlen und Felsspalten als Verstecke genutzt. Entscheidend bei der Wahl des Versteckes ist die Luftfeuchte, so dass bei Trockenheit Kleinsäugerbauten und feuchtes Totholz bevorzugt werden. Nach Regenfällen oder in der Nähe von Bachläufen werden Höhlungen unter Steinplatten bevorzugt (KLEWEN 1986). Bei großer Trockenheit und im Winterhalbjahr ziehen sich die Tiere tiefer in den Boden zurück (GROSSENBACHER & GÜNTHER 1996).

Die Individuendichte ist höhenabhängig und nimmt in Misch- und Laubwäldern in Richtung aufgelockerter Waldbestände zu den Waldrändern hin zu. In dichtem Waldbestand können zwischen 30-40 Individuen/Hektar angetroffen werden, an Waldrändern zwischen 80-120 Individuen/Hektar. Auffallend ist dabei auch eine erhöhte Individuendichte an Bachläufen, was teilweise auf ein erhöhtes Angebot potentieller Tagesverstecke zurück zu führen ist (KLEWEN 1986). Auf einer Alpenweide konnte von KLEWEN (1986) eine Individuendichte von bis zu 2000 Individuen/Hektar festgestellt werden. HELFER et al. (2012) konnten sogar noch höhere Dichten von bis zu 3000 Individuen/Hektar feststellen. In Nadelwäldern sind die Dichten des Alpensalamanders deutlich niedriger (KLEWEN 1986).

PEM-Optionen

Plastizität

Die möglichen Reaktionen des Alpensalamanders auf großräumige klimatische Veränderungen sind weitgehend unbekannt bzw. nicht untersucht. Nur wenige anekdotische Berichte lassen indirekte Rückschlüsse zu. KLEWEN (1986) entnahm drei Tiere einer Population und brachte sie in einem Freilandgehege in 40 m über NN unter. Die Tiere zeigten Paarungsbereitschaft und schienen nicht von dem Höhenunterschied beeinflusst. Er zog daraus den Schluss, dass die Tiere über eine große ökologische Varianz verfügen, sie allerdings in niederen Lagen nicht konkurrenzfähig gegenüber dem Feuersalamander, *Salamandra salamandra,* wären. Die beiden Arten kommen in scharf voneinander abgegrenzten Gebieten vor, was auf eine Nischentrennung bzw. Konkurrenzvermeidung schließen lässt. Ob das parapatrische Vorkommen beider Arten jedoch wirklich konkurrenzbedingt ist und nicht durch andere ökologische Faktoren erklärt werden kann, ist damit nicht belegt. Zu dieser Thematik laufen derzeit Untersuchungen an der Universität Trier (WERNER 2011).

Erste Ergebnisse aus dieser Dissertation zeigen, dass der Alpensalamander in seinen klimatischen Ansprüchen eine hohe Plastizität zeigt und sympatrisch mit dem Feuersalamander vorkommen könnte. In den Untersuchungen in der Schweiz konnte trotzdem nur eine parapatrische Verbreitung mit Kontaktzonen festgestellt werden, was ebenfalls als interspezifische Konkurrenz gedeutet wurde (WERNER et al. 2013).

Bei einer Studie zur UV-Verträglichkeit zeigte sich, dass der Alpensalamander eine höhere Strahlungstoleranz gegenüber UV-B zeigt als der Feuersalamander. Ob dies der Grund für das Fehlen von Feuersalamandern in höheren Lagen ist, ist unklar. Beim Alpensalamander kann diese Toleranz als klare Anpassung an alpine Lebensräume gedeutet werden (DORN 1955).

Die Aktivität und somit die Nahrungsaufnahme und Paarung sind stark von der relativen Luftfeuchte abhängig. Bei Regenfällen ist eine starke Aktivitätszunahme zu beobachten, da es zum einen zu optimalen Feuchtigkeitsverhältnisse führt, zum anderen auch die Aktivität von Beutetieren erhöht. Bei einer Temperaturerhöhung um 2°C und einer Verschiebung bzw. Veränderung der Niederschlagsmengen würde sich die Luftfeuchte im Habitat verändern. Dies könnte einen Einfluss auf die bereits kurze Aktivitätsperiode der Alpensalamander und damit auf deren Entwicklung und Fortpflanzungsbiologie haben. Für aussagekräftige Vorhersagen sind aber sowohl unsere Kenntnisse zu den physiologischen Grenzen des Alpensalamanders, zu genauen Eckpunkten seiner Life-History-Strategien, als auch zu den Klimaszenarien in hochkomplexen Gebirgslagen viel zu fragmentarisch.

Evolution

Vom Alpensalamander wurden vier Unterarten beschrieben. Die rein schwarze Nominatform *S. atra atra* LAURENTI, 1768, *S. atra aurorae* TREVISAN, 1982 welche sich durch eine gelbliche Rückenzeichnung von *S. atra atra* unterscheidet und nur in einem eng begrenzten Gebiet der italienischen Voralpen zu finden ist, *S. atra pasubiensis* BONATO &STEINFARTZ, 2005 mit ebenfalls gelblicher Zeichnung aus dem Pasubio Massiv der italienischen Voraplen, sowie *S. atra prensenjes* MIKŠIĆ, 1969, welche in der Balkanregion des Verbreitungsgebietes vorkommt. Der Status der Unterarten wird allerdings noch diskutiert (SPEYBROECK 2010). Einige Autoren sehen *S. aurorae* als Schwesterart des Alpensalamanders (STEINFARTZ et al. 2000), andere als Subspezies (RIBERON et al. 2004). Der Status der Unterart *S. a. prensenjis* wird ebenfalls diskutiert (JOGER 1986, BONATO & STEINFARTZ 2005, ŠUNJE 2011). In den französischen und angrenzenden, westlichen italienischen Alpen kommt außerdem der noch nicht lange als eigenständig erkannte, ebenfalls schwarze aber viel größere *Salamandra lanzai* NASCETTI, ANDREONE, CAPULA & BULLINI, 1988 vor (DUGUET & MELKI 2003, GROSSENBACHER 2004).

Untersuchungen zur genetischen Differenzierung anhand von mtDNA zeigten, dass der Alpensalamander eine sehr geringe genetische Variabilität innerhalb einer Population zeigt und nur eine geringe Anzahl von Haplotypen zwischen Populationen existieren (RIBERON et al. 2001). Die geringe genetische Variabilität zwischen den einzelnen Populationen könnte auf mehrere Aussterbeereignisse während Kaltzeiten, und damit einer dramatisch geschrumpften Arealgröße, zurückgeführt werden. So könnte die Art durch einen genetischer Flaschenhals gegangen sein (sehr kleine Populationsgröße, geringe Variabilität). Weitere Untersuchungen zwischen Populationen bestätigten die geringe Variabilität (RIBERON et al. 2004, BONATO & STEINFARTZ 2005). Dies wurde jedoch mit großen Populationsdichten und/oder hohe Verbreitungsraten, wodurch eine Homogenisierung der Allelfrequenzen entstand, erklärt (HELFER et al. 2012). Die generell geringe genetische Variationsbreite kann theoretisch das adaptive Potential der Art stark vermindern. Die einzelnen Populationen könnten so anfälliger für Krankheiten und Inzuchtdepression, und weniger anpassungsfähig an klimatische Veränderungen sein.

Die Fortpflanzung beim Alpensalamander ist polygam, wobei KLEWEN (1986) in den untersuchten Populationen ein Geschlechterverhältnis von 1:2 zugunsten der männlichen Tiere vorfand. Während der Fortpflanzungszeit, die die gesamte Aktivitätsperiode umfasst, sind Mehrfachpaarungen möglich. Dies ist u.a. eine Anpassung an die extremen Witterungsbedingungen im alpinen Lebensraum und dient so der Fitnessoptimierung.

Die Tragezeit der Weibchen hängt von der besiedelten Höhenstufe ab und kann zwischen 2-3 Jahren liegen. Das bedeutet die Weibchen können nur alle 3-4 Jahre am Fortpflanzungsgeschehen teilnehmen, so dass die Reproduktionsrate sehr gering ist. Jungtiere machen im Schnitt 20% der Population aus (KLEWEN 1986, LUISELLI et al. 2001).

Die Inzuchtvermeidung durch Migration von Jungtieren scheint beim Alpensalamander auf die Männchen beschränkt zu sein, da überwiegend diese neue Lebensräume aufsuchen. Eine Theorie dazu ist, dass Weibchen einen Vorteil haben wenn sie ihr Habitat gut kennen und so eher Nahrung und geeignete Verstecke während der langen Tragezeit vorfinden (HELFER et al. 2012). Durch eine zunehmende Fragmentierung des Lebensraumes, etwa durch Straßenbau und Forstwirtschaft, könnten Populationen weiter getrennt und somit der Genpool zusätzlich verringert werden.

Mobilität

Ein wesentlicher Faktor der die Anpassungskapazität der Alpensalamander an sich ändernde Umweltbedingungen beeinflussen könnte, ist die potentielle Fähigkeit in günstigere Gebiete abzuwandern. Die Möglichkeit die sich hier bietet, wäre eine Wanderung in höher gelegene Gebiete. Dabei ist die Art vorwiegend in feuchten Laubmischwäldern anzutreffen, sodass eine Wanderung über die Baumgrenze nur bedingt in Frage kommt. Die Art besitzt zwar eine hohe ökologische Varianz, ist aber auf eine hohe relative Luftfeuchte und geeignete Verstecke angewiesen. Solang diese Voraussetzungen erfüllt sind, kann der Alpensalamander bis zur alpinen Grenzzone (ca. 2.500 m) vorkommen. In einer Studie zur Verschiebung der Baumgrenze in den Alpen würden die meisten endemischen Arten die momentan oberhalb der Baumgrenze vorkommen an Areal verlieren (DIRNBÖCK et al. 2011). Diese Verschiebung könnte sich allerdings auf die Verbreitung des Alpensalamanders positiv auswirken, sofern die Baumgrenze – und damit geeignete, weil feuchte Lebensräume – mit steigenden Temperaturen schnell genug mit nach Oben wandert.

Nach GROSSENBACHER & GÜNTHER (1996) zeigen Alpensalamander kein Territorialverhalten und keine Massenwanderungen. Eine neue Untersuchung zum Territorialverhalten und zur Versteckerkennung fand allerdings, dass der Alpensalamander sein Tagesversteck mit Faecal-Pellets markiert, als Markierung und zur Wiedererkennung des eigenen Versteckes (GAUTIER & MIAUD 2003). In einer Untersuchung zur Ortstreue und Wanderdistanzen der Art, zeigte KLEWEN (1986), dass einzelne Individuen während ihrer Aktivitätszeit nur sehr geringe Strecken zurücklegten (4-22 m). HELFER et al. (2012) wiesen dagegen nach, dass männliche Alpensalamander neue Lebensräume aufsuchen, Weibchen allerdings nicht. Die geringe, und geschlechtsspezifisch asynchrone Mobilität, macht ein schnelles und erfolgreiches Ausweichen der Art bei veränderten Bedingungen in geeignetere Lebensräume nicht sehr wahrscheinlich.

Zusammenfassung und Schutzempfehlung

Der Alpensalamander ist in den Alpen und den Dinariden endemisch. In Deutschland kommt sie nur im äußersten Süden in Bayern und Baden-Württemberg vor. Aus diesem Grund wird die Art als FFH (Flora Fauna Habitat)-Anhang 4 Art unter besonderen Schutz gestellt. Momentan gilt die Art dort wo sie vorkommt als relativ häufig. Die Art besitzt eine große ökologische Variabilität, so dass unterschiedlichste Lebensräume im Verbreitungsgebiet besiedelt werden können. Lokal begrenzt kann es durch intensive Forstwirtschaft, Tourismus (Skifahren) und damit verbundener Entwicklung der Infrastruktur zur Zerstörung des Lebensraumes kommen. Die italienischen Populationen werden nicht als gefährdet angesehen, einige Populationen in der Schweiz werden lokal durch Straßentod bedroht.

Da die Unterarten *S. atra aurorae, S. atra pasubiensis* und *S. atra prensenjis* nur in einem stark begrenzten Areal verbreitet sind, sind diese eher gefährdet als die weit verbreitete Nominatform (BEUKEMA 2008, ŠUNJE 2011). Hauptgefährdung in diesen Arealen ist die Veränderung der Umwelt durch das Ableiten von Wasser aus den Gebirgsbächen und die Entfernung der Streuschicht durch Forstbewirtschaftung (BEUKEMA 2008). Außerdem sind scheinbar einzelne Populationen durch die Entnahme zur Terrarienhaltung gefährdet, vor allem kleine, fragmentierte Populationen in Serbien und Montenegro (ANDREONE et al. 2009).

Inwieweit der Alpensalamander durch erhöhte Durchschnittstemperaturen und veränderte Niederschlagsregime tatsächlich gefährdet sein könnte ist schwer abschätzbar. Solange er sich in ausrechend feuchte Verstecke zurückziehen und ausreichend viele Tage aktiv bleiben kann, ist vermutlich nicht von einer unmittelbaren Gefährdung auszugehen. Bedrohlich könnten sich ausbreitende Krankheiten sein. Sein Lebensraum liegt potentiell im Optimum einer Amphibienpopulationen befallenden Pilzkrankheit. Eine neue Untersuchung zur Verbreitung von Chytridiomykose unter Alpensalamandern zeigte allerdings, dass die dort betrachteten Populationen keine Infektion mit dem Pilz *Batrachochytrium dendrobatidis* (Bd) aufweisen. Die Autoren spekulieren, dass Hautpeptide des Alpensalamanders eine Barriere für eine Infektion mit Bd bilden und die Art somit immun gegen den Pilz ist (LÖTTERS et al. 2012). Weitere Untersuchungen dazu sind allerdings notwendig. So ist u.a. auch ungeklärt ob der Alpensalamander für die erst jüngst entdeckte und Feuersalamander-Populationen in den Niederladen dahinraffende, zweite Chytrid-Art anfällig ist (MARTEL et al. 2013).

POLIVKA et al. (ohne Jahr) listen verschiedene Maßnahmen zur Unterstützung dieser FFH-Art auf. Diese beinhalten den Schutz der Salamander sowohl im Offenland, als auch in Waldhabitaten. Die Vorschläge die Beweidung gering zu halten und Wiesen nur zweimalig pro Jahr zu mähen, könnten dem Alpensalamnder in Bergwiesen ein feuchteres und damit günstigeres Mikroklima bieten. In die Richtung einer Lebensraumoptimierung zielen auch Maßnahmen die die generelle Vielfalt an Mikrohabitaten fördern, Fichtenforste in naturnahe Bergwälder überleiten und das Belassen von Totholz als Versteckmöglichkeit und zur Erhöhung der Beutetierdichte.

Anschrift der Autoren

Dipl. Biol. Carolin Dittrich, PD Dr. Mark-Oliver Rödel, Museum für Naturkunde, Berlin, Leibniz Institute for Research on Evolution and Biodiversity, Abteilung Diversitätsdynamik, Invalidenstr. 43, 10115 Berlin

Literatur

ANDREONE, F., DENOËL, M., MIAUD, C., SCHMIDT, B., EDGAR, P., VOGRIN, M., CRNOBRNJA ISAILOVIC, J., AJTIC, R., CORTI, C. & HAXHIU, I. (2009): *Salamandra atra.* – In: IUCN (2012) (Eds.): IUCN Red List of Threatened Species. – URL: http://www.iucnredlist.org/details/19843/0 (gesehen am: 23.06.2013).

BELLON, M. & FILACORDA, S. (2008): "Sistema aurora" piano d'azione per *Salamandra atra aurorae* e *Salamandra atra pasubiensis*. – Life 2004, Natura 2000, Veneto.

BEUKEMA, W. & BRAKELS, P. (2008): Discovery of *Salamandra atra aurorae* (TREVISAN, 1982) on the Altopiano di Vezzena, Trentino (Northeastern Italy). – Acta Herpetologica 3 (1): 77-81.

BONATO, L. & STEINFARTZ, S. (2005): Evolution of the melanistic colour in the Alpine salamander *Salamandra atra* as revealed by a new subspecies from the Venetian Prealps. – Italian Journal of Zoology 72 (2): 253-260.

DORN, E. (1955): Die Wirkung von ultraviolettem Licht auf die Haut von *Salamandra salamandra* und *Salamandra atra*. – Journal of Comparative Physiology A 37 (6): 482-489.

DUGUET, R. & MELKI, F. (2003): Les amphibiens de France, Belgique et Luxembourg. – Metz (Collection Parthénope, éditions Biotope), 480 S.

FACHBACH, G., KOLOSSAU, I. & ORTNER, A. (1975): Zur Ernährungsbiologie von *Salamandra s. salamandra* und *Salamandra atra*. – Salamandra 11 (3/4): 136-144.

FREYTAG, G.E. (1955) Feuersalamander und Alpensalamander. – Die Neue Brehm Bücherei 142, 78 S.

FRITZ, K. & SOWIG, P. (2007): Alpensalamander *Salamandra atra* LAURENTI, 1768. – In: LAUFER, H., FRITZ, K. & SOWIG, P. (Hrsg.): Die Amphibien und Reptilien Baden-Württembergs. – Stuttgart (Ulmer): 159-170.

GAUTIER, P.& MIAUD C. (2003): Faecal pellets used as an economic territorial marker in two terrestrial alpine salamanders. – EcoScience 10 (2): 134-139.

GROSSENBACHER, K. (2004): *Salamandra lanzai* NASCETTI, ANDREONE, CAPULA & BULLINI, 1988 - Lanzas Salamander. – In: GÜNTHER, R. (Hrsg.): Die Amphibien und Reptilien Deutschlands. – Jena, Stuttgart (Gustav Fischer Verlag): 1046-1058.

GROSSENBACHER, K. & GÜNTHER, R. (1996): Alpensalamander - *Salamandra atra* LAURENTI, 1768. – In: GÜNTHER, R. (Hrsg.): Die Amphibien und Reptilien Deutschlands. – Jena, Stuttgart (Gustav Fischer Verlag): 70-81.

GUEX, G.D. & GROSSENBACHER, K. (2004): *Salamandra atra* LAURENTI, 1768 - Alpensalamander. – In: THIESMEIER, B. & GROSSENBACHER, K. (Hrsg.): Band 4/IIB Schwanzlurche (Uroldela) IIB Salamandridae III: *Triturus* 2, *Salamandra*. - Handbuch der Reptilien und Amphibien Europas. – Wiebelsheim (Aula): 975-1028.

GÜNTHER, R. (1996): Die Amphibien und Reptilien Deutschlands. – Jena, Stuttgart (Gustav Fischer Verlag), 825 S.

HÄFELI, H.P. (1971): Reproductive biology of the alpine salamander (*Salamandra atra* LAURENTI). – Revue suisse de Zoologie 78 (2): 235-293.

HÄFELI, H.P. (1975): Zur Fortpflanzungsbiologie des Alpensalamanders. – Mitteilungen der Naturwissenschaftlichen Gesellschaft Winterthur 35: 74-96.

HELFER, V., BROQUET, T. & FUMAGALLI, L. (2012): Sex-specific estimates of dispersal show female philopatry and male dispersal in a promiscuous amphibian, the alpine salamander (*Salamandra atra*). – Molecular Ecology 21 (19): 4706-4720.

JOGER, U. (1986): Serumproteinelektrophoretische Daten zur Frage der Validität der Unterarten des Alpensalamanders *Salamandra atra* LAURENTI, 1768 (Caudata: Salamandridae). – Salamandra 22 (2-3): 218-220.

KLEWEN, R. (1986): Untersuchungen zur Verbreitung, Öko-Ethologie und innerartlichen Gliederung von *Salamandra atra* LAURENTI 1768. – Köln (Universität zu Köln, Mathematisch-Naturwissenschaftliche Fakultät – Dissertation), 185 S.

LÖTTERS, S., KIELGAST, J., SZTATECSNY, M., WAGNER, N., SCHULTE, U., WERNER, P., RÖDDER, D., DAMBACH, J., REISSNER, T., HOCHKIRCH, A. & SCHMIDT, B.R. (2012): Absence of infection with the amphibian chytrid fungus in the terrestrial Alpine salamander, *Salamandra atra*. – Salamandra 48 (1): 58-62.

LUISELLI, L., ANDREONE, F., CAPIZZI, D. & ANIBALDI, C. (2001): Body size, population structure and fecundity traits of a *Salamandra atra atra* (Amphibia, Urodela, Salamandridae) population from the northeastern Italian Alps. – Italian Journal of Zoology 68 (2): 125-130.

MEYER, A., ZUMBACH, S., SCHMIDT, B. & MONNEY, J.-V. (2009): Auf Schlangenspuren und Krötenpfaden – Amphibien und Reptilien der Schweiz. – Bern, Stuttgart, Wien (Haupt Verlag), 336 S.

MARTEL, A., SPITZEN-VAN DER SLUIJS, A., BLOOI, M., BERT, W., DUCATELLE, R., FISHER, M.C., WOELTJES, A., BOSMAN, W., CHIERS, K., BOSSUYT, F. & PASMANS, F. (2013): *Batrachochytrium salamandrivorans* sp. nov. causes lethal chytridiomycosis in amphibians. – Proceedings of the National Academy of Sciences USA 110 (38): 15325–15329.

NÖLLERT, A. & NÖLLERT, C. (1992): Die Amphibien Europas: Bestimmung - Gefaehrdung – Schutz. – Stuttgart (Kosmos Verlag), 382 S.

POLIVKA, R., BEINLICH, B. & MAUTES, K. (ohne Jahr): Alpensalamander (*Salamandra atra*). – In: Internethandbuch zu den Arten der FFH-Richtlinie Anhang IV. – URL: http://www.ffh-anhang4.bfn.de/ffh-anhang4-alpensalamander.html (gesehen am: 20.10.2013).

RIBERON, A., MIAUD, C., GROSSENBACHER, K. & TABERLET, P. (2001): Phylogeography of the Alpine salamander, *Salamandra atra* (Salamandridae) and the influence of the Pleistocene climatic oscillations on population divergence. – Molecular Ecology 10 (10): 2555-2560.

RIBERON, A., MIAUD, C., GUYETANT, R. & TABERLET, P. (2004): Genetic variation in an endemic salamander, *Salamandra atra*, using amplified fragment length polymorphism. – Molecular Phylogenetics & Evolution 31 (3): 910-914.

SPEYBROECK, J., BEUKEMA, W. & CROCHET, P. (2010): A tentative species list of the European herpetofauna (Amphibia and Reptilia) - an update. – Zootaxa 2492: 1-27.

STEINFARTZ, S., VEITH, M. & TAUTZ, D. (2000): Mitochondrial sequence analysis of *Salamandra* taxa suggests old splits of major lineages and postglacial recolonizations of Central Europe from distinct source populations of *Salamandra salamandra*. – Molecular Ecology 9 (4): 397-410.

ŠUNJE, E. & RESIC, A. (2011): Ecological characteristics and population structure of the black salamander from the Mountain (Mt.) Prenj (*Salamandra atra prenjensis* MIKŠIĆ, 1969). – In: REDŽIĆ, S. (Ed.): Structure and Dynamics of Ecosystem Dinarides – Status, possibilities and prospects, Vol. 23, Proceedings. Sarajevo, Bosnia and Herzegovina: 235-245.

TREVISAN, P. (1982): A new subspecies of alpine salamander. – Bolletino di Zoologia 49 (3/4): 235-239.

WERNER, P. (2011): Warum kommt der Feuersalamander nicht in den Alpen vor? Nischenkonkurrenz bei Feuer- und Alpensalamander. – Elaphe 1: 6-9.

WERNER, P., LÖTTERS, S., SCHMIDT, B. R., ENGLER, J. O. & RÖDDER, D. (2013): The role of climate for the range limits of parapatric European land salamanders. – Ecography 36 (10): 1127-1137.

Mopsfledermaus *Barbastella barbastellus* (SCHREBER 1774)

TONI FLEISCHER, MARKUS MELBER und GERALD KERTH

Biologie der Art

Die Mopsfledermaus gehört zu den Glattnasen-Fledermäusen (Vespertilionidae) und zählt mit einer Unterarmlänge von 37 bis 43 mm zu den mittelgroßen Fledermausarten in Deutschland (SCHOBER 2004, DIETZ et al. 2007). Sie besiedelt Wälder und Parkanlagen (DIETZ et al. 2007), von der Ebene bis in Vorgebirgs- und Gebirgsregionen (SCHOBER 2004). Wie alle einheimischen Fledermausarten sind Mopsfledermäuse vom Frühjahr bis zum Herbst aktiv, in den Wintermonaten halten sie Winterschlaf (DIETZ et al. 2007).

Die Tiere sind nach der ersten Überwinterung geschlechtsreif. Paarungen finden im Spätsommer in Paarungsquartieren im Sommerhabitat sowie in den Winterquartieren statt (DIETZ et al. 2007). Die Geburt der Jungen erfolgt ab Mitte Juni, wobei in der Regel ein Junges pro Jahr geboren wird. Arbeiten aus Litauen zeigen eine hohe Jungensterblichkeit: weniger als 40% aller Tiere erreichen das zweite Lebensjahr (RYDELL & BOGDANOWICZ 1997). Im Mittel werden die Tiere 5,5-10 Jahre alt; das bisher älteste bekannte Tier erreichte ein Alter von 22 Jahren (DIETZ et al. 2007).

Sommerquartiere befinden sich in Wäldern hinter Baumrinde, in Stammrissen und in Baumhöhlen. Auch flache Fledermauskästen werden besiedelt. In menschlichen Siedlungen werden Dachstühle, Hausverkleidungen und Fensterläden als Tagesquartiere genutzt (SCHOBER 2004, RUDOLPH 2004). In Südeuropa werden zudem Felsspalten besiedelt (Dietz et al 2007). Während der Jungenaufzucht von Juni bis August, bilden sich Wochenstubenkolonien mit Weibchen und ihren Jungtieren, während die Männchen einzeln leben oder selten separate Männchen-Gruppen bilden. Im Winter ziehen sich die Tiere in Felshöhlen, Gewölbe, Kasematten, Keller, Ruinen, alte Stollen und Bunker zurück. Zum Teil werden auch oberirdische Spaltenquartiere an Mauern und Felsen zum Überwintern genutzt. Weite, saisonale Wanderungen finden nicht statt. Sommer und Winterquartiere liegen meist weniger als 40 km voneinander entfernt (DIETZ et al. 2007).

Mopsfledermäuse zeigen bei der Nahrung einen hohen Spezialisierungsgrad; dabei machen Schmetterlinge einen Anteil von bis zu 94% aus (RYDELL ET AL. 1996). Weibchen jagen bevorzugt innerhalb von Laubwäldern, während die Männchen auch an Waldrändern und offenen Flächen jagen (HILLEN et al. 2011). Die Art kommt in allen Höhenstufen bis auf 1990m vor (RYDELL & BOGDANOWICZ 1997).

Verbreitung, Habitatansprüche und Populationsdichte

Die Mopsfledermaus hat ihren Verbreitungsschwerpunkt in Europa. Die östliche Grenze liegt in der Türkei und im Kaukasus wo die Art von der Östlichen Mopsfledermaus *Bar-*

bastella leucomelas abgelöst wird. Im Südwesten ist *Barbastella barbastellus* im Norden Portugals und in Marokko nachgewiesen, im Norden kommt sie noch in Südschweden vor. Einzelfunde sind aus Irland berichtet (HUTSON et al. 2008). Mopsfledermäuse sind mit Wäldern assoziiert, die als Quartier- und Nahrungshabitat genutzt werden (RUDOLPH 2004). Als Sommerquartiere werden ältere und/oder abgestorbene Bäume mit abstehender Rinde genutzt (RUDOLPH 2004). Im Sommer werden die Tagesquartiere fast täglich gewechselt (RUSSO et al. 2004). Während Spaltenquartiere im Wald meist mit nur 10 bis 20 Tieren besetzt sind, können Quartiere im urbanen Bereich von mehr als 100 Tieren bewohnt werden (RUDOLPH 2004, DIETZ et al. 2007). Solche großen Ansammlungen sind jedoch selten. Ein weiterer Unterschied zu den Quartieren im Wald ist, dass Tagesquartiere an Gebäuden deutlich seltener gewechselt werden (RUDOLPH 2004). Mopsfledermäuse gelten im Winterquartier als kältetolerant und man findet die Tiere häufig bereits im Eingangsbereich der Quartiere (DIETZ et al. 2007). SCHOBER (2001) gibt eine hohe Treue zu den Winterquartieren an.

Weltweit ist die Mopsfledermaus auf der Vorwarnliste gefährdeter Arten (near threatend), der Populationstrend ist fallend (HUTSON et al. 2008). In Deutschland ist die Mopsfledermaus „stark gefährdet“ (HAUPT et al. 2008) wobei Untersuchungen aus Bayern auf eine mögliche Verbesserung ihrer Situation in jüngster Zeit hindeutet (RUDOLPH 2004). Hierbei ist zu beachten, dass in Deutschland ca. 15% des bekannten Weltbestands vorkommen (MEINING 2004). Deutschland ist damit „im besonderen Maße verantwortlich“ für den Erhalt der Art. Winterquartiere mit mehreren hundert Tieren sind nur aus Bayern, Böhmen, Polen und der Slowakei bekannt (HUTSON et al. 1999). Trotz ihrer weiten Verbreitung gehört die Mopsfledermaus zu den seltensten Arten Europas. Sie ist im Anhang 2 der FFH-Richtlinie aufgeführt. In den meisten Ländern wurde ein Rückgang der Populationen beobachtet (HUTSON et al. 1999).

PEM-Optionen

Plastizität

Die Mopsfledermaus zeichnet sich bei der Wahl ihrer Tagesquartiere als recht flexibel aus, allerdings benötigt sie im Sommer Spaltquartiere. Künstliche Hangplätze wie Fledermauskästen, Fensterläden, Verschalungen an Häusern etc. werden von Mopsfledermäusen als Sommertagesquartiere und auch als Wochenstubenquartiere angenommen. Auch als Winterquartiere kommt eine Vielzahl unterirdischer wie auch oberirdischer Anlagen (z.B. tiefe Mauerspalten) in Frage. Bei den Jagdhabitaten spielt weniger die Baumartenzusammensetzung von Wäldern, als die Strukturvielfalt z.B. bezüglich der Saumbereiche und der verschiedenen Altersklassen der Bäume die maßgebende Rolle (DIETZ et al. 2007).

Evolution

Es sind keine Arbeiten zur genetischen Diversität aus Deutschland bekannt. Genetische Untersuchungen an portugiesischen Populationen zeigen keinen Verlust der genetischen Integrität, obwohl die Lebensräume der Art stark fragmentiert sind. (REBELO et al. 2012). JUSTE et al. (2003) fanden zudem kaum genetische Unterschiede zwischen spanischen und marokkanischen Populationen. Bisher wurde nur eine Unterart der Mopsfledermaus (*B. b. guanchae*), ein Endemit der Kanarischen Inseln, beschrieben (TRUJILL et al. 2002). Verwandte Arten, *B. leucomelas* und *B. darjelingensis* kommen in Europa nicht vor. Es besteht daher keine Gefahr der genetischen Integrität durch einwandernde Arten und einer anschließenden Hybridisierung.

Mobilität

Da es sich bei der Mopsfledermaus um eine kältetolerante Art handelt, ist mit einer nördlichen Verschiebung ihrer Verbreitungsgrenze durch steigende Temperaturen als Folge des Klimawandels zu rechnen. Tatsächlich nimmt ihre Anzahl in Überwinterungsquartieren in Osteuropa, z.B. Polen (LESINSKI & FUSZARA 2005) und Litauen (BARANAUSKAS 2001) zu. Erste Modellrechnungen über die mögliche Verbreitung von Fledermäusen als Folge des Klimawandels mit verschiedenen IPCC-Prognosen weisen allerdings auf einen erheblichen Lebensraumverlust der Art in Süd- und Mitteleuropa hin (REBELO et al. 2010). Die Art gilt innerhalb der einheimischen Fledermäuse als vergleichsweise ortstreu (SCHOBER 2001). Auch wenn in einem Fall eine Wanderung von bis zu 290 km berichtet wurde (KEPKA 1960), zeigen Daten von über 15.000 beringten Tieren nur vier weitere Fälle von Wanderungen über 100 km (Dietz et al. 2007).

Zusammenfassung und Schutzempfehlung

Die Mopsfledermaus ist in Deutschland durch den Klimawandel wahrscheinlich derzeit nicht unmittelbar direkt bedroht. Allerdings gilt sie insgesamt als eine der durch den Klimawandel am stärksten bedrohten Fledermausarten in Europa wobei vor allem indirekte Faktoren wie Mortalität an Windkraftanlagen und Habitatverlust in Folge des Klimawandels eine große Rolle spielen (SHERWIN et al. 2013). So ist ein Rückgang der Art durch den Verlust von Quartieren in Folge der modernen Forstwirtschaft möglich. Durch den stärker werdenden Nutzungsdruck auf Wälder (z.B. durch Gewinnung von „Energie"-Holz", SHERWIN et al. 2013) ist mit einem Rückgang an stehendem Totholz zu rechnen. Damit dürfte sich die Quartiersituation für die Mopsfledermaus als indirekte Folge des Klimawandels verschlechtern. Weite Wanderungen (< 100 km) wurden nur selten beobachtet, so dass das Migrationspotential im Vergleich zu anderen Fledermausarten als eher niedrig eingestuft werden sollte. Als Hauptgrund für den Rückgang der Art und ihrer geringen Populationsdichte in Deutschland wird neben dem Verlust des Lebensraumes auch massiver Pestizideinsatze in der Vergangenheit angenommen, wodurch die Nahrung (Schmetterlinge) zurückgegangen ist (Dietz et al 2007). Da die Mopsfledermaus auf Schmetterlinge als Nahrung spezialisiert ist, ist ein weiterer indirekter Einfluss durch den Klimawandel auf die Habitatqualität möglich falls die Nahrungsverfügbarkeit in Folge des Klimawandels sich verschlechtern sollte. Dort wo die Mopsfledermaus vorkommt, sollte der potentielle Einfluss des Klimawandels auf die Nachtschmetterling-Verfügbarkeit untersucht werden, um festzustellen, ob die Nahrungshabitate der Mopsfledermaus an Qualität verlieren. Darüber hinaus sollten Untersuchungen zur genetischen Situation der Mopsfledermaus-Populationen in Deutschland erfolgen, um das Evolutions-Potential der Art besser abschätzen zu können.

Primäres Ziel sollte der Erhalt naturnaher, reich strukturierter Wälder mit einem hohen Anteil an stehendem Totholz sein. Hier ist mit Konflikten durch die verstärkte Gewinnung von „Energie“-Holz zu rechnen (einer indirekten Folge des Klimawandels). Sofern möglich, sollten auch im urbanen Bereich bekannte Quartiere erhalten werden. Außerdem muss dafür Sorge getragen werden, dass sich der Zustand der Winterquartiere nicht verschlechtert.

Anschrift der Autoren:

Dipl. Laök. T. Fleischer, Dipl. Biol. M. Melber, Prof. Dr. G. Kerth, Angewandte Zoologie und Naturschutz, Zoologisches Institut und Museum, Universität Greifswald, Johann-Sebastian-Bach-Str. 11/12, 17487 Greifswald

Literatur

BARANAUSKAS, K. (2001): Hibernation of Barbastelle (*Barbastella barbastellus*) in Šeškinė Bunkers in Vilnius (Lithuania). A possible bat population response to climate change. – Acta Zoologica Lituanica 11 (1): 15-19.

DIETZ, C., VON HELVERSEN, O. & NILL, D. (2007): Die Fledermäuse Europas und Nordwestafrikas. Biologie, Kennzeichen, Gefährdung. – Stuttgart (Kosmos), 399 S.

HAUPT, H., LUDWIG, G., GRUTTKE, H., BINOT-HAFKE, M., OTTO, C. & PAULY, A., (2008): Rote Liste gefährdeter Tiere, Pflanzen und Pilze Deutschlands. Band 1: Wirbeltiere. – Naturschutz und Biologische Vielfalt 70 (1), 386 S.

HUTSON, A.M., SPITZENBERGER, F. & AULAGNIER, S. (2008): *Barbastella barbastellus*. – In: IUCN (2013): IUCN Red List of Threatened Species. Version 2013.1. – URL: http://www.iucnredlist.org (gesehen am 04.07.2013).

JUSTE J., IBANEZ C., TRUJILLO D., MUNOZ J. & RUEDI M. (2003): Phylogeography of Barbastelle bats (*Barbastella barbastellus*) in the western Mediterranean and the Canary Islands. – Acta Chiropterologica 5 (2): 165-175.

KEPKA, O. (1960): Die Ergebnisse der Fledermausberingung in der Steinmark vom Jahr 1949-1960. – Bonner Zoologischer Beiträge 11, Sonderheft: 54-76.

LESINSKI, G. & FUSZARA, E. (2005): Long-term changes in the numbers of the barbastelle *Barbastella barbastellus* in Poland. – Folia Zoologica 54 (4): 351-358.

REBELO, H., FROUFE, E., FERRAND, N. & JONES, G. (2012): Integrating molecular ecology and predictive modelling: implications for the conservation of the barbastelle bat (*Barbastella barbastellus*) in Portugal. – European Journal of Wildlife Research 58 (4): 721-732.

RUDOLPH, B.U. (2004): Mopsfledermaus *Barbastella barbastellus*. – In: MESCHEDE, A. & RUDOLPH, B.U. (Hrsg.): Fledermäuse in Bayern. – Stuttgart (Ulmer): 340-355.

RYDELL, J. & BOGDANOWICZ, W. (1997): Mammalian Species: *Barbastella barbastellus*. – The American Society of Mammalogists 557: 1-8.

SHERWIN H.A., MONTGOMERY W.I. & LUNDY M.G. (2013), The impact and implications of climate change for bats. – Mammal Review 43: 171-182.

SCHOBER, W. (2004): *Barbastella barbastellus* (SCHREBER, 1774) - Mopsfledermaus. – In: NIETHAMMER, J. & KRAPP, F. (Hrsg.): Handbuch der Säugetiere Europas, Bd.4/1, Fledertiere: 4/II. – Wiebelsheim (Aula): 1071-1091.

TRUJILLO, D., IBAÑEZ, C. & JUSTE, J. (2002): A new subspecies of *Barbastella barbastellus* (Mammalia:Chiroptera: Vespertilionidae) from the Canary Islands. – Revue Suisse de Zoologie 109 (3): 543-550.

URBAŃCZYK, Z. (1999): *Barbastella barbastellus* (SCHREBER, 1774). – In: MITCHELL-JONES, A.J., BOGDANOWICZ, W., KRYSTUFEK, B., REIJNDERS, P.J.H., SPITZENBERGER, F., STUBBE, M., THISSEN, J.B.M., VOHRALIK, V. & ZIMA, J. (Eds.): The Atlas of European Mammals. – London (Academic Press): 146-147.

Bechsteinfledermaus *Myotis bechsteinii* KUHL 1817

TONI FLEISCHER und GERALD KERTH

Biologie der Art

Die Bechsteinfledermaus gehört zu den Glattnasen-Fledermäusen (Vespertilionidae). Sie ist eine mittelgroße Fledermausart mit einer Unterarmlänge von 39-45 mm (BAAGØE 2001). Im Sommerhalbjahr sind Bechsteinfledermäuse typische Laubwaldbewohner. Sie nutzen als Tagesquartiere Baumhöhlen, aber auch Fledermaus- und Vogelkästen. Die Art kommt europaweit vor, ist jedoch überall selten (SCHLAPP, 1990). Sie ist an naturnahe Laub- und Laubmischwälder mit einem hohen Baumhöhlenanteil gebunden, was eine mögliche Erklärung für das inselartige Vorkommen im Verbreitungsgebiet ist.

Die Weibchen bilden zwischen Ende April und Mitte September Wochenstubenkolonien, in denen sie ihre Jungen aufziehen. Die Männchen kehren nach der ersten Überwinterung nicht in die Geburtskolonie zurück, sondern leben solitär (KERTH et al. 2002a). Die Wochenstubenkolonien umfassen meist 10-50 adulte Weibchen mit ihren Jungtieren (KERTH et al. 2002a). Obwohl sich Kolonien häufig in mehrere Untergruppen aufspalten die regelmäßig wieder fusionieren („Fission-Fusion-Gesellschaften"), stellen die Kolonien stabile soziale Einheiten dar (KERTH et al. 2011, KERTH & VAN SCHAIK 2012). Die Weibchen bleiben ihrer jeweiligen Geburtskolonie in der Regel lebenslang treu, Dispersionsereignisse in fremde Kolonien sind extrem selten (KERTH & VAN SCHAIK 2012). Somit sind Wochenstubenkolonien demographisch voneinander isoliert. Im Spätsommer und Herbst erfolgt die Paarung an Schwarmquartieren (KERTH et al. 2003). An diesen meist unterirdisch gelegenen Orten (Höhlen, Keller und Minen) sammeln sich nachts Männchen und Weibchen aus vielen verschiedenen Kolonien, um sich zu verpaaren.

In den Winterquartieren (Stollen, Höhlen und Keller) werden Bechsteinfledermäuse nur in geringer Anzahl gefunden (z.B. ČERVENÝ & BÜRGER 1989, MESCHEDE & RUDOLPH 2004, DIETZ et al. 2007). Allerdings zeigen neuere Untersuchungen mit Lichtschranken, dass auch in Winterquartieren, in denen nur wenige Tiere sichtbar sind, mehrere hundert Bechsteinfledermäuse den Winter versteckt verbringen (KUGELSCHAFTER 2009). Die Winterquartiere werden in der Region Šumava (Tschechien) erst sehr spät, von Dezember bis Januar, aufgesucht (z.B. ČERVENÝ & BÜRGER 1989). In Deutschland hingegen finden sich die Tiere bereits in Oktober und November in den Winterquartieren ein (FRAUKE MEYER, pers. Mitt.). Im April endet die Winterschlafphase und die trächtigen Weibchen suchen ihre Sommerquartiere in den Wäldern auf und bilden Wochenstubenkolonien.

Die Jungen werden im Juni/Juli geboren (SCHLAPP 1990), wobei auf ein Weibchen jeweils maximal nur ein Junges pro Jahr kommt (BAAGØE 2001). Das dokumentierte

Höchstalter der Art liegt bei 21 Jahren (BAAGØE 2001, ČERVENÝ & BÜRGER 1989). Eigene Daten aus einem 16-jährigen Monitoring ergeben ein mittleres Alter von 4-6 Jahren (FLEISCHER et al., im Druck).

Verbreitung, Habitatansprüche und Populationsdichte

Die Bechsteinfledermaus ist in Europa und Vorderasien nachgewiesen. Im Norden gibt es Nachweise aus Südschweden und England, im Südwesten reicht sie bis in die Region von Lissabon und Gibraltar. Im Osten reicht die Verbreitung bis in an die türkisch-georgische Grenze sowie nach Azerbaijan und in den Nord-Iran (HUTSON et al. 2008).

Die natürlichen Sommerquartiere der Bechsteinfledermaus sind Specht- und Fäulnishöhlen. Baumhöhlen und als Kästen genutzte Quartiere werden fast täglich gewechselt und Kolonien nutzen 30-50 Tagesquartiere im Laufe eines Sommers (KERTH & KÖNIG 1999, KERTH & MELBER 2009). Daher werden höhlenreiche, naturnahe Laubwälder Wirtschafts- und Nadelwäldern als Habitat vorgezogen. Sommerquartiere in menschlichen Siedlungen, wie z.B. in Dachstühlen, sind eine sehr seltene Ausnahme (RUDOLPH et al. 2004, DIETZ et al. 2007). Bechsteinfledermäuse sind sehr gebietstreu; Nachweise für größere Wanderungen fehlen. Nur vereinzelt werden markierte Tiere mehrere Kilometer vom Beringungssort nachgewiesen (DIETZ et al. 2007).

Global ist die Art von der IUCN auf der Vorwarnliste (near threatened) eingestuft und im Anhang 2 der FFH-Richtlinie aufgeführt (HUTSON et al. 2008). In Deutschland gilt sie als stark gefährdet (HAUPT et al. 2008). Der Populationstrend wird sowohl global, also auch in Deutschland als fallend angegeben. Nach MEINING et al. (2004) machen die in Deutschland vorkommenden Populationen 23,7% des Weltbestands aus, weshalb Deutschland für den Erhalt der Art „im besonderen Maße" verantwortlich ist.

PEM-Optionen

Plastizität

Paläoökologische Untersuchungen (BLANT et al. 2010, STANIK & WOŁOSZYN 2011) zeigen, dass die Bechsteinfledermaus im Holozän sehr weit verbreitet war. Der derzeit bekannte rezente Verbreitungsschwerpunkt ist Mitteleuropa, doch scheint dies eher am Vorhandensein naturnaher Laubwälder als an klimatischen Faktoren zu liegen (NAPAL et al. 2010, NAPAL et al. 2013). In Bulgarien sind Bechsteinfledermausvorkommen sowohl in trockenen und heißen Regionen, wie auch in humiden Gebieten mit relativ kühlen Sommertemperaturen nachgewiesen (PETROV 2006). Dies spricht für ein eher hohes Anpassungspotential an sich ändernde Temperaturen und Niederschlagsregime als Folgen des Klimawandels. Die Bechsteinfledermaus ist zwar eine Waldfledermaus, allerdings können auch geeignete parkähnliche Landschaften mit angrenzenden landwirtschaftlichen Flächen von ihr genutzt werden (ČERVENÝ & BÜRGER 1989). Unklar ist, ob die Tiere gelegentlich Baumhöhlen als Winterquartiere benutzen (DIETZ et al. 2007).

Derzeit spricht alles darauf hin, dass Bechsteinfledermäuse zum Überwintern überwiegend unterirdische Anlagen nutzen (KUGELSCHAFTER 2009). Obwohl die Art künstliche Sommerquartiere annimmt, ist sie auf naturnahe Laubwälder mit Bäumen verschiedener Altersklassen und einem hohen Baumhöhlenanteil angewiesen, da je nach Umgebungstemperatur Baumhöhlen oder Kästen bevorzugt werden (KERTH et al. 2001).

Evolution

Für die britische Populationen zeigen DURRANT et al. (2008), dass die dortigen Bechsteinfledermäuse eine geringe genetische Diversität aufweisen. Für Deutschland zeigen Arbeiten von KERTH et al. (2002, 2003) jedoch eine hohe genetische Diversität. Gleiches gilt für Südosteuropa (KERTH et al. 2008). Angaben zur genetischen Diversität der Art aus anderen Regionen fehlen bisher. Es sind bisher keine Unterarten der Bechsteinfledermaus beschrieben. Allerdings unterscheiden sich die im Kaukasus und in der Türkei vorkommenden Bechsteinfledermäuse genetisch deutlich von den Populationen in Europa (KERTH et al. 2008). Hybridisierungen mit anderen *Myotis*-Arten sind nicht bekannt.

Mobilität

Die hohe Treue der Weibchen zur Geburtskolonie (KERTH & VAN SCHAIK 2012) sowie die vergleichsweise geringen Dispersionsdistanzen (DIETZ et al. 2007) schränken die Ausbreitungsmöglichkeit der Bechsteinfledermaus stark ein. So beträgt die bisher höchste, nachgewiesene zurückgelegte Distanz nur 73 km (DIETZ et al 2007).

Zusammenfassung und Schutzempfehlung

Unsere eigene Studien (FLEISCHER et al., im Druck) ergaben Hinweise darauf, dass erhöhte Sommertemperaturen zu größeren Körpergrößen und als Folge zu einer geringen Fitness bei weiblichen Bechsteinfledermäusen führen. Damit ergaben sich hinweise auf direkte negative Folgen des Klimawandels bei der Bechsteinfledermaus. Zudem gilt die Art insgesamt als eine der am stärksten durch den Klimawandel bedrohten Fledermausarten in Europa (SHERWIN et al. 2013). Da hierbei insbesondere der Lebensraumverlust eine wichtige Rolle spielt (Stichwort „Energieholz“) hat der Erhalt strukturreicher Laubwälder mit verschiedenen Altersklassen höchste Priorität zum Schutz der insgesamt in Deutschland stark gefährdeten Bechsteinfledermaus. Während des Sommerhalbjahres ist die Quartierwahl von Bechsteinfledermäusen temperaturabhängig. So werden an kühlen Tagen mit geringen Insektenflug kühlere Quartiere aufgesucht, um in den energiesparenden Torpor-Zustand wechseln zu können (KERTH et al. 2001, GRÜNBERGER 2012). Baumhöhlen zeigen je nach Standort große Unterschiede bezüglich Temperatur und Luftfeuchte (CLEMENT & CASTLEBERRY 2013), so dass nicht nur die Anzahl, sondern auch die Diversität verschiedener Baumhöhlen-Typen, wie unterschiedliche Höhe, Breite und Tiefe, zu erhalten und zu fördern ist. Auch dies erfordert einen Schutz strukturreicher Laubwälder.

Arbeiten zur genetischen Diversität und damit zum Evolutionspotential kommen aus Südengland, Deutschland und dem Balkan. Während die englischen Populationen eine geringe genetische Diversität aufweist, ist für Deutschland und Bulgarien eine hohe genetische Diversität nachgewiesen (KERTH et al. 2008). Dies unterstreicht die Verantwortung Deutschlands für den Schutz der Art.

Derzeit wird untersucht, ob und in wie die beobachtete Zunahme der Körpergröße direkt vom Klimawandel ausgelöst wird (FLEISCHER et al., im Druck). Bisherige Auswertungen eines 16-jährgen Langzeitmonitorings der Bechsteinfledermaus in Wäldern bei Würzburg, Nordbayern, zeigen, dass die Tiere in den letzten Jahren an Körpergröße zunahmen und gleichzeitig große Weibchen schlechtere Überlebenschancen und damit eine niedrigere Fitness hatten (FLEISCHER et al., im Druck). Zum gegenwärtigen Zeitpunkt kann noch kein kausaler Zusammenhang mit dem Klimawandel nachgewiesen werden. Allerdings ergeben unsere Daten Hinweise, dass warme Temperaturen zu größeren Tieren führen, welche dann einen geringeren Lebensfortpflanzungserfolg haben. Der Zusammenhang zwischen Temperaturen und Niederschlag, Insektenverfügbarkeit, Fortpflanzungserfolg und Überleben der Bechsteinfledermaus bedarf unbedingt weiterer Untersuchungen.

Anschrift der Autoren:

Dipl. Laök. T. Fleischer, Prof. Dr. G. Kerth, Angewandte Zoologie und Naturschutz, Zoologisches Institut und Museum, Universität Greifswald, Johann-Sebastian-Bach-Str. 11/12, 17487 Greifswald

Literatur

BAAGØE, H.J. (2001): *Myotis bechsteinii* (KUHL, 1818) - Bechsteinfledermaus. – In: NIETHAMMER, J. & KRAPP, F. (Hrsg.): Handbuch der Säugetiere Europas, Bd.4/1, Fledertiere: 4/I. – Wiebelsheim (Aula): 443-471.

BLANT, M., MORETTE, M. & TINNER, W. (2010): Effect of climatic and palaeoenvironmental changes on the occurrence of Holocene bats in the Swiss Alps. – The Holocene 20 (5): 711-721.

ČERVENÝ, J. & BÜRGER, P. (1989): Bechstein's bat, *Myotis bechsteini* (KUHL, 1818), in the Šumava Region. – In: HANÁK, V., HORÂĈEK, I. & GAISLER, J. (Eds.): European Bat Research 1987. – Praha (Charles University Press): 591-589.

CLEMENT, M.J. & CASTLEBERRY, S.B. (2013): Tree structure and cavity microclimate: implications for bats and birds. – International Journal of Biometeorology 57 (3): 437-50.

DIETZ, C., HELVERSEN, O. von & NILL, D. (2007): Die Fledermäuse Europas und Nordwestafrikas. Biologie, Kennzeichen, Gefährdung. – Stuttgart (Kosmos), 399 S.

DURRANT, C.J., BEEBEE, T.J.C., GREENAWAY, F. & HILL, D.A. (2008): Evidence of recent population bottlenecks and inbreeding in British populations of Bechstein's bat, *Myotis bechsteinii*. – Conservation Genetics 10 (2): 489-496.

GRÜNBERGER, S. (2012): Temperaturabhängige Quartierwahl der Bechsteinfledermaus (*Myotis bechsteinii*). – Würzburg (Julius-Maximilians-Universität Würzburg, Bachelorarbeit), 26 S.

HAUPT, H., LUDWIG, G., GRUTTKE, H., BINOT-HAFKE, M., OTTO, C. & PAULY, A. (2008): Rote Liste gefährdeter Tiere, Pflanzen und Pilze Deutschlands. Band 1: Wirbeltiere – Naturschutz und Biologische Vielfalt 70 (1), 386 S.

HUTSON, A.M., SPITZENBERGER, F., TSYTSULINA, K., AULAGNIER, S., JUSTE, J., KARATŞ, A., PALMEIRIM, J. & PAUNOVIĆ, M. (2008): *Myotis bechsteinii*. –In: IUCN (2013): IUCN Red List of Threatened Species. Version 2013.1. – URL: http://www.iucnredlist.org (gesehen am 04.07. 2013).

KERTH, G. & KÖNIG, B. (1999): Fission, fusion and nonrandom associations in female Bechstein's bats (*Myotis bechsteinii*). – Behaviour 136: 1187-1202

KERTH, G., WEISSMANN, K. & KÖNIG, B. (2001): Day roost selection in female Bechstein's bats (*Myotis bechsteinii*): a field experiment to determine the influence of roost temperature. – Oecologia 126: 1-9.

KERTH, G, MAYER, F. & PETIT, E. (2002): Extreme sex-biased dispersal in the communally breeding, nonmigratory Bechstein's bat (*Myotis bechsteinii*). – Molecular Ecology 11 (8): 1491-1498.

KERTH, G., KIEFER, A., TRAPPMANN, C. & WEISHAAR, M. (2003): High gene diversity at swarming sites suggest hot spots for gene flow in the endangered Bechstein's bat. – Conservation Genetics 4: 491-499.

KERTH, G., PETROV, B., CONTI, A., ANASTASOV, D., WEISHAAR, M., GAZARYAN, S., JAQUIÉRY, J., KÖNIG, B., PERRIN, N. & BRUYNDONCKX, N. (2008): Communally breeding Bechstein's bats have a stable social system that is independent from the postglacial history and location of the populations. – Molecular Ecology 17 (10): 2368-2381.

KERTH, G. & MELBER, M. (2009): Species-specific barrier effects of a motorway on the habitat use of two threatened bat species. – Biological Conservation 142: 270-279

KERTH, G., PERONY, N. & SCHWEITZER, F. (2011): Bats are able to maintain long-term social relationships despite the high fission-fusion dynamics of their groups. – Proceedings of the Royal Society B 278: 2761-2767.

KERTH, G. & VAN SCHAIK, J. (2012) Causes and consequences of living in closed societies: lessons from a long-term socio-genetic study on Bechstein's bats. – Molecular Ecology 21: 633-646.

KUGELSCHAFTER, K. (2009): Qualitative und quantitative Erfassung der Fledermäuse, die zwischen Februar und Mai 2009 aus ihren Winterquartieren „Bierkeller bei Bad Kissingen", Moggasterhöhle" bei Moggast, „Geißloch"bei Viehhofen und „Windloch" bei Alfeld ausfliegen. – Bericht i.A. des Bayrischen Landesamts für Umwelt.

MEINING, H. (2004). Einschätzung der weltweiten Verantwortlichkeit Deutschlands für die Erhaltung von Säugetierarten. Ermittlung der Verantwortlichkeit für die Erhaltung mitteleuropäischer Arten. – Bonn, 121 S.

NAPAL, M., GARIN, I. & GOITI, U. (2010): Habitat selection by *Myotis bechsteinii* in the southwestern Iberian Peninsula. – Annales Zoologici Fennici 2450: 239-250.

NAPAL, M., GARIN, I., GOITI, U., SALSAMENDI, E. & AIHARTZA, J. (2013): Past deforestation of Mediterranean Europe explains the present distribution of the strict forest dweller *Myotis bechsteinii*. – Forest Ecology and Management 293: 161-170.

PETROV, B. (2006): Distribution and status of *Myotis bechsteinii* in Bulgaria (Chiroptera: Vespertilionidae). – Lynx n.s., Praha 195: 179-195.

SHERWIN, H.A., MONTGOMERY, W.I. & LUNDY, M.G. (2013): The impact and implications of climate change for bats. – Mammal Review 43:171-182.

SCHLAPP, G. (1990): Populationsdichte und Habitatansprüche der Bechsteinfledermaus *Myotis bechsteinii* (KUHL, 1818) im Steigerwald (Forstamt Ebrach). – Myotis 28: 39-58.

STANIK, K. & WOŁOSZYN, B. (2011): Microevolution of Bechstein's Bat *Myotis bechsteinii* (KUHL, 1817) (Mammalia: Chiroptera) in the Holocene of Southern Poland. – Travaux du Muséum National d'Histoire Naturelle "Grigore Antipa" 54 (1): 243-262.

Alpensteinbock *Capra ibex ibex* LINNEAUS 1758

TONI FLEISCHER und GERALD KERTH

Biologie der Art

Alpensteinböcke sind tagaktiv und ernähren sich überwiegend von Gras- und krautiger Vegetation. Es finden saisonale wie auch tägliche Wanderungen in den Höhenstufen zwischen 1.600 m und 3.200 m statt. In den Sommermonaten ist die Tagesaktivität meist zwei- bis dreigipfelig. In den Morgenstunden verlassen die Tiere ihre Liegeplätze und wandern in tiefere Lagen zur Nahrungsaufnahme. Jüngere Tiere fressen auch zur Mittagszeit, während ältere und schwerere Tiere zu dieser Zeit meist ruhen (AUBLET et al. 2009). In den Wintermonaten werden tiefere Lagen dauerhaft aufgesucht. Dort verbringen die Tiere die meiste Zeit des Tages mit Fressen oder Paarungsverhalten. Die Paarungen finden von Dezember bis Anfang Januar statt, die Geburten erfolgen im Juni. Die Weibchen gebären im Mittel das erste Mal mit vier Jahren, unter günstigen Bedingungen bereits mit drei und bei hohen Dichten erst mit fünf Jahren (NIEVERGELT & ZINGG 1986). Es wird meist ein Kitz pro Jahr geboren, Zwillingsgeburten sind im Freiland eine Ausnahme. Das Körperwachstum ist bei Männchen mit etwa 8, bei den Weibchen mit 5 Jahren abgeschlossen. Im Mittel werden Steinböcke 9-10 Jahre alt. Nur sehr wenige Tiere werden 17 Jahre und älter, wobei die Weibchen im Mittel älter als die Männchen werden (NIEVERGELT & ZINGG 1986).

Während der Fortpflanzungsperiode im Winter bilden sich gemischte Verbände. Im Sommer hingegen bilden sich getrennte Gruppen aus meist gleichaltrigen Böcken einerseits sowie aus Geißen mit Jungtieren andererseits. Die Gruppengröße liegt meist zwischen 2-30 Tieren, wobei sehr große Gruppen von mehr als 50 Tieren nur als Bockverbände beobachtet wurden. Die Tiere sind nicht territorial, jedoch gibt es während der Fortpflanzungsperiode altersbedingte Rangkämpfe bei denen jüngere und schwächere Männchen ranghöheren Tieren ausweichen.

Verbreitung, Habitatansprüche und Populationsdichte

Die natürliche Verbreitung des Alpensteinbocks erstreckt sich über den Alpenraum Frankreichs, Österreichs, der Schweiz, Deutschlands und Norditaliens. In Slowenien und Bulgarien wurde er eingeführt (AULAGNIER et al. 2008).

Der Lebensraum ist gekennzeichnet durch steile, felsige Hänge, in der Regel ab 1.600 m. Unterhalb der Baumgrenze sind Alpensteinböcke nur an offenen, gut besonnte Stellen zu finden. Niederschlagsreiche Gebiete sind nur dünn besiedelt. Die höchsten Dichten sind in trockenen Räumen anzutreffen, wobei Niederschlag und Gehörnzuwachs negativ miteinander korreliert sind (NIEVERGELT & ZINGG 1986, GIACOMETTI et al. 2002). Südexponierte Lagen werden als Ruheplätze und zur Nahrungsaufnahme bevorzugt (NIEVERGELT & ZINGG 1986).

In den Wintermonaten werden steile Hänge vermehrt aufgesucht, da sich hier Schnee schlechter absetzt und so Nahrung besser frei gescharrt werden kann. Im Frühjahr werden die niedrigsten Lagen aufgesucht. Von Spätsommer bis Winter folgt eine Wanderung in den höheren Lagen. Das wichtigste Nahrungshabitat sind Heideflächen, gefolgt von Felsvorsprüngen und Schluchten mit gras- und krautartiger Vegetation auf Silikat- und Kalkböden. Wälder und landwirtschaftlich genutzte Flächen werden hingegen nur bei Nahrungsknappheit im Frühjahr aufgesucht (GRIGNOLIO et al. 2003).

Die Gesamtpopulation des Alpensteinbocks wird im Alpenraum auf 30.000 Tiere geschätzt; ca. 300 davon in Deutschland (PEDROTTI & LOVARI 1999). Global ist der Steinbock von der IUCN als ungefährdet (least concern) eingestuft. Der Populationstrend ist steigend (AULAGNIER et al. 2008). In Deutschland hingegen ist der Steinbock als selten „R" mit dem Zusatz „es", extrem selten eingestuft (HAUPT et al. 2009).

PEM-Optionen

Plastizität

In der Arbeit von AUBLET et al. (2009) wird beschrieben, dass ältere und größere Steinböcke an sehr heißen Tagen weniger Zeit mit der Nahrungsaufnahme verbringen als kleinere und jüngere Tiere. Die Autoren interpretieren dies als ein Anzeichen dafür, dass junge Tiere gezwungen sind auch unter ungünstigen Bedingungen zu fressen um ihren Energiebedarf zu decken, während schwerere Tiere zur selben Zeit ruhen können da sie einen geringeren Energiebedarf haben.

Die Jungen werden in den ersten Juni-Wochen geboren, zu einer Zeit des größten Pflanzenzuwachses. Auf diese Weise wird eine qualitativ hochwertige Ernährung gewährleistet. Eine klimatisch bedingte, früher einsetzende Vegetationsperiode verringert die Zeit des Nahrungs-Optimums, was sich negativ auf das Wachstum der Jungtiere auswirken könnte (PETTORELLI et al. 2007). Reaktionen auf früher einsetzende Vegetationsperioden wie frühere Zeitpunkte von Geburten, wie es z.B. bei Soayschafen (*Ovis aries*; St. Kilda, Schottland) nachgewiesen wurde, konnten bislang bei Alpensteinböcken nicht beobachtet werden (OZGUL et al. 2009).

Bisher wurden noch keine Veränderungen im Verhalten von Alpensteinböcken als Reaktionen auf dem Klimawandel beobachtet, was auf eine geringe Plastizität oder eine hohe Resilienz der Art schließen lässt. Eine negative Auswirkung auf das Überleben und den Fortpflanzungserfolg wurde noch nicht beobachtet.

Evolution

Die Population des Alpensteinbocks wurde bis ins 19. Jahrhundert sehr stark dezimiert. Einzig die Population des Grand Paradiso in Italien überlebte. Nach Zuchtprogrammen folgten Wiedereinführungen der Tiere in verschiedenen Regionen der Alpen. Nahezu alle Populationen stammen aus Tieren dieser Zuchtpopulation und gehören derselben Unterart *C. ibex ibex*, an. Abweichungen in der Morphologie zwischen verschiedenen Populationen wurden als Folge von Gründereffekten beschrieben (NIEVERGELT & ZINGG 1986).

Der Alpensteinbock kommt heute wieder im gesamten ursprünglichen Verbreitungsgebiet und auch darüber hinaus vor. Jedoch lassen sich Gründer-Effekte und Flaschenhals-Ereignisse in der sehr geringen genetischen Variation auf Populationsebene nachweisen. So hat eine Untersuchung an 42 schweizerischen Populationen gezeigt, dass die genetische Variabilität innerhalb der angesiedelten Populationen noch immer geringer ist als die der Gründerpopulation im Grand Paradiso (BIEBACH & KELLER 2009). Für die in Deutschland lebenden Populationen liegen keine Daten vor, allerdings ist von einem ähnlichen Bild auszugehen. Nach dem Vorsorgeprinzip sollte eine geringe genetische Variabilität als ein vermindertes Anpassungspotential an sich ändernde Umweltbedingungen bewertet werden, solange noch unklar ist, wie plastisch die Art auf Umweltänderungen reagieren kann.

Die Aufgabe von landwirtschaftlich genutzten Flächen führt zu günstigen Bedingungen für Gehölze, so dass ehemalige Weide- und Anbauflächen zunehmend bewachsen werden (z.B. von *Picea abies*). Die Bewaldung ehemaliger Almen wird zusätzlich durch steigende Temperaturen sowie durch Nährstoffeinträge während der Nutzung in der Vergangenheit begünstigt (BOLLI et al. 2007).

Um eine Verschiebung der Baumgrenze in höheren Lagen entgegen zu wirken, muss die Landschaft offen gehalten werden. Der Einsatz schwerer Maschinen ist im Alpenraum stark limitiert, so dass sich z.B. eine Beweidung mit Schafen und Ziegen als naturschutzfachliche Maßnahme anbietet. Dies ist jedoch nur dann möglich, wenn Hybride mit Ziegen die genetische Integrität der Steinbockpopulationen nicht gefährden. Zusätzlich ist das Risiko von Krankheitsübertragungen in beide Richtungen, von Haustieren auf Steinböcken und Steinböcken auf Haustiere, so gering wie möglich zu halten.

Hybridisierung von Steinböcken mit Hausziegen ist ein bekanntes Phänomen. Hybride beider Geschlechter sind fertil und lassen sich morphologisch gut ansprechen. Im Mittel sind Hybride ca. 10% größer als genetisch reine Steinböcke. Zudem treten untypische Fellmuster auf. Die Hybrid-Männchen zeigen ein schnelleres Wachstum und sind daher deutlich größer und schwerer als Steinböcke der gleichen Altersklasse. Die F1-Generation zeichnet sich durch größere und längere Hörner aus, was auch noch in der F2-Generation der Fall ist, wenn auch weniger stark ausgeprägt. Körpergröße und die Länge der Hörner bestimmen die Rangordnung in den Verbänden der Männchen. In der Fortpflanzungsperiode dominieren somit die Hybrid-Männchen und erhöhen so ihren Fortpflanzungserfolg (GIACOMETTI et al. 2004).

Hybride gebären deutlich früher, bereits im Februar/März. Da dies noch vor Beginn der Vegetationsperiode ist, können die Jungtiere nur in sehr milden Wintern oder in Regionen mit sehr günstigem Mikroklima überleben. Aus diesem Grund sind Meldungen von Hybriden bisher nur selten. Die mit dem Klimawandel einhergehende verschobene Vegetationsperiode würde allerdings günstigere Bedingungen für Nachkommen von Hausziegen und Steinböcken sowie von Hybriden schaffen, die dann höhere Chancen haben das Frühjahr zu überleben (GIACOMETTI et al. 2004).

Arbeiten von MARREROS et al. (2011) an schweizerischen Populationen zeigen, dass Krankheiten und Parasiten keine wichtige Rolle bei den Populationsschwankungen lokaler Steinbockvorkommen der letzten Jahre spielten. Hierbei ist jedoch zu beachten, dass die Populationen in Deutschland wesentlich kleinere Bestände aufweisen und hier Krankheiten eine deutlich stärkere Auswirkung haben könnten als in größeren Populationen in der Schweiz. FERROGLIO et al. (2006) zeigen für Brucellen (*Brucella melitensis*), dass die Gefahr der Übertragung von Krankheitserregern von Wildtieren auf Haustieren sehr gering ist.

TARDY et al. (2012) hingegen haben erstmals in toten Steinböcken und Wildschafen während eines starken Populationseinbruches in den französischen Alpen einen Vertreter von *Mycoplasma agalactiae* nachgewiesen. Dieses parasitäre Bakterium befällt sonst nur Hausschafe und Hausziegen und führt zu Entzündungen des Euters sowie des Bindegewebes. Untypisch ist neben der Wirtsart, dass *M. agalactiae* in den Lungen der Steinböcke gefunden wurde, wo sie bei Hausschafen und Hausziegen nur sehr selten auftreten. Die Tiere zeigten Verletzungen des Lungengewebes, wobei unklar ist, ob diese direkt durch *M. agalactiae* oder als Folge von Sekundärinfektionen verursacht wurden. Die Pathogenität der neuen *M. agalactiae* Varianten in Wildpopulationen ist bisher unbekannt.

Mobilität

Generell sind Alpensteinböcke hoch mobil, so dass neue Nahrungshabitate aktiv großräumig gesucht und besiedelt werden können. Alpensteinböcke sind nicht territorial und zeigen allgemein keine Aggression gegenüber gruppenfremden Tieren, so dass sich bei Aufgabe eines Nahrungshabitats abwandernde Tiere wahrscheinlich neuen Gruppen anschließen können. Bei Verlust von geeigneten Habitaten durch die Verschiebung der Baumgrenze als Folge des Klimawandels ist ein Ausweichen nur in höhere Lagen und Gebiete geeigneter Topografie (z.B. bevorzugt südexponiert, niederschlagsarm, offen) möglich. Trotz des guten Ausbreitungspotenzials ist es eher unwahrscheinlich, dass die Tiere Täler durchwandern können, um neue Bergregionen zu erreichen, da bewaldete Gebiete gemieden werden. Als Folge des Klimawandels ist daher zu erwarten, dass lokale Vorkommen verschwinden, falls ein Ausweichen in höhere Lagen nicht möglich ist.

Zusammenfassung und Schutzempfehlung

Die Literaturrecherche ergab für den Alpensteinbock kein eindeutiges Gefährdungspotential durch die Folgen des Klimawandels. Bisherige Arbeiten zum Einfluss des Klimawandels auf die Population des Alpensteinbocks (GRØTAN et al. 2007) kommen zum Ergebnis, dass die hohe topologische Heterogenität des Lebensraums „Alpen" keine allgemeinen Prognosen zulässt. Dies bedeutet, dass die Vorkommen in Deutschland individuell bewertet werden müssen. Die hohe Mobilität der Tiere, das Fehlen von festen Revieren und auch die Heterogenität des Lebensraums machen jedoch eine generelle Gefährdung in näherer Zukunft eher unwahrscheinlich.

Um das langfristige Überleben der Art zu sichern, sollten Nahrungshabitate, insbesondere Heideflächen, im Alpenraum erhalten werden. Offene Landschaften sind zu fördern, wenn nötig durch aktive Entbuschung. Eine intensive landwirtschaftliche Nutzung als Folge von günstigeren Bedingungen durch den Klimawandel sollte nicht in den oberen Höhenstufen erfolgen, da hierbei Habitate für Steinböcke verschwinden und langfristig die Ansiedlung von Gehölzen begünstigt wird (GEHRIG-FASEL 2007).

Hybride mit Hausziegen, die bisher nur selten beobachtet wurden, können unter den gegenwärtigen klimatischen Bedingungen nur unter sehr speziellen Voraussetzungen überleben (GIACOMETTI et al. 2004). Dies könnte unserer Meinung nach eine Beweidung mit Schafen und Ziegen als naturschutzfachliche Maßnahme ermöglichen, um der Verschiebung der Baumgrenze in die Höhenlagen aufgrund wärmerer klimatischer Bedingungen entgegen zu wirken. Zudem lassen sich Hybride nach bisherigen Beobachtungen morphologisch ansprechen (GIACOMETTI et al. 2004), können also notfalls aus dem Gebiet entnommen werden. Übertragungen von Krankheiten von Hausziegen und Schafen auf Steinböcke stellen derzeit wahrscheinlich ein geringes Risiko dar (MARREROS et al. 2011, FERROGLIO et al. 2006), auch wenn hierbei zu beachten ist, dass die Populationen in Deutschland deutlich kleiner sind als die untersuchten Populationen in den Schweizer Alpen. Die Populationen in Deutschland sollten zudem auf die neu beschriebenen *M. agalactiae*-Varianten untersucht werden, da unklar ist, ob es sich um ein auf die französischen Alpen beschränktes Phänomen handelt oder der Steinbock generell als ein Vektor für *M. agalactiae* in Frage kommt (TARDY et al. 2012).

Anschrift der Autoren:

Dipl. Laök. T. Fleischer, Prof. Dr. G. Kerth, Angewandte Zoologie und Naturschutz, Zoologisches Institut und Museum, Universität Greifswald, Johann-Sebastian-Bach-Str. 11/12, 17487 Greifswald

Literatur

AUBLET, J-F., FESTA-BIANCHET, M., BERGERO, D. & BASSANO, B. (2009): Temperature constraints on foraging behaviour of male Alpine ibex (*Capra ibex*) in summer. – Oecologia 159 (1): 237-47.

AULAGNIER, S., KRANZ, A., LOVARI, S., JDEIDI, T., MASSETI, M., NADER, I., DE SMET, K. & CUZIN, F. (2008): *Capra ibex*. – In: IUCN (2013): IUCN Red List of Threatened Species. Version 2013.1. – URL: http://www.iucnredlist.org (gesehen am 04.07. 2013).

BIEBACH, I. & KELLER, L.F. (2009): A strong genetic footprint of the re-introduction history of Alpine ibex (*Capra ibex ibex*). – Molecular Ecology 18 (24): 5046-5058.

BOLLI, J., RIGLING, A. & BUGMANN, H. (2007): The influence of changes in climate and land-use on regeneration dynamics of Norway spruce at the treeline in the Swiss Alps. – Silva Fennica 41 (1): 55-70.

FERROGLIO, E., GENNERO, M. S., PASINO, M., BERGAGNA, S., Dondo, A., Grattarola, C., Rondoletti, M. & Bassano, B. (2006): Cohabitation of a Brucella melitensis infected Alpine ibex (*Capra ibex*) with domestic small ruminants in an enclosure in Gran Paradiso National Park, in Western Italian Alps. – European Journal of Wildlife Research 53 (2): 158-160.

GEHRIG-FASEL, J. (2007): Tree line shifts in the Swiss Alps: Climate change or land abandonment? – Journal of Vegetation Science 18: 571-582.

GIACOMETTI, M., WILLING, R. & DEFILA, C. (2002): Ambient temperature in spring affects horn growth in male Alpine Ibexes. – Journal of Mammalogy 83 (1): 245-251.

GIACOMETTI, M., ROGANTI, R., TANN, D. & STAHLBERGER-SAITBEKOVA, N. (2004): Alpine ibex *Capra ibex ibex* x domestic goat *C. aegagrus domestica* hybrids in a restricted area of southern Switzerland. – Wildlife Biology 10 (2): 137-143.

GRIGNOLIO, S., PARRINI, F., BASSANO, B., LUCCARINI, S. & APOLLONI, M. (2003): Habitat selection in adult males of Alpine ibex, *Capra ibex ibex*. – Folia Zoologica 52 (2): 113-120.

GRØTAN, V., SAETHER, B-E., FILLI, F. & ENGEN, S. (2007): Effects of climate on population fluctuations of ibex. – Global Change Biology 14 (2): 218-228.

HAUPT, H., LUDWIG, G., GRUTTKE, H., BINOT-HAFKE, M. OTTO, C. & PAULY, A. (2008): Rote Liste gefährdeter Tiere, Pflanzen und Pilze Deutschlands. Band 1: Wirbeltiere. – Naturschutz und Biologische Vielfalt 70 (1), 386 S.

NIEVERGELT, Z. & ZINGG, R., (1986): *Capra ibex* Linnaeus, 1785 – Steinbock. – In: KRAPP, J. & NIETHAMMER, F. (Hrsg.): Handbuch der Säugetiere Europas. Band 2/II: Paarhufer - Artiodactyla (Suidae, Cervidae, Bovidae). – Wiesbaden (Aula): 384-404

MARRERos, N., HÜSSY, D. & ALBINI, S. (2011): Epizootiologic investigations of selected abortive agents in free-ranging Alpine ibex (*Capra ibex ibex*) in Switzerland. – Journal of Wildlife Diseases 47: 530-543.

OZGUL, A., TULJAPURKAR, S., BENTON, T. G., PAMBERTON, J.M., CLUTTON-BROCK, T.H. & COULSON, T., (2009): The dynamics of phenotypic change and the shrinking sheep of St. Kilda. – Science 325: 464-467.

PETTORELLI, N., PELLETIER, F., HARDENBERG, A. von, FESTA-BIANCHET, M. & CÔTÉ, S.D. (2007): Early onset of vegetation growth vs. rapid green-up: impacts on juvenile mountain ungulates. – Ecology 88 (2): 381-90.

SHACKLETON, D.M. (1997). Wild Sheep And Goats And Their Relatives: Status Survey And Conservation Action Plan For Caprinae. – In: SHACKLETON, D.M. (Hrsg.): Wild sheep and goats and their relatives. Status survey and conservation action plan for Caprinae. – Gland Cambridge (IUCN/SSC Caprinae Specialist Group): 99-104.

TARDY, F., BARANOWSKI, E., NOUVEL, L-X., MICK, V., MANSO-SILVÀN, L., THIAUCOURT, F., THÉBAULT, P., BRETON, M., SIRAND-PUGNET, P., GARNIER, A., GIBERT, P., GAME, Y., POURMARAT, F. & CITTI, C. (2012): Emergence of atypical *Mycoplasma agalactiae* strains harboring a new prophage and associated with an alpine wild ungulate mortality episode. – Applied and Environmental Microbiology 78 (13): 4659-4668.

Alpenschneehase *Lepus timidus varronis* MILLER 1901

TONI FLEISCHER und GERALD KERTH

Biologie der Art

Der Alpenschneehase ist die kleinste der 15 weltweit vorkommenden Unterarten des Schneehasen (WILSON & REEDER 2005). Es ist eine primär nachtaktive Art. In den Sommermonaten beginnt die Hauptäsungszeit etwa 1-2 Stunden vor Sonnenuntergang. In den Wintermonaten hingegen beginnt sie mit oder erst nach dem Sonnenuntergang. Die Aktivitätszeit reicht von maximal 13 Stunden im Winter bis zu 8 Stunden im Sommer (ANGERBJÖRN & FLUX 1995).

Tagsüber liegen Alpenschneehasen in Vertiefungen (Sassen) ab. Hierzu wird nur die Vegetation von den Tieren gekürzt. In Gegenwart des Feldhasen (*L. europaeus*) werden Sassen immer im Wald angelegt (THULIN & FLUX 2003). Alpenschneehasen graben im Gegensatz zu Schottische Schneehasen (*L. t. scoticus*) keine Erdbaue, in denen sie sich, z.B. bei Gefahr, zurückziehen können (ANGERBJÖRN & FLUX 1995). Als Verstecke werden die Sassen, aber auch Felsspalten und Murmeltierbaue, genutzt.

Die Tragzeit des Alpenschneehasen beträgt ca. 50 Tage, so dass zwei Würfe mit jeweils 2-5 Jungtieren im Jahr möglich sind. Die Jungtiere werden in der Zeit von April bis Juli geboren. Weibchen gebären das erste Mal im zweiten Lebensjahr. Die erfolgreichsten Geburtenjahre, gemessen an der Anzahl der Nachkommen, sind im Alter von drei bis sechs Jahren. Erst im Alter von acht Jahren wird die Anzahl der Nachkommen rückläufig (THULIN & FLUX 2003).

Die Überlebensrate der Jungtiere von der Geburt bis ins folgende Frühjahr beträgt 20%. Daten aus Fennoskandinavien zeigen, dass nur wenige Tiere im Freiland das dritte Lebensjahr erreichen (THULIN & FLUX 2003). Das älteste Tier im Freiland wurde mit 18 Jahren geschossen (BAIN, persönl. Mitt. 1977 in ANGERBJÖRN & FLUX 1995).

Verbreitung, Habitatansprüche und Populationsdichte

Das Verbreitungsgebiet des Alpenschneehasen ist ein nacheiszeitliches, geografisch isoliertes Reliktvorkommen oberhalb einer Höhe von 1.300 m im Krummholzgürtel der Alpen. Er kommt in Sümpfen, Flusstälern, Waldrändern, lichten Wäldern, Weiden und dichtem Felsgrund vor. Im Sommer kann er bis auf 4.000, aufsteigen wobei bereits im Januar Tiere auf 3.200 m beobachtet wurden (THULIN & FLUX 2003)

Als Nahrungspflanzen dienen Gräser und krautige Pflanzen wie *Saxifraga*, *Gentiana*, *Rannunchulus*, *Achillea*, *Taraxacum*, *Rumex*, *Rhododendron*, *Fragaria* sowie Früchte von z.B. *Salix*, *Betula*, *Alnus*, *Picea* und *Juniperus*. Einen Unterschied in der Zusammensetzung der Nahrung der Geschlechter ist nicht zu beobachten. Caecotrophie, die Wiederaufnahme des Blinddarmkots, ist weit verbreitet (THULIN & FLUX 2003).

Über die Habitatnutzung des Alpenschneehasen ist nur wenig bekannt. Die individuellen Aufenthaltsgebiete im Alpenraum sind größer als in Habitaten mit hoher Produktivität (z.B. Calluna-Heide, Schottland), aber kleiner als in borealen Wäldern (z.B. Finnland). Da sich die Aufenthaltsgebiete beider Geschlechter stark überlappen, ist ein territoriales Verhalten auszuschließen. Hierbei überlappen sich die Gebiete unterschiedlicher Geschlechter stärker als die von Nachbarn des gleichen Geschlechts. Die Aufenthaltsgebiete im Herbst/Winter sind kleiner als im Frühjahr/Sommer, die der Männchen nur geringfügig größer als die der Weibchen. Subadulte Tiere nutzen größeren Gebiete als adulte Tiere (BISI et al. 2011). In Gebieten, in denen der Feldhase vorkommt, weicht der Schneehase meist in Wälder aus, da diese von Feldhasen gemieden werden (THULIN 2003).

Die Population des Alpenschneehasen ist in den Alpen möglicherweise zurückgegangen (SULKAVA 1999). In der Roten Liste Deutschlands wird er in der Kategorie „selten“ (R) gelistet. Der Populationstrend in Deutschland ist unbekannt (HAUPT et al. 2008).

PEM-Optionen

Plastizität

Die sechs in Europa verkommenden Unterarten des Schneehasen bewohnen verschiedenste Habitate. Dazu zählen Moorlandschaften in Schottland, Gebirgsregionen der Alpen und Skandinaviens, Tundra- und Taiga Regionen Russlands, Waldregionen in Polen sowie verschiedene Inseln wie z.B. Shetland, Orkney, Spitzbergen (SMITH & JOHNSTON 2008). Die weite Verbreitung der Art lässt auf eine hohe Plastizität schließen, so dass ein verändertes Temperatur- und Niederschlagsregime durch den Klimawandel wahrscheinlich einen eher geringeren Einfluss auf die Populationen der Alpen haben sollte. Modelle, die nur den Klimawandel (Verschiebung optimaler Habitate) berücksichtigen, zeigen für die britische Population eine schnelle Reaktion (Dispersion) an der nördlichen, jedoch nur eine langsame Reaktion an der südlichen Verbreitungsgrenze. Die Populationen im Zentrum waren in den Modellen kaum betroffen (ANDERSON et al. 2009).

Evolution

Arbeiten von ZACHOS et al. (2010) an Alpenschneehasen in der Schweiz stützen frühere Annahmen, dass sich die Art wahrscheinlich erst nacheiszeitlich in situ im Alpenraum entwickelt hat. Die genetische Diversität der schweizerischen Populationen ist vergleichbar mit der anderer isolierter Vorkommen, z.B. in Schottland und Irland. Trotz ihrer geografischen, aber auch historischen Isolation, ist die genetische Vielfalt der Population des Alpenschneehasens sehr hoch (ZACHOS et al. 2010).

Hybridisierungen mit Feldhasen sind seit fast einem Jahrhundert dokumentiert (THULIN 2003). Es paaren sich dabei nur Schneehasen-Weibchen mit männlichen Feldhasen. Die Hybride sind fertil, wobei sich weiblichen Hybride wieder mit Feldhasen paaren (THULIN 2003).

Während der Paarungszeit folgen mehrere Schneehasen-Männchen einem Weibchen, wobei die Weibchen die Männchen zunächst aktiv abwehren. Die Männchen selbst kämpfen nicht untereinander um die Weibchen. Die Männchen des Feldhasen hingegen kämpfen um Weibchen (THULIN & FLUX 2003). Ein Schneehasen-Weibchen hat so in Anwesenheit von nur einem Feldhasen-Männchen mit sehr hoher Wahrscheinlichkeit keinen anderen Paarungspartner als ein Feldhasen-Männchen, da Schneehasen kein Kampfverhalten zeigen und sich zurückziehen. Hybridisierungen von Hasenartigen sind wahrscheinlich sehr weit verbreitet. MtDNA von Schneehasen konnte in Spanien und Portugal, wo der Schneehase bereits am Ende der Eiszeit verschwand, im Iberischen Hasen (*L. granatensis*), im Ginsterhasen (*L. castroviejoi*) und im Feldhasen nachgewiesen werden (ALVES et al. 2008). Auch in dänischen Feldhasenpopulationen finden sich Nachweise von Hybridisierungen mit schwedischen Schneehasen (FREDSTED et al. 2006).

Als weitere Gefahren kommen Krankheitserreger in Frage, die durch *L. europaeus* übertragen werden. Tularämie, ausgelöst durch das Bakterium *Francisella tularensis*, infiziert sowohl Feld- als auch Schneehasen, wobei letztere anfälliger sind (MÖRNER, 1999). Für die tödlich verlaufende Hasenseuche (European Brown Hare Syndrom, EBHS) ist der Feldhase ein Reservoir-Wirt. In Feldhasen freien Gebieten ist die Krankheit bisher nicht beobachtet worden. Auch hierbei sind beide *Lepus*-Arten betroffen, doch ist der Schneehase anfälliger (THULIN, 2003). Pneumonie, ausgelöst durch den Nematoden *Protostrongylus pulmonalis*, tritt bei beiden *Lepus*-Arten auf, führt jedoch nur bei Schneehasen zu einer starken Schädigung der Lunge (MÖRNER, 1999). Der unterschiedlich starke Verlauf von Krankheiten wirkt einem dauerhaften, sympatrischen Vorkommen der beiden Lepus-Arten entgegen (THULIN, 2003).

Zudem besteht eine mögliche Gefahr für die alpinen Populationen aufgrund eines späteren/geringeren Schneeregimes durch einen verfrühten Fellwechsel, da dieser u.a. durch die Photoperiode ausgelöst wird (ANGERBJÖRN & FLUX 1995). Im sehr hellen Winterfell ist, bei ausbleibenden Schneefall bzw. geringerer Schneedecke, der Alpenschneehase deutlich leichter von Fressfeinden zu erkennen. Erste Beobachtungen eines verfrühten Winterfells gibt es für den Schneeschuhhasen (*Lepus americanus*) (MILLS et al. 2013). Eine mögliche Anpassung durch einen verzögerten oder gar ausbleibenden Fellwechsel ist allerdings denkbar. So zeigt in Irland *L. t. hibernicus* gar keinen Fellwechsel mehr, da Schneefall mit einer geschlossenen Schneedecke in Irland selten eintritt (HACKLÄNDER et al. 2008).

Mobilität

Obwohl Schneehasen in vielen Habitaten anzutreffen sind, sind die Tiere standortstreu, was die aktive Besiedlung neuer Lebensräume einschränkt (DAHL & WILLEBRAND 2005). Das Hauptproblem für den Schneehasen durch den Klimawandel ist jedoch weniger der Verlust von geeigneten Habitaten, sondern die Besiedlung der höheren Lagen durch den Feldhasen als Folge wärmer Temperaturen. Ein Ausweichen ist nur noch in noch höhere und kühlere Lagen möglich, was allerdings schnell an seine Grenzen stößt, da Feldhasen in den Alpen bereits bis auf 2.800 m vorkommen (NIETHAMMER & PEGEL 2003). Ebenso begünstigt die Ausweitung land- und forstwirtschaftlich genutzter Flächen durch wärmere klimatische Bedingungen die Ansiedlung des Feldhasen als klassischer Kulturfolger offener, steppenartiger Vegetation.

Zusammenfassung und Schutzempfehlungen

Der Alpenschneehase ist eine geografisch isolierte Unterart des Schneehasen (ZACHOS et al. 2010). Ein negativer Einfluss durch eine sich ändernde Vegetation in den Alpen sollte unserer Meinung nach wahrscheinlich für den Alpenschneehasen kein Problem darstellen. Ebenso gibt es keine Arbeiten die ein verändertes Verhalten oder Populationsschwankungen in den letzten Jahrzehnten als Folge des Klimawandels beschreiben. Hierbei ist jedoch fest zu halten, dass ein zum Schneefall asynchroner Fellwechsel den Prädationsdruck sehr wahrscheinlich erhöhen wird, da Schneehasen im hellen Winterkleid bei einer geringen oder fehlenden Schneedecke deutlich leichter von Prädatoren zu erkennen sind. Studien aus Fennoskandinavien (NEWEY et al. 2007) zeigen, dass Prädatoren die Dichte von Schneehasen kontrollieren können. Dies trifft jedoch nicht für schottische und russische Populationen zu, wo Parasiten eine größere Rolle an zyklische Populationsschwankungen haben (NEWEY et al. 2007). Für den Alpenschneehasen fehlen entsprechende Untersuchungen und sollten daher angestrebt werden.

Die Hauptgefahr für den Alpenschneehasen ist die Einwanderung des Feldhasen. Letzterer profitiert von den steigenden Temperaturen im Alpenraum und der Nutzung landwirtschaftlicher Flächen. Beide Arten besetzen ähnliche Nischen, so dass ein sympatrisches Vorkommen kaum möglich ist (REID & MONTGOMERY 2007). Der Feldhase stellt hierbei eine Gefahr auf mehreren Ebenen dar. Die genetische Integrität des Alpenschneehasen ist durch Hybridisierungen bedroht, eine höhere Anfälligkeit für Krankheiten und Nahrungskonkurrenz können Populationen des Alpenschneehasen bedrohen. Mit Ausnahme von Irland gehen die Populationen des Schneehasen überall in Gegenwart des Feldhasen zurück oder verschwinden vollständig. In Südschweden wurde innerhalb eines Jahrhunderts die gesamte Schneehasenpopulation durch Feldhasen ersetzt (THULIN 2003). Ob der Alpenschneehase in Deutschland, wie derzeit in Polen beobachtet, auf Wälder ausweicht und dort überlebt, ist eher unwahrscheinlich, da sich die Alpenschneehasen bereits oberhalb der Baumgrenze aufhalten und dazu in tiefere Lagen, wo sich der Feldhase bereits aufhält, abwandern müssten. Eine Zusammenarbeit mit

Jagdbehörden und Vereinen ist zu empfehlen, so könnten Jäger Sichtungen des Feldhasen in Regionen, wo er zuvor fehlte, melden.

Unter allen Umständen sollte die Nutzung landwirtschaftlicher Flächen in den Höhenstufen aufgrund wärmerer klimatischer Bedingungen unterbleiben, da dies eine Ansiedlung des Feldhasen begünstigt.

Anschrift der Autoren:

Dipl. Laök. T. Fleischer, Prof. Dr. G. Kerth, Angewandte Zoologie und Naturschutz, Zoologisches Institut und Museum, Universität Greifswald, Johann-Sebastian-Bach-Str. 11/12, 17487 Greifswald

Literatur

ALVES, P.C., MELO-FERREIRA, J., FREITAS, H. & BOURSOT, P. (2008): The ubiquitous mountain hare mitochondria: multiple introgressive hybridization in hares, genus Lepus. – Philosophical transactions of the Royal Society of London. Series B, Biological Sciences 363: 2831-2839.

ANDERSON, B.J., AKÇAKAYA, H.R., ARAÚJO, M.B., FORDHAM, D.A, MARTINEZ-MEYER, E., THUILLER, W. & BROOK, B.W. (2009): Dynamics of range margins for metapopulations under climate change. – Proceedings. Biological Sciences/The Royal Society 276 (1661): 1415-1420.

ANGERBJÖRN, A. & FLUX, J.E.C. (1995): Mammalian Species: *Lepus timidus*. – The American Society of Mammalogists 495: 1-11.

BISI, F., NODARI, M. & OLIVEIRA, N. (2011): Space use patterns of mountain hare (*Lepus timidus*) on the Alps. – European Journal of Wildlife Research 57 (2): 305-312.

DAHL, F. & WILLEBRAND, T. (2005): Natal dispersal, adult home ranges and site fidelity of mountain hares *Lepus timidus* in the boreal forest of Sweden. – Wildlife Biology 11 (4): 309-317.

FREDSTED, T., WINCENTZ, T. & VILLESEN, P. (2006): Introgression of mountain hare (*Lepus timidus*) mitochondrial DNA into wild brown hares (*Lepus europaeus*) in Denmark. – BMC Ecology 6: 17.

HACKLÄNDER, K., FERRAND, N. & ALVES, P. (2008): Overview of Lagomorph Research: What we have learned and what we still need to do. – Lagomorph Biology: 381-391.

HAUPT, H., LUDWIG, G., GRUTTKE, H., BINOT-HAFKE, M., OTTO, C. & PAULY, A. (2008): Rote Liste gefährdeter Tiere, Pflanzen und Pilze Deutschlands. Band 1: Wirbeltiere. – Naturschutz und Biologische Vielfalt 70 (1), 386 S.

MILLS, L.S., ZIMOVA, M., OYLER, J., RUNNING, S., ABATZOGLOU, J.T. & LUKACS, P.M. (2013): Camouflage mismatch in seasonal coat color due to decreased snow duration. – Proceedings of the National Academy of Sciences 1222724110.

MÖRNER, T. (1999): Monitoring diseases in wildlife - a review of diseases in the orders Lagomorpha and Rodentia in Sweden. – Proceedings 39th International Symposium of Zoo Animals, 12-16 May, Vienna: 255-262.

NEWEY, S., DAHL, F., WILLEBRAND, T. & THIRGOOD, S. (2007): Unstable dynamics and population limitation in mountain hares. – Biological Reviews 82: 527-549.

NIETHAMMER, J. & PEGEL, M. (2003): *Lepus europaeus* Pallas, 1778 - Feldhase. – In NIETHAMMER, J. & KRAPP, F. (Hrsg.): Handbuch der Säugetiere Europas, Band 3/II Hasentiere. Wiesbaden (Aula): 35-104.

REID, N. (2011): European hare *(Lepus europaeus)* invasion ecology: implication for the conservation of the endemic Irish hare (*Lepus timidus hibernicus*). – Biological Invasions 13 (3): 559-569.

REID, N. & MONTGOMERY, W.I. (2007): Is Naturalisation of the Brown Hare in Ireland a Threat To the Endemic Irish Hare? – Biology & Environment: Proceedings of the Royal Irish Academy 107 (3): 129-138.

SMITH, A.T. & JOHNSTON, C.H. (2008): *Lepus timidus* (Arctic Hare, Mountain Hare). – IUCN (2013): IUCN Red List of Threatened Species. Version 2013.1. – URL: http://www.iucnredlist.org (gesehen am 05.07. 2013).

SULKAVA, S. (1999): *Lepus timidus* LINEAUS, 1758. – In: MITCHELL-JONES, A.J., BOGDANOWICZ, W., KRYSTUFEK, B., REIJNDERS, P.J.H., SPITZENBERGER, F., STUBBE, M., THISSEN, J.B.M., VOHRALIK, V. & ZIMA, J. (Eds.): The Atlas of European Mammals. – London (Academic Press): 146-147.

THULIN, C. (2003): The distribution of mountain hares *Lepus timidus* in Europe: a challenge from brown hares *L. europaeus*? – Mammal Review 33 (1): 29-42.

THULIN, C-G. & FLUX, J.E.C. (2003): *Lepus timidus* LINNAEUS, 1758 - Schneehase. – In: NIETHAMMER, J. & KRAPP, F. (Hrsg.): Handbuch der Säugetiere Europas, Band 3/II Hasentiere. Wiesbaden (Aula): 155 - 185.

WILSON, D.E. & REEDER, D.A. (editors). (2005): Mammal Species of the World - Browse. – URL: http://www.departments.bucknell.edu/biology/resources/msw3/ (gesehen am 11.10. 2013).

ZACHOS, F.E., BEN SLIMEN, H., HACKLÄNDER, K., GIACOMETTI, M. & SUCHENTRUNK, F. (2010): Regional genetic in situ differentiation despite phylogenetic heterogeneity in Alpine mountain hares. – Journal of Zoology 282 (1): 47-53.

Waldbirkenmaus *Sicista betulina* (PALLAS 1778)

TONI FLEISCHER und GERALD KERTH

Biologie der Art

Die Waldbirkenmaus gehört in Europa neben der Steppenbirkenmaus *Sicista subtilis* zu den einzigen beiden Vertretern der Hüpfmäuse *Zapodidae*. Kennzeichnend ist der schwarze Aalstrich des sonst braun-gelben Fells. Die Kopf-Rumpflänge beträgt bis zu 75 mm, wobei der Schwanz weitere 150% der Kopf-Rumpf-Länge ausmachen kann. Ein Geschlechtsdimorphismus fehlt.

Die Tiere halten 6 bis 8 Monate Winterschlaf und sind von Mai bis Oktober aktiv. Das Geschlechterverhältnis ist nahezu gleich, jedoch lassen Fangdaten darauf schließen dass die Männchen früher aus dem Winterschlaf erwachen, sich jedoch auch wieder früher zurückziehen als Weibchen (PUCEK 1982). Das Maximalalter wird auf 40 Monate geschätzt, wobei nur vereinzelte Tiere älter als 3 Jahre werden. Die Sterblichkeitsrate von einjährigen Tieren wird auf 80% geschätzt (PUCEK 1982).

Nach der ersten Überwinterung sind die Tiere geschlechtsreif, die Paarung findet im Juni und Juli statt. Die Anzahl der Nachkommen pro Wurf wird in der Literatur mit 2-11 (JENRICH et al. 2010), 2-9 (GRIMMBERGER et al. 2009) und 4,3-5,9 Jungtieren (PUCEK 1982) angegeben. Die Weibchen werfen nur einmal im Jahr. Jüngere Tiere werden später im Jahr fortpflanzungsfähig und haben pro Wurf mehr Nachkommen als ältere Tiere. Männchen im vierten Lebensjahr haben nur noch inaktive Gonaden (PUCEK 1982).

Verbreitung, Habitatansprüche und Populationsdichte

Die Birkenmaus bewohnt eine Vielzahl von Habitaten. Hierzu zählen Moorstandorte, feuchte Mischwälder, Kiefern-Sumpfwälder, feuchte Waldwiesen, Erlenbrüche und Gebiete der Tundra. Im Alpenraum sind offene Flächen mit Zwergsträuchern wie Besenheide und Zwergwacholder der typische Lebensraum. Im Gebirge kommt die Birkenmaus bis auf 2.200 m vor.

Die Größe der individuellen Aufenthaltsgebiete wird für Dänemark mit 8 km^2 angegeben, wobei die Gebiete der Weibchen kleiner sind als die der Männchen. Zudem ändern sich die Gebietsgrößen mit den Jahreszeiten. Gebiete mit dichter Vegetation werden bevorzugt. Angelegte Nester werden von Weibchen häufiger als von Männchen wiederholt benutzt. Migrationen zwischen Winter- und Sommerverstecken wurden für Dänemark nicht nachgewiesen (MØLLER et al. 2011).

Allen Habitaten sind eine hohen Bodenfeuchte und eine reiche Bodenvegetation gemein (PUCEK 1982). Ob es weitere Habitatansprüche gibt, ist unklar, allerdings werden Mosaik-Standorte wie Waldränder vorgezogen (JENRICH et al. 2010).

In Deutschland kommt die Waldbirkenmaus nur im Norden Schleswig-Holsteins sowie im Bayrischen Wald vor. Hierbei handelt es sich um isolierte Glazialrelikte, wie sie auch noch in Dänemark, Schweden und Norwegen zu finden sind. Darüber hinaus gibt es für Norddeutschland eine Reihe von unsicheren Funden auf Sylt, im Norden Hamburgs sowie nahe der Grenze zu Mecklenburg-Vorpommern (BORKENHAGEN 2009). Alle Nachweise erfolgten an typischen Moorstandorten, so dass die Art in Deutschland möglicherweise weiter verbreitet sein könnte, als bisher vermutet. Das geschlossene Hauptverbreitungsgebiet erstreckt sich im Osten von Polen, im Süden von Österreich und im Norden von Finnland über Russland, den Balkanstaaten bis in die Mongolei (MEINING et al. 2008).

In der Roten Liste Deutschlands 2009 wird die Birkenmaus in der Kategorie 1, „Vom Aussterben bedroht" mit dem Zusatz „(!)", in besonderem Maße für hochgradig isolierte Vorposten verantwortlich, geführt (HAUPT et al. 2008). Bei der IUCN wird die Birkenmaus seit 2008 als ungefährdet (least concern) geführt. Ein Populationstrend ist nicht bekannt (MEINING et al. 2008).

PEM-Optionen

Plastizität

Innerhalb ihres Verbreitungsgebietes ist die Birkenmaus auf feuchte Standorte mit dichter Vegetation angewiesen. Wo diese Bedingungen vorherrschen, ist sie anzutreffen, so dass zumindest ein eingeschränkt hohes Anpassungspotential besteht. Unterarten, die ein Hinweis auf lokale Anpassungen und damit eine verringerte Plastizität liefern, sind nicht beschrieben (WILSON & REEDER 2005). Allerdings lässt die isolierte Lage der Vorkommen in Deutschland und angrenzenden Gebiete auf eine eigene genetische Einheit schließen, für die eine besondere Verantwortung besteht (MEINING 2004). Zyklische Bestandsänderungen sind nicht bekannt, allerdings gibt es Hinweise darauf, dass die Tiere empfindlich auf tiefe Wintertemperaturen mit Bodenfrost reagieren (PUCEK 1982). PILĀTS & PILĀTE (2009) haben Birkenmäuse weit nördlich der bisher bekannten nördlichen Verbreitungsgrenze nachgewiesen. Dies könnte eine Besiedlung neuer Habitate als Folge wärmer Temperaturen interpretiert werden. Birkenmäuse lassen sich allerdings nur schwer mit Schlag- und Lebendfallen fangen, was Nachweise in spärlich von ihnen besiedelten Regionen erschwert. Möglicherweise könnten die neuen Funde daher auch eine zu weit südlich angesetzte Verbreitungsgrenze oder weitere Reliktpopulationen darstellen.

FLØJGAARD et al. (2009) gehen von einem Verschwinden der Art in Dänemark unter einem A2-Szenario (Anstieg von 2,0-5,4°C bis 2100) aus. MEINIG & BOYE (2009) werten hingegen den Klimawandel und Habitatzerstörung als Gründe für die Gefährdung der Birkenmaus in Deutschland und empfehlen ein verstärktes Monitoring, ohne jedoch ein Verschwinden der Art allein durch die Folgen des Klimawandels zu prognostizieren.

Evolution

Über die genetische Diversität innerhalb der isolierten Vorkommen in Nordeuropa und der Alpen ist nichts bekannt. Angaben über Hybridisierungen mit der Südlichen Birkenmaus *S. subtilis* fehlen. Gebiete, in denen beide Arten sympatrisch vorkommen, fehlen in Nordeuropa und im Alpenraum nämlich. In Europa gibt es für die die Südliche Birkenmaus nur zwei isolierte Vorkommen, in Ungarn und im Osten Rumäniens. Allerdings gibt es auch hier vereinzelte Funde in Europa, die auf ein deutlich größeres Verbreitungsgebiet schließen lassen (CSERKÉSZ et al. 2009).

Mobilität

Die Birkenmaus ist aufgrund ihres isolierten Vorkommens im Norden und in den Alpen in ihrer Mobilität stark eingeschränkt. Die Abhängigkeit von feuchten Standorten, die mit der Erwärmung des Klimas zunehmend zu verschwinden drohen, sowie die philopatrische Lebensweise, zumindest der Weibchen (MØLLER ET AL. 2011), verschärfen die Situation zusätzlich. Sollten die neuen Funde von PILĀTS & PILĀTE (2009) tatsächlich auf eine Ausweitung der nördlichen Verbreitungsgrenze hindeuten, so könnten wahrscheinlich auch die Populationen der Alpen neue Habitate in höheren Lagen erschließen, die vorher nicht zu besiedeln waren.

Zusammenfassung und Schutzempfehlung

Die Nördliche Birkenmaus ist sehr wahrscheinlich durch die Folgen des Klimawandels bedroht. Das isolierte Vorkommen sowie eine hohe Standorttreue verlangsamen die natürliche Besiedlung neuer Habitate. Bestehende Vorkommen sollten daher bei Verschlechterungsgefahr eine hohe Schutzpriorität erhalten. Sofern möglich, sollte zudem das Monitoring verstärkt werden, um die vorhandenen Populationen besser zu erfassen und deren Trend zu verfolgen. Auf diese Weise können möglichst zeitnah Bestandseinbrüche erfasst werden. Unsicheren Funden an Standorten mit typischen Habitaten sollte nachgegangen werden. Die Art ist schwierig zu erfassen, daher sind weitere Vorkommen in Norddeutschland potentiell möglich. Über die mögliche Auswirkung invasiver Arten gibt es keine Angaben. Hybridisierung mit anderen Arten kann als Gefahr bisher ausgeschlossen werden.

Zusätzlich sollten genetische Untersuchungen der isolierten Vorkommen in Dänemark, Norddeutschland und in den Alpen erfolgen, um das Evolutions-Potential besser abschätzen zu können. Die Isolation beider Vorkommen hat möglicherweise zu einer Aufspaltung der Vorkommen in Deutschland in getrennte genetische Einheiten geführt, für die Deutschland im besonderen Maße verantwortlich ist (MEINING 2004).

Für die Forst- und Landwirtschaft empfehlen MEINING & HERDER (ohne Jahr) den Verzicht auf Kahlschlag und der Heckenrodung. Windwürfe sollten nur abschnittsweise geräumt, Baumstubben und Gehölzinseln belassen werden. Auf eine Aufforstung, insbesondere mit Kiefern, ist zu verzichten.

Anschrift der Autoren:

Dipl. Laök. T. Fleischer, Prof. Dr. G. Kerth, Angewandte Zoologie und Naturschutz,, Zoologisches Institut und Museum, Universität Greifswald, Johann-Sebastian-Bach-Str. 11/12, 17487 Greifswald

Literatur

BORKENHAGEN, P. (2009): Jagd und Artenschutz. – Jahresbericht 2009: 57-59.

CSERKÉSZ, T., KITOWSKI, I., CZOCHRA, K. & RUSIN, M. (2009): Distribution of the Southern birch mouse (*Sicista subtilis*) in East-Poland: Morphometric variations in discrete European populations of superspecies *S. subtilis*. – Mammalia 73 (3): 221-229.

FLØJGAARD, C., MORUETA-HOLME, N., SKOV, F., MADSEN, A.B. & SVENNING, J-C. (2009): Potential 21st century changes to the mammal fauna of Denmark - implications of climate change, land-use, and invasive species. – IOP Conference Series: – Earth and Environmental Science 8 (1): 1-17.

GRIMMBERGER, E., RUDLOFF, K. & KERN, C. (2009): Die Waldbirkenmaus. Atlas der Säugetiere Europas, Nordafrikas und Vorderasiens – Münster (Natur und Tier): 82-83.

HAUPT, H., LUDWIG, G., GRUTTKE, H., BINOT-HAFKE, M., OTTO, C. & PAULY, A. (2008): Rote Liste gefährdeter Tiere, Pflanzen und Pilze Deutschlands. Band 1: Wirbeltiere. – Naturschutz und Biologische Vielfalt 70 (1), 386 S.

IUCN/SSC (2013): Guidelines for Reintroductions and Other Conservation Translocations. Version 1.0. – Gland, Switzerland (IUCN Species Survival Commission): viiii + 57 S.

JENRICH, J., LÖHR, P-W. & MÜLLER, F. (2010): Kleinsäuger: Körper- und Schädelmerkmale. – Fulda (Verein für Naturkunde in Osthessen e.V.), 240 S.

MEINIG, S. & BOYE, P. (2009): A review of negative impact factors threatening mammal populations in Germany. – Folia Zoologica 58 (3): 279-290.

MEINING, H., ZAGORODNYUK, I., HENTTONEN, H., ZIMA, J. & COROIU, I. (2008): *Sicista betulina* (Northern Birch Mouse). – IUCN (2013): IUCN Red List of Threatened Species. Version 2013.1. – URL: http://www.iucnredlist.org (gesehen am 05.11.2013).

MEINUNG, H. & HERDER, C. (ohne Jahr): BfN Anhang-IV-Arten: Birkenmaus (*Sicista betulina*). – URL: http://www.ffh-anhang4.bfn.de/ffh-anhang4-birkenmaus.html (gesehen am: 05.11.2013)

MEINING, H. (2004): Einschätzung der weltweiten Verantwortlichkeit Deutschlands für die Erhaltung von Säugetierarten. Ermittlung der Verantwortlichkeit für die Erhaltung mitteleuropäischer Arten. – Bonn, 121 S.

MØLLER, J.D., ASBIRK, S., BAAGØE, H., HÅKANSSON, B. & JENSEN, T.S. (2011): Projekt Birkemus. – Århus (Naturhistorisk Museum), 72 S.

PILĀTS, V. & PILĀTE, D. (2009). Discovery of Sicista betulina (PALLAS, 1779): (Rodentia, Dipodidae) far in the north outside the known species range. – Acta Biologica Universitatis Daugavpiliensis 9 (1): 35-38.

PUCEK, Z. (1982): *Sicista betulina* (PALLAS, 1778) - Waldbirkenmaus. – In: NIETHAMMER, J. & KRAPP, F. (Hrsg.): Handbuch der Säugetiere Europas, Bd.2/1, Nagetiere: Bd. II. – Wiesbaden (Aula): 516-583.

WILSON, D.E. & REEDER, D.A. (editors). (2005): Mammal Species of the World - Browse. – URL: http://www.departments.bucknell.edu/biology/resources/msw3/ (gesehen am 11.10.2013).

4 Empirische Studien

4.1 Einfluss des Mikroklimas auf xylobionte Käfergemeinschaften in Totholz fortgeschrittener Zersetzungsstadien im nördlichen Steigerwald

ELISABETH OBERMAIER und INA HEIDINGER

Zusammenfassung

Anthropogen bedingter Klimawandel wird, laut Vorhersagen, eine der Hauptursachen für das Aussterben von Arten in den nächsten 100 Jahren sein. Totholzbewohnende Organismen stellen heute überproportional viele gefährdete Arten in Europa und xylobionte Käfer repräsentieren die gefährdetste Gruppe innerhalb dieser Ordnung. Eine Erwärmung, bedingt durch den Klimawandel, könnte daher eine zusätzliche Bedrohung darstellen und die Situation der wenigen Restvorkommen weiter verschärfen.

Die vorliegende Studie untersucht den Einfluss des Mikroklimas, sowie weiterer relevanter Standortparameter auf Käfergemeinschaften und Rote Liste Arten in liegendem Totholz (Buche, Eiche) in fortgeschrittenem Zersetzungsstadium an 20 Nord- und Südhängen kolliner bis submontaner Lagen im nördlichen Steigerwald. Die Käfergemeinschaften wurden während einer Saison (Mai-August) mit Kreuzfensterfallen und Eklektoren beprobt.

Die Studie konnte 192 Arten (2.724 Individuen) der 438 bekannten xylobionten Käferarten des nördlichen Steigerwalds erfassen. Buchentotholzstämme enthielten mehr Individuen als Eichen. In Totholzstämmen an südexponierten Hängen wurde eine höhere Artenzahl gefunden als an Nordhängen. Steigende Temperatur und Lichtverfügbarkeit hatten einen positiven Einfluss auf den Artenreichtum, sowie auf die Abundanz von acht von neun untersuchten Rote Liste Arten (GEISER 1998). Eine Rote Liste Art, *Phloiotrya rufipes* (RL D 3; GEISER 1998), wurde dagegen negativ von zunehmender Lichtverfüg-barkeit beeinflusst. Dieselben Faktoren (Hangexposition, Temperatur, Lichtverfügbar-keit, Baumart) wirkten sich ebenfalls auf die Artenzusammensetzung aus. Luftfeuchtig-keit und Totholzvorrat hatten in dieser Studie weder Auswirkungen auf den Artenreich-tum noch auf die Artenzusammensetzung.

Eine leichte Temperaturerhöhung (mittlerer Temperaturunterschied zwischen nord- und südexponierten Hängen < 0,5°C) scheint durch die Plastizität der Arten toleriert werden zu können, insgesamt wirkte sich ein leichter Temperaturanstieg wie auch eine Verbesserung der Lichtverfügbarkeit positiv auf den Artenreichtum wie auch auf das Vorkommen der meisten der untersuchten Rote Liste Arten aus. Obwohl aus der Studie für den Moment keine unmittelbare Gefährdung der xylobionten Arten der kollinen bis submontanen Lagen durch den Klimawandel (in Form einer leichten Temperaturerhöhung von im Mittel 0,5°C) erkennbar wird, sollten in der Zukunft auch in Mittelgebirgslagen vermehrt größere Mengen Totholz (20-60 m^3/ha), in kühleren Waldteilen und an Nordhängen sogar nahe 60 m^3/ha als Puffer für die dort bevorzugt vorkommenden Arten und für zukünftige größere Temperaturanstiege, akkumuliert werden. In anderen Arbeiten hat sich gezeigt, dass Artengemeinschaften kühlerer Klimate, wie montaner Buchenwälder oder borealer Wälder, ein deutlich höheres Totholzangebot benötigten um überleben zu können, als xylobionte Arten wärmerer Klimate.

Einleitung

Anthropogen bedingter Klimawandel wird, laut Vorhersagen, eine der Hauptursachen für das Aussterben von Arten in den nächsten 100 Jahren sein (CAHILL et al. 2012). Fünf von sieben der in diesem Projekt, mithilfe eines Kriterienkatalogs ausgewählten, potentiell vom Klimawandel stark betroffenen Hochrisikoarten unter den Käfern stellen Altholzrelikte dar, die für ihre Entwicklung größere Laubbäume mit Totholzanteilen benötigen. Dies zeigt bereits die große Bedeutung dieses Lebensraumes für das Vorhaben. Die bisherige Auswahl der FFH-Anhänge fokussiert europaweit auf Totholzbewohnern, welche die gefährdetste Gruppe innerhalb der Coleoptera (Käfer) darstellen (SCHNITTER 2006). Derzeit ist für alle diese Arten unter den gegebenen Wirtschaftsbedingungen ein stetiger Abwärtstrend zu verzeichnen, obgleich hier das Hauptaugenmerk des mitteleuropäischen Naturschutzes liegt. Der Verlust an Totholzstrukturen gefährdet die totholzbewohnenden Käferarten. Da ihr Auftreten in vielfältiger Weise zugleich von der Temperatur abhängt, könnte eine Erwärmung bedingt durch den Klimawandel eine zusätzliche Bedrohung darstellen und die Situation der wenigen Restvorkommen weiter verschärfen.

Ökologische Bedeutung von Totholz

Totholz verschiedener Baumarten, Dimensionen und Zersetzungsstadien bildet einen wichtigen Lebensraum für eine vielfältige Lebensgemeinschaft. Hier siedelt sich nicht nur eine große Vielfalt an Moosen, Flechten und Pilzen an, sondern auch eine sehr diverse, spezialisierte Gliedertierfauna. Etwa 25% aller Arten in europäischen Wäldern, hauptsächlich Pilze und Insekten, sind in die Zersetzung von Totholz einbezogen (JONSSON et al. 2005). Totholzbewohnende Organismen stellen heute überproportional viele gefährdete Arten in Europa (ODOR et al. 2006). Totholz bildet daher einen wertvollen, aber in unseren Wirtschaftswäldern seit Jahrhunderten stark rückläufigen Lebensraum, in dem viele seltene Arten vorkommen.

Die seit vielen Jahrhunderten andauernde, intensive Nutzung und Bewirtschaftung der mitteleuropäischen Wälder bedingte zunächst eine Reduktion der Waldfläche auf rund ein Drittel. Dieses Drittel wurde dann weiter degradiert indem immer weniger Totholz und Altholzstrukturen geduldet wurden (BUSE 2012, MÜLLER et al. 2005, DEPENHEUER & MÖHRING 2010) und führte damit zum Verlust lebenswichtiger Strukturen und Ressourcen für xylobionte Arten. Heute sind Biotop- und Artenschutz neben der Rohstoffproduktion allgemein anerkannte Waldfunktionen (SCHERZINGER 1996). Der Erhalt von Totholz als Lebensraum der Xylobionten gilt heute als integraler Bestandteil eines multifunktionalen und naturnahen Waldbaus, da Totholz als wesentliches Strukturelement der Alters-, Zerfalls- und Verjüngungsphase von Wäldern eine zentrale Rolle für die biologische Vielfalt spielt.

Durch die Holznutzung ist der Wirtschaftswald im Allgemeinen totholzarm, im Naturwald sind die Zusammenbruchphasen und Störungsflächen besonders totholzreich. Die Förderung von Totholz zur Erhaltung der Xylobionten wird heute als Teilaspekt naturnaher und naturgemäßer Bewirtschaftung akzeptiert, 20 bis 60 fm Totholz je Hektar gelten als zielführend (SCHERZINGER 1996). Nach MÜLLER et al. (2010) müsste, um xylobionte Käfergemeinschaften zu erhalten, die Menge an Totholz in bewirtschafteten Bergwäldern (derzeitig ca 15 m^3/ha) verdreifacht werden. Totholz spielt als wesentliches Strukturelement der Alters-, Zerfalls- und Verjüngungsphase eine zentrale Rolle für die biologische Vielfalt in natürlichen Buchenwäldern. Jedoch nicht nur die Menge an Totholz ist für die Biodiversität von Bedeutung, sondern auch Standort, Lage (stehend, liegend) und der Zersetzungsgrad (FREI 2006).

Holzbewohnende Käfer

Xylobionte Käfer (Mitteleuropa: 1.377 Arten an Totholz), die am besten untersuchte Gruppe unter den saproxylen Insekten, leben im Totholz als Zersetzer, Pilzfresser, Räuber, Aasfresser und in Symbiosen. Dipteren stellen neben Käfern und Pilzen eine zweite wichtige xylobionte Gruppe in Totholz dar. Sie stellen beispielsweise in Nordeuropa 1.550 Arten verglichen mit 1.447 Käfer- und 803 Hymenopterenarten (STOKLAND & SIITONEN 2012). Die bisherige Auswahl der FFH-Anhänge fokussiert bei den Coleoptera (Käfer) europaweit auf Totholzbewohnern, welche die gefährdetste Gruppe innerhalb dieser Insektenordnung darstellt (SCHNITTER 2006). So findet man z.B. die Hälfte der xylobionten Käfer auf der Roten Liste Deutschlands (FREI 2006). Von 413 xylobionten Käferarten im Vorderen Steigerwald sind 126 Arten auf der Rote Liste Bayerns (BUSSLER 2005). Viele xylobionte Käferarten sind spezialisiert auf bestimmte Wirtsbaumarten, Zersetzungsstadien oder Totholzstrukturen wie z.B. Mulmhöhlen (STOKLAND & SIITONEN 2012).

In Deutschland gibt es keine echten Urwälder mehr. Es gibt aber noch Waldbestände oder Altbaum-Ansammlungen, die für Urwald typische Habitatstrukturen aufweisen. Arten mit spezifischen Ansprüchen, wie z. B. die Kontinuität einer, von einer bestimmten xylobionten Käferart benötigten Totholz- oder Bestandsstruktur, werden als „Urwaldrelikte“ bezeichnet (MÜLLER et al. 2005).

Klimasensibilität xylobionter Käfer

Die wenigen wissenschaftlich belegten Beispiele deuten darauf hin, dass sich verändernde Arteninteraktionen ein wichtiger Grund für dokumentierte Populationsrückgänge und Aussterbeereignisse in Bezug auf den Klimawandel darstellen (CAHILL et al. 2012). HOFSTETTER et al. (2007) zeigten beispielsweise, dass Temperatur die Wechselbeziehungen zwischen Käfern, Milben und Pilzen in dem System von *Dendroctonus frontalis* verändern kann und unterstützen damit die Hypothese dass Temperatur direkte und indirekte Effekte auf mutualistische und antagonistische Beziehungen in Nahrungsnetzen bewirken kann. Durch niedrige Temperaturen limitierte Arten könnten dagegen u.U. sogar davon profitieren, wie z.B. der thermophile, eichenbewohnende Prachtkäfer *Coraebus florentinus*, dessen nördliche Verbreitungsgrenze sich in den letzten 30 Jahren nordwärts verschoben hat (BUSE et al. 2013). Im neu erschienenen Buch „Biodiversity in dead wood“ sind sich die Autoren dagegen einig, dass die durch den Klimawandel ausgelösten Veränderungen wie Erhöhung der Temperatur, veränderte Niederschlagsverhältnisse, Zunahme von Witterungs- und Wetterextremen und Dürre starke und unvorhersehbare Effekte auf die Diversität xylobionter Organismen haben und sich insgesamt gesehen vermutlich negativ auswirken werden (JONSSON et al. 2012). Da die Arten unterschiedlich sensitiv gegenüber Klimaeinflüssen und unterschiedlich migrationsfähig sind, vermuten diese Autoren, dass sich die Zusammensetzung bestehender Gemeinschaften ändern und die komplexen Beziehungen zwischen Arten xylobionter Nahrungsnetze auseinanderbrechen werden, mit unvorhersehbaren Auswirkungen auf die Arteninteraktionen (JONSSON et al. 2012).

Fragestellung

Die hier vorgestellte einjährige Studie untersucht, welchen Einfluss die Hangexposition und das lokale Mikroklima auf die Diversität xylobionter Käfergemeinschaften und ausgewählte Käferarten der Roten Liste Deutschland (GEISER 1998) in Buchenwäldern der kollinen bis submontanen Lage (Modellgebiet: nördlicher Steigerwald, Forstbetrieb Ebrach) hat. Erhoben wurden für xylobionte Arten wichtige Standortparameter wie Baumart sowie Totholzquantität und -qualität. Das Mikroklima wurde mit den Parametern Temperatur, Luftfeuchte und Lichtverfügbarkeit am Standort erfasst. Ziel der Studie ist eine Abschätzung der Auswirkungen des Klimawandels auf die Diversität totholzbewohnender Käferarten und ausgewählte besonders gefährdete Vertreter (Rote Liste Arten. Damit können u.U. Rückschlüsse auf die Gefährdung vergleichbarer xylobionter Käferarten kolliner bis submontaner Lagen gezogen werden.

Hierzu wurden Totholzstämme in einem vergleichbaren fortgeschrittenem Zersetzungszustand (Z3) an den Nord- und Südhangseiten mehrerer Hügelzüge im nördlichen Steigerwald ausgewählt und die dort vorkommende angepasste xylobionte Käferfauna vier Monate lang beprobt. Es wurde liegendes Totholz der Zersetzungsstufe 3 von Eiche und Rotbuche mit zwei Methoden (Kreuzfensterfallen, Eklektoren) untersucht. Die beiden

Baumarten wurden ausgewählt, da Eiche ein sehr artenreiches Substrat für totholzbewohnende Käfer darstellt und Rotbuche als „flagship species" des Steigerwalds gilt und Deutschland dafür die internationale Verantwortung trägt. Im beprobten Zersetzungsstadium Z3 können bevorzugt seltene Urwaldreliktarten vorkommen, die hohe Ansprüche an die Kontinuität eines Bestandes hinsichtlich des Totholzangebots und der Bestandesstruktur aufweisen (MÜLLER et al 2005). Darunter fällt auch eine Zielart dieser Studie, der zu den potentiell vom Klimawandel besonders gefährdeten Arten gehörende Kurzschröter, *Aesalus scarabaeoides*. Diese Art kommt bevorzugt in braun- oder rotfaulem Eichenholz vor, wird jedoch auch in anderen Laubholzarten angetroffen, meist in schattiger und feuchter Lage (BRECHTEL & KOSTENBADER 2002).

Material und Methoden

Durchführung der Feldarbeit

Ende April/Anfang Mai 2012 wurden im Nördlichen Steigerwald jeweils 10 Nord- und 10 Südhänge jeweils als Paar ausgewählt und insgesamt 20 Standorte eingerichtet. An allen Standorten wurde jeweils ein liegender Eichen- und Rotbuchenstamm (Zersetzungsstufe 3, definiert nach ALBRECHT 1990) mit jeweils 3 Kreuzfensterfallen (11x15 cm) versehen, um am Stamm entlang fliegende Insekten zu fangen (Abb. 1). Es handelte sich dabei um spezielle kleine Kreuzfensterfallen, um nach Möglichkeit spezifisch nur die aus dem Stamm schlüpfenden Tiere abzufangen, und den Beifang so gering wie möglich zu halten. Als Fangflüssigkeit wurden ca. 250 ml gesättigte Kochsalzlösung mit etwas Spülmittel als Detergenz in die Becher der Fallen gefüllt. Die beiden Baumarten Eiche und Rotbuche wurden gewählt, da Eiche ein sehr artenreiches Substrat für xylobionte Käfer darstellt und Rotbuche eine „flagship species" des Steigerwaldes ist. Da Eichenholz in der Regel rot- oder braunfaul und Rotbuchenholz üblicherweise weißfaul ist (MÜLLER pers. Mitteilung), wurde das Typikum der jeweiligen Baumart beprobt.

Um ausschließlich unmittelbar aus dem Totholz schlüpfende Tiere erfassen zu können, wurde zusätzlich Anfang Mai von jedem Stamm ein 30-40 cm breites Stück entnommen und in Eklektoren (380x260x185 mm) verschlossen im Labor zum Schlüpfen aufgestellt. Die schlüpfenden Tiere wurden in Röhrchen mit Kupfersulfatlösung abgefangen. Die Kombination dieser beiden Methoden wird als komplementär und für detaillierte Studien xylobionter Käfer als am geeignetsten eingeschätzt, um möglichst optimale Fangergebnisse zu erzielen (ALINVI et al. 2007).

Abb. 1: Liegender Totholzstamm der Rotbuche mit Kreuzfensterfallen

Zur Erfassung von Temperatur und Luftfeuchtigkeit an den Standorten wurden Datenlogger (Thermochron und Hygrochron Data Loggers) der Firma MAXIM an Bambusstöcken angebracht und in einer Höhe von 45 cm an den ausgewählten Totholzstämmen aufgestellt. Die Logger wurden jeweils mit einem Hütchen überdacht, um direkte Sonneneinstrahlung und das Eindringen von Regenwasser zu verhindern. Um die Temperatur zu erfassen, wurden alle 40 Totholzstämme mit entsprechenden Datenloggern versehen. Da für diese Untersuchung lediglich 10 Hygrochron Datenlogger zur Verfügung standen, konnte die Luftfeuchtigkeit nicht an allen Standorten gleichzeitig aufgezeichnet werden. Um dennoch Messwerte von allen 20 Standorten zu erhalten, wurden die Hygrochron Datenlogger jeweils nach einer definierten Zeit zwischen den Standorten getauscht. Die Aufzeichnung beider mikroklimatischer Faktoren erfolgte während der gesamten Fangperiode.

Zusätzlich zu den beiden Faktoren Temperatur und Luftfeuchtigkeit wurde an den Untersuchungsstandorten der Lichteinfall durch das Kronendach quantifiziert. Dazu wurden an den Standorten hemisphärische Fotos gemacht (KAMERA: Canon Power Shot G7; Objektiv: Fish Eye, Soligor DHG 0,19 x, Aufnahmewinkel 183) und mit der Software Gap Light Analyzer Version 2.0 weiter bearbeitet und ausgewertet. Um den Vorrat an Totholz an den Standorten qualitativ und quantitativ zu erfassen, wurde jeweils um die mittlere Kreuzfensterfalle der ausgewählten Totholzstämme ein Kreis mit einem Radius von 17,84 m (entspricht 1.000 m^2) abgesteckt. Innerhalb dieses Kreises wurden alle darin befindlichen Totholzstücke (inklusive des beprobten Stamms) mit einem Mindestdurchmesser von 12 cm (am stärkeren Ende) mit einem Maßband und einer Kluppe vermessen (Länge bzw. Höhe und Durchmesser). Von jedem Totholzstück wurde zudem die Art der Fäule notiert und der Zersetzungsgrad des Holzes bestimmt. Dazu wurde an vier Stellen mit einem Messer in das Totholz gestochen und dessen Zersetzungsgrad anhand Tabelle 5 eingestuft.

Tab. 5: Kriterien zur Bestimmung der Festigkeit von Totholzstücken (abgewandelt nach WINTER 2005 und ROBIN & BRANG 2009)

<table>
<tr><th>zunehmende Zersetzung</th><th>Zersetzungs-stufe</th><th>parallel zur Holzfaser</th><th>rechtwinklig zur Holzfaser</th></tr>
<tr><td rowspan="6">↓</td><td>1</td><td colspan="2">diesjähriges Totholz, z.T. noch mit grünem Laub</td></tr>
<tr><td>2</td><td colspan="2">Totholz 2-3 Jahre, das Messer dringt kaum (höchstens einige mm) ins Totholz ein</td></tr>
<tr><td>3</td><td>Das Messer dringt leicht und tief (mind. 1 cm) in das Totholz ein.</td><td>Das Messer dringt kaum (höchstens einige mm) ins Totholz ein</td></tr>
<tr><td>4</td><td>Das Messer dringt leicht und tief (mind. 1 cm) in das Totholz ein.</td><td>Das Messer dringt leicht und tief (mind. 1 cm) in das Totholz ein.</td></tr>
<tr><td>5</td><td colspan="2">Das Totholz ist im inneren Bereich stark zersetzt (Mulmmaterial) oder ausgehöhlt</td></tr>
<tr><td>6</td><td colspan="2">Holz ist fast zu Humus geworden, es ist nur noch eine leicht strukturierte Humusanhäufung erkennbar</td></tr>
</table>

Nach dem Einrichten der Untersuchungsstandorte Ende April/Anfang Mai wurden die Kreuzfensterfallen insgesamt viermal, Ende Mai, Anfang Juli, Anfang August und Anfang September geleert und das Fallenmaterial nach kurzem Wässern in 70 prozentiges Ethanol überführt. Dabei wurde der Inhalt von allen drei Fallen je beprobtem Totholzstamm zu einer Probe zusammengefasst und die darin befindlichen xylobionten Käfer von einem Experten (Dr. H. BUSSLER) auf Artniveau bestimmt (Nomenklatur richtet sich nach KÖHLER & KLAUSNITZER 1998).

Statistische Datenauswertung

Die Rohdaten wurden mit dem Programm Microsoft Excel 2010 bearbeitet, zusammengefasst und graphisch dargestellt. Für den Vergleich zwischen den einzelnen Leerungen hinsichtlich Artenzahl und Individuenzahl wurden mit dem Programm SPSS 14.0 Wilcoxon-Tests für gepaarte Stichprobe berechnet. Um den Einfluss der beiden Faktoren „Hangseite“ und „Baumart“ auf die Anzahl der nachgewiesenen Totholzkäfer-Arten und die Individuenzahl zu untersuchen, wurden univariate Varianzanalysen durchgeführt.

Nicht für jeden Totholzstamm konnten zu jeder Leerung alle drei Fallen verwendet werden, da es immer wieder vorkam, dass einzelne Fallen ausgetrocknet oder aber vermutlich von Wildschweinen oder Rehen zerstört worden waren. Daher musste der Datensatz hinsichtlich der Individuenzahl entsprechend korrigiert werden. Dazu wurde die Anzahl der gefangenen Individuen jeweils auf drei Fallen je Leerung bzw. auf insgesamt 12

Fallen (4 Leerungen mit jeweils 3 Fallen) hochgerechnet. Dieser korrigierte Datensatz wurde entsprechend dem Originaldatensatz ausgewertet.

Der Vergleich zwischen den Standorten an Nord- und Südhängen hinsichtlich der mittleren Temperatur erfolgte ebenfalls anhand von Wilcoxon-Tests. Die in dieser Untersuchung verwendeten Diversität-Indizes (Shannon- und Berger-Parker-Index) wurden mit der Software BioDiversity Professional 2 berechnet. Unter Verwendung der frei verfügbaren Software R wurde der Effekt des Mikroklimas und des Totholzvorrates auf die Diversität der Totholzkäfer untersucht. Dazu wurden lineare Modelle mit gemischten Effekten gerechnet, wobei die beiden Faktoren „Hanglage" und „Baumart" als zufällige Faktoren („random factors") in die Berechnung eingingen.

Zur Auswertung der Temperaturdaten wurde für jeden Datenlogger (jeden Totholzstamm) der Mittelwert über alle Messungen während der gesamten Fangperiode berechnet. Da die Datenlogger zur Messung der Luftfeuchtigkeit während der Fangperiode zwischen den Standorten getauscht werden mussten (siehe oben) und daher nicht für alle Standorte Messungen aus denselben Zeiträumen vorliegen, erfolgte eine Normierung der Messwerte der einzelnen Standorte. Dazu wurde für jeden Standort der Tagesmittelwert berechnet und dessen positive oder negative Abweichung zum Gesamttagesmittelwert der Messungen aller Standorte bestimmt. Von den Abweichungen an den einzelnen Tagen wurde dann wiederum für jeden Standort der Mittelwert gebildet. Die Luftfeuchte wurde zudem für jeden Hang nur an einem Totholzstamm erhoben, nicht an Buche und Eiche separat, wie bei der Temperatur. Die Auswertung der Artenmatrizen zusammen mit den mikroklimatischen Daten erfolgte zum einen mit den direkt erhobenen Temperaturmesswerten und zum anderen mit den normierten Temperatur- und Luftfeuchtedaten.

Die Ordinierungen wurden mit Canoco 4.5 durchgeführt und mit CanoDraw 4.0 graphisch dargestellt. Dazu wurden alle Arten aus dem Datensatz entfernt, die an weniger als drei Standorten nachgewiesen wurden, da sie wenig aussagekräftig für den Vergleich der Standorte sind.

Abschließend wurden für die Rote-Liste-Arten (GEISER 1998) mit Hilfe der Software SPSS 14.0 binär logistische Regressionen mit den Faktoren „Hangseite", „Baumart", „Temperatur" und „Lichtverfügbarkeit" durchgeführt. Die Auswertung erfolgte hierbei ebenfalls nur für Arten, die an mindestens drei Standorten nachgewiesen werden konnten.

Da aus den Baumscheiben (Eklektoren) nur wenige Käferarten und Individuen schlüpften, wurde der Datensatz zwar ausgewertet, die Ergebnisse allerdings nicht ausführlich dargestellt. Aufgrund des geringen Datenumfangs sind die Ergebnisse der Bauscheiben vorsichtig zu interpretieren. Es wird jedoch an den entsprechenden Stellen auf diese Ergebnisse hingewiesen. Auf die Auswertung über eine Ordinierung wurde verzichtet.

Ergebnisse

Nachgewiesene Arten und Individuenzahl

Von Ende April bis Anfang September wurden im Nördlichen Steigerwald mit Hilfe von Kreuzfensterfallen insgesamt 190 xylobionte Käferarten mit insgesamt 2.474 Individuen gefangen (Anhang Tab. A1). Die häufigsten Arten waren *Dasytes plumbeus* (Altholzbesiedler, 36 Standorte), *Anisotoma humeralis* (Holzpilzbesiedler, 33 Standorte) und *Stephostethus alternans* (Holzpilzbesiedler, 28 Standorte). Die Anzahl der gefangenen Arten und Individuen verringerte sich signifikant mit jeder Leerung von ursprünglich 117 Arten mit 1.229 Individuen im Mai auf 48 Arten mit 132 Individuen im September (Abb. 2; Wilcoxon–Test für gepaarte Stichproben: $Z_{Arten1\text{-}2} = -4{,}37$; $Z_{Arten2\text{-}3} = -5{,}15$; $Z_{Arten3\text{-}4} = -3{,}24$; $Z_{Individuen1\text{-}2} = -3{,}27$; $Z_{Individuen2\text{-}3} = -4{,}34$; $Z_{Individuen3\text{-}4} = -3{,}57$; $p < 0{,}01$ nach sequenzieller Bonferroni-Korrektur).

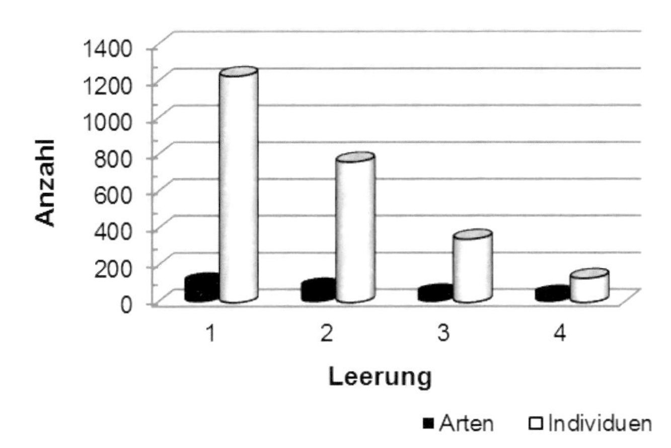

Abb. 2: Gesamtzahl der Totholzkäferarten und -individuen, die sich zu den einzelnen Leerungen in den Kreuzfensterfallen befanden (Originaldatensatz).

Aus 28 von insgesamt 40 Baumscheiben schlüpften 28 Arten mit insgesamt 250 Individuen, wovon 26 Arten auch in den Fallen gefangen wurden (Anhang Tabelle A2). *Acalles camelus* und *Rhyncolus ater* (beides Altholzbesiedler) konnten lediglich mit jeweils einem Individuum in den Baumscheiben nachgewiesen werden. Insgesamt mit den meisten Individuen vertreten waren *D. plumbeus* (337 Individuen), *A. humeralis* (126 Individuen) und *Ptilinus pectinicornis* (Altholzbesiedler, 118 Individuen). Von den insgesamt 192 erfassten Totholzkäferarten, waren 62 mit nur einem Exemplar vertreten. Insgesamt wurden in der vorliegenden Untersuchung 51 Rote-Liste-Arten (Rote Liste Deutschland, GEISER 1998) nachgewiesen (Anhang Tab. A3).

Sowohl die geringste Arten- als auch Individuenzahl wurde an Totholzstämmen von Eiche an Nordhängen gefangen. An Buchen an Südhängen hingegen, wurden die meisten Arten und auch Individuen gefangen (Abb. 3) Für die Käfer, die aus den Baumscheiben schlüpften, ergibt sich ein vergleichbares Bild (Abb. 4).

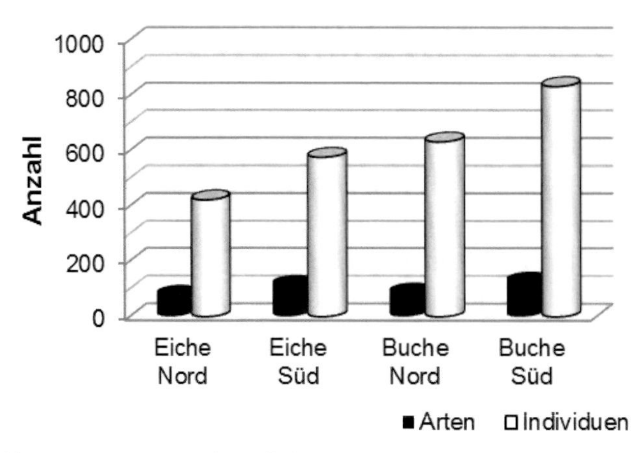

Abb. 3: Arten- und Individuenzahl der Kreuzfensterfallen nach Baumart und Hanglage getrennt dargestellt (Originaldatensatz).

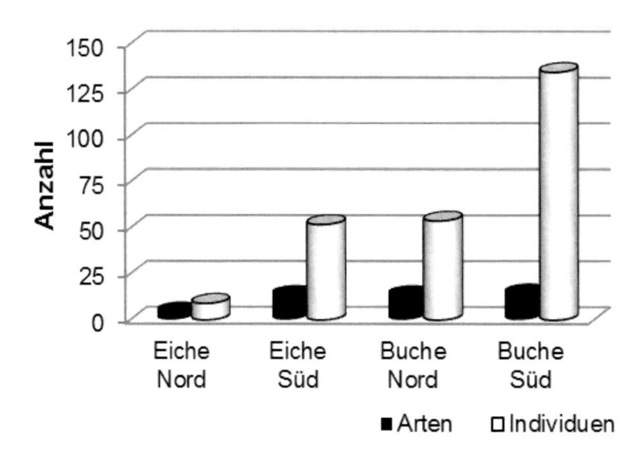

Abb. 4: Arten- und Individuenzahl der Bauscheiben nach Baumart und Hanglage getrennt dargestellt (Originaldatensatz).

An den Südhängen wurden mehr Totholzkäferarten und -individuen gefangen als an den Nordhängen. Zudem wurden im Vergleich mehr Arten und Individuen an Totholzstämmen von Buchen als von Eichen gefangen (Abb. 5). Auch hier sind die Ergebnisse der Baumscheiben vergleichbar (Abb. 6).

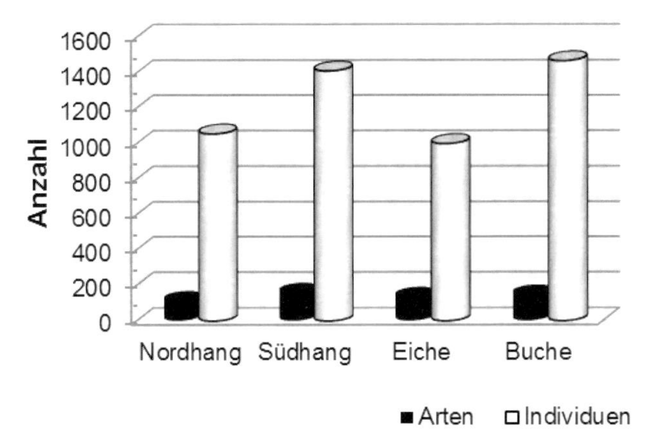

Abb. 5: Vergleich zwischen Nord- und Südhängen, sowie Eichen und Buchen hinsichtlich der Arten- und Individuenzahl in den Kreuzfensterfallen (Originaldatensatz).

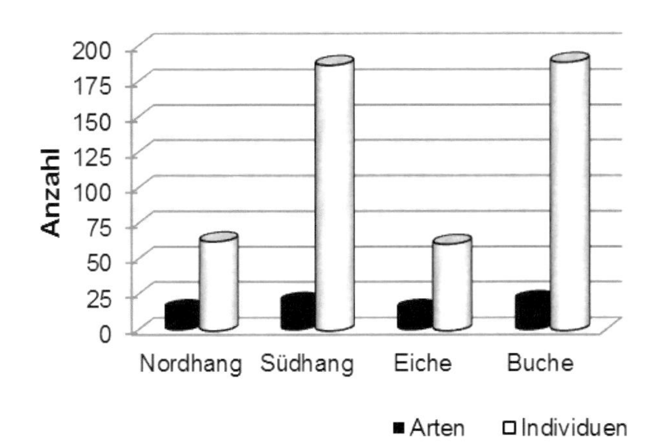

Abb. 6: Vergleich zwischen Nord- und Südhängen, sowie Eichen und Buchen hinsichtlich der Arten- und Individuenzahl die aus den Baumscheiben schlüpften (Originaldatensatz).

Da nicht für jeden Totholzstamm zu jeder Leerung drei Fallen geleert werden konnten, erfolgte eine entsprechende Korrektur des Datensatzes hinsichtlich der Individuenzahl (siehe Material und Methoden). Dieser korrigierte Datensatz wurde entsprechend dem Originaldatensatz ausgewertet, was qualitativ identische Ergebnisse lieferte. Mit dem korrigierten Datensatz wurde zudem eine univariate Varianzanalyse mit den beiden Faktoren „Hangseite" und „Baumart" durchgeführt (Tab. 6). Es waren signifikant mehr Arten an Süd- als an Nordhängen zu finden, die Individuenzahl unterschied sich für die Hangexposition nicht signifikant. Die Individuenzahl dagegen war an Buchen signifikant höher als an Eichen, hier war die Hangexposition nicht signifikant. Die Auswertung des Datensatzes der Baumscheiben lieferte vergleichbare Ergebnisse hinsichtlich der Individuenzahl. Allerdings war hier der Einfluss des Faktors „Baumart" auf die Artenzahl signifikant, wohingegen der Einfluss des Faktors „Hangseite" nicht signifikant war.

Tab. 6: Ergebnisse der univariaten Varianzanalyse mit den beiden Faktoren „Hangseite“ und „Baumart“ und den abhängigen Variablen „Individuenzahl“ und „Artenzahl“ für den korrigierten Datensatz der Kreuzfensterfallen. Angegeben sind jeweils Parameterschätzer, Standardfehler (SF), Freiheitsgrade (FG), F-Wert und p-Wert.

Faktor	Schätzer	SF	FG	F-Wert	p-Wert
Individuenzahl (korrigiert)					
Hangseite	18,70	15,62	1	2,33	0,136
Baumart	25,70	15,62	1	4,63	0,038
Hangseite x Baumart	3,21	22,40	1	0,21	0,887
Artenzahl					
Hangseite	10,00	3,70	1	10,27	0,003
Baumart	6,40	3,70	1	3,42	0,073
Hangseite x Baumart	2,99	5,31	1	0,32	0,577

Diversität und Mikroklima

Im Mittel waren die Standorte an den Nordhängen signifikant kälter als die Standorte an den Südhängen (Abb. 7), Wilcoxon-Test für gepaarte Stichproben: $Z = -2,29$; $p < 0,05$. Betrachtet man die normierten Werte für Temperatur und Luftfeuchtigkeit, so ergibt sich kein klares Bild da mitunter Standorte an Nordhängen wärmer und trockener waren, als die entsprechenden Standorte am Südhang (siehe Abb. 8 und 9).

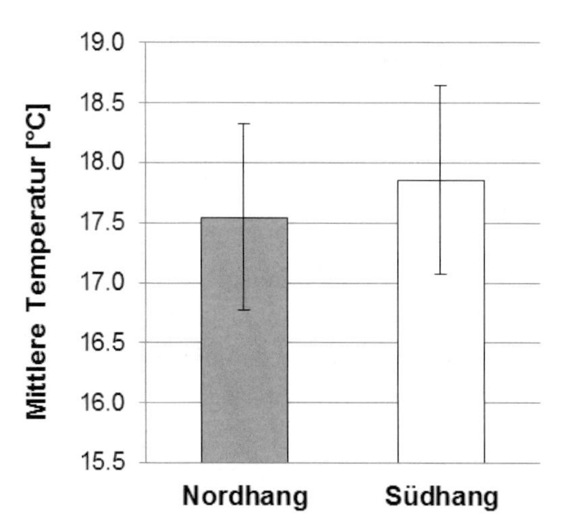

Abb. 7: Vergleich der mittleren Temperatur zwischen Nord- und Südhang. Wilcoxon-Test für gepaarte Stichproben: $p < 0,05$.

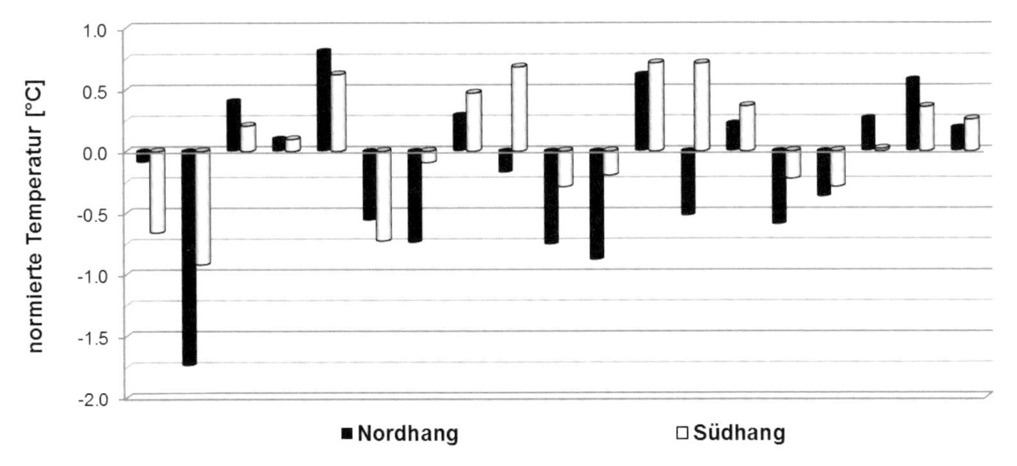

Abb. 8: Vergleich zwischen Nord- und Südhängen hinsichtlich der normierten TEMPERATUR. Messungen an Buchen- und Eichentotholzstämmen sind getrennt aufgeführt. Positive Werte bedeuten, dass die mittlere Temperatur an dem jeweiligen Standort über dem Mittelwert aller Standorte lag. Negative Werte bedeuten entsprechend, dass die mittlere Temperatur an dem jeweiligen Standort unter dem Mittelwert aller Standorte lag.

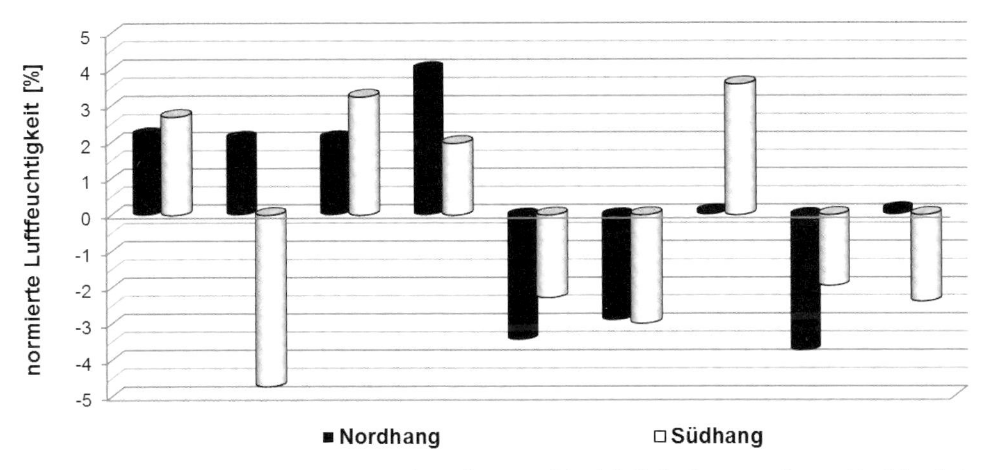

Abb. 9: Vergleich zwischen Nord- und Südhängen hinsichtlich der normierten Luftfeuchtigkeit. Die Messungen wurden nur an einem Totholzstamm pro Hang (Buche oder Eiche) durchgeführt. Positive Werte bedeuten, dass die mittlere Luftfeuchtigkeit an dem jeweiligen Standort über dem Mittelwert aller Standorte lag. Negative Werte bedeuten entsprechend, dass die mittlere Luftfeuchtigkeit an dem jeweiligen Standort unter dem Mittelwert aller Standorte lag.

Hinsichtlich des Effekts des Mikroklimas auf die Diversität der Totholzkäfer ergab sich ein signifikanter Einfluss der Temperatur und der Lichtverfügbarkeit auf die Anzahl der Käfer-Arten, die in den Kreuzfensterfallen entlang der beprobten Totholzstämme gefangen wurden (Tab. 7). Die Luftfeuchtigkeit und die Totholzmasse an den Standorten hatten jedoch keinen Einfluss auf die Artenzahl. Ein Effekt des Mikroklimas auf die Diversität der Käfergemeinschaften hinsichtlich der hier verwendeten Diversität-Indizes (Shannon- und Berger-Parker-Index) konnte nicht nachgewiesen werden (Tab. 8). Für den Datensatz der Baumscheiben ergab die Auswertung lediglich einen signifikanten Einfluss der Totholzmasse Zersetzungsstufe 4 auf die beiden Diversität-Indizes, nicht jedoch auf die Anzahl der geschlüpften Käferarten. Ein Effekt des Mikroklimas konnte nicht gefunden werden.

Tab. 7: Effekt des Mikroklimas und des Totholzvorrates auf die Diversität der Totholzkäfer (Artenzahl; Kreuzfensterfallen). Zur Auswertung der Daten wurden lineare Modelle mit gemischten Effekten gerechnet. Die beiden Faktoren „Hanglage" und „Baumart" gingen als zufällige Faktoren ein. Angegeben sind jeweils Parameterschätzer, Standardfehler (SF), Freiheitsgrade (FG), F-Wert und p-Wert.

Faktor	Schätzer	SF	FG	F	p
Intercept	-44,40	27,48	30	2,61	0,12
Mittlere Temperatur	3,58	1,56	30	5,29	0,03
Lichtverfügbarkeit	0,53	0,18	30	9,16	0,01
Intercept	21,20	5,91	11	12,86	<0,01
Mittlere normierte Temperatur	-0,44	7,24	11	0,01	0,95
Mittlere normierte Luftfeuchtigkeit	-1,90	1,10	11	3,01	0,11
Lichtverfügbarkeit	0,27	0,32	11	0,70	0,42
Intercept	19,45	5,74	32	11,50	<0,01
Mittlere normierte Temperatur	4,74	2,13	32	4,92	0,03
Lichtverfügbarkeit	0,50	0,18	32	7,47	0,01
Intercept	22,84	5,51	31	17,18	<0,01
Totholzmasse Z2	0,19	0,66	31	0,08	0,78
Totholzmasse Z3	1,10	1,17	31	0,89	0,35
Totholzmasse Z4	1,99	1,77	31	1,27	0,27

Tab. 8: Effekt des Mikroklimas und des Totholzvorrates auf die Diversität der Totholzkäfer (Shannon H'Log Base 10; Kreuzfensterfallen). Zur Auswertung der Daten wurden lineare Modelle mit gemischten Effekten gerechnet. Die beiden Faktoren „Hanglage" und „Baumart" gingen als zufällige Faktoren ein. Angegeben sind jeweils Parameterschätzer, Standardfehler (SF), Freiheitsgrade (FG), F-Wert und p-Wert.

Faktor	Schätzer	SF	FG	F	p
Intercept	0,23	0,78	30	0,09	0,77
Mittlere Temperatur	0,05	0,05	30	1,33	0,26
Lichtverfügbarkeit	0,01	0,01	30	1,01	0,32
Intercept	1,20	0,14	11	79,34	<0.01
Mittlere normierte Temperatur	0,10	0,20	11	0,28	0,61
Mittlere normierte Luftfeuchtigkeit	-0,02	0,03	11	0,45	0,51
Lichtverfügbarkeit	<-0,01	0,01	11	<0,01	0,99
Intercept	1,16	0,10	32	124,40	<0,01
Mittlere normierte Temperatur	0,07	0,06	32	1,27	0,27
Lichtverfügbarkeit	0,01	0,01	32	0,83	0,37
Intercept	1,12	0,10	31	139,50	<0,01
Totholzmasse Z2	<0,01	0,02	31	0,04	0,85
Totholzmasse Z3	0,04	0,03	31	1,75	0,20
Totholzmasse Z4	0,03	0,04	31	0,55	0,46

Artengemeinschaft und Mikroklima

Die Zusammensetzung der Käfergemeinschaften wurde signifikant durch die Faktoren Hangseite (F = 1,29; p = 0,04), mittlere Temperatur (F = 1,75; p = 0,01) und Lichtverfügbarkeit (F = 1,51; p = 0,02) beeinflusst (Abb. 10).

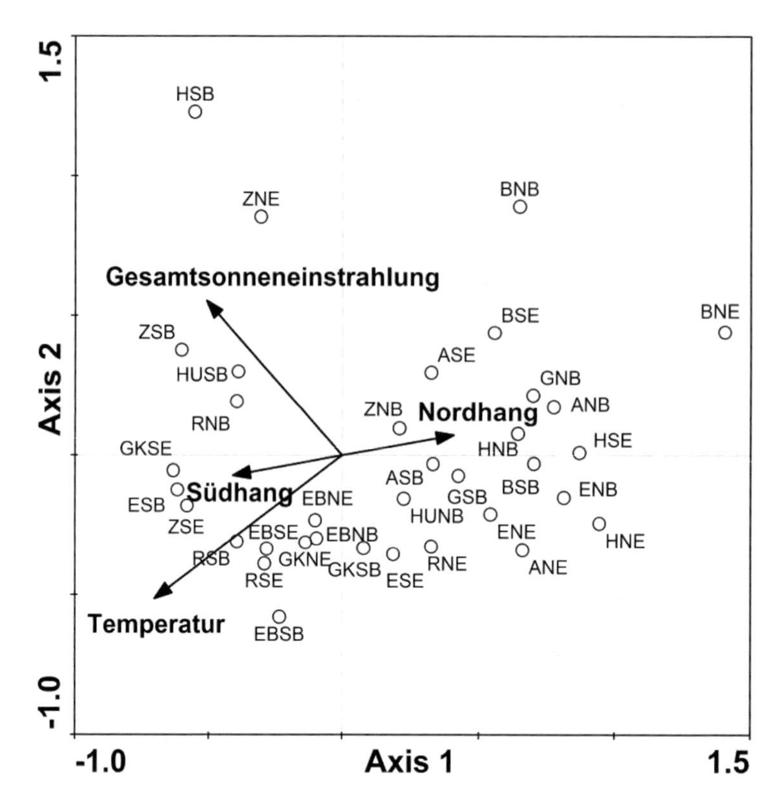

Abb. 10: Kanonische Korrespondenzanalyse mit den Faktoren Hangseite, mittlere Temperatur und Lichtverfügbarkeit. Sowohl der Test der ersten Achse, als auch der Test aller Achsen war signifikant (Achse 1: F = 1,88; p = 0,01; alle Achsen: F = 1,53; p = 0,01). Die Eigenvalues von Achsen 1, 2, 3 und 4 betrugen jeweils 0,20; 0,14; 0,10 und 0,34 (total inertia: 3,43).

Ebenso konnte ein signifikanter Einfluss der mittleren normierten Temperatur nachgewiesen werden (F = 1,62; p = 0,01) (Abb. 11), wobei die p-Werte der beiden Faktoren Hangseite (F = 1,28; p = 0,07) und Lichtverfügbarkeit (F = 1,43; p = 0,05) in dieser Analyse knapp nicht signifikant sind. Die Zusammensetzung der Käfergemeinschaften wurde zudem signifikant durch die Baumart bestimmt (F = 1,41; p = 0,01; Abb. 12). Für die Luftfeuchtigkeit in Form der mittleren normierten Luftfeuchtigkeit (F = 0,98; p = 0,48) und den Totholzvorrat (Totholzmasse Z2: F = 1,28; p = 0,07; Totholzmasse Z3: F = 0,96; p = 0,52; Totholzmasse Z4: F = 1,08; p = 0,35) an den Standorten konnte ein solcher Einfluss nicht nachgewiesen werden (Abb. 11 und 12).

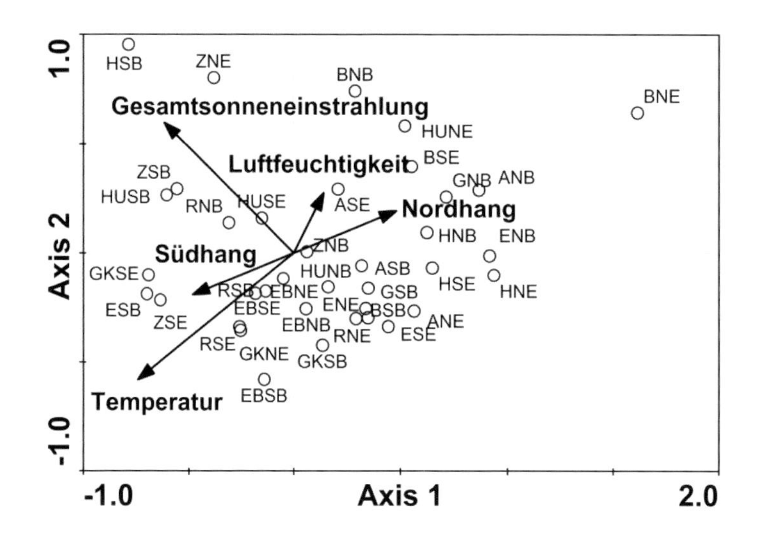

Abb. 11: Kanonische Korrespondenzanalyse mit den Faktoren Hangseite, Lichtverfügbarkeit und mittlere normierte Temperatur sowie Luftfeuchtigkeit. Sowohl der Test der ersten Achse, als auch der Test aller Achsen war signifikant (Achse 1: F = 1,91; p = 0,01; alle Achsen: F = 1,34; p = 0,01). Die Eigenvalues von Achsen 1, 2, 3 und 4 betrugen jeweils 0,20; 0,12; 0,10 und 0,08 (total inertia: 3,49).

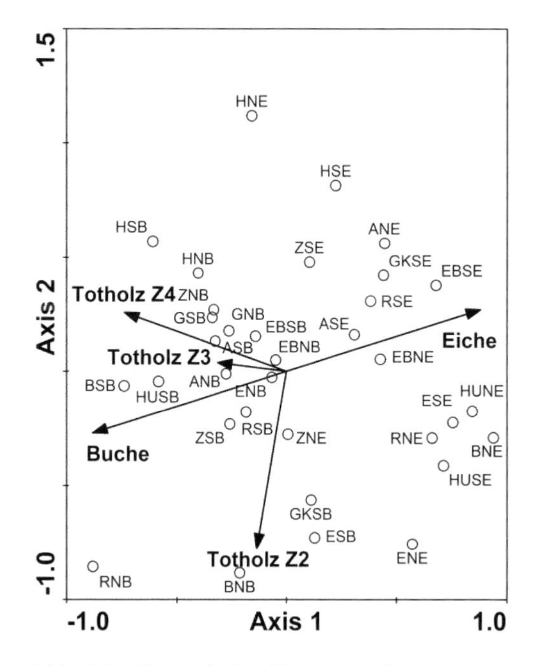

Abb. 12: Kanonische Korrespondenzanalyse mit den Faktoren Baumart und Totholzvorrat der Zersetzungsstufen 2, 3 und 4. Sowohl der Test der ersten Achse, als auch der Test aller Achsen war nicht signifikant (Achse 1: F = 1,46; p = 0,19; alle Achsen: F = 1,19; p = 0,08). Die Eigenvalues von Achsen 1, 2, 3 und 4 betrugen jeweils 0,17; 0,15; 0,11 und 0,07 (total inertia: 3,55).

Einzelne Arten und Mikroklima

23 der 51 Rote Liste Arten (GEISER 1998) dieser Studie traten an mindestens 3 Standorten auf und wurden mit den aufgenommenen Standortparametern analysiert (Tab. 9). Die Anzahl der Fundorte pro Art ist in der Tabelle angegeben. Für neun der Käferarten konnte ein signifikantes Modell berechnet werden. Das Vorkommen dieser Rote-Liste-Arten hängt im Wesentlichen von den beiden mikroklimatischen Faktoren „Temperatur" und „Lichtverfügbarkeit" ab. Temperatur korreliert in allen Fällen (4 Arten) positiv mit der Vorkommenswahrscheinlichkeit der Arten, Lichtverfügbarkeit korreliert mit dem Auftreten von drei Arten positiv und mit einer Art, *Phloiotrya rufipes*, negativ. Da manche Arten nur an drei oder vier Standorten gefangen wurden, sind für diese Arten die dargestellten Ergebnisse vorsichtig zu interpretieren.

Tab. 9: Ergebnisse der logistischen Regression von xylobionten Käferarten der Roten Liste D mit den Faktoren „Hangexposition", „Baumart", „Temperatur" und „Lichtverfügbarkeit". Angegeben sind jeweils der Rote-Liste-Status Deutschland (GEISER 1998), Regressionskoeffizient (B), Standardfehler (SF), Chi2-Wert, p-Wert und Nagelkerkes R^2. Freiheitsgrad ist jeweils 1. Die Auswertung erfolgte nur für Arten, die an mindestens drei Standorten nachgewiesen wurden.

Artname (n Fundorte)	**RL D**	**Faktor**	**B**	**SF**	**Chi²**	**p**	**R²**
Anaspis ruficollis (4)	2	Lichtverfügbarkeit	0,14	0,08	3,65	0,06	0,19
Conopalpus brevicollis (10)	2	Lichtverfügbarkeit	0,12	0,06	4,54	0,03	0,18
Denticollis rubens (23)	2	keiner der untersuchten Faktoren wurde in das Model aufgenommen					
Enicmus atriceps (7)	2	keiner der untersuchten Faktoren wurde in das Model aufgenommen					
Melandrya barbata (11)	2	keiner der untersuchten Faktoren wurde in das Model aufgenommen					
Platycis cosnardi (10)	2	Lichtverfügbarkeit	0,16	0,07	7,49	<0,01	0,27
Abdera quadrifasciata (3)	3	keiner der untersuchten Faktoren wurde in das Model aufgenommen					
Anoplodera sexguttata (4)	3	Temperatur	7,09	5,04	11,20	<0,01	0,53
Cicones variegatus (7)	3	keiner der untersuchten Faktoren wurde in das Model aufgenommen					
Cis dentatus (5)	3	keiner der untersuchten Faktoren wurde in das Model aufgenommen					

Artname (n Fundorte)	RL D	Faktor	B	SF	Chi^2	p	R^2
Dirhagus pygmaeus (17)	3	Südhang	-1,41	0,72	4,13	0,04	0,15
Hylis cariniceps (3)	3	keiner der untersuchten Faktoren wurde in das Model aufgenommen					
Hylis olexai (20)	3	keiner der untersuchten Faktoren wurde in das Model aufgenommen					
Hypoganus inunctus (6)	3	Temperatur	2,55	1,20	8,53	<0,01	0,36
Liodopria serricornis (4)	3	keiner der untersuchten Faktoren wurde in das Model aufgenommen					
Melandrya caraboides (3)	3	keiner der untersuchten Faktoren wurde in das Model aufgenommen					
Microscydmus minimus (3)	3	keiner der untersuchten Faktoren wurde in das Model aufgenommen					
Phloiotrya rufipes (7)	3	Lichtverfügbarkeit	-0,21	0,11	5,40	0,02	0,23
Plegaderus dissectus (5)	3	keiner der untersuchten Faktoren wurde in das Model aufgenommen					
Rhagium sycophanta (5)	3	Temperatur	2,46	1,28	6,92	<0,01	0,32
Sinodendron cylindricum (12)	3	keiner der untersuchten Faktoren wurde in das Model aufgenommen					
Stenagostus rhombeus (3)	3	Temperatur	6,61	5,39	8,08	<0,01	0,46
Tillus elongatus (8)	3	keiner der untersuchten Faktoren wurde in das Model aufgenommen					

Diskussion

Untersuchungsgebiet, Arten- und Individuenzahlen, Fangmethode

Die vorliegende Studie untersucht im Buchen dominierten nördlichen Steigerwald modellhaft Lebensgemeinschaften xylobionter Käferarten kolliner bis submontaner Lagen in unterschiedlichen Expositionen bzw. Mikroklimaten, um den Einfluss des Klimawandels auf diese Artengruppe abschätzen zu können. Da es hier nicht, wie in den Alpen, die Möglichkeit gibt, eine Voraussage über mögliche Veränderungen über einen Höhengradienten zu treffen, wurden die Nord- und Südexpositionen von Hügelzügen mit ihren unterschiedlichen mikroklimatischen Bedingungen als Referenzstandorte ausgewählt.

Die Rotbuche (*Fagus sylvatica*) ist die von Natur aus dominierende Baumart in vielen mitteleuropäischen Wäldern, für die insbesondere Deutschland eine globale Verantwortung trägt. Deshalb werden diese Wälder vermehrt in Schutzkonzepte einbezogen. Die Europäische Union gibt den Rahmen für den Schutz unterschiedlicher Buchenwaldgesellschaften durch das Natura 2000 Netzwerk vor (LACHAT et al. 2012). Obwohl nur eine kleine Anzahl von Insekten *Fagus*-Spezialisten sind, konnte gezeigt werden, dass 70% der mitteleuropäischen xylobionten Käferarten in Buchen dominierten Wäldern vorkommen können (MÜLLER et al. 2013). Nach RABITSCH (2010) sind durch den Klimawandel nachteilig betroffene Tierarten (Hochrisikoarten) schwerpunktmäßig in Mooren, gefolgt von Wäldern, verbreitet. Zusätzlich sind fünf der sieben in der vorliegenden Studie ausgewählten Hochrisiko-Käferarten (ausgewählt durch den in diesem Projekt erarbeiteten Kriterienkatalog) an Totholz gebunden.

Im Rahmen der Untersuchung wurden von Ende April bis Anfang September 2012 an 40 liegenden Totholzstämmen 192 xylobionte Käferarten (2.724 Individuen) gefangen. 51 Arten davon stehen auf der Roten Liste Deutschlands (GEISER 1998). Das Fangergebnis stellt für eine einjährige Studie in Mitteleuropa einen hohen Wert dar (BUSSLER, pers. Kommunikation). Von 5500 in Bayern nachgewiesenen Käferarten sind 1.400 Arten obligatorisch an Holzgewächse und Holzpilze gebunden. Für den Vorderen Steigerwald wurden 413 xylobionte Käferarten erfasst (BUßLER 2005), für den nördlichen Steigerwald 438 xylobionte Käferarten (MÜLLER 2005).

Fensterfallen sammeln die xylobionte Arten, die von Totholz angelockt werden, und beproben damit den lokalen Artenpool (THYGESON & BIRKEMOE 2009), wohingegen Eklektorfallen die Arten fangen, welche tatsächlich aus einem bestimmten Holzstück schlüpfen (ALINVI et al. 2007). Eine Kombination der beiden Methoden gilt als komplementär und gut geeignet (ALINVI et al 2007). Beide Methoden wurden daher für die Erfassung der Käferarten in dieser Studie eingesetzt. Die Methoden unterschieden sich erheblich in den gefangenen Arten- und Individuenzahlen. In den speziell für die Studie konzipierten „Mini-Kreuzfensterfallen" wurden deutlich mehr Käfer gefangen (190 Arten, 2.474 Individuen) als mit den Eklektoren aus dem entnommenem Totholz ausgebrütet werden konnten (28 Arten, 250 Individuen). Da die Eklektoren kaum zusätzliche Arten gegenüber den Kreuzfensterfallen erbrachten (2 zusätzliche Arten), basieren die dargestellten Ergebnisse in der Regel auf den Daten aus den Kreuzfensterfallen. Die Daten aus den Kreuzfensterfallenfängen repräsentieren u.a. die Aktivität der gefangenen Individuen. Aus diesem Grund ist der kleinere Datensatz aus den Eklektorfängen dennoch bedeutsam und wurde zur Diskussion der Ergebnisse herangezogen Die Datensätze aus beiden Methoden wurden nicht gepoolt und die Herkunft des jeweils analysierten Datensatzes ist den Tabellen- und Abbildungslegenden zu entnehmen.

Jahreszeitlicher Aktivitätsverlauf

Im jahreszeitlichen Verlauf der Aktivität der Käfer finden wir in unserer Studie eine kontinuierliche Abnahme sowohl der Arten- wie auch der Individuenzahlen von Ende April bis Anfang September. Bei MÜLLER (2005) sind die Artenzahl wie auch die Abundanzen bei absterbenden Bäumen von April bis zum Ende der Vegetationsperiode relativ konstant, bis auf einen Einbruch im sehr trockenen Monat Mai. Im September und Oktober nehmen bei MÜLLER (2005) die Abundanzen aller untersuchten Gruppen stark ab. Die in der vorliegenden Studie beprobten Monate können somit als repräsentativ für den größten Teil der xylobionten Käferfauna des beprobten Habitats gelten.

Einfluss der Hangexposition und Baumart auf Artendiversität und Individuenzahl xylobionter Arten

Die Hangexposition (Nord-, Südhang) der Totholzstämme hatte einen signifikanten Einfluss auf die Artenzahl xylobionter Käfer, es gab jedoch keinen signifikanten Effekt der Baumart und ebenfalls keine Interaktionseffekte. Die Artenzahl war an süd- bzw. südwestausgerichteten Hängen signifikant höher als an Nord- bzw. Nord-Osthängen. Die Individuenzahl unterschied sich nur für die Baumart signifikant, nicht für die Hangexposition. Sie war an Buchentotholz höher als an Eichentotholz.

Nach unserer Kenntnis gibt es bislang keine Studie zum Einfluss der Hangexposition und nur wenige Studien zum Einfluss von Temperatur und anderen mikroklimatischen Parametern auf xylobionte Käfergemeinschaften. Es wurde jedoch eine Reihe von Untersuchungen zu den Auswirkungen von Veränderungen des Mikroklimas im Bestand oder innerhalb des vertikalen Profils im Wald auf xylobionte Arten durchgeführt. FRANC und GÖTMARK (2008) verglichen Waldschutzgebiete in Schweden, die einer natürlichen Sukzession überlassen waren mit solchen, in denen „semioffene Bedingungen“ durch Einschlag erzeugt wurden. Ebenso wie an den südexponierten Hangseiten in unserer Studie stieg in den semioffenen Habitaten der Artenreichtum der herbivoren und xylobionten Käfer, vermutlich aufgrund des veränderten Mikroklimas, um ca. 35% an, die Artenzusammensetzung innerhalb der Gruppen veränderte sich nicht wesentlich. Für Rote Liste Arten veränderte sich der Artenreichtum wenig, aber die Erhöhung der Anzahl semioffener Flächen in den Wäldern benachteiligte dennoch einige der Arten (FRANC & GÖTMARK 2008). Zu ähnlichen Ergebnissen kamen RANIUS und JANSSON (2000), die an freistehenden alten Eichen einen Rückgang des Artenreichtums xylobionter Käfer bei Wiederbewaldung beobachtet hatten. Auch die verschiedenen vertikalen Straten im Kronenraum unterschieden sich deutlich in ihrer Zusammensetzung an xylobionten Käferarten, vermutlich bedingt durch unterschiedliche Mikrohabitatansprüche, Nahrungsverfügbarkeit, mikroklimatische Präferenzen und Arteninteraktionen (BOUGET et al. 2011). ULYSHEN (2011) kommt ebenfalls zu dem Schluss einer starken vertikalen Stratifizierung der Arthropoden temperater Laubwälder und nennt als Ursachen neben dem mikroklimatischen Gradienten, Zeit, Waldstruktur, Zusammensetzung der Pflanzengemeinschaften, Ressourcenverfügbarkeit und interspezifische Interaktionen.

Nach STOKLAND (2012) unterscheiden 75-90% aller xylobionten Käfer in Nordeuropa zwischen Nadel- und Laubbäumen. Allerdings zeigten nur 26% aller Arten eine klare Präferenz für eine bestimmte Baumart. Für nordische Länder wurde eine höhere Artenzahl an xylobionten Käfern fakultativ oder obligat für Eichentotholz im Vergleich zur Rotbuche nachgewiesen (STOKLAND 2012). Dies gilt nicht für die vorliegende Studie, wo eine größere Arten- und Individuenzahl in Rotbuchen- im Vergleich zu Eichentotholz zu finden war. Eine Ursache könnte die größere Menge des als Ressource für die Käfer im nördlichen Steigerwald zur Verfügung stehenden Buchen- im Vergleich zu Eichentotholz sein. Nach MÜLLER (2005) gibt es auch in einem Buchen dominierten Laubwald wie dem nördlichen Steigerwald klassische „Eichenarten“, also xylobionte Käferarten die nur an Eichen zu finden sind. Allerdings ergab seine Analyse, dass vitale Eichen im Steigerwald zwar mehr Arten aufweisen als vitale Buchen, die Artenzahlen jedoch unter denen von anbrüchigen Buchen liegen (MÜLLER 2005).

Einfluss der mikroklimatischen Faktoren Temperatur, Luftfeuchte und Lichtverfügbarkeit auf Artendiversität und Individuenzahl

Sowohl die mittlere Temperatur wie auch die Lichtverfügbarkeit, gemessen in stündlichen Intervallen pro Totholzstamm (Temperatur) bzw. als Lichteinfall durch das Kronendach (gap light transmission), hatten einen signifikant positiven Einfluss auf den Artenreichtum der xylobionten Käfergemeinschaften. Modelle mit der mittleren normierten Luftfeuchtigkeit waren dagegen nicht signifikant. Der Totholzvorrat in einem 1.000 m^2 Kreis um die Probenstelle, gegliedert nach den relevanten Zersetzungsstadien (Z2 bis Z4), hatte ebenfalls keinen signifikanten Einfluss. Die α-Diversität der Käfergemeinschaften (berechnet nach Shannon Wiener H oder nach Berger-Parker), im Gegensatz zum Artenreichtum, wurde von keinem der Umweltparameter beeinflusst.

Temperatur hat nach der Arten-Energie-Hypothese generell einen positiven Einfluss auf den Artenreichtum (WRIGHT 1983). In einer der wenigen Studien zum Einfluss von Temperatur auf xylobionte Käfergemeinschaften wurden in europäischen Buchenwäldern mehr Indikatorarten (repräsentiert durch ausgewählte spezialisierte xylobionte Käferarten) an warmen als an kühlen Standorten (74 vs. 28 Arten) als Lebensraum gefunden (LACHAT et al. 2012). Dies stimmt mit dem positiven Einfluss der Temperatur, der Lichtverfügbarkeit und einer südexponierten Ausrichtung der Hangseite auf die Arten- und Individuenzahlen in dieser Studie überein. Neben der Temperatur war in der Studie von LACHAT et al. (2012) die Totholzmenge für die gefundene Artenzahl von ausschlaggebender Bedeutung, was in dem hier vorgestellten Projekt nicht gezeigt werden konnte. Indikatorarten kühlerer Standorte wurden bei LACHAT et al. (2012) nur in Kombination mit großen Mengen an Totholz gefunden.

Eine aktuelle Studie kommt zu dem Schluss, dass Sonnenexposition der wichtigste Umweltparameter ist, der den Artenreichtum an Schnellkäfern (Coleoptera: Elateridae), darunter viele xylobionte Arten, in alten Bäumen in Weidelandschaften bestimmt. Die meisten Arten bevorzugten dabei einzeln stehende Bäume in sonnenexponierten Habitaten und vermieden beschattete Bäume in einem geschlossenem Kronenraum (HORÁK & RÉBL 2013). Ein offeneres Kronendach hatte positive Effekte auf totholzbewohnende Wirtsgeneralisten, Nadelbaum-Spezialisten und Rote Liste Käferarten (MÜLLER et al. 2010). In der vorliegenden Studie könnte der starke Einfluss der Hangexposition auf den Artenreichtum der Käfergemeinschaften ebenfalls tatsächlich auf den Einfluss der Temperatur und der Lichtverfügbarkeit zurückzuführen sein. Dies zeigt sich auch in der gemessenen signifikant höheren mittleren Temperatur an Südhängen im Vergleich zu Nordhängen. Die Luftfeuchte zeigte im Mittel keinen signifikanten Unterschied zwischen den Hangexpositionen. Dies könnte allerdings darauf zurückzuführen sein, dass für 40 Standorte (Totholzstämme) nur 10 Luftfeuchte-Datenlogger zur Verfügung standen, die jeweils zwischen den Standorten bzw. Hängen ausgewechselt werden mussten, so dass hier nur die normierten Luftfeuchtewerte zur Berechnung zur Verfügung standen.

Einfluss des Totholzvorrats auf Artendiversität und Individuenzahl

Viele Studien zu xylobionten Arten bezeichnen die vorhandene Menge an Totholz (Totholzvorrat), dessen Zersetzungszustand, Dimension und Zusammensetzung aus bestimmten Baumarten sowie die Kontinuität des Angebots (Habitattradition) als wichtige und bestimmende Parameter sowohl für den Artenreichtum xylobionter Käfer als auch für die Anzahl an Rote Liste Arten und Urwaldreliktarten (GOSSNER et al. 2013 a, STOKLAND et al. 2012, LACHAT et al. 2012, MÜLLER et al. 2005). In unserer Studie fanden wir hingegen keinen signifikanten Einfluss weder des Gesamttotholzvorrats je Untersuchungsfläche noch des Totholzvorrats aufgeteilt nach den verschiedenen Zersetzungsstadien. Da wir Totholzstämme in dem relativ fortgeschrittenen Zersetzungsstadium Z3 beprobt hatten, analysierten wir den Einfluss des Vorrats der Zersetzungsstadien Z2 bis Z4. Zu einem ähnlich ungewöhnlichen Ergebnis kamen GOSSNER et al. (2013b) in ihrer zweijährigen Studie, in der sie Wälder experimentell mit Kronentotholz und liegendem Totholz anreicherten. Auch hier spielte der Totholzvorrat nur eine untergeordnete Rolle, im Vergleich zu anderen Umweltparametern wie Niederschlag, Temperatur, Baumart und vertikales Stratum. Die Autoren schlossen daraus, dass die Menge an Totholz am Boden kein ausreichendes Maß für die lokale Diversität von xylobionten Käfern ist. In unsere Studie stellten sich mikroklimatische Parameter, sowie die beprobte Baumart als bedeutender für den Artenreichtum heraus, als der Totholzvorrat. Dies könnte aber möglicherweise auch an dem kurzen Zeitraum der Untersuchung oder einem vergleichbar guten Totholzangebot auf den verschiedenen untersuchten Flächen liegen.

Einfluss der Standortfaktoren auf die Artenzusammensetzung

Ähnlich wie für den Artenreichtum (α-Diversität), sind auch für die Artenzusammensetzung der Käfergemeinschaften (β-Diversität) die Faktoren Hangexposition, mittlere Temperatur, Lichtverfügbarkeit und Baumart ausschlaggebend. Nicht signifikant sind die Faktoren mittlere normierte Luftfeuchtigkeit und der Totholzvorrat der verschiedenen Zersetzungsstadien. Das heißt, man findet nicht nur in unterschiedlichen Mikroklimaten und an den verschiedenen Baumarten (Buche, Eiche) unterschiedlich viele Arten, sondern auch die Zusammensetzung der Artengemeinschaften unterscheidet sich in Abhängigkeit von diesen Faktoren.

Einfluss von Standortfaktoren auf ausgewählte Rote Liste Arten

Unter den 51 erfassten Rote Liste Arten (GEISER 1998), die sich aus Arten beider Fangmethoden (Kreuzfensterfallen und Eklektoren) zusammensetzen, ist die überwiegende Anzahl Altholzbesiedler (33 Arten) und damit auf Holz in fortgeschrittenen Zersetzungsstadien angewiesen, 13 Arten sind Holzpilzbesiedler und nur 4 Arten Frischholzbesiedler. Eine Art weist eine Sonderbiologie auf.

Für 9 von 23 Rote Liste Arten (GEISER 1998), die an ausreichend vielen Standorten vertreten waren, konnte ein signifikantes Modell berechnet werden. Temperatur korrelierte immer positiv mit dem Auftreten der Arten (4 Arten), wenn sie als Faktor signifikant war. Lichtverfügbarkeit korreliert mit dem Auftreten von drei Arten positiv und mit einer Art, *Phloiotrya rufipes*, einem Altholzbesiedler, negativ. Weiterhin war *Dirhagus pygmaeus*, ebenfalls ein Altholzbesiedler, signifikant häufiger an Süd- als an Nordhängen anzutreffen.

Die Rote Liste Arten setzen sich, wie bei der Beprobung eines fortgeschrittenen Zersetzungsstadiums erwartet, vor allem aus Altholzbesiedlern und Holzpilzbesiedlern zusammen, die im Verhältnis häufiger gefährdet sind, da ihre Ressource meist in geringerem Umfang zur Verfügung steht als Frischholz. Weiterhin benötigen sie eine gewisse Habitattradition für das Überleben ihrer Populationen (MÜLLER et al. 2005). Die Analyse der Rote Liste Arten (GEISER 198) zeigt, dass in Anlehnung an die oben präsentierten Ergebnisse die Arten, für die ein signifikantes Modell vorliegt, ebenfalls vorrangig durch das Mikroklima des Bestandes beeinflusst werden und dabei Temperatur und Lichtverfügbarkeit sich bei den meisten Arten postitiv auf die Vorkommenswahrscheinlichkeit auswirken. Bei einer Art war ein negativer Einfluss der Lichtverfügbarkeit festzustellen.

Möglicher Einfluss des Klimawandels auf die xylobionten Artengemeinschaften des nördlichen Steigerwaldes als Beispiel für kolline bis submontane Buchenwälder

Die vorliegende Untersuchung zeigt, dass mikroklimatische Parameter, wie die Hangexposition, die mittlere Temperatur und die Lichtverfügbarkeit, neben der Baumart, wichtige Einflussgrößen für den Artenreichtum und die Artenzusammensetzung der xylobionten Käfergemeinschaften der kollinen bis submontanen Buchenwälder des nördlichen Steigerwaldes darstellen. Der Artenreichtum nahm auf südexponierten Hanglagen und bei steigender mittlerer Temperatur und Lichtverfügbarkeit zu. Dies stimmt mit den wenigen Studien über den Einfluss mikroklimatischer Parameter auf xylobionte Käfergemeinschaften überein (HORÁK & RÉBL 2013, LACHAT et al. 2012, FRANC & GÖTMARK 2008, Ranius & JANSSON 2000). Die Rote Liste Arten (GEISER 1998), sofern sie auf ausreichend vielen Untersuchungsflächen vorhanden waren und signifikante Modelle berechnet werden konnten, zeigen dasselbe Muster. Acht von neun Rote Liste Arten profitierten ebenfalls von einer höheren Temperatur oder einem höheren Lichteinfall. Eine Rote Liste Art, *Phloiotrya rufipes*, ein Altholzbesiedler, wurde dagegen negativ beeinflusst.

Geringe negative bzw. sogar positive Effekte eines wärmeren Mikroklimas können für xylobionte Käferarten kolliner bis submontaner Lagen, wie dem Steigerwald, erwartet werden, da viele dieser Arten auch auf dem Balkan vorkommen, wo sie aktuell mit höheren Temperaturen als bei uns in Mittelgebirgslagen konfrontiert werden (MÜLLER, pers. Mitt.). Kritisch dürften erhöhte Temperaturen und damit die Auswirkungen des Klimawandels vor allem für boreo-montane Arten sein, deren Verbreitungsgrenzen im Höhengradienten nicht mehr weiter nach oben bzw. weiter nördlich verschiebbar sind. BÄSSLER et al. (2013) zeigten an einem Höhengradienten im Nationalpark Bayerischer Wald, dass die obere Verbreitungsgrenze von Käfern sich in den letzten hundert Jahren stärker nach oben verschoben hat, als das bei einer reinen Betrachtung der Erhöhung der mittleren Jahrestemperatur zu erwarten gewesen wäre. Während die Verbreitungsgrenzen der Pflanzen nicht von der Temperatur betroffen waren und die von Vögeln innerhalb des erwarteten Bereichs blieben, überstieg die Verschiebung der Verbreitungsgrenzen bei drei Insektengruppen, darunter Käfer, die erwartete Verschiebung deutlich.

Wir gehen aufgrund der Ergebnisse unserer Studie davon aus, dass die meisten der untersuchten xylobionten Käferarten kolliner bis submontaner Lagen plastisch auf kleinere Temperaturerhöhungen reagieren können und somit eine gewisse Anpassungskapazität an Temperaturveränderungen bedingt durch den Klimawandel besitzen. Eine Übertragung der hier erzielten Erkenntnisse auf die in Teil A ausgewählten fünf Hochrisikokäferarten, die ebenfalls an Totholz gebunden sind, erscheint aus verschiedenen Gründen allerdings fraglich. Diese Arten haben häufig sehr spezifische Ansprüche an ihren Lebensraum, wie z.B. Mulmhöhlen mit größerem Mulmvolumen, pyrophile Lebensweise, kranke oder frisch abgestorbene Birken in voralpinen Hochmooren, etc., sie sind meist, neben dem geeigneten Lebensraum noch auf weitere spezifische Umweltfaktoren angewiesen (z.B. passende Hydrologie) und kommen z.T. in anderen, als den hier untersuchten Lagen vor (montan, alpin, etc.).

Empfehlungen

Aus der vorliegenden Studie ergibt sich keine unmittelbare Bedrohung der meisten kollinen bis submontanen xylobionten Käferarten des Steigerwalds durch den Klimawandel, sofern sich die Temperaturerhöhung in engen Grenzen hält (mittlerer Temperaturunterschied zwischen nord- und südexponierten Hängen < 0,5°C). Südexponierte Hanglagen sowie höhere Temperaturen beeinflussten den Artenreichtum insgesamt positiv, wie auch die meisten der untersuchten Rote Liste Arten (GEISER 1998). Allerdings zeigte sich, dass sich die Artenzusammensetzung xylobionter Käfergemeinschaften bedingt durch das Mikroklima verändert und dass zumindest eine Rote Liste Art negativ durch steigende Lichtverfügbarkeit beeinflusst wurde. Hinzu kommt, dass kritische Lebensräume xylobionter Arten mit sehr sensiblen Artengemeinschaften, wie z.B. Mulmhöhlengemeinschaften (HOLZWARTH et al. 2013, SIITONEN 2012, SCHAFFRATH 2005, ZACH 2003) aufgrund der Kürze der Projektstudie nicht bearbeitet werden konnten. Wir schlagen ein regelmäßiges Monitoring ausgewählter, eher kälteangepasster Roter Liste Arten unter den kollinen bis submontanen xylobionten Arten vor, sowie eine möglichst optimale Unterstützung der Arten mit einem auf ihre Bedürfnisse zurechtgeschnittenen Ressourcenangebot. Da es sich bei der in der Studie negativ beeinflussten Art um einen Altholzbesiedler handelt, schlagen wir ein verstärktes Angebot an Totholz in fortgeschrittenen Zersetzungsstadien besonders in kühleren Lagen buchenwalddominierter deutscher Mittelgebirge vor, angelehnt an Empfehlungen aus der Literatur. LACHAT et al. (2012) empfehlen zum Beispiel verschiedene Strategien für warme und kühle Waldgebiete, auch um die Effekte der globalen Erwärmung abmildern zu können. Hierbei sollte vor allem die Menge an Totholz für die allgemeine Artenvielfalt von xylobionten Käfern optimiert werden. Die Autoren stellten fest, dass xylobionte Indikatorarten kühler (montaner) Buchenwälder eine sehr große Menge an Totholz (70 m^3/ha) benötigen, während einige Indikatorarten warmer Wälder mit weniger zurechtkommen (LACHAT et al. 2012). Diese Ergebnisse stimmen mit denen von LASSAUCE et al. (2011) überein, der eine stärkere Korrelation zwischen dem Artenreichtum xylobionter Organismen und Menge an Totholz in kühlen borealen Wäldern fand, als in temperaten Wäldern. Ausreichende Mengen an Totholz könnten daher eine wichtige Pufferwirkung bzgl. der Konsequenzen des Klimawandels für holzbewohnende Arten darstellen: RAABE et al. (2010) empfehlen zur Förderung der Artendiversität von totholzbewohnenden Moosen Totholzmengen in dichten Beständen zu erhöhen, um als Puffer während des Klimawandels zu fungieren. Studien zur Diversität von Flechten (MONING et al. 2009) und Holzpilzen (BÄSSLER et al. 2010) zeigten, dass Waldstruktur bzw. Resourcenverfügbarkeit häufig wichtiger sind als das Makroklima.

Grundlegend für den Schutz xylobionter Käfer wird es in der Zukunft noch verstärkt sein die Ressource der Arten, das Totholzangebot, u.U. angepasst an das jeweilige Mikroklima und die Höhenlage, zu optimieren und alte, struktur- und totholzreiche Wälder zu fördern. Eine europaweite Studie zum Einfluss naturnahen Waldbaus auf die Zusammensetzung funktioneller Eigenschaften xylobionter Käfer in Buchenwäldern zeigt, dass sich bei zunehmender Menge an Totholz die Zusammensetzung der Gemeinschaften in Richtung einer Dominanz größerer Arten und von Arten verschiebt, welche Totholz stärkerer Dimensionen und in fortgeschrittenen Zersetzungsstadien bevorzugen. Die mittlere Menge an Totholz auf Versuchsflächen mit den höchsten Artenzahlen lag zwischen 20 und 60 m^3/ha (GOSSNER et al. 2013a). Weiterhin hat eine bayernweite Studie ergeben, dass xylobionte Käferarten effektiver dadurch geschützt werden können, dass in verschiedenen Ökoregionen zusätzlich neue Schutzgebiete etabliert werden als bereits vorhandene Schutzgebiete zu vergrößern (GOSSNER & MÜLLER 2011, MÜLLER & GOSSNER 2010).

Danksagung

Wir danken der Höheren Naturschutzbehörde der Regierung von Unterfranken für die Erteilung der artenschutzrechtlichen Ausnahmegenehmigung zum Fang der xylobionten Käfer. Weiterhin gilt unser Dank dem Leiter des Forstamts Ebrach, Ulrich Mergner, für seine vielfache Unterstützung, Heinz Bussler für die Bestimmung der Arten und Jörg Müller und Andreas Floren für die Beratung bei der Durchführung der Studie.

Literatur

ALBRECHT, L. (1990): Grundlagen, Ziele und Methodik der waldökologischen Forschung und Naturwaldreservate. – Schriftenreihe Naturwaldreservate in Bayern 1, 219 S.

ALINVI, O., BALL, J.P., DANELL, K., HJÄLTEN, J. & PETTERSON, R.B. (2007): Sampling saproxylic beetle assemblages in dead wood logs: comparing window and eclector traps to traditional bark sieving and a refinement. – Journal of Insect Conservation 11: 99-112.

BÄSSLER, C., HOTHORN, T., BRANDL, R. & MÜLLER, J. (2013): Insects overshoot the expected upslope shift caused by climate warming. – PLOS ONE 8: e65842.

BÄSSLER, C., MÜLLER, J., DZIOCK, F. & BRANDL, R. (2010): Effects of resource availability and climate on the diversity of wood-decaying fungi. – Journal of Ecology 98: 822-832.

BOUGET, C., BRIN, A. & BRUSTEL, H. (2011): Exploring the "last biotic frontier": Are temperate forest canopies special for saproxylic beetles? – Forest Ecology and Management 261: 211-220.

BRECHTEL, F. & KOSTENBADER, H. (2002): Die Pracht- und Hirschkäfer Baden-Württembergs. – Stuttgart (Ulmer), 632 S.

BUSE, J. (2012): "Ghosts of the past": flightless saproxylic weevils (Coleoptera: Curculionidae) are relict species in ancient woodlands. – Journal of Insect Conservation 16: 93-102.

BUSE, J., GRIEBELER, E.M. & NIEHUS, M. (2013): Rising temperatures explain past immigration of the thermophilic oak-inhabiting beetle *Coraebus florentinus* (Coleoptera: Buprestidae) in south-west Germany. – Biodiversity and Conservation 22: 1115-1131.

BUßLER, H. (2005): Die Holzkäferfauna der Laubwälder des Vorderen Steigerwaldes (Nordbayern). – Beiträge zur bayerischen Entomofaunistik 7: 9-20.

CAHILL, A.E., AIELLO-LAMMENS, E.A., FISHER-REID, M.C., HUA, X., KARANEWSKY, C.J., RYU, H.Y., SBEGLIA, G.C., SPAGNOLO, F., WALDRON, J.B., WARSI, O. & WIENS, J.J. (2012): How climate change cause extinction? – Proceedings oft the Royal Society B, doi: 10.1098/rspb.2012.1890.

DEPPENHEUER, O. & MÖHRING B. (2010): Waldeigentum: Dimensionen und Perspektiven. – Heidelberg (Springer), 411 S.

FRANC, N. & GÖTMARK, F. (2008): Openness in management: Hands-off vs partial cutting in conservation forests, and the response of beetles. – Biological Conservation 141: 2310-2321.

FREI, A. (2006): Licht und Totholz – Das Paradies für holzbewohnende Käfer. – Zürcher Wald 5: 17-19.

GEISER, R. (1998): Rote Liste der Käfer (Coleoptera). – In: BUNDESAMT FÜR NATURSCHUTZ (Hrsg.): Rote Liste gefährdeter Tiere Deutschlands. – Schriftenreihe für Landschaftspflege und Naturschutz 55: 178-179.

GOSSNER, M.M., LACHAT, T., BRUNET, J., ISACSSON, G., BOUGET, C., BRUSTEL, H., BRANDL, R., WEISSER, W.W. & MÜLLER, J. (2013a): Current near-to nature forest mamagement effects on functional trait composition of saproxylic beetles in beech forests. – Conservation Biology 27: 605-614.

GOSSNER, M.M., FLOREN, A., WEISSER, W.W. & LINSENMAIR, K.E. (2013b): Effect of dead wood enrichment in the canopy and on the forest floor on beetle guild composition. – Forest Ecology and Management 302: 404-413.

GOSSNER, M.M. & MÜLLER, J. (2011): The influence of species traits and q-metrics on scale-specific β-diversity components of arthropod communities of temperate forests. – Landscape Ecology 26: 411-424.

HOFSTETTER, R.W., DEMPSEY, T.D., KLEPZIG, K.D. & AYES M.P. (2007): Temperature-dependent effects on mutualistic, antagonistic, and commensalistic interactions among insects, fungi and mites. – Community Ecology 8: 47-56.

HOLZWARTH, F., KAHL, A., BAUHUS, J., WIRTH, C. (2013): Many ways to die – partitioning tree mortality dynamics in a near-natural mixed deciduous forest. – Journal of Ecology 101: 220-230.

HORÁK, J. & RÉBL K. (2013): The species richness of click beetles in ancient pasture woodland benefits from a high level of sun exposure. – Journal of Insect Conservation 17: 307-318.

JONSSON, B.G., SIITONEN, J. & STOKLAND, J.N. (2012): The value and future of saproxylic diversity. – In: STOKLAND, J.N., SIITONEN, J. & JONSSON, B.G. (Hrsg.): Biodiversity in dead wood. – Cambridge (Cambridge University Press): 248-274.

JONSSON, B.G., KRUYS, N. & RANIUS, T. (2005): Ecology of species living on dead wood-lessons for dead wood management. – Silva Fennica 39: 289-309.

KÖHLER, F. & KLAUSNITZER, B. (1998): Entomofauna Germanica. Verzeichnis der Käfer Deutschlands. – Entomologische Nachrichten und Berichte Dresden, Beiheft 4, 185 S.

LACHAT T., WERMELINGER, B., GOSSNER, M.M., BUSSLER, H., ISACSSON G. & MÜLLER J. (2012): Saproxylic beetles as indicator species for dead-wood amount and temperature in European beech forests. – Ecological Indicators 23: 323-331.

LASSAUCE, A., PAILLET Y., JACTEL, H. & BOUGET, C. (2011): Deadwood as a surrogate for forest biodiversity: Meta-analysis of correlation between deadwood volume and species richness of saproxylic organisms. – Ecological Indicators 11: 1027-1039.

MONING, C., WERTH, S., DZIOCK, F., BÄSSLER, C., BRADTKA, J., HOTHORN, T. & MÜLLER, J. (2009): Lichen diversity in temperate montane forests is influenced by forest structure more than climate. – Forest Ecology and Management 258: 745-751.

MÜLLER, J., BRUNET, J., BRIN, A., BOUGET, C., BRUSTEL, H., BUßLER, H., FÖRSTER, B., ISACSSON, G., KÖHLER, F., LACHAT, T. & GOSSNER, M.M. (2013): Implications from large scale spatial diversity patterns of saproxylic beetles for the conservation of European Beech forests. – Insect Conservation and Diversity 6: 162-169.

MÜLLER, J. & GOSSNER M.M. (2010): Three-dimensional partitioning of diversity informs state-wide strategies for the conservation of saproxylic beetles. – Biological Conservation 143: 625-633.

MÜLLER, J., NOSS, R.F., BUßLER, H. & BRANDL, R. (2010): Learning from a „benign neglect strategy“ in a national park: response of saproxylic beetles to dead wood accumulation. – Biological Conservation 143: 2559-2569.

MÜLLER, J. (2005): Waldstrukturen als Steuergröße für Artengemeinschaften in kollinen bis submontanen Buchenwäldern. – München (TU München, Lehrstuhl für Waldwachstumskunde), 227 S.

MÜLLER, J., BUßLER, H., BENSE, U., BRUSTEL, H., FLECHTNER, G., FOWLES, A., KAHLEN, M., MÖLLER, G., MÜHLE, H., SCHMIDL, J. & ZABRANSKY, P. (2005): Urwald relic species-Saprocxylic beetles indicating structural qualities and habitat tradition. – Waldoekologie online 2: 106-113.

MÜLLER-KROEHLING, S., ENGELHARDT, K. & KÖLLING, C. (2013): Zukunftsaussichten des Hochmoorlaufkäfers (*Carabus menetriesi*) im Klimawandel. – Waldökologie, Landschaftsforschung und Naturschutz 13: 87-92.

ÓDOR, P., HEILMANN-CLAUSEN, J., CHRISTENSEN, M., AUDE, E., VAN DORT, K.W., PILTAVER, A., SILLER, I., VEERKAMP, M.T., WALLEYN, R., STANDOVÁR, T., VAN HESS, A.F.M., KOSEC, J., MATOCEC, N., KRAIGHER, H. & GREBENC, T. (2006): Diversity of dead wood inhabiting fungi and bryophytes in semi-natural beech forests in Europe. – Biological Conservation 131: 58-71.

RAABE, S., MÜLLER, J., MANTHEY, M., DÜRHAMMER, O., TEUBER, U., GÖTTLEIN, A., FÖRSTER, B., BRANDL, R. & BÄSSLER, C. (2010): Drivers of bryophyte diversity allow implications for forest management with a focus on climate change. – Forest Ecology and Management 260: 1956-1964.

RABITSCH, W., WINTER, M., KÜHN, E., KÜHN, I., GÖTZL, M., ESSL, F. & GRUTTKE, H. (2010): Auswirkung des rezenten Klimawandels auf die Fauna von Deutschland. – Naturschutz und Biologische Vielfalt 98, 265 S.

RANIUS, T. & JANSSON N. (2000): The influence of forest regrowth, original canopy cover and tree size on saproxylic beetles associated with old oaks. – Biological Conservation 95: 85-94.

ROBIN, V. & BRANG, P. (2009): Erhebungsmethode für liegendes Totholz in Kernflächen von Naturwaldreservaten. – Birmensdorf (Eidgenössische Forschungsanstalt für Wald, Schnee und Landschaft, Projektbericht), 18 S.

SCHAFFRATH U. (2005): Erfassung der gesamthessischen Situation des Veilchenblauen Wurzelhalsschnellkäfers *Limoniscus violaceus* (MÜLLER, 1821) sowie die Bewertung der rezenten Vorkommen. – Gießen (Hessisches Dienstleistungszentrum für Landwirtschaft, Gartenbau und Naturschutz), 25 S.

SCHERZINGER, W. (1996): Naturschutz im Wald. – Stuttgart (Ulmer), 447 S.

SCHNITTER, P. (2006): Käfer (Coleoptera). – Berichte des Landesamtes für Umweltschutz Sachsen-Anhalt Halle, Sonderheft 2/2006: 140-158.

SIITONEN, J. (2012): Microhabitats. – In: STOKLAND, J.N., SIITONEN, J. & JONSSON, B.G. (Eds.): Biodiversity in dead wood. – Cambridge (Cambridge University Press): 248-274.

STOKLAND, J.N. (2012): Host-tree associations. – In: STOKLAND, J.N., SIITONEN, J. & JONSSON, B.G. (Eds.): Biodiversity in dead wood. – Cambridge (Cambridge University Press): 248-274.

STOKLAND, J.N., SIITONEN, J. & JONSSON, B.G. (2012): Biodiversity in dead wood. – Cambridge (Cambridge University Press), 509 S.

STOKLAND, J.N. & SIITONEN, J. (2012): Species diversity of saproxylic organisms. – In: STOKLAND, J.N., SIITONEN, J. & JONSSON, B.G. (Eds.): Biodiversity in dead wood. – Cambridge (Cambridge University Press): 248-274.

THYGESON, A.S. & BIRKEMOE, T. (2009): What window traps can tell us: effect of placement, forest openness and beetle reproduction in retention trees. – Journal of Insect Conservation 13: 183-191.

ULYSHEN, M. (2011): Arthropod vertical stratification in temperate deciduous forests: Implications for conservation-oriented management. – Forest Ecology and Management 261: 1479-1489.

WINTER, S. (2005): Ermittlung von Struktur-Indikatoren zur Abschätzung des Einflusses forstlicher Bewirtschaftung auf die Biozönosen von Tiefland-Buchenwäldern. – Dresden (Technische Universität Dresden – Dissertation), 397 S.

Wright, D.H. (1983): Species-energy theory – an extension of species-area theory. – Oikos 41: 496-506.

ZACH P. (2003): The occurrence and conservation status of *Limoniscus violaceus* and *Ampedus quadrisignatus* (Coleoptera, Elateridae) in Central Slovakia. – In: BOWEN C.P. (Eds.): Proceedings of the second pan-European conference on Saproxylic Beetles. London (Mammal Trust UK/People's Trust for Endangered Species), 77 S.

Anhang

A 1: Totholzkäferarten, die im Rahmen der Untersuchung im Nördlichen Steigerwald von Mitte April bis Ende September mit Hilfe von Kreuzfensterfallen gefangen wurden. Angegeben ist jeweils auch die Nahrungsgilde der Arten. a: Altholzbesiedler; f: Frischholzbesiedler; p: Holzpilzbesiedler; s: Sonderbiologie

Artname	Gilde	Artname	Gilde
Abdera quadrifasciata	p	*Bolitochara mulsanti*	p
Abraeus perpusillus	a	*Calambus bipustulatus*	a
Acalles camelus	a	*Cerophytum elateroides*	a
Acaricochara latissima	p	*Cerylon fagi*	a
Agathidium nigripenne	p	*Cerylon ferrugineum*	a
Agrilus sulcicollis	f	*Cerylon histeroides*	a
Agrilus viridis	f	*Cicones variegatus*	p
Alosterna tabacicolor	a	*Cis boleti*	p
Ampedus balteatus	a	*Cis dentatus*	p
Ampedus elongatulus	a	*Cis hispidus*	p
Ampedus nigerrimus	a	*Cis jacquemarti*	p
Ampedus nigrinus	a	*Cis nitidus*	p
Ampedus pomorum	a	*Cis rugulosus*	p
Ampedus rufipennis	a	*Colydium elongatum*	f
Anaspis flava	a	*Conopalpus brevicollis*	a
Anaspis frontalis	a	*Conopalpus testaceus*	a
Anaspis ruficollis	a	*Corticeus unicolor*	a
Anaspis rufilabris	a	*Corymbia rubra*	a
Anaspis thoracica	a	*Corymbia scutellata*	a
Anisotoma castanea	p	*Cryptolestes duplicatus*	f
Anisotoma humeralis	p	*Dacne bipustulata*	p
Anisotoma orbicularis	p	*Dasytes aeratus*	a
Anobium costatum	a	*Dasytes plumbeus*	a
Anobium fulvicorne	a	*Denticollis linearis*	a
Anoplodera sexguttata	a	*Denticollis rubens*	a
Anostirus castaneus	a	*Dictyoptera aurora*	a
Anthribus albinus	a	*Diplocoelus fagi*	p
Arpidiphorus orbiculatus	p	*Dirhagus lepidus*	a
Atrecus affinis	a	*Dirhagus pygmaeus*	a
Bibloporus bicolor	a	*Dissoleucas niveirostris*	a
Bibloporus minutus	a	*Dorcatoma chrysomelina*	a
Bolitochara lucida	p	*Dorcatoma dresdensis*	p

Artname	Gilde	Artname	Gilde
Dryocoetes autographus	f	*Melandrya caraboides*	a
Enicmus atriceps	p	*Melanotus castanipes*	a
Enicmus brevicornis	p	*Melanotus rufipes*	a
Enicmus fungicola	p	*Melasis buprestoides*	f
Ennearthron cornutum	p	*Micrambe abietis*	p
Epuraea variegata	p	*Microscydmus minimus*	a
Ernoporicus fagi	f	*Mordellistena neuwaldeggiana*	a
Eucnemis capucina	a	*Mordellistena variegata*	a
Euplectus fauveli	a	*Mordellochroa abdominalis*	a
Euplectus karsteni	a	*Mycetochara axillaris*	a
Exocentrus adspersus	f	*Mycetochara linearis*	a
Glischrochilus quadriguttatus	f	*Mycetophagus atomarius*	p
Hallomenus binotatus	p	*Mycetophagus fulvicollis*	p
Hedobia imperialis	a	*Mycetophagus quadripustulatus*	p
Hylecoetus dermestoides	f	*Neuraphes plicicollis*	a
Hylesinus crenatus	f	*Octotemnus glabriculus*	p
Hylis cariniceps	a	*Oedermera femoralis*	a
Hylis foveicollis	a	*Orchesia micans*	p
Hylis olexai	a	*Orchesia minor*	p
Hypoganus inunctus	a	*Orchesia undulata*	p
Hypulus quercinus	a	*Orthocis festivus*	p
Ischnomera cyanea	a	*Orthoperus atomus*	p
Ischnomera sanguinicollis	a	*Osphya bipunctata*	a
Latridius hirtus	p	*Oxymirus cursor*	a
Leiopus nebulosus	f	*Pachytodes cerambyciformis*	a
Leperisinus fraxini	f	*Paromalus flavicornis*	a
Leptura maculata	a	*Phloeocharis subtilissima*	a
Leptusa fumida	a	*Phloeophagus lignarius*	a
Leptusa pulchella	a	*Phloiotrya rufipes*	a
Liodopria serricornis	p	*Phloiotrya vaudoueri*	a
Litargus connexus	p	*Phymatodes testaceus*	f
Malachius bipustulatus	a	*Pityogenes chalcographus*	f
Malthinus seriepunctatus	a	*Placonotus testaceus*	f
Malthodes minimus	a	*Platycerus caraboides*	a
Malthodes mysticus	a	*Platycis cosnardi*	a
Melandrya barbata	a	*Platycis minutus*	a

Artname	Gilde	Artname	Gilde
Platyrhinus resinosus	a	*Stephostethus alternans*	p
Plegaderus dissectus	a	*Stereocorynes truncorum*	a
Pogonocherus hispidulus	f	*Sulcasis affinis*	p
Priobium carpini	a	*Sulcasis fronticornis*	p
Prionocyphon serricornis	s	*Taphrorychus bicolor*	f
Pteryngium crenatum	p	*Tetratoma ancora*	p
Pteryx suturalis	a	*Thanasimus formicarius*	f
Ptilinus pectinicornis	a	*Tillus elongatus*	a
Ptinella limbata	a	*Tomoxia bucephala*	a
Ptinus rufipes	a	*Trachodes hispidus*	a
Pyrochroa coccinea	a	*Triplax lepida*	p
Pyropterus nigroruber	a	*Triplax rufipes*	p
Rabocerus foveolatus	f	*Triplax russica*	p
Rhagium mordax	f	*Tritoma bipustulata*	p
Rhagium sycophanta	f	*Vincenzellus ruficollis*	f
Rhizophagus bipustulatus	f	*Xestobium plumbeum*	a
Rhizophagus dispar	f	*Xyleborus germanus*	f
Rhizophagus nitidulus	a	*Xyleborus saxeseni*	f
Rhizophagus perforatus	f	*Xyloterus domesticus*	f
Rhyncolus ater	a	*Xyloterus signatus*	f
Ruteria hypocrita	a		
Sacium pusillum	a		
Salpingus planirostris	f		
Salpingus ruficollis	f		
Scaphidium quadrimaculatum	p		
Scaphisoma agaricinum	p		
Scaphisoma boleti	p		
Schizotus pectinicornis	a		
Scolytus intricatus	f		
Scraptia fuscula	a		
Sinodendron cylindricum	a		
Sphindus dubius	p		
Stenagostus rhombeus	a		
Stenocorus meridionalis	a		
Stenurella melanura	a		
Stenostola ferrea	f		

A 2: Totholzkäferarten, die im Rahmen dieser Untersuchung unter Laborbedingungen aus Baumscheiben schlüpften Angegeben ist jeweils auch die Nahrungsgilde der Arten. a: Altholzbesiedler; f: Frischholzbesiedler; p: Holzpilzbesiedler; s: Sonderbiologie

Artname	**Gilde**	**Artname**	**Gilde**
Abraeus perpusillus	a	*Melasis buprestoides*	f
Acalles camelus	a	*Octotemnus glabriculus*	p
Alosterna tabacicolor	a	*Orthocis festivus*	p
Anaspis thoracica	a	*Platycerus caraboides*	a
Cerylon fagi	a	*Plegaderus dissectus*	a
Cerylon ferrugineum	a	*Ptilinus pectinicornis*	a
Cerylon histeroides	a	*Pyrochroa coccinea*	a
Cis boleti	p	*Rhizophagus dispar*	f
Cis hispidus	p	*Rhyncolus ater*	a
Corticeus unicolor	a	*Ruteria hypocrita*	a
Denticollis linearis	a	*Sinodendron cylindricum*	a
Denticollis rubens	a	*Stephostethus alternans*	p
Hylis olexai	a	*Sulcasis fronticornis*	p
Leptura maculata	a	*Tillus elongatus*	a

A 3: Rote-Liste-Arten, die im Rahmen der Untersuchung im Nördlichen Steigerwald nachgewiesen wurden. Angegeben sind der Rote-Liste-Status Deutschland (GEISER 1998) und die Nahrungsgilde der Arten. 1: vom Aussterben bedroht; 2: stark gefährdet; 3: gefährdet; a: Altholzbesiedler; f: Frischholzbesiedler; p: Holzpilzbesiedler; s: Sonderbiologie.

Artname	RL D	Gilde
Abdera quadrifasciata	3	p
Ampedus elongatulus	3	a
Ampedus nigerrimus	3	a
Ampedus rufipennis	2	a
Anaspis ruficollis	2	a
Anoplodera sexguttata	3	a
Cerophytum elateroides	2	a
Cicones variegatus	3	p
Cis dentatus	3	p
Colydium elongatum	3	f
Conopalpus brevicollis	2	a
Corymbia scutellata	3	a
Denticollis rubens	2	a
Dirhagus lepidus	3	a
Dirhagus pygmaeus	3	a
Dorcatoma chrysomelina	3	a
Dorcatoma dresdensis	3	p
Enicmus atriceps	2	p
Enicmus brevicornis	3	p
Eucnemis capucina	3	a
Exocentrus adspersus	3	f
Hylis cariniceps	3	a
Hylis olexai	3	a
Hypoganus inunctus	3	a
Hypulus quercinus	2	a
Ischnomera sanguinicollis	3	a
Latridius hirtus	3	p
Liodopria serricornis	3	p
Melandrya barbata	2	a
Melandrya caraboides	3	a
Microscydmus minimus	3	a
Mycetochara axillaris	2	a

Artname	RL D	Gilde
Mycetophagus fulvicollis	2	p
Oedermera femoralis	2	a
Osphya bipunctata	2	a
Phloiotrya rufipes	3	a
Phloiotrya vaudoueri	2	a
Platycis cosnardi	2	a
Plegaderus dissectus	3	a
Prionocyphon serricornis	3	s
Pteryngium crenatum	3	p
Rhagium sycophanta	3	f
Sacium pusillum	2	a
Scraptia fuscula	3	a
Sinodendron cylindricum	3	a
Stenagostus rhombeus	3	a
Stenostola ferrea	3	f
Tetratoma ancora	3	p
Tillus elongatus	3	a
Triplax lepida	2	p
Triplax rufipes	1	p

4.2 Anpassungskapazität von Hochmoor-Nachtfalterarten

KAI DWORSCHAK, JULE MANGELS und NICO BLÜTHGEN

Zusammenfassung

In verschiedenen Klimaszenarien wurden Mortalitätsraten, Entwicklungsdauer, Fraßaktivität der Raupen, Puppengewichte und metabolische Raten verschiedener Nachtfalterarten bestimmt und verglichen. Die kalt-stenotope Art *Eurois occulta* diente dabei als Stellvertreter der eigentlichen, tyrphobionten Zielarten, die im Untersuchungszeitraum nicht gefangen werden konnten.

Die vorliegende Studie zeigt die Schwierigkeit der Einschätzung der Anpassungskapazität von bedrohten tyrphobionten Arten an den Klimawandel. Einerseits deuten die Mortalitätsraten von *E. occulta* darauf hin, dass kalt-stenotope Arten, wie es tyrphobionte Nachtfalter auch sind, eine sehr geringe Anpassungsfähigkeit besitzen. Allerdings zeigen die Daten der anderen untersuchten Arten in Bezug auf Mortalität und Puppenmassen auch, dass die Reaktionen auf erhöhte Temperaturen sehr variabel sein können und eine Übertragbarkeit auf andere Arten schwierig machen. Wie erwartet zeigten die Ergebnisse, dass eine Temperaturerhöhung, zumindest in einem artspezifischen Toleranzbereich, die Entwicklungszeit der meisten Arten verkürzt. Obwohl die metabolische Rate der meisten untersuchten Arten sowohl mit der Masse als auch mit der Temperatur anstieg, stieg sie nicht signifikant mehr als die Nahrungsaufnahme. Der erhöhte Metabolismus scheint somit eine untergeordnete Rolle als limitierender Faktor der Anpassungskapazität zu spielen und kann durch erhöhte Nahrungsaufnahme ausgeglichen werden.

Weiterhin wurden Temperatur- und Luftfeuchtemessungen auf verschieden stark gestörten Hochmoorstandorten durchgeführt. Generell waren im Mittel hohe Luftfeuchten stark korreliert mit niedrigeren Temperaturen. Natürliche, nicht degenerierte Hochmoorflächen zeigten eine typische extreme Amplitude zwischen Tag- und Nachttemperaturen. Jedoch konnte die Hypothese, dass feuchtere Flächen Temperaturspitzen besser abdämpfen können als degenerierte Flächen, nicht bestätigt werden. Dies könnte einerseits an der relativ geringen Anzahl der untersuchten Standorte liegen. Es zeigt aber andererseits, dass kleinräumig verschiedene mikroklimatische Nischen benötigt werden, um ein ausreichendes Angebot von Temperatur- und Feuchtigkeitsnischen zu garantieren.

Einleitung

Die mitteleuropäischen Hochmoore mit ihrem feucht-kalten Meso- und Mikroklima stellen isolierte, inselartige Habitate in der Zone des sommergrünen Laubwaldes dar. Ihre Entwicklung geht bis zum späten Würm-Glazial bzw. frühen Holozän zurück (SPITZER 1981). Hochmoore sind durch einen geringen pH-Wert (unter 5) und den geringsten Nähstoffgehalt aller Moore gekennzeichnet. Sie liegen über dem Grundwasser-Niveau ihrer Umgebung und werden alleine durch Regenwasser und Schnee gespeist (Ombrotrophie). Hochmoore sind durch eine spezialisierte Flora und Fauna charakterisiert. Die Flora umfasst Moose der Gattung *Sphagnum*, Ericaceen wie zum Beispiel verschiedene *Vaccinium*-Arten, Seggen (*Carex* sp.), Zwergsträucher und bestimmte, in ihrem Wachstum gehemmte Baumarten (MIKKOLA & SPITZER 1983, SPITZER 1981, SPITZER & DANKS 2006). Außerdem sind Hochmoore durch eine große Amplitude der Tag- und Nachttemperaturen gekennzeichnet (GELBRECHT 1988, MIKKOLA & SPITZER 1983).

Der Großteil der mitteleuropäischen Moore ist an der Grenze des Minimalareals für ihre reliktäre Schmetterlingsfauna (SPITZER 1981). Die Restbestände der Hochmoore sind besonders betroffen von Isolation und Reduktion in ihrer Größe durch menschliche Einflüsse (WILSON & PROVAN 2003).

Das Vorkommen tyrphobionter Schmetterlingsarten ist obligatorisch sowohl an das Mikroklima als auch an das Vorkommen spezifischer Wirtspflanzen an das Hochmoor gebunden. Für viel Arten ist die Bindung an das Hochmoor in Mitteleuropa sehr stark, in den Hochgebirgen und der Subarktis weniger stark ausgeprägt. Daneben existieren noch eine Reihe tyrphophiler Arten, die eine weitere ökologische Amplitude besitzen und nicht obligatorisch an Moore gebunden sind („tyrphophil I“) bzw. durch anthropogene Zerstörung ihrer ursprünglichen kalt-feuchten Lebensräume in Moore ausweichen („tyrphophil II“) (MIKKOLA & SPITZER 1983, SPITZER 1981). Einige tyrphobionte Arten leben als Raupen auf Wirtspflanzen die auch in anderen Biotopen vorkommen. Dies lässt darauf schließen dass zusätzlich zu einer hohen Wirtsspezifität eine starke Anpassung an das Meso- und Mikroklima bei diesen Arten vorliegt (MIKKOLA & SPITZER 1983). Die Temperaturen in Mooren können bis zu 5°C kälter sein als in ihrer Umgebung (SPITZER & DANKS 2006).

Viele isolierte tyrphobionten Insektenpopulationen stellen in Mitteleuropa geographische Rassen bzw. endemische Unterarten dar (SPITZER & DANKS 2006), und jedes noch erhaltene Moor ist ökologisch und biogeographisch einzigartig (SPITZER 1981). Außerdem stellen sie Refugien für kalt-stenotope Arten dar, deren ursprünglichen Lebensräume durch anthropogenen Einfluss verschwunden sind (SPITZER 1981).

Die meisten tyrphobionten Schmetterlingsarten sind in Deutschland stark im Rückgang, hauptsächlich zurückzuführen auf die anthropogene Veränderung der Biotope (GELBRECHT et al. 2003). Neben dem anthropogenen Einfluß, z.B. durch Eutrophierung und Torfabbau, bedroht auch die prognostizierte Klimaerwärmung sowohl tyrphobionte Insekten als auch ihre Wirtspflanzen. Ziel dieser Studie war ursprünglich, die Anpassungskapazität von tyrphobionten Nachtfalterarten an eine zu erwartende Temperaturerhöhung zu untersuchen. Zu den Zielarten gehörten die Moorbunteule *Coronarta cordigera* (Noctuidae), der Moosbeerenspanner *Carsia sororiata* (Geometridae), die Gagelstrauch-Moor-Holzeule *Lithophane lamda* (Noctuidae) und der Heidebürstenspinner

Orgyia antiquoides (Lymantriidae). Da es in dem relativ kurzen Untersuchungszeitraum nicht möglich war, Individuen dieser in Deutschland stark bedrohten Arten zu fangen, wurde stattdessen ein Vergleich der Anpassungskapazität der kalt stenotopen Art *Eurois occulta* (Noctuidae; „tyrphophil II" *sensu* SPITZER 1981) mit der eurytopen Art *Selenia dentaria* (Geometridae) und verschiedener weiterer, außerhalb von Hochmooren gefangenen Arten durchgeführt. Dazu wurden in verschiedenen Klimaszenarien Mortalitätsraten, Entwicklungsdauer und Fraßaktivität der Raupen und Puppengewichte bestimmt. Da die metabolische Rate im Allgemeinen mit der Temperatur ansteigt sollte weiterhin überprüft werden, ob eine mögliche geringe Anpassungskapazität an steigende Temperaturen dadurch bedingt ist, dass die erhöhte Aktivität nicht durch gesteigerte Nahrungsaufnahme kompensiert werden kann. Außerdem wurden Temperatur- und relative Luftfeuchte zwischen verschieden stark gestörten Hochmoorstandorten verglichen.

Methoden

Fanggebiete

Es wurden in fünf Hochmooren in vier Gebieten Licht- und Köderfänge durchgeführt: Neustädter Moor (Diepholzer Moorniederung, 52°34'50.68"N 8°39'24.14"E, ca. 40 m a.s.l.), Wildseemoor (Kaltenbronn, Nordschwarzwald, 48°43'2.91"N 8°27'28.58"E, ca. 900 m a.s.l.), Wurzacher Ried (Bad Wurzach, 47°55'32.91"N 9°52'59.15"E, ca. 650 m a.s.l.), Klosterfilz (Spiegelau, Nationalpark Bayerischer Wald, 48°55'2.14"N13°23'37.58"E, ca. 750 m a.s.l.) und Stangenfilz (Waldhäuser, NP Bayerischer Wald, 48°56'41.80"N13°29'15.05"E, ca. 1.200 m a.s.l.) (Abb. 13). In den süddeutschen Mooren wurden die Zielarten *C. cordigera* und *C. sororiata* erwartet, in der Diepholzer Moorniederung *O. antiquoides*. Insgesamt wurden in elf Nächten gefangen: am 11.05.2012 im Wildseemoor, am 16.05. und 17.05.2012 im Neustädter Moor, am 02.07. und 03.07.2012 im Wurzacher Ried, am 19.08.2012 im Kloseterfilz und am 04.07., 05.07., 09.08, 10.08. und 18.08.2012 im Stangenfilz.

Zusätzlich wurden Lichtfänge an zwei verschiedenen Standorten in der Umgebung von Darmstadt durchgeführt. Der erste Standort („Breitwiese", 49°51'26.45"N 8°41'9.64"E, ca. 200 m a.s.l.) war als typisches Grünland mit vergleichsweiser feuchter Umgebung einzustufen (Molinio-Arrhenatheretea). Beim zweiten Standort („Tabacksacker-Schneise", 49°46'8.25"N 8°37'13.57"E, ca. 100 m a.s.l.) handelte es sich um eine Schneise im Kalksandkiefernwald mit trockenerem Boden. Außerdem wurden Lichtfänge in Mischwäldern der Nationalparks Schorfheide (Brandenburg) und Schwäbische Alb (Baden-Württemberg) durchgeführt.

Abb. 13: Hochmoore in denen Lichtfänge durchgeführt wurden. Dreieck: Neustädter Moor, Kreis: Wildseemoor, Quadrat: Wurzacher Ried, Raute: Klosterfilz und Stangenfilz.

Klimaszenarien

Für die Erstellung der Klimaszenarien, bei denen die Nachkommen der gefangenen Nachtfalter untersucht werden sollten, wurde zuerst das wärmste Untersuchungsgebiet ermittelt. Dafür wurden die Tagesdurchschnittstemperatur der nächstgelegenen Klimastationen des Deutschen Wetterdienstes der Monate Juni, Juli und August der Jahre 1995-2010 verglichen. Es wurden nur diese drei Monate ausgewählt, da diese relevant für die Larvalentwicklung der Zielarten sind. Der Vergleich dieser Temperaturen ergab, dass das Gebiet Diepholzer Moorniederung die wärmste Durchschnittstemperatur aufwies (Tab. 10).

Tab. 10: Mittlere Tagestemperatur und relative Luftfeuchte der Monate Juni bis August der Jahre 1995 bis 2010 der zu den untersuchten Hochmooren nächstgelegenen Klimastationen des Deutschen Wetterdienstes.

	Diepholz	**Kaltenbronn**	**Bad Wurzach**	**Waldhäuser**
Temperatur (°C)	17,5	16,0	15,7	14,7
relative Luftfeuchte (%)	74	74	78	75

Grundlage der getesteten Klimaszenarien bildete deshalb die durchschnittliche Tagestemperatur und Luftfeuchte von Diepholz, anhand dieser und des durchschnittlichen Tagesminimums und des durchschnittlichen Tagesmaximums wurde dann die ‚baseline' (T0) der Temperaturversuche gebildet. Zusätzlich wurden ein um 4°C verringerter (T-4), ein um 4°C erhöhter (T+4), ein um 8°C erhöhter (T+8) und ein um 8°C erhöhter Tagesverlauf mit deutlich geringerer Luftfeuchte (ca. 40% rh, T+8t) als zusätzlichem Stressfaktor untersucht (Abb. 14).

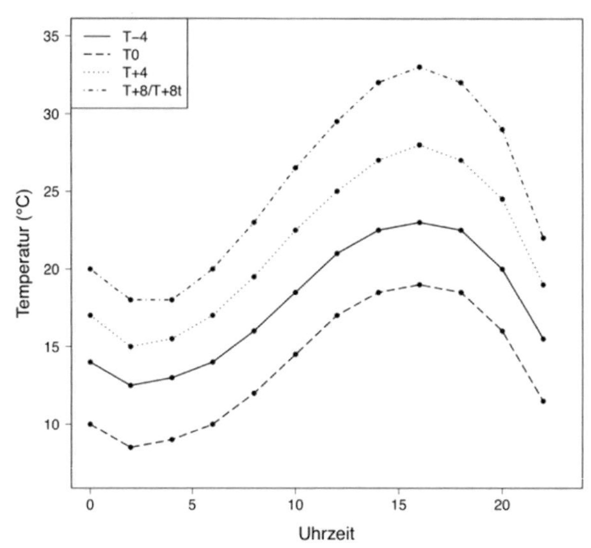

Abb. 14: Täglicher Temperaturverlauf der verwendeten Klimaszenarien. T0 = durchschnittlicher Tagesverlauf errechnet anhand der Temperaturen der Klimastation Diepholz des Deutschen Wetterdienstes (Monate Juni bis August der Jahre 1995 bis 2010). T-4 = T0 - 4°C; T+4 = T0 + 4°C; T+8 = T0 + 8°C.

Untersuchte Arten

Bei den Licht- und Köderfängen wurden mehrere hundert Nachtfalter-Weibchen gefangen, allerdings keine Individuen der extrem seltenen Zielarten. Versuche mit in Hochmooren gefangenen Arten wurden durchgeführt mit der kalt-stenothermen Art *Eurois occulta* (Graue Heidelbeereule, Noctuidae, gefangen im Stangenfilz) und der eurythermen Art *Selenia dentaria* (Dreistreifiger Mondfleckspanner, Geometridae, gefangen im Wildseemoor; für weitere Details zur Biologie der Arten siehe unten). Ein Vergleich der Verbreitungen unserer tyrphobionten Zielarten mit der Verbreitung der kalt-stenothermen Art *E. occulta* zeigt deutlich ein sehr ähnliches Verbreitungsmuster. Daraus schließen wir, dass eine Übertragbarkeit der Ergebnisse von *E. occulta* auf unsere Zielarten durchaus plausibel ist. Weiterhin sollte ein Vergleich mit der eurythermen Art *S. dentaria* mögliche Unterschiede zwischen den beiden unterschiedlich Temperatur-angepassten Arten verdeutlichen.

Versuche mit weiteren in den Hochmooren gefangenen Arten schlugen fehl. Entweder schlüpften keine Raupen aus den abgelegten Eiern, oder alle Raupen starben nach einiger Zeit. Das war zum Beispiel der Fall bei *Rhagades pruni* (Heide-Grünwidderchen, Zygaenidae, gesammelt im Neustädter Moor). Diese Art kommt in zwei Ökotypen vor, auf Trockenrasen und in Mooren, sie hat den Rote-Liste-Status 3. Individuen dieser Art wurden sowohl mit Besenheide (*Calluna vulgaris*, Ericaceae), auf der sie gesammelt wurden, als auch mit Brombeere (*Rubus fruticosus*, Rosaceae), einer Nahrungspflanze der Trockenrasen-Populationen, gefüttert. Auf beiden angebotenen Nahrungspflanzen stellten die Raupen nach einigen Tagen in allen Klimaszenarien den Fraß ein. Aus den

Eiern von *Coenophila subrosea* (Hochmoor-Bodeneule, Noctuidae), einer tyrphobionten Art (Rote-Liste-Status 2) die wir von Ernst Lohberger (Spiegelau) erhalten hatten, sind keine Raupen geschlüpft.

Ein Vergleich der klimatischen Ansprüche aller untersuchten Arten zusammen mit ihren Fundorten ist in Tabelle 11 aufgelistet.

Tab. 11: Fundorte und klimatische Ansprüche aller untersuchten Arten.

Art	Fundort	klimatische Ansprüche
E. silaceata	Tabaksacker-Schneise, Darmstadt	mäßig trocken bis feucht
E. alternata	Breitwiese, Darmstadt	trocken bis feucht
E. occulta	Stangenfilz, Bayerischer Wald	mäßig trocken bis feucht
N. janthina	Tabaksacker-Schneise, Darmstadt	trocken bis feucht
N. pronuba	Tabaksacker-Schneise, Darmstadt	trocken bis feucht
O. plecta	Breitwiese, Darmstadt	mesophil
P. ruralis	Tabaksacker-Schneise, Darmstadt	mäßig feucht bis feucht
S. incanata	Schwäbische Alb	trocken und warm
S. dentaria	Wildseemoor, Nordschwarzwald	eurytop
X. ferrugata	Tabaksacker-Schneise, Darmstadt	trocken bis feucht
X. ditrapezium	Schorfheide	mäßig trocken bis feucht

***Eurois occulta* (Graue Heidelbeereule, Noctuidae)**

Die graue Heidelbeereule ist eine montan bis alpin vorkommende Art. Sie besiedelt mäßig trockene bis feuchte, oft moorige Standorte (Hoch- und Heidemoore, Moorwälder) und häufig kühl-feuchte Waldgebiete (lichte Nadel-, Laub- und Mischwälder). *E. occulta* ist univoltin. Die Flugzeit der Falter erstreckt sich von Mitte Juni bis Mitte August. Die Raupen überwintern. In Deutschland steht die Art auf der Vorwarnliste der Roten Liste (EBERT 1998). Als Nahrungspflanze erhielten die Raupen Blattsalat.

***Selenia dentaria* (Dreistreifiger Mondfleckspanner, Geometridae)**

S. dentaria ist weit verbreitet und zeigt keine Schwerpunkte für bestimmte Habitate. Die Art kommt auf alle Höhenstufen bis in die subalpine Zone, in allen Waldtypen, auf offenen Hochmoorflächen, Torfstichgebieten und in Gärten und Parks vor. Die Falter fliegen in zwei Generationen, bei günstigen Bedingungen schon ab Mitte März. Die Raupen haben ein sehr umfangreiches Nahrungsspektrum. Die Entwicklungsdauer in der Zucht kann circa zwischen drei und neun Wochen betragen. (EBERT 2003). Im Versuch wurden die Raupen mit *R. fruticosus* gefüttert.

***Noctua pronuba* (Hausmutter, Noctuidae)**

Die Falter der Hausmutter schlüpfen Anfang Juni und fliegen in einer Generation bis Anfang Oktober. Dazwischen liegen zwei Aktivitätsmaxima mit einer Übersommerung. Die Eier werden zwischen August und November abgelegt, die Raupen überwintern. Diese wachsen auch innerhalb eines Geleges sehr unregelmäßig heran. *N. pronuba* gilt als Opportunist ohne erkennbare Präferenzen, welcher voll besonnte, als auch kühlfeuchte und halbschattige Standorte bewohnt (EBERT 1998). Die Raupen wurden mit *R. fruticosus* gefüttert.

***Noctua janthina* (Janthina-Bandeule, Noctuidae)**

Falter der Art *N. janthina* fliegen von Ende Juni bis Mitte September. Sie besiedeln unter anderem Lichtungen und Waldränder, sowie Uferzonen. Auch sie überwintern als Raupe (EBERT 1998). Als Nahrungspflanze diente den Raupen in den Versuchen *Urtica dioica* (Große Brennnessel, Urticaceae).

***Ochropleura plecta* (Hellrandige Erdeule, Noctuidae)**

O. plecta ist eine der verbreitetsten Noctiudenarten in mesophilen Offenlandhabitaten. Sie bevorzugt nicht zu trockene Ruderalflächen und siedelt sich unter anderem in Laub- und Mischwäldern, Feuchtwiesen und Niedermooren an. Es treten mindestens zwei Generationen im Jahr auf, welche sich im Juni und Juli überschneiden. Die ersten Falter schlüpfen Mitte April. Falter der zweiten Generation sind bis in den November aktiv. Die Raupen entwickeln sich vermutlich in einer Vielzahl von mäßig trockenen bis feuchten Habitattypen und überwintern als Puppe (EBERT 1998). Die Raupen wurden mit Labkraut (*Galium* sp., Rubiaceae) gefüttert.

***Xestia ditrapezium* (Trapez-Bodeneule, Noctuidae)**

Falter der Trapez-Bodeneule bewohnen unter anderem Lebensräume mit gut entwickelter Kraut- und Strauchschicht und mäßig trockene bis frische Laub- und Mischwälder, aber auch frische bis feuchte Bachtäler, Flussauen, Nieder- und Hochmoore und Uferzonen von Seen und Teichen. Die Flugzeit beginnt je nach Temperatur von Mai bis Ende Juni und endet spätestens Ende August. Die Raupe überwintert (EBERT 1998). Im Versuch wurden die Raupen mit *R. fruticosus* gefüttert.

***Ecliptopera silaceata* (Braunleibiger Springkrautspanner, Geometridae)**

E. silaceata tritt vor allem in Auwäldern der Flusstäler und frischen bis feuchten Wäldern des Hügel- und Berglands in zwei Generationen auf. Die erste Generation kann in warmen Gebieten schon Mitte April schlüpfen und fliegt bis in den Juli hinein. Nach einer mehrwöchigen Pause treten Falter der zweiten Generation von Ende Juli bis August oder September auf. *E. silaceata* überwintert als Puppe. Als bevorzugte Nahrungspflanze dient *Impatiens noli-tangere* (Großes Springkraut, Balsaminaceae) (EBERT 2001), womit auch die Raupen im Versuch gefüttert wurden.

***Epirrhoe alternata* (Graubinden-Labkrautspanner, Geometridae)**

E. alternata ist sowohl an trockenen als auch auf feuchten Standorten zu finden und tritt in mindestens drei Generationen von Ende März bis Mitte Oktober auf. *E. alternata* überwintert im Puppenstadium. Die Raupen ernähren sich von Labkraut (EBERT 2001).
Scopula incanata (Weißgrauer Kleinspanner, Geometridae).
S. incanata lebt bevorzugt in trockenwarmen Gebieten, bis hin zu extrem trockenen Standorten auf sandigem Ödland und montanen Lagen bis 1000 Meter. *S. incanata* tritt in zwei Generationen im Jahr auf, wobei die erste Generation Anfang Mai beginnt und Ende Juli endet. Die Falter der zweiten Generation schlüpfen Anfang August und fliegen bis Ende September. Die zweite Raupengeneration von *S. incanata* überwintert und verpuppt sich im Frühjahr. Die Raupen ernähren sich polyphag von verschiedenen krautigen Pflanzen (EBERT 2001). Sie erhielten in der Versuchsreihe als Nahrungspflanze *Taraxacum officinale* (Gewöhnlicher Löwenzahn, Asteraceae).

***Xanthorhoe ferrugata* (Dunkler Rostfarben-Blattspanner, Geometridae)**

X. ferrugata ist weit verbreitet und besiedelt sowohl Trockenbiotope wie Sandflure und Magerrasen als auch Feuchtbiotope wie Feuchtwiesen und Moore. Die Falter fliegen in zwei Generationen, wobei die erste Flugzeit Anfang April beginnt und bis Ende Juni andauert. Die zweite Generation fliegt von Anfang Juli bis weit in den September hinein. In der Regel überwintert auch bei dieser Art die Puppe. Die Hauptnahrungspflanze der Raupen ist *Galium album* (Weißes Labkraut, Rubiaceae) (EBERT 2001).

***Pleuroptya ruralis* (Nesselzünsler, Crambidae)**

P. ruralis bevorzugt unter anderem feuchte und krauthaltige Auwälder und weitere schattige Standorte, welche auch von *U. dioica* besiedelt werden. *U. dioica* dient den Raupen als einzige Nahrungsquelle, wobei die Blätter dabei typischerweise eingerollt werden (KONRAD FIEDLER, persönliche Mitteilung).

Temperaturtoleranzversuche

Die gefangenen Weibchen wurden bei 15°C und circa 75% relativer Luftfeuchte im Labor gehalten. Bei den Individuen, die Eier gelegt haben, wurden die Raupen am Tag ihres Schlupfes vereinzelt und auf die zu untersuchenden Klimaszenarien aufgeteilt (siehe unten). Die einzelnen Raupen wurden in Petrischalen gehalten, deren Deckel durch eine Gaze ersetzt wurde um eine ungehinderte Luftzirkulation zu gewährleisten. Jeder Raupe wurde eine bekannte Blattmenge angeboten. Für die jüngeren Raupenstadien wurden Blattdiscs und für die älteren Stadien ganze Blätter verwendet, die jeweils durch feuchten Steckschaum frischgehalten wurden. Um die Fraßmenge zu ermitteln, wurden die Blattdiscs bzw. die Blätter nach dem Fraß gescannt. Mit Hilfe des Fotobearbeitungsprogrammes ImageJ (RASBAND 1997) konnte die Pixelanzahl der Scans ermittelt und anschließend auf gefressene Blattfläche und damit auf das gefressene Trockengewicht umgerechnet werden.

Es wurden kumulative Fraßmenge, Entwicklungsdauer und Mortalität zwischen dem Schlupf und der Verpuppung und die Puppengewichte bestimmt.

Respirationsmessungen

Zusätzlich zu den Versuchen zur Temperaturtoleranz wurden auch Respirationsmessungen durchgeführt. Der Metabolismus ist abhängig von der Temperatur und steigt mit ihr exponentiell (GILLOOLY et al. 2001). Als Metabolismus werden alle Prozesse bezeichnet, bei denen Stoffe in Organismen umgewandelt und mit der Umwelt ausgetauscht werden. Zusätzlich zur Temperatur hat die Körpermasse einen Einfluss auf die metabolische Rate (I), da große Tiere pro Kilogramm weniger Energie verbrennen und weniger Futter verbrauchen als kleine Tiere (WHITE 2010). Über ein weites Spektrum verschiedener Organismen lässt sich die metabolische Rate als

$$I = I_0 * M^a$$

darstellen (KLEIBER 1932). Dabei stellt „I_0" eine von der Körpergröße unabhängige Normalisierungskonstante und „a" einen allometrischen Exponenten dar. Die exponentielle Steigung fast aller Raten biologischer Aktivität mit der Temperatur wird durch den Boltzmann Faktor oder die Van´t Hoff-Arrhenius Gleichung

$$e^{-E/kT}$$

beschrieben. „E" ist hier die durchschnittliche Aktivierungsenergie enzym-katalysierter biochemischer Reaktionen des Metabolismus (eV), „k" die Boltzmann Konstante ($8{,}62 * 10^{-5}$ eV K^{-1}) und „T" die absolute Temperatur in Kelvin (Downs et al. 2008). Um die Effekte von Gewicht und Temperatur auf die metabolische Rate zu beschreiben, werden die Formeln kombiniert zu

$$I = I_0 * M^a * e^{-E/kT}.$$

Durch Logarithmieren und Umstrukturieren beider Seiten erhält man die Massen-korrigierte metabolische Rate

$$\ln(IM^a) = -E(1/kT) + \ln(I_0).$$

Sie stellt eine lineare Funktion der inversen absoluten Temperatur dar, wobei die Steigung die Aktivierungsenergie E und der Achsenabschnitt den natürlichen Logarithmus der Normalisierungskonstante I_0 widergibt. Unter Verwendung dieser Werte lässt sich die Temperatur-korrigierte metabolische Rate als

$$\ln(I * e^{E/kT}) = a * \ln(M) + \ln(I_0)$$

beschreiben. Diese Gleichung besagt eine lineare Relation zwischen dem Logarithmus der Temperatur-korrigierten metabolischen Rate und dem Logarithmus der Masse (BROWN et al. 2004). Durch die Massen-korrigierte und die Temperatur-korrigierte metabolische Rate, können die Einflüsse beider Faktoren auf den Metabolismus getrennt voneinander betrachtet werden.

Die metabolische Rate wurde in einer Respirationsanlage gemessen. Sie bestand aus einer Probenkammer, die das zu untersuchende Tier und Kaliumhydroxid (KOH) enthält, einer Referenzkammer und einer Elektrolysekammer, die eine Kupfersulfat ($CuSO_4$)-Lösung enthält (Abb. 15).

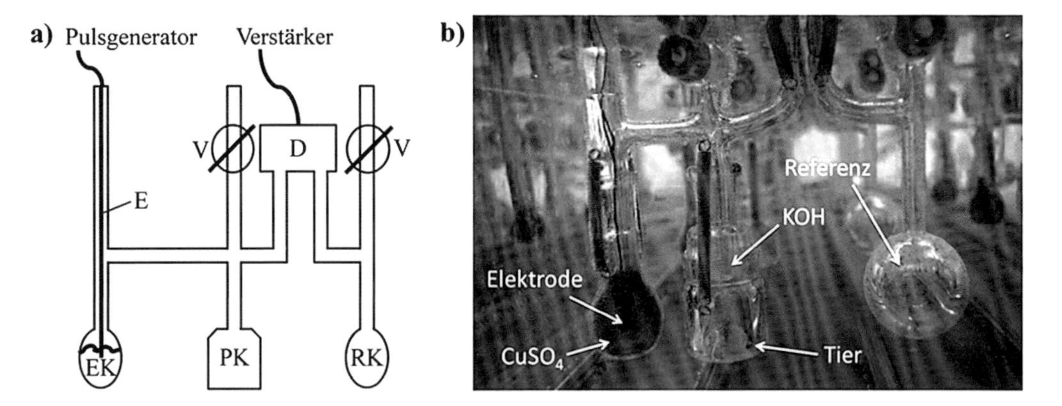

Abb. 15: Aufbau der Respirationsanlage. a) Schemazeichnung nach Scheu (1992): EK = Elektrolysekammer, PK = Probenkammer, RK = Referenzkammer, D = Detektor, E = Elektrode und V = Ventil. b) Foto der Anlage.

Das Kaliumhydroxid (KOH) bindet das von den Tieren produzierte Kohlendioxid. Dies führt zu einer Senkung des Druckes im Gefäß. Der Druckunterschied kann mit Hilfe der Referenz gemessen werden. Sinkt der Druck unter einen Schwellenwert, wird an einer Platinelektrode in der Kupfersulfat-Lösung ein Impuls gesetzt, wodurch 0,83µg Sauerstoff (O_2) freigesetzt werden (weitere Informationen siehe SCHEU 1992). Während der Messung wurden die gesetzten Impulse alle 15 Minuten von einem Computer aufgezeichnet. Dadurch konnte anschließend geprüft werden, wie viele Impulse pro Zeiteinheit gesetzt wurden. Dafür wurde eine möglichst lange Zeitspanne ohne größere Schwankungen gewählt. Aus der Anzahl der gesetzten Impulse wurde der verbrauchte Sauerstoff der Tiere und daraus die verbrauchte Energie in Watt berechnet. Unter Verwendung des Pakets „lnme" (PINHEIRO et al. 2013) für R Version 2.14.1 (R DEVELOPMENT CORE TEAM 2011) wurden anhand dieser Daten für jede Art die Normalisierungskonstante „I_0", die Aktivierungsenergie „E" und der spezifische Exponent „a" ermittelt. Mit Hilfe dieser Werte wurde die metabolische Rate gegen Gewicht und Temperatur (jeweils korrigiert) aufgetragen.

Um die Respiration bei unterschiedlichen Temperaturen messen zu können, befanden sich die oben beschriebenen Kammern in einem Becken mit destilliertem Wasser. Dieses Becken konnte auf die jeweils benötigte Temperatur gebracht und während der Messung konstant gehalten werden. Für die Messungen wurden die Temperaturen 4, 10, 17, 25, 32 und 38°C gewählt. Pro Art wurde in der Regel mindestens eine 24-Stunden-Messung durchgeführt, um feststellen zu können, ob sich die Atmung der Tiere nach längerer Zeit in der Anlage verändert. Die übrigen Messungen wurden nach sechs bis acht Stunden beendet.

Um die Änderung der metabolischen Rate mit dem Konsum bei steigenden Temperaturen vergleichen zu können, mussten die Ergebnisse in eine vergleichbare Form gebracht werden. Für die metabolische Rate wurde die Energie (in Watt), die ein Tier pro Stunde verbraucht durch ihr eigenes Körpergewicht dividiert und gegen die Temperatur aufgetragen. Für den Konsum wurde der kumulative Konsum des Tieres durch seine Entwicklungszeit geteilt und ebenfalls gegen die Temperatur aufgetragen. Da sich die Größen von Metabolismus und Konsum stark unterscheiden, wurden die Ergebnisse im nächsten Schritt gegen die Werte bei 17°C normalisiert. Die beiden Geraden konnten anschließend mithilfe eines t-tests (Nullhypothese: Parallelität der Steigungen) verglichen werden.

Temperatur- und Luftfeuchtemessungen in verschieden stark gestörten Hochmoorflächen

Im Wurzacher Ried wurden Temperatur- und Luftfeuchte an sechs verschieden feuchten (gestörten) Hochmoor-Standorten mit Hilfe von Datenloggern (Thermochron iButton DS1923) stündlich aufgezeichnet. Die Standorte der Hochmoorkern, eine Hochmoorreliktfläche, eine Regenerationsfläche, eine verlandete Moorfläche, eine ehemalige Torfabbaufläche und eine ehemalige Abbaufläche ohne Vegetation (Abb. 16).

Abb. 16: Standorte der Temperatur- und Luftfeuchtemessungen im Wurzacher Ried. (a) Hochmoorkern, (b) Hochmoorreliktfläche, (c) Regenerationsfläche, (d) verlandetes Moor, (e) ehemalige Torfabbaufläche, (f) ehemalige Abbaufläche ohne Vegetation

Ergebnisse

Temperaturtoleranzversuche

Bei *E. occulta* war ein deutlich schnellerer Anstieg der Mortalität in den drei wärmeren Klimaszenarien zu beobachten (Abb. 5). Allerdings haben sich von den insgesamt 100 untersuchten Raupen (20 pro Klimaszenario) nur zwei aus dem kältesten Szenario nach 220 Tagen verpuppt. Da die Art als Raupe überwintert (EBERT 1998), haben vermutlich eher die schlechten „Überwinterungsbedingungen" zu der hohen, späten Mortalität in allen Szenarien geführt. Deshalb wurden die Mortalitätsraten von *E. occulta* und *S. dentaria* nur bis zu dem Zeitpunkt verglichen, zu dem jeweils mindestens 90% der Individuen des extremsten Szenarios (T0+8°C bei 40% rH) gestorben waren.

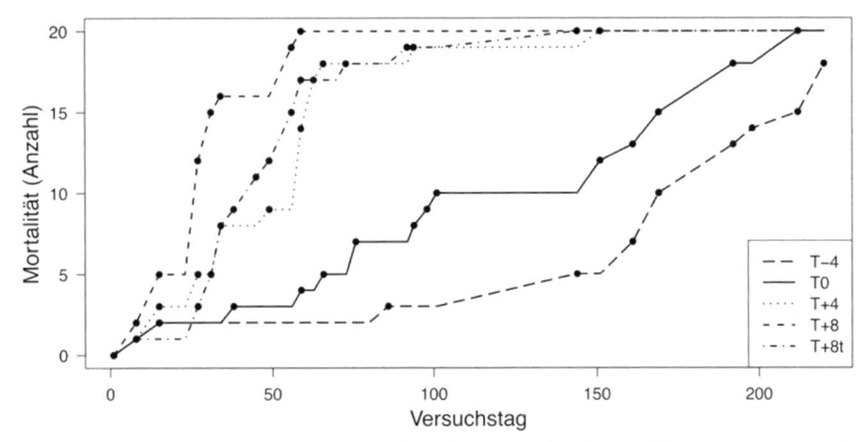

Abb. 17: Mortalität von *E. occulta* bei den verschiedenen Klimaszenarien (siehe Abb. 14) im zeitlichen Verlauf.

S. dentaria und *E. occulta* zeigten deutlich unterschiedliche Mortalitäten zwischen den verschiedenen Klimaszenarien. Während bei *S. dentaria* die Mortalität beim trocken-warmen Szenario hoch war und bei allen anderen relativ niedrig, lag die Mortalität bei der kalt-stenothermen Art *E. occulta* schon bei T+4 bei 90%, nur bei T-4 und T0 war sie gering (Abb. 18).

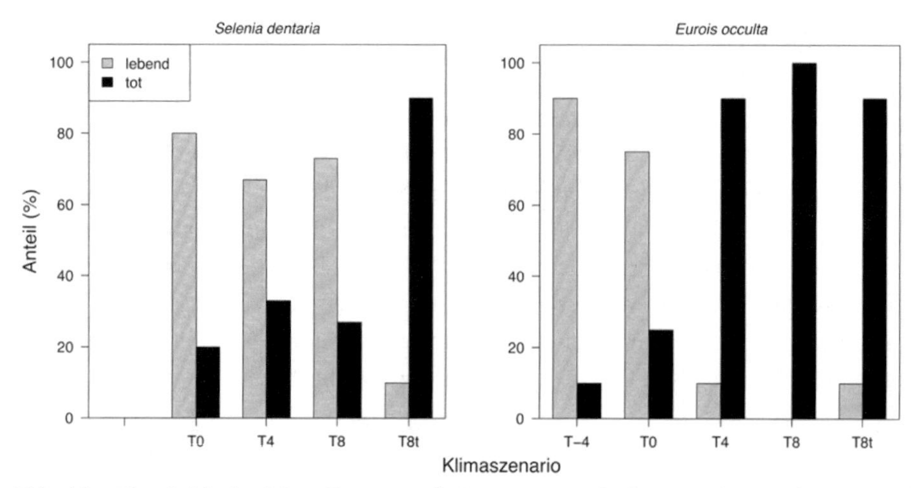

Abb. 18: Vergleich der Mortalitätsraten in Prozent von *S. dentaria* (T0-T8 je 15 Individuen, T8t 20 Individuen) und *E. occulta* (jeweils 20 Individuen) in den verschiedenen Klimaszenarien (zum Zeitpunkt an dem jeweils 90% der Individuen im extremsten Szenario T8t gestorben waren).

Bei den übrigen Arten waren die Mortalitätsraten generell in den wärmeren Szenarien höher (Abb. 19). Mit Ausnahme von *E. alternata* wiesen alle Arten signifikante Unterschiede der Mortalitätsraten zwischen den Klimaszenarien auf (chi^2-Test: *E. alternata* p = 0,76, alle übrigen p < 0,05). *E. silaceata* zeigte im Vergleich zu den übrigen Arten in allen Regimes die höchste Überlebensrate. *S. incanata* zeigte weniger deutliche Tendenzen. Die Überlebensrate lag hier überall zwischen 20% und 50%, wobei sie auch in den kälteren Szenarien höher ist als in den wärmeren. Beide *Noctua* Arten zeigen in fast allen Kammern eine Mortalität von 100%. Allein in T-4 überlebten alle Tiere von *N. janthina* bis zum Versuchsende nach circa zwei Monaten. Nicht aus den Säulendiagrammen ersichtlich ist die Tatsache, dass die Tiere in den wärmeren Kammern früher starben als in den entsprechend kälteren Kammern (vgl. *E. occulta*: Abb. 18). Bei *X. ditrapezium* wurde T+12 als zusätzliches Temperatur-Regime gewählt. In diesem Bereich überlebte kein Tier länger als eine Woche.

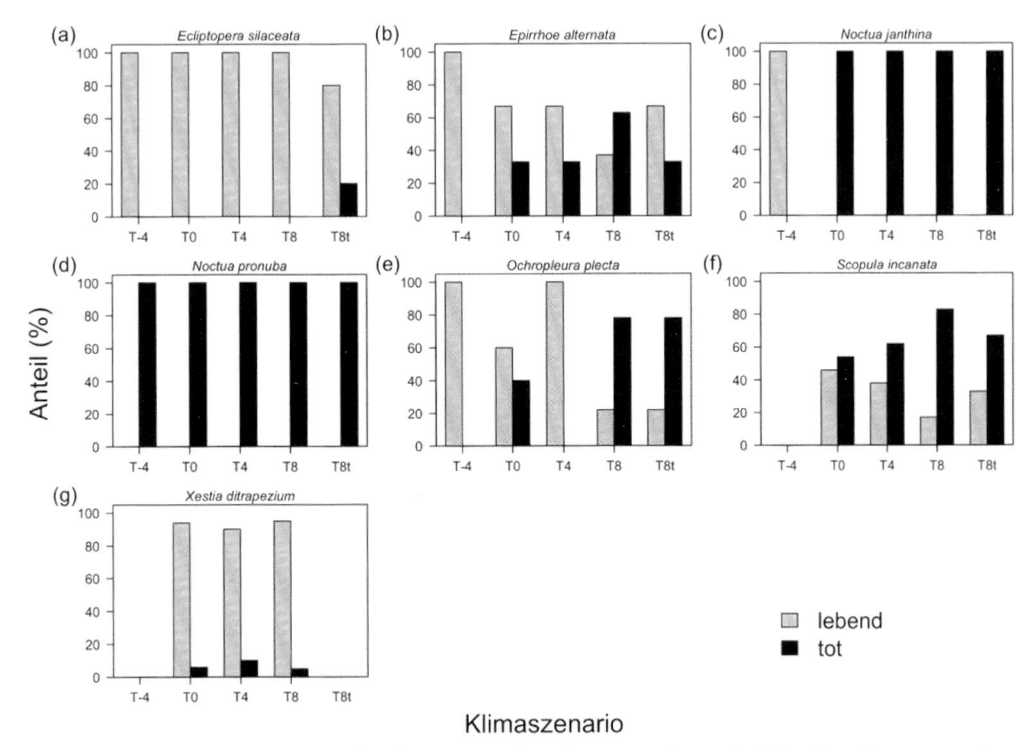

Abb. 19: Mortalität in Prozent der in Darmstadt gefangenen Arten bei den jeweils untersuchten Klimaszenarien (*S. incanata*: N = 44, *E. alternata*: N = 31, *E. silaceata*: N = 25, *O. plecta*: N = 33, *X. ditrapezium*: N = 80).

Vergleicht man die kumulative Fraßmenge der Tiere in den unterschiedlichen Klimaszenarien, zeigen sich unterschiedliche Tendenzen der Arten (Abb. 20). Bei *E. alternata* sank der Konsum zwischen T-4 und T+4 und blieb relativ konstant zwischen T+4 und T+8, während er bei *S. incanata* zwischen T0 und T+4 keine großen Unterschiede aufwies, bei T+8 jedoch anstieg. *E. silaceata* zeigte hingegen keinen deutlichen Unterschied zwischen den Szenarien und bei *O. plecta* und *X. ditrapezium* wurde ein Fraßminimum bei T0 und T+4 deutlich. Auch eine Verringerung der relativen Luftfeuchte bewirkte unterschiedliche Reaktionen. Während bei *E. silaceata* und *O. plecta* im Schnitt bei T+8t ähnlich viel oder etwas weniger konsumiert wurde, wiesen *E. alternata* und *S. incanata* bei trockeneren Bedingungen ein stärkeres Fraßverhalten auf.

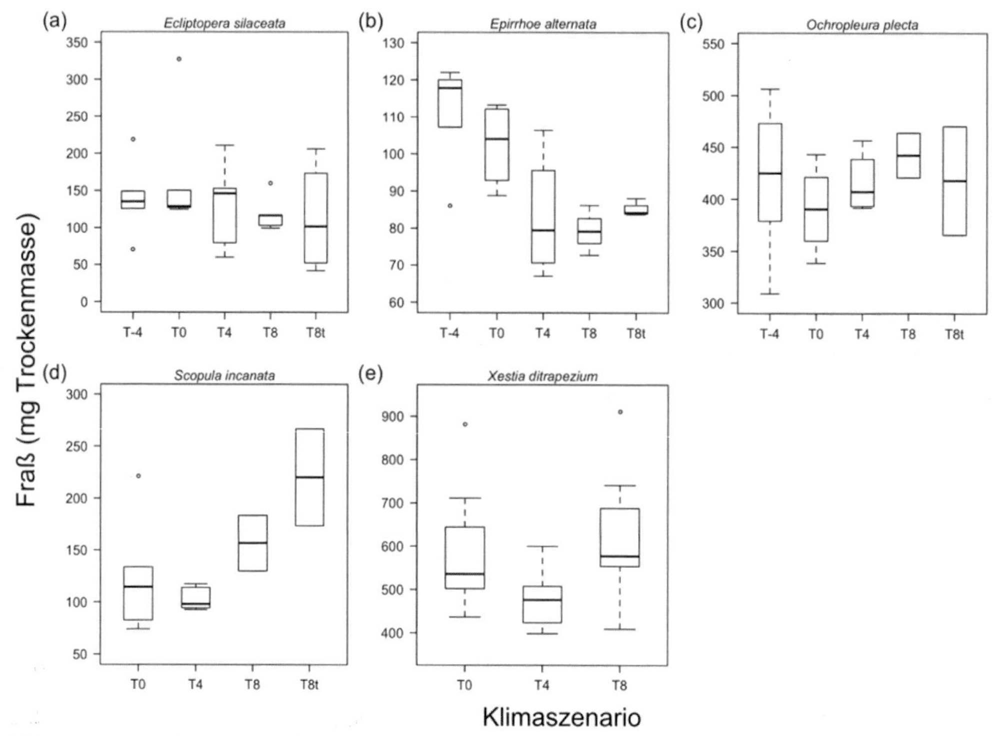

Abb. 20: Kumulativer Fraß bis zur Verpuppung in mg Trockenmasse der in Darmstadt gefangenen Arten bei den jeweils untersuchten Klimaszenarien.

Im Gegensatz zum Konsum zeigte die Entwicklungsdauer deutlichere Tendenzen (Abb. 21). So lag bei fast allen Arten die Entwicklungszeit beim kältesten Szenario deutlich höher als bei den wärmeren. Sie sank in den meisten Fällen kontinuierlich mit steigender Temperatur. Ausnahmen stellen *S. dentaria*, *S. incanata* und *O. plecta* dar, bei denen die Entwicklungszeit im wärmsten Szenario wieder länger war. Die Entwicklungsdauer zeigte bei unterschiedlicher Luftfeuchte im wärmsten Szenario keine klare Tendenz und blieb teilweise gleich (*E. alternata*), sank (*E. silaceata*) oder stieg an (*O. plecta*).

Unter den trockeneren Bedingungen wogen die Puppen weniger als unter entsprechenden feuchteren Bedingungen (Abb. 22). Bei *E. silaceata*, *E. alternata*, *O. plecta* und *S. incanata* stieg das Puppengewicht mit steigender Temperatur zunächst leicht an mit einem Maximum bei T0 und daraufhin kontinuierlichen ab. *X. ditrapezium* und *S. dentaria* zeigten keine deutlichen Unterschiede.

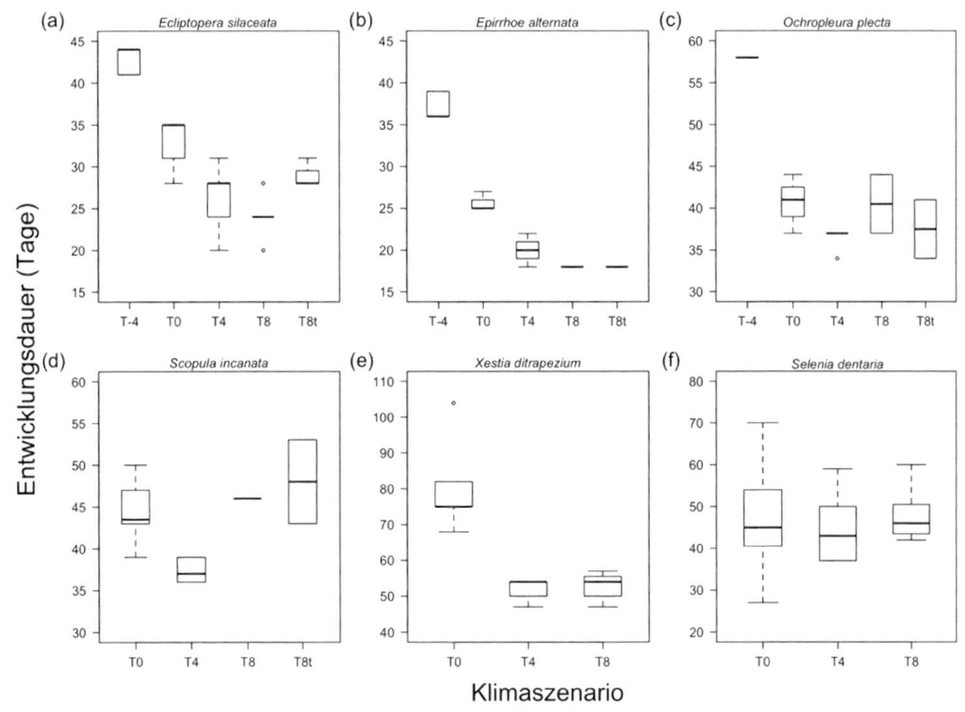

Abb. 21: Entwicklungsdauer in Tagen der in Darmstadt gefangenen Arten bei den jeweils untersuchten Klimaszenarien.

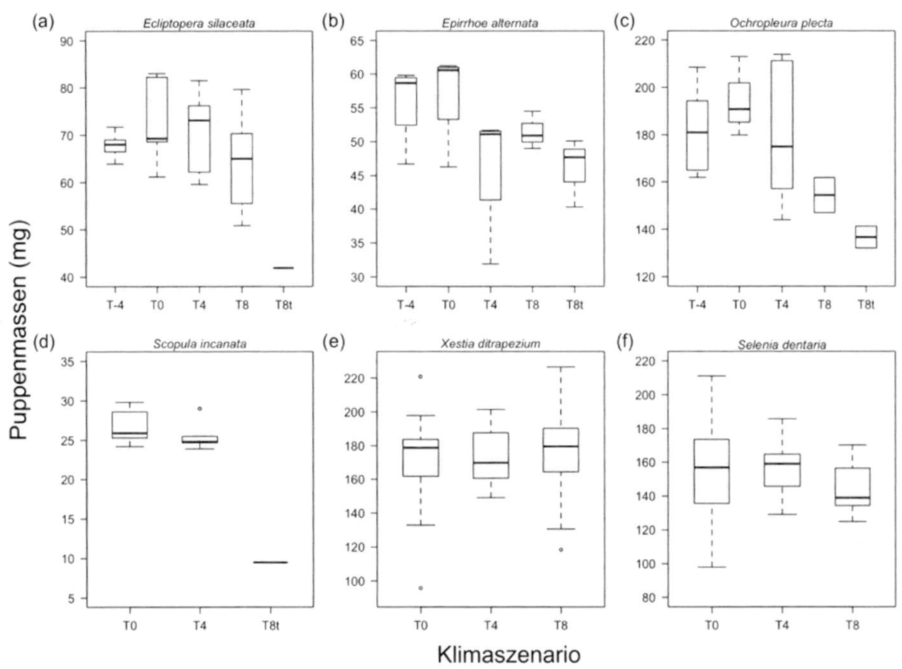

Abb. 22: Puppengewichte in mg der in Darmstadt gefangenen Arten bei den jeweils untersuchten Klimaszenarien.

Respirationsmessungen

Über alle untersuchten Individuen stieg die metabolische Rate erwartungsgemäß mit der Körpermasse und der Temperatur an (Abb. 23a und b). Auch für jede untersuchte Art getrennt betrachtet stieg sie zumeist mit Masse und Temperatur an, die Arten unterschieden sich kaum voneinander (Abb. 23c und d). Allerdings sank der Metabolismus von *E. alternata* mit steigender Temperatur. Diese Art scheint einen deutlich geringeren Grundverbrauch der Temperatur-korrigierten metabolischen Rate zu haben. Außerdem nahm die metabolische Rate von *E. silaceata* mit steigender Masse ab. Hier war die Masse-korrigierte metabolische Rate jedoch generell höher als bei den übrigen Arten.

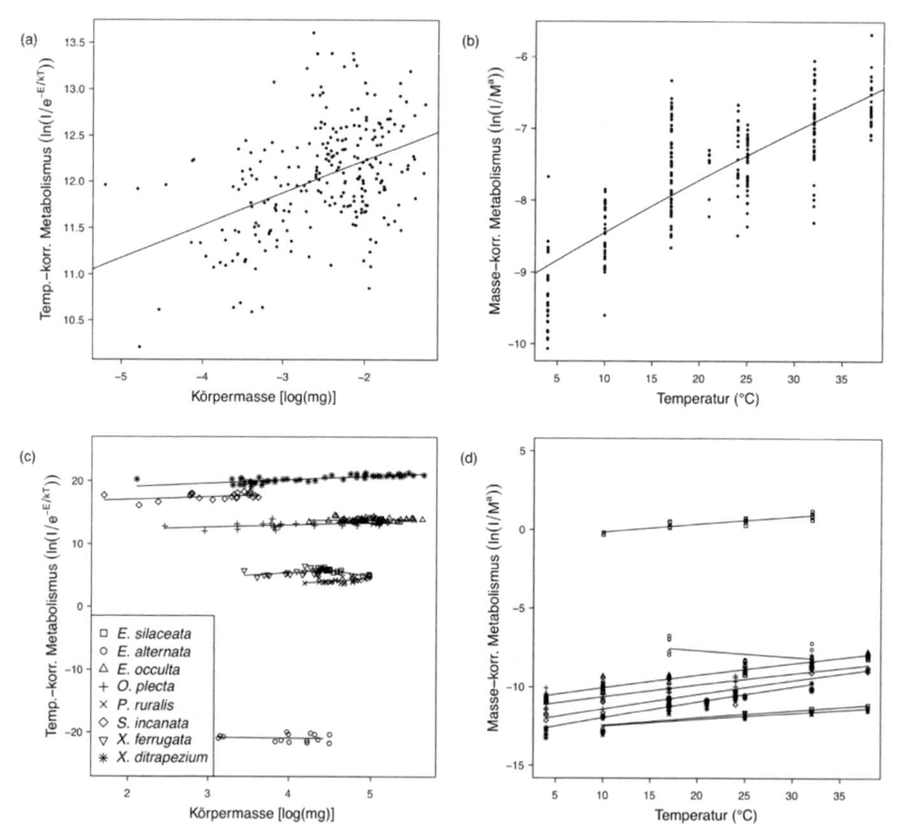

Abb. 23: Zusammenhang zwischen metabolischer Rate und Körpermasse bzw. Temperatur: (a) Logarithmierte Körpermasse aufgetragen gegen den Temperatur-korrigierten Metabolismus, Individuen aller untersuchten Arten gepoolt. (b) Temperatur aufgetragen gegen den Masse-korrigierten Metabolismus, Individuen aller untersuchten Arten gepoolt. (c) Logarithmierte Körpermasse aufgetragen gegen den Temperatur-korrigierten Metabolismus, getrennt nach den einzelnen untersuchten Arten. (d) Temperatur aufgetragen gegen den Masse-korrigierten Metabolismus, getrennt nach den einzelnen untersuchten Arten.

Für keine der untersuchten Arten konnte ein signifikanter Unterschied zwischen den Anstiegen der Respiration und des Konsums mit steigender Temperatur festgestellt werden (t-test, Tab. 12). Bei den meisten Arten stiegen Konsum und Metabolismus mit steigenden Temperaturen. Die größten Differenzen im Anstieg zwischen Konsum und Metabolischer Rate traten bei *S. incanata* und *O. plecta* auf (stärkerer Anstieg des Konsums), die Differenzen der übrigen Arten waren sehr gering (siehe Tab. 12). Bei *E. silaceata* war eine leichte Erhöhung des Konsums mit der Temperatur zu beobachten, während die metabolische Rate sank. *E. alternata* hingegen zeigt die umgekehrte Tendenz von sinkendem Konsum und steigender metabolischer Rate mit der Temperatur.

Tab. 12: Steigungen (m) und Korrelationskoeffizienten (R^2) der Regressionsgeraden von Konsum (K) und Respiration (R) der untersuchten Arten mit steigender Temperatur und Testwerte des Steigungsvergleichs (t-Test).

	m (K)	R^2 (K)	m (R)	R^2 (R)	t	df	p
E. silaceata	0,010	0,01	-0,026	0,15	1,46	33	0,15
E. alternata	-0,028	0,03	0,008	0,03	0,15	27	0,88
E. occulta	0,055	0,23	0,063	0,55	0,42	72	0,68
O. plecta	0,120	0,41	0,012	0,06	0,62	41	0,54
S. incanata	0,190	0,35	0,032	0,19	0,69	30	0,50
X. ditrapezium	0,056	0,23	0,072	0,57	0,61	102	0,54

Temperatur- und Luftfeuchtemessungen in verschieden stark gestörten Hochmoorflächen

Im Wurzacher Ried zeigte sich in den Tagesmitteln wie erwartet ein starker Zusammenhang von sinkender Luftfeuchte mit steigender Temperatur (Abb. 24). Die natürlichen Flächen zeigten für Hochmoore typische extreme Amplituden von Tag- und Nachttemperaturen (Abb. 25). Allerdings zeigte sich kein Zusammenhang zwischen Störungsgrad (Bodenfeuchte im Moor) und Temperatur. Über alle Standorte gab es von Juli bis September zwischen 19 und 46 Tage mit Temperaturen über T0, zwischen 3 und 21 Tage über T+4 und zwischen 1 und 4 Tage über T+8. Die Tage wärmer als T+4 waren nicht vereinzelt sondern erstreckten sich über drei enge Zeiträume. Dies zeigt dass die untersuchten Klimaszenarien schon heute durchaus relevant sein können.

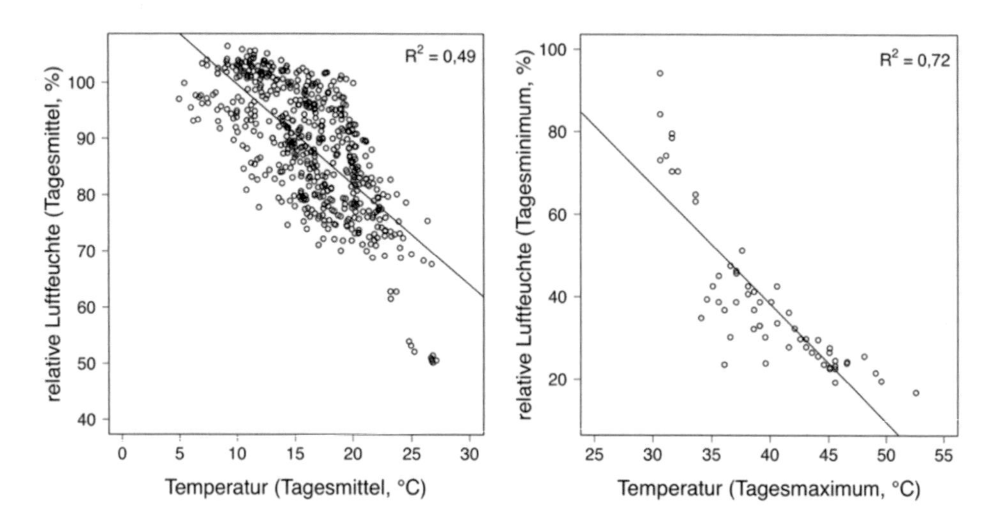

Abb. 24: Zusammenhang zwischen relativer Luftfeuchte und Temperatur (links, Tagesmittel aller Standorte im Wurzacher Ried gepoolt) und zwischen Tagesminimum der Luftfeuchte und Tagesmaximum der Temperatur (rechts, die jeweils zehn heißesten Tage pro Standort im Wurzacher Ried).

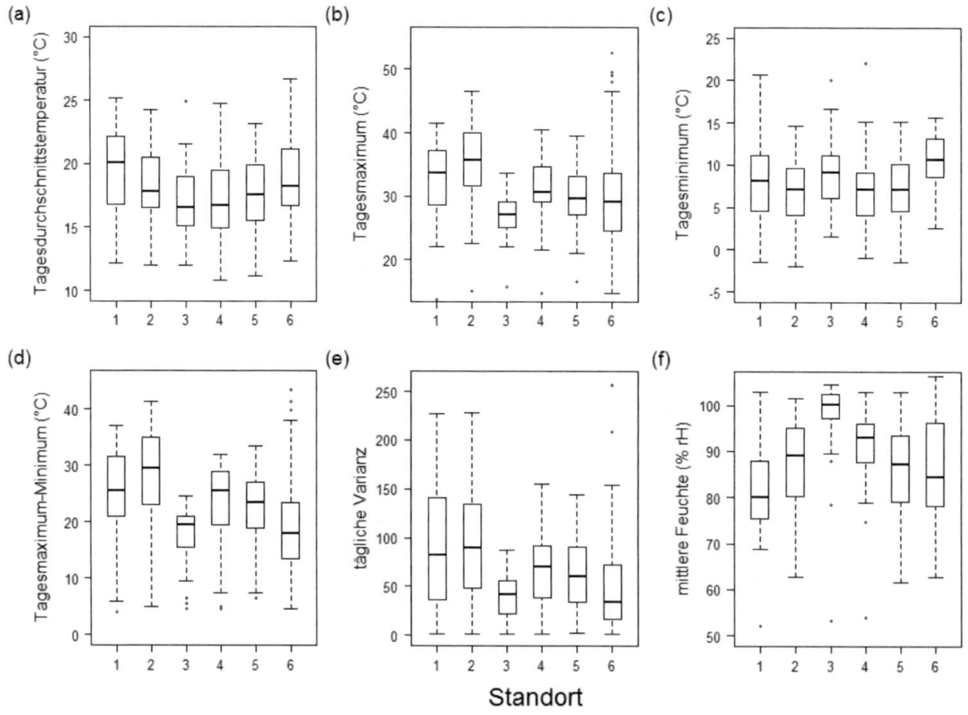

Abb. 25: Temperatur- (a-e) und Luftfeuchteparameter (f) auf den verschiedenen Standorten im Wurzacher Ried (Juli/August 2012). 1 = Hochmoorkern, 2 = Hochmoorreliktfläche, 3 = Regenerationsfläche, 4 = verlandetes Moor, 5 = ehemalige Torfabbaufläche, 6 = ehemalige Abbaufläche ohne Vegetation.

Diskussion

Je nach zugrunde liegendem Modell wird zum Ende des 21. Jahrhunderts eine Temperaturerhöhung zwischen 1,1 und 6,4°C erwartet (relativ zum Zeitraum zwischen 1980 und 1999, IPCC 2007). Abgesehen von der erhöhten Durchschnittstemperatur geht ein großes Gefährdungspotential von der erwarteten Zunahme und Variabilität extremer Wetterereignisse aus (DIFFENBAUGH et al. 2005, LUTERBACHER et al. 2007, MEEHL & TEBALDI 2004). So wird mit ein vermehrtes Auftreten von Hitzewellen und Verschiebungen der Niederschlagsmuster wie z.B. im Jahr 2003 erwartet (REBETEZ et al. 2006, ROUAULT et al. 2006), wobei schon heute Temperaturen von 8°C über dem Durchschnitt für längere Wärmeperioden auftreten können (SCHÄR et al. 2004). Zusätzlich dazu zeigen die Temperaturmessungen im Wurzacher Ried, dass die hier gewählten Klimaszenarien durchaus realistisch für zukünftige längere Wärmeperioden sind.

Wie erwartet zeigen die Ergebnisse, dass eine Temperaturerhöhung, zumindest in einem artspezifischen Toleranzbereich, die Entwicklungszeit der meisten Arten verkürzt. Dies steht im Einklang mit zahlreichen Studien, die sich mit der temperaturabhängigen Entwicklungsdauer von Lepidopteren und weiteren Arthropodengruppen beschäftigten (z.B. BRIERE et al. 1999, CASEY 1993, HONEK et al. 2002, LINDROTH et al. 1997, SHI & GE 2010, WERMELINGER & SEIFERT 1998). Die schnellere Entwicklung bei höheren Temperaturen kann einen starken Einfluss auf die Ökosysteme ausüben, da sich dadurch in vielen Fällen die Flugzeit der Falter verschiebt. Neben der Verschiebung von Arealgrenzen nach Norden und in die Höhe (ITÄMIES et al. 2011, WALTHER et al. 2002), haben zahlreiche früher univoltine Lepidopteren-Arten inzwischen zwei oder mehrere Generationen pro Jahr (ALTERMATT 2010). Außerdem wurde mit Hilfe von Phänologie-Modellen gezeigt, dass sich die Vegetationsperiode in Mitteleuropa seit den 1970er Jahren um circa 11 Tage verlängert hat (MENZEL & FABIAN 1999). Dazu trägt sowohl ein früherer Frühlingsanfang als auch ein späteres Ende des Herbstes bei (IBÁÑEZ et al. 2010, MENZEL & FABIAN 1999, MENZEL et al. 2006, PARMESAN & YOHE 2003). Es wird erwartet, dass diese Verlängerung der Vegetationsperiode mit der vorhergesagten Klimaerwärmung noch größer wird (SPARKS & MENZEL 2002). Dies führt auch zu einem früheren Auftauchen und einer verlängerten Aktivitätsperiode von Insekten, wie es für zahlreiche Schmetterlingsarten gezeigt wurde (z.B. FORISTER & SHAPIRO 2003, ROY & SPARKS 2000). Sowohl durch die Erhöhung der Generationenzahl als auch durch die Verschiebung im Jahreswechsel können Ungleichgewichte entstehen, so dass sowohl das Auftreten von Raupen als auch von Faltern von ihren Nahrungspflanzen entkoppelt ist (z.B. VISSER & HOLLEMAN 2001).

Die vorliegende Studie zeigt die Schwierigkeit der Einschätzung der Anpassungskapazität von bedrohten tyrphobionten Arten an den Klimawandel. Einerseits deuten die Mortalitätsraten von *E. occulta* darauf hin, dass kalt-stenotope Arten, wie es tyrphobionte Nachtfalter auch sind, eine sehr geringe Anpassungsfähigkeit besitzen. Allerdings zeigen die Daten der anderen untersuchten Arten in Bezug auf Mortalität und Puppenmassen auch, dass die Reaktionen auf erhöhte Temperaturen sehr variabel sein können und eine Übertragbarkeit auf andere Arten schwierig machen. Obwohl die metabolische Rate aller Arten außer bei *E. alternata* sowohl mit der Masse als auch mit der Temperatur anstieg, stieg sie nicht signifikant mehr als die Nahrungsaufnahme. Der erhöhte Metabolismus spielt offensichtlich eine untergeordnete Rolle als limitierender Faktor der Anpassungskapazität und kann durch erhöhte Nahrungsaufnahme ausgeglichen werden. Andere Mechanismen, wie zum Beispiel erhöhter Wasserverlust, scheinen dabei eine größere Rolle zu spielen. Diese Ergebnisse zeigen, dass über die Biologie und ökologischen Ansprüche der bedrohten Arten noch deutlicher Forschungsbedarf besteht. Weiterhin ist über die Populationsgrößen der reliktartig vorkommenden tyrphobionten Arten wenig bekannt. Viele Arten sind in den letzten Jahrzehnten stark im Rückgang begriffen (z.B. EBERT 1998, EBERT 2001, GELBRECHT 1988). Teilweise wurden Arten auf Mooren wiederentdeckt, auf denen sie als verschollen galten (z.B. *C. cordigera*: GELBRECHT et al. 2003). Einerseits wurde der erhöhte Schutzstatus als Grund für die sinkenden Nachweise angeführt (EBERT 1998). Andererseits steigen und fallen viele Insektenpopulationen in Zyklen von einem bis zu mehreren Jahren. Daher ist eine systematische Inventarisierung der bestehenden oligotrophen Moore in Verbindung mit einem langfristigen Monitoring der noch bestehenden Populationen nötig, um die Stabilität von Populationen und ihre Reaktion auf den Klimawandel verlässlich abzuschätzen (ITÄMIES et al. 2011).

Darüber hinaus kann die Temperaturtoleranz bei tyrphobionten Arten nicht isoliert betrachtet werden. Sie sind vor allem durch das Verschwinden ihrer Habitate durch anthropogene Landnutzung (Verkleinerung, Fragmentierung bzw. Trockenlegung der Moore) gefährdet. Entscheidend für das Überleben der Arten ist sehr wahrscheinlich die Verfügbarkeit ihrer meist sehr spezifischen Wirtspflanzen. Diese sind vor allem durch Eutrophierung und Trockenfallen der Moore bedroht. Andererseits sind sie durch den erwarteten Klimawandel gefährdet, sowohl durch Verschiebungen von Temperatur- und Niederschlagsmustern (BREEUWER et al. 2010) als auch durch erhöhten Stickstoffeintrag aus der Atmosphäre (TOMASSEN et al. 2003). Daraus folgt, dass primär die lokalen Bestände der Wirtspflanzen durch Renaturierungsmaßnahmen, wie Wiedervernässung und das Entfernen von Baumbewuchs, stabilisiert und vergrößert werden müssen. Dabei spielen Habitatgröße und -qualität eine wichtige Rolle, da diese die Populationsgröße bestimmen (THOMAS et al. 2001), von der wiederum die genetische Diversität einer Population abhängt (FRANKHAM 1996). Populationen in kleinen, isolierten Habitaten besitzen oftmals eine geringe genetische Diversität (ALLENTOFT et al. 2009, KEYGHOBADI 2007). Da genetische Diversität mit der Fitness einer Population korreliert (CHAPMAN et al. 2009, REED & FRANKHAM 2003), können genetisch diversere Population besser auf ungünstige bzw. stochastische Umweltereignisse reagieren („episodic heterozygote advantage“: SAMOLLOW & SOULÉ 1983). Deshalb ist der Schutz bzw. die Renaturierung von großen Moorflächen entscheidend für das langfristige Überleben von Populationen tyrphobionter Arten (DREES et al. 2011). Selbst mit nur jahrweise hohen lokalen Individuendichten steigt die Wahrscheinlichkeit, dass sogenannte „Disperser“ (sich über weite Strecken ausbreitende, eierlegende Weibchen) aus diesen Populationen hervorgehen, die bei fast allen Nachtfaltern in der Lage sind, weit entfernte Gebiete neu zu besiedeln (BETZHOLTZ & FRANZÉN 2013a, BETZHOLTZ & FRANZÉN 2013b, FRANZÉN & BETZHOLTZ 2012). Weiterhin ist darauf zu achten dass Nährstoff- und Insektizideintrag aus umliegender Landwirtschaft sowie die Einleitung nährstoffreichen Wassers vermieden wird (GELBRECHT et al. 2003). Sekundär könnten die noch vorhandenen Populationen durch Vernetzung von Habitaten weiter gefördert werden, zum Beispiel durch Unterschutzstellung bzw. Renaturierung kleinerer Moore als „stepping stones“. Sollen die stark zurückgehenden Population der meisten tyrphobionten Nachtfalterarten dauerhaft erhalten bleiben, ist auch die gezielte und wissenschaftlich begleitete Wiederansiedlung dieser Arten auf regenerierten Hochmooren in Betracht zu ziehen (GELBRECHT 1988). Dazu wäre eine weitere Erforschung der Biologie und ökologischen Ansprüche der Art erforderlich. Es wäre vor allem darauf zu achten, dass auf diesen Flächen langfristig ein stabiler Wasserhaushalt eingehalten werden kann und die Aussterberisiken, die ursprünglich zum Rückgang der Art beigetragen haben, ausgeschlossen werden können (siehe zum Beispiel IUCN/SSP 2013).

Literatur

ALLENTOFT, M.E., SIEGISMUND, H.R., BRIGGS, L. & ANDERSEN, L.W. (2009): Microsatellite analysis of the natterjack toad (*Bufo calamita*) in Denmark: populations are islands in a fragmented landscape. – Conservation Genetics 10: 15-28.

ALTERMATT, F. (2010): Climatic warming increases voltinism in European butterflies and moths. – Proceedings of the Royal Society B-Biological Sciences 277: 1281-1287.

BETZHOLTZ, P. & FRANZÉN, M. (2013): Ecological characteristics associated with high mobility in night-active moths. – Basic and Applied Ecology 14: 271-279.

BETZHOLTZ, P., PETTERSSON, L.B., RYRHOLM, N. & FRANZÉN, M. (2013): With that diet, you will go far: trait-based analysis reveals a link between rapid range expansion and a nitrogen-favoured diet. – Proceedings of the Royal Society B-Biological Sciences 280: 20122305.

BRIERE, J.F., PRACROS, P., LE ROUX, A.Y. & PIERRE, J.S. (1999): A novel rate model of temperature-dependent development for arthropods. – Environmental Entomology: 28: 22-29.

BROWN, J.H., GILLOOLY, J.F., ALLEN, A.P., SAVAGE, V.M. & WEST, G. B. (2004): Toward a metabolic theory of ecology. – Ecology 85: 1771-1789.

BREEUWER, A., HEIJMANS, M.M.P.D., ROBROEK, B.J.M. & BERENDSE, F. (2010): Field simulation of global change: transplanting northern bog mesocosms southward. – Ecosystems 13: 712-726.

CASEY, T.M. (1993): Effects of temperature on foraging of caterpillars. – In: STAMP, N.E & CASEY, T.M. (Eds.): Caterpillars: ecological and evolutionary constraints on foraging. – New York (Chapman & Hall): 1-13.

CHAPMAN, J.R., NAKAGAWA, S., COLTMAN, D.W., SLATE, J. & SHELDON, B.C. (2009). A quantitative review of heterozygosity-fitness correlations in animal populations. – Molecular Ecology 18: 2746-2765.

DIFFENBAUGH, N.S., PAL, J.S., TRAPP, R.J. & GIORGI, F. (2005): Fine-scale processes regulate the response of extreme events to global climate change. – Proceedings of the National Academy of Sciences of the United States of America 102: 15774-15778.

DREES, C., ZUMSTEIN, P., BUCK-DOBRICK, T., HARDTLE, W., MATERN, A., MEYER, H., VON OHEIMB, G. & ASSMANN, T. (2011): Genetic erosion in habitat specialist shows need to protect large peat bogs. – Conservation Genetics 12: 1651-1656.

EBERT, G. (1998): Die Schmetterlinge Baden-Württembergs. Band 7: Nachtfalter V. – Stuttgart (Ulmer), 582 S.

EBERT, G. (2001): Die Schmetterlinge Baden-Württembergs. Band 8: Nachtfalter VI. – Stuttgart (Ulmer), 541 S.

EBERT, G. (2003): Die Schmetterlinge Baden-Württembergs. Band 9: Nachtfalter VII. – Stuttgart (Ulmer), 609 S.

FRANZÉN, M. & BETZHOLTZ, P. (2012): Species traits predict island occupancy in noctuid moths. – Journal of Insect Conservation 16: 155-163.

FORISTER, M.L. & SHAPIRO, A.M. (2003): Climatic trends and advancing spring flight of butterflies in lowland California. – Global Change Biology 9: 1130-1135.

FRANKHAM, R. (1996): Relationship of genetic variation to population size in wildlife. – Conservation Biology 10: 1500-1508.

GELBRECHT, J. (1988): Zur Schmetterlingsfauna von Hochmooren in der DDR. – Entomologische Nachrichten und Berichte 32: 49-56.

GELBRECHT, J., KALLIES, A., GERSTBERGER, M., DOMMAIN, R., GÖRITZ, U., HOPPE, H., RICHERT, A., ROSENBAUER, F., SCHNEIDER, A., SOBCZYK, T. & WEIDLICH, M. (2003): Die aktuelle Verbreitung der Schmetterlinge der nährstoffarmen und sauren Moore des nordostdeutschen Tieflandes (Lepidoptera). – Märkische Entomologische Nachrichten 5: 1-68.

GILLOOLY, J.F., BROWN, J.H., WEST, G.B., SAVAGE, V.M. & CHARNOV, E.L. (2001): Effects of size and temperature on metabolic rate. – Science 293: 2248-2251.

HONEK, A., JAROSIK, V., MARTINKOVA, Z. & NOVAK, I. (2002): Food induced variation of thermal constants of development and growth of *Autographa gamma* (Lepidoptera: Noctuidae) larvae. – European Journal of Entomology 99: 241-252.

IBÁÑEZ, I., PRIMACK, R.B., MILLER-RUSHING, A.J., ELLWOOD, E., HIGUCHI, H., LEE, S. D., KOBORI, H. & SILANDER, J.A. (2010): Forecasting phenology under global warming. – Philosophical Transactions of the Royal Society B-Biological Sciences 365: 3247-3260.

IPCC CORE WRITING TEAM, PACHAURI, R. K. & REISINGER, A. (2007): Climate change 2007: Synthesis report. Contribution of Working Groups I, II and III to the Fourth Assessment Report of the Intergovernmental Panel on Climate Change. – Genf (IPCC), 103 S.

ITÄMIES, J.H., LEINONEN, R. & MEYER-ROCHOW, V.B. (2011): Climate change and shifts in the distribution of moth species in Finland, with a focus on the province of Kainuu. – In: BLANCO, J. (Eds.): Climate Change – Geophysical Foundations and Ecological Effects. Rijeka (InTech): 273-296.

IUCN/SSC (2013): Guidelines for reintroductions and other conservation translocations. Version 1.0. – Gland, Switzerland (IUCN Species Survival Commission), 66 S.

KEYGHOBADI, N. (2007): The genetic implications of habitat fragmentation for animals. – Canadian Journal of Zoology 85: 1049-1064.

KLEIBER, M. (1932): Body size and metabolism. – Hilgardia 6: 315-332.

LINDROTH, R.L., KLEIN, K.A., HEMMING, JOCEL., D.C. & FEUKER, A.M. (1997): Variation in temperature and dietary nitrogen affect performance of the gypsy moth (*Lymantria dispar* L.). – Physiological Entomology 22: 55-64.

LUTERBACHER, J., LINIGER, M.A., MENZEL, A., ESTRELLA, N., DELLA-MARTA, P.M., PFISTER, C., RUTISHAUSER, T. & XOPLAKI, E. (2007): Exceptional European warmth of autumn 2006 and winter 2007: historical context, the underlying dynamics, and its phenological impacts. – Geophysical Research Letters 34: L12704

MEEHL, G.A. & TEBALDI, C. (2004): More intense, more frequent, and longer lasting heat waves in the 21st century. – Science 305: 994-997.

MENZEL, A. & FABIAN, P. (1999): Growing season extended in Europe. – Nature 397: 659-659.

MENZEL, A., SPARKS, T.H., ESTRELLA, N., KOCH, E., AASA, A., AHAS, R., ALM-KUBLER, K., BISSOLLI, P., BRASLAVSKA, O., BRIEDE, A., CHMIELEWSKI, F.M., CREPINSEK, Z., CURNEL, Y., DAHL, A., DEFILA, C., DONNELLY, A., FILELLA, Y., JATCZA, K., MAGE, F., MESTRE, A., NORDLI, O., PEÑUELAS, J., PIRINEN, P., REMIŠOVÁ, V., SCHEIFINGER, H., STRIZ, M., SUSNIK, A., VAN VLIET, A.J.H., WIELGOLASKI, F.E., ZACH, S. & ZUST, A. (2006): European phenological response to climate change matches the warming pattern. – Global Change Biology 12: 1969-1976.

MIKKOLA, K. & SPITZER, K. (1983): Lepidoptera associated with peatlands in central and northern Europe: a synthesis. – Nota Lepidoptera 6: 216-229.

PARMESAN, C. & YOHE, G. (2003): A globally coherent fingerprint of climate change impacts across natural systems. – Nature 421: 37-42.

PINHEIRO, J., BATES, D., DEBROY, S., SARKAR, D. & R DEVELOPMENT CORE TEAM (2013): nlme: linear and nonlinear mixed effects models. – URL: http://cran.r-project.org/web/packages/nlme/nlme.pdf (gesehen am: 20.07.2013).

R DEVELOPMENT CORE TEAM (2011): R: a language and environment for statistical computing. – R Foundation for Statistical Computing. – Vienna, Austria. – URL: http://www.R-project.org (gesehen am: 20.07.2013).

RASBAND, W. (1997): ImageJ 1.46r. – Bethesta (National Institutes of Health, USA) – URL: http://rsbweb.nih.gov/ij/docs/guide/user-guide.pdf (gesehen am: 20.07.2013).

REBETEZ, M., MAYER, H., DUPONT, O., SCHINDLER, D., GARTNER, K., KROPP, J.P. & MENZEL, A. (2006): Heat and drought 2003 in Europe: a climate synthesis. – Annals of Forest Science 63: 569-577.

REED, D.H. & FRANKHAM, R. (2003): Correlation between fitness and genetic diversity. – Conservation Biology 17: 230-237.

ROUAULT, G., CANDAU, J.N., LIEUTIER, F., NAGELEISEN, L.M., MARTIN, J.C. & WARZEE, N. (2006): Effects of drought and heat on forest insect populations in relation to the 2003 drought in Western Europe. – Annals of Forest Science 63: 613-624.

ROY, D.B. & SPARKS, T.H. (2000): Phenology of British butterflies and climate change. – Global Change Biology 6: 407-416.

SAMOLLOW, P.B. & SOULÉ, M.E. (1983). A case of stress related heterozygote superiority in nature. – Evolution 37, 646-649.

SCHÄR, C., VIDALE, P.L., LÜTHI, D., FREI, C., HÄBERLI, C., LINIGER, M.A. & APPENZELLER, C. (2004): The role of increasing temperature variability in European summer heatwaves. – Nature 427: 332-336.

SCHEU, S. (1992): Automated measurement of the respiratory response of soil microcompartments: active microbial biomass in earthworm faeces. – Soil Biology & Biochemistry 24: 1113-1118.

SHI, P. & GE, F. (2010): A comparison of different thermal performance functions describing temperature-dependent development rates. – Journal of Thermal Biology 35: 225-231.

SPARKS, T.H. & MENZEL, A. (2002): Observed changes in seasons: an overview. – International Journal of Climatology 22: 1715-1725.

SPITZER, K. (1981): Ökologie und Biogeographie der bedrohten Schmetterlinge der südböhmischen Hochmoore. – Beiheft Veröffentlichungen für Naturschutz und Landschaftspflege in Baden-Württemberg 21: 125-131.

SPITZER, K. & DANKS, H.V. (2006): Insect biodiversity of boreal peat bogs. – Annual Review of Entomology 51: 137-161.

THOMAS, J.A., BOURN, N.A.D., CLARKE, R.T., STEWART, K.E., SIMCOX, D.J., PEARMAN, G.S., CURTIS, R. & GOODGER, B. (2001): The quality and isolation of habitat patches both determine where butterflies persist in fragmented landscapes. – Proceedings of the Royal Society B-Biological Sciences 268: 1791-1796.

TOMASSEN, H.B.M., SMOLDERS, A.J.P., LAMERS, L.P.M. & ROELOFS, J.G.M. (2003): Stimulated growth of *Betula pubescens* and *Molinia caerulea* on ombrotrophic bogs: role of high levels of atmospheric nitrogen deposition. – Journal of Ecology 91: 357-370.

VISSER, M.E. & HOLLEMAN, L.J.M. (2001): Warm springs disrupt the synchrony of oak and winter moth phenology. – Proceedings of the Royal Society B-Biological Sciences 268: 289-294.

WALTHER, G.R., POST, E., CONVEY, P., MENZEL, A., PARMESAN, C., BEEBEE, T.J.C., FROMENTIN, J.M., HOEGH-GULDBERG, O. & BAIRLEIN, F. (2002): Ecological responses to recent climate change. – Nature 416: 389-395.

WERMELINGER, B. & SEIFERT, M. (1998): Analysis of the temperature dependent development of the spruce bark beetle *Ips typographus* (L.) (Col., Scolytidae). – Journal of Applied Entomology 122: 185-191.

WHITE, C.R. (2010): Physiology: there is no single p. – Nature 464: 691-693.

WILSON, P.J. & PROVAN, J. (2003): Effect of habitat fragmentation on levels and patterns of genetic diversity in natural populations of the peat moss *Polytrichum commune*. – Proceedings of the Royal Society B-Biological Sciences 270: 881-886.

4.3 Untersuchungen zur Anpassungskapazität des Blauschillernden Feuerfalters, *Lycaena helle* (Denis & Schiffermüller 1975)

Johannes Limberg, Uta Schröder und Klaus Fischer

Zusammenfassung

Der Feuerfalter *Lycaena helle* ist eine bundesweit hochgradig gefährdete Art. Infolge des Klimawandels wird sich ihre Bestandssituation vermutlich weiterhin negativ entwickeln. Eine genauere Abschätzung des Risikos durch den Klimawandel setzt Kenntnisse zu den plastischen Kapazitäten der Art voraus, welche jedoch bislang fehlten. Vor diesem Hintergrund wurde die larvale Entwicklung der Art unter verschiedenen Klimaszenarien untersucht. Weder erhöhte Temperaturen noch simulierte Hitzewellen zeigten negative Auswirkungen auf Entwicklungsdauer, Puppengewicht oder Überlebensraten. Dieses Ergebnis ist sehr überraschend vor dem Hintergrund, dass *L. helle* eine glaziale Reliktart ist, und lässt auf ausgeprägte plastische Kapazitäten gegenüber erhöhten Temperaturen schließen. Dies könnte darauf zurückzuführen sein, dass die Art innerhalb ihrer meso-klimatisch kühl-feuchten Lebensräume mikro-klimatisch sehr warme Standorte präferiert. Die Daten lassen keine unmittelbare Gefährdung durch erhöhte Temperaturen erkennen.

Zur Charakterisierung der Larvalhabitate im Hohen Westerwald wurden weiterhin Temperatur- und Luftfeuchtigkeitsmessungen sowie Vegetationsanalysen in den Monaten Juni und Juli 2012 durchgeführt. Die Habitate von *L. helle* waren mikroklimatisch durch moderate Durchschnitts-Temperaturen (16,1°C) und große Temperaturamplituden (absolutes Minimum: -2,4°C; absolutes Maximum: 47,6°C) charakterisiert. Jedoch konnte die Hypothese, dass feuchtere Flächen über ein besonders ausgeglichenes und damit günstiges Mikroklima für *L. helle* verfügen, nicht bestätigt werden. Standörtlich sind die Larvalhabitate als feucht bis nass, schwach bis mäßig sauer und mesotroph bis eutroph einzustufen. Da der Klimawandel vermutlich die Torfmineralisierung in den Habitaten von *L. helle* begünstigen wird, muss der Wiederherstellung adäquater Grundwasserstände sowie gegebenenfalls pflegenden Eingriffen in eutrophe Pflanzenbestände höchste Priorität bei Schutzmaßnahmen eingeräumt werden.

Einleitung

L. helle ist eine in Deutschland und Europa hochgradig gefährdete Art (Van Swaay et al. 2010, Reinhardt & Bolz 2011). Der starke Bestandsrückgang innerhalb der letzten Jahrzehnte wird vor allem auf den Habitatverlust und eine verminderte Habitatqualität zurückgeführt (Fischer et al. 1999, Biewald & Nunner 2006). Bei den gegenwärtigen Vorkommen in Deutschland handelt es sich überwiegend um isolierte Populationen im Mittelgebirge und im Alpenvorland (Meyer 1980, Nunner 2006, Fischer et al. 1999,

BAUERFEIND et al. 2009). Da Primärlebensräume wie Sümpfe, Übergangsmoore, Hochmoore und Bachauen kaum noch vorhanden sind, besiedelt die Art heute überwiegend anthropogene Ersatzhabitate, zu denen oligo- bis mesotrophe Feuchtbrachen zählen (FISCHER et al. 1999, NUNNER 2006, RÖHL et al. 2006). Die Glazialreliktart ist sehr eng an feucht-kühle Mesoklimate gebunden, weshalb von einem hohen Gefährdungsgrad durch den Klimawandel auszugehen ist (LIMBERG & FISCHER 2014). Zusätzlich weist die Art ein geringes Dispersionspotential und möglicherweise auch ein geringes Evolutionspotential auf (LIMBERG & FISCHER 2014, FISCHER et al. 2014). Unkenntnis herrscht derzeit bezüglich der plastischen Kapazitäten der Art. Lediglich für verwandte Arten wie *L. hippothoe* und *L. tityrus* sind ausgeprägte plastische Reaktionen auf variierende Temperaturen belegt. Wie für Ektotherme grundsätzlich zu erwarten, zeigen die beiden anderen Bläulingsarten unter dem Einfluss steigender Temperaturen eine verkürzte Entwicklungszeit, höhere Wachstumsraten und ein verringertes Körpergewicht (FISCHER & FIEDLER 2000, 2001, 2002, KARL & FISCHER 2008, KARL et al. 2008, 2009, FISCHER & KARL 2010). Ferner beeinflusst die Temperatur auch die Temperaturstressresistenz (FISCHER & FIEDLER 2002, KARL et al. 2008). Inwiefern sich diese Ergebnisse auf *L. helle* übertragen lassen, wurde in der vorliegenden Studie (Teil 4.3.1) untersucht.

Da es sich bei *L. helle* um eine relativ kalt-stenotherme glaziale Reliktart handelt, ist anzunehmen, dass das physiologische Temperaturoptimum niedriger liegt als das anderer *Lycaena*-Arten und dass die Art empfindlicher auf hohe Temperaturen reagiert. Zur Untersuchung der plastischen Kapazitäten wurden hier unterschiedliche Temperatur- und Feuchtigkeitszenarien verwandt, welche der Simulation des Klimawandels dienten. Diese Versuche sollen zeigen, wie empfindlich die Art auf extreme Temperaturen und Trockenheit (Hitzewellen, Dürreperioden) reagiert, woraus sich Schlussfolgerungen für gezielte Managementstrategien ableiten lassen. In diesem Zusammenhang könnte dem Erhalt einer hohen Bodenfeuchtigkeit sowie der Strukturvielfalt innerhalb der Habitate eine besondere Bedeutung zukommen. So zeigen beispielsweise Untersuchungen an *Boloria aquilonaris*, dass die Larven eine Überhitzung vermeiden, indem sie gezielt mikroklimatisch begünstigte Strukturen aufsuchen (TURLURE et al. 2011). Dass das Mikroklima von der Vegetationsstruktur maßgeblich beeinflusst wird, ist hinlänglich bekannt (WALLIS DE VRIES & VAN SWAAY 2006, TURLURE et al. 2011).

Um die ökologische Nische der Art besser charakterisieren zu können, wurden ferner Temperatur- und Luftfeuchtigkeitsmessungen sowie Vegetationsaufnahmen in den Larvalhabitaten von *L. helle* durchgeführt. Hiermit wollten wir u.a. auch testen, ob der Wasserhaushalt einen ausgleichenden Effekt auf das Mikroklima ausübt. Diese Untersuchungen (4.3.2) sind von besonderer Bedeutung, weil a) der Klimawandel durch veränderte Niederschlagsdynamik den Grundwasserhaushalt möglicherweise während der Vegetationsperiode negativ beeinflusst und b) der Grundwasserstand in zahlreichen Habitaten von *L. helle* durch anthropogene Einflüsse maßgeblich beeinträchtigt ist (LIMBERG et al. 2011). Wir testen die Hypothese, dass feuchtere Flächen ein für die larvale Entwicklung günstigeres Mikroklima aufweisen, indem sie Temperaturextreme abpuffern. Somit könnte ein gezieltes Grundwassermanagement die negativen Folgen des Klimawandels möglicherweise reduzieren.

4.3.1 Plastische Kapazitäten

Material und Methoden

Für die Zucht wurden in der 2. Maiwoche 2012 25 Weibchen von *L. helle* in individuenstarken Populationen im Westerwald gefangen und an die Universität Greifswald gebracht. Die Eiablage fand in einer Klimakammer unter folgenden Bedingungen statt: 26°C, 75% rel. Luftfeuchte, 18 Std. Licht: 6 Std. Dunkel. Unter den gleichen Bedingungen wurden die Eier gehalten. Unmittelbar nach dem Schlupf wurden die Larven zufällig auf vier unterschiedliche Behandlungen verteilt (Abb. 26; vgl. Anhang 1):

- Kontrolle (C): Simulation eines durchschnittlichen Junitages im Westerwald; Minimaltemperatur 10°C, Maximaltemperatur 21°C, relative Luftfeuchte 75%.
- Treatment 1 (T1): Bedingungen wie oben bei der Kontrolle, außer dass zur Simulation der Effekte des Klimawandels die Temperaturen um 4°C erhöht waren. Minimaltemperatur 14°C, Maximaltemperatur 25 °C, rel. Luftfeuchte 75%.
- Treatment 2 (T2): Simulation von Hitzewellen, während derer die mittlere Tagestemperatur um 8°C gegenüber der Kontrolle erhöht war. Eine Hitzewelle dauerte drei Tage, worauf drei Tage Kontrollbedingungen folgten usw. Bedingungen während der Hitzewelle: Minimaltemperatur 16°C, Maximaltemperatur 33,5°C, rel. Luftfeuchte 75%.
- Treatment 3 (T3): Bedingungen wie bei T2, nur dass während der Hitzewellen die rel. Luftfeuchte auf 50% reduziert wurde, um das Szenario noch stärker natürlichen Bedingungen anzunähern.

Zusammenfassend wurde in drei der vier Szenarien die Durchschnitts-Temperatur um 4°C erhöht. Allen Behandlungen wurden ökologisch realistische Tages-Temperaturverläufe zugrunde gelegt (Abb. 27). Für die Erstellung der Klimaszenarien wurde auf Wetterdaten aus dem Westerwaldkreis (Höhn-Oellingen, 475 m über NN; KRENN 2012) zurückgegriffen. Auf Basis der langjährigen (1998-2012) Mittelwerte (Tagesmittelwert, mittleres Max/Min) des Monates Juni wurde ein typischer Temperarturtagesgang für die Kontrolle ermittelt. T1 orientiert sich an Modellen, die in Deutschland einen mittleren Temperaturanstieg von bis zu 4,5°C prognostizieren (SPEKAT et al. 2007). Zur Simulation von Hitzewellen wurde bewusst ein Extremszenario zugrunde gelegt (Max 33,5°C), um möglichst deutliche Effekte zu erzielen. Temperaturen über 30°C wurden in den letzten Jahren im Juni zumindest gelegentlich auch im Hohen Westerwald (Höhn-Oellingen) erreicht. Unter dem Einfluss des Klimawandels ist zu erwarten, dass diese Temperaturschwelle häufiger überschritten werden wird. Die Simulation der Hitzewellen erfolge in T2/T3 im dreitägigen Wechsel mit den Kontrollbedingungen (C). Eine relativ kurze Phase war erforderlich, um systematische Fehler bei den gemessenen Wachstumsparametern zu minimieren. Sind die Phasen länger, z.B. eine Woche, unterscheidet sich die tatsächliche Durchschnittstemperatur, welcher ein Individuum ausgesetzt war, in Abhängigkeit von dessen Entwicklungsdauer. Zur Vereinfachung des Experimentaldesigns wurde die Luftfeuchte durchgehend konstant gehalten.

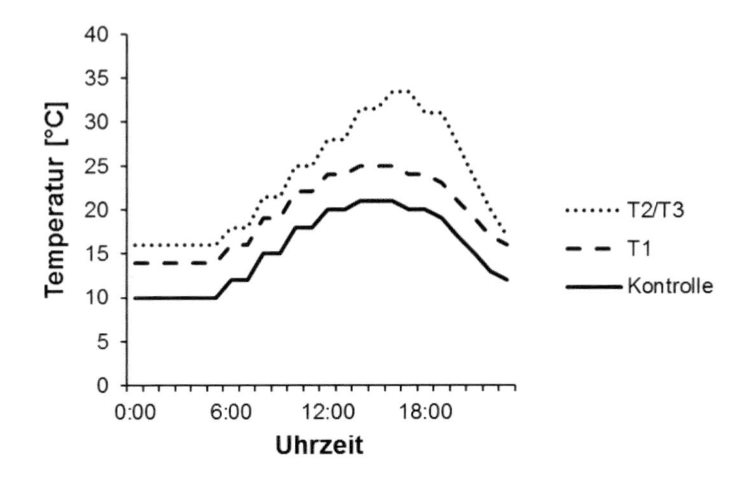

Abb. 26: Temperaturverlauf in den vier Treatments. Für die Simulation von Hitzewellen wurden in den Treatments T2 und T3 die Bedingungen alle drei Tage verändert. Die relative Luftfeuchte (RH) lag bei 75% (C, T1, T2) oder 50% (T3).

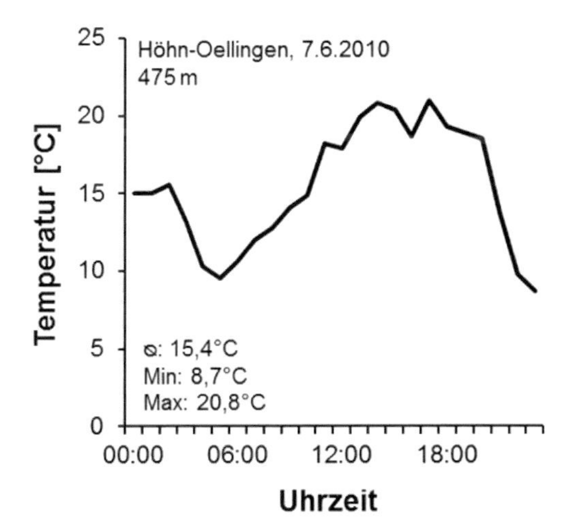

Abb. 27: Beispiel für den Tagesgang der Temperatur in Höhn-Oellingen im Juni [7.6.2010].

Die Larven wurden in transparenten Plastikschachteln (125 ml) mit perforiertem Deckel gehalten (max. 5 Individuen/Schachtel). In jeder Schachtel befand sich ein Blatt *Bistorta officinalis*, dass alle zwei Tage ausgetauscht wurde. Außerdem wurde ein Stück Zellstoff hinzugefügt, welches regelmäßig befeuchtet wurde. Es wurden die folgenden Eigenschaften aufgenommen: Larvalmortalität, larvale Entwicklungsdauer und Puppenmasse. Alle Mittelwerte werden mit Standardfehler angegeben.

Ergebnisse

Aus insgesamt 433 abgesammelten Eiern schlüpften 123 Larven. Die Entwicklung der Larven dauerte im Schnitt 30,4 ± 0,62 Tage (Min. 23, Max. 51 Tage). 67% der Larven (83 Ind.) erreichten das Puppenstadium. Zwar war die Mortalitätsrate bei den Behandlungen T3 und C höher als bei T1 und T2, doch waren die Unterschiede nicht signifikant (Abb. 28; $\chi^2_3 = 3.04$, $p = 0.3857$).

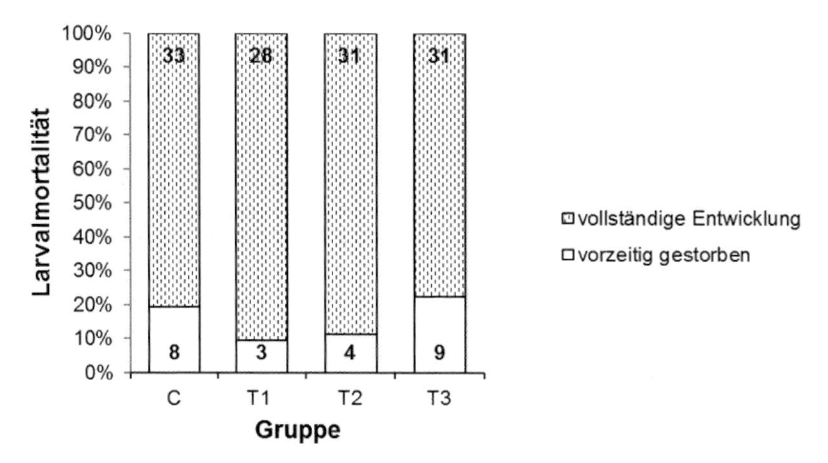

Abb. 28: Larvalmortalität (%) und Zahl der Larven (n) von *Lycaena helle* bei unterschiedlichen Behandlungen. C: Kontrolle; T1: +4°C; T2: +4°C mit Hitzewellen; T3: +4C mit Hitzewellen und reduzierter Luftfeuchtigkeit (für Details siehe Text).

Die Entwicklung der Larven von *L. helle* dauerte in C (40,6 ± 1,3 Tage) signifikant länger als in den übrigen Treatments (T1: 27,4 ± 0,3; T2: 28,1 ± 0,4; T3: 28,5 ± 0,5 Tage; Tab. 13, Abb. 29). Erhöhte Stressbedingungen (T2, T3) hatten somit keinen Einfluss auf die Entwicklungsdauer. Ferner war die Puppenmasse bei C signifikant niedriger als bei T1 (C: 69,9 ± 1,5; T1: 76,5 ± 1,1; T2: 74,4 ± 1,6; T3: 74,5 ± 1,4 mg), obwohl die Kontrollindividuen eine längere Entwicklung aufwiesen.

Tab. 13: Ergebnisse von Varianzanalysen für den Effekt der Temperatur-Gruppe auf die larvale Entwicklungsdauer und die Puppenmasse.

Eigenschaft	Effekt	FG	MS	F-Wert	p-Wert
Entwicklungsdauer	Gruppe	3	685,7	89,3	< 0,001
	Fehler	79	7,7		
Puppenmasse	Gruppe	3	1.4 x 10-4	3,4	0,021
	Fehler	79	4.1 x 10-5		

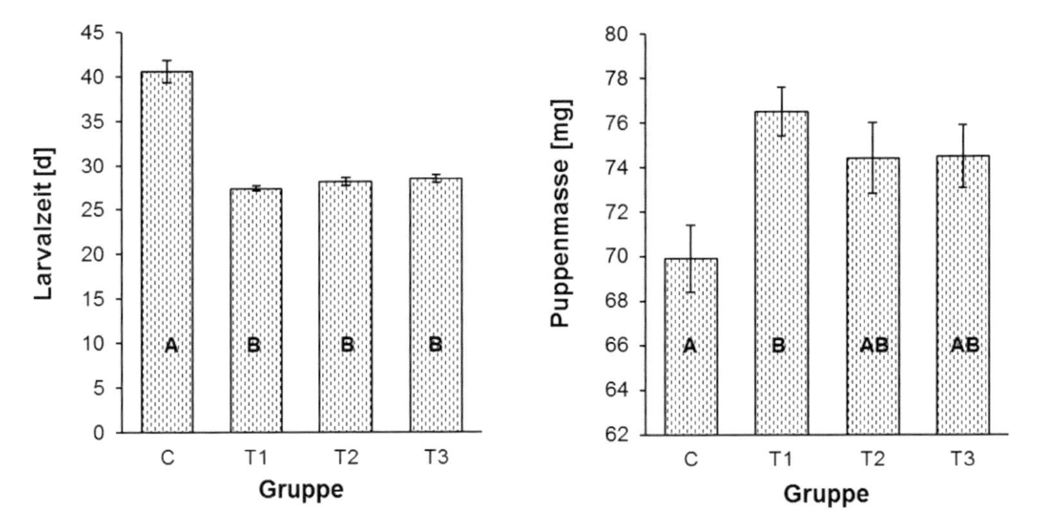

Abb. 29: Larvale Entwicklungsdauer und Puppenmasse (Mittelwert und Standardfehler) von *Lycaena helle* bei unterschiedlichen Behandlungen. C: Kontrolle; T1: +4°C; T2: +4°C Hitzewellen; T3: +4°C mit Hitzewellen und reduzierter Luftfeuchtigkeit (für Details siehe Text). Unterschiedliche Buchstaben (A,B) markieren signifikante Unterschiede (Tukey HSD nach ANOVA).

Diskussion

Als ektothermer Organismus reagierte *L. helle* auf eine moderate Temperatursteigerung erwartungsgemäß mit einer kürzeren Larvalentwicklung. Entsprechend der RGT-Regel wird durch höhere Temperaturen die Wachstumsrate gesteigert und somit die Entwicklungszeit verkürzt (FISCHER & KARL 2010). Die Ergebnisse stimmen insofern mit Beobachtungen an *L. tityrus* und *L. hippothoe* überein (vgl. FISCHER & FIEDLER 2000, 2001, 2002, KARL & FISCHER 2008, FISCHER & KARL 2010). Allerdings wurden bei früheren Experimenten mit anderen Arten noch nie Hitzewellen simuliert. Hierbei kamen Temperaturen von bis zu 34°C vor. Dass selbst derartig hohe und wiederholt verwendete Temperaturen keinen negativen Einfluss auf die Larvalentwicklung der glazialen Reliktart hatten, ist höchst überraschend und unerwartet. Ebenso unerwartet ist, dass das Puppengewicht in der Kontrollgruppe am niedrigsten war. Gemäß der Temperatur-

Größen-Regel war ein höheres Gewicht unter Kontrollbedingungen erwartet worden (KARL & FISCHER 2008). Schließlich lieferten auch die Mortalitätsraten keinerlei Hinweis auf eine besondere Gefährdung gegenüber erhöhten Temperaturen. Selbst Hitzewellen führten weder zu verzögerter Entwicklung, verringerter Puppenmasse oder erhöhten Mortalitätsraten. Ganz offenbar verfügt *L. helle* über ein hohes Potential, plastisch auf Temperaturerhöhungen zu reagieren. Dies könnte damit zusammenhängen, dass die Art in ihren meso-klimatisch kühlen Habitaten mikroklimatisch sehr warme Standorte präferiert (FISCHER et al. 1999). Versuche an der tropischen Art *Bicyclus anyana* (vgl. REIM & KLOCKMANN 2012) wiesen dagegen auf eine erhebliche Gefährdung durch erhöhte Temperaturen hin. Beide Befunde unterstützen die These, dass Ektotherme der gemäßigten Breiten im Gegensatz zu tropischen Arten womöglich einem relativ geringen Risiko durch erhöhte Temperaturen unterliegen (DEUTSCH et al. 2008). Hieraus zu folgern, dass *L. helle* durch den Klimawandel nur wenig gefährdet ist, wäre jedoch falsch (siehe unten). Zukünftige Studien sollten Geschlechtsspezifika sowie vor allem den Einfluss von Temperatur und Luftfeuchte auf das Eistadium einschließen. Es erscheint plausibel, dass die potentielle Gefährdung durch hohe Temperaturen stärker im Eistadium ausgeprägt ist.

4.3.2 Habitatuntersuchungen

Material und Methoden

Im April 2012 wurden 51 Datenlogger (iButton DS1923) in 17 von *L. helle* besetzten Flächen im Westerwald ausgebracht, um stündlich Temperatur und relative Luftfeuchte aufzuzeichnen. Am Ende der Messperiode funden 12 Logger nicht wiedergefunden, so dass 39 Logger für eine Auswertung verblieben. Es wurden nur Flächen ausgewählt, die als Larvalhabitate geeignet erschienen und eine hohe Bodendeckung von *B. officinalis* aufwiesen. In jeder Fläche wurden drei Logger (Abstand 20-30 m) entlang eines Gradienten für Bodenfeuchtigkeit (nass, feucht, frisch) ausgebracht. Die Logger wurden in etwa in der Höhe, in der die Larven fressen (30 cm über Boden) installiert und von Strahlung abgeschirmt (nach LEUSCHNER & LENDZION 2009). Um die jeweiligen Standorte zu charakterisieren, wurde um die Datenlogger die Vegetation auf einer Fläche von 1 qm aufgenommen (Frequenzanalyse, Raster: 0,25x0,25 m). Bei den Untersuchungsflächen handelte es sich überwiegend um Rand- und Übergangsbereiche von Hang- und Quellmooren sowie um vermoorte Talmulden. Für die Charakterisierung der Standorte hinsichtlich Bodenfeuchte und Nährstoffverfügbarkeit wurden Zeigerwerte (nach ELLENBERG et al. 1996) berechnet (gMF = gewichtetes Mittel für den Zeigerwert Bodenfeuchte, gMN = gewichtetes Mittel Zeigerwert Stickstoff, gMR= gewichtetes Mittel Zeigerwert Reaktionszahl), die nach der Frequenz der jeweiligen Pflanzenarten gewichtet wurden.

Aus den Messungen von Temperatur und relativer Luftfeuchte wurden für den Zeitraum von 7.6. bis 31.7.2012 folgende Daten gewonnen: Durchschnitt (MT/MH), durchschnittliches Tagesmaximum (MaxT/MaxH), absolutes Maximum (aMaxT/aMaxH), durchschnittliches Tagesminimum (MinT/MinH), absolutes Minimum (aMinT/aMinH) und Varianz (VT/VH). Da ein Großteil der Variablen stark korrelierten (Spearman Rangkorrelationen; Anhang 6), wurden für weitere Analysen lediglich MT, MaxH und MinT berücksichtigt. In einer Clusteranalyse wurden die Vegetationsaufnahmen anhand der Artenzusammensetzung und der relativen euklidischen Distanz (LEGENDRE & LEGENDRE 1998) vier Gruppen zugeordnet. Für die Charakterisierung dieser Vegetationseinheiten wurde eine Indikatorartenanlyse nach DUFRÊNE & LEGENDRE (1997) durchgeführt. Um die Beziehung zwischen der Vegetationsszusammensetzung und den gewichteten Zeigerwerten (gMF, gMN) bzw. den Klimavariablen zu visualisieren, wurden nichtmetrische multidimensionale Skalierungen (NMDS; MCCUNE & GRACE, 2002) verwendet. Die diesem Verfahren zugrunde liegende Ähnlichkeitsmatrix wurde nach Bray-Curtis errechnet. Um eine optimale Güte der Ordinationen zu gewährleisten, wurden den Berechnungen drei Dimensionen zugrunde gelegt. Umweltvariablen, die eine signifikante Korrelation mit den NMDS-Achsen aufwiesen, wurden für die Darstellung als Vektoren in einen zweidimensionalen Ordinationsraum projiziert.

Ergebnisse

Neben *B. officinalis*, wurden 68 weitere Pflanzenarten in den Probeflächen nachgewiesen (Anhang 7). Mithilfe einer Clusteranalyse konnten die Flächen anhand ihrer Vegetationszusammensetzung vier Einheiten zugeordnet werden, die durch bestimmte Indikatorarten gekennzeichnet sind (Tab. 14). Diese Gruppierung kann weitgehend anhand des NMDS-Diagramms nachvollzogen werden. Lediglich die Cluster 1 und 3 können nicht anhand dieses Diagramms differenziert werden (Abb. 30). Die signifikante Korrelation der Bodenparamter (gMF, gMN, gMR) mit den NMDS-Achsen ermöglicht eine Charakterisierung der Vegetationseinheiten anhand dieser Parameter (Tab. 15). So zeichnen sich zwei Cluster durch ein schwach saures und etwas trockeneres Milieu (frisch-feucht) aus. Als Indikatorarten treten unter anderem *Deschampsia cespitosa* (C1) und *Calamgrostis epigejos* (C3) auf (Tab. 2). Der Standort der Cluster 2 und 4 ist durch ein feucht-nasses, vergleichsweise saures Milieu (mäßig sauer) gekennzeichnet. Charakteristisch für diese Cluster sind unter anderem nässeliebende Arten wie *Juncus effusus* (C2) *und Caltha palustris* (C4). In der Stickstoffversorgung unterscheiden sich die Cluster nur geringfügig (Tab. 14). Nur C3 weist einen vergleichsweise hohen Mittelwert für die Stickstoffversorgung auf. Bezeichnend für diese Vegetationseinheit ist das häufige auftreten der nitrophilen Art *Urtica dioica* (Tab. 14).

Innerhalb des Untersuchungszeitraumes wurde ein absolutes Temperaturmaximum von 47,6°C erreicht, während das absolute Minimum -2,4°C betrug (Anhang 5). Die maximale Temperaturamplitude betrug somit 50,1°C. Hitzephasen oberhalb 40°C traten in etwa 60% der Plots auf, dauerten allerdings selten länger als eine Stunde an. Sowohl im Juni als auch im Juli herrschten Temperaturen unterhalb des Gefrierpunktes (Anhang 5, s.a. Abb. 31). Die durchschnittliche Temperatur während des gesamten Untersuchungszeitraumes betrug 16,1°C bei einer mittleren relativen Luftfeuchte von 90,8%. Die Mittelwerte von Temperatur (MT) und Luftfeuchtigkeit (MH) waren erwartungsgemäß negativ korreliert (r = -0.80; Anhang 6). Dementsprechend gehen hohe Temperaturen (MaxT, aMaxT) mit einer niedrigen Luftfeuchte (MinH) einher (r = -0.89/-0.82; Abb. 32). Darüber hinaus gingen höhere Durchschnittstemperaturen (MT) mit einer höheren Varianz von Temperatur (VT; r = 0.81) und Luftfeuchte (VH; r = 0.74) sowie höheren Temperaturmaxima (MaxT, aMaxT; r = 0.9/0.79) einher. Flächen, die besondere Trockenheitsextrema der Luft (aMinH) aufweisen, zeichnen sich durch niedrige Durchschnittsminima aus (MinT; r = 0.63; Anhang 6).

Tab. 14: Charakterisierung der Cluster (C) nach Indikatorarten und Standorteigenschaften. Die Einschätzung der Standorteigenschaften basiert auf den Mittelwerten der Bodenvariablen (gMF = gewichtetes Mittel Zeigerwert Feuchte, gMN = gewichtetes Mittel Zeigerwert Stickstoff, gMR= gewichtetes Mittel Zeigerwert Reaktionszahl) und den Ergebnissen des Ordinationsverfahrens (Abb. 30).

C	Indikatorart	Feuchte	gMF	Reaktion	gMR	Stickst.	gMN
1	*Sanguisorba offic.* *Deschamp. cesp.* *Poa pratensis*	frisch- feucht	6.1 ±0.19	schwach sauer	6.1 ±0.15	meso- eutroph	4.9 ±0.32
2	*Galium ulig.* *Juncus effusus* *Angelica syl.*	feucht- nass	7.4 ±0.15	mäßig sauer	4.9 ±0.38	meso- eutroph	4.1 ±0.24
3	*Calamagr. epig.* *Alopecurus prat.* *Urtica dioica*	frisch- feucht	6.1 ±0.38	schwach sauer	6.4 ±0.21	meso- eutroph	6.1 ±0.41
4	*Caltha palustris* *Galium palustre* *Phalaris arund.*	feucht- nass	7.8 ±0.14	mäßig sauer	5.1 ±0.46	meso- eutroph	4.9 ±0.37

Eine signifikante, wenn auch schwach ausgeprägte Korrelation konnte zwischen der Bodenfeuchtigkeit (gMF) und dem durchschnittlichen Maximum der Luftfeuchtigkeit (MaxH) belegt werden. Dieser Zusammenhang geht auch aus dem NMDS-Diagramm hervor, da die Vektoren für beide Variablen in eine ähnliche Richtung weisen (Abb. 30). Beide Vektoren weisen entsprechend auch eine ausgeprägte Korrelation mit der NMDS1-Achse auf (Tab. 15). Die Hypothese, dass Flächen mit einer höheren Luftfeuchte (MaxH) geringere Durchschnitts- oder Maximaltemperaturen (MT/MaxT/ MaxT) aufweisen, konnte hingegen nicht belegt werden. Entsprechende signifikante Zusammenhänge konnten nicht nachgewiesen werden (Tab. 15; Anhang 5). Auch Mithilfe einer Varianzanalyse konnte keine signifikante Abhängigkeit der Durchschnittstemperatur (MT) von der Bodenfeuchtigkeit festgestellt werden ($F_{1,37}$ = 0,49, p = 0,49).

Tab. 15: Ergebnis von Korrelationsanalysen zwischen NMDS-Achsen und Umweltvariablen (gMF = gewichtetes Mittel Zeigerwert Feuchte, gMN = gewichtetes Mittel Zeigerwert Stickstoff, gMR= gewichtetes Mittel Zeigerwert Reaktionszahl, MT = Temperaturmittel, MinT = absolutes Minimum Lufttemperatur, MaxH= absolutes Maximum Luftfeuchte).

Variable	NMDS1	NMDS2	NMDS3	R^2	p-Wert
gMF	0.9081	0.4062	0.1011	0.73	<0.001
gMN	-0.5300	0.4403	0.7246	-0.27	0.012
gMR	-0.6240	-0.2189	0.7501	-0.40	0.002
MT	0.5269	0.1802	-0.8305	0.16	0.102
MinT	0.1013	0.9044	0.4144	0.05	0.539
MaxH	0.8833	-0.2997	-0.3603	0.20	0.027

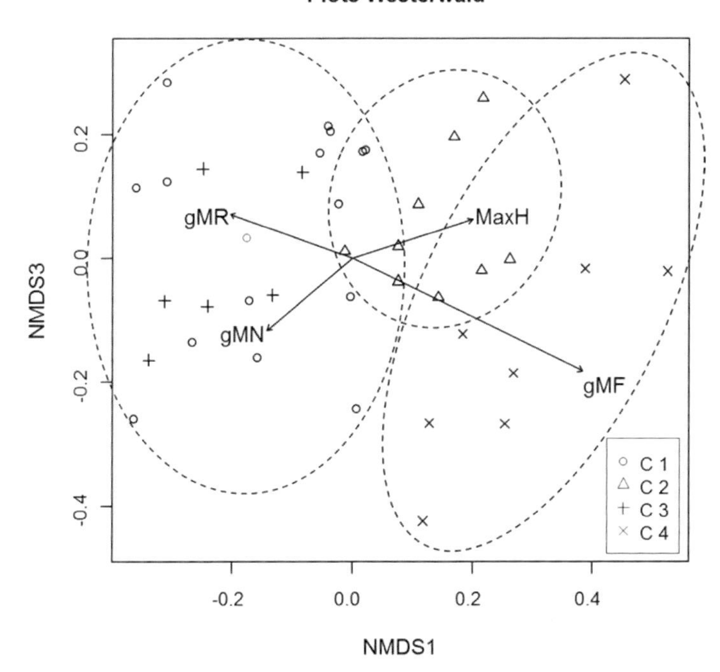

Abb. 30: Nonmetric multidimesional scaling (NMDS) Plot der Probeflächen nach Vegetationszusammensetzung; signifikante Umweltvariablen sind als Vektoren dargestellt (gMF = gewichtetes Mittel Zeigerwert Bodenfeuchte, gMN = gewichtetes Mittel Zeigerwert Stickstoff, gMR = gewichtetes Mittel Zeigerwert Bodenreaktion, MaxH = Absolutes Maximum der rel. Luftfeuchte); unterschiedliche Symbole markieren unterschiedliche Cluster (C 1, 2, 3, 4).

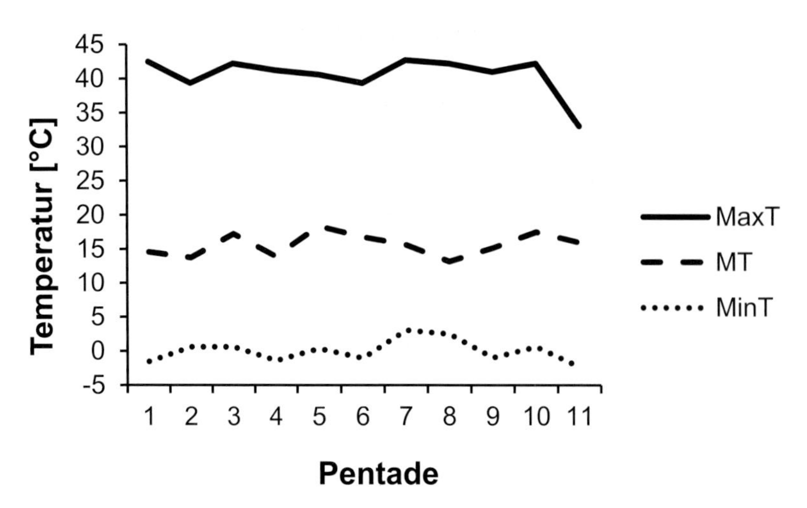

Abb. 31: Pentadendiagramm für den Zeitraum vom 7.6. bis 31.7.2012. Für jede Pentade sind das absolute Maximum der Temperatur (MaxT aller Logger), die durchschnittliche Temperatur (MT) und das absolute Minimum der Temperatur (MinT) in den Larvalhabitaten von *Lycaena helle* dargestellt.

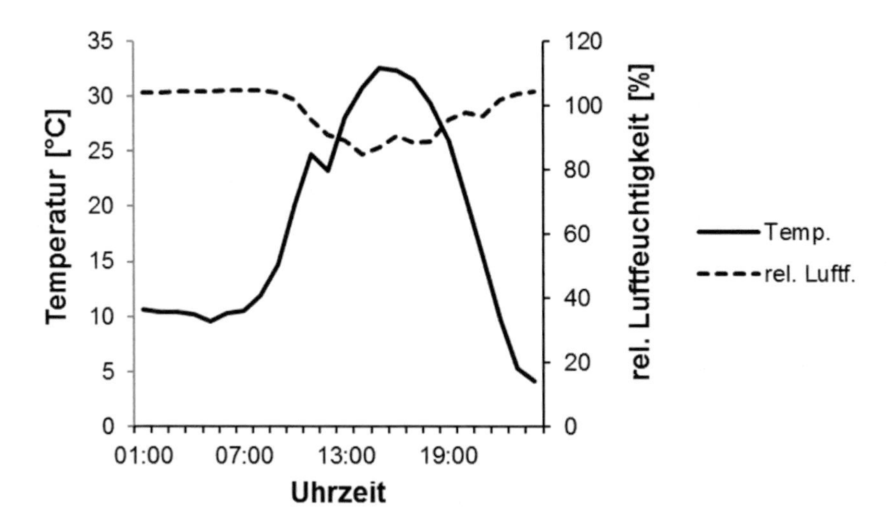

Abb. 32: Beispiel für einen typischen Tagesgang von Temperatur und relativer Luftfeuchtigkeit in den Larvalhabitaten von *Lycaena helle* (13.6.2012, über alle Logger gemittelt).

Diskussion

Der Einsatz von Datenloggern ermöglichte die präzise Charakterisierung des Habitats von *L. helle* nach mikroklimatischen Eigenschaften. Insbesondere für die Lage im Mittelgebirgsraum sind die hohen Bodentemperaturen oberhalb 40°C etwas überraschend. Derartige Temperaturen setzen eine sehr hohe Hitzebeständigkeit der Eier und Larven voraus. Dies könnte eine Erklärung für das Fehlen negativer Effekte von Hitzewellen sein (s.o.). Die Hypothese, dass feuchtere Flächen aufgrund von Verdunstungskälte geringere Temperaturmaxima) aufweisen, konnte nicht bestätigt werden. Dieser Befund ist vermutlich darauf zurückzuführen, dass die Varianz der Bodenfeuchte und Lufttemperatur innerhalb der untersuchten Habitate zu gering war. Hierbei ist zu berücksichtigen, dass alle Flächen (absichtlich) durch eine hohe Frequenz (> 75%) von *B. officinalis* charakterisiert waren. Möglicherweise hätte sich unter der Berücksichtigung von Flächen außerhalb der Habitate von *L. helle* ein differenzierteres Bild ergeben.

Die Erfassung der Vegetationszusammensetzung diente der weiteren Charakterisierung der Larvalhabitate von *L. helle*. Die Flächen konnten vier, allerdings relativ wenig differenzierten, Vegetationseinheiten zugeordnet werden. In den Flächen waren regelmäßig nithrophile Pflanzenarten vertreten, was auf überwiegend meso- bis eutrophe Bedingungen in den derzeit besiedelten Habitaten von *L. helle* im Westerwald schließen lässt. Unter diesen Bedingungen droht mittelfristig eine weitere Ausbreitung von Hochstauden, was eine erhebliche Einschränkung der Habitatqualität bedeutet (vgl. LIMBERG et al 2011). Unter dem Einfluss des Klimawandels (steigende Temperaturen, größere Varianz in Niederschlagsregimen) muss mit einer verstärkten Torfmineralisierung und entsprechenden nachteiligen Effekten auf die Habitate von *L. helle* gerechnet werden. Dies ist umso bedenklicher, als dass viele Flächen durch Entwässerungsmaßnahmen beeinträchtigt sind (vgl. FISCHER et al. 2014). Zentrales Anliegen zukünftiger Schutzmaßnahmen muss daher dem Enthalt einer hohen Bodenfeuchte sowie ggf. pflegenden Eingriffen auf Altbrachen zukommen (für Details siehe LIMBERG & FISCHER 2014, FISCHER et al. 2014). Es wäre somit falsch aus den vorgelegten Ergebnissen, insbesondere aus den erheblichen plastischen Kapazitäten, zu schlussfolgern, dass *L. helle* gegenüber dem Klimawandel nur einem geringen Gefährdungspotential unterliegt. Vielmehr scheint es so zu sein, dass die direkten Auswirkungen des Klimawandels auf die Art offenbar von untergeordneter Bedeutung sind. Im Gegensatz hierzu sind massive indirekte Auswirkungen, bedingt durch negative Veränderungen der besiedelten Lebensräume, zu erwarten, welche die Art massiv bedrohen.

Danksagung:

Wir danken der Struktur- und Genehmigungsdirektion Nord, Koblenz (Referat 42, Naturschutz), für die Erteilung der naturschutzrechtlichen Ausnahmegenehmigung zum Fang von *L. helle*.

Literatur

BAUERFEIND, S., THEISEN, A. & FISCHER, K. (2008): Patch occupancy in the endangered butterfly *Lycaena helle* in a fragmented landscape: effects of habitat quality, patch size and isolation. – Journal of Insect Conservation 13 (3): 271-277.

BIEWALD, G. & NUNNER, A. (2006): Das europäische Schutzgebietssystem Natura 2000. Ökologie und Verbreitung von Arten der FFH-Richtlinie in Deutschland. – Schriftenreihe für Landschaftspflege und Naturschutz 69 (3), 188 S.

DEUTSCH C.A., TEWKSBURY J.J., HUEY R.B., SHELDON S.K., GHALAMBOR C.K., HAAK D.C. & MARTIN P.R. (2008): Impacts of climate warming on terrestrial ectotherms across latitude. – Proceedings of the National Academy of Sciences USA 105 (18): 6668-6672.

DUFRÊNE, M. & LEGENDRE, P. (1997): Species assemblages and Indicator species: the need for a flexible asymmetrical approach. – Ecological Monographs 67 (3): 345-366.

ELLENBERG, H., WEBER, H.E., DÜLL, R., WIRTH, V., WERNER, W. & PAULISSEN, D. (Hrsg.) (1992): Zeigerwerte von Pflanzen in Mitteleuropa, 2. Aufl. – Scripta Geobotanica 18: 258 S.

FISCHER, K., BEINLICH, B. & PLACHTER, H. (1999): Population structure, mobility and habitat preferences of the violet copper *Lycaena helle* (Lepidoptera: Lycaenidae) in Western Germany: implications for conservation. – Journal of Insect Conservation 3 (1): 43-52.

FISCHER, K. & FIEDLER, K. (2000): Sex-related differences in reaction norms in the butterfly *Lycaena tityrus* (Lepidoptera: Lycaenidae). – Oikos 90 (2): 372-380.

FISCHER, K. & FIEDLER, K. (2001): Dimorphic growth patterns and sex-specific reaction norms in the butterfly *Lycaena hippothoe sumadiensis*. – Journal of Evolutionary Biology 14 (2): 210-218.

FISCHER, K. & FIEDLER, K. (2002): Life-history plasticity in the butterfly *Lycaena hippothoe*: local adaptations and trade-offs. – Biological Journal of the Linnean Society 75 (2): 137-279.

FISCHER, K. & KARL, I. (2010): Exploring plastic and genetic responses to temperature variation using copper butterflies. – Climate Research 438 (1-2): 17-30.

FISCHER, K., SCHUBERT, E., & LIMBERG, J. (2014): Caught in a trap: How to preserve a post-glacial relict species in secondary habitats? – In: HABEL, J.C., MEYER, M. & SCHMITT, T. (Eds.): Jewels in the mist - a biological synopsis on the endangered butterfly *Lycaena helle*. – Prag (Pensoft): 217-229.

KARL, I. & FISCHER, K. (2008): Why get big in the cold? Towards a solution to a life-history puzzle. – Oecologia 155 (2): 215-225.

KARL, I., JANOWITZ, S.A. & FISCHER, K. (2008): Altitudinal life-history variation and thermal adaptation in the copper butterfly *Lycaena tityrus*. – Oikos 117 (5): 778-788.

KARL, I., SCHMITT, T. & FISCHER, K. (2009): Genetic differentiation between alpine and lowland populations of a butterfly is related to PGI enzyme genotype. – Ecography 32 (3): 488-496.

KRENN, W. (2012): Wetterdaten Höhn-Oellingen (Hoher Westerwald) – URL: http://www.westerwaldwetter.de/index.html (eingesehen am 24.9.2012)

LEUSCHNER, C. & LENDZION, J. (2009): Air humidity, soil moisture and soil chemistry as determinants of the herb layer composition in European beech forests. – Journal of Vegetation Science 20 (2): 288-298.

LEGENDRE, M. & LEGENDRE, P. (1998): Numerical Ecology (second English ed.). – Amsterdam (Elsevier), 775 S.

LIMBERG, J. & FISCHER, K. (2014): Blauschillernder Feuerfalter *Lycaena helle* (DENIS & SCHIFFERMÜLLER, 1975). – Im vorliegenden Band.

LIMBERG, J., KUNZ, M., WEBER, T. & FISCHER, K. (2011): Stichprobenmonitoring zur FFH-Richtlinie: *Lycaena helle*, Gutachten im Auftrag des Landesamtes für Umwelt, Wasserwirtschaft und Gewerbeaufsicht Rheinland-Pfalz.

MCCUNE, B. & GRACE, J. B. (2002): Analysis of Ecological Communities. – Gleneden Beach (MjM Software Design), 304 S.

MEYER, M. (1980): Die Verbreitung von *Lycaena helle* in der Bundesrepublik Deutschland (Lep.: Lycaenidae). – Entomologische Zeitschrift 90 (20): 217-224.

NUNNER, A. (2006): Zur Verbreitung, Bestandssituation und Habitatbindung des Blauschillernden Feuerfalters (*Lycaena helle*) in Bayern. – Abhandlungen aus dem Westfälischen Museum für Naturkunde 68 (3/4): 153-170.

REIM, E. & KLOCKMANN, M. (2012): Klimawandelsimulation mit *Bicyclus anynana*: Auswirkungen unterschiedlicher Temperatur-Regime auf die Fitness. – Greifswald (Ernst-Moritz-Arndt Universität Greifswald, Bachelorarbeit), 48 S.

REINHARDT, R. & BOLZ, R. (2011): Rote Liste und Gesamtartenliste der Tagfalter (Rhopalocera) (Lepidoptera: Papilionidae et Hesperioidea) Deutschlands. – Naturschutz und Biologische Vielfalt 70 (3): 167-194.

RÖHL, M., POPP, S. & WENDLER, C. (2006): Auswirkung von Landschaftspflegemaßnahmen auf Populationen des Blauschillernden Feuerfalters (*Lycaena helle*) in Moorkomplexen im Umfeld des Birkenrieds auf der Ostbaar - Abschlussbericht im Auftrag des Landesamtes Baden Württemberg. – Nürtingen (Institut für Angewandte Forschung der Hochschule Nürtingen-Geißlingen), 47 S.

SPEKAT, A., ENKE, W. & KREIENKAMP, F. (2007): Neuentwicklung von regional hoch aufgelösten Wetterlagen für Deutschland und Bereitstellung regionaler Klimaszenarios auf der Basis von globalen Klimasimulationen mit dem Regionalisierungsmodell WETTREG auf der Basis von globalen Klimasimulationen mit ECHAM5/MPI-OM T63L31 2010 bis 2100 für die SRES Szenarios B1, A1B und A2. – Berlin (Umweltbundesamt), 149 S.

VAN SWAAY, C., WYNHOFF, I., VEROVNIK, R., WIEMERS, M., MUNGUIRA, M., MAES, D., SASIC, M., VESTRAEL, T., WARREN, M. & SETTELE, J. (2010): *Lycaena helle*. – In: IUCN (2012): IUCN Red List of Threatened Species. Version 2012.2. – URL: http://www.iucnredlist.org (eingesehen am 10 April 2013).

TURLURE, C., CHOUTT, J., BAGUETTE, M. & VAN DYCK, H. (2010): Microclimatic buffering and resource-based habitat in a glacial relict butterfly: significance for conservation under climate change. – Global Change Biology 16 (6): 1883-1893.

TURLURE, C., RADCHUK, V., BAGUETTE, M., VAN DYCK, H. & SCHTICKZELLE, N. (2011): On the significance of structural vegetation elements for caterpillar thermoregulation in two peat bog butterflies: *Boloria eunomia and B. aquilonaris*. – Journal of Thermal Biology 36 (3): 173-180.

WALLIS DE VRIES, M.F. & VAN SWAAY, C. (2006): Global warming and excess nitrogen may induce butterfly decline by microclimatic cooling. – Global Change Biology 12 (9): 1620-1626.

Anhang

A 4: Überblick über den Temperaturverlauf in den vier Treatments. Für die Simulation von Hitzewellen wurden in den Treatments T2 und T3 die Bedingungen alle drei Tage verändert. Die relative Luftfeuchte (RH) wurde bei 75% konstant gehalten. Nur in T3 wurde die Luftfeuchte während der Hitzewelle auf 50% reduziert.

Uhrzeit	Treatment Temperaturen [°C]					
	Kontrolle	T1	T2		T3	
			3d Kontr.	3d Hitze	3d Kontr.	3d Hitze
0000-0600	10	14	10	16	10	16
0600-0800	13	17	13	19	13	19
0800-1000	15	19	15	22	15	22
1000-1200	18	22	18	25	18	25
1200-1400	20	24	20	28	20	28
1400-1700	21	25	21	31	21	31
1600-1700	21	25	21	34	21	34
1700-1900	20	24	20	32	20	32
1900-2000	17	23	17	28	17	28
2000-2100	17	21	17	25	17	25
2100-2200	15	19	15	22	15	22
2200-2300	13	17	13	20	13	20
2300-2400	10	14	10	16	10	16
Mean T [C°]	**15.4**	**19.4**	**15.4**	**23.4**	**15.4**	**23.4**
RH [%]	**75**	**75**	**75**	**75**	**75**	**50**

A 5: Flächenspezifische Messwerte: gMF = gemittelter Zeigerwert Bodenfeuchte, gMN = gemittelter Zeigerwert Stickstoffzahl, gMR = gemittelter Zeigerwert Reaktionszahl, MT = Temperaturmittel, MaxT = durchschnittliches Tagesmaximum der Temperatur, aMaxT = absolutes Temperaturmaximum, MinT = durchschnittliches Tagesminimum der Temperatur, aMinT = absolutes Temperaturminimum, VT = Temperaturvarianz, MH = Mittel relative Luftfeuchte, MaxH = durchschnittliches Tagesmaximum der rLf, aMaxH = absolutes Maximum der rLf, MinH= durchschnittliches Tagesminimum der rLf, aMinH= absolutes Minimum der rLf.

Plot ID	gMF	gMN	gMR	MT	MaxT	aMaxT	MinT	aMinT	VT	MH	MaxH	aMaxH	MinH	aMinH
X1	6.76	5.43	7.00	12.95	25.08	34.81	6.08	-0.31	42.23	92.40	71.83	106.50	65.99	7.22
X2	6.18	4.61	6.66	14.57	29.31	39.02	6.13	-0.72	65.75	93.23	77.49	116.26	60.83	6.38
X3	6.00	5.57	6.02	15.81	31.65	43.15	6.45	0.07	69.65	86.00	73.27	106.73	58.00	6.59
X5	5.13	1.67	7.00	12.71	24.73	34.60	6.27	-0.93	39.32	95.48	72.43	107.74	69.41	5.90
X6	6.67	4.77	6.04	13.83	27.42	35.42	6.23	-0.97	51.73	93.50	74.10	109.60	66.84	5.19
X7	7.52	4.83	4.55	14.35	28.37	38.73	5.79	-0.75	54.43	92.04	72.25	106.08	68.13	5.47
X8	7.46	5.25	6.07	15.76	34.92	46.42	5.52	-1.41	105.36	83.18	73.48	107.34	50.71	5.17
X9	6.00	7.41	6.61	14.36	28.60	41.77	6.54	-0.15	46.67	92.87	72.95	107.27	62.58	4.88
X10	7.61	3.71	4.13	13.76	25.95	39.34	6.32	-0.18	42.74	94.29	73.00	108.10	73.62	5.83
X11	5.96	7.34	6.64	14.09	28.13	37.32	6.50	0.39	51.94	95.18	71.63	108.28	68.74	6.04
X12	4.59	6.13	6.72	13.23	26.54	35.88	5.75	-0.68	49.03	95.02	72.49	108.65	70.99	5.04
X16	7.90	5.03	6.00	14.97	30.41	43.28	6.22	-0.24	68.71	89.87	76.27	111.96	56.39	6.97
X17	6.61	5.22	6.17	13.41	24.57	33.74	6.56	-0.12	38.88	95.53	72.42	107.56	75.98	6.78
X18	6.78	4.07	4.42	15.25	34.44	47.61	4.76	-2.29	101.21	87.95	73.17	106.16	55.33	5.44
X19	8.09	4.29	4.29	14.09	26.83	40.42	5.84	-0.62	46.76	95.85	76.10	115.54	68.15	6.78
X20	7.32	7.23	7.00	14.48	32.85	44.32	4.49	-2.35	95.92	85.82	73.72	108.05	52.39	4.87
X21	7.00	4.03	6.00	13.54	27.41	37.98	5.67	-1.31	56.65	92.59	73.21	108.44	62.07	5.78
X22	7.96	3.90	4.33	15.63	33.08	46.19	6.08	-0.38	85.65	84.86	73.59	107.69	51.19	7.00
X23	5.70	4.53	5.67	14.99	30.91	40.54	5.51	-1.25	68.55	87.90	72.92	106.66	58.49	6.72
X24	5.82	4.65	6.27	14.60	27.23	37.87	6.40	-0.17	46.61	92.42	72.51	106.65	68.37	7.05
X25	6.78	6.98	6.31	13.53	28.32	42.11	6.52	-0.54	60.36	92.41	72.47	106.93	61.89	6.17
X33	7.04	4.01	3.09	15.68	31.90	43.40	6.76	-0.45	71.81	84.89	73.23	107.67	54.58	7.47
X34	7.28	5.38	5.42	15.29	30.89	40.85	6.58	-0.49	61.78	90.68	72.71	106.27	59.95	7.41
X35	6.64	3.39	4.52	15.41	33.12	46.04	6.06	-1.30	86.44	83.48	72.95	107.16	53.28	6.36
X36	7.95	4.31	5.62	14.33	30.83	43.59	6.12	-1.26	70.68	90.80	76.67	113.96	58.48	6.47

Plot ID	gMF	gMN	gMR	MT	MaxT	aMaxT	MinT	aMinT	VT	MH	MaxH	aMaxH	MinH	aMinH
X37	8.36	4.85	5.89	15.17	31.71	41.80	5.92	-0.97	78.72	89.09	76.62	112.94	58.56	6.42
X39	6.61	4.71	5.41	14.42	29.33	41.24	5.96	-0.90	60.10	91.70	73.11	108.42	64.65	7.11
X40	7.07	4.54	4.21	15.78	31.30	42.53	7.52	2.02	57.97	88.47	73.40	106.73	57.39	7.91
X41	7.25	3.51	2.92	15.72	31.19	42.27	6.69	0.99	67.43	87.31	73.45	107.53	60.28	7.01
X42	7.40	3.35	5.57	13.96	26.90	37.53	6.63	0.63	43.28	95.11	72.56	109.48	71.03	6.77
X43	7.87	5.27	6.21	14.49	29.93	40.04	6.45	0.38	58.54	91.54	72.96	107.65	65.56	6.90
X44	7.18	4.74	5.87	12.89	24.93	33.79	6.28	-0.58	38.63	95.43	72.69	107.46	73.60	6.01
X45	5.34	4.33	5.41	13.75	27.40	40.62	5.59	-1.53	56.17	90.80	73.21	108.89	72.06	5.17
X46	7.85	4.94	4.42	13.36	27.53	39.60	5.99	0.13	50.13	97.23	73.02	108.22	74.88	5.71
X47	6.14	6.42	6.33	14.53	30.80	46.18	6.38	0.16	66.04	92.33	73.42	107.57	60.34	6.25
X48	4.33	4.58	6.12	15.18	33.38	43.90	5.43	-1.51	85.42	89.44	74.44	110.90	61.60	4.58
X49	6.17	6.51	6.71	14.60	31.83	45.46	5.40	-1.52	78.50	86.01	72.71	106.68	54.55	4.08
X50	8.16	4.69	7.00	14.80	31.28	42.00	6.05	-0.58	72.13	85.29	73.62	107.64	54.72	5.06
X51	5.90	6.84	6.66	13.03	25.83	37.78	5.67	-0.87	43.81	93.04	73.11	108.56	68.61	4.52

A 6: Korrelationsmatrix für die flächenspezifischen Messwerte berechnet nach Spearman: gMF = gemittelter Zeigerwert Bodenfeuchte, gMN = gemittelter Zeigerwert Stick-stoff-zahl, MT = Temperaturmittel, gMR = gemittelter Zeigerwert Reaktionszahl, MaxT = durchschnittliches Tagesmaximum der Temperatur, aMaxT = absolutes Temperatur-maximum, MinT = durchschnittliches Tagesminimum der Temperatur, aMinT = abso-lutes Temperaturminimum, VT = Temperaturvarianz, MH = Mittel relative Luftfeuchte, MaxH = durchschnittliches Tagesmaximum der rLf, aMaxH = absolutes Maximum der rLf, MinH = durchschnittliches Tagesminimum der rLf, aMinH = absolutes Minimum der rLf.

[15]	[14]	[13]	[12]	[11]	[10]	[9]	[8]	[7]	[6]	[5]	[4]	[3]	[2]	[1]	
0.31	0.34	-0.22	0.17	0.32	-0.15	0.15	0.17	0.12	0.20	0.17	0.11	-0.38	-0.15		[1] gMF
-0.02	-0.35	-0.05	-0.14	-0.15	0.05	0.02	-0.02	-0.13	0.07	0.03	-0.03	0.49		-0.15	[2] gMN
-0.07	-0.42	0.08	0.05	-0.05	0.21	-0.13	-0.25	-0.23	-0.30	-0.24	-0.28		0.49	-0.38	[3] gMR
0.74	-0.01	-0.75	-0.02	0.28	-0.85	0.81	-0.12	-0.09	0.79	0.90		-0.28	-0.03	0.11	[4] MT
0.84	-0.02	-0.89	-0.05	0.28	-0.86	0.94	-0.25	-0.27	0.90		0.90	-0.24	0.03	0.17	[5] MaxT
0.78	-0. 06	-0.82	-0.03	0.27	-0.76	0.85	-0.23	-0.26		0.90	0.79	-0.30	0.07	0.20	[6] aMaxT
-0.26	0.63	0.21	-0.07	-0.11	0.23	-0.50	0.87		-0.26	-0.27	-0.09	-0.23	-0.13	0.12	[7] MinT
-0.33	0.57	0.26	-0.12	-0.17	0.26	-0.48		0.87	-0.23	-0.25	-0.12	-0.25	-0.02	0.17	[8] aMinT
0.87	-0.17	-0.86	0.00	0.29	-0.84		-0.48	-0.50	0.85	0.94	0.81	-0.13	0.02	0.15	[9] VT
-0.84	0.00	0.89	0.24	-0.10		-0.84	0.26	0.23	-0.76	-0.86	-0.85	0.21	0.05	-0.15	[10] MH
0.50	0.08	-0.30	0.89		-0.10	0.29	-0.17	-0.11	0.27	0.28	0.28	-0.05	-0.15	0.32	[11] MaxH
0.18	0.04	0.04		0.89	0.24	0.00	-0.12	-0.07	-0.03	-0.05	-0.02	0.05	-0.14	0.17	[12] aMaxH
-0.95	-0.04		0.04	-0.30	0.89	-0.86	0.26	0.21	-0.82	-0.89	-0.75	0.08	-0.05	-0.22	[13] MinH
0.01		-0.04	0.04	0.08	0.00	-0.17	0.57	0.63	-0.06	-0.02	-0.01	-0.42	-0.35	0.34	[14] aMinH
	0.01	-0.95	0.18	0.50	-0.84	0.87	-0.33	-0.26	0.78	0.84	0.74	-0.07	-0.02	0.31	[15] VH

A 7: Liste der erfassten Pflanzenarten.

1 *Achillea millefolium*
2 *Achillea ptarmica*
3 *Aegopodium podagraria*
4 *Alopecurus geniculatus*
5 *Alopecurus pratensis*
6 *Anemone nemorosa*
7 *Angelica sylvestris*
8 *Anthriscus sylvestris*
9 *Arrenatherum elatius*
10 *Bromus sterilis*
11 *Calamagrostis canescens*
12 *Calamagrostis epigeios*
13 *Caltha palustris*
14 *Carex acutiformis*
15 *Carex canescens*
16 *Carex hirta*
17 *Carex nigra*
18 *Carex riparia*
19 *Carex spec.*
20 *Cirsium arvense*
21 *Cirsium palustre*
22 *Cirsium vulgare*
23 *Dactylus glomerata*
24 *Daucus carota*
25 *Deschampsia cespitosa*
26 *Epilobium angustifolium*
27 *Epilobium montanum*
28 *Epilobium obscurum*
29 *Epilobium palustre*
30 *Equisetum fluviatile*
31 *Equisetum sylvaticum*
32 *Filipendula ulmaria*
33 *Galeopsis tetrahit*
34 *Galium aparine*
35 *Galium mollugo*
36 *Galium palustre*
37 *Galium uligunosum*
38 *Galium verum*
39 *Heracleum sphondylium*
40 *Hieracium caespitosum*
41 *Holcus lanatus*
42 *Hypericum perforatum*
43 *Juncus effusus*
44 *Lathyrus pratensis*
45 *Lysimachia vulgaris*
46 *Mentha aquatica*
47 *Molinia caerulea*
48 *Myosotis palustris*
49 *Phalaris arundinacea*
50 *Phyteuma nigrum*
51 *Poa chaixii*
52 *Poa pratensis*
53 *Poa trivialis*
54 *Potentilla erecta*
55 *Potentilla palustris*
56 *Ranunculus repens*
57 *Ribes sanguineum*
58 *Rumex sanguineus*
59 *Sanguisorba officinalis*
60 *Scripus sylvaticus*
61 *Scutellaria galericulata*
62 *Stellaria crassifolia*
63 *Stellaria ulligunosa*
64 *Taraxacum agg.*
65 *Urtica dioica*
66 *Veronica chamaedris*
67 *Vicia cracca*
68 *Vicia sepium*
69 *Viola palustris*

4.4 Untersuchungen zur Anpassungskapazität der Rhön-Quellschnecke *Bythinella compressa* (FRAUENFELD 1857)

JOHANNES LIMBERG, ANNE SCHACHT und KLAUS FISCHER

Zusammenfassung

Die Röhn-Quellschnecke *Bythinella compressa* ist eine für Deutschland endemische Art, welche in ihrer Verbreitung auf Rhön und Vogelsberg beschränkt ist. Sie wird bundesweit als stark gefährdet eingeschätzt. Die kalt-stenotherme Art besiedelt ausschließlich saubere und kühle Quellen und Quellbäche. Hieraus lässt sich eine hohe Gefährdungsdisposition gegenüber dem Klimawandel ableiten. Genaue Vorhersagen sind jedoch schwierig, da bislang keinerlei Kenntnisse zur Empfindlichkeit von *B. compressa* gegenüber dem Klimawandel vorlagen. Vor diesem Hintergrund untersuchten wir die Temperatur- und Trockenheitsresistenz der Art unter Laborbedingungen sowie die Temperaturen und deren Schwankungen in verschiedenen Habitaten der Art in der Rhön.

Die untersuchten Quellen wiesen eine Durchschnittstemperatur von 7,8°C auf. Die Temperaturvariation stieg in den Quellbächen mit zunehmender Entfernung von der Quelle an. Betrug die Standardabweichung der Temperatur innerhalb des Untersuchungszeitraumes mehr als 2°C, kam *B. compressa* in der Regel nicht mehr vor. Diese Befunde deuten darauf hin, dass die Art sensibel auf hohe und/oder stark schwankende Temperaturen reagiert. Laborexperimente ergaben allerdings keinerlei Hinweise auf eine hohe Empfindlichkeit von *B. compressa* gegenüber hohen (bis 24°C) oder schwankenden Temperaturen (Amplituden bis 16°C), welche über einen Zeitraum von 20 Tagen toleriert wurden. Da diese Befunde im Widerspruch zu den Felddaten stehen, ist zu vermuten, dass die Art derartige Bedingungen über kürzere, jedoch nicht über längere Zeiträume tolerieren kann. Unsere Experimente zeigten zudem eine sehr hohe Empfindlichkeit gegenüber Austrocknung. Folglich ist *B. compressa* durch den Klimawandel in erster Linie durch eine veränderte Niederschlagsdynamik gefährdet, welche zu einem zeitweise Trockenfallen von Quellen führen könnte. Geringe Abflussmengen führen zudem zu größeren Temperaturamplituden, was sich langfristig ebenfalls negativ auf die Bestände auswirken könnte. Bei Schutzmaßnahmen sollte daher ein besonderes Augenmerk auf eine dauerhaft sichergestellte Schüttung der von *B. compressa* besetzten Quellen gerichtet werden.

Einleitung

Die Röhn-Quellschnecke *Bythinella compressa* ist eine für Deutschland endemische Art, welche in ihrer Verbreitung auf Rhön und Vogelsberg beschränkt ist (BÖßNECK & REUM 2009, STRÄTZ & KITTEL 2011). Die Art wird in Deutschland gegenwärtig als stark gefährdet eingeschätzt (JUNGBLUTH & KNORRE 2009). Dennoch kann sie an geeigneten Standorten in sehr hohen Dichten auftreten (STRÄTZ & KITTEL 2011). Aktuelle Untersuchungen aus Hessen zeigen, dass *B. compressa* in Rhön und Vogelsberg auch heute noch in vielen Quellen und teilweise hohen Individuendichten vertreten ist (REISS et al. 2013). Die Art wurde hier in 557 von 3.226 untersuchten Quellen nachgewiesen (REISS et al. 2013). Die meisten Vorkommen finden sich rezent in montanen Waldgebieten (87% der besetzten Quellen in Hessen; REISS et al. 2013), wiewohl ältere Arbeiten auch über regelmäßige Vorkommen in der offenen Landschaft berichten (STRÄTZ 2001).

Bei *B. compressa* handelt es sich um eine kalt-stenotherme Art sauberer Quellen und Quellbäche (JUNGBLUTH 1971, BOETERS 1998, STRÄTZ & KITTEL 2011, REISS et al. 2013). Hieraus lässt sich eine hohe Gefährdungsdisposition gegenüber dem Klimawandel ableiten. Die Habitatansprüche der Art lassen sich nach REISS et al. (2013) wie folgt charakterisieren: Exklusive Besiedelung ständig kalter Quellen und Quellbäche mit nährstoffarmem, ± pH-neutralem Wasser. Als Mikrohabitate werden mineralischer Bodenschlamm, Totholz, anderes organisches Material (z.B. Fall-Laub) und Steine genannt (REISS 2011).

Aktuell werden für die Art folgende maßgeblichen Gefährdungsfaktoren angegeben (STRÄTZ 2001, REISS et al. 2013): (1) Zerstörung von Quellen (z.B. durch Verrohrung, Verfüllung, Quellfassung, Viehtritt, Anlage von Fischteichen); (2) Nährstoffeintrag/Eutrophierung (z.B. aus Landwirtschaft, Abwasser); (3) Schadstoffeintrag (z.B. Pestizide, Auftausalz, Öl); (4) Versauerung (z.B. in Fichtenmonokulturen); (5) Austrocknung (z.B. durch Wasserentnahme). REISS et al. (2013) stellten für 34% der 557 besiedelten Quellen in Hessen eine akute Beeinträchtigung fest (REISS et al. 2011).

REISS et al. (2013) weisen auf erhebliche Wissenslücken bzgl. der Biologie der Art hin. Unter anderem sei das Ausbreitungspotential der Art unzureichend bekannt. Untersuchungen zur Empfindlichkeit von *B. compressa* gegenüber dem Klimawandel fehlen bislang gänzlich. Vor diesem Hintergrund untersuchten wir die Temperatur- und Trockenheitsresistenz der Art unter Laborbedingungen. Aufgrund der engen Temperatur-Einnischung der Art ist von einer hohen Empfindlichkeit gegenüber hohen Temperaturen und möglicherweise auch gegenüber Austrocknung auszugehen. Flankierend wurden Temperaturen und deren Schwankungen in verschiedenen Habitaten der Art aufgezeichnet.

Material und Methoden

Über den Zeitraum vom 24.9. bis zum 12.11.2012 wurden 13 Datenlogger in sieben verschiedenen von *B. compressa* besetzten Quellen im Landkreis Fulda in den Regionen Vorder- und Kuppenrhön sowie Hohe Rhön ausgebracht. Bei den Quellen handelte es sich ausschließlich um sehr kleine, ganzjährig fließende Schüttungen. Die Quellen traten unmittelbar aus dem Fels oder lockerem Ausgangsgestein (Basanit, Alkalibasalt, Buntsandstein) zutage. Die Logger (iButton DS1923) wurden in kleinen Schraubdeckelgefäßen aus Plastik untergebracht, welche mit Sand gefüllt waren. Die Gefäße wurden in den

Quellen und Quellbächen am Grund ausgelegt und mit Steinen fixiert. Jeweils ein Logger wurde in der Nähe des Quellaustritts (A) sowie 1-2 weitere in einem Abstand von 100-200 Metern im Bachlauf unterhalb des Quellaustritts positioniert (B-C; s. Tab. 16). Zusätzlich diente ein weiterer Datenlogger der Erfassung der Lufttemperatur (einen Meter über dem Boden). Die Aufzeichnung der Temperaturen erfolgte in einem Intervall von einer Stunde. Am Ende der Messperiode wurden aus allen untersuchten Quellen Individuen von *B. compressa* in Nähe des Quellaustritts entnommen, wobei sich die Anzahl der entnommenen Tiere nach der Dichte des jeweiligen Bestandes richtete. An jeder Entnahmestelle wurde die Schneckendichte für 1 m^2 in vier Kategorien geschätzt: 0 = keine Individuen; 1 = 1-100 Ind.; 2 = 101-1.000 Ind.; 3 = > 1.000 Ind. (Tab 16).

Tab. 16: Übersicht über die beprobten Quellen und Quellbäche; für jeden Quellabschnitt (QA) wurde die Besatzdichte (D) von B. compressa ermittelt (0 = keine; 1 = 1-100/m^2; 2 = 101-1.000/m^2, 3 = > 1.000/m^2).

Quelle	Naturraum	Logger ID	QA	D
V1	Vorder- & Kuppenrhön	1	A	2
		2	B	0
		3	C	0
V2	Vorder- & Kuppenrhön	4	A	2
		5	B	2
V3	Vorder- & Kuppenrhön	6	A	2
		7	B	2
		8	C	0
H1	Hohe Rhön	9	A	1
		10	B	0
H2	Hohe Rhön	11	A	2
H3	Hohe Rhön	12	A	3
		13	B	0
H4	Hohe Rhön	kein Logger	A	-

Die in der Rhön entnommenen Schnecken wurden an die Universität Greifswald überführt und im Labor zunächst für 10 Tage bei 8°C und unter Belüftung akklimatisiert. Anschließend wurden die Individuen pro Quelle zufällig auf verschiedene Temperaturgruppen aufgeteilt (Tab. 17 und 18). Die Temperaturgruppen dienten der Simulation unterschiedlicher Temperaturszenarien (s.u.). Die Hälterung in den Gruppen erfolgte über einen Zeitraum von 20 Tagen in transparenten Plastikschachteln (125 ml), die jeweils zur Hälfte mit Rhönquellwasser gefüllt wurden. Zur Ernährung der Schnecken wurde jeder Schachtel ein Buchenblatt hinzugefügt. In einem Abstand von 10 Tagen wurden ein Wasserwechsel durchgeführt, die Buchenblätter ausgetauscht und die Mortalität erfasst.

Tab. 17: Zahl der in den Versuchen verwandten Individuen von *B. compressa* pro Gruppe und Quelle.

Experiment	Quelle						
	V1	V2	V3	H1	H2	H3	H4
I	13	12	11	7	9	20	10
II	15	10				5	
III	10 Ind. aus allen Quellen zufällig ausgewählt						

Tab. 18: Temperaturszenarien, denen *B. compressa* über einen Zeitraum von 20 Tagen in Experimenten I und II ausgesetzt wurde.

Gruppe	Bezeichnung	Temp A	Temp B	Intervall (Std.)
C	Kontrolle	8°C		Konstant
T1	Hitzewelle I	8°C	18°C	120
T2	Hitzewelle II	8°C	18°C	24
T3	Erwärmung	12°C		Konstant
T4	Hitzewelle III	12°C	18°C	120
T5	Hitzewelle IV	12°C	18°C	24
T6	Hitzewelle V	8°C	24°C	120
T7	Hitzewelle VI	8°C	24°C	24

Experiment I: In Experiment I wurden insgesamt 6 Gruppen unterschieden (Tab. 18, C bis T5). Die Temperatur der Kontrolle (konstant 8°C) orientierte sich an den im Feld erhobenen Temperaturdaten (s.u.). In allen anderen Gruppen wurde die Temperatur vorübergehend oder dauerhaft erhöht (Tab. 18). In T1 und T2 wurde die Temperatur zur Simulation von Hitzewellen für 120 bzw. 24 Stunden von 8 auf 18°C erhöht. Darauf folgten jeweils 120 bzw. 24 Stunden bei 8°C. In T3 wurde eine konstante Temperatur von 12°C genutzt, was den zukünftigen Quelltemperaturen gemäß der derzeitigen Klimawandel-Prognosen entspricht. T4 und T5 wiederum simulierten Hitzewellen analog zu T1 und T2, nur dass hier die Temperatur zwischen 12 und 18°C schwankte. Den unterschiedlichen Szenarien liegt die Annahme zugrunde, dass sich die Jahresdurchschnittstemperatur in den nächsten 100 Jahren deutlich erhöhen wird und dass zukünftig mit ausgedehnten Hitzewellen zu rechnen ist (SPEKAT et al. 2007). Letzteres könnte eine vorübergehende Erwärmung unbeschatteter oder nur schwach strömender Quellbäche zur Folge haben.

Experiment II: Da sich die Mortalitätsraten in Experiment I nicht signifikant unterschieden (s.u.; Tab. 21), wurden zusätzliche Schnecken aus drei Quellen (V1, V2, H3) noch extremeren Szenarien unterworfen (Tab. 18; C sowie T6 und T7). In T6 und T7 wurde die Temperatur für 120 bzw. 24 Stunden von 8 auf 24°C erhöht. Darauf folgten jeweils 120 bzw. 24 Stunden bei 8°C. Die entsprechenden Mortalitätsraten wurden mit Kontrollgruppen verglichen.

Experiment III: Schließlich wurde getestet, wie die Tiere auf Trockenheitsphasen unterschiedlicher Dauer reagieren. Hierzu wurden jeweils 10 zufällig ausgewählte Schnecken (aus allen Quellen) bei 12°C für 1h, 2h, 3h, 4h, 5h, 6h und 24 h aus dem Wasser geholt.

Die Auswertung der Daten erfolgte anhand nominal-logistischer Regressionsmodelle, in welchen der Einfluss der Quellzugehörigkeit und des jeweiligen Temperaturregimes auf die Mortalität (Anzahl Überlebender versus Anzahl Toter) untersucht wurde.

Ergebnisse

Temperaturmessungen

Innerhalb des Untersuchungszeitraumes konnten Wassertemperaturen zwischen 1,5 und 19,6 °C gemessen werden (Quelle H3, Tab. 19). Die Temperaturvarianz stieg mit der Entfernung von der Quelle an (Tab. 19, Abb. 33 und 34). Im Gegensatz zu den Quellbächen wiesen die eigentlichen Quellen, unabhängig von der Lufttemperatur, konstant niedrige Temperaturen auf. Die Schneckendichte nahm mit zunehmender Entfernung von der Quelle ab (Tab. 20).

Tab. 19: Charaktersierung der Quellabschnitte (QA) der verschiedenen Quellen nach Mittelwert der Temperatur (MwT), Maximaltemperatur (MaxT), Minimaltemperatur (MinT), Standardabweichung der Temperatur (SAT) und Individuendichte (D) von *B. compressa*.

Quelle	QA	Logger ID	MwT	MaxT	MinT	SAT	D
V1	A	1	8.17	8.60	7.60	0.03	2
V1	B	2	8.04	11.58	3.05	2.24	0
V1	C	3	7.76	12.04	3.52	2.28	0
V2	A	4	8.50	10.61	5.59	1.36	2
V2	B	5	7.53	11.59	3.08	2.26	2
V3	A	6	8.06	9.10	7.10	0.41	2
V3	B	7	7.86	12.06	4.04	2.01	2
V3	C	8	7.02	13.61	0.54	3.05	0
H1	A	9	7.18	11.63	3.09	1,98	1
H1	C	10	8.28	13.60	1.57	3.00	0
H2	A	11	8.04	9.04	7.54	0.42	2
H3	A	12	7.43	7.54	7.03	0.20	3
H3	C	13	7.98	19.58	1.52	2.60	0
Luft		14	7.34	23.68	-3.93	4,91	

Tab. 20: Korrelationsmatrix nach Spearman: Mittelwert der Temperatur (MwT), Maximaltemperatur (MaxT), Minimaltemperatur (MinT), Standardabweichung der Temperatur (SAT), Individuendichte (D), QA (Quellabschnitt), signifikante Korrelationen ($p < 0.05$) sind fett hervorgehoben.

	MwT	MaxT	MinT	SAT	D	QA
MwT	•	-0.26	0.36	-0.23	0.08	-0.21
MaxT	•	•	**-0.85**	**0.92**	**-0.77**	**0.86**
MinT	•	•	•	**-0.91**	**0.78**	**-0.82**
SAT	•	•	•	•	**-0.84**	**0.93**
D	•	•	•	•	•	**-0.79**
QA	•	•	•	•	•	•

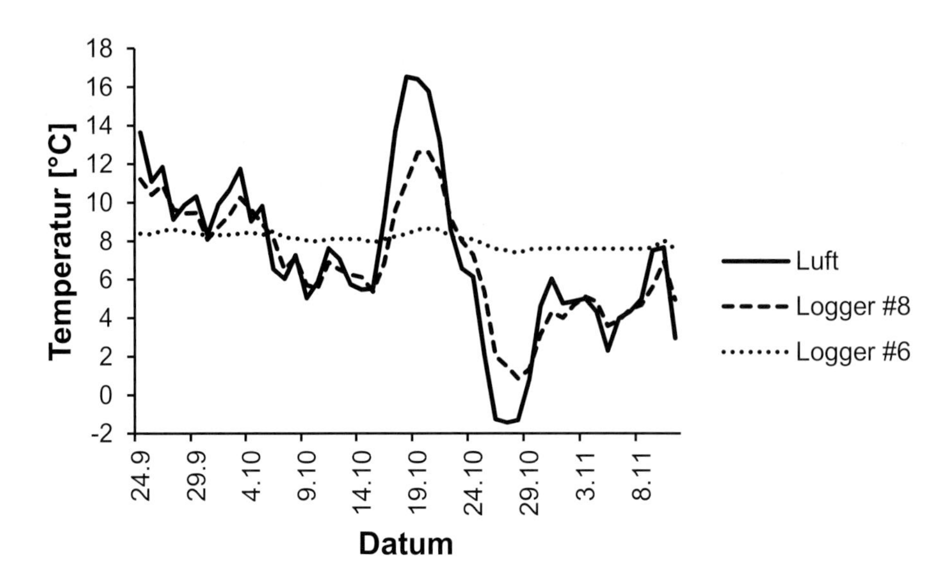

Abb. 33: Entwicklung der Lufttemperatur, der Temperatur einer Quellschüttung (Logger #6) und der Temperatur im Quellbach ca. 200 m unterhalb der Schüttung (Logger #8) über den gesamten Untersuchungszeitraum. Dargestellt sind Tagesmittelwerte.

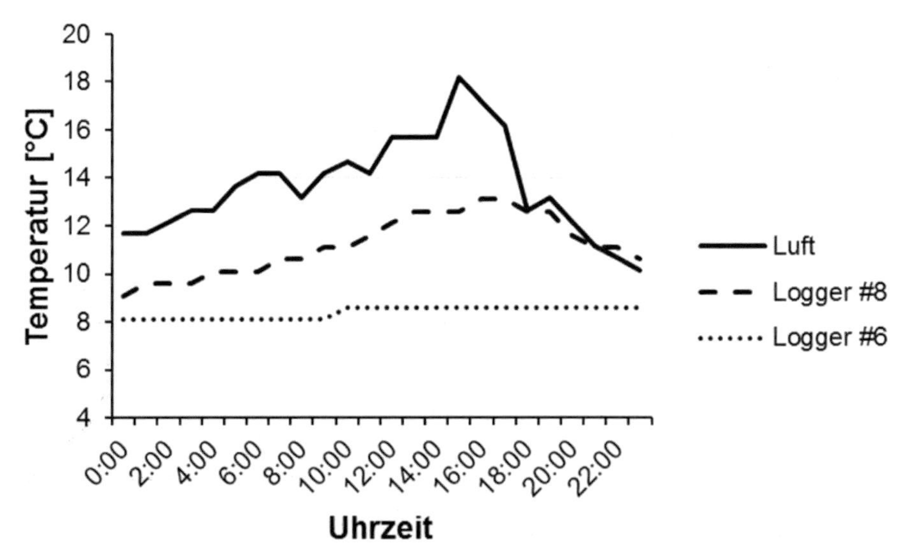

Abb. 34: Beispiel für einen Tagesgang der Temperatur in einer Quellschüttung (Logger #6), im Quellbach ca. 200 m unterhalb der Schüttung (Logger #8) und der Lufttemperatur [24.09.2012]. Dargestellt sind die stündlich gemessenen Werte.

Simulationsexperimente

Experimente I und II. In beiden Experimenten unterschied sich die Mortalitätsrate nicht signifikant zwischen den verschiedenen Temperaturgruppen (Tab. 21 und 22). Weder erhöhte noch periodisch schwankende Temperaturen führten somit zu höheren Mortalitätsraten. Signifikante Unterschiede gab es jedoch zwischen den verschiedenen Quellen. Die Mortalitätsrate war bei Tieren der Quellen V1, V2 und H4 besonders hoch (Abb. 35 und 36).

Experiment III. Die Dauer der Trockenphase hatte einen hoch signifikanten Einfluss auf die Überlebensrate von *B. compressa* (χ^2_6 = 43,3; $p < 0,0001$). Mit zunehmender Dauer nimmt die Sterblichkeitsrate stark zu. Keine der Schnecken überlebte 24 Stunden Trockenheit (Abb. 37).

Tab. 21: Nominal-logistische Regressionen für den Einfluss von Temperaturgruppe und Quelle auf die Mortalitätsrate von *B. compressa* in den Experimenten I und II.

Experiment	Effekt	FG	χ^2	p
I	Gruppe	5	5,2 x 10^{-5}	> 0,99
	Quelle	36	125,5	< 0,0001
II	Gruppe	2	1,1 x 10^{-5}	> 0,99
	Quelle	6	47,0	< 0,0001

Tab. 22: Anzahl und Anteil überlebender bzw. nicht überlebender Individuen von *B. compressa* in Abhängigkeit von der Temperaturgruppe in den Experimenten I und II.

Experiment	Gruppe	Lebend	Tot	% tot
I	C	72	10	12,2
	T1	66	16	19,5
	T2	72	10	12,2
	T3	75	7	8,5
	T4	71	11	13,4
	T5	82	0	0,0
II	C	26	4	13,3
	T6	26	4	13,3
	T7	21	10	32,3

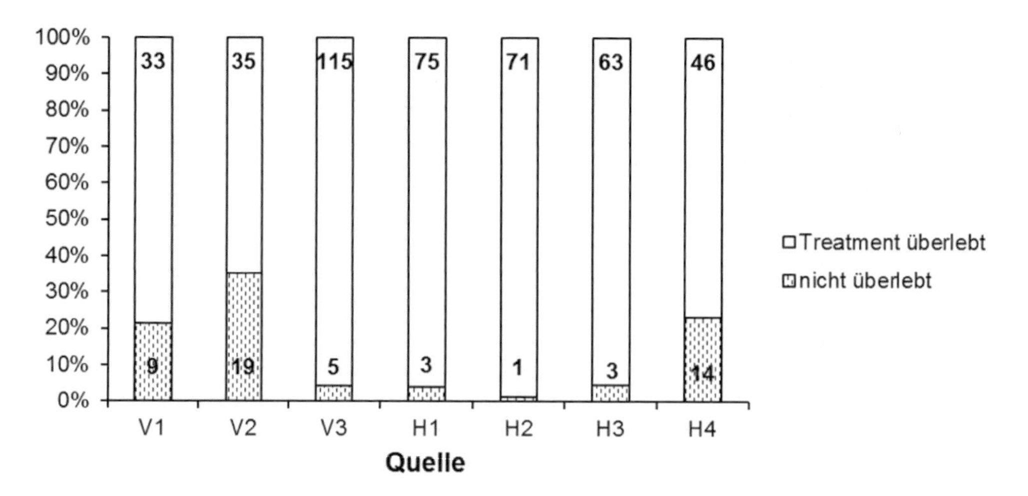

Abb. 35: Anteil und Anzahl überlebender bzw. nicht überlebender Schnecken in Abhängigkeit von der Herkunft in Experiment I.

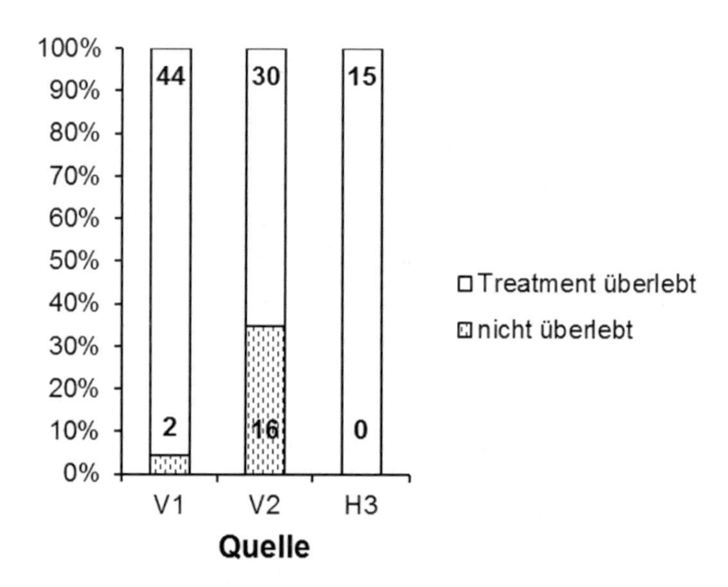

Abb. 36: Anteil und Anzahl überlebender bzw. nicht überlebender Schnecken in Abhängigkeit von der Herkunft in Experiment II.

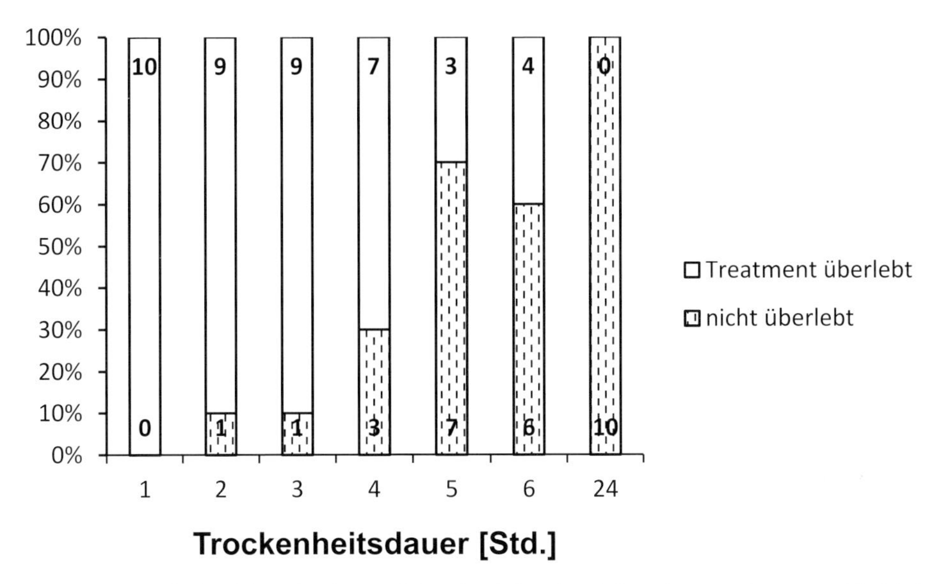

Abb. 37: Anteil überlebender bzw. nicht überlebender Schnecken nach unterschiedlicher Dauer einer Trockenheitsphase in Experiment III.

Diskussion

Die Ergebnisse der Untersuchung zeigen deutlich, dass die Temperaturvariation innerhalb der Quellbäche mit zunehmender Entfernung von der Quelle ansteigt. In nur 200m Entfernung von den Quellen wurden Temperaturen von bis zu knapp 20°C erreicht, was die Relevanz der für die Experimente gewählten Temperaturszenarien unterstreicht. Lag die Standardabweichung der Temperatur innerhalb des Untersuchungszeitraumes bei mehr als 2°C, wurden in der Regel (bei einer Ausnahme) an den entsprechenden Standorten keine Quellschnecken nachgewiesen. Auch wenn diese Daten auf einer relativ kleinen Stichprobe an Standorten beruhen, deuten sie darauf hin, dass *B. compressa* von hohen Temperaturen und/oder großen Temperaturschwankungen negativ betroffen sein könnte. Hierbei ist zu beachten, dass unsere Messungen nicht im Sommer sondern im Herbst durchgeführt wurden.

Unsere Experimente bestätigen, unter Verwendung unterschiedlicher Klimawandelszenarien, eine große Empfindlichkeit von *B. compressa* gegenüber hohen und schwankenden Temperaturen allerdings nicht. Dies ist vor dem Hintergrund von sehr hohen Maximaltemperaturen (24°C) und täglichen Temperaturamplituden (16°C) sehr erstaunlich und bemerkenswert. Wir schließen daraus, dass *B. compressa* über eine erhebliche Plastizität gegenüber kurzfristig schwankenden Temperaturen verfügt und auch sehr hohe Temperaturen zu tolerieren vermag. Dies stimmt mit Untersuchungen an der nahe verwandten Art *B. dunkeri* überein, welche ebenfalls unter Laborbedingungen hohe Temperaturen tolerierte (OSWALD et al. 1991). Da diese Befunde im Widerspruch zu den Feldaufnahmen sowie der Beschränkung der Art auf Quellen und obere Abschnitte von

Quellbächen stehen, folgern wir ferner, dass unsere Experimente möglicherweise nicht lange genug angedauert haben (nur 20 Tage), um negative Effekte nachweisen zu können. Es muss davon ausgegangen werden, dass *B. compressa* stark schwankende Temperaturen langfristig nicht tolerieren kann und somit an entsprechenden Standorten fehlt. Ein solches Muster wäre durch eine Akkumulation von Kosten plastischer Reaktionen oder den Ausfall der Reproduktion (z.B. erhöhte Empfindlichkeit der Eier und Jungschnecken im Vergleich zu den hier genutzten Adulten) unter derartigen Bedingungen erklärbar. Während die Art also kurzfristig ganz offensichtlich auch sehr hohe Temperaturen tolerieren kann, scheint dies bei längerfristiger Einwirkung möglicherweise nicht zuzutreffen. Unsere Experimente zeigten zudem eindeutig, dass die Art höchst sensibel auf Trockenheit reagiert. Selbst Zeiträume von unter 24 Stunden werden von der Art nicht überlebt.

Hinsichtlich der Gefährdung von *B. compressa* durch den Klimawandel lassen sich einige eindeutige Schlussfolgerungen ziehen. Offenbar droht in erster Linie Gefahr durch eine veränderte Niederschlagsdynamik und den damit verbundenen, auch zeitlich befristeten, Niederschlagsdefiziten. Bei länger andauernden Trockenphasen könnten Quellen zeitweise versiegen, was aufgrund der geringen Trockenheitsresistenz schnell zum Erlöschen der betreffenden Populationen führen könnte. Die geringe Trockenheitsresistenz schränkt ferner die Möglichkeiten zur passiven Ausbreitung, z.B. durch Vögel (HAASE et al. 2011), stark ein. Zudem führen niedrige Abflussmengen zu größeren Temperaturamplituden, was sich langfristig ebenfalls negativ auf die Bestände auswirken könnte. Kurzfristig können dagegen selbst hohe Temperaturen offenbar ertragen werden. Allerdings wurde dies ausschließlich bei adulten Schnecken untersucht. Das Fehlen in Gewässern mit höheren Temperaturamplituden ist möglicherweise auf eine wesentliche höhere Empfindlichkeit der Juvenilstadien zurückzuführen (s.o.). Bei Schutzmaßnahmen sollte dennoch vorerst ein besonderes Augenmerk auf eine dauerhaft sichergestellte Schüttung von Quellen mit Vorkommen der Art gerichtet werden. Vor diesem Hintergrund sind insbesondere die verbreitete Gewinnung von Trinkwasser und waldbauliche Maßnahmen, die eine Veränderung des Wasserregimes zur Folge haben, in waldreichen Mittelgebirgen kritisch zu betrachten. Inwieweit negative Effekte eines niedrigen Wasserspiegels und hoher Temperaturen durch die Nutzung von Grundwasserlebensräumen kompensiert werden können (vgl. VELECKA 2002), ist derzeit unbekannt.

Danksagung:

Wir danken dem Landkreis Fulda, Fachdienst Natur und Landschaft, für die Erteilung der naturschutzrechtlichen Ausnahmegenehmigung zum Fang von *B. compressa* und Dr. Martin Haase für die kritische Durchsicht des Manuskriptes.

Literatur

BOETERS, H.D. (1998): Mollusca: Gastropoda: Superfamilie Rissooidea. – In: SCHWOERBEL, J. & ZWICK, P. (Hrsg.): Süßwasserfauna von Mitteleuropa. – Stuttgart (Gustav Fischer Verlag), 76 S.

BÖßNECK, U. & REUM, D. (2009): Distribution, ecology and endangerment of the endemic Rhön spring snail (*Bythinella compressa*) in Thuringia - results of a species conservation program 2003-2007. – Landschaftspflege und Naturschutz in Thüringen 46: 9-19.

HAASE, M., NASER, M.D. & WILKE, T. (2011): *Ecrobia grimmi* in brackish Lake Sawa, Iraq: indirect evidence for long-distance dispersal of hydrobiid gastropods (Caenogastropoda: Rissooidea) by birds. – Journal of Molluscan Studies 76: 101-105.

JUNGBLUTH, J.H. & KNORRE, D. (2009): Rote Liste der Binnenmollusken [Schnecken (Gastropoda) und Muscheln (Bivalvia)] in Deutschland. 6. rev. u. erw. Fassung. – Mitteilungen der deutschen malakozoologischen Gesellschaft 81: 1-28.

JUNGBLUTH, J.H. (1971): Die systematische Stellung von *Bythinella compressa montisavium* Haas und *Bythinella compressa* (FRAUENFELD) (Mollusca: Prosobranchia: Hydrobiidae). – Archiv für Molluskenkunde 101: 215-235.

OSWALD, D., KURECK, A. & NEUMANN, D. (1991): Populationsdynamik, Temperaturtoleranz und Ernährung der Quellschnecke *Bythinella dunkeri* (FRAUENFELD 1856). – Zoologisches Jahrbuch für Systematik 118: 65-78.

REISS, M. (2011): Substratpräferenz und Mikrohabitat-Fauna-Beziehung im Eukrenal von Quellgewässern. – Marburg (Philipps-Universität Marburg – Dissertation), 244 S.

REISS, M., STEINER, H. & ZAENKER, S. (2013): Gefährdungssituation der endemischen Rhön-Quellschnecke (*Bythinella compressa*), der Begleitfauna und des Lebensraums in Hessen. – BfN-Skripten 335: 53-57.

SPEKAT, A., ENKE, W. & KREIENKAMP, F. (2007): Neuentwicklung von regional hoch aufgelösten Wetterlagen für Deutschland und Bereitstellung regionaler Klimaszenarios auf der Basis von globalen Klimasimulationen mit dem Regionalisierungsmodell WETTREG auf der Basis von globalen Klimasimulationen mit ECHAM5/MPI-OM T63L31 2010 bis 2100 für die SRES Szenarios B1, A1B und A2. – Berlin (Umweltbundesamt), 149 S.

STRÄTZ, C. & KITTEL, K. (2011): Die Verbreitung der Rhön-Quellschnecke *Bythinella compressa* (FRAUENFELD 1857) in Nordbayern. – Mitteilungen der deutschen malakozoologischen Gesellschaft 84: 1-10.

STRÄTZ, C. (2001): Rhön-Quellschnecke - Zeiger unbelasteter und naturbelassener Waldquellen. – LWF-aktuell 29: 31

VELECKA, I. (2002): Vertical distribution and life cycle of *Bythinella austriaca* (Gastropoda: Hydrobiidae) in an alpine stream (RITRODAT-Lunz Study Area, Austria). – International Meeting River Bottom V, 19.-22. June 2000.

4.5 Anpassungskapazitäten von Gelbbauchunke *Bombina variegata* LINNEAUS 1758 und Moorfrosch *Rana arvialis* NILSSON 1842 an den Klimawandel

CAROLIN DITTRICH, MADLEN SCHELLENBERG, MARTIN BURMEISTER, KATHARINA BITTMANN und MARK-OLIVER RÖDEL

Zusammenfassung

In diesem Teilprojekt wurden empirische und experimentelle Untersuchungen zur Anpassungsfähigkeit der Gelbbauchunke und des Moorfrosches durchgeführt. Bei beiden Arten haben wir uns auf Untersuchungen zur Entwicklung der Kaulquappen beschränkt. Die beiden Arten unterscheiden sich grundlegend in ihrer Habitatwahl und Biologie. Gelbbauchunken benötigen zur Fortpflanzung vegetationsarme, temporäre Kleinstgewässer mit hohem Austrocknungsrisiko, pflanzen sich opportunistisch (bei geeigneten Bedingungen) über fast die gesamte Vegetationsperiode fort und legen relativ wenige Eier. Der Moorfrosch hat ein sehr hohes Reproduktionspotential und ist ein Explosionslaicher der im zeitigen Frühjahr seine Laichgewässer, überwiegend mittelgroßen Stillgewässer, nur kurzfristig aufsucht. Gelbbauchunken bevorzugen eher wärmere, Moorfrösche eher kühlere Lebensräume.

Bei der Gelbbauchunke konnten wir zeigen, dass sich Entwicklungsstrategien einer Population im Laufe der Saison ändern können, sich Populationen also an veränderte Umweltbedingungen anpassen. Andererseits zeigten bereits eng benachbarte Populationen aus verschiedenen Lebensräumen (Wald und Steinbrüche) Unterschiede in ihrer Entwicklungsbiologie, auch wenn sie unter identischen Bedingungen aufgezogen wurden. Das spricht dafür, dass Populationen sehr kleinräumig spezifische Anpassungen entwickelt haben, also bei direkten Veränderungen in diesen Habitaten, unter Umständen nicht in der Lage sind ihr Verhalten zu ändern. Die grundsätzliche artspezifische Breite zur Verfügung stehender Anpassungsleistungen, kann so unter veränderten Klimaszenarien nur dann ausgeschöpft werden, wenn die verschiedenen Populationen in der Lage sind alternative Lebensräume aufzusuchen. Eine wichtige Grundvoraussetzung für den nachhaltigen Schutz der Gelbbauchunke ist deshalb eine möglichst engmaschige Vernetzung potentiell geeigneter, bereit besiedelter und unbesiedelter Lebensräume mit einer ausreichenden Mikrohabitatvielfalt. Wir beobachteten außerdem, dass in vielen Laichgewässern des Offenlandes die Wassertemperaturen in den Sommermonaten bereits nahe an das physiologische Limit der Gelbbauchunken-Kaulquappen kommen. Weiter ansteigende Temperaturen könnten so viele, derzeit besiedelte Lebensräume, unbewohnbar machen. Wir empfehlen deshalb in Zukunft vermehrt darauf zu achten, die bestehenden Waldpopulationen zu erhalten und weiter zu entwickeln. In diesem Lebensraum könnten sich Klimaveränderungen zukünftig weniger stark auswirken als im Offenland.

Der Moorfrosch hat in Deutschland einen Verbreitungsschwerpunkt in Nordostdeutschland, einem Gebiet, das als besonders betroffen vom Klimawandel gilt. Unsere Versuche erbrachten keinen Hinweis auf negative Auswirkungen höherer Temperaturen auf Kaulquappen. Die Larvaldauer, die Metamorphosegröße, sowie die Mortalität unterschieden sich nicht zwischen Quappen die bei unterschiedlichen Temperaturen aufwuchsen. Da die Art meist Gewässer besiedelt die größer sind, den Kaulquappen so Wahlmöglichkeiten durch größere Tiefe und verschiedene Mikrohabitate bieten, gehen wir davon aus, dass diese Art, bei sich moderat erhöhenden Temperaturen, zumindest im Larvalstadium nicht gefährdet ist. Inwieweit dies auch für überwiegend kleine und flache Moorgewässer gilt können wir nicht sagen. Auch zu potentiellen Auswirkungen höherer Temperaturen und niedrigerer Luftfeuchtigkeit auf adulte Frösche können keine Aussagen getroffen werden.

Einleitung

Aufgrund ihres komplexen Lebenszyklus mit aquatischen Larven und (weitgehend) terrestrischen Adulttieren, sind Amphibien Umweltbedingungen und entsprechenden Veränderungen, in zwei völlig unterschiedlichen Lebensräumen ausgesetzt (POUGH et al. 2001). Ihre semipermeable, feuchte Haut, ihre meist hohe Habitatspezifität und ihre vergleichsweise kurzen Generationszeiten sind ein Grund für ihre hohe Sensitivität gegenüber Umweltveränderungen (WELLS 2007). Nicht zuletzt aus diesem Grund sind über ein Drittel der weltweit vorkommenden Arten in ihrem Bestand als bedroht eingestuft (STUART et al. 2008). Künftige Veränderungen der Lebensräume und des Klimas werden vermutlich besonders diese Tiergruppe beeinträchtigen (TYLER et al. 2007). Aufgrund ihrer relativ geringen Mobilität werden sie weniger als viele andere Arten in der Lage sein, ungünstige Lebensräume zu verlassen um günstigeren Bedingungen „hinterher zu wandern". In der europäischen Kulturlandschaft wird dieses Problem durch den hohen Fragmentierungsgrad geeigneter Lebensräume und durch effektive Wanderbarrieren (z.B. Straßen) weiter verschärft (FUNK et al. 2005, ELZANOWSKI et al. 2009, RYBICKI & HANSKI 2013). Die potentielle Fähigkeit von Arten sich schnell genug an Veränderungen anzupassen ist wenig bis gar nicht untersucht, bzw. eine solche Anpassungsfähigkeit wird für die in Frage kommenden Zeiträume (wenige duzend bis hunderte von Jahren) von manchen Autoren auch generell für Wirbeltiere verneint (QUINTERO & WIENS 2013).

Als Primärkonsumenten, als Räuber, aber auch als Beute sind adulte und larvale Amphibien wichtige Bestandteile vieler Ökosysteme (HALLIDAY 2008, MOHNEKE & RÖDEL 2009), ihr potentieller Verlust damit vermutlich mit bislang nicht abzuschätzenden, schwerwiegenden, ökosystemaren Folgen verbunden (FLECKER et al. 1999, RANVESTAL et al. 2004, WHILES et al. 2006). So sind sie über ihre filtrierenden Larven z.B. von hoher Bedeutung bei der Verhinderung von Eutrophierung stehender Gewässer und dem Nährstofffluss aus dem aquatischen ins terrestrische Milieu (SEALE 1980). Für viele aquatischen Arthropoden, räuberische Kleinsäuger und Vögel gehören Amphibien zu den wichtigsten Beutetieren (TOLEDO et al. 2007). Ihre direkte Abhängigkeit von bestimmten Temperatur- und Feuchtebedingungen macht Amphibien für die Folgen des Klimawandels besonders anfällig (CRAWSHAW 1979, CORN 2005, MATTHEWS 2010, RÖDDER & SCHULTE 2010, OHLBERGER 2013). Die Temperatur wirkt sich bei ihnen, als wechselwarme Organismen, direkt z.B. auf die Entwicklung und das Wachstum aus (sowohl im Larval- als auch im Adultstadium) (READING 2007). Dies wiederum kann Einfluss auf die Überlebens- und Fortpflanzungswahrscheinlichkeit haben (NEVEU 2009, WELLS 2007, EJSMOND et al. 2010, GRIFFITHS et al. 2010). Die Temperatur hat beispielsweise einen großen Einfluss auf den Beginn der Fortpflanzungsperiode und ganz allgemein die Aktivität (PHILLIMORE et al. 2010), so dass eine Verschiebung bzw. ein Anstieg der Durchschnittstemperatur weitreichende Folgen für Amphibienpopulationen haben könnte. Diese können positiv (schnelleres Wachstum, längere Aktivitätsperioden usw.) oder negativ (überschreiten physiologischer Limits, höheres Austrocknungsrisiko durch erhöhte Evaporation etc.) sein. Zur Aufrechterhaltung ihrer physiologischen Grundfunktionen benötigen sie in aller Regel ein bestimmtes Minimum an Feuchtigkeit. Noch wesentlicher, bei allen sich aquatisch entwickelnden Arten (also allen einheimischen Arten mit Ausnahme des Alpensalamanders), ist allerdings die von Temperatur- und Niederschlagsmustern direkt abhängige Persistenz ihrer Entwicklungsgewässer. Nur bei ausreichend langen Hydroperioden ist eine erfolgreiche Larvalentwicklung mit anschließender Metamorphose möglich (PECHMANN et al. 1989, LEIPS et al. 2000, RUDOLF & RÖDEL 2005, 2007, HARTEL et al. 2011, WALLS et al. 2013). Es ist weiterhin bekannt, dass die Metamorphosegröße, das Wachstum und den Eintritt der Geschlechtsreife der Adulten beeinflusst (z.B. SMITH 1987, SEMLITSCH et al. 1988, BERVEN 1990, JOHN-ALDER & MORIN 1990, SCOTT 1994, ALTWEGG & REYER 2003) und der Zeitpunkt und die Größe bei der Metamorphose durch die Austrocknungsgefahr (z.B. NEWMAN 1992, LAURILA & KUJASALO 1999, LOMAN 1999), Konkurrenz (direkt durch die Nahrungsverfügbarkeit; indirekt durch erhöhte Kaulquappendichten und damit verbundenen Stress; z.B. BERVEN & CHADRA 1988, LEIPS & TRAVIS 1994), oder auch das Prädationsrisiko mitbestimmt werden kann (z.B. WILBUR 1980, RELYEA 2007).

Amphibien generell, aber auch die einheimischen Arten, decken eine breite Palette unterschiedlichster Lebenslaufstrategien ab (GÜNTHER 1996, WELLS 2007). Dies zeigt sich z.B. im Zeitpunkt, der Art und der Dauer ihrer Fortpflanzungsperiode (Explosivlaicher *versus* opportunistische Laicher), der Wahl ihres Fortpflanzungsgewässers (Spannbreite von winzigen temporären Stehgewässern bis zu permanenten Steh- und Fließgewässern), der Menge an produzierten Eiern und deren Ausstattung mit Dotterreserven (wenige große dotterreiche *versus* viele kleine dotterarme Eier), der Entwicklungszeit ihrer Larven (wenige Wochen bis zu über einem Jahr) und der Zeit bis zur Fortpflanzungsfähigkeit und dem erreichbaren Maximalalter (GÜNTHER 1996, WELLS 2007). Diese funktionell-ökologischen Unterschiede machen bestimmte „Amphibientypen“ mehr oder weniger anfällig für Umwelt- und Klimaveränderungen (NEWMAN 1992, VAN BUSKIRK & ARIOLI 2005, ERNST et al. 2006, EDGE et al. 2013, VITTOZ et al. 2013).

Entscheidend hierbei ist insbesondere welche Stellschraube wann verändert wird (VONESH & WARKENTIN 2006, RUDOLF & RÖDEL 2007, SMOLINSKÝ & GVOŽDÍK 2010). So könnte ein warmer Winter und trockener Frühling für den Gras- und Moorfrosch schwerwiegendere Folgen haben (verminderte Abstimmung der Gonadenreifung bei Männchen und Weibchen durch zu hohe Überwinterungstemperaturen; trockene oder zumindest austrocknungsgefährdete Fortpflanzungsgewässer durch verminderte Frühjahrsniederschläge), als für die Gelbbauchunke, die sich nach geeigneten Regenfällen über die gesamte Vegetationsperiode hinweg fortpflanzen kann. Ein heißer und trockener Hochsommer hat für die Gelbbauchunke u.U. fatale Folgen, da ihre meist kleinen und flachen Fortpflanzungsgewässer oft austrocknen, während die meisten Grasfroschlaichplätze davon eher wenig betroffen sind, dessen Kaulquappen durch die höheren Temperaturen evtl. sogar schneller und besser wachsen und so im Folgewinter bessere Überlebenschancen haben werden.

Um die Auswirkung von Umwelt- und Klimaveränderungen abschätzen bzw. untersuchen zu können, ist es deshalb notwendig ein möglichst umfassendes Wissen über die artspezifischen ökologisch/biologischen Eigenschaften und deren regionalen und lokalen Variationsbreiten der unterschiedlichen Arten zu haben. Um die Anfälligkeit verschiedener Amphibienarten für den Klimawandel zu testen, werden wir exemplarisch untersuchen, welche Auswirkungen unterschiedliche Temperaturbereiche und damit indirekt auch Wasserpermanenz auf ausgewählte Arten haben.

Dabei soll gleichzeitig untersucht werden ob sich Tiere innerhalb bzw. zwischen Populationen stereotyp gleich oder unterschiedlich plastisch verhalten, d.h. auf welcher Ebene Anpassungspotential vorhanden sein könnte. In unseren Freilanduntersuchungen und Experimenten haben wir uns aus pragmatischen Gründen (Durchführbarkeit, Beschränkung der Projekte auf eine Saison) auf die Larvalphase beschränkt. Für die Populationsdynamik und das langfristige Überleben der ausgewählten Arten ist eine erfolgreiche Larvalentwicklung allerdings auch Grundvoraussetzung (MCDIARMID & ALTIG 1999). Um Eingriffe in natürliche Ökosysteme so gering wie möglich zu halten, haben wir mehrheitlich die Entwicklung der Zielarten und die Umweltbedingungen denen sie ausgesetzt sind (insbes. Temperatur) *in situ* in einer größeren Zahl von natürlichen Gewässern im Raum des Steigerwalds (Nordbayern), in Bayreuth und in Greifswald erfasst.

Ziel des Gesamtprojektes war es, Prognosen zur Anpassungskapazität von Tierarten an die zu erwartenden Änderungen des Klimas (Temperatur und Wasserverfügbarkeit) zu erstellen und daraus konkrete Schutzmaßnahmen abzuleiten. Bei den in diesem Teilprojekt zu untersuchenden Arten handelte es sich um den Kammmolch (*Triturus cristatus*), die Gelbbauchunke (*Bombina variegata*) und den Moorfrosch (*Rana arvalis*). Diese Arten haben eine sehr unterschiedliche Biologie, so dass ein breites Spektrum der Ökologie und Lebenslaufstrategien einheimischer Amphibienarten abgedeckt wurde; und die erzielten Ergebnisse ein möglichst hohes Maß an Übertragbarkeit auf viele andere Arten erwarten lassen sollten.

4.5.1 Die Gelbbauchunke

Material und Methoden

Biologie

Die adulten Gelbbauchunken gehören mit einer Größe von 30-55 mm zu den kleineren Amphibienarten Deutschlands. Ihre Gestalt ist gedrungen und relativ flach, ihre Oberseite meist lehm- bis olivenfarben, grau oder bräunlich, mit unregelmäßigen dunkleren Flecken und deutlich ausgebildeten Warzen (Abb. 1). Ihre gelb gemusterte Bauchseite ist mit grauen und schwarzen Flecken und Bändern überzogen. Dieses lebenslang erkennbare Muster kann zur individuellen Identifizierung verwendet werden (GOLLMANN & GOLLMANN 2011).

Das Verbreitungsgebiet der Gelbbauchunke, erstreckt sich von Frankreich im Westen bis nach Griechenland im Osten (GOLLMANN & GOLLMANN 2012). In Deutschland verläuft die nördliche Grenze des Verbreitungsgebietes in Nordrhein-Westfalen, Niedersachsen, Hessen und Thüringen (NÖLLERT & GÜNTHER 1996), der nördlichste Fundpunkt liegt in Niedersachsen in den Bückebergen (BUSCHMANN 2001). Im Süden Deutschlands ist die Art flächig und weit verbreitet, an der nördlichen Verbreitungsgrenze sind Populationen größtenteils voneinander isoliert (GOLLMANN et al. 2012).

Die Gelbbauchunke ist ein „opportunistischer Laicher", das heißt sie kann mehrmals, bei geeigneten Bedingungen über die Fortpflanzungsperiode verteilt, ablaichen. Die Eiablage erfolgt zwischen April und Juli und wird durch Regenfälle stimuliert. Die Gelbbauchunke bevorzugt in der Regel kleine, temporäre Gewässer. Diese weisen, insbesondere im Offenland, eine hohe Durchschnittstemperatur auf, wodurch eine schnelle Entwicklung der Larven ermöglicht sein kann. Meist leben in diesen Gewässern auch weniger Konkurrenten und Prädatoren (BARANDUN & REYER 1997a). Allerdings haben diese Gewässer ein sehr hohes Austrocknungsrisiko. Die Gelbbauchunke gibt pro Laichabgabe Eipakete mit nur circa 10-40 Eier ab (BARANDUN & REYER 1997b), kann aber bis zu 170 Eier pro Jahr produzieren. Durch eine Risikostreuung, Ablage von Teilmengen der möglichen jährlichen Gesamtproduktion an Eiern, zu unterschiedlichen Zeiten und/oder Gewässern, werden Verluste bei zu lang anhaltenden Trockenperioden vermutlich möglichst gering gehalten. Dennoch ist ein wichtiger Punkt für die Auswahl der Fortpflanzungsgewässer deren Persistenz, was sowohl durch Regenfall (Menge und Muster der Regenereignisse) als auch durch Evaporation (und den Untergrund) beeinflusst wird.

Um die Effekte von Klimaveränderungen auf lokale Gelbbauchunkenpopulationen einschätzen zu können, wollten wir die Anpassungskapazität der Larven an unterschiedliche Umweltbedingungen, insbesondere unterschiedliche Temperaturen, testen. Dabei interessierte uns besonders ob sich Unterschiede zwischen Populationen, die ganz unterschiedlichen Bedingungen ausgesetzt sind, beobachten lassen. Wir haben dazu Populationen aus Steinbrüchen (offene, sonnenexponierte und damit im Schnitt sehr warme

Lebensräume) und benachbarten Waldgebieten (beschattete Gewässer und damit kühlere Bedingungen) ausgewählt.

Die Gelbbauchunke ist, wie bereits erwähnt, durch ihre Habitatwahl (sehr kleine, warme Gewässer) potentiell besonders vom Klimawandel betroffen weil a) trockene Sommer (verschobene oder verringerte Niederschlagsmuster) dazu führen könnten, dass sie besonders häufig mit austrocknenden Gewässern zu kämpfen hat (Nachwuchs verliert); und b) die bereits sehr warmen Gewässer eventuell bereits das physiologische Limit der Kaulquappen erreichen (BARANDUN & REYER 1997a, 1997b). Unter konstanten Temperaturbedingungen in Laborversuchen führte eine Temperatur von über 30°C beispielsweise zu einer hohen Mortalitätsrate der Embryonen und frisch geschlüpften Larven (PAWŁOWSKA-INDYK 1980) und deutete so auf thermale Limits für die Larven in diesem Bereich. Andererseits wiesen kleine temporäre Laichgewässer bei einer Untersuchung von BARANDUN & REYER (1997a) eine durchschnittliche Wassertemperatur von 31,9°C auf und die höchste Anzahl von Eiern wurde in 35°C warmem Wasser gefunden. Eine Angabe zur Mortalität wurde hier leider nicht gemacht.

Abb. 38: Gelbbauchunkenpaar im Amplexus. Laichgemeinschaft an Gewässerneuanlagen, nähe Fabrikschleichach, Steigerwald (Foto: Madlen Schellenberg, 24. Mai 2012).

Untersuchungsgebiet

Der Naturpark Steigerwald befindet sich im nördlichen Teil von Bayern, in etwa zwischen den Städten Bamberg, Schweinfurt und Würzburg. Er gehört zusammen mit den Haßbergen im Norden und der Frankenhöhe im Süden zur Keuperstufe des fränkischen Schichtstufenlandes (HOFBAUER 2003). Die Nord-Süd Ausdehnung des Naturparks beträgt ca. 55 km. Im Norden wird er durch den Main und im Süden durch die Windsheimer Bucht begrenzt. Der Steigerwald ist hauptsächlich von Eichen- und Buchenmischwäldern geprägt, in die vereinzelt Nadelholzinseln eingestreut sind.

Die untersuchten Gelbbauchunkenpopulationen befinden sich in den Steinbrüchen Klaubholz, Schleifsteinwerke und Gleußner im Ebelsbachtal zwischen Ebelsbach und Dörflis im Landkreis Haßberge (Abb. 39). Dieser Lebensraum, Steinbruch, ist durch hohe Temperaturen und Verdunstungsraten gekennzeichnet. Während der Untersuchungszeit trockneten die Gewässer hier auch mehrfach aus. Die Waldpopulationen der Gelbbauchunke haben wir im Bereich der Wälder und Wiesentäler im Forstbereich Ebrach erfasst (FFH-Gebiet: "6029-371 - Buchenwälder und Wiesentäler des nördlichen Steigerwaldes). Hier trafen wir die Art vornehmlich an Neuanlagen von Kleingewässern und in Fahrspuren an (Abb. 39).

Die Erfassung der Gelbbauchunken erfolgte durch das regelmäßige Aufsuchen potentieller und bekannter Laichgewässer. Dabei konnten wir uns auf eigene Daten und Daten die uns vom Forst in Ebrach zur Verfügung gestellt wurden, stützen.

Da die Gewässer in den Steinbrüchen zu häufig austrockneten um hier aussagekräftige Daten zu erhalten, wurden die Gelbbauchunken auch unter halbnatürlichen Bedingungen untersucht (siehe unten). Die Aufzucht der Eier und die entsprechenden Untersuchungsansätze zur Entwicklung, wurden an der Feldstation der Julius-Maximilians Universität Würzburg, in Fabrikschleich durchgeführt (Abb. 39).

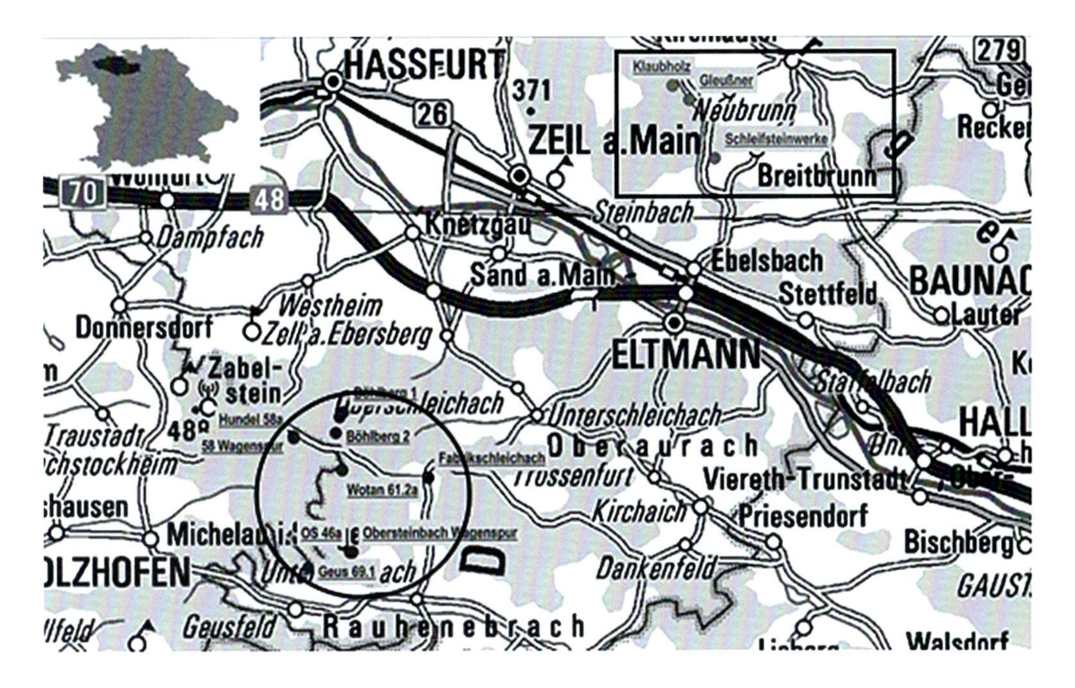

Abb. 39: Lage des Untersuchungsgebietes: Steinbrüche (Rechteck) Klaubholz, Gleußner und Schleifsteinwerke, in denen reproduzierende Gelbbauchunkenpopulationen gefunden wurden; Waldfundpunkte der Gelbbauchunke (Kreis) im Forstgebiet um Fabrikschleichach. Einschubkarte links oben die Landkreise Bayerns, dunkel, die Landkreise Schweinfurt, Hassberge und Bamberg in denen das Untersuchungsgebiet liegt, Maßstab: 1:500.000. Datenquelle: Bayerische Vermessungsverwaltung – www.geodaten.bayern.de.

Transferexperimente

Über das Anpassungspotential der Gelbbauchunke an sich ändernde Umweltbedingungen ist wenig bekannt. Aus diesem Grund untersuchten wir Populationen aus unterschiedlichen Habitaten. Zum einen Populationen die in Sekundärhabitaten leben (Steinbruch), zum anderen Populationen die in den Buchenwäldern des Steigerwaldes zu finden waren. Mit Transferexperimenten wollen wir die phänotypische Plastizität der Larven aus unterschiedlichen Habitaten testen.

Nach Regenfällen wurden in geeigneten Gewässern beider Habitattypen Eier der Gelbbauchunke gesucht und teilweise eingesammelt. Von diesen Eiern wurde je ein Teil der Eier unter den ursprünglichen Bedingungen aufgezogen, der andere Teil der Eier wurde unter Bedingungen aus dem anderen Habitattyp herangezogen. In anderen Worten: ein Teil der Eier aus Steinbrüchen wurden hohen Temperaturen in Steinbruchgewässern ausgesetzt (Abb. 40a); der andere Teil der Eier wurde niedrigeren Temperaturen ausgesetzt, wie sie typisch für das Waldgebiet sind (Abb. 40b) und umgekehrt. Ursprünglich war vorgesehen, diese Versuche in wasserdurchlässigen Kästen mit Gazedrahtverspannung in natürlichen Gewässern durchzuführen (und die metamorphosierten Unken nach

Abschluss der Versuche wieder in ihre Ausgangslebensräume zurück zu bringen). Da die Gewässer in den Steinbrüchen jedoch während unseren Untersuchungen mehrmals austrockneten, entschlossen wir uns zu einem alternativen Vorgehen, das im Grundsatz gleich blieb.

Hierzu haben wir in Wannen (siehe unten) je 15 Gelbbauchunkenlarven gesetzt und unter unterschiedlichen Bedingungen aufgezogen. Die Hälfte der Wannen stand voll sonnenexponiert (Steinbruchbedingungen) im Garten der ökologischen Station Fabrikschleichach. Die andere Hälfte stand beschattet (Waldbedingungen). Die Wassertemperatur an beiden Standorten wurde mit Temperaturfühlern in den Wannen über den gesamten Versuchszeitraum erfasst. Zur Verwendung kamen dabei Thermochron® iButtons© (DS 1921G) die in den Wannen platziert waren. Die Temperaturmessung erfolgte synchron alle drei Stunden. So konnten Tages- und Monatsmittelwerte, sowie Minimal- und Maximaltemperatur bestimmt werden.

Daraus ergaben sich die vier folgenden Untersuchungsansätze:

SBSB-Gruppe: Ursprungshabitat Steinbruch und Aufzucht unter Steinbruchbedingungen

SBW-Gruppe: Ursprungshabitat Steinbruch und Aufzucht unter Waldbedingungen

WSB-Gruppe: Ursprungshabitat Wald und Aufzucht unter Steinbruchbedingungen

WW-Gruppe: Ursprungshabitat Wald und Aufzucht unter Waldbedingungen

Abb. 40: Typische Laichhabitate der Gelbbauchunke in a) Steinbruch Gleußner, b) Fahrspur im Waldgebiet Hundelshausen, der Pfeil symbolisiert den Austausch von Larven (gehalten in nicht gezeigten Gazekästen, siehe Abb. 46 im Kapitel Moorfrosch) zwischen den Habitattypen.

Im Untersuchungsgebiet konnten zwischen dem 9. Mai und dem 6. Juli 2012 Laichballen der Gelbbauchunke – vornehmlich nach starken Regenfällen – eingesammelt werden.

Der erste Versuchsansatz erfolgte zwischen dem 9. Mai und dem 19. August 2012, nachfolgend Experiment 1 genannt. In diesem Zeitraum wurden relativ viele Eier abgelegt, so dass jede Untersuchungsgruppe aus 10 Wannen zu je 15 Larven bestand (Gesamtzahl der getesteten Larven: 600). Der zweite Versuchsansatz lief zwischen dem 3. Juli und dem 19. September 2012, nachfolgend Experiment 2. Im Juli wurden weniger Eier abgelegt, so dass jede Untersuchungsgruppe nur aus 5 Wannen zu je 15 Tieren bestand (Gesamtzahl der getesteten Larven: 300). Experiment 2 wurde am 19. September 2012 abgebrochen, da davon ausgegangen werden kann, dass sich die verbliebenen Kaulquappen nicht mehr bis zur Metamorphose fertig entwickeln. In beiden Experimenten wurde wie nachfolgend beschrieben verfahren.

Die gesammelten Laichballen aus den Steinbrüchen und aus dem Walgebiet wurden einzeln in Polysterolwannen (37x30x22 cm; 11 Liter) aufgezogen, bis die Larven freischwimmend die Nahrungssuche begannen. Danach erfolgte die Aufteilung der Kaulquappen in Polysterolwannen, in denen die Ursprungs- bzw. Alternativhabitate künstlich nachgestellt wurden. Das imitierte Habitat „Steinbruch (SB)“ bestand aus einer Sedimentschicht von 4 cm, einer Freiwassertiefe von 10 cm und wurde 12 Stunden besonnt. Um die Bedingen so natürlich wie möglich zu halten wurden Sediment und Wasser aus einem Laichgewässer des Steinbruchs (Klaubholz) verwendet. Ebenso wurde mit dem imitierten Habitat „Wald (W)“ verfahren und das Sediment und Wasser aus einem Reproduktionsgewässer (Geus 69.1) verwendet. Dieser „Habitattyp“ lag für maximal sechs Stunden in der Sonne (Abb. 41).

Abb. 41: Wannenexperimente mit Gelbbauchunken-Kaulquappen an der ökologischen Station Fabrikschleichach (Universität Würzburg). Links: imitiertes Habitat Steinbruch (SB) mit Anteil der Sonnenstunden pro Tag (hell); Rechts: imitiertes Habitat Wald (W) mit Anteil der Sonnenstunden pro Tag (hell).

Als Futter wurde alle zwei Tage je eine Tablette TetraTabiMin® in jede Wannen gegeben. Da die Wasserqualität (pH-Wert, O_2-Gehalt) einen Einfluss auf die Entwicklung haben kann (LEUVEN et al. 1986, PAHKALA et al. 2001, BÖLL 2003), wurden jede Woche 3L des Wannenwassers ausgetauscht. Dazu verwendeten wir ein 1:1 Quellwassergemisch aus den Quellen Wotansborn und Weilersbach (Gemisch: pH 7,18; Leitfähigkeit 134µs; O2-Gehalt; 9,1mg/L).

Die Entwicklungsparameter der Tiere (Entwicklungsgeschwindigkeit und Größe bei der Metamorphose) wurden jeweils zwischen den ursprünglichen Laichgewässern (Wald oder Steinbruch) und dem Versatzgewässer (imitiertes Habitat mit anderen Eigenschaften) verglichen.

Die Größe, sowie das Entwicklungsstadium (GOSNER 1960) der Kaulquappen wurden vor dem Ausbringen in die Wannen dokumentiert und einmal wöchentlich aufgenommen. Die Körperlänge ist eine repräsentative Messgröße und als Angabe zum Vergleich des Wachstums gängig (MCDIARMID & ALTIG 1999). Die Quappen werden dazu aus den Wannen genommen und unter einem Stereomikroskop (M3B; Vergrößerung: 6,4x, 16x, 40x; Wild Heerbrugg) vermessen. Sie wurden in eine Petrischale mit etwas Wasser gegeben, unter der sich Millimeterpapier befand um die Körperlänge von der Schnauzenspitze bis zur Kloake in mm zu bestimmen. Der Abschluss der Metamorphose wurde durch das Durchbrechen der Vordergliedmaßen durch die Bauchhaut definiert (Entwicklungsstadium 42 nach GOSNER 1960). Anhand der Entwicklungstabellen von GOSNER (1960) wurden die einzelnen Entwicklungsstadien bestimmt. Aus den so gewonnenen Daten wurden die Mittelwerte (über alle Quappen einer Wanne) für die Wannen und Mikrohabitate gebildet. Kaulquappen einer Wanne mussten mit ihren Werten in die Mittelwerte einfließen, da sie, durch ihren potentiell gegenseitigen Einfluss aufeinander, nicht als unabhängige Datenpunkte Verwendung finden konnten. Unsere Stichprobengröße ist also immer die Anzahl der Wannen pro Ansatz und nicht die Gesamtzahl der getesteten Kaulquappen. Wir verglichen jeweils, ob sich die Entwicklung der Quappen (Größe, Entwicklungsstadium) zwischen Steinbruch- und Waldpopulation in den verschiedenen Mikrohabitaten (original und alternativ) unterschied (H-Test; posthoc: Wilcoxen Rangsummen-Test mit fdr Korrektur: false discovery rate, BENJAMINI & HOCHBERG 1995). Nach Abschluss der Untersuchungen wurden alle Jungtiere wieder an ihren jeweiligen Ursprungsgewässern ausgesetzt.

Ergebnisse

Die Temperaturdaten aus beiden Experimenten und den dazu gehörigen Versuchsansätzen sind in Tabelle 23 aufgelistet. Bei der Analyse zeigte sich, dass die durchschnittlichen Temperaturen zwischen den Aufzuchtbedingungen Steinbruch und Wald in beiden Experimenten signifikant unterschiedlich waren (Wilcoxen Rangsummen-Test mit fdr Korrektur, $p < 0,05$). Die Spannweite der Temperaturen war sehr groß (Minimum 6,12°C; Maximum 34,60°C) und erstreckte sich im Versuchszeitraum über 28°C.

Tab. 23: Temperaturdaten (°C) der einzelnen Versuchsansätze mit Minimum (Min), Maximum (Max), Mittelwert (MW) und Standardabweichung (sd) in °C; zur Definition der Versuchsansätze siehe Text.

	Gruppe	Min	Max	MW	sd
Experiment 1	SBSB	9,14	33,16	19,13	0,18
	SBW	8,13	28,20	16,86	0,37
	WSB	8,62	34,14	19,93	0,21
	WW	9,11	27,17	17,00	0,27
Experiment 2	SBSB	7,10	34,60	19,65	0,63
	SBW	7,60	24,67	16,21	0,22
	WSB	6,12	33,14	19,10	0,58
	WW	8,57	24,17	15,96	0,26

Größe

Im 1. Experiment waren die Larven aus dem Steinbruchhabitat zum Zeitpunkt der Metamorphose signifikant größer als die Larven aus dem Waldhabitat (Wilcoxen Rangsummen-Test mit Bonferroni Korrektur: $p < 0,01$). Es zeigten sich keine signifikanten Unterschiede zwischen den Aufzuchthabitaten in den Gruppen mit gleichem Ursprung: SBSB und SBW (Wilcoxen mit fdr Korrektur, $p = 0,21$), sowie WSB und WW (Wilcoxen mit fdr Korrektur, $p = 0,16$). Die Untersuchungsgruppe SBSB hatte eine durchschnittliche Größe von 1,47 ± 0,06 cm (min-max: 1,40- 1,61 cm, n = 10), die Untersuchungsgruppe SBW wies mit 1,48 ± 0,03 cm (min-max: 1,43-1,52 cm, n = 10) die geringste Variabilität auf. Die Larven aus dem Ursprungshabitat Wald zeigten eine höhere Variabilität in der Größe als die Larven aus dem Steinbruch. Die WSB Gruppe war unter hohen Temperaturen mit 1,31 ± 0,05 cm (min-max: 1,20-1,38 cm, n = 10) am kleinsten (Abb. 42). Der Ansatz WW wies eine durchschnittliche Größe von 1,35 ± 0,06 cm auf (min-max: 1,28-1,44 cm, n = 10).

Im 2. Experiment zeigten sich Größenunterschiede zwischen den Aufzuchtbedingungen und nicht zwischen den Population bzw. Ursprungshabitaten. Allgemein metamorphosierten die Unken hier bei kleineren Größen als im 1. Experiment (Abb. 42). Die Larven aus der SBSB Gruppe wiesen die größte Metamorphosegröße (1,35 ± 0,03 cm) mit geringer Variabilität (min-max: 1,33-1,38 cm) auf. Die kleinste Metamorphosegröße und geringste Variabilität hatte die WW Gruppe mit 1,28 ± 0,02 cm (min-max: 1,26-1,29 cm). Diese beiden Gruppen unterschieden sich signifikant voneinander (Wilcoxen mit fdr Korrektur, $p < 0,05$). Die SBW Gruppe war mit einer Größe von 1,29 ± 0,05 cm nur geringfügig größer als die WW Gruppe, wies aber die höchste Variabilität auf (min-max:1,21-1,35 cm). Somit konnten keine signifikanten Unterschiede bezüglich der Größe für die SBW Gruppe festgestellt werden (Wilcoxen Rangsummen-Test mit fdr Korrektur, $p > 0,05$). Die WSB Gruppe zeigte eine Größe von 1,34 ± 0,04 cm (min-max:

1,30-1,39 cm) und unterschied sich damit signifikant von der WW Gruppe (Wilcoxen mit fdr Korrektur, p < 0,05).

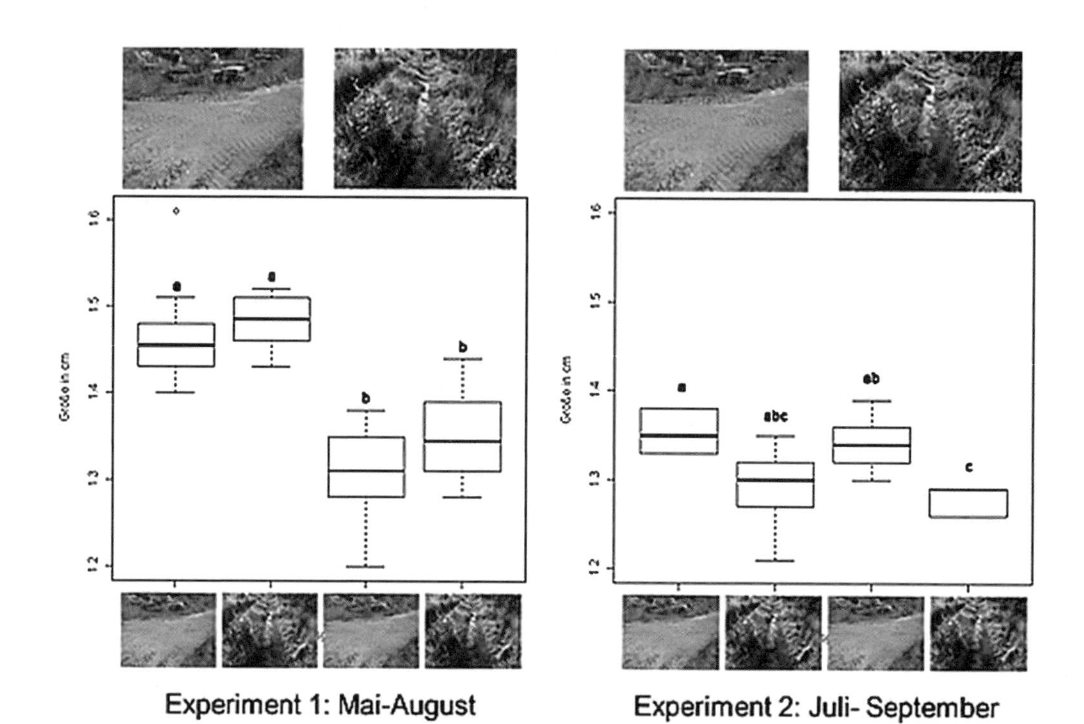

Abb. 42: Größenunterschiede (cm) bei der Metamorphose der Gelbbauchunkenlarven in den vier Untersuchungsgruppen während beider Experimentzeiträume. Die Bilder über den Boxplots zeigen das Ursprungshabitat, Bilder unter den Boxplots die Aufzuchtbedingungen. Pro Wanne wurden 15 Kaulquappen aufgezogen. Im 1. Experiment gab es 10 Wannen pro Untersuchungsgruppe, im 2. Experiment 5 Wannen pro Untersuchungsgruppe. Signifikante Unterschiede (H-Test; posthoc: Wilcoxen-Rangsummen-Test mit fdr Korrektur, p < 0,05) sind mit unterschiedlichen Buchstaben gekennzeichnet.

Entwicklungszeit

Die Entwicklungsdauer im 1. Experiment unterschied sich zwischen allen Gruppen, die Unterschiede waren hier zwischen den Aufzuchtbedingungen und den Ursprungshabitaten zu finden (Abb. 43). So benötigten die Larven in der Gruppe SBSB durchschnittlich 41,32 ± 2,69 Tage für die Entwicklung (min-max: 37,67-46,14 Tage) und die Gruppe SBW 50,22 ± 4,41 Tage (min-max: 45,31-57,67 Tage). Der Unterschied war signifikant (Wilcoxen mit fdr Korrektur; $p < 0{,}001$).

Die Larven in der Gruppe WSB benötigten 44,53 ± 3,21 Tage (min-max: 40,60-51,10 Tage) für die Entwicklung und die Gruppe WW wies mit 58,30 ± 5,73 Tagen (min-max: 52,20-70,10 Tage) die längste Entwicklungszeit auf (Wilcoxen mit fdr Korrektur; $p < 0{,}001$).

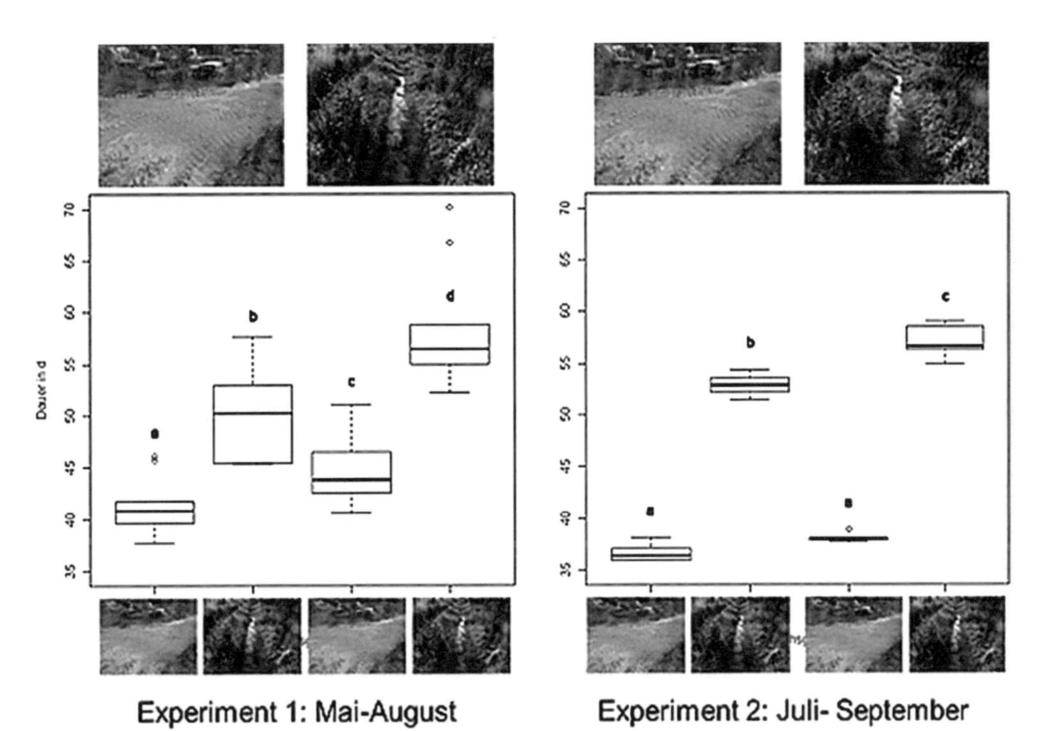

Abb. 43: Unterschiede der Entwicklungszeit der Gelbbauchunkenlarven in Tagen bis zur Metamorphose in den vier Untersuchungsgruppen und während beider Experimentzeiträume. Die Bilder über den Boxplots zeigen das Ursprungshabitat, Bilder unter den Boxplots die Aufzuchtbedingungen. Pro Wanne wurden 15 Kaulquappen aufgezogen. Im 1. Experiment gab es 10 Wannen pro Untersuchungsgruppe, im 2. Experiment 5 Wannen pro Untersuchungsgruppe. Signifikante Unterschiede (H-Test; posthoc: Wilcoxen-Rangsummen-Test mit fdr Korrektur, $p < 0{,}05$) sind mit unterschiedlichen Buchstaben gekennzeichnet.

Zwischen den Ursprungshabitaten Steinbruch und Wald zeigten die Gruppen SBSB und WSB einen signifikanten Unterschied in der Entwicklungszeit (Wilcoxen mit fdr Korrektur, $p < 0,05$), ebenso die Gruppen SBSB und WW ($p < 0,001$), die Gruppen SBW und WSB ($p < 0,01$) und die Gruppen SBW und WW ($p < 0,01$; alle Wilcoxen Rangsummen-Test mit fdr Korrektur).

Die Entwicklungsdauer im 2. Experiment war allgemein kürzer als im 1. Experiment und zeigte weniger Variabilität in den Entwicklungsparametern. Die Larven aus der SBSB Gruppe entwickelten sich am schnellsten: 36,11 ± 1,92 Tagen (min-max: 33,00-38,13 Tage). Sie unterscheiden sich damit nicht signifikant von der WSB Gruppe, die durchschnittlich 38,12 ± 0,47 Tage benötigte (min-max: 37,73-38,93 Tage).

Die Larven die unter Waldbedingungen aufwuchsen benötigten deutlich mehr Tage für die Entwicklung. So benötigte die SBW Gruppe 53,00 ± 1,14 Tage für die Entwicklung bis zur Metamorphose (min-max: 51,45-54,38 Tage). In der WW Gruppe bedurfte es mit 57,00 ± 1,69 Tagen die längste Zeit (min-max: 54,88-59,00 Tage). Diese unterschied sich damit signifikant von allen anderen Gruppen (Wilcoxen Rangsummen-Test mit fdr Korrektur, $p < 0,01$).

Diskussion

Die Gelbbauchunke lebt überwiegend in offenen, sonnenexponierten Lebensräumen, bei uns in Deutschland natürlicherweise in den Uferbereichen dynamischer Flussauen, inzwischen meist in Sekundärlebensräumen wie Steinbrüchen. Als Aufenthalts- und Laichgewässer wählt sie in der Regel kleine bis kleinste, meist flache und damit warme Gewässer (GOLLMANN & GOLLMANN 2012). Mit dieser Lebensraumwahl scheint sie zunächst nicht unbedingt eine Art zu sein die von der drohenden Klimaerwärmung besonders betroffen sein könnte. Als Pionierart – ihre Gewässer in natürlichen Lebensräumen sind nicht notwendigerweise vorhersehbar beständig – sollte sie zudem die Fähigkeit haben, sich bei Bedarf schnell geeignete neue Lebensräume zu suchen. Wie z.B. Untersuchungen aus der Schweiz gezeigt haben (BARANDUN & REYER 1997a, 1997b) ist letzteres aber nicht unbedingt der Fall. Die teilweise sehr alt werdenden Tiere (ein Maximalalter von 28 Jahren ist nachgewiesen, vgl. ABBÜHL & DURRER 1998) scheinen vielmehr vor Ort auszuharren und auf Jahre mit günstigen Bedingungen zu warten. Ihre relativ kleine Körpergröße und enge Bindung an Gewässer, sie kann zumindest als semiaquatisch betrachtet werden, sprechen auch nicht für ein hohes Migrationspotential. Ihre Fähigkeit ungeeignet gewordene Gebiete – durch den Klimawandel – zu verlassen und neue Lebensräume aufzusuchen ist damit vermutlich nicht besonders ausgeprägt.

Durch die Wahl sehr kleiner und flacher Laichgewässer drohen der Gelbbauchunke bei höheren Temperaturen und veränderten Regenfallmustern eine höhere Frequenz der Austrocknungsereignisse und damit der Komplettverlust ihrer Reproduktionsinvestition in einem bestimmten Zeitraum. Trotz des potentiell hohen Alters der Tiere und damit der Möglichkeit von nur periodisch auftretenden geeigneten Bedingungen optimal profitieren zu können, ist bei wiederholtem Auftreten ungünstiger Bedingungen damit *per se* ein hohes Aussterberisiko lokaler Populationen gegeben. Dies umso mehr, als die meisten Populationen weitgehend isoliert sind und, wie oben dargestellt, die Einwanderung von Tieren aus anderen Populationen meist wenig wahrscheinlich ist.

Das Dispersionspotential und das Austrocknungsrisiko der Laichgewässer unter den vorhergesagten Klimaszenarien aufzuklären, war aber kein Untersuchungsziel der vorliegenden Studie. Uns interessierte vielmehr die mögliche Anpassungsfähigkeit der Art an unterschiedliche Temperaturen. Gelbbauchunken leben bereits jetzt in eher wärmeren Habitaten. Es ist deshalb durchaus denkbar, dass sie damit an oder nahe an ihre physiologischen Limits kommen. Dies scheinen z.B. die wenigen verfügbaren Publikationen nahezulegen die untersucht haben welche Wassertemperaturen für die Kaulquappen noch tolerierbar sind (PAWŁOWSKA-INDYK 1980, BARANDUN & REYER 1997a). In diese Richtung kann auch die Lebensraumwahl der Gelbbauchunke in den südlichen Bereichen ihrer Verbreitung interpretiert werden: hier ist sie fast ausschließlich in höheren Lagen, oft im Wald und entlang von Bergbächen anzutreffen. Auch in Deutschland ist die Gelbbauchunke aus Wäldern bekannt, allerdings wird hier allgemein davon ausgegangen, dass dies nur suboptimale Lebensräume für die Art sind. In der vorliegenden Studie haben wir untersucht inwieweit sich Populationen aus offenen (Steinbrüchen) und geschlossenen (Wald) Lebensräumen in ihrer Präferenz für verschiedene Entwicklungstemperaturen unterscheiden, bzw. inwieweit sie sich an andere Bedingungen anpassen können. Dazu haben wir Kaulquappen jeweils unter ihren Ursprungs- und Alternativbedingungen aufgezogen und die gängigen Parameter zur Messung der Entwicklungsleistung (Metamorphosegröße und -dauer) bestimmt.

Bei diesen Untersuchungen zur Plastizität der Larvalentwicklung von Gelbbauchunkenkaulquappen aus unterschiedlichen Populationen fanden wir sehr interessante und unerwartete Unterschiede, sowohl zwischen den Populationen aus verschiedenen Habitaten, als auch saisonal.

Generell waren die Temperaturen (Freilandmessungen) denen die Kaulquappen während ihrer Entwicklung in den unterschiedlichen Lebensräumen ausgesetzt waren, sehr unterschiedlich, aber auch in beiden Habitattypen sehr variabel. Dass sich die Kaulquappen trotzdem unter diesen sehr verschiedenen Bedingungen erfolgreich entwickeln können, setzt grundsätzlich ein hohes Maß an Flexibilität, bzw. ein hohes Anpassungspotential voraus. Allerdings scheinen Offenland und Waldpopulationen, trotz ihrer geographischen Nähe, jeweils unterschiedlich angepasst zu sein. Ungeachtet der experimentellen Bedingungen (Experiment 1 von Mai bis August) waren Kaulquappen aus Steinbrüchen bei der Metamorphose größer (Abb. 5, links) und erreichten diese unter Originalbedingungen schneller als Kaulquappen aus Waldgebieten (Abb. 6, links). Tiere aus beiden Lebensraumtypen entwickelten sich generell schneller unter Offenlandbedingungen, d.h. bei wärmeren Temperaturen. Aber auch unter identischen Temperaturbedingungen (sonnenexponiert bzw. beschattet) waren Steinbruchkaulquappen früher metamorphosiert als ihre Artgenossen aus dem Wald (Abb. 43, links).

Das schnellere Wachstum von Kaulquappen aus den Steinbrüchen im Vergleich zu denen aus Wäldern, interpretieren wir mit dem vermutlich höheren Austrocknungsrisiko der Larvalgewässer unter den wärmeren Bedingungen des Offenlandes. Das bedeutet, die Larven in Steinbrüchen waren grundsätzlich darauf angepasst ihre Gewässer möglichst zeitig zu verlassen und so möglicher Austrocknung zu entgehen. Wie schnell sie sich jedoch entwickeln konnten, hing von den Temperaturbedingungen ab. Am schnellsten waren sie in den warmen, sonnenexponierten Ansätzen. Aber auch in den Schattenansätzen, in denen unter natürlichen Bedingungen die Austrocknungsgefahr vermutlich geringer wäre, entwickelten sie sich schneller als die entsprechend gehaltenen Waldquappen. Letztere sind unter wärmeren Bedingungen in der Lage sich schneller zu entwickeln als unter kühleren, lagen dabei aber immer noch hinter den Offenlandtieren zurück. Waldquappen scheinen also in ihrer Entwicklungsstrategie das geringere Austrocknungsrisiko ihres Lebensraumes zu berücksichtigen, zeigen aber auch eine Plastizität ihre Larvalphase, unter geeigneten Bedingungen, verkürzen zu können.

Grundsätzlich kann die Dauer der Larvalperiode von Kaulquappen, soweit sie innerhalb einer Art überhaupt flexibel ist, als Trade-off zwischen verschiedenen Kosten und Nutzen betrachtet werden. Durchaus nicht alle Froschlurche haben ein Larvalstadium. Bei den Arten, die ein solches Stadium durchlaufen, wird die Larvalphase als Anpassung betrachtet, kurzfristig im Überschuss verfügbare Nahrung (z.B. Algenblüte im Frühjahr) möglichst optimal abzuschöpfen und in Wachstum zu investieren (z.B. WASSERSUG 1984; ALTIG et al. 2007). Die aquatische Kaulquappe ist also in erster Linie als eine, auf Wachstum ausgelegte, Fressmaschine zu sehen. Frösche die bereits groß an Land gehen haben oft den Vorteil Räubern eher zu entgehen (sie sind mobiler bzw. das Größenverhältnis von Räuber zu Beute ist für die größeren Tiere vorteilhafter als für Kleine), sie haben mehr Reserven um den Winterschlaf zu überleben und der Größenvorteil erstreckt sich oft bis ins fortpflanzungsfähige Alter, das sie oft sogar noch früher erreichen. Dort sind diese Tiere dann oft fekunder und/oder für Sexualpartner attraktiver.

Dem Vorteil der hohen Nahrungsverfügbarkeit stehen aber auch Nachteile gegenüber. Dies sind insbesondere die Gefahr der Austrocknung der Gewässer vor Beendigung der Metamorphose und das Risiko von aquatischen Räubern gefressen zu werden. Beide Risiken werden normalerweise mit fortschreitender Larvaldauer steigen (Gewässer trocknen im Sommer bei hohen Temperaturen eher aus; Räuber sind in Gewässern später im Jahr oft häufiger und insbesondere größer). Der Zeitpunkt der Metamorphose stellt deshalb eine Abwägung zwischen Risiken (Austrocknung, Räuber) und Nutzen (Größe) dar (WILBUR & COLLINS 1980, SIMON & MAHONY 2002, RUDOLF & RÖDEL 2007). Im Fall der Gelbbauchunke können wir den Aspekt der aquatischen Räuber vernachlässigen, weil diese in den Laichgewässern meist abwesend oder zumindest selten sind. Die Strategien unseren Steinbruch- und Waldpopulationen sind dagegen wohl klar auf das in beiden Lebensräumen unterschiedliche Austrocknungsrisiko zu sehen.

Weniger eindeutig interpretierbar ist hingegen unsere Beobachtung, dass Gelbbauchunken aus Steinbrüchen generell größer waren als die Waldunken, und zwar auch dann wenn sie wesentlich kürzere Entwicklungszeiten aufwiesen oder unter Waldbedingungen aufgezogen wurden. Dies spricht dafür, dass nicht in erster Linie unterschiedliche Bedingungen (z.B. höhere Temperatur und evtl. verschieden gute Nahrungsverfügbarkeit, denkbar wäre beispielsweise höhere Algenproduktion im wärmeren Wasser) für die Größenunterschiede verantwortlich waren, sondern es sich um unterschiedliche Strategien der beiden Populationen handelt. Inwieweit sich terrestrische Räuber der Unken in beiden Gebieten unterscheiden und Steinbruchtiere so von größerer Größe profitieren könnten, können wir nicht beurteilen. Daten hierzu konnten wir nicht sammeln und entsprechende Literaturdaten sind uns nicht bekannt. Denkbar wäre aber auch bei den Größenunterschieden der Metamorphen eine Anpassung an die Gefahr der Austrocknung, diese Mal nicht der Gewässer, sondern der Unken selbst. Offenlandpopulationen weisen im Vergleich zum Wald vermutlich immer höhere Temperaturen und geringere Luftfeuchtigkeit auf. Wenn Gewässer ausgetrocknet sind, müssen sich auch die Unken geeignete Landlebensräume suchen. Die Gefahr der Austrocknung ist dann im Steinbruch sicher größer, ausreichend feuchte Verstecke eher seltener, als im Wald. Da die Austrocknungsgefahr bei Amphibien mit ihrer semipermeablen Haut direkt an das Verhältnis Körpervolumen zu Oberfläche gekoppelt ist, könnten hier größere Unken mit einem besseren Volumen-Oberflächenverhältnis Vorteile besitzen. Einen größeren Körper in kürzere Zeit aufzubauen ist aber auch sicher mit Kosten verbunden und Steinbruchtiere könnten mit dieser Strategie evtl. weniger Reserven anlegen. Ein schnelles Wachstum kann aber auch zu einem erhöhten Krebsrisiko oder zu Immundefiziten führen. Die kleinere Größe der Waldunken muss deshalb nicht bedeuten, dass diese weniger gut entwickelt und angepasst sind als ihre Artgenossen aus dem Offenland.

Äußerst interessant waren auch die Ergebnisse aus unserem zweiten Experiment (Juli bis September). Obwohl die Versuchsbedingungen (insbesondere die Temperatur) während dieser Zeit nahezu identisch zum ersten Versuchsdurchlauf waren (siehe Tab. 23), zeigten die Kaulquappen hier deutlich unterschiedliche Reaktionen im Vergleich zum ersten Experiment. Die Unken aus der Steinbruchpopulation waren bei der Metamorphose erheblich kleiner als im ersten Durchgang und lagen in etwa im Bereich der Waldunken, die wiederum annähernd dieselben Größen erreichten wie im ersten Experiment. Generell waren Quappen die unter Bedingungen des Offenlandes gehalten wurden größer und beendeten ihre Larvalzeit früher.

Die Ergebnisse zeigen deutlich, dass die Unken in ihrem Trade-off der Entwicklungsentscheidungen nicht nur lebensraumspezifische Antworten parat haben, sondern sich auch saisonal anzupassen in der Lage sind. Dies war, soweit uns bekannt, bisher nicht beobachtet worden und unterstreicht das offensichtlich hohe Anpassungspotential der

Gelbbauchunken an unterschiedlichste Lebensräume und Bedingungen, auch wenn einzelne Populationen klar erkennbare lokale Anpassungsstrategien verfolgen. Letzteres ist aus den, trotz nur marginal verschiedener Temperaturdifferenzen, signifikant verschiedenen Entwicklungsparametern der Populationen unter unterschiedlichen Entwicklungsbedingungen ersichtlich.

Unsere Ergebnisse könnten, die beobachtete hohe Plastizität der Entwicklungsantworten der Unken zugrunde gelegt, so interpretiert werden, dass die Gelbbauchunke, zumindest im untersuchten Larvalstadium, kein wirkliches Problem mit einer moderaten Temperaturerhöhung haben sollte. Allerdings lassen unsere Untersuchungen keine Rückschlüsse zu, inwieweit sich das Austrocknungsrisiko (bei höherer Temperatur und veränderten Regenfallmustern und/oder -mengen) der Laichgewässer verändern wird. Ein anderes Problem, zu dem wir keine Untersuchungen durchführen konnten (und wollten), ist die von den Unkenquappen tolerierbare Maximaltemperatur. Diese wird in der Literatur unterschiedlich mit 30-35°C angegeben (PAWŁOWSKA-INDYK 1980). Andere Autoren fanden aber in diesem Temperaturbereich sogar die meisten Gelege (BARANDUN & REYER 1997a). Unsere Kaulquappen entwickelten sich in den Offenlandversuchen unter den als kritisch angesehenen Bedingungen problemlos und nahezu ohne Verluste. Wir können aber nicht ausschließen, dass diese Bedingungen trotzdem dem Maximum des physiologisch von den Unkenquappen tolerierbaren bereits sehr nahe kommen und eine weitere Temperaturerhöhung nicht toleriert werden kann. Sollte dies zutreffen, wäre in der Zukunft zu überlegen, ob man Laichgewässer im Offenland zumindest partiell so bepflanzt, dass diese teilweise beschattet liegen und so letale Temperaturen vermieden werden (die Pflanzen würden aber u.U. durch ihren Wasserbedarf das Austrocknungsrisiko erhöhen). Eine andere Strategie könnte sein Waldpopulationen verstärkt z.B. durch Anlage entsprechender Laichgewässer zu unterstützen. Der Waldlebensraum schient wie unsere Untersuchungen nahe legen für Gelbbauchunken durchaus geeignet zu sein und die dortigen Populationen zeigen sogar an diesen Lebensraum angepasst Lebenslaufstrategien. Wälder könnten zumindest was die Temperatur anbelangt, die Folgen des Klimawandels für die Gelbbauchunke teilweise eher abpuffern als Offenlandhabitate. Da unsere Untersuchungen zeigen, dass auch geographisch benachbarte Populationen bereits ganz unterschiedliche lokale Anpassungen besitzen, halten wir das Umsiedeln von Populationen in Gebiete, auf die sie u.U. keine spezifischen Anpassungsstrategien parat haben, für keine Option.

4.5.2 Der Moorfrosch

Material und Methoden

Biologie

Der Moorfrosch ist mit 4-6 cm Größe die kleinste Braunfroschart Deutschlands. Die Färbung des Moorfrosches ist sehr variabel. So gibt es Farbvariationen von braun bis rötlich, Tiere mit hellem Rückenstreifen oder ohne, bis zu gefleckten oder marmorierten Varianten (TOMASIK 1971). Zur Paarungszeit sind die Männchen des Moorfrosches bläulich gefärbt, zumeist die Kopf- und Flankenregion, manchmal auch der Rücken und die Extremitäten, was als inter- und intrasexuelles Signal interpretiert wird (RIES et al. 2008, SZTATECSNY et al. 2012). Für weitere Details zur Biologie und Gefährdung des Moorfroschs siehe Steckbrief Seite 268.

Die Laichgewässer des Moorfrosches sind meist permanente Gewässer mit einem geringerem pH-Wert (ANDREN et al. 1988, MERILÄ et al. 2004a). Der Moorfrosch zählt zu den frühen „Explosivlaichern“, die große Laichballen bei geeigneter Witterung (mehrere Tage über 10°C) schon im März ablaichen (GLANDT 2006). Der Laichballen wird in der Regel an einer sonnenexponierten Stelle über pflanzenreichen Strukturen in einer Tiefe von 10-30 cm abgelegt (GÜNTHER & NABROWSKY 1996) (Abb. 7). Entscheidend für die Entwicklungsdauer der Eier und der Larven ist die Temperatur während der sich die Eier innerhalb von 6-16 Wochen zu Jungfröschen umwandeln (LOMAN 2002a, MERILÄ et al. 2004b). Andere Faktoren sind die Nahrungsverfügbarkeit, der Prädationsdruck, die Persistenz temporärer Gewässer und damit verbunden die innerartliche Konkurrenz (LOMAN 2002a, 2002b, VAN BUSKIRK 2002, LOMAN & LARDNER 2009). Eine höhere Wassertemperatur fördert die Entwicklungsgeschwindigkeit, kann aber auch zu einer höheren Verdunstungsrate des Wassers führen und somit zu einer Erhöhung der Larvendichte und damit verringertem Nahrungsangebot für jedes Individuum. Würden sich Regenfallmengen und -zeiten verändern, könnte dies auch die Adulten in ihren terrestrischen Lebensräumen bedrohen (WALLS et al. 2013). Wenngleich sich diese vermutlich meist in Mikrohabitate mit ausreichender Feuchtigkeit und vorteilhaften Temperaturen zurückziehen können, könnten lang anhaltende heiße Trockenperioden die Aktivität soweit beeinträchtigen, dass die Frösche ihre Verstecke nur selten zur Nahrungsaufnahme verlassen (KEARNEY et al. 2009). Dies könnte sich wiederum negativ auf die für die Überwinterung notwendige Anhäufung von Nahrungsreserven und/oder weniger Energie, die in die Fortpflanzung investiert werden kann, auswirken. Leider gibt es kaum gesicherte Daten zur Biologie und Physiologie der adulten Frösche im Landhabitat die hier für verlässliche Voraussagen herangezogen werden könnten.

Nach ARAÚJO et al. (2006) sind bei limitierten Ausbreitungsmöglichkeiten (z.B. durch Siedlungen, Straßen etc.) Arealrückgänge von Amphibienarten besonders in den Flachlandregionen Deutschlands zu erwarten, speziell im Osten und im Zentrum des Landes. Gerade im Osten befinden sich die deutschen Hauptverbreitungsgebiete des Moorfrosches. Im F+E-Vorhaben „Auswirkungen des rezenten Klimawandels auf die Fauna in

Deutschland“ wurde der Moorfrosch als Art mit mittlerem Risiko eingestuft, da seine Migrationsfähigkeit als gering gilt (RABITSCH et al. 2010).

Die Art ist in Eurasien bis weit in nördliche Breitengrade verbreitet und wird als kaltstenotherm eingeschätzt. Versuche zur Frosttoleranz zeigten, dass sie selbst bei einer Körpertemperatur von -3°C mehrere Tage überleben können (VOITURON et al. 2009). Bei starker Trockenheit und Hitze könnte sich die tägliche Aktivitätsphase der Adulten und Subadulten verkürzen, was zu einem verringerten Wachstum führen könnte, da weniger Zeit für die Nahrungssuche verwendet wird, weil sich die Tiere in ihren Verstecken aufhalten müssen (KEARNEY et al. 2009; s.o.). Steigen die Temperaturen in den Gewässern auf einen kritischen Wert (dieser ist nicht bekannt), könnte sich dies sehr wahrscheinlich nachteilig auf die Entwicklung der Kaulquappen auswirken, was sich, das Überleben der Quappen vorausgesetzt, wiederum in einer schlechteren Kondition der Tiere nach der Metamorphose auswirken kann.

Eine Verschiebung der Fortpflanzungsperiode durch höhere Frühjahrstemperaturen, könnte außerdem die Anzahl und Befruchtungsraten der Eier (durch schlecht abgestimmte Gonadenreifung), sowie das Körpergewicht der Adulten negativ beeinflussen (ASZALOS et al. 2005, BLAUSTEIN et al. 2010) Anderseits könnte eine verlängerte Aktivitätszeit durch den früheren Beginn der Fortpflanzung auch positive Effekte aufweisen z.B. eine frühere Geschlechtsreife der Weibchen nach nur zwei Jahren (LYAPKOV et al. 2008).

Da zu den Anpassungsfähigkeiten der Art an erhöhte Temperaturen nicht viel bekannt ist, und die Adulten im Landlebensraum nur mit erheblichem Zeit- und Kostenaufwand untersucht werden können (denkbar wären hier z.B. telemetrische Untersuchungen mit integrierten Temperaturfühlern), wollten wir die Plastizität der larvalen Reaktionen auf unterschiedliche Temperaturbedingungen testen. Unser Ziel war es zu untersuchen inwieweit die Kaulquappen wirklich eher kühlere Bedingungen benötigen und damit, inwieweit die Art durch den rezenten Klimawandel gefährdet sein könnte. Daraus ließen sich letztlich Maßnahmen zum Schutz der Art, zumindest während der Larvalphase definieren. Außerdem wollen wir aufzeigen wo es weiteren Forschungsbedarf geben könnte.

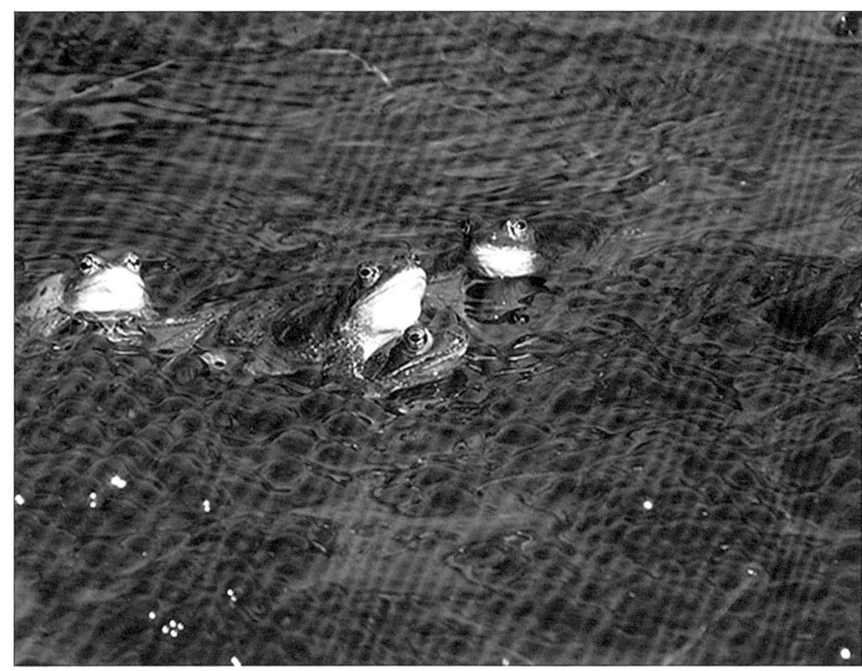

Abb. 44: Laichgemeinschaft des Moorfrosches, *Rana arvalis*, in einem unserer Untersuchungsgewässer in der Nähe von Greifswald (Foto: Katharina Bittmann, 16. April 2013).

Untersuchungsgebiet

Das Untersuchungsgebiet befindet sich in der Nähe der Hansestadt Greifswald im Osten Mecklenburg-Vorpommerns und damit in einem der Gebiete Deutschlands mit der größten Dichte an Moorfroschvorkommen (SCHIEMENZ & GÜNTHER 1994, GÜNTHER & NABROWSKY 1996). Im Frühjahr 2013 wurde eine größere Anzahl Gewässer wiederholt auf laichende Moorfrösche kontrolliert. Zum Beginn der Laichperiode, die im Gebiet am 16. April begann, wurden verschiedene Gewässer mit Laichgemeinschaften des Moorfrosches gefunden. Für unsere Untersuchungen haben wir uns sehr unterschiedlich strukturierte Gewässer ausgewählt: den Sölkensee, ein Angelgewässer südlich von Weitenhagen, ein Feuchtgebiet im Wald nordöstlich von Diedrichshagen, Sölle in einer Verjüngungsfläche nahe Groß Kiesow und ein Gewässer an einem Bahnübergang zwischen Steffenshagen und dem Kieshofer Moor (Tab. 24).

Tab. 24: GPS Koordinaten und Habitate der untersuchten Moorfroschgewässer in der Umgebung von Greifswald (Angabe in WGS84 Dezimalgrad).

Gewässer	**N**	**E**	**Habitate**
Sölkensee	54.04264	13.41681	Moorgewässer umgeben von Moorbirken, Wollgras und Schwingrasen
Angelgewässer Weitenhagen	54.04284	13.39430	Angelteich mit ausgeprägtem Schilfgürtel
Forst Diedrichshagen	54.05542	13.50979	Flache Gewässer im Mischwald mit hohem Totholzanteil
Forst Groß Kiesow	54.03950	13.50388	Flache Sölle in Verjüngungsfläche mit Binsen und Seggen
Bahnübergang Steffenshagen	54.12842	13.31268	Feuchtwiese

Unsere experimentellen Untersuchungen fanden unter quasi natürlichen Bedingungen im Freiland statt. Teile von Laichballen des Moorfrosches, sie umfassen durchschnittlich 1000 Eier (LYAPKOV et al. 2001, RÄSÄNEN et al. 2008), wurden sofort nach dem Ablaichen aus den Untersuchungsgewässern entnommen. Die Eier eines Laichballens (insgesamt 15) wurden in beschattet liegenden Wannen (35x31,5x22,5 cm, 11 L) im Hof des Zoologischen Institutes der Universität Greifswald zum Schlupf gebracht und gehältert bis die Kaulquappen freischwammen (Abb. 45).

In diesem Stadium (Gosner 25) der Entwicklung wurden die Larven eines Laichballens in ihre Ursprungsgewässer zurück gebracht. Hierzu installierten wir in den einzelnen Untersuchungsgewässern Gaze-Kästen (Maschenweite: 1,4 mm), in denen die Larven bis kurz vor der Metamorphose verblieben. Diese Aufzuchtkästen wurden mit je 15 Quappen besetzt und im Ursprungsgewässer des jeweiligen Ballens an zwei unterschiedlichen Standorten (besonnt, beschattet) platziert. Dabei kamen jeweils 15 Nachkommen aus einem Ballen in beschattete, weitere 15 in einem zweiten Kasten in besonnte Bereiche. Die von der Seite betrachteten, dreieckigen Kästen (BLH 50x80x40cm) wurden im Flachwasser platziert (Abb. 46). Durch die Gaze blieb das Wasser und damit die Wasserchemie, sowie die Nahrung der Quappen identisch mit dem Umgebungsgewässer. Potenzielle Fressfeinde der Kaulquappen blieben so aber ausgeschlossen.

Abb. 45: Beispiele der Wannen in denen Kaulquappen bis zum Freischwimmen gehältert wurden (Foto: Katharina Bittmann, 27. Mai 2013).

Abb. 46: Besonnt exponierte Aufzuchtkästen für Moorfroschkaulquappen in einem Söll bei Groß Kiesow nahe Greifswald (Foto: Katharina Bittmann, 27. Mai 2013).

Während der Larvalphase haben wir zu drei Zeitpunkten die Größen der Larven erfasst. Die erste Messung erfolgte am 9. Mai als die Larven in die Aufzuchtkästen verteilt wurden, die zweite am 27. Mai und die dritte am 23. Juni 2013 (als die meisten Kaulquappen kurz vor der Metamorphose standen). Dazu wurde die Größe von der Schnauzenspitze bis zur Kloake der Larven in mm gemessen und das Entwicklungsstadium nach

GOSNER (1960) bestimmt. Die Kaulquappen wurden dazu in wassergefüllte Petrischalen auf Millimeterpapier gesetzt und fotografiert. Die Längenmessung erfolgte anschließend am Computer. In die Auswertung ging der Mittelwert der Tiere aus einem bestimmten Kasten ein, da sich die Kaulquappen innerhalb eines Kastens gegenseitig beeinflussen können, d.h. Werte einzelner Kaulquappen konnten nicht als unabhängige Daten Eingang in die Auswertung finden. Die Stichprobengröße bezieht sich somit immer auf die Anzahl der Kästen, nicht auf die Anzahl der Einzeltiere. Alle Kaulquappen wurden nach der dritten Messung in ihren Ursprungsgewässern frei gesetzt.

Die Wassertemperatur während der Entwicklung wurde in jedem Aufzuchtkasten kontinuierlich mittels programmierbarer Langzeitsensoren aufgenommen. Zur Verwendung kamen dabei Thermochron® iButtons© (DS 1921G). Die Temperaturmessung erfolgte synchron alle drei Stunden. So konnten Tages- und Monatsmittelwerte, sowie Minimal- und Maximaltemperatur bestimmt werden.

Aus den Temperaturdaten bildeten wir Mittelwerte für den entsprechenden Kasten. Wir wollten vergleichend betrachten, ob sich die Entwicklung der Quappen zwischen besonnten (warmen) und beschatteten (kühleren) Bereichen der Gewässer unterscheidet. Ob die Größe und/oder das Entwicklungsstadium der Kaulquappen nach zwei Monaten, je nach Temperatur, signifikant verschieden war, wurde statistisch überprüft (Mann-Withney-U-Test, Spearman Rang-Korrelation, Regressionsanalyse). Die statistische Auswertung und die Abbildungen wurden mit der freien Software R (R CORE TEAM 2013; Version 3.0.1) ausgeführt (Paket: ggplot2; WICKHAM 2009).

Ergebnisse

Aus den fünf untersuchten Gewässern wurden jeweils drei Laichballen entnommen und auf sechs Aufzuchtkästen pro Gewässer verteilt (n = 30). Jeweils drei Kästen wurden in beschatteten und drei in besonnten Bereichen installiert. Wie oben beschrieben, wurden die Nachkommen eines Paares (Laichballen) sowohl unter beschatteten, als auch unter besonnten Bedingungen platziert. Pro Aufzuchtkasten wurden 15 Larven eingesetzt.

Obwohl die Kästen entweder in flachen, aber zentralen Stellen der Gewässer aufgebaut wurden (und deshalb nicht ohne ins Gewässer waten zu müssen erreichbar waren), oder aber Gewässer die von Wegen nicht oder schwer einsehbar waren gewählt wurden, blieben uns bis zum Ende des Versuches nur 19 Aufzuchtkästen zur Auswertung. Der Rest fiel Vandalismus zum Opfer.

Bei der Auswertung der verbliebenen Größendaten zeigten sich keine signifikanten Unterschiede zwischen besonnten und beschatteten Aufzuchtkästen (Abb. 47), weder bei der Messung am 27. Mai (Mann-Withney-U-Test: 27. Mai 2013, W = 42, p = 0,84); noch am 23. Juni (W = 56, p = 0,06).

Bei der Messung am 27. Mai betrug die durchschnittliche Größe der Kaulquappen aus den beschatteten Bereichen 10,04 ± 1,09mm (min-max: 8,15 - 11,68mm, n = 10) und für den besonnten Bereich 10,11 ± 1,47 mm (min-max: 8,21-12,00 mm, n = 9). Am 23. Juni betrug die durchschnittliche Körpergröße im beschatteten Bereich 13,84 ± 0,75mm (min-max: 13,04-15,25 mm, n = 8) und im besonnten Bereich 13,05 ± 0,95 mm (min-max: 12,12-15,00 mm, n = 9) (Abb. 47).

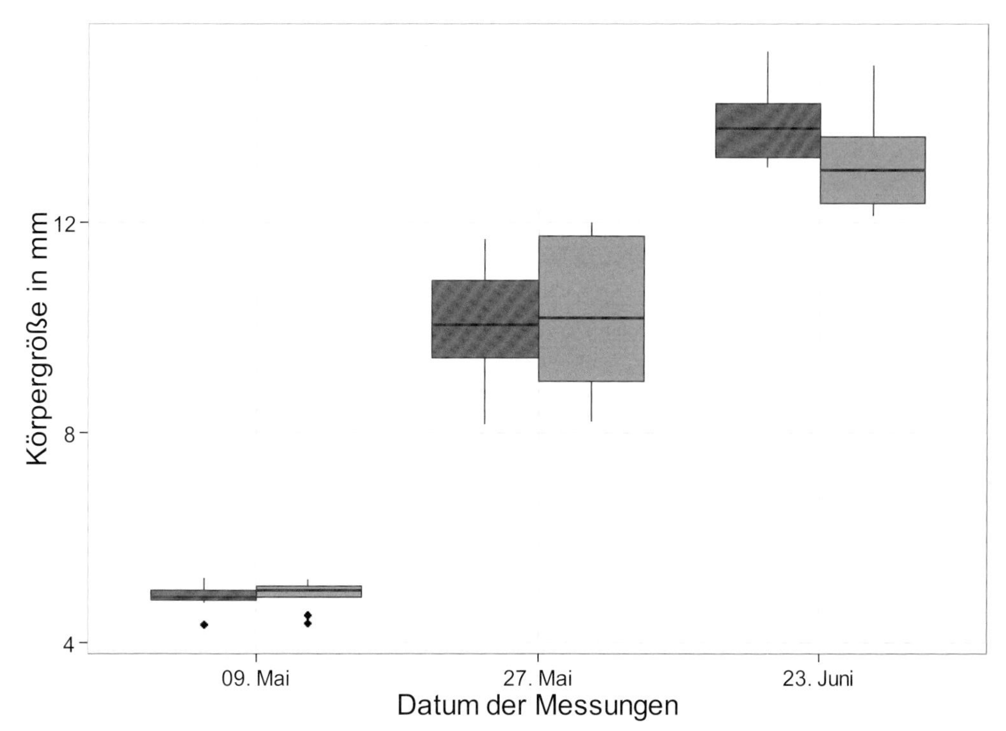

Abb. 47: Boxplots der Körpergröße der Moorfroschlarven (Mittelwerte der Kästen; n am 9. Mai 2013 = 15 pro Ansatz) in beschatteten (dunkelgrau, n = 10, am 23. Juni 2013 nur noch n = 8) und besonnten Bereichen (hellgrau, n = 9) zu den zwei Messzeitpunkten. Zu keinem der Zeitpunkte zeigten sich signifikanten Unterschiede in der Körpergröße, gegen Ende der Untersuchungsperiode war jedoch ein Trend zu größeren Tieren im beschatteten Ansatz erkennbar (Mann-Withney-U-Test: 27. Mai 2013, W = 42, p = 0,84; 23. Juni 2013, W = 56, p = 0,06; vergleiche Text).

Auch bei den Entwicklungsstadien nach GOSNER (1960) zeigten sich keine signifikanten Unterschiede zwischen dem beschatteten und besonnten Bereich, weder bei der Messung am 27. Mai noch am 23. Juni (Abb. 48). Am 27. Mai betrug das durchschnittliche Entwicklungsstadium sowohl im beschatteten als auch im besonnten Bereich 28 ± 1 (beschattet: min-max: 26-29, n = 10; besonnte: min-max: 27-30, n = 9). Am 23. Juni waren die Stadiumwerte im beschatteten Bereich 42 ± 2 (min-max: 39-44, n = 8) und im besonnten Bereich 43 ± 2 (min-max. 39-45, n = 9). Die Tiere waren also im besonnten Bereich leicht weiter entwickelt, was vermutlich auch die etwas geringere Körpergröße der Tiere (beginnende Resorption des Schwanzes, siehe Abb. 47) in diesem Versuchsansatz erklärt.

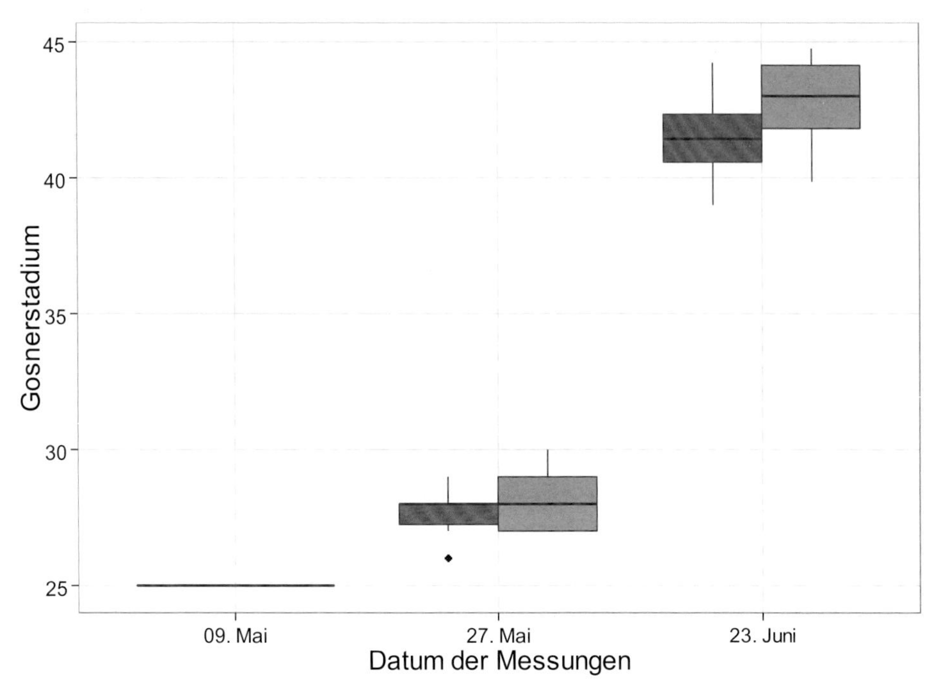

Abb. 48: Boxplots der Gosnerstadien der Moorfroschlarven zu den drei Messzeitpunkten in beschatteten (dunkelgrau, n = 10, am 23. Juni nur noch n = 8) und in besonnten Bereichen (hellgrau, n = 9) . Die Entwicklungsstadien der Larven unterschied sich zu keinem der zwei Zeitpunkte signifikant zwischen den Besonnungsgraden (Mann-Withney-U-Test: 27. Mai 2013, W = 36, p = 0,47; 23. Juni 2013, W = 21, p = 0,17).

Da durch die Beschränkung auf nur zwei Kategorien (beschattet *versus* besonnt) die statistische Aussagekraft eingeschränkt war, betrachteten wir in einem weiteren Analyseschritt, die Kastenansätze nicht nach ihrem Standort, sondern nach den tatsächlich gemessenen Temperaturen. Die Durchschnittstemperatur während des zweiten Zeitintervalls (27. Mai bis 23. Juni) korrelierte signifikant mit den Entwicklungsstadium nach GOSNER (1960) (Spearman Rang-Korrelation: rho = 0,82; p < 0,001). Die anschließende Regressionsanalyse zeigte ebenfalls einen signifikanten Zusammenhang (t = 4,65, p < 0,001) (Abb. 49). So erhöht sich das erreichte Entwicklungsstadium um 0,92 bei einem Temperaturanstieg um 1°C (y = 25,61 + 0,96 * x; r^2 = 0,61). Aufgrund fehlender Temperaturangaben in zwei Kästen (iButtons defekt) betrug die Stichprobengröße hier über alle Ansätze (beschattet und besonnt) nur n = 16. Die durchschnittliche Temperatur im 1. Intervall (9.-27. Mai) betrug im beschatteten Bereich 15,7 ± 0,9°C (min-max. 10,5-25,2°C) und im besonnten Bereich 16,0 ± 0,9°C (min-max: 10,6-31,6°C). Dieser Unterschied war nicht signifikant (Mann-Withney-U-Test: W = 22; p = 0,122).

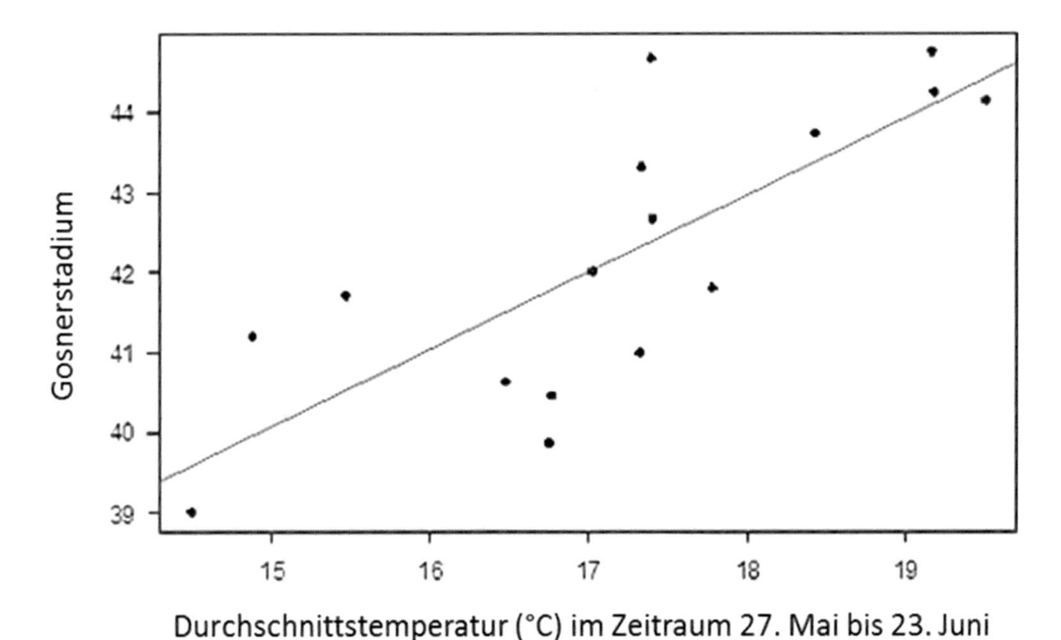

Abb. 49: Lineare Regression der Durchschnittstemperatur im Zeitintervall vom 27. Mai bis 23. Juni 2013 mit den Entwicklungsstadien nach GOSNER (1960) am 23. Juni 2013. Regressions-gerade: $y = 25{,}61 + 0{,}96 * x$; $r^2 = 0{,}61$; $p > 0{,}001$; $n = 16$.

Im 2. Zeitintervall (27. Mai-23. Juni) unterschieden sich die durchschnittlichen Temperaturen im beschatteten Bereich 16,5 ± 1,5°C (min-max: 12,6-27,7°C) und im besonnten Bereich 18,0 ± 1,0°C (min-max: 12,1-36,2°C) signifikant voneinander (Mann-Withney-U-Test: W= 1; $p < 0{,}05$; Abb. 50).

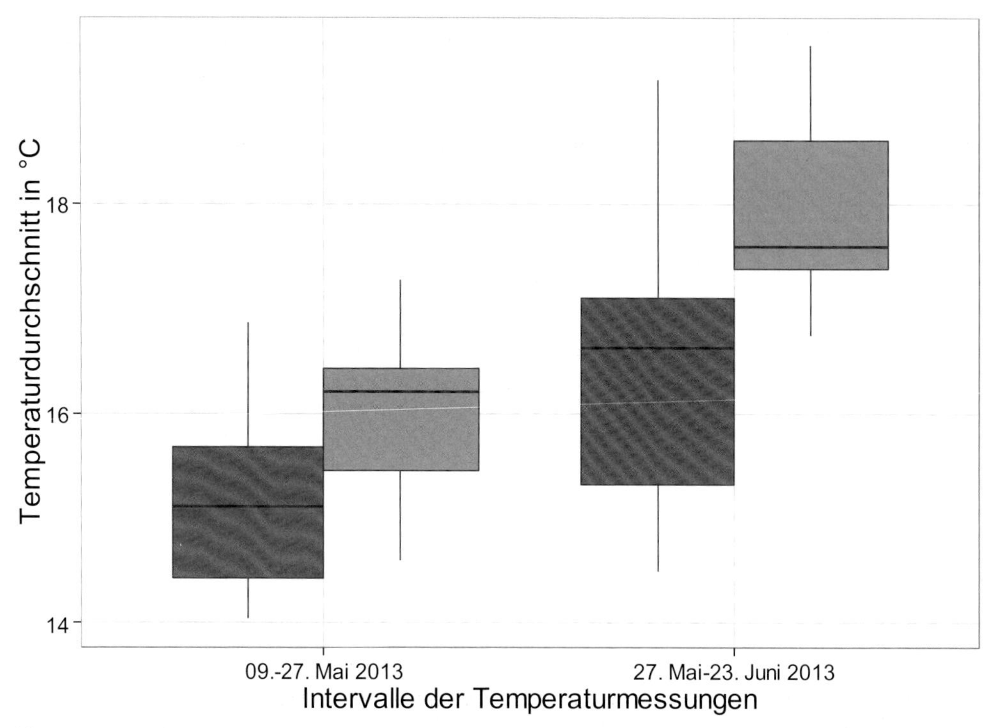

Abb. 50: Boxplots der durchschnittlichen Temperatur in den Aufzuchtkästen im beschatteten Bereich (dunkelgrau, n = 10, am 23. Juni 2013 n = 8) und im besonnten Bereich (hellgrau, n = 8) zwischen je zwei Messzeitpunkten. Der Temperaturunterschied im zweiten Zeitraum war signifikant (siehe Text).

Die Mortalität unterschied sich zwischen in besonnten und beschatteten Bereichen aufgewachsenen Kaulquappen nicht. In beiden Bereichen überlebten jeweils 78 Individuen.

Diskussion

Der Moorfrosch gilt allgemein als kaltstenotherme Art (VOITURON et al. 2009). Dies scheint auch seine weit in nördliche Breiten reichende Verbreitung anzudeuten (GLANDT 2010). Nach RABITSCH et al. (2010) wird für die Art auch eine, insbesondere in unserer Kulturlandschaft, geringe Dispersionsfähigkeit angenommen. Grundsätzlich könnte sie so von den zu erwartenden Klimaveränderungen, insbesondere ansteigenden Temperaturen, negativ beeinflusst werden. Negative Auswirkungen wären hier in allen Lebensstadien zu erwarten (DUELLMAN & TRUEB 1994). Die Entwicklung von Kaulquappen könnte bei höheren Wassertemperaturen beeinträchtigt sein (BLAUSTEIN et al. 2010). Adulte Tiere könnten bei milderen Wintern eine schlechtere Abstimmung der Gonadenreifung erfahren und sich so entweder schlechter koordiniert an den Fortpflanzungsgewässern einfinden und/oder niedrigere Befruchtungsraten des Laichs erzielen (TEJEDO 1992, READING 2003, PHILLIMORE et al. 2010). Durch wärmere und trockenere

Landlebensräume könnten außerdem die Aktivitätszeiten (saisonal und im Tagesverlauf) eingeschränkt sein und sich so auf die Nahrungsaufnahme und die Gesamtfitness der Tiere negativ auswirken (KEARNEY et al. 2009). Allerdings könnten kürzere Winter auch zu einer verlängerten Aktivitätsphase beitragen und so evtl. den Moorfröschen sogar nützen, z.B. die Fressphase der Jungtiere vor dem ersten Winterschlaf verlängern und diesen damit eine höhere Überlebenschance geben (SINERVO & ADOLPH 1994, MORRISON & HERO 2003).

In unserer Studie haben wir uns auf die Frage beschränkt, ob sich Moorfroschkaulquappen unter höheren Wassertemperaturen schlechter entwickeln als unter kühleren. Dazu wurden die Tiere in wasserdurchlässigen Aufzuchtkäfigen in ihren Ursprungsgewässern sowohl vergleichsweise warmen, als auch kalten Bedingungen ausgesetzt. Außer der Temperatur und dem Ausschluss von Räubern, blieben alle Bedingungen zwischen denen in den Versuchsansätzen und innerhalb der entsprechenden Tümpel gleich.

Entgegen unseren Erwartungen konnten wir keine negativen Auswirkungen der wärmeren Temperaturen auf die Larvalentwicklung feststellen. In dem wärmeren Bereichen waren die Tiere zwar zu Ende unseres Untersuchungszeitraumes tendenziell kleiner, sie befanden sich aber in einem Entwicklungsstadium in dem bereits die Resorption des Schwanzes und damit verbunden auch eine Verringerung der Körpergröße einhergeht (GOSNER 1960). Wir konnten hingegen zeigen, dass durch höhere Temperaturen die Entwicklung beschleunigt wird. In ähnlichen Untersuchungen am Grasfrosch, *R. temporaria*, wurde ein positiver Einfluss der Temperatur auf die Entwicklungsgeschwindigkeit festgestellt (siehe auch unsere Ergebnisse oben bei der Gelbbauchunke, sowie LOMAN 2002a, b). Das Überleben der Grasfroschquappen war allerdings bei 27°C geringer (LAUGEN et al. 2003). Unsere Untersuchungstemperaturen in den natürlichen Gewässern erreichten solche Werte aber nur in Ausnahmefällen.

Eine schnellere Entwicklung muss nicht notwendigerweise besser sein, da die Tiere evtl. in schlechterer Kondition an Land gehen könnten. Wachstumsraten sollten so immer zwischen den positiven und negativen Auswirkungen ausbalanciert sein (BERVEN & GILL 1983). Für negative Auswirkungen der bei unseren Moorfröschen im besonnten Ansatz leicht erhöhten Entwicklungsraten haben wir aber keine Anhaltspunkte. Die Tiere wurden zwar nicht gewogen, jedoch zum Vermessen auf Millimeterpapier fotografiert. Der Gesamteindruck der Tiere in Ansätzen zwischen warm und kühl unterschied sich dabei nicht.

Unsere Versuche erlauben leider keine Aussage ob eine Temperaturerhöhung negative oder sogar positive Auswirkungen auf die Kaulquappen haben werden. Nach diesen Untersuchungen ist aber grundsätzlich davon auszugehen, dass die Kaulquappen zumindest in den meisten größeren Laichgewässern die für sie optimalen Temperaturbereiche aufsuchen können. Während unsere Versuche keine Gefährdung der Art durch den Klimawandel nahelegen, muss hier noch einmal deutlich eingeschränkt werden, dass sich diese nur auf die Larvalphase innerhalb eines moderaten Temperaturgradienten erstreckten. Zukünftige Laborversuche könnten; die entsprechenden Genehmigungen vorausgesetzt; die physiologisch für die Moorfroschlarven zu ertragenden Temperaturmaxima ausloten. Für vielversprechender halten wir allerdings zukünftig die Untersuchungen auf den terrestrischen Lebensraum und damit die Umwelt der umgewandelten Frösche auszudehnen. Es wäre hier insbesondere wichtig zu verstehen welche terrestrischen Mikrohabitate von welchen Altersstadien wann aufgesucht werden, welche Bedingungen (Temperatur, Feuchte) hier vorliegen und inwieweit diese Bedingungen und Habitate evtl. beschränkt sind, wie und wann die Tiere aktiv sind (und sein müssen) und was sie wann genau fressen. Neben diesen arbeitsintensiven und methodisch aufwändigen Untersuchungen, könnten auch einfache Temperaturpräferenzversuche für Kaulquappen und adulte Moorfrösche weitere wichtige Einsichten zur potentiellen Gefährdung liefern.

Danksagung

Wir möchten folgenden Personen und Institutionen danken: Herrn Breithaupt von der Unteren Naturschutzbehörde des Landkreises Vorpommern-Greifswald erteilte die naturschutzrechtliche Ausnahmegenehmigung zu den Untersuchungen am Moorfrosch in Greifswald. Herrn Krämer von der Höheren Naturschutzbehörde der Regierung Unterfranken genehmigte die Untersuchungen an der Gelbbauchunke. Dem Diplom-Biologen Jürgen Thein danken wir für Rat und Tat bei den Untersuchungen im Steigerwald. Herrn Mergner vom Forstbetrieb Ebrach danken wir für die Fahrgenehmigungen im Forstgebiet und für die Unterstützung zum Auffinden von Gelbbauchunken in Waldgebieten. Frau Madlen Schellenberg hat im Rahmen ihrer Bachelorarbeit die ersten Untersuchungen am Projektteil über die Gelbbauchunke durchgeführt. Martin Burmeister und Katharina Bittmann, haben im Rahmen eines Forschungspraktikums die Untersuchungen zum Moorfrosch in Greifswald durchgeführt.

Literatur

ABBÜHL, R. & DURRER, H. (1998): Modell zur Überlebensstrategie der Gelbbauchunke (*Bombina variegata*). – Salamandra 34 (3): 273-278.

ALTIG, R., WHILES, M.R. & TAYLOR, C.L. (2007): What do tadpoles really eat? Assessing the trophic status of an understudied and imperiled group of consumers in freshwater habitats. – Freshwater Biology 52 (2): 386-395

ALTWEGG, R. & REYER, H.-U. (2003): Patterns of natural selection on size at metamorphosis in water frogs. – Evolution 57 (4): 872-882.

ANDREN, C., HENRIKSON, L., OLSSON, M. & NILSON, G. (1988): Effects of pH and aluminium on embryonic and early larval stages of Swedish brown frogs *Rana arvalis, R. temporaria* and *R. dalmatina*. – Holarctic Ecology 11 (2): 127-135.

ARAÚJO, M.B., THUILLER, W. & PEARSON, R.G. (2006): Climate warming and the decline of amphibians and reptiles in Europe. – Journal of Biogeography 33 (10): 1712-1728.

ASZALOS, L., BOGDAN, H., KOVACS, E.-H. & PETER, V.-I. (2005): Food composition of two *Rana* species on a forest habitat (Livada Plain, Romania). – North-Western Journal of Zoology 1: 25-30.

BARANDUN, J. & REYER, H.-U. (1997a): Reproductive ecology of *Bombina variegata*: characterisation of spawning ponds. – Amphibia-Reptilia 18 (2): 143-154.

BARANDUN, J. & REYER, H.-U. (1997b): Reproductive Ecology of *Bombina variegata*: Development of eggs and larvae. – Journal of Herpetology 31 (1): 107-110.

BENJAMINI, Y. & HOCHBERG, Y. (1995): Controlling the false discovery rate: a practical and powerful approach to multiple testing. – Journal of the Royal Statistical Society. Series B (Methodological) 57 (1): 289-300.

BERVEN, K.A. (1990): Factors affecting population fluctuations in larval and adult stages of the wood frog (*Rana sylvatica*). – Ecology 71 (4): 1599-1608.

BERVEN, K.A. & CHADRA, B.G. (1988): The relationship among egg size, density and food level on larval development in the wood frog (*Rana sylvatica*). – Oecologia 75 (1): 67-72.

BLAB, J. (1986): Biologie, Ökologie und Schutz von Amphibien. – Greven (Kilda-Verlag), 150 S.

BLAUSTEIN, A.R., WALLS, S.C., BANCROFT, B.A., LAWLER, J.J., SEARLE, C.L. & GERVASI, S.S. (2010): Direct and indirect effects of climate change on amphibian populations. – Diversity 2 (2): 281-313.

BUSCHMANN, H. (2001): Bemerkungen zum Vorkommen der Gelbbauchunke, *Bombina variegata variegata* (LINNAEUS, 1758) im Schaumburger Land, Niedersachsen, BR Deutschland. – Herpetozoa 14 (1/2): 21-30.

CORN, P.S. (2005): Climate change and amphibians. – Animal Biodiversity and Conservation 28 (1): 59-67.

CRAWSHAW, L.I. (1979): Responses to rapid temperature change in vertebrate ectotherms. – American Zoologist 19 (1): 225-237.

DUELLMAN, W.E. & TRUEB, L. (1994): The biology of amphibians. – Baltimore (Johns Hopkins University Press), 670 S.

EDGE, C., THOMPSON, D. & HOULAHAN, J. (2013): Differences in the phenotypic mean and variance between two geographically separated populations of wood frog (*Lithobates sylvaticus*). – Evolutionary Biology 40 (2): 276-287.

EJSMOND, M.J., CZARNOŁĘSKI, M., KAPUSTKA, F. & KOZŁOWSKI, J. (2010): How to time growth and reproduction during the vegetative season: An evolutionary choice for indeterminate growers in seasonal environments. – American Naturalist 175 (5): 551-563.

ELZANOWSKI, A., CIESIOŁKIEWICZ, J., KACZOR, M., RADWAŃSKA, J. & URBAN, R. (2009): Amphibian road mortality in Europe: a meta-analysis with new data from Poland. – European Journal of Wildlife Research 55 (1): 33-43.

ERNST, R., LINSENMAIR, K.E. & RÖDEL, M.-O. (2006): Diversity erosion beyond the species level: Dramatic loss of functional diversity after selective logging in two tropical amphibian communities. – Biological Conservation 133 (2): 143-155.

FELDMANN, R. (1981): Die Amphibien und Reptilien Westfalens. – Abhandlungen aus dem Landesmuseum für Naturkunde zu Münster in Westfalen 43: 1-161.

FLECKER, A.S., FEIFAREK, B.P. & TAYLOR, B.W. (1999): Ecosystem engineering by a tropical tadpole: density-dependent effects on habitat structure and larval growth rates. – Copeia 1999 (2): 495-500.

FUNK, W., GREENE, A., CORN, P. & ALLENDORF, F. (2005): High dispersal in a frog species suggests that it is vulnerable to habitat fragmentation. – Biology Letters 1 (1): 13-16.

GLANDT, D. (2006): Der Moorfrosch - Einheit und Vielfalt einer Braunfroschart. - Bielefeld (Laurenti-Verlag). – Beiheft der Zeitschrift für Feldherpetologie 10, 160 S.

GLANDT, D. (2010): Taschenlexikon der Amphibien und Reptilien Europas. – Wiebelsheim (Quelle & Meyer Verlag), 636 S.

GOLLMANN, G. & GOLLMANN, B. (2011): Ontogenetic change of colour pattern in *Bombina variegata*: implications for individual identification. – Herpetology Notes 4: 333-335.

GOLLMANN, B. & GOLLMANN, G. (2012): Die Gelbbauchunke: Von der Suhle zur Radspur. – Bielefeld (Laurenti-Verlag). – Beiheft der Zeitschrift für Feldherpetologie 4, 176 S.

GOLLMANN, B., GOLLMANN, G. & GROSSENBACHER, K. (2012): *Bombina variegata*-Gelbbauchunke. – In: GROSSENBACHER, K. (Hrsg.): Handbuch der Reptilien und Amphibien Europas. Band 5.1 Froschlurche (Anura) I (Alytidae, Bombinatoridae, Pelodytidae, Pelobatidae). – Wiebelsheim (Aula): 303-361.

GOSNER, K.L. (1960): A simplified table for staging anuran embryos and larvae with notes on identification. – Herpetologica 16 (3): 183-190.

GRIFFITHS, R.A., SEWELL, D. & MCCREA, R.S. (2010): Dynamics of a declining amphibian metapopulation: Survival, dispersal and the impact of climate. – Biological Conservation 143 (2): 485-491.

GÜNTHER, R. (1996): Die Amphibien und Reptilien Deutschlands. – Jena, Stuttgart (Gustav Fischer Verlag), 825 S.

GÜNTHER, R. & NABROWSKY, H. (1996): Moorfrosch - *Rana arvalis* NILSSON, 1842. - In: GÜNTHER, R. (Hrsg.): Die Amphibien und Reptilien Deutschlands. – Jena, Stuttgart (Gustav Fischer Verlag): 364-388.

HALLIDAY, T.R. (2008): Why amphibians are important. – International Zoo Year Book 42 (1): 7-14.

HARTEL, T., BĂCILĂ, R. & COGĂLNICEANU, D. (2011): Spatial and temporal variability of aquatic habitat use by amphibians in a hydrologically modified landscape. – Freshwater Biology 56 (11): 2288-2298.

HOFBAUER, G. (2003): Die Erdgeschichte der Region - Grundzüge aus aktueller Perspektive. –Nürnberg (Naturhistorische Gesellschaft Nürnberg e.V.). – Natur und Mensch 2003: 101-144.

JOHN-ALDER, H.B. & MORIN, P.J. (1990): Effects of larval density on jumping ability and stamina in newly metamorphosed *Bufo woodhousii fowleri*. – Copeia 1990 (3): 856-860.

KEARNEY, M., SHINE, R. & PORTER, W.P. (2009): The potential for behavioral thermoregulation to buffer "cold-blooded" animals against climate warming. – Proceedings of the National Academy of Sciences USA 106 (10): 3835-3840.

LAURILA, A. & KUJASALO, J. (1999): Habitat duration, predation risk and phenotypic plasticity in common frog (*Rana temporaria*) tadpoles. – Journal of Animal Ecology 68 (6): 1123-1132.

LEIPS, J., MCMANUS, M.G. & TRAVIS, J. (2000): Response of treefrog larvae to drying ponds: comparing temporary and permanent pond breeders. – Ecology 81 (11): 2997-3008.

LEIPS, J. & TRAVIS, J. (1994): Metamorphic responses to changing food levels in two species of hylid frogs. – Ecology 75 (5): 1345-1356.

LEUVEN, R., DEN HARTOG, C., CHRISTIAANS, M. & HEIJLIGERS, W. (1986): Effects of water acidification on the distribution pattern and the reproductive success of amphibians. – Cellular and Molecular Life Sciences 42 (5): 495-503.

LOMAN, J. (1999): Early metamorphosis in common frog *Rana temporaria* tadpoles at risk of drying: an experimental demonstration. – Amphibia-Reptilia 20 (4): 421-430.

LOMAN, J. (2002a): Temperature, genetic and hydroperiod effects on metamorphosis of brown frogs *Rana arvalis* and *R. temporaria* in the field. – Journal of Zoology 258 (1): 115-129.

LOMAN, J. (2002b): When crowded tadpoles (*Rana arvalis* and *R. temporaria*) fail to metamorphose early and thus fail to escape drying ponds. – Herpetological Journal 12 (1): 21-28.

LOMAN, J. & LARDNER, B. (2009): Density dependent growth in adult brown frogs *Rana arvalis* and *Rana temporaria* - A field experiment. – Acta Oecologica 35 (6): 824-830.

LYAPKOV, S.M., CHERDANTSEV, V.G. & CHERDANTSEVA, E.M. (2001): Structure of relationship between fitness components in life history of *Rana arvalis*. 1. Dynamics of reproductive effort and its components. – Zoologicheskii Zhurnal 80 (4): 438-446.

LYAPKOV, S.M., CHERDANTSEV, V.G. & CHERDANTSEVA, E.M. (2008) Geographic variation as a result of evolution of the traits with broad and narrow norms of reaction in the moor frog (*Rana arvalis*). – Zhurnal Obshchei Biologii 69 (1): 25-43.

MACCRACKEN, J.G. & STEBBINGS, J.L. (2012): Test of a body condition index with amphibians. – Journal of Herpetology 46 (3): 346-350.

MATTHEWS, J. (2010): Anthropogenic climate change impacts on ponds: a thermal mass perspective. – In: OTT, J. (Ed.): Monitoring climatic change with dragonflies. – BioRisk 5: 193-209.

MCDIARMID, R.W. & ALTIG, R. (1999): Tadpoles - The biology of anuran larvae. – Chicago (Chicago University Press), 444 S.

MERILÄ, J., SÖDERMAN, F., O'HARA, R., RÄSÄNEN, K. & LAURILA, A. (2004a) Local adaptation and genetics of acid-stress tolerance in the moor frog, *Rana arvalis*. – Conservation Genetics 5 (4): 513-527.

MERILÄ, J., LAURILA, A., LAUGEN, A.T. & RÄSÄNEN, K. (2004b): Heads or tails? Variation in tadpole body proportions in response to temperature and food stress. – Evolutionary Ecology Research 6 (5): 727-738.

MOHNEKE, M, & RÖDEL, M.-O. (2009): Declining amphibian populations and possible ecological consequences - a review. – Salamandra 45 (4): 203-210.

NEVEU, A. (2009): Incidence of climate on common frog breeding: Long-term and short-term changes. – Acta Oecologica 35 (5): 671-678.

NEWMAN, R.A. (1992): Adaptive plasticity in amphibian metamorphosis - What type of phenotypic variation is adaptive, and what are the costs of such plasticity? – BioScience 42 (9): 671-678.

NÖLLERT, A. & GÜNTHER, R. (1996): Gelbbauchunke - *Bombina variegata* (LINNAEUS, 1758). – In: GÜNTHER, R. (Hrsg.): Die Amphibien und Reptilien Deutschlands. Jena, Stuttgart (Gustav Fischer Verlag): 232-252.

OHLBERGER, J. (2013): Climate warming and ectotherm body size - from individual physiology to community ecology. – Functional Ecology 27 (4): 991-1001.

PAHKALA, M., LAURILA, A., BJÖRN, L.O. & MERILÄ, J. (2001): Effects of ultraviolet UV-B radiation and pH on early development of the moor frog *Rana arvalis*. – Journal of Applied Ecology 38 (3): 628-636.

PAWŁOWSKA-INDYK, A. (1980): Effects of temperature on the embryonic development of *Bombina variegata* L. – Zoologica Poloniae 27 (3): 397-407.

PECHMANN, J.H.K., SCOTT, D.E., WHITFIELD GIBBONS, J. & SEMLITSCH, R.D. (1989): Influence of wetland hydroperiod on diversity and abundance of metamorphosing juvenile amphibians. – Wetlands Ecology and Management 1 (1): 3-11.

PEIG, J. & GREEN, A.J. (2009): New perspectives for estimating body condition from mass/length data: the scaled mass index as an alternative method. – Oikos 118 (12): 1883-1891.

PEIG, J. & GREEN, A.J. (2010): The paradigm of body condition: a critical reappraisal of current methods based on mass and length. – Functional Ecology 24 (6): 1323-1332.

PHILLIMORE, A.B., HADFIELD, J.D., JONES, O.R. & SMITHERS, R.J. (2010): Differences in spawning date between populations of common frog reveal local adaptation. – Proceedings of the National Academy of Sciences USA 107 (18): 8292-8297.

POUGH, F.H., ANDREWS, R.M., CADLE, J.E., CRUMP, M.L., SAVITZKY, A.H. & WELLS, K.D. (2001): Herpetology, 2. Aufl. – New Jersey (Prentice-Hall), 612 S.

QUINTERO, I. & WIENS, J.J. (2013): Rates of projected climate change dramatically exceed past rates of climate niche evolution among vertebrate species. – Ecology Letters 16 (8): 1095-1103.

R CORE TEAM (2013): R: A language and environment for statistical computing. – R Foundation for Statistical Computing. – Vienna, Austria. – URL: http://www.R-project.org/.

RABITSCH, W., WINTER, M., KÜHN, E., KÜHN, I., GÖTZL, M., ESSL, F. & GRUTTKE, H. (2010): Auswirkung des rezenten Klimawandels auf die Fauna von Deutschland. – Münster (Landwirtschaftsverlag). – Naturschutz und Biologische Vielfalt 98, 265 S.

RANVESTAL, A.W., LIPS, K.R., PRINGLE, C.M., WHILES, M.R. & BIXBY, R.J. (2004): Neotropical tadpoles influence stream benthos: evidence for the ecological consequences of decline in amphibian populations. – Freshwater Biology 49 (3): 274-285.

RÄSÄNEN, K., SÖDERMAN, F., LAURILA, A. & MERILÄ, J. (2008): Geographic variation in maternal investment: Acidity affects egg size and fecundity in *Rana arvalis*. – Ecology 89 (9): 2553-2562.

READING, C. (2007): Linking global warming to amphibian declines through its effects on female body condition and survivorship. – Oecologia 151 (1): 125-131.

RELYEA, R.A. (2007): Getting out alive: how predators affect the decision to metamorphose. – Oecologia 152 (3): 389-400.

RIES, C., SPAETHE, J., SZTATECSNY, M., STRONDL, C. & HÖDL, W. (2008): Turning blue and ultraviolet: sex-specific colour change during the mating season in the Balkan moor frog. – Journal of Zoology 276 (3): 229-236.

RÖDDER, D. & SCHULTE, U. (2010): Amphibians and reptiles under anthropogenic climate change: What do we know and what do we expect? – Zeitschrift für Feldherpetologie 17: 1-22.

RUDOLF, V.H.W. & RÖDEL, M.-O. (2005): Oviposition site selection in a complex and variable environment: the role of habitat quality and conspecific cues. – Oecologia 142 (2): 316-325.

RUDOLF, V.H.W. & RÖDEL, M.-O. (2007): Phenotypic plasticity and optimal timing of metamorphosis under uncertain time constraints. – Evolutionary Ecology 21 (1): 121-142.

RYBICKI, J. & HANSKI, I. (2013): Species–area relationships and extinctions caused by habitat loss and fragmentation. – In: HOLYOAK, M. & HOCHBERG, M. (Eds.): Ecological Effects of Environmental Change. – Ecology Letters 16 (s1): 27-38.

SALA, O.E., CHAPIN, F.S., ARMESTO, J.J., BERLOW, E., BLOOMFIELD, J., DIRZO, R., HUBER-SANWALD, E., HUENNEKE, L.F., JACKSON, R.B. & KINZIG, A. (2000): Biodiversity: Global biodiversity scenarios for the year 2100. – Science 287: 1770-1774.

SCHIEMENZ, H. & GÜNTHER, R. (1994): Verbreitungsatlas der Amphibien und Reptilien Ostdeutschlands (Gebiet der ehemaligen DDR). – Rangsdorf (Natur & Text Verlag), 143 S.

SCOTT, D.E. (1994): The effect of larval density on adult demographic traits in *Ambystoma opacum*. – Ecology 75 (5): 1383-1396.

SEALE, D.B. (1980): Influence of amphibian larvae on primary production, nutrient flux, and competition in a pond ecosystem. – Ecology 61 (6): 1531-1550.

SEMLITSCH, R.D., SCOTT, D.E. & PECHMANN, J.H.K. (1988): Time and size at metamorphosis related to adult fitness in *Ambystoma talpoideum*. – Ecology 69 (1): 184-192.

SINERVO, B. & ADOLPH, S.C. (1994): Growth plasticity and thermal opportunity in *Sceloporus* lizards. – Ecology 75 (3): 776-790.

SMITH, D.C. (1987): Adult recruitment in chorus frogs: effects of size and date of metamorphosis. – Ecology 68 (2): 344-350.

STUART, S.N., HOFFMANN, M., CHANSON, J.S., COX, N., BERRIDGE, R., RAMANI, P. & YOUNG, B. (2008): Threatened amphibians of the world. – Barcelona (Lynx Edicions), 758 S.

SZTATECSNY, M., PREININGER, D., FREUDMANN, A., LORETTO, M.-C., MAIER, F. & HÖDL, W. (2012): Don't get the blues: conspicuous nuptial colouration of male moor frogs (*Rana arvalis*) supports visual mate recognition during scramble competition in large breeding aggregations. – Behavioral Ecology and Sociobiology 66 (12): 1587-1593.

TEJEDO, M. (1992): Effects of body size and timing of reproduction on reproductive success in female natterjack toads (*Bufo calamita*). – Journal of Zoology 228 (4): 545-555.

THOMAS, C.D., CAMERON, A., GREEN, R.E., BAKKENES, M., BEAUMONT, L.J., COLLINGHAM, Y.C., ERASMUS, B.F., DE SIQUEIRA, M.F., GRAINGER, A. & HANNAH, L. (2004): Extinction risk from climate change. – Nature 427: 145-148.

TOLEDO, L.F., RIBEIRO, R.S. & HADDAD, C.F.B. (2007): Anurans as prey: an exploratory analysis and size relationships between predators and their prey. – Journal of Zoology 271 (2): 170-177.

TOMASIK, L. (1971): A comparative study on the morphological characters of adult specimens of the grass frog *Rana temporaria temporaria* LINNAEUS, 1758 and moor frog *Rana arvalis arvalis* NILSSON, 1842. – Acta Zoologica Cracoviensia 16 (3): 217-282.

TYLER, M.J., WASSERSUG, R. & SMITH, B. (2007): How frogs and humans interact: influences beyond habitat destruction, epidemics and global warming. – Applied Herpetology 4 (1): 1-18.

VAN BUSKIRK, J. (2002): A comparative test of the adaptive plasticity hypothesis: relationships between habitat and phenotype in anuran larvae. – American Naturalist 160 (1): 87-102.

VAN BUSKIRK, J. & ARIOLI, M. (2005): Habitat specialization and adaptive phenotypic divergence of anuran populations. – Journal of Evolutionary Biology 18 (3): 596-608.

VITTOZ, P., CHERIX, D., GONSETH, Y., LUBINI, V., MAGGINI, R., ZBINDEN, N. & ZUMBACH, S. (2013): Climate change impacts on biodiversity in Switzerland: A review. – Journal for Nature Conservation 21 (3): 154-162.

VOITURON, Y., PAASCHBURG, L., HOLMSTRUP, M., BARRE, H. & RAMLOV, H. (2009): Survival and metabolism of *Rana arvalis* during freezing. – Journal of Comparative Physiology B Biochemical Systemic and Environmental Physiology 179 (2): 223-230.

VONESH, J.R. & WARKENTIN, K.M. (2006): Opposite shifts in size at metamorphosis in response to larval and metamorph predators. – Ecology 87 (3): 556-562.

WALLS, S., BARICHIVICH, W. & BROWN, M. (2013): Drought, eluge and declines: The impact of precipitation extremes on amphibians in a changing climate. – Biology 2 (1): 399-418.

WALTHER, G.-R., POST, E., CONVEY, P., MENZEL, A., PARMESAN, C., BEEBEE, T.J.C., FROMENTIN, J.-M., HOEGH-GULDBERG, O. & BAIRLEIN, F. (2002): Ecological responses to recent climate change. – Nature 416: 389-395.

WASSERSUG, R. (1984): Why tadpoles love fast food. – Natural History 4: 60-69.

WELLS, K.D. (2007): The ecology and behaviour of amphibians. – Chicago (University of Chicago Press), 1400 S.

WICKHAM, H. (2009): ggplot2: elegant graphics for data analysis. – New York (Springer Verlag), 224 S.

WILBUR, H.M. (1980): Complex life cycles. – Annual Review of Ecology and Systematics 11: 67-93.

4.6 Untersuchungen zur Anpassungskapazität von Bechsteinfledermaus *Myotis bechsteinii* KUHL 1817 und Mopsfledermaus *Barbastella barbastellus* SCHREBER 1774 an den Klimawandel

TONI FLEISCHER und GERALD KERTH

Zusammenfassung

Die Analysen der Langzeitdaten zur Bechsteinfledermaus aus 16 Jahren ergaben, dass in späteren Jahren geborene Tiere signifikant größer waren, als in früheren Jahren geborene Tiere. Gleichzeitig beeinflussten warme Sommertemperaturen das Größenwachstum der Tiere positiv. Allerdings nahmen die Sommertemperaturen während des Untersuchungszeitraumes nur leicht zu. Insofern kann der beobachtete Anstieg der Körpergröße nicht eindeutig einer allgemeinen Klimaerwärmung zugeordnet werden. Gleichzeitig deuten unsere Ergebnisse aber daraufhin, dass bei zunehmenden Temperaturen im Zuge des Klimawandels mit einem weiteren Anstieg der Körpergrößen bei Bechsteinfledermäusen zu rechnen ist. Für den Schutz der Art ist dies bedeutsam, da größere Weibchen eine signifikant höhere Sterblichkeit und einen signifikant niedrigeren Lebensfortpflanzungserfolg hatten als kleinere Weibchen. Zwei Drittel aller dokumentierten Sterbefälle fanden während des Winterhalbjahres statt. Die Analysen zur Erblichkeit der Körpergröße ergaben, dass diese nicht nur von der Umgebungstemperatur, sondern auch stark genetisch beeinflusst wird. Die Körpergröße von Bechsteinfledermäusen unterliegt damit sowohl plastischen Effekten als auch evolutionären Selektionsdrücken. Die ergänzenden Freilanduntersuchungen zur Quartiernutzung von Bechstein- und Mopsfledermaus in Abhängigkeit von der Quartiertemperatur ergaben ein uneinheitliches Ergebnis. Bei der Mopsfledermaus fanden wir keine eindeutigen Präferenzen für warme oder kühle Quartiere. Dagegen reagierten Bechsteinfledermäuse sehr flexibel und bevorzugten je nach Saison und Kolonie einmal warme und einmal kühlere Quartiere. Die Untersuchungen zur sozialen Thermoregulation unterstreichen die Plastizität der Bechsteinfledermaus in Bezug auf ihre Möglichkeiten, optimale Quartiertemperaturen zu finden. Insgesamt deuten unsere Studien auf eine Gefährdung von Bechsteinfledermäusen durch den Klimawandel hin. Zur Abpufferung der negativen Folgen des Klimawandels für die Bechsteinfledermaus empfehlen wir den verstärkten Schutz und die Ausweitung von strukturreichen Laubwäldern, die den Tieren optimale Nahrungs- und Quartiermöglichkeiten bieten. Davon würde auch die Mopsfledermaus profitieren.

Einleitung

Neuere Studien zeigen, dass viele Tierarten bei steigenden Temperaturen entsprechend den auf der Bergmannschen Regel beruhenden Erwartungen an Körpergröße verlieren. Bei Wirbeltieren konnte dies insbesondere für Vögel (MCCOY 2012, YOM-TOV et al. 2006), Fische (BAUDRON et al. 2011, DAUFRESNE et al. 2009) und Säugetiere (OZGUL et al. 2009, SMITH et al. 1998) gezeigt werden. In einem 2011 erschienenen Übersichtsartikel berichten SHERIDAN & BICKFORD bei 85 untersuchten Arten, dass es in 38 Fällen (darunter bei zwei Pflanzen) zu einer Abnahme der Größe im Zusammenhang mit der Klimaerwärmung kam. In 9 Fällen kam es zu einer Größenzunahme, während in den übrigen 41 Fällen keine signifikante Veränderung beobachtet werden konnte. Reproduktionserfolg, Überleben und Körpergröße stehen häufig miteinander in Beziehung und größere Individuen haben bei vielen Arten eine höhere Fitness (z.B. KINGSOLVER & HUEY, 2008). Daher können Arten, deren Körpergröße abnimmt, direkt durch den Klimawandel gefährdet sein, selbst wenn ihr Habitat durch die Folgen des Klimawandels sich nicht verändert. In wieweit eine Größenzunahme auch negative Fitnesskonsequenzen haben kann und damit Populationen gefährdet, ist dagegen weitgehend unklar.

Vor diesem Hintergrund untersuchten wir an Bechsteinfledermäusen (*Myotis bechsteinii*), ob es Hinweise für eine Veränderung der Körpergröße in Abhängigkeit von der Umgebungstemperatur gibt. Dazu nutzten wir Langzeitdaten aus einem 16-jährigen Monitoring von 4 Kolonien, die in Wäldern bei Würzburg (KERTH & VAN SCHAIK 2012) leben. Um Aussagen über eine Gefährdung der Bechsteinfledermaus im Zuge des Klimawandels machen zu können, interessierte uns insbesondere, in wie weit die Körpergröße einen Einfluss auf das Überleben und den Fortpflanzungserfolg der Tiere hat. Weiterhin untersuchten wir den Grad der Erblichkeit für Körpergröße, um zwischen plastischen und evolutiven Anpassungen unterscheiden zu können.

Im Sommer 2012 wurden zudem neue Freilanddaten erhoben, um ergänzende Erkenntnisse zu möglichen Verhaltensanpassungen von Bechstein- und Mopsfledermäusen (*Barbastella barbastellus*) an steigende Temperaturen zu erhalten. Bei der Mops- und der Bechsteinfledermaus wurden Daten zum Quartiernutzungsverhalten in Abhängigkeit von der Quartiertemperatur erhoben. Diese Untersuchungen wurden im Rahmen von zwei Bachelorarbeiten durchgeführt. Weiterhin fließen Ergebnisse aus einer Masterarbeit zur sozialen Thermoregulation der Bechsteinfledermaus in diesen Bericht mit ein.

4.6.1 Analyse von Langzeitdaten zum Einfluss des Klimas auf das Überleben und den Fortpflanzungserfolg von Bechsteinfledermäusen

Material und Methoden

Wetterdaten

Für das Untersuchungsgebiet liegen tägliche Daten zum Wettergeschehen vor. Diese Daten wurden von der Bayerischen Waldklimastation Würzburg der Bayerischen Landesanstalt für Wald- und Forstwirtschaft erhoben. Die Temperatur wurde dreimal am Tag (7:30h, 14:30h und 21:30h) ermittelt. Darüber hinaus wurden der Mittelwert, sowie Maxima und Minima der täglichen Temperatur bereit gestellt. Die Niederschlagshöhe wurde jeweils um 7:30h in mm gemessen.

Langzeitdaten der Fledermauskolonien

Wir werteten individualisierte Langzeitdaten aus vier Wochenstuben-Kolonien (Blutsee, Unteraltertheim, Höchberg und Guttenberg 2) der Bechsteinfledermaus aus (alle Kolonien leben weniger als 10 km von der Wetterstation entfernt). Die Daten umfassen Informationen von insgesamt 232 adulten Weibchen sowie 129 Jungtieren aus den Jahren 1996-2012 (FLEISCHER et al., in Vorbereitung). Alle adulten Weibchen waren individuell mit PIT-tags (Transponder) markiert (KERTH et al. 2011, KERTH & VAN SCHAIK 2012). Ausgewertet wurden: a) das Alter der Tiere b) die Anzahl von Jahren mit Laktation pro Individuum (als Maß für den Fortpflanzungserfolg), c) die Größe der Tiere (bestimmt durch die Länge der Unterarme), d) die Verwandtschaftsverhältnisse innerhalb der Kolonien (um die Erblichkeit der Körpergröße zu ermitteln) basierend auf populationsgenetischen Daten (KERTH & VAN SCHAIK 2012) sowie einer Diplomarbeit von Franziska Neitzel an der Universität Greifswald und e) die erste und letzte Sichtung jedes Individuums pro Jahr (um individuelle Überlebensraten zu ermitteln).

Verschneidung der Wetterdaten und der Langzeitdaten der Fledermäusen

Folgende Auswertungen wurden durchgeführt: a) Erfassung des Zusammenhangs zwischen Temperatur und dem Größenwachstum der Tiere; b) Einfluss des Wetters bzw. der Körpergröße der Tiere auf deren Mortalität; c) Abhängigkeit des Reproduktionserfolges von der Körpergröße der Tiere; d) Quantifizierung der Erblichkeit des Merkmals „Körpergröße“.

Erhebung neuer Freilanddaten

In einer Mopsfledermauskolonie im Gramschatzer Wald bei Würzburg, die im Mai 2012 aus mindestens 24 Tieren bestand, wurden 8 weiße, 6 schwarze und 2 dunkelgraue Holzbetonflachkästen sowie 3 Holzflachkästen mit Temperaturloggern (iButtons) versehen. Der Besatz mit Fledermäusen wurde von Mitte Mai bis Anfang August dreimal wöchentlich durch eine Ausflugszählung ermittelt, wobei die ausfliegenden Tiere mittels Infrarot-Videotechnik aufgenommen und später ausgezählt wurden. In einer Bechsteinfledermauskolonie (Guttenberg 2) im Guttenberger Wald, die im Mai 2012 aus 17 Tieren (alle mit Transpondern markiert) bestand, wurden 33 weiße und 33 schwarze Holzbetonrundkästen mit Temperaturloggern versehen. Der Besatz mit Fledermäusen wurde von Ende Mai bis Mitte September viermal wöchentlich mit Hilfe von Transponderlesegeräten ermittelt. Ein vergleichbares Experiment wurde in der Bechsteinfledermauskolonie Höchberg durchgeführt. Zusätzlich wurde in drei Bechsteinfledermauskolonien (Blutsee, Guttenberg 2, Unteraltertheim) mit Hilfe einer Wärmebildkamera die Körpertemperatur der Tiere in Fledermauskästen ermittelt (tagsüber; jeweils 2 Tage pro Woche und Kolonie).

Auswertung der Wetterdaten

Die Wetterdaten wurden auf ein "Fledermausjahr“ bezogen, das den jährlichen Lebenszyklus der Tiere widerspiegelt. 1) Periode vom 1. April bis 31. Mai: Erwachen aus dem

Winterschlaf und anschließende Trächtigkeit. Die Weibchen bilden Wochenstubenkolonien für die Jungenaufzucht. Als Tagesquartiere werden Baumhöhlen und Fledermauskästen ausgewählt. 2) Periode vom 1. Juni bis 31. August: Jungenaufzucht. Anfang bis Mitte Juni erfolgt die Geburt; die Jungenaufzucht ist bis Ende August abgeschlossen. Dies ist eine energetisch fordernde Zeit für die Mütter und im August für die Jungtiere, die dann selbständig werden. Als Tagesquartiere werden Baumhöhlen und Fledermauskästen ausgewählt. 3) Periode vom 1. September bis zum 31. Oktober: Paarungszeit und Vorbereitung auf den Winterschlaf. Für die Paarungen versammeln sich Individuen verschiedener Kolonien an Höhlen zum „Schwärmen". Anschließend erfolgt das Aufsuchen von geeigneten Winterquartieren. Zeit in der Fettreserven für den Winterschlaf angelegt werden. 4) Periode vom 1. November bis 31. März: Zeit des Winterschlafes in den Winterquartieren. Dazu werden Höhlen, Minen, und Keller aufgesucht.

Zur Auswertung der Wetterereignisse wurden folgende Daten verwendet: Für die Periode des Winterschlafes: T_Min, T_Max, T_Min/T_Max, Anzahl der Tage unter a) -15°C, b) -10°C, c) 0°C und d) > 10°C. Für die Werte a) bis d) wurde jeweils das Tagesminimum benutzt. Für die drei anderen Perioden des Fledermausjahres: 1) Anzahl Nächte < 10°C bzw. < 8°C. In Nächten mit Temperaturen unter 8°C jagen Bechsteinfledermäuse in der Regel nicht oder nur sehr kurz (Markus Melber, pers. Mitteilung). Die Nacht wird dann in der Regel im Torpor (Absenkung der Körpertemperatur) in den jeweiligen Tagesquartieren verbracht. Dauern Kälteperioden lange an, so kommen die Tiere in eine energetisch kritische Lage. Als Nacht wurde der Zeitraum von 21:30h des Vortages bis 7:30h des gewerteten Tages definiert. Lag die jeweilige Temperatur an einem der beiden Messzeitpunkten (21:30h oder 7:30h) < 10°C bzw. < 8°C, dann galt dies als „kühle" bzw. „kalte" Nacht. 2) Anzahl Tage unter a) < 10°C, b) < 15°C, c) ≤ 20°C, d) > 20 °C und e) > 30°C. Für die Werte a) bis e) wurden jeweils die Tagesmaxima benutzt. 3) Anzahl Tage mit Niederschlagsmengen von a) 0 mm, b) < 5 mm, c) ≤ 10 mm und d) > 10 mm. Die Werte für alle Jahre wurden anschließend in einer Tabelle zusammengefasst. Diese Tabelle bildete die Grundlage für alle weiteren Auswertungen zum Einfluss des Klimas auf das Überleben, die Körpergröße und den Fortpflanzungserfolg der untersuchten Tiere in den vier Kolonien.

Auswahl der Fledermäuse für die Auswertung der Langzeitdaten

Die Kolonien Blutsee, Guttenberg 2, Höchberg und Unteraltertheim werden seit 1996 systematisch überwacht. In diesen Kolonien erhält jedes Weibchen nach der ersten Überwinterung im Alter von etwa 11 Monaten einen Transponder, so dass jedes Individuum ab diesem Zeitpunkt eindeutig identifizierbar ist. Es fließen die Daten aller weiblichen Tiere ein, die ab 1996 in den genannten Kolonien geboren und markiert wurden (FLEISCHER et al., in Vorbereitung). Da die Männchen einzeln leben und nur selten gefunden werden, wurden sie in der Auswertung nicht berücksichtigt.

Junge Bechsteinfledermäuse wachsen nur während des Sommers ihres Geburtsjahres. Die Wachstumsphase ist in der Regel im Laufe des Augusts abgeschlossen. Um zu vermeiden, dass Tiere in die Analysen zur Körpergröße eingehen, die sich noch im Wachstum befinden, wurde die individuelle Körpergröße zum Zeitpunkt der Markierung mit Transpondern nach der ersten Überwinterung der Tiere aufgenommen. Anschließend wurden die Körpergrößen aller ausgewachsenen Weibchen mit bekanntem Geburtsjahr ausgewertet. Daten von Tiere, deren Geburtsdatum nicht zu ermitteln war oder deren Körpergröße unbekannt ist, wurden nicht verwendet. Der Nachteil dieser Methode ist, dass Tiere, welche die erste Überwinterung nicht überlebten, in der Analyse fehlen. Dies könnte eine Verzerrung der Daten bewirken, falls Tiere in Abhängigkeit von ihrer Körpergröße den ersten Winter unterschiedlich gut überleben.

Daher wurden in einer getrennten Analyse Daten von Jungtieren verwendet, die zum Zeitpunkt der Messung der Unterarmlänge im August oder September ihres Geburtsjahres bereits ausgewachsen waren. Dies ist sichtbar an den weitgehend geschlossenen Epiphysenfugen der Finger. Sind die Epiphysenfugen geschlossen, ist das Wachstum abgeschlossen (Abb. 51). Für die Auswertung der Jungtiere wurden Daten von Individuen beider Geschlechter verwendet, deren Epiphysenfugen entweder „geschlossen" oder „fast geschlossen" waren (FLEISCHER et al., in Vorbereitung).

Insgesamt konnten die Daten von 232 adulten, markierten Weibchen und 129 unmarkierten Jungtieren (68 Weibchen, 61 Männchen) ausgewertet werden.

Abb. 51: Flügel einer ausgewachsenen Bechsteinfledermaus. Schwarze Pfeile zeigen auf geschlossene Epiphysenfugen (Foto: G. Kerth)

Ermittlung der Größenveränderung über die Zeit

Die Körpergrößen der Tiere jeder Kohorte (entspricht Geburtsjahr) wurden gegen die Jahre des Monitorings (1996 bis 2012) aufgetragen und anschließend mit Hilfe einer linearen Regression ermittelt, ob die Tiere im Untersuchungszeitraum größer oder kleiner wurden.

Zusammenhang von Temperatur und Körpergröße

Die mittleren Tagestemperaturen während des jeweiligen Geburtssommers (Wachstumsperiode der Jungtiere) wurde gegen die Körpergröße der Tiere aufgetragen. Diese Korrelationen wurden einmal mit und einmal ohne das Jahr 2003 berechnet. Grund hierfür ist, dass der Sommer 2003 mit einer mittleren Tagestemperatur von 20°C deutlich über den Temperaturen der übrigen Jahre (mittlere Sommertemperatur: 17°C; nächsthöhere Temperatur = 17,9°C im Jahr 2006) des Monitorings lag (siehe Abb. 10).

Überleben und Körpergröße

Die Auswertung der Langzeitdaten erfolgt in enger Zusammenarbeit mit Dr. Alexander Scheuerlein vom Max-Plank-Institut für Demographie in Rostock. Als Methode wurde der Kaplan-Meier-Schätzer (KAPLAN & MEIER 1958) verwendet, wobei in einem Diagramm die Überlebenskurven gegen das Alter in Abhängigkeit von der Körpergröße angezeigt werden. Die Stärke des Kaplan-Meier-Schätzers liegt im Umgang mit zensierten Daten, d.h. es können auch die Tiere verwendet werden, die noch am Leben sind. So konnten daher die Daten aller 232 Weibchen mit bekanntem Geburtsjahr verwendet werden. Für diese Auswertung mussten zunächst die Tiere in Größenklassen unterteilt werden. Dazu wurden die 232 Weibchen anhand ihrer Körpergröße in Quartile eingeteilt. Wir haben uns für die Quartile entschieden, da sie im Gegensatz zum Mittelwert und dem Median auch die Extremwerte berücksichtigen. Für die Auswertung wurde das Paket „survival“ vers. 2.36-10 (THERNEAU 2012) für das Programm „R“ vers. 2.14.1 (R DEVELOPMENT CORE TEAM 2012) benutzt. Ob sich die Überlebenskurven der vier Größenklassen voneinander unterscheiden, wurde mit einer Cox-Regression (COX 1972) in „R“ mit dem Packet „survival“ geprüft. Hierbei wurden die einzelnen Quartile getrennt (z.B. die kleinsten gegen die größten Tiere) sowie verschiedene Kombinationen von Quartilen (z.B. alle Tiere der Quartile 1-3 gegen die größten Tiere der Quartile 4) gegeneinander getestet (FLEISCHER et al., in Vorbereitung).

Ermittlung des Lebensfortpflanzungserfolgs

Geprüft wurde, ob die Anzahl der Laktationsereignisse im Laufe des Lebens eines Tieres mit seiner Körpergröße korreliert ist; d.h., ob größere Tiere einen höheren oder niedrigeren Lebensfortpflanzungserfolg haben als kleinere Tiere. Hierfür wurden alle 136 bis 2011 verstorbenen Tiere verwendet, bei denen mindestens 50% ihrer Laktationsereignisse (als Maß für den Fortpflanzungserfolg) im Laufe ihres Lebens bekannt sind. Noch lebende Tiere konnten nicht berücksichtigt werden, da der zukünftige Fortpflanzungserfolg nicht abschätzbar war. Es wurde vorausgesetzt, dass Tiere in den Jahren, in denen ihr Fortpflanzungszustand nicht ermittelt werden konnte, sich im Mittel genauso verhielten wie in den Zeiträumen, in denen ihr Laktationsstatus bekannt war. Der Lebensfortpflanzungserfolg (LFE) ist somit gleich der Gesamtanzahl der Laktationen, geteilt durch die Anzahl der Jahre, in denen der Laktationszustand ermittelt werden konnte, multipliziert mit dem Alter der Tiere. Ein 4 Jahre altes Tier das 4-mal laktierte (also in allen Jahren der Laktationsstatus bekannt war und das Tier jedes Jahr laktierte) hat demnach einen LFE von 4/4 * 4 = 4. Bei einem 8-jährigen Tier, dessen Laktationsstatus nur in 4 Jahren bekannt war, von denen es in 2 Jahren laktiert hat, würde sich ebenfalls ein LFE von 4 ergeben: LFE = 2/4 * 8 = 4. Ermittelt wurde sowohl der absolute LFE sowie der relative LFE (LFE * 100/Alter). Der relative LFE ist ein Maß dafür, wie häufig ein Tier sich pro Jahr fortpflanzt.

Anschließend wurden drei Modelle getestet, um die Korrelation von Körpergröße und LFE zu beschreiben. Benutzt wurden: a) ein lineares Regressionsmodell, b) eine quadratische Regression und c) eine polynominale Regression. Für einen Vergleich der Modelle untereinander wurde das Akaike information criterion (AIC) (AKAIKE 1974) verwendet.

Ermittlung des Sterbezeitraums

Es wurde geprüft, ob weibliche adulte Bechsteinfledermäuse weitgehend unabhängig vom Jahresverlauf starben oder ob es mehr Sterbefälle in der Sommer- bzw. der Winterperiode gab. Für die Auswertung wurden die Daten aller Tiere verwendet, die im Zeitraum 1996-2011 gelebt haben und bis 2011 gestorben waren (n = 177).

Aus den Daten des Quartiermonitorings geht hervor, wann individuelle Tiere im Zeitraum von Mitte Mai bis maximal Anfang Oktober eines Jahres das letzte Mal erfasst wurden. Daraus kann ermittelt werden, wann die Tiere wahrscheinlich gestorben sind. Wurde z.B. ein Tier letztmals am 10. Juli 2010 erfasst, so wurde als Sterbemonat der Juli 2010 angenommen. Die Sterbeereignisse pro Monate wurden in einem Tortendiagramm für die einzelnen Monate angegeben.

Darüber hinaus wurde der Zeitraum in Sommer- und Winterhalbjahre eingeteilt. Das Sommerhalbjahr wurde vom 01.05. bis zum 31.07. definiert; das Winterhalbjahr vom 01.08. bis zum 31.04. Der August wurde dem Winterhalbjahr zugeschlagen, da einige Tiere im Laufe des Augusts bereits das Gebiet verlassen, um Schwarm- und anschließend die Winterquartiere aufzusuchen. Im Mai werden die ersten Bechsteinfledermäuse nach ihrer Überwinterung im Monitoring erfasst, daher wurde der 01.05. als Beginn des Sommerhalbjahres gewählt.

Die Daten wurden sowohl mit als auch ohne das Jahr 2010 ausgewertet. In diesem Jahr kam es zu einem Populationseinbruch, in dessen Verlauf fast ein Drittel (n = 55) aller insgesamt erfassten Sterbeereignisse aufgetreten sind. Da dieses Ausnahmejahr das Gesamtergebnis evtl. verzerrt haben könnte, wurde es gesondert betrachtet.

Erblichkeit der Körpergröße

Während des Monitorings wurden Flughautproben der einzelnen Individuen entnommen und nach der DNA-Analyse die Verwandtschaftsverhältnisse innerhalb der Kolonien bestimmt (KERTH et al. 2011, KERTH & VAN SCHAIK 2012, NEITZEL, unpublizierte Daten). Da die Männchen der Bechsteinfledermaus nach der ersten Überwinterung nur noch selten im Gebiet anzutreffen sind, liegen nur genetische Daten der Weibchen vor. Anhand der gemessenen Unterarmlängen und der auf der Analyse von genetischen Markern beruhenden Zuordnung in Mutter-Tochter-Paare war es möglich, die Erblichkeit des Merkmals Körpergröße zu ermitteln. Hierfür wurde die Unterarmlänge der Töchter als abhängige Variable gegen die Unterarmlänge der Mütter aufgetragen und eine Regressionsgerade erstellt. Da jedoch nur die Daten der Mütter eingehen, entspricht die Steigung der Geraden dem halben Wert der Erblichkeit (KIMBERLY & SAWBY 2009).

Ergebnisse

Veränderungen der Körpergröße 1996- 2011

In Abbildung 52 sind die Unterarmlängen (als Maß der Körpergröße) der 232 ausgewachsenen Weibchen aus 16 Kohorten (1996-2011) aller 4 Kolonien zusammengefasst. Bechsteinfledermäuse gehören somit zu den wenigen Arten, deren Körpergröße über die letzten Jahre nicht ab-, sondern zunahm (FLEISCHER et al., in Vorbereitung). Betrachtet man die Kolonien getrennt, so ergibt sich das gleiche Bild einer Größenzunahme. (lin. Regression: Blutsee: $p = 0{,}023$, Guttenberg 2: $p < 0{,}001$, Höchberg: $p < 0{,}001$, Unteraltertheim: $p = 0{,}014$).

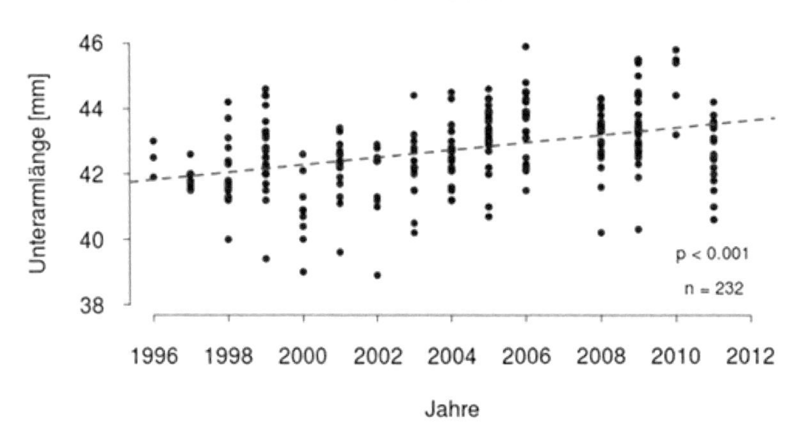

Abb. 52: Zunahme der Körpergröße (Unterarmlänge in mm) adulter weiblicher Bechsteinfledermäuse für den Zeitraum 1996-2011.

Darüber hinaus bestätigen die Daten von 129 einjährigen, unmarkierten Jungtieren (68 Weibchen, 61 Männchen) den Trend zur Größenzunahme (Abb. 53). Bei den Jungtieren nimmt in beiden Geschlechtern die Körpergröße über die Jahre signifikant zu (lin. Regression: Weibchen: p < 0,001, Männchen: p = 0,026).

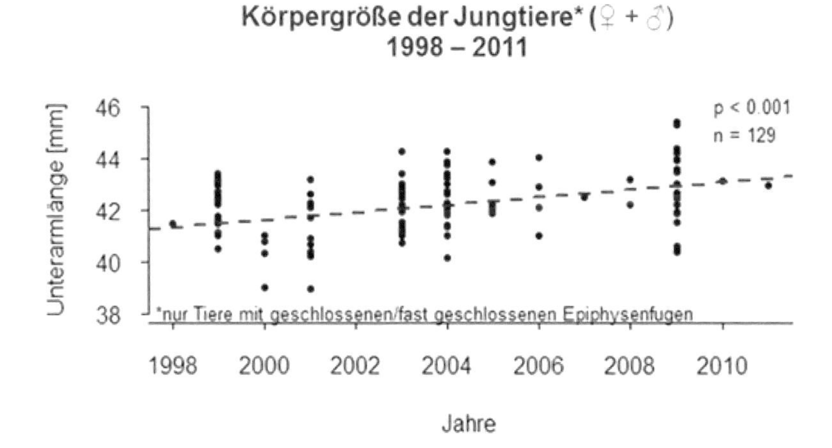

Abb. 53: Zunahme der Körpergröße (Unterarmlänge in mm) der Jungtiere beider Geschlechter für den Zeitraum 1998-2011.

Zusammenhang von Temperatur und Körpergröße

Betrachtet man die mittleren Tagestemperaturen während der Wachstumsphase von Bechsteinfledermäusen über alle Jahre, so ergibt sich kein signifikanter Zusammenhang mit der Körpergröße. Entfernt man aus der Analyse allerdings das Jahr 2003, dessen Sommertemperaturen deutlich über den Durchschnittssommertemperaturen der anderen Jahre des Monitorings lagen (Abb. 55), zeigt sich ein positiver Zusammenhang von Temperatur und Körpergröße (Abb. 54). In wärmeren Sommern wurden die Tiere also größer, wenn man das Jahr 2003 mit seinem extrem heißen Sommer als Ausreißer aus der Analyse herausnimmt. Im Jahr 2003 waren die Tiere eher klein geblieben.

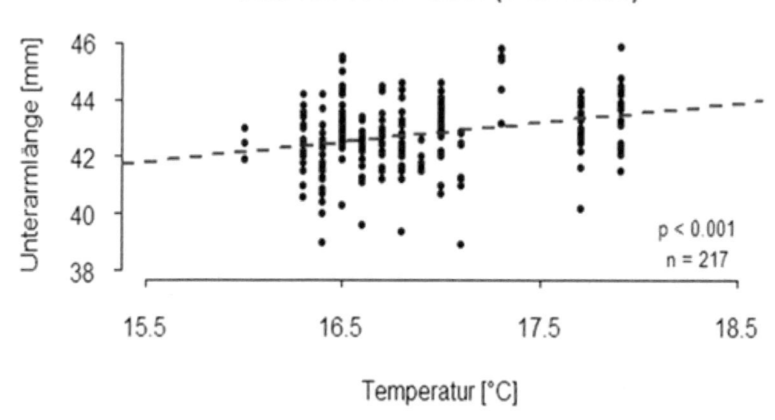

Abb. 54: Zusammenhang der Körpergröße (Unterarmlänge) und Tagestemperaturen im Sommer ohne dem Jahr 2003.

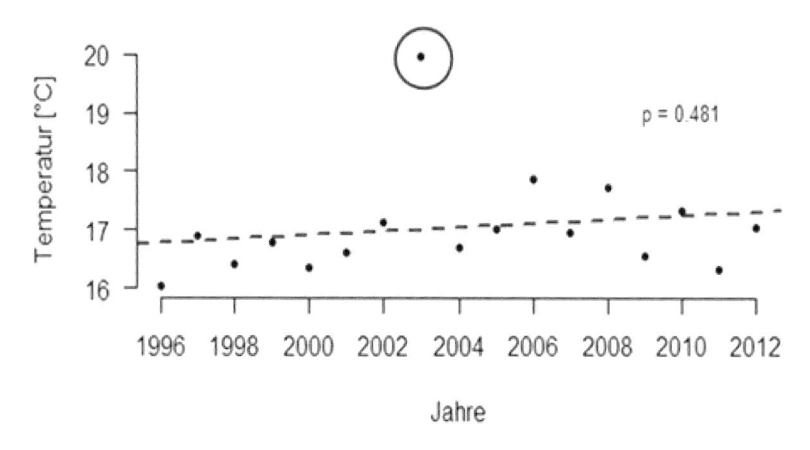

Abb. 55: Die mittleren Sommertemperaturen während des Monitorings. Das Jahr 2003 hebt sich mit sehr hohen Temperaturen deutlich von den übrigen Jahren ab.

Überleben

Es konnten die Daten aller 232 Tiere mit bekanntem Geburtsjahr in die Überlebenskurven einfließen. Die vier Größenklassen ergeben sich aus den Quartilen der Körpergrößen (Tab. 25).

Tab. 25: Die vier Größenklassen, eingeteilt in Quartile.

Größenklasse	Unterarmlänge	Anzahl Tiere
Klasse 1	≤ 42,0mm	59
Klasse 2	≤ 42,8mm	61
Klasse 3	≤ 43,5mm	55
Klasse 4	> 43,5mm	58

Abbildung 55 zeigt die Überlebenswahrscheinlichkeiten für die einzelnen Größenklassen. Die Überlebenskurve der größten Tiere verläuft signifikant niedriger als die aller anderen Größenklassen. Überlebenskurven können nur dann korrekt mit Hilfe statistischer Methoden miteinander verglichen werden, wenn sie sich nicht überschneiden. Dies bedeutet, dass sich die Kurven der ersten drei Größenklassen untereinander nicht direkt vergleichen lassen. Da sie aber einen sehr ähnlichen Verlauf haben, ist ein signifikanter Unterschied der Überlebenswahrscheinlichkeit jedoch unwahrscheinlich.

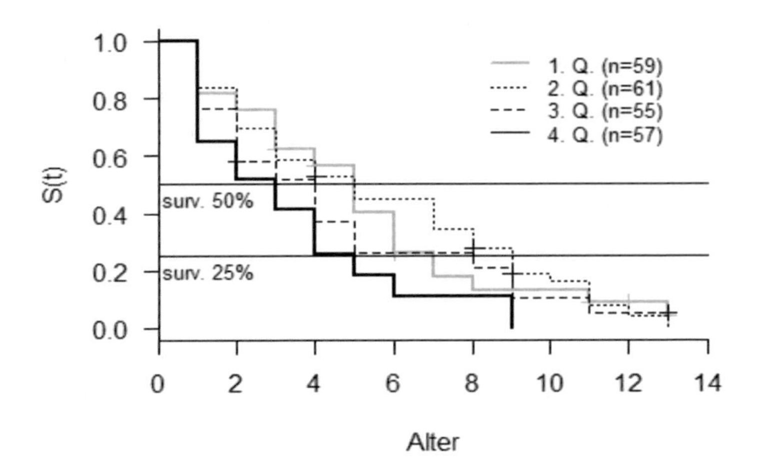

Abb. 56: Überlebenskurven der einzelnen Größenklassen bei weiblichen adulten Bechsteinfledermäusen. Die Y-Achse gibt die Wahrscheinlichkeit an ein bestimmtes Alter (X-Achse) zu erreichen. Horizontale Linien geben den Wert an, welches Alter in den Gruppen mit einer 50%-igen, und einer 25%-igen Wahrscheinlichkeit erreicht wird.

Im Anschluss wurden die Kurven der ersten drei Größenklassen einzeln mit der Kurve der vierten Größenklasse mit einer Cox-Regression verglichen. Außerdem wurden die ersten drei Größenklassen zusammengefasst und mit der vierten Größenklasse verglichen. (Tab. 26). Die größten Tiere haben im direkten Vergleich mit den ersten beiden Größenklassen eine signifikant schlechtere Überlebenswahrscheinlichkeit. Im Vergleich mit den Tieren der dritten Größenklasse ist der Unterschied nicht mehr signifikant. Im Vergleich zu den zusammengefassten Größenklassen 1 bis 3 hat die Größenklasse 4 wiederum eine signifikant geringere Überlebenswahrscheinlichkeit.

Tab. 26: Verschiedene Paarvergleiche der einzelnen Größenklassen.

Größenklasse	gegen	p
Klasse 1	**Klasse 4**	**0.009**
Klasse 2	**Klasse 4**	**0.002**
Klasse 3	Klasse 4	0.132
Klassen 1+2+3	**Klasse 4**	**0.002**

Lebensfortpflanzungserfolg

In die Berechnung des Lebensfortpflanzungserfolgs (LFE) gingen die Daten von 136 Tieren ein. Es wurden nur Weibchen betrachtet, von denen der Laktationszustand in mind. 50% ihrer Lebensjahre bekannt war (FLEISCHER et al., in Vorbereitung). Es zeigte sich, dass mit zunehmender Körpergröße der Weibchen die Anzahl der Laktationen im Laufe eines Lebens pro Weibchen abnimmt (Abb. 56). Eine Regression des Fortpflanzungserfolgs pro Jahr gegen die Körpergröße zeigt dagegen keinen signifikanten Zusammenhang. Somit kompensieren die größeren Tiere ihre kürzere Lebenszeit nicht mit einer höheren Wahrscheinlich in einem bestimmten Jahr ein Junges aufzuziehen. Insgesamt ergeben diese Analysen, dass große Weibchen früher sterben, sich jedoch nicht in der Anzahl der Nachkommen pro Jahr von kleineren Weibchen unterscheiden. Somit ist ihr Lebensfortpflanzungszustand niedriger, da sie weniger Lebensjahre zur Reproduktion zur Verfügung haben.

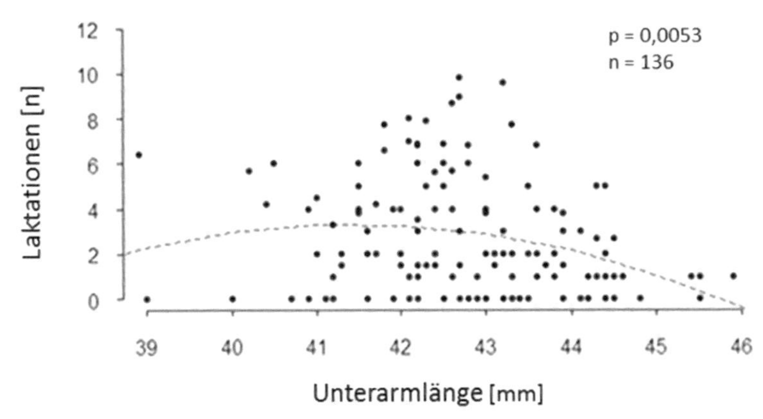

Abb. 57: Quadratische Regression des Lebensfortpflanzungserfolgs gegen die Körpergröße (Unterarmlänge in mm). Mit zunehmender Körpergröße sinkt die Anzahl der Laktationen/Weibchen.

Ermittlung des Sterbezeitraums

Im Zeitraum des 16-jährigen Monitorings sind insgesamt 176 Bechsteinfledermäuse gestorben. Für diese Tiere ist aufgrund des Quartiermonitorings das Datum der letzten Erfassung im Sommerhabitat vorhanden. Daraus kann der Todeszeitpunkt auf Monatsniveau abgeschätzt werden. Hierbei wurde nicht unterschieden, ob die Aufnahme am Anfang oder Ende des Monats erfolgte. In Abbildung 57 erfolgt die Einteilung in Sommer- und Winterhalbjahr. Es starben deutlich mehr Tiere während der Überwinterung als während der Jungenaufzuchtphase im Sommer.

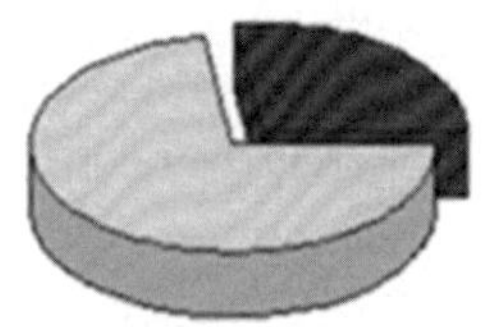

Abb. 58: Aufschlüsselung der Phasen, in denen weibliche Bechsteinfledermäuse starben. Der August wurde in das Winterhalbjahr aufgenommen, da sehr viele Tiere bereits Ende August aus dem Gebiet abwanderten.

Während des Jahreswechsels 2010/2011 kam es zu einem Populationseinbruch der untersuchten Bechsteinfledermauskolonien. Im Winterhalbjahr 2010/2011 starben 55 Tiere (31% aller dokumentierten Todesfälle adulter Weibchen insgesamt). Da dieses außergewöhnliche Ereignis möglicherweise das Ergebnis verzerren könnte, wurden die 55 Sterbeereignisse im Winterhalbjahr 2010/11 in einer zweiten Analyse nicht berücksichtigt. An der Grundaussage, dass der Großteil der Tiere während der Wintermonate stirbt, ändert sich jedoch nichts (Daten nicht gezeigt).

Vom Populationseinbruch waren alle Größen- und Altersklassen gleichermaßen betroffen (FLEISCHER et al., in Vorbereitung). Von 102 im Mai 2010 anwesenden adulten Weibchen haben nur 47 bis zum Mai 2011 überlebt. Diese 47 überlebenden Tiere unterschieden sich von den gestorbenen Tieren weder in ihrer Körpergröße (jeweils im Mittel 43,0mm), noch in ihrem Alter (jeweils im Mittel 4 Jahre). Auch während des Populationseinbruches verstarb der Großteil aller Tiere im Winterhalbjahr. Der Verlauf der Sommer- und Winterhalbjahresmortalität für zwischen 2002 und 2012 lebende Tiere bestätigt das Bild. Nur im Extremsommer 2003 lag die Sommerhalbjahresmortalität über der des Winterhalbjahres (Abb. 58).

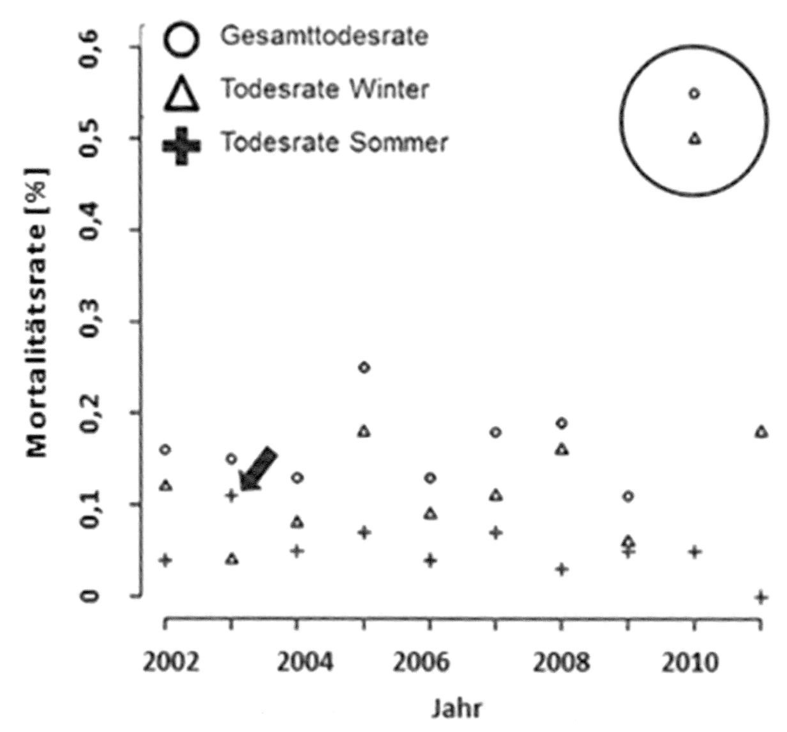

Abb. 59: Verlauf der Todesraten für die Jahre 2002-2012. Auffällig sind hierbei besonders die Jahre 2003 mit einer hohen Mortalitätsrate im Sommer, sowie der Populationseinbruch im Winter 2010.

Erblichkeit der Körpergröße

In Abbildung 60 ist die Regression der Körpergröße (Unterarmlänge) von Müttern und ihren Töchtern dargestellt. Die steigende Regressionsgerade zeigt an, dass große Mütter im Mittel auch große Töchter haben. Dies lässt auf eine hohe Erblichkeit ($h^2 = 0{,}51$) der Körpergröße schließen. Die Variation der Körpergröße in den von uns untersuchten Kolonien ist also zu einem erheblichen Teil genetisch bedingt.

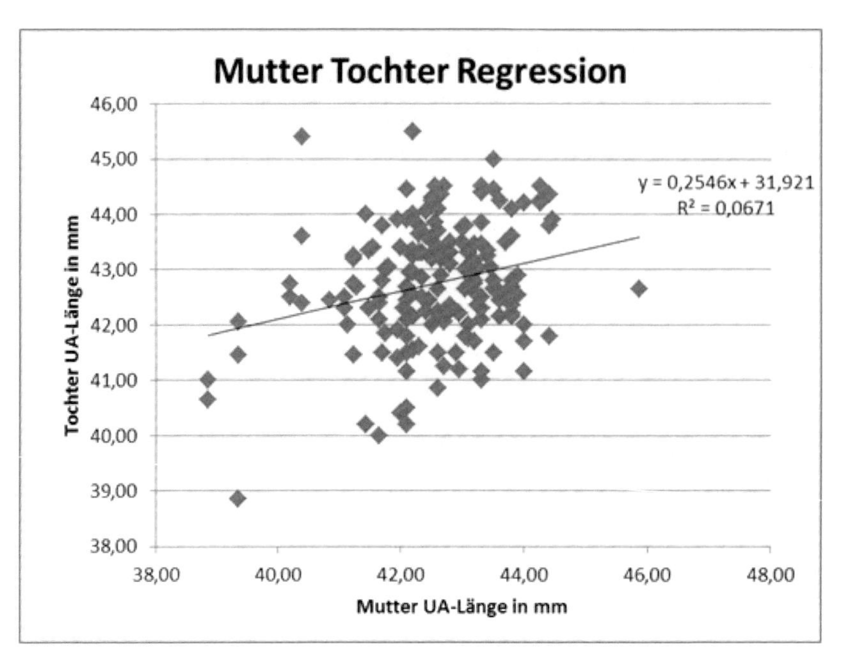

Abb. 60: Abhängigkeit der Körpergröße der Töchter von der der Mütter. Je größer die Mutter desto größer ist auch die Tochter.

4.6.2 Freilandstudien zur Quartierwahl von Mops- und Bechsteinfledermäusen

Temperaturabhängige Quartierwahl bei der Bechsteinfledermaus

Material und Methoden

Die entsprechende Feldarbeit fand im Rahmen der Bachelorarbeit von Stefanie Grünberger vom 25.05. bis zum 17.09.2012 an der Kolonie Guttenberg 2 im Guttenberger Forst statt. Den Fledermäusen (17 adulte Weibchen) wurden 33 weiße und 33 schwarze Fledermauskästen angeboten (Abb. 61). Alle Tiere der Kolonie waren individuell mit Transpondern markiert. Am Eingang von mit Fledermäusen besetzten Kästen wurden automatische Transponder-Lesegeräte angebracht, welche die Ein- und Ausflüge der markierten Fledermäuse aufzeichneten (KERTH & RECKARDT 2003). Zusätzlich befanden sich inner- und außerhalb der Fledermauskästen iButtons, die in 90-Minuten Intervallen die Temperatur in den Kästen und die Umgebungstemperatur speicherten.

Abb. 61: Schwarze und weiße Fledermauskästen (Schwegler 2FN), die den Bechsteinfledermäusen als Tagesquartiere zur Verfügung standen. Die Erwartung war, dass schwarze Kästen wärmere Quartiere als weiße Kästen sind (vergleiche KERTH et al. 2001).

Wir verglichen die Temperaturunterschiede der Kastentypen miteinander. Dabei wurden Tages- (09:00h-21:00h) und Nachttemperaturen (22:30h-07:30h) unterschieden. Die Kästen wurden 2-3-mal pro Woche auf ihren Besatz an Fledermäusen kontrolliert und besiedelte Kästen anschließend mit den Lesegeräten überwacht.

Zur Auswertung wurde der Untersuchungszeitraum in drei Phasen eingeteilt: Phase 1: trächtige Tiere; Phase 2: Mütter mit nicht-flüggen Jungtieren; Phase 3: Mütter mit flüggen Jungtieren. Für alle Kästen wurden „Fledermaustage" nach der Formel: Fledermaustag = n[Fledermäuse] * n[Tage in Kasten] ermittelt.

In einem zweiten Experiment wurde in einer anderen Bechsteinfledermauskolonie (Höchberg) die Besiedlung von schwarzen Kästen untersucht, wobei 2/3 der 26 untersuchten Kästen 2012 neu aufgehängt wurden. Dabei wurde darauf geachtet, dass etwa die Hälfte der neuen Kästen eher besonnt und die andere Hälfte der Kästen eher beschattet aufgehängt wurden. Anschließend wurde wieder die temperaturabhängige Quartierwahl untersucht. Das Design entsprach dem des Versuches der Guttenberg-Kolonie, sowohl was die Messung der Temperaturen als auch was die Ermittlung der Fledermaustage betrifft. Auch in dieser Kolonie trugen alle adulten Weibchen (n = 20) jeweils einen individuellen Transponder.

Ergebnisse

Die unterschiedlichen Kastentypen unterschieden sich in ihren Tagestemperaturen signifikant (Mann-Whitney-U-Test; n = 66; Z = 3,091; p < 0,0001) voneinander, wobei schwarze Kästen wie erwartet wärmer waren als weiße Kästen. Auch in der Anzahl der Fledermaustage gab es signifikante Unterschiede zwischen den Kastentypen; wobei weiße Kästen stärker genutzt wurden als schwarze Kästen (Mann-Whitney-U-Test; n = 66; Z = 1,990; p < 0,05). Über den gesamten Untersuchungszeitraum betrachtet nutzten die Bechsteinfledermäuse in der Kolonie Guttenberg 2 kühlere Kästen stärker als wärmere Kästen (Abb. 62). Hierbei ist zu beachten, dass für Phase 2 (Mütter mit flugunfähigen Jungtieren) keine Daten zu Fledermaustagen vorliegen, da die Tiere in dieser Zeit nicht in den Kästen anzutreffen waren.

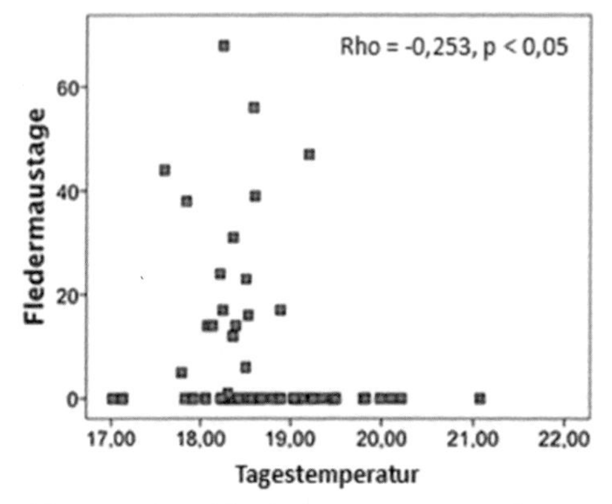

Abb. 62: Anzahl Fledermaustage aufgetragen gegen die mittleren Tagestemperaturen in den Fledermauskästen. Jedes Quadrat repräsentiert einen Fledermauskasten. Viele Kästen wurden nicht als Tagesquartier genutzt und weisen daher 0 Fledermaustage auf. Die meisten Fledermaustage erhielten kühlere Quartiere (Spearman Korrelation Rho = -0,253; n = 66; p < 0,05). Verändert nach GRÜNBERGER 2012.

In der Kolonie Höchberg war im Vergleich zur Kolonie Guttenberg 2 der gegenteilige Effekt zu beobachten. Hier nutzten die Tiere über den gesamten Untersuchungszeitraum betrachtet wärmere Kästen stärker als kühlere Kästen (Abb. 63). Dabei ist zu beachten, dass hier im Gegensatz zur Kolonie Guttenberg 2 auch Phase 2 (Mütter mit flugunfähigen Jungtieren) in die Analysen eingeht.

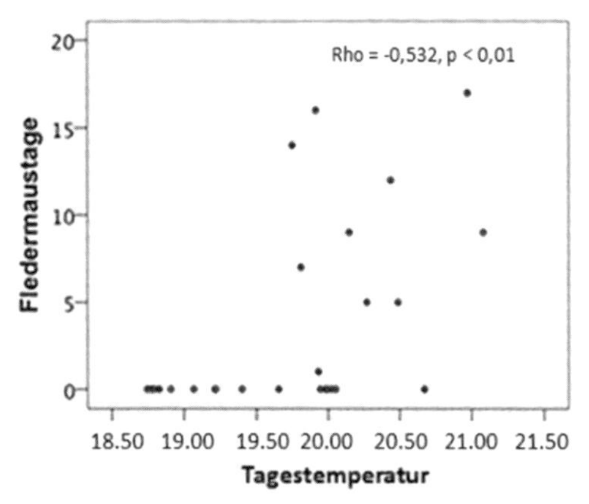

Abb. 63: Anzahl Fledermaustage aufgetragen gegen die Tagestemperatur. Jeder Punkt steht für einen Fledermauskasten. Im Gegensatz zur Guttenberg-Kolonie haben die Tiere der Höchberg-Kolonie wärmere Quartiere vorgezogen (Spearman Korrelation Rho = 0,532, $p < 0{,}01$).

Temperaturabhängige Quartierwahl bei der Mopsfledermaus

Material und Methoden

Die Freilandarbeit fand im Rahmen der Bachelorarbeit von David Urbaniec im Zeitraum vom 15.05.-05.08.2012 im Gramschatzer Wald statt. Auch hier wurden den Tieren zwei Quartiertypen (helle und dunkle Flachkästen) angeboten, wobei angenommen wurde, dass helle Kästen kühlere und dunkle Kästen wärmere Quartiere darstellen (Abb. 64). Die Temperaturmessung und Berechnung der Fledermaustage wurde entsprechend den Bechsteinfledermaus-Experimenten durchgeführt. Da die Mopsfledermäuse jedoch nicht mit PIT-Tags markiert waren, wurden die Ein- und Ausflüge der Tiere per Videoaufzeichnung dokumentiert und anhand dieser Daten die Individuenanzahl pro Tag ausgezählt. Die Kästen wurden 3-mal pro Woche kontrolliert.

Abb. 64: Schwarze und Weiße Flachkästen, die den Mopsfledermäusen als Quartiere angeboten wurden.

Ergebnisse

Die Mopsfledermäuse im Gramschatzer Wald nutzten über den gesamten Untersuchungszeitraum betrachtet wärmere und kühlere Kästen nicht signifikant unterschiedlich. Allerdings suchten Mütter mit flüggen Jungtieren signifikant häufiger wärmere Quartiere auf (Abb. 65). Insgesamt unterschiedenen sich die verschiedenen ausgebrachten Kastentypen kaum in ihrer mittleren Quartiertemperatur.

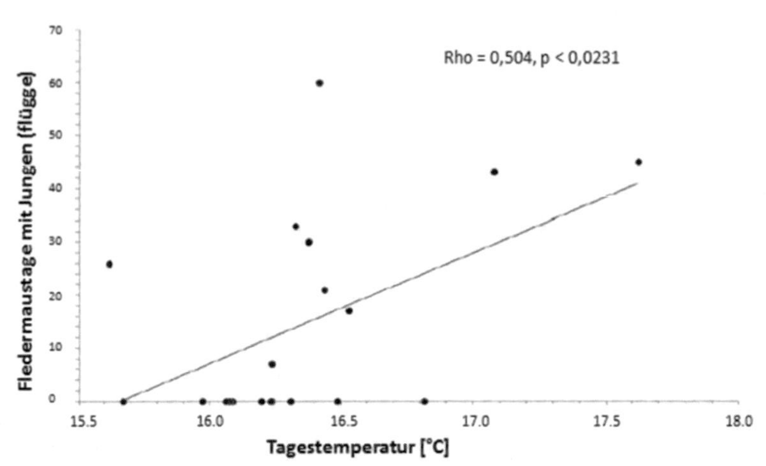

Abb. 65: Anzahl der Fledermaustage aufgetragen gegen die Gesamttagestemperatur. Spearman Korrelation Rho = 0,504; n = 20; p = 0,0231. Verändert nach URBANIEC 2012.

Soziale Thermoregulation bei der Bechsteinfledermaus

Material und Methoden

Die Freilandarbeit fand im Rahmen der Masterarbeit von Nadja Küpper vom 30. Mai bis zum 12. September 2012 statt. Dabei wurden die Kolonien Blutsee, Guttenberg 2 und Unteraltertheim mit Transponderlesegeräten überwacht und die Temperaturen innerhalb von mit Fledermäusen besetzten Kästen mit Hilfe einer Wärmebildkamera aufgezeichnet (KÜPPER 2013). Hierbei sollte geprüft werden, wie flexibel (plastisch) weibliche Bechsteinfledermäuse auf sich ändernde Temperaturen mit variierenden Gruppengrößen, Hangplatzpositionen innerhalb eines Fledermauskastens und dem Herabsenken der Körpertemperatur (Torpor) reagieren.

Ergebnisse

Die mittlere Körpertemperatur weiblicher Bechsteinfledermäuse tagsüber im Quartier war während der Jungenaufzucht signifikant höher als in der Zeit davor oder danach (KÜPPER 2013). Es zeigte sich zudem, dass die Tiere eine höhere Körpertemperatur aufrechterhielten, wenn sie im Quartier eine zentrale Position innerhalb der Gruppe einnahmen (KÜPPER 2013). Zudem zeigte sich, dass weibliche Bechsteinfledermäuse eine gewisse Flexibilität haben, um eine optimale Körpertemperatur aufrecht zu erhalten, in dem die Gruppengröße in den Quartieren variiert. Während der Jungenaufzucht bildeten sich die größten Gruppen (KÜPPER 2013). Bechsteinfledermäuse haben eine weitere Möglichkeit, flexibel auf sich ändernde Temperaturen zu reagieren. Bei niedrigen Temperaturen gingen sie häufiger in den energiesparenden Torpor über (KÜPPER 2013). Wenn jedoch eine hohe Körpertemperatur aufrechterhalten werden soll (z.B. während der Jungenaufzucht), kann eine Erhöhung der Gruppengröße dazu führen, dass sich die Tiere gegenseitig wärmen und nicht in den Torpor-Zustand wechseln (KÜPPER 2013).

Diskussion

Die Analysen der vorhandenen morphologischen und demographischen Langzeitdaten (1996-2012) zur Bechsteinfledermaus zeigen, dass in späteren Jahren des Untersuchungszeitraumes geborene Tiere signifikant größer waren als in früheren Jahren geborene Tiere (FLEISCHER et al., in Vorbereitung). Dies zeigte sich sowohl für die adulten Weibchen, die erst nach ihrer ersten Überwinterung individuell markiert wurden, als auch für ausgewachsene, unmarkierte männliche und weibliche Jungtiere, die im August und September ihres jeweiligen Geburtsjahres vermessen wurden. Damit gehört die Bechsteinfledermaus zu der kleinen Gruppe von Tierarten, die in ihrer Körpergröße während der letzten Jahrzehnte zugenommen hat (SHERIDAN & BICKFORD 2011). Gleichzeitig konnten wir zeigen, dass warme Sommertemperaturen das Größenwachstum der untersuchten Bechsteinfledermäuse positiv beeinflussten, wenn wir das Extremjahr 2003 aus den Analysen nahmen. Im extrem heißen Sommer des Jahres 2003 blieben die Jungtiere eher klein. Da das Wachstum von Fledermäusen neben der Umgebungstemperatur und anderen Faktoren auch von der Nahrungsverfügbarkeit abhängt (BARCLAY 1994), war letztere möglicherweise im Sommer 2003 nicht ausreichend für ein starkes Wachstum der Jungtiere. Interessanterweise war das Jahr 2003 auch das einzige Jahr, in dem die Sommermortalität adulter Weibchen über der des Winterhalbjahres lag. Offensichtlich war der Sommer 2003 nicht optimal für die Tiere. In einer früheren Untersuchung (FIERZ 2000) konnte mit Hilfe von Heizexperimenten gezeigt werden, dass erhöhte Quartiertemperaturen zu einem erhöhten Wachstum der Jungtiere bei Bechsteinfledermäusen führt. Insgesamt deutet also vieles darauf hin, dass höhere Sommertemperaturen in den meisten Jahren zu einer Zunahme der Körpergröße der im entsprechenden Jahr geborenen Jungtiere führen (FLEISCHER et al., in Vorbereitung).

Interessanterweise nahmen die Sommertemperaturen während des Untersuchungszeitraumes nicht signifikant zu (es gab nur einen geringfügigen Anstieg), der etwas stärker ausfiel, wenn das Extremjahr 2003 aus der Analyse genommen wurde. Insofern kann der beobachtete Anstieg der Körpergröße nicht eindeutig einem generellen Temperaturanstieg während des Untersuchungszeitraumes zugeordnet werden. Unsere Analysen zeigen zum jetzigen Stand also nicht, dass eine generelle Klimaerwärmung in unseren Untersuchungsgebieten während des Untersuchungszeitraums zu größeren Körpergrößen geführt hat. Gleichzeitig deuten unsere Ergebnisse aber daraufhin, dass bei einem weiteren Trend hin zu höheren Temperaturen mit einem weiteren Anstieg der Körpergrößen bei Bechsteinfledermäusen zu rechnen ist (FLEISCHER et al., in Vorbereitung).

In diesem Zusammenhang ist für den Schutz der Bechsteinfledermaus besonders bedeutsam, dass größere Weibchen (Tiere des 4. Quartils) eine signifikant höhere Sterblichkeit hatten als kleinere Weibchen (FLEISCHER et al., in Vorbereitung). Zudem hatten größere Weibchen einen signifikant niedrigeren Lebensfortpflanzungserfolg (FLEISCHER et al., in Vorbereitung). Da sich die Wahrscheinlichkeit pro Jahr ein Jungtier aufzuziehen mit der Körpergröße der Weibchen nicht änderte, resultiert der geringere Lebensfortpflanzungserfolg der größten Weibchen aus deren kürzeren Lebenserwartung. Gleichzeitig zeigen unsere Analysen zur Sterblichkeit der Tiere, dass etwa zwei Drittel aller dokumentierten Sterbefälle während des Winterhalbjahres (einschließlich der Phase der Abwanderung aus dem Sommerhabitat) stattfanden. Das war auch während des massiven Populationseinbruches von 2010 auf 2011 der Fall. Somit kann nach derzeitigem Stand vermutet werden, dass je nach Witterung größere Weibchen weniger gut durch den Winter kommen als kleinere Weibchen. Hier sind jedoch noch weitere Analysen notwendig, bevor ein abschließendes Urteil abgegeben werden kann.

Unsere Analysen zur Erblichkeit der Körpergröße bei Bechsteinfledermäusen ergaben mit 0,51 einen relativ hohen Wert der Erblichkeit in den untersuchten Kolonien (WRAY & VISSCHER 2008). Das bedeutet, dass die Körpergröße bei der Bechsteinfledermaus nicht nur von der Umgebungstemperatur (warmen Sommertemperaturen, wie in der Untersuchung mit Hilfe einer Korrelationsanalyse gezeigt), sondern auch stark genetisch beeinflusst wird. Die Körpergröße von Bechsteinfledermäusen unterliegt damit sowohl plastischen Effekten als auch evolutionären Selektionsdrücken.

Die Analysen zur Quartiernutzung von Bechstein- und Mopsfledermaus in Abhängigkeit von der Quartiertemperatur ergaben ein uneinheitliches Ergebnis. Bei der untersuchten Mopsfledermauskolonie ergaben sich keine eindeutigen Präferenzen für warme oder kühle Quartiere während des Untersuchungszeitraumes. Nur in der Phase mit flüggen Jungtieren konnten wir eine signifikant stärkere Nutzung von wärmeren Quartieren feststellen. Zur Interpretation der Ergebnisse bei der Mopsfledermaus ist allerdings zu beachten, dass sich die im Aufenthaltsgebiet der Kolonie ausgebrachten Kästen insgesamt nur wenig in ihrer Temperatur unterschieden und dunkle Kästen nicht signifikant wärmer waren als helle Kästen (URBANIEC 2012). Das lag vermutlich am Standort der Kästen. Das Aufenthaltgebiet (Kastenstandort) der Mopsfledermaus befindet sich in einem dichten Waldgebiet, in dem die Kästen kaum besonnt werden und sich daher dunkle Kästen nicht wesentlich stärker aufwärmen konnten als helle Kästen.

Bei den beiden untersuchten Bechsteinfledermauskolonien zeigte sich dagegen eine unterschiedliche Nutzung von Kästen in Abhängigkeit von der Quartiertemperatur. In der Kolonie Höchberg bevorzugten die Tiere warme vor kühlen Kästen während in der Kolonie Guttenberg 2 kühle gegenüber warmen Kästen bevorzugt wurden. Dabei ist allerdings zu beachten, dass die Tiere der Kolonie Guttenberg 2 während der Jungenaufzuchtphase sich nicht in den Fledermauskästen aufhielten (GRÜNBERGER 2012). Bereits in den Vorjahren zog sich diese Kolonie in einigen Jahren während der Jungenaufzuchtphase in Baumhöhlen zurück (KERTH, unpublizierte Daten). Frühere Untersuchungen (KERTH et al. 2001) zeigten, dass Tiere der Kolonie Blutsee vor der Jungenaufzucht kühle vor warmen Kästen präferierten, während und nach der Jungenaufzucht aber warme vorkühlen Kästen.

Unsere Freilanddaten zur Mopsfledermaus erlauben keine eindeutigen Schlüsse zur Quartiernutzung in Abhängigkeit von der Quartiertemperatur. Dagegen zeigen die Freilanduntersuchungen zur Bechsteinfledermaus, dass diese Art sehr flexibel auf unterschiedliche Quartiertemperaturen reagiert und je nach Saison und möglicherweise auch unterschiedlich in verschiedenen Kolonien einmal warme und einmal kühlere Quartiere bevorzugt (vergleiche auch KERTH et al. 2001). Die Untersuchungen zur sozialen Thermoregulation (KÜPPER 2013) mit Hilfe der Wärmebildkamera unterstreichen die Plastizität der Bechsteinfledermaus in Bezug auf ihre Möglichkeiten, optimale Quartiertemperaturen zu finden. Die Ergebnisse von KÜPPER (2013) zeigen, dass Bechsteinfledermäuse je nach Umgebungstemperatur und je nach Reproduktionsphase unterschiedlich häufig in den Torpor gehen, um in kühleren Quartieren Energie zu sparen. Ähnliches wurde auch für andere Fledermausarten in Europa und Nordamerika beobachtet (DIETZ & KALKO 2006, WILLIS & BRIGHAM 2007). Zudem fanden sich Hinweise, dass die Tiere über unterschiedliche Gruppengrößen (vergleiche PRETZLAFF et al. 2010) und durch die Wahl unterschiedlicher Positionen innerhalb einer Hangplatzgruppe eine Feinjustierung ihrer Körpertemperaturen vornehmen können. Für eine nordamerikanische waldlebende Fledermausart konnte gezeigt werden, dass soziale Thermoregulation einen höheren Einfluss auf die Quartiertemperaturen hatte als die Umgebungstemperatur (WILLIS & BRIGHAM 2007). Zudem zeigen frühere Untersuchungen an der Bechsteinfledermaus, dass Gruppenmitglieder mit zunehmender Gruppengröße energetisch stärker profitieren (PRETZLAFF et al. 2010).

Zusammenfassend zeigen unsere Studien, dass im Falle einer weiteren Klimaerwärmung mit negativen Auswirkungen auf das Überleben von Bechsteinfledermäusen zu rechnen ist, obwohl die Art prinzipiell in der Lage ist, über ihre Quartierwahl ihre Umgebungstemperaturen in den Sommerquartieren zu beeinflussen. Für die Mopsfledermaus reichen die Daten nicht aus, um eindeutige Schlüsse zu ziehen. Der Zusammenhang zwischen Temperaturen und Niederschlag, Insektenverfügbarkeit, Fortpflanzungserfolg und Überleben der Bechsteinfledermaus bedarf unbedingt weiterer Untersuchungen. Gleiches gilt für die Mopsfledermaus. Auch hier gibt es noch erheblichen weiteren Forschungsbedarf.

Fazit für Schutzmaßnahmen

Unsere Untersuchungen ergaben Hinweise darauf, dass erhöhte Sommertemperaturen zu größeren Körpergrößen und als Folge zu einer geringen Fitness bei weiblichen Bechsteinfledermäusen führen (FLEISCHER et al., in Vorbereitung). Damit ergaben sich Hinweise auf direkte negative Folgen des Klimawandels bei der Bechsteinfledermaus. Zudem gilt die Art insgesamt als eine der am stärksten durch den Klimawandel bedrohten Fledermausarten in Europa (SHERWIN et al. 2013). Da hierbei insbesondere der Lebensraumverlust eine wichtige Rolle spielt (Stichwort „Energieholz"), hat der Erhalt strukturreicher Laubwälder mit verschiedenen Altersklassen höchste Priorität zum Schutz der insgesamt in Deutschland stark gefährdeten Bechsteinfledermaus. Zur Abpufferung der negativen Folgen des Klimawandels für die Bechsteinfledermaus und um der Art die Möglichkeit zu geben aus einen großen Anzahl von Baumhöhlen mit unterschiedlichen Mikroklima zu wählen empfehlen wir daher den verstärkten Schutz und die Ausweitung von strukturreichen Laubwäldern, die den Tieren optimale Nahrungs- und Quartiermöglichkeiten bieten. Davon würde auch die Mopsfledermaus profitieren. Auch diese Art ist auf strukturreiche Laubwälder angewiesen.

Literatur

AKAIKE, H. (1973): Information theory and an extension of the maximum likelihood principle. In: PETROV, B.N. et al. (Eds.): Proceedings of the Second International Symposium on Information Theory. – Budapest: Akademiai Kiado: 267-281.

BARCLAY, R.M.R. (1994): Constraints on reproduction by flying vertebrates: Energy and calcium. – The American Naturalist 144: 1021-1031.

BATES, D., MAECHLER, M. & BOLKER, B. (2013): lme4: Linear mixed-effects models using S4 classes. R package version 0.999999-2. – URL: http://CRAN.R-project.org/package=lme4.

BAUDRON, A.R., NEEDLE, C.L. & MARSHALL, C.T. (2011): Implications of a warming North Sea for the growth of haddock Melanogrammus aeglefinus. – Journal of Fish Biology 78 (7): 1874-1889.

COX, D. (1972): Regression models and life tables. – Journal of the Royal Statistical Society B 34: 187-220.

DAUFRESNE, M., LENGFELLNER, K. & SOMMER, U. (2009): Global warming benefits the small in aquatic ecosystems. – Proceedings of the National Academy of Sciences 106 (31): 12788-12793.

DEVELOPMENT CORE TEAM (2012): R: A language and environment for statistical computing. R Foundation for Statistical Computing, Vienna, Austria. ISBN 3-900051-07-0. – URL: http://www.R-project.org/.

DIETZ, M. & KALKO, E.K.V. (2006): Seasonal changes in daily torpor patterns of free-ranging female and male Daubenton's bats (*Myotis daubentonii*). – Journal of comparative physiology. B, Biochemical, Systemic, and Environmental Physiology 176: 223-231.

FLEISCHER, T., SCHEUERLEIN, A. & KERTH, G. (in Vorbereitung): Increase in body-size results in lower fitness in Bechstein's bats.

FIERZ, M. (2000): Einfluss erhöhter Quartiertemperaturen auf das Verhalten weiblicher Bechsteinfledermäuse (*Myotis bechsteinii*) Ergebnisse eines Heizexperimentes. – Zürich (Universität Zürich – Diplomarbeit), 86 S.

GRÜNBERGER, S. (2012): Temperaturabhängige Quartierwahl der Bechsteinfledermaus (*Myotis bechsteinii*). – Würzburg (Julius-Maximilians-Universität Würzburg, Bachelorarbeit), 40 S.

KAPLAN, E.L. & MEIER, P. (1958): Nonparametric estimation from incomplete observations. – J. Amer. Statist. Assn. 53 (282): 457-481.

KERTH, G. & VAN SCHAIK, J. (2012): Causes and consequences of living in closed societies: lessons from a long-term socio-genetic study on Bechstein's bats. – Molecular Ecology 21: 633-646.

KERTH, G., PERONY, N. & SCHWEITZER, F. (2011): Bats are able to maintain long-term social relationships despite the high fission-fusion dynamics of their groups. – Proceedings of the Royal Society B 278: 2761-2767

KERTH, G. & RECKARDT, K. (2003): Information transfer about roosts in female Bechstein's bats: an experimental field study. – Proceedings of the Royal Society 207: 511-515.

KERTH, G., WEISSMANN, K. & KÖNIG, B. (2001): Day roost selection in female Bechstein's bats (*Myotis bechsteinii*): a field experiment to determine the influence of roost temperature. – Oecologia 126: 1-9.

KERTH, G. & KÖNIG, B. (1999): Fission, fusion and nonrandom associations in female Bechstein's Bats (*Myotis bechsteinii).* – Behaviour 136: 1187-1202.

KIMBERLY, A. & SAWBY, R. (2009): Genetic Variability and Life-history Evolution. – In: FERRIÈRE, R., DIECKMANN, U. & COUVE, D. (Eds.): Evolutionary Conservation Biology. Cambridge (Cambridge University Press): 127.

KINGSOLVER, J.G. & HUEY, R.B. (2008): Size, temperature, and fitness: three rules. – Evolutionary Ecology Research 10: 251-268.

KÜPPER, N. (2013): Reasons to stay close? Social Thermoregulation in Bechstein's Bats (*Myotis bechsteinii*). – Zürich (Universität Zürich, Master-Thesis), 60 S.

MCCOY, D.E. (2012): Connecticut Birds and Climate Change: Bergmann's Rule in the Fourth Dimension. – Northeastern Naturalist 19 (2): 323-334.

OZGUL, A., TULJAPURKAR, S., BENTON, T.G., PEMBERTON, J.M., CLUTTON-BROCK, T.H. & COULSON, T. (2009): The Dynamics of Phenotypic Change and the Shrinking Sheep of St. Kilda. – Science 325: 464-467.

PRETZLAFF, I., KERTH, G. & DAUSMANN, K.H. (2010): Communally breeding bats use physiological and behavioural adjustments to optimise daily energy expenditure. – Naturwissenschaften 97: 353-363.

PINHEIRO, J., BATES, B., DEBROY, S., SARKAR, D., & THE R DEVELOPMENT CORE TEAM (2012). nlme: Linear and Nonlinear Mixed Effects Models. – R package version 3.1-103.

SHERIDAN, J.A. & BICKFORD, D. (2011): Shrinking body size as an ecological response to climate change. – Nature Climate change 1 (8): 401-406.

SHERWIN, H.A., MONTGOMERY, W.I. & LUNDY, M.G. (2013): The impact and implications of climate change for bats. – Mammal Review 43: 171-182.

SMITH, F.A., BROWNING, H., SHEPHERD, U.L. (1998): The influence of climate change on the body mass of woodrats Neotoma in an arid region of New Mexico, USA. – Ecography 21 (2): 140-148.

THERNEAU, T. (2012): A Package for Survival Analysis in S. – R package version 2.36-12.

URBANIEC, D. (2012): Temperaturabhängige Quartierwahl bei der Mopsfledermaus (*Barbastella barbastellus*). – Würzburg (Julius-Maximilians-Universität Würzburg, Bachelorarbeit), 33 S.

WILLIS, C.K.R. & BRIGHAM, R.M. (2007): Social thermoregulation exerts more influence than microclimate on forest roost preferences by a cavity-dwelling bat. – Behavioral Ecology and Sociobiology 62: 97-108.

WRAY, N. & VISSCHER, P. (2008): Estimating trait heritability. – Nature Education 1 (1): 29.

YOM-TOV, Y., YOM-TOV, S., WRIGHT, J., THORNE, C.J.R. & DU FEU, R.(2006): Recent changes in body weight and wing length among some British passerine birds. – Oikos 112 (1): 91-101.

5 Abschlussdiskussion

Deutschland hat sich in seinen nationalen Strategien zur biologischen Vielfalt (BMU 2007) und zur Anpassung an den Klimawandel (BMU 2008) das Ziel gesetzt, die erwarteten negativen Auswirkungen des Klimawandels auf die biologische Vielfalt zu minimieren und die Anpassungsfähigkeit natürlicher Systeme zu sichern. Um dieses Ziel erreichen zu können, ist es unerlässlich, für Arten, die für den Naturschutz wichtig sind, die Anpassungskapazität (PEM-Optionen) an den Klimawandel valide abzuschätzen. Im Rahmen des Vorhabens wurden auf Grundlage einer Analyse vorhandener Erkenntnisse 50 Hochrisiko-Tierarten, die von den Folgen des Klimawandels besonders betroffen sein könnten, ermittelt und hinsichtlich ihrer jeweiligen Anpassungskapazität an den Klimawandel untersucht. Aus den erzielten Ergebnissen werden Handlungs- und Schutzempfehlungen für den Erhalt dieser 50 Hochrisiko-Arten abgeleitet.

5.1 Anpassungskapazitäten von wirbellosen Hochrisiko-Arten

Mollusken

Unter den 8 Hochrisiko-Molluskenarten befinden sich 6 wasserlebende Arten. Bei den 2 landlebenden Arten, der Fränkischen Berg-Schließmundschnecke (S. 36-37) und der Vierzähnigen Windelschnecke (S. 54-57) handelt es sich um Bewohner kühl-stenotoper Habitate. Die Vierzähnige Windelschnecke ist als Bewohnerin von Moorstandorten von steigenden Temperaturen und verringerten Niederschlägen in Form eines möglichen Habitatverlustes indirekt betroffen (SCHENKOVÁ et al 2012). Bei den wasserlebenden Arten (Marschschnecke, S. 29-31, Röhn-Quellschnecke, S. 32-35, Verborgenes Posthörnchen, S. 38-40, Gebänderte Kahnschnecke S. 41-43, Gemeine Flussmuschel S. 44-47, Flussperlmuschel, S. 48-53) legen die wenigen verfügbaren Literaturangaben nahe, dass sie mit steigenden Temperaturen besser zurechtkommen können als Fische (FRETTER & GRAHAM 1978, OSWALD et al. 1991, ZETTLER 2000). Auch in unseren empirischen Laborstudien mit der Röhn-Quellschnecke haben adulte Tiere über mehrere Wochen hohe Temperaturen toleriert. Die Temperaturtoleranz der Jungtiere ist dagegen unbekannt. Im Vergleich zur Temperatur scheinen die Hauptprobleme für die meisten wasserlebenden Hochrisiko-Mollusken eher in der Austrocknung ihrer Gewässer und in den indirekten Folgen des Klimawandels (Lebensraumverlust) zu bestehen. Bei vielen Arten wurde die Abschätzung des Anpassungspotentials durch einen Mangel an Daten zu ihrer Biologie erschwert. Bei 5 Arten ist keine Aussage über die Plastizität möglich, bei 6 Arten gibt es keine Literaturangaben, die eine Abschätzung des evolutionären Potentials ermöglichen. Trotzdem lässt sich festhalten, dass sich aufgrund der geringen Mobilität der Tiere (nur bei der Marschschnecke ist die Mobilität als hoch eingestuft, FRETTER & GRAHAM 1978) der Schutz der Hochrisiko-Mollusken auf den Erhalt der (Rest-) Vorkommen und ihrer Habitate inklusive deren Einzugsbereiche konzentrieren sollte. Zudem ist das Sammeln von Informationen zur Biologie der Tiere durch weitere empirische Studien wünschenswert.

Krebse

Mit Edelkrebs (S. 58-67) und Steinkrebs (S. 68-77) wurden 2 Krebsarten als Hochrisiko-Arten eingestuft. Beide sind weitgehend auf kleinere, relativ kühle Fließgewässer beschränkt, wobei z.T. auch Seen besiedelt werden. Beide Arten sind eher ausbreitungsschwach, haben vermutlich eine geringe genetische Anpassungsfähigkeit aber erhebliche plastische Kapazitäten. Dennoch sind, im Gegensatz zu vielen anderen Hochrisiko-Arten, hier unter Umständen direkte negative Auswirkungen steigender Temperaturen zu befürchten, welche die Reproduktion beeinträchtigen und zu Stressreaktionen führen können. Folgende Schutzmaßnahmen sind für beide Arten angezeigt: 1) Die größte Gefahr droht derzeit durch die weitere Ausbreitung allochthoner Krebsarten und der Krebspest. Um dies zu verhindern, dürfen bestehende Ausbreitungsbarrieren, welche Reliktpopulationen schützen, nicht entfernt werden. 2) Zur Stabilisierung und Wiederbegründung von Populationen werden Besatzmaßnahmen empfohlen, da eine natürliche Besiedlung weitestgehend ausgeschlossen ist. 3) Ufer sollten mit Bäumen (z.B. Weiden, Erlen) bestockt sein, um den Wasserkörper zu beschatten und eine starke Erwärmung zu verhindern. 4) Durch Renaturierung sollte die Strukturvielfalt der Gewässer gezielt erhöht werden. Dies kann die Tiefen- und Temperaturvarianz innerhalb des Bachbetts erhöhen, schafft kühlere Rückzugsräume in Gumpen infolge thermischer Trägheit und schützt vor kritischen Sohlspannungen.

Libellen

Die betrachteten Arten Zwerglibelle (S. 103-109), Alpen-Mosaikjungfer (S. 81-88), Hochmoor-Mosaikjungfer (S. 89-95) und Alpen-Smaragdlibelle (S. 96-102) sind in Deutschland collin bis alpin verbreitet, weisen meist nur wenige, sehr isolierte Vorkommen auf, nutzen Moore als Lebensraum und bevorzugen kühlere Temperaturen (DREYER 1986, KUHN & BURBACH 1998, STERNBERG & BUCHWALD 2000a, b). Da sie sich überwiegend in kleinen bis kleinsten Gewässern fortpflanzen, teils hochspezifische, alters- und stadienabhängige Temperaturpräferenzen aufweisen, (wenn bekannt) genetisch wenig differenziert sind und als schlechte Ausbreiter gelten, sind alle 4 Arten als vom Klimawandel hochbedroht anzusehen. Für alle gilt, dass sie mit höheren Temperaturen und austrocknenden Gewässern gar nicht oder nur schlecht zurechtkommen. Der Erhalt ihrer derzeit bekannten Vorkommen hat daher oberste Priorität. Gleichzeitig sollte versucht werden, über die Schaffung eines möglichst engmaschigen Netzes geeigneter Lebensräume Ausbreitungsmöglichkeiten zu schaffen und Metapopulationen aufzubauen (oder zu erhalten). Die vielfältigen, oft hochspezifischen Lebensraumanforderungen sind in einem aktiven Habitatmanagement kaum permanent umsetzbar. Daher bleibt nur die Schaffung von ausreichend großen, vernetzten Lebensräumen mit möglichst vielfältigen Mikrohabitaten, aus denen sich die Tiere selbst die für sie am besten geeigneten aussuchen können. Das Wissen, welche Mikrohabitate für das Überleben der einzelnen Arten elementar sind, ist – im Vergleich zu anderen Organismengruppen – in den meisten Fällen in publizierten Arbeiten bereits verfügbar.

Käfer

Totholz bildet einen Lebensraum für eine vielfältige Artengemeinschaft. Allerdings stellen totholzbewohnende Organismen überproportional viele der gefährdeten Arten in Europa, und innerhalb der Ordnung der Käfer repräsentieren xylobionte Arten die gefährdetste Gruppe (ODOR et al. 2006, SCHNITTER 2006). Der Klimawandel könnte eine zusätzliche Bedrohung für xylobionte Käfer darstellen und die Situation der Restvorkommen weiter verschärfen.

Die empirische Studie untersuchte den Einfluss des Mikroklimas auf xylobionte Käfergemeinschaften kolliner bis submontaner Lagen im nördlichen Steigerwald. Ziel war eine Abschätzung der möglichen Anpassungskapazitäten gefährdeter xylobionter Arten an Veränderungen bedingt durch den Klimawandel. Die Studie wurde an liegendem Totholz (Buche, Eiche) in fortgeschrittenen Zersetzungsstadien an 20 Nord- und Südhängen im Forstbetrieb Ebrach durchgeführt. Dabei konnten 192 der 438 bekannten xylobionten Käferarten des nördlichen Steigerwalds (MÜLLER 2005, MERGNER, pers. Mitteilung) erfasst werden, darunter 51 Rote-Liste-Arten (RLD, Geiser 1998). Buchentotholzstämme enthielten mehr Käferindividuen als Totholzstämme von Eichen. Dagegen wurde in Totholzstämmen an südexponierten Hängen eine höhere Artenzahl gefunden als an Nordhängen. Steigende Temperatur und Lichtverfügbarkeit hatten einen konsequent positiven Einfluss auf den Artenreichtum, sowie auf die Abundanz von 8 der 9 untersuchten Rote-Liste-Arten. Eine Rote-Liste-Art, *Phloiotrya rufipes* (RLD 3, Geiser 1998), wurde dagegen negativ von zunehmender Lichtverfügbarkeit beeinflusst. Hangexposition, Temperatur, Lichtverfügbarkeit und Baumart wirkten sich auch auf die Artenzusammensetzung aus. Luftfeuchtigkeit und Totholzvorrat hatten weder Auswirkungen auf den Artenreichtum noch auf die Artenzusammensetzung. Dieses Ergebnis ist jedoch wahrscheinlich lediglich das Resultat des ähnlichen Totholzangebots auf den verschiedenen untersuchten Flächen bedingt durch das Untersuchungsdesign.

Ein Temperaturanstieg von im Mittel 0,5 Grad sowie eine Verbesserung der Lichtverfügbarkeit wirkten sich positiv auf den Artenreichtum und das Vorkommen der meisten der untersuchten Rote Liste Arten (Geiser 1998) aus. Dies stimmt mit den wenigen Studien über den Einfluss mikroklimatischer Parameter auf xylobionte Käfergemeinschaften überein (HORÁK & RÉBEL 2013, LACHAT et al. 2012, FRANC & GÖTMARK 2008, RANIUS & JANSSON 2000). Aus unserer Studie wurde daher bei den meisten untersuchten xylobionten Käferarten der kollinen bis submontanen Lagen keine unmittelbare direkte Gefährdung durch den Klimawandel erkennbar. Da im Zuge des Klimawandels jedoch mit stärkeren Temperaturerhöhungen als von durchschnittlich 0,5 Grad zu rechnen ist, sollten in der Zukunft vermehrt größere Mengen Totholz (20-60 m^3/ha) als Puffer akkumuliert werden, wie sie schon seit längerem als zielführend für den Naturschutz im Wald angeben werden (SCHERZINGER 1995, GOSSNER et al. 2013). In kühleren Waldteilen und an Nordhängen sollte der Totholzvorrat bei 60 m^3/ha liegen. In anderen Arbeiten konnte gezeigt werden, dass xylobionte Artengemeinschaften kühlerer Klimate, wie die montaner Buchenwälder oder borealer Wälder, ein deutlich höheres Totholzangebot benötigten, um überleben zu können als Arten wärmerer Klimate (LACHAT et al. 2012, LASSAUCE et al. 2011).

Viele Studien zu xylobionten Arten bezeichnen die vorhandene Menge an Totholz (Totholzvorrat), dessen Zersetzungszustand, Dimension und Zusammensetzung aus bestimmten Baumarten sowie die Kontinuität des Angebots (Habitattradition) als entscheidende Parameter sowohl für den Artenreichtum xylobionter Käfer als auch für die Anzahl an Rote Liste Arten und Urwaldreliktarten (GOSSNER et al. 2013, STOKLAND et al. 2012, LACHAT et al. 2012, MÜLLER et al. 2005). Totholz stellt die einzige Ressource für xylobionte Käfer dar und ist damit Voraussetzung für ihr Überleben.

Die Ergebnisse der empirischen Studie legen nahe, dass die meisten der untersuchten xylobionten Käferarten plastisch auf geringe Temperaturerhöhungen reagieren können und somit eine gewisse Anpassungskapazität an Temperaturveränderungen besitzen. Wärmere Lagen und Lagen mit einer höheren Lichtverfügbarkeit wiesen in unserer Studie dabei sogar einen höheren Artenreichtum und eine höhere Wahrscheinlichkeit des Vorkommens fast aller getesteten Rote Liste Arten (GEISER 1998) auf. Bei diesen Ergebnissen ist allerdings zu beachten, dass es sich bei den untersuchten Käferarten nicht um Hochrisiko-Arten für den Klimawandel handelte. Eine direkte Übertragung der hier erzielten Erkenntnisse auf die in der Literaturstudie betrachteten Hochrisiko-Käferarten, die ebenfalls an Totholz gebunden sind, erscheint aufgrund deren spezieller Biologie und Lebensraumansprüche schwierig.

Die in den Steckbriefen besprochenen 7 Hochrisiko-Käferarten weisen in der Regel kleine bis sehr kleine Populationsgrößen und ein geringes bis sehr geringes Ausbreitungspotential auf, sofern hierzu Literaturdaten vorhanden sind. Mindestens 5 der Arten sind obligat auf Totholz angewiesen. Zwei Arten nutzen Hochmoore als Lebensraum. Für diese beiden Arten ist der Schutz von Hochmooren essentiell. Für die einige der anderen Hochrisiko-Käferarten sollten alte, strukturreiche Wälder mit einem hohen Angebot an Totholz, auch in älteren Zersetzungsstadien, erhalten bzw. geschaffen werden. Dies würde auch einen Großteil der in der empirischen Studie untersuchten xylobionten Käferarten unterstützen. Darüber hinaus wird aus der Literaturstudie jedoch auch deutlich, dass jede der bearbeiteten Hochrisiko-Käferarten sehr spezielle Ansprüche an ihren Lebensraum und damit an die benötigten Schutzmaßnahmen stellt, die z.T. nur spezifisch für jede Art im Einzelnen zu realisieren und umzusetzen sind. Dies wird in den jeweiligen Steckbriefen detailliert dargelegt. Im Vordergrund sollte dabei immer die Optimierung des Ressourcenangebots für die jeweilige Art vor Ort stehen, um zusätzliche negative Einflüsse des Klimawandels abmildern zu können, da die Ausbreitungsfähigkeit der betrachteten Hochrisiko-Arten in der Regel relativ stark eingeschränkt ist.

Hochmoor-Nachtfalterarten

Viele an Moore gebundene Nachtfalterarten sind in Deutschland nur noch in kleinen Restpopulationen und sehr lokal auf kleinen Arealen vorhanden (EBERT 1998, EBERT 2001, GELBRECHT 1988). Die meist boreo-montan-alpine Verbreitung und die häufig enge Bindung an oligotroph-saure Moore sprechen für eine ausgeprägte Vorliebe für feucht-kalte Standorte bei diesen Arten. Es erstaunt daher nicht, dass sich unter den 50 Hochrisiko-Arten 5 an Hochmoore gebundene Nachtfalterarten finden. Die Zahl der von diesen Nachtfalterarten besiedelten Moore hat in den vergangenen Jahrzehnten wahrscheinlich stark abgenommen. Da die Migrationsfähigkeit moorlebender Arten generell als gering eingeschätzt wird (SPITZER & DANKS 2006), ist davon auszugehen, dass durch die lange zeitliche und räumliche Trennung die genetischen Unterschiede zwischen den Populationen hoch sind. Zudem muss davon ausgegangen werden, dass die lokale genetische Diversität aufgrund der vermutlich kleinen lokalen Populationsgrößen sehr gering ist (ALLENTOFT et al. 2009, KEYGHOBADI 2007, SPITZER & DANKS 2006). Aus diesem Grund wird das evolutionäre Anpassungspotenzial, zumindest lokal, als sehr gering und das lokale Aussterberisiko durch stochastische Ereignisse als sehr hoch angesehen. All diese Faktoren sind charakteristisch für potentielle Verlierer des Klimawandels (RABITSCH et al. 2010).

In den empirischen Studien wurden Mortalitätsraten, Entwicklungsdauer, Fraßaktivität der Raupen, Puppengewichte und metabolische Raten mehrerer Nachtfalterarten in verschiedenen Klimaszenarien bestimmt. Keine der identifizierten Hochrisiko-Arten konnte aufgrund ihrer Seltenheit in dem relativ kurzen Untersuchungszeitraum gefangen werden. Die kalt-stenotope, boreo-montan-alpin verbreitete Graue Heidelbeereule *Eurois occulta* diente daher als Stellvertreter. Wie erwartet zeigten die Laborstudien, dass eine Temperaturerhöhung, zumindest in einem artspezifischen Toleranzbereich, die Entwicklungszeit verkürzte und die Fraßaktivität erhöhte. Die schnelle und hohe Mortalität von *E. occulta* in den nachgestellten warmen und trockenen Klimaszenarien deuten auf eine sehr geringe Anpassungsfähigkeit an erhöhte Temperaturen bei kalt-stenotopen Nachfalterarten hin. Allerdings konnte in unserer Studie nicht geklärt werden, ob die hohe Mortalität durch einen direkten physiologischen Effekt durch die Temperatur verursacht wurde oder indirekt ausgelöst wurde, zum Beispiel durch Austrocknung. Die Reaktion anderer Nachfalterarten von verschiedenen Lebensräumen in Bezug auf Mortalität und Puppenmassen auf dieselben nachgestellten Klimaszenarien zeigten aber auch, dass die Reaktionen auf erhöhte Temperaturen bei Nachtfaltern aus unterschiedlichen Habitaten sehr variabel sein können und die Übertragbarkeit der Befunde zwischen Arten daher schwierig ist.

Die vermutete geringe Temperaturtoleranz bei Hochmoor-Nachtfalterarten kann nicht isoliert betrachtet werden. Neben der vom Menschen verursachten Verkleinerung, Eutrophierung, Fragmentierung und Trockenlegung der Moore (GELBRECHT et al. 2003, WILSON & PROVAN 2003), sind die Arten zusätzlich indirekt durch den Klimawandel gefährdet, da dieser ein verstärktes Verschwinden ihrer Moor-Habitate durch Austrocknung bewirkt. Entscheidend für das Überleben der Hochmoor-Nachtfalterarten ist sehr wahrscheinlich die Verfügbarkeit ihrer meist sehr spezifischen Wirtspflanzen (SPITZER & DANKS 2006). Diese sind vor allem durch die Eutrophierung und das Trockenfallen der Moore bedroht. Andererseits sind die Wirtspflanzen zum Teil auch direkt durch den Klimawandel gefährdet, durch Verschiebungen von Temperatur- und Niederschlagsmustern (BREEUWER et al. 2010). Daraus folgt, dass primär die lokalen Bestände der Wirtspflanzen durch Renaturierungsmaßnahmen stabilisiert und vergrößert werden müssen. Daher sind der Erhalt des Grundwasserspiegels und des moortypischen Wasserhaushalts, das Offenhalten der Flächen und die Wiedervernässung bestehender Moore die zentralen Schutzaufgaben. Dabei sind Habitatgröße und -qualität entscheidend, da diese die Größe und genetische Diversität der Nachtfalterpopulationen bestimmen (DREES et al. 2011, THOMAS et al. 2001). Eine erhöhte genetische Diversität auf lokaler Ebene kann dazu beitragen, das Aussterberisiko durch stochastische Ereignisse, wie die im Zuge des Klimawandels häufiger erwarteten Hitze- und Trockenheitsperioden, zu dämpfen (CHAPMAN et al. 2009, REED & FRANKHAM 2003, SAMOLLOW & SOULÉ 1983).

Weiterhin deuten unsere Untersuchungen darauf hin, dass kleinräumig verschiedene mikroklimatische Bedingungen benötigt werden, um ein ausreichendes Angebot von Temperatur- und Feuchtigkeitsnischen zu garantieren. Um dies zu gewährleisten, müssen anthropogen verursachte Degradierungen der Moore durch Torfabbau beziehungsweise durch Eutrophierung in Folge angrenzender Landwirtschaft verhindert werden. Dazu tragen auch ausreichend große Pufferzonen um die Schutzgebiete bei, in denen auf Ackernutzung und Grünlanddüngung verzichtet wird. Außerdem muss die Einleitung nährstoffreichen Fremdwassers ausgeschlossen werden.

Die systematische Inventarisierung der bestehenden Hochmoore ist eine weitere zentrale Aufgabe. Derzeit ist unklar, an welchen historischen Fundorten die von uns untersuchten Hochrisiko-Nachtfalterarten noch vorkommen. An ausgewählten Standorten könnte ein längerfristiges Monitoring sinnvoll sein, um die Populationsgrößen abschätzen zu können. Da viele Insektenpopulationen in Zyklen von einem bis zu mehreren Jahren steigen und fallen, kann eine einmalige Inventarisierung möglicherweise zu falschen Schlussfolgerungen führen (ITÄMIES et al. 2011). Für ein längerfristiges Monitoring bieten sich Arten wie zum Beispiel der Moosbeerenspanner *Carsia sororiata* (S. 167 - 170) an. Diese Spannerart ist im zentralen Verbreitungsgebiet extrem eng an oligotroph-saure Moore gebunden. Bei Veränderung des Habitats, zum Beispiel durch Austrocknung und infolge von Sukzessionsveränderungen, können lokale Populationen dieser Art sehr schnell erlöschen (GELBRECHT 1988, GELBRECHT et al. 1995, GELBRECHT et al. 2003). Somit könnte der Moosbeerenspanner als eine Indikatorart zur Abschätzung der Folgen des Klimawandels auf Moor-gebundene Arten dienen. Eine zentrale und regelmäßige Erfassung der Nachweise in Deutschland würde entscheidend zu einer besseren Abschätzung der heutigen Verbreitung und der Populationsgrößen beitragen.

Falls es gelingt, die noch vorhandenen Populationen hochmoorlebender Nachtfalterarten zu stabilisieren, ist als zusätzlicher Schritt die Einrichtung eines Netzwerks weiterer Schutzgebiete sinnvoll. Dies sollte vor allem regional durchgeführt werden, da die Mobilität der meisten Hochrisiko-Arten gering ist. Dabei können vor allem die Mittelgebirge und das Voralpen-/Alpengebiet als Refugien eine wichtige Rolle spielen, da in höheren Lagen auch zukünftig mehr kühle und feuchte Lebensräume zur Verfügung stehen werden. Es sollte zudem geprüft werden, ob naturschutzfachlich und wissenschaftlich begleitete Wiederansiedlungen auf geeigneten, regenerierten Hochmoorflächen das Aussterberisiko der Arten minimieren können. Für eine verlässliche Einschätzung besteht derzeit noch deutlicher Forschungsbedarf zur Biologie und zu den ökologischen Ansprüchen der Arten. Für viele Arten ist zum Beispiel unklar, ob Raupen und Falter unterschiedliche kleinräumige Strukturen benötigen. Aus derzeitiger Sicht ist vor allem darauf zu achten, dass auf den verbleibenden Moorflächen auch bei den zu erwartenden verringerten Niederschlägen und erhöhten Temperaturen langfristig ein stabiler Wasserhaushalt gewährleistet werden kann.

Tagfalter

Unter den identifizierten Hochrisiko-Arten befanden sich 7 Tagfalter-Arten, darunter zwei Arten mit boreo-alpiner Verbreitung (*Boloria titania,* S. 182-187, *Lycaena helle,* S. 203-210) aber auch ein mediterran-atlantisches Faunenelement (*Carcharodus floccifera,* S. 188-192). Die übrigen Arten zeigten eine eurasische Verbreitung. Sehr auffällig ist, dass 5 der 7 Arten in Feuchtgebieten vorkommen, während *Euphydryas aurinia* (S. 193-202) ein Verschiedenbiotop-Bewohner und *Parnassius mnemosyne* (S. 232-239) eine Art offener Waldökotone ist. Hierbei ist zu beachten, dass letztere Art in Mitteleuropa auf feucht-kühle Mesoklimate beschränkt ist. Für keine einzige der untersuchten Arten liegen jedoch eindeutige Hinweise darauf vor, dass sie durch im Rahmen des Klimawandels steigende Temperaturen unmittelbar bedroht sein könnten. Unter unmittelbarer Bedrohung soll hier verstanden werden, dass moderat steigende Temperaturen starken Stress ausüben oder gar letale Werte erreichen. Dies ist vor allem den mutmaßlich erheblichen plastischen Kapazitäten von Tagfaltern geschuldet. Dies bedeutet, dass die betreffenden Tagfalter vermutlich relativ gut mit erhöhten Temperaturen zurechtkommen können. Hierbei ist allerdings einschränkend zu erwähnen, dass belastbare empirische Daten zu plastischen Kapazitäten für die meisten Arten mangels entsprechender Experimente derzeit nicht vorliegen. Dennoch ist zu vermuten, dass Tagfalter generell über erhebliche plastische Kapazitäten verfügen, wie dies für verschiedene Arten bereits gezeigt wurde (FISCHER & KARL 2010).

Exemplarisch soll hier auf die eigenen empirischen Untersuchungen an *Lycaena helle* verwiesen werden. Klima-Simulationsexperimente zeigten, dass weder um 4°C höhere Temperaturen noch simulierte Hitzewellen negative Auswirkungen auf Entwicklungsdauer, Puppengewicht oder Überlebensraten zeitigten. Vor dem Hintergrund, dass es sich bei *L. helle* um eine glaziale Reliktart kühl-feuchter Habitate handelt, war dieser Befund extrem überraschend. Dieses könnte darauf zurückzuführen sein, dass die Art innerhalb ihrer meso-klimatisch kühl-feuchten Lebensräume mikro-klimatisch sehr warme Standorte präferiert. Diese Befunde lassen selbst bei einer glazialen Reliktart auf ausgeprägte plastische Kapazitäten gegenüber erhöhten Temperaturen schließen. In einer weiteren empirischen Studie an der kalt-stenotopen Quellschnecke *Bythinella compressa* waren die Ergebnisse ganz ähnlich. Trotz der Beschränkung auf dauerhaft kalte Quellen im Freiland wurden Temperaturen von bis zu 24°C scheinbar problemlos toleriert. Basierend auf diesen Ergebnissen und verschiedenen weiteren Indizien lässt sich schlussfolgern, dass die meisten Ektothermen der gemäßigten Breiten über ganz erhebliche plastische Kapazitäten verfügen, so vermutlich auch die hier betrachteten Tagfalter.

Hieraus zu schließen, dass die betreffenden Arten nicht durch den Klimawandel gefährdet seien, wäre jedoch falsch. Allerdings verdienen weniger die direkten als vielmehr die indirekten Auswirkungen des Klimawandels verstärkte Aufmerksamkeit. Von besonderer Bedeutung bei Tagfaltern könnten hier negative Auswirkungen auf die Raupenfutterpflanzen sein, da sich die meisten Arten nur von einer bzw. von wenigen Arten ernähren (EBERT & RENNWALD 1991). Im Zuge des Klimawandels könnten die Futterpflanzen verschiedener Arten, bedingt durch zunehmende Trockenphasen verbunden mit veränderten Konkurrenzsituationen sowie Änderungen in den Lebensgemeinschaften, deutlich zurückgehen. Dies betrifft in erster Linie Pflanzenarten auf feuchten sowie nährstoffärmeren (z.B. infolge von Torfmineralisierung bedingt durch niedrige Wasserstände) Standorten. Folglich müssen negative Veränderungen der Lebensräume im Zuge des Klimawandels für alle der hier betrachten Tagfalter und insbesondere für die Feuchtgebietsarten befürchtet werden. Bei den beiden Ameisenbläulingen (*Maculinea nausithous* S. 213-221 und *M. teleius,* S. 222-231) kommt erschwerend hinzu, dass zumindest in den kontinentalen Gebieten Deutschlands auch negative Auswirkungen auf die spezifischen Wirtsameisen zu befürchten sind (SETTELE et al. 2008).

Vor dem skizzierten Hintergrund zu erwartender negativer Lebensraumveränderungen ist das relativ geringe Ausbreitungspotential der Tagfalter-Hochrisiko-Arten besonders kritisch zu sehen. Dies bedeutet, dass nicht bzw. nur sehr eingeschränkt von einer Verlagerung der Verbreitungsgebiete nach Norden (oder in größere Höhenlagen) ausgegangen werden kann. Folglich müssen Management-Maßnahmen zugunsten der betreffenden Tagfalter vor Ort ansetzen. Das genetische Anpassungspotential ist sehr schwer einzuschätzen, wirklich belastbare Daten liegen nicht vor. Zumindest drei der hier betrachteten Arten (*Lycaena helle, Carcharodus floccifera, Parnassius mnemosyne*) kommen nur noch in kleinen und isolierten Reliktpopulationen vor, was die Möglichkeiten zur genetischen Anpassung erheblich einschränken könnte. Zudem unterliegen diese Populationen einem erheblichen Aussterberisiko bedingt durch Umwelt-Stochastizität, wie Fluktuationen in der Temperatur und den Niederschlägen.

Basierend auf den oben angeführten Punkten sowie des Vorkommens in zumindest lokal kleinen Populationen lassen sich folgende Schutzmaßnahmen ableiten: 1) Von entscheidender Bedeutung ist die Optimierung der Habitatqualität durch ein entsprechendes Management. Befindet sich der Lebensraum in einem guten Zustand, wirkt sich das positiv auf Populationsgrößen (Pufferung stochastischer Effekte wie Wetterextreme) sowie die Fähigkeit aus, zusätzliche Stressoren (Klimawandel) zu verkraften. 2) Aufgrund des vorhergesagten häufigeren Auftretens ausgeprägter Trockenphasen kommt hierbei der Verbesserung bzw. Stabilisierung des Wasserhaushalts eine entscheidende Bedeutung zu, zumal ganz überwiegend Feuchtgebietsarten betroffen sind. 3) Die strukturelle Habitatdiversität sollte auf der Mikro- und Meso-Ebene erhöht bzw. erhalten werden. Durch eine große Strukturvielfalt (z.B. Bulten-Schlenken-Komplexe, Feuchtigkeitsgradienten, unterschiedliche Expositionen) lassen sich die Einflüsse unterschiedliche Witterungsbedingungen besser kompensieren. Dieser Aspekt hat auch erhebliche Auswirkungen auf das Design von Schutzgebieten. 4) Vor dem Hintergrund von Punkt 3 sowie dem geringen Ausbreitungspotential der meisten Hochrisiko-Arten ist dem funktionalen Biotopverbund (d.h. auf Meta-Populations-Ebene) stärkere Beachtung zu schenken.

5.2 Anpassungskapazitäten von Hochrisiko-Wirbeltieren

Fische

Alle 4 untersuchten Fischarten werden in der Literatur als kalt-stenotop beschrieben (Übersicht in KOTTELAT & FREYHOF 2007). Die Stechlin-Maräne (S. 259-262), die stellvertretend für andere *Coregoniden* betrachtet wurde, ist die einzige der Hochrisiko-Fischarten, die in stehenden Gewässern vorkommt. Dagegen sind der atlantische Lachs (S. 245-252), die Äsche (S. 253-258) und die Groppe (S. 240-244) auf sauerstoffreiche Fließgewässer angewiesen. Bei diesen 3 Arten gab es deutliche Hinweise darauf, dass steigende Wassertemperaturen sich direkt auf das Überleben und/oder den Reproduktionserfolg negativ auswirken. Neben steigenden Temperaturen gefährden durch den Klimawandel induzierte verändernde Abflussregime und Strömungsgeschwindigkeiten (als Folge von veränderten Niederschlagsmustern) die Populationen der auf Fließgewässer angewiesenen Hochrisiko-Arten. Mit steigenden Temperaturen werden zudem häufigere schädliche Algenblüten und ein erhöhtes Aufkommen von Fischparasiten prognostiziert, was die Bestände des atlantischen Lachses auch während der Meeresphase gefährden kann (EDWARDS & JOHNS 2006). Bei der Groppe ist unklar, wie viele Arten tatsächlich in Deutschland vorkommen, so dass isolierte Vorkommen näher untersucht werden sollten (KOTTELAT & FREYHOF 2007). Die Einwanderung einer Hybridform von Schelde- und Rhein-Groppe könnte eine weitere Gefahr bedeuten. Da diese Hybride sehr erfolgreich neue Habitate besiedeln, könnten sie einen physiologischen Vorteil haben und steigende Wassertemperaturen besser tolerieren. Die Hybridform könnte sich so im Zuge des Klimawandels schnell ausbreiten und möglicherweise die Groppe verdrängen und/oder mit ihr hybridisieren (NOLTE et al 2005). Für die Stechlin-Maräne konnten keine direkten Gefahren im Zuge des Klimawandels in der Literatur gefunden werden, da sie in nur im Stechlinsee (Mecklenburg-Vorpommern) vorkommt, wo sie die unteren, kühleren Zonen bewohnt. Dennoch könnten steigende Wassertemperaturen in diesem See zu einer Verschiebung des Hypolimnion führen, wie es DOKULIL et al. (2006) für andere große europäische Gewässer nachwies. Somit besteht die theoretische Gefahr, dass die Stechlin-Maräne von der kleinen Maräne (*Coregonus albula*), die die oberen und wärmeren Wasserschichten bewohnt, verdrängt wird.

In erster Linie sollten Untersuchungen an kleinen Gewässer – ähnlich DOKULIL et al. (2006) – erfolgen, um festzustellen, ob und in welchen Dimensionen die Wassertemperatur ansteigt. Renaturierungsmaßnahmen wie z.B. das Anlegen von künstlichen Inseln in Fließgewässern erhöhen die Habitatqualität für die hier besprochenen Arten und tragen somit zu deren Schutz bei. Hierbei kann es zu Zielkonflikten mit dem technischen Umweltschutz (Hochwasserschutz) kommen, die es im Vorfeld zu Erkennen und zu vermeiden gilt. Darüber hinaus ist eine taxonomische Evaluierung (Groppe, Äsche) sehr zu empfehlen, um die Verantwortung für die in Deutschland vorkommenden Arten besser einschätzen zu können.

Amphibien

Bei den Amphibien wurden der Alpensalamander (S. 292-300), die Gelbbauchunke (S. 263-277) und der Moorfrosch (S. 278 291) untersucht. Zu den beiden letztgenannten Arten wurden neben der Literaturstudie auch empirische Untersuchungen durchgeführt. Die 3 Arten unterscheiden sich fundamental in vielen verschiedenen Aspekten ihrer Verbreitung, Habitatwahl und Biologie und sind somit geeignet, gewissermaßenstellvertretend für die deutsche Amphibienfauna zu stehen (GÜNTHER 1996). Alpensalamander und Moorfrosch gelten als kälteliebend (KLEWEN 1986, GUEX & GROSSENBACHER 2004, LAUFER & PIEH 2007, GLANDT 2008) und damit für Temperaturanstieg anfällig. Die Gelbbauchunke kommt bereits jetzt in überwiegend warmen bis sehr warmen Lebensräumen vor (GOLLMANN & GOLLMANN 2012). Trotz ihrer vermutlich höheren Temperaturpräferenzen könnte sie dies ebenfalls gefährden, wenn ihr Temperaturoptimum überschritten wird oder ihre Lebensräume austrocknen. Die beiden Anurenarten sind mit einem aquatischen Kaulquappen- und einem terrestrischen Adultstadium völlig unterschiedlichen Umwelteinflüssen ausgesetzt. Dies ist beim lebendgebärenden Alpensalamander nicht der Fall. Allen 3 Arten gemein ist ihr relativ geringes Ausbreitungspotential (für Details siehe Arten-Steckbriefe).

Bei der Gelbbauchunke konnten wir zeigen, dass sich Entwicklungsstrategien innerhalb einer Population im Laufe der Saison ändern können. Das könnte dafür sprechen, dass sich diese Populationen auch plastisch an veränderte Umweltbedingungen anpassen können. Andererseits stellte sich heraus, dass sich sogar eng benachbarte, aber in unterschiedlichen Lebensräumen vorkommende Populationen (Wald und Steinbrüche) in ihrer Entwicklungsbiologie unterscheiden, selbst dann, wenn sie unter identischen Bedingungen aufgezogen werden. Das spricht dafür, dass Populationen lokale Anpassungen entwickelt haben und bei direkten Veränderungen in ihren angestammten Habitaten möglicherweise nicht in der Lage sind, plastisch zu reagieren. Die grundsätzliche artspezifische Breite der Anpassungskapazität an den Klimawandel, kann daher nur dann voll ausgeschöpft werden, wenn die verschiedenen Populationen in der Lage sind, alternative Lebensräume aufzusuchen. Eine wichtige Grundvoraussetzung für den nachhaltigen Schutz der Gelbbauchunke (und auch der meisten anderen Amphibienarten) ist deshalb eine möglichst engmaschige Vernetzung potentiell geeigneter, bereits besiedelter und unbesiedelter Lebensräume. Diese sollten grundsätzlich auch eine möglichst hohe Mikrohabitatvielfalt (aquatisch und terrestrisch, siehe Steckbrief Gelbbauchunke) aufweisen, um es den Tieren zu ermöglichen, jeweils geeignete Bereiche aufsuchen zu können.

Wie unsere Untersuchungen zeigten, bietet Offenland (hier Steinbrüche) derzeit die potentiell besten Bedingungen für Gelbbauchunken. Andererseits stellt dieser Lebensraum die Unken bereits jetzt vor hohe Anforderungen. Die Laichgewässer trockneten in den letzten Jahren zu einem sehr hohen Anteil aus, so dass die Rekrutierung von Jungtieren nur gering ausfiel. Die hohe Lebenerwartung von Gelbbauchunken kann sicher für einzelne, ungünstige Jahre kompensieren. Inwieweit Populationen aber auch bei lang anhaltend schlechter werdenden Umweltbedingungen überleben können, ist unbekannt. Schon jetzt übersteigen während der Sommermonate die Wassertemperaturen der Laichgewässer teilweise die physiologische Grenze der Kaulquappen. Nannten ältere Literaturangaben noch 35°C als Obergrenze (siehe PAWLOWSKA-INDYK 1980), maßen wir oft höhere Temperaturen. Zudem wählten Steinbruchquappen in von uns durchgeführten Wahlversuchen Temperaturen, die deutlich unter denen im Freiland liegen. Der Klimawandel könnte die Gelbbauchunke deshalb nicht nur durch ein häufigeres Austrocknen ihrer Laichgewässer gefährden, viele Kleinstgewässer könnten auch durch zu hohe Temperaturen ungeeignet werden. Wir empfehlen deshalb bei dieser Art in Zukunft vermehrt darauf zu achten, die bestehenden Waldpopulationen zu erhalten und zu fördern, da sie Klimaveränderungen besser abgepufferern als dies im Offenland der Fall ist.

Der Moorfrosch hat in Deutschland einen Verbreitungsschwerpunkt in Nordostdeutschland (SCHIEMENZ & GÜNTHER 1994), das als besonders betroffen vom Klimawandel gilt (RABITSCH et al. 2010). Überraschenderweise zeigten die als kalt stenotherm geltenden Moorfroschkaulquappen in unseren Versuchen bei höheren Temperaturen weder negative Auswirkungen auf die Larvaldauer und Metamorphosegröße noch eine höhere Mortalität. Da die Art grundsätzlich auch Gewässer besiedelt, die seltener austrocknen und den Kaulquappen die Möglichkeit bieten, verschiedene Mikrohabitate zu wählen (GLANDT 2006), gehen wir davon aus, dass diese Art bei moderaten Temperaturerhöhungen und nicht zu starken Trockenperioden zumindest im Larvalstadium nicht gefährdet ist. Inwieweit dies auch für überwiegend kleine und flache Moorgewässer in

Süddeutschland gilt, kann derzeit nicht eingeschätzt werden (LAUFER & PIEH 2007). Ebenso konnten wir nicht untersuchen, welche Auswirkungen höhere Temperaturen und trockenere Sommer auf die adulten Frösche haben. Folgende Faktoren erachten wir als potentiell gefährlich: Mildere Winter könnten dazu führen, dass die Frösche während der Überwinterung zu viele Energiereserven verlieren und die Gonadenreifung insgesamt sowie deren Synchronisation zwischen den Geschlechtern suboptimal verläuft. Höhere Temperaturen könnten grundsätzlich zu einer längeren Aktivitätsphase der Frösche im Frühjahr und Herbst führen. Besonders Letzteres könnte zur Anlage größerer Energiereserven für die Überwinterung und für das Wachstum (damit evtl. frühere Geschlechtsreife) genutzt werden. Andererseits könnten höhere Temperaturen, niedrigere Luftfeuchtigkeit und verminderte Regenfälle während der Aktivitätszeit der Frösche auch dazu führen, dass diesen weniger Zeit zur Aktivität und damit zur Nahrungsaufnahme bleibt, sowie weniger geeignete Versteckmöglichkeiten zur Verfügung stehen. Dies hätte langfristig negative Auswirkungen auf die individuellen Überlebenschancen und damit auf die Gesamtpopulationsdynamiken. Entsprechende empirische Untersuchungen zur Biologie unserer heimischen Amphibienarten, die hier für verlässliche Prognosen herangezogen werden könnten, fehlen aber fast vollständig. Die Schaffung möglichst vernetzter Lebensräume mit einer breiten Auswahl an unterschiedlichen Mikrohabitaten sollte am ehesten geeignet sein, negative Folgen des Klimawandels für den Moorfrosch abzumildern.

Letzteres gilt in gleicher Weise für alle Amphibienarten, also auch für den Alpensalamander. Für diese Art ist nach wie vor nicht schlüssig geklärt, wie das auf montan-alpine Lebensräume beschränkte Vorkommen zu erklären ist (KLEWEN 1986; siehe aber WERNER et al. 2013). Untersuchungen über die physiologischen Grenzen dieser Art sind uns nicht bekannt. Es ist damit nahezu unmöglich vorherzusagen, wie diese Art auf Temperaturanstiege reagieren wird. Vorhersagen zukünftiger Verbreitungsszenarien von ektothermen Arten, die in Lebensräumen mit einer Vielzahl an Mikrohabitaten und -klimata vorkommen, sind mit derzeit gängigen Nischenmodellierungen wegen ihrer grobskaligen Rasterung nur bedingt geeignet.

Hier könnte detaillierteres Wissen zu art-, stadien- und altersspezifischen Temperaturansprüchen zu einer erheblichen Verbesserung von Vorhersagemodellen führen. Insbesondere liegen unsere Wissensdefizite eher bei den metamorphosierten Stadien der Amphibien im Landlebensraum.

Nach derzeitigem Wissensstand gehen wir bei Kleinstgewässern, die bereits am Temperaturlimit ihrer Bewohner liegen und die den in ihnen lebenden Organismen kaum Auswahl- und Ausweichmöglichkeiten lassen, davon aus, dass der Klimawandel in absehbarer Zeit mit direkten negative Folgen (Entwicklungsdefizite oder Tod) für die heimischen Amphibien verbunden ist. Neben dem unmittelbaren Temperaturanstieg und seinen physiologischen Folgen steigt die in diesen Gewässern bereits jetzt hohe Gefahr des Austrocknens natürlich weiter an. Die zu erwartenden negativen indirekten Folgen, wie schlechtere Energiebilanzen, eingeschränkte Aktivitätszeiten und verringerte Fekundität, sind aufgrund fehlender Daten derzeit in ihrer Bedeutung für das Überleben von Populationen nicht abschätzbar. Hier gibt es noch erhebliches Forschungspotential für den angewandten Naturschutz in den nächsten Jahren und Jahrzehnten.

Säuger

Die Analysen der Langzeitdaten (1996-2012) zur Körpergröße und dem Überleben freilebender Bechsteinfledermäuse zeigten, dass in späteren Jahren geborene Tiere signifikant größer waren als in früheren Jahren geborene Tiere. Damit gehört die Bechsteinfledermaus zu der kleinen Gruppe von Tierarten die in ihrer Körpergröße während der letzten Jahrzehnte zugenommen hat (SHERIDAN & BICKFORD 2011). Gleichzeitig konnten wir zeigen, dass warme Sommertemperaturen das Größenwachstum der Bechsteinfledermäuse in den meisten Jahren positiv beeinflussten. Extrem heiße und trockene Jahre, wie sie im Zuge des Klimawandels häufiger zu erwarten sind, stellen vermutlich zusätzliche Herausforderungen für die Tiere dar.

Da die Sommertemperaturen während des Untersuchungszeitraumes insgesamt nur geringfügig zunahmen, kann der beobachtete Anstieg der Körpergröße nicht eindeutig einem generellen Temperaturanstieg während des Untersuchungszeitraumes zugeordnet werden. Gleichzeitig deuten unsere Ergebnisse aber daraufhin, dass bei einem fortgesetzten Trend hin zu höheren Temperaturen mit einem weiteren Anstieg der Körpergrößen bei Bechsteinfledermäusen zu rechnen ist. In diesem Zusammenhang ist für den Schutz der Bechsteinfledermaus besonders bedeutsam, dass größere Weibchen eine signifikant höhere Sterblichkeit und einen signifikant niedrigeren Lebensfortpflanzungserfolg hatten als kleinere Weibchen. Gleichzeitig zeigen unsere Analysen zur Sterblichkeit der Tiere, dass etwa zwei Drittel aller dokumentierten Sterbefälle während des Winterhalbjahres, einschließlich der Phase der Abwanderung aus dem Sommerhabitat im Herbst und der Rückkehrphase ins Sommerhabitat im nächsten Frühjahr, stattfanden. Somit kann nach derzeitigem Stand vermutet werden, dass je nach Witterung größere Weibchen weniger gut durch Herbst, Winter und Frühjahr kommen als kleinere Weibchen. Hier sind jedoch weitere Analysen notwendig, bevor ein abschließendes Urteil abgegeben werden kann, welche der drei saisonalen Phasen besonders riskant für die Tiere ist. Unsere Analysen zur Erblichkeit der Körpergröße bei Bechsteinfledermäusen ergaben mit 0,51 einen relativ hohen Wert der Erblichkeit in den untersuchten Kolonien (WRAY & VISSCHER 2008). Das bedeutet, dass die Körpergröße nicht nur von warmen Sommertemperaturen, sondern auch stark genetisch beeinflusst wird. Die Körpergröße von Bechsteinfledermäusen unterliegt damit sowohl plastischen Effekten als auch evolutionären Selektionsdrücken.

Die Analysen zur Quartiernutzung von Bechstein- und Mopsfledermaus in Abhängigkeit von der Quartiertemperatur ergaben ein uneinheitliches Ergebnis. Bei der Mopsfledermaus ergaben sich keine eindeutigen Präferenzen für warme oder kühle Quartiere während des Untersuchungszeitraumes. Hierbei ist allerdings zu beachten, dass das Aufenthaltgebiet der untersuchten Mopsfledermauskolonie sich in einem dichten Waldgebiet befand, in dem die angebotenen Fledermauskästen kaum besonnt wurden und sich daher nur wenig in ihrer Quartiertemperatur unterschieden. Bei den beiden untersuchten Bechsteinfledermauskolonien zeigte sich dagegen eine gegensätzlich Nutzung von Kästen in Abhängigkeit von der Quartiertemperatur. In einer Kolonie bevorzugten die Tiere warme gegenüber kühlen Kästen, während in der anderen Kolonie kühle gegenüber warmen Kästen bevorzugt wurden. Dabei ist allerdings zu beachten, dass die Tiere der zweiten Kolonie während der Jungenaufzuchtphase sich nicht in den Fledermauskästen aufhielten (GRÜNBERGER 2012). Frühere Untersuchungen (KERTH et al. 2001) zeigten, dass Tiere einer dritten Kolonie vor der Jungenaufzucht kühle gegenüber warmen Kästen präferierten, aber während und nach der Jungenaufzucht warme gegenüber kühlen Kästen. Unsere Freilanduntersuchungen zur Bechsteinfledermaus zeigen also, dass diese Art sehr flexibel auf unterschiedliche Quartiertemperaturen reagiert und je nach Saison und möglicherweise auch unterschiedlich in verschiedenen Kolonien einmal warme und einmal kühlere Quartiere bevorzugt. Die parallel durchgeführten Untersuchungen zur sozialen Thermoregulation (KÜPPER 2013) zeigen zudem, dass Bechsteinfledermäuse über die Wahl unterschiedlicher Gruppengrößen und durch die Wahl unterschiedlicher Positionen innerhalb einer Hangplatzgruppe eine Feinjustierung ihrer Körpertemperaturen vornehmen können.

Zusammenfassend zeigen unsere empirischen Studien, dass im Falle einer weiteren Klimaerwärmung mit negativen Auswirkungen auf das Überleben von Bechsteinfledermäusen zu rechnen ist, obwohl die Art prinzipiell in der Lage ist, über ihre Tagesquartierwahl ihre Umgebungstemperaturen in den Sommerquartieren zu beeinflussen. Für die Mopsfledermaus reichen die Daten derzeit nicht aus, um eindeutige Schlüsse zu ziehen. Bei beiden Arten sollte der Zusammenhang zwischen Temperatur und Niederschlag, Insektenverfügbarkeit, Fortpflanzungserfolg und Überleben unbedingt weiter untersucht werden. Die Bechsteinfledermaus könnte dabei eine wichtige Indikatorart für die Auswirkungen des Klimawandels sein.

Trotz noch bestehender Wissenslücken erlauben die Ergebnisse unserer Untersuchungen Hinweise für Schutzmaßnahmen zur Abmilderung der Folgen des Klimawandels. Das Ergebnis, dass erhöhte Sommertemperaturen zu größeren Körpergrößen und als Folge davon zu einer geringen Fitness bei weiblichen Bechsteinfledermäusen führen, weißt auf direkte negative Folgen des Klimawandels hin. Zudem gehört die Art zusammen mit der Mopsfledermaus zu den am stärksten durch den Klimawandel bedrohten europäischen Fledermausarten (SHERWIN et al. 2013). Da hierbei insbesondere der Lebensraumverlust eine wichtige Rolle spielt (Stichwort „Energieholz“; kurze Baum-Umtriebszeiten), ist der Erhalt und die Förderung strukturreicher Laubwälder mit Alt- und Totholzbeständen essentiell zum Schutz der in Deutschland stark gefährdeten und für den Naturschutz wichtigen Mops- und Bechsteinfledermaus. Zur Abpufferung der negativen Folgen des Klimawandels empfehlen wir daher den verstärkten Schutz und die Ausweitung von strukturreichen und alten Laubwäldern, inklusive von Wildnis- und Totalreservaten. Strukturreiche, alte Laubwälder erlauben Fledermäusen aus einer großen Anzahl von Baumhöhlen mit unterschiedlichen Mikroklima zu wählen und bieten zudem optimale Nahrungsmöglichkeiten. Davon würden die Mops- und die Bechsteinfledermaus gleichermaßen profitieren.

Die Literaturstudie zu Alpensteinbock (S. 312-318), Alpenschneehasen (S. 319-324, Bechsteinfledermaus (S. 306-311), Mopsfledermaus (S. 301-305) und Waldbirkenmaus (S. 325-329) ergab so gut wie keine Hinweise auf direkte negative Auswirkungen von erhöhten Temperaturen als Folge des Klimawandels. Allein AUBLET et al. (1999) vermuten, dass junge Alpensteinböcke unter hohen Temperaturen Hitzestress erfahren. Dennoch fanden sich für alle 5 Hochrisiko-Säugetierarten Hinweise darauf, dass sie durch die Folgen des Klimawandels indirekt bedroht sind. Die Birkenmaus ist auf Moore als Lebensraum angewiesen, die bei steigenden Temperaturen und verringerten Niederschlägen teilweise trocken fallen oder sogar völlig verschwinden können. Der Alpenschneehase ist durch die vom Klimawandel begünstigte Einwanderung des Feldhasen in höhere Lagen und in Folge davon durch eingeschleppte Krankheiten, Hybridisierung und Nahrungskonkurrenz bedroht (MÖRNER 1999, HACKLÄNDER et al 2008). Ein verfrühter Fellwechsel wie von MILES et al. (2013) beim Schneeschuhhasen gezeigt, könnte zudem beim Alpenschneehasen die Prädationsgefahr erhöhen. Die beiden Fledermausarten sind, wie bereits besprochen, auf naturnahe und strukturreiche Laubwälder als Lebensraum angewiesen. Hier kann es zu Konflikten mit den Zielen des technischen Umweltschutzes in Folge des Klimawandels kommen, wenn z.B. Windkraftanlagen in Wäldern errichtet werden oder in naturnahen Wäldern die Forstwirtschaft im Zuge der Energieholzgewinnung intensiviert wird. Zudem weisen unsere Analysen der Langzeitdaten auf direkte negative Folgen einer Temperaturerhöhung bei Bechsteinfledermäusen hin. Im Gegensatz zu vielen anderen Hochrisko-Arten, wie etwa vielen Insekten und Mollusken, sind die Hochrisiko-Arten innerhalb der Säugetiere aufgrund ihrer vergleichsweise guten Dispersionsfähigkeit eher in der Lage neue Habitate zu besiedeln. Bei diesen Arten ist daher neben der Optimierung von Lebensräumen darauf zu achten, dass die zunehmende Fragmentierung der Landschaft, z.B. infolge des Ausbaus der Infrastruktur, mögliche Ausweich- und Ausbreitungsbewegungen in Reaktion auf den Klimawandel nicht einschränkt.

5.3 Fazit

Datengrundlage

Die Abschätzung der Anpassungskapazität an den Klimawandel bei den 50 Hochrisiko-Arten wurde dadurch erschwert, dass für viele Arten der Kenntnisstand sehr gering ist. Bei einer Reihe wirbelloser Hochrisiko-Arten ist nicht einmal ihre aktuelle Verbreitung in Deutschland bekannt. Über die Populationsverläufe vieler Hochrisiko-Arten kann nur gemutmaßt werden, da es wegen ihrer Seltenheit, versteckten Lebensweise und Gefährdung keine effektive Erfassung dieser Arten gibt. Zum Teil wird aufgrund der Gefährdung und Lebensweise der Hochrisikoarten vom Naturschutz sogar bewusst auf ein Monitoring verzichtet (z.B. beim Veilchenblauen Wurzelhalsschnellkäfer, *Limoniscus violaceus*). Während sich die Ausbreitungsfähigkeit (Mobilität) der meisten Arten, zumindest näherungsweise, aus ihrer Verbreitung und Morphologie abschätzen lässt, gibt es für viele Arten kaum oder gar keine belastbaren Daten zu ihrer Plastizität und ihrem Evolutionspotential. Somit besteht für viele Hochrisiko-Arten auch weiterhin ein erheblicher Forschungsbedarf, um ihre Anpassungskapazität an den Klimawandel verlässlich abschätzen zu können. Solche Daten sind wichtig für neue Ansätze in der Erforschung der Folgen des Klimawandels auf die Biodiversität. Dies gilt insbesondere für Modelle, die versuchen, nicht nur abiotische Parameter zu erfassen, sondern diese auch mit Populationsmodellen zu verknüpfen. Weiterhin sind solche Daten von zentraler Bedeutung für die Planung und Umsetzung erfolgreicher Schutzmaßnahmen.

Faunistik/Habitate der Hochrisiko-Arten

Von den hier betrachteten 50 Hochrisiko-Arten leben 39 permanent oder teilweise an Land und 19 zumindest teilweise im Wasser. Überlappungen ergeben sich z.B. wenn Larvenformen wasser- und Adulte landlebend sind, wie das bei den meisten Amphibien- und allen Libellenarten der Fall ist. Auf Wälder und/oder Totholz sind 20 Arten angewiesen. Erwartungsgemäß finden sich unter den Hochrisiko-Arten eine recht hohe Anzahl an boreal-montanen Faunenelementen und Glazialrelikten, welche feucht-kühle Habitate besiedeln. Bei den besiedelten Habitaten ist der sehr hohe Anteil von Arten, die Feuchtgebiete, insbesondere Moore, besiedeln sowie die Abhängigkeit vieler Arten von urwaldartigen Wäldern bzw. von kühlen, sauerstoffreichen Gewässern, auffällig.

PEM-Optionen

Trotz des teilweise geringen Kenntnisstandes zeichnen sich Muster ab. Hochrisiko-Arten, insbesondere bei Wirbellosen, sind oftmals ausgesprochen ausbreitungsschwach. Somit kann nicht erwartet werden, dass diese Arten in nennenswertem Umfang nördlichere bzw. höher gelegene Refugialräume erreichen können, um dem Klimawandel auszuweichen. Daraus folgt, dass die allermeisten Hochrisiko-Arten vor Ort geschützt werden müssen. Viele dieser Arten leben bereits jetzt in kleinen, isolierten Reliktpopulationen. Damit ergibt sich eine starke Einschränkung ihres Evolutionspotentials bei einer gleichzeitig sehr hohen Gefährdung durch stochastische Ereignisse. Insgesamt haben viele der Hochrisiko-Arten, die bereits jetzt stark gefährdet sind, ein sehr hohes Aussterberisiko, wenn der Klimawandel die Bedingungen in ihren Lebensräumen weiter verschlechtert. Die ausgewerteten Literaturdaten und unsere empirischen Studien legen nahe, dass die Plastizität nicht das Kernproblem für die meisten der Hochrisiko-Arten darstellt. Der Naturschutz muss daher über Optimierung von Habitaten erreichen, dass die Hochrisiko-Arten ihre plastischen Möglichkeiten auch tatsächlich realisieren können, zum Beispiel indem sie geeignete Mikrohabitate innerhalb ihres Lebensraumes aufsuchen können.

Gefährdung durch den Klimawandel

Insgesamt fanden wir nur wenige Hinweise auf eine unmittelbare, direkte Gefährdung durch höhere Temperaturen. Unter unmittelbarer direkter Gefährdung verstehen wir, dass moderat steigende Temperaturen starken Stress ausüben oder gar letale Werte erreichen. Die vorhandenen Hinweise auf solchen Stress stammen ganz überwiegend von aquatischen Arten (in der Regel über eine Limitation der Sauerstoffverfügbarkeit). Generell zeigte sich, dass eine wesentlich größere Anzahl von Arten durch Austrocknung ihrer Habitate (feuchte Wiesen, Moore, Gewässer etc.) direkt durch den Klimawandel gefährdet ist. Daneben fanden wir für fast alle Arten Hinweise auf eine indirekte Gefährdung durch den Klimawandel in Form von Habitatveränderungen, z.B. durch die verstärkte Nutzung von Offenland und Wäldern u.a. durch den Anbau von Energiepflanzen und Energieholz. Indirekte Gefährdungen durch den Klimawandel beinhalten auch Veränderungen auf der Ebene der Lebensgemeinschaften, etwa den Verlust von Wirtspflanzen bei vielen Insektenarten, verstärkte Konkurrenz oder das Einschleppen von Krankheiten. Es ist wichtig zu betonen, dass sowohl direkte also auch indirekte Gefährdungen Populationen in kurzer Zeit zum Aussterben bringen können und daher beide Formen der Gefährdung kompensiert bzw. abgepuffert werden müssen.

Schutzmaßnahmen

Unsere Analysen zeigen, dass die Hochrisiko-Arten häufig sehr spezifisch auf die direkten und indirekten Folgen des Klimawandels reagieren. In vielen Fällen sind daher artspezifische Lösungen erforderlich. Diese wurden detailliert in den jeweiligen Art-Steckbriefen erläutert. Trotzdem können wichtige Habitate und Habitatstrukturen identifiziert werden, die eines besonderen Schutzes bedürfen. Dazu zählen insbesondere Moore, Quellen und Fließgewässer sowie strukturreiche Laubwälder mit einem hohen Anteil an Totholz. Weiterhin als besonders gefährdet erscheinen Arten des Grünlands, insbesondere an feuchten Standorten durch Entwässerung. Hier gilt es im Sinne der nationalen Strategien zur biologischen Vielfalt (BMU 2007) und zur Anpassung an den Klimawandel (BMU 2008), die Auswirkungen des Klimawandels abzupuffern, lebensfähige Populationen der Hochrisiko-Arten zu erhalten sowie zusätzliche Stressoren (z.B. Entwässerung, Pestizideintrag, intensive Landnutzung), die sich negativ auf die Habitatqualität auswirken, zu vermeiden oder aktiv zu beheben, wenn solche Stressoren bereits vorhanden sind. Das Ziel muss sein, für die Hochrisiko-Arten optimale Bedingungen in Deutschland zu schaffen, damit zusätzlicher Stress in Folge des Klimawandels ertragen werden kann. Für Details verweisen wir hier auf die Steckbriefe der einzelnen Hochrisiko-Arten.

Neben klassischer Habitatpflege sind insbesondere Maßnahmen zu nennen, die den Wasserhaushalt optimieren (z.B. Wiedervernässung) und strukturreiche Habitate schaffen (z.B. durch Säume in Offenland, in Wäldern und an Gewässern), die ein diverses Mikroklima nach sich ziehen. Dies kann die Uferbepflanzung eines Gewässers sein, oder der Erhalt von Totholz in unterschiedlich stark besonnten Waldgebieten. Für ausbreitungsstärkere Arten (z.B. Säuger, manche Schmetterlingsarten) ist auf eine Vernetzung der Vorkommen auf Populationsebene (Metapopulationen) zu achten, indem ein Netz von erreichbaren Schutzgebieten aufgebaut wird.

Für alle Arten gilt, dass der Fokus der Schutzmaßnahmen auf langfristig überlebensfähigen Populationen liegen sollte, soweit diese noch vorhanden sind. Für alle Hochrisiko-Arten gilt, dass innerhalb der jeweiligen Vorkommensgebiete Bereiche mit kleinräumig möglichst vielfältigen, mikroklimatisch unterschiedlichen Mikrohabitaten geschaffen werden sollten, um den Organismen Wahlmöglichkeiten innerhalb ihres Lebensraums zu bieten.

Potentielle Indikatorarten für Monitoring

Die Nationale Strategie zur biologischen Vielfalt (BMU 2007) fordert die Erarbeitung und Etablierung eines Indikatorensystems der Auswirkungen des Klimawandels auf die biologische Vielfalt bis 2015. Aus den 50 Hochrisiko-Arten könnten hier mögliche Indikatorarten benannt werden. Bei der Auswahl von Arten sollte auf die Abbildung unterschiedlicher direkter und indirekter Gefährdungen durch den Klimawandel geachtet werden, verschiedene Lebensräume abgebildet werden, und ein Monitoring müsste bei den ausgewählten Arten leicht durchzuführen sein. Mögliche Kandidaten wären die Bechsteinfledermaus (*Myotis bechsteinii*), der Blauschillernde Feuerfalter (*Lycaena helle*), die Groppe (*Cottus gobio*), der Natterwurz-Perlmuttfalter (*Boloria titania*), Quellschnecken (Gattung *Bythinella*) und der Steinkrebs (*Austropotamobius torrentium*).

6 Literatur

AUBLET, J-F., FESTA-BIANCHET, M., BERGERO, D., & BASSANO, B. (2009): Temperature constraints on foraging behaviour of male Alpine ibex (*Capra ibex*) in summer. – Oecologia 159 (1): 237-47.

ARAÚJO, M.B., WHITTAKER, R.J., LADLE, R. & ERHARD, M. (2005): Reducing uncertainty in projections of extinction risk from climate change. – Global Ecology and Biogeography 14: 529-538.

BMU, BUNDESMINISTERIUM FÜR UMWELT, NATURSCHUTZ UND REAKTORSICHERHEIT (2007): Nationale Strategie zur biologischen Vielfalt. – Berlin, 178 S.

BMU, BUNDESMINISTERIUM FÜR UMWELT, NATURSCHUTZ UND REAKTORSICHERHEIT (2008): Deutsche Anpassungsstrategie an den Klimawandel. – Berlin, 78 S.

DREYER, W. (1986) Die Libellen: das umfassende Handbuch zur Biologie und Ökologie aller mitteleuropäischen Arten mit Bestimmungsschlüsseln für Imagines und Larven. – Hildesheim (Gerstenberg), 219 S.

DOKULIL, M. T., JAGSCH, A., GEORGE, G. D., ANNEVILLE, O., JANKOWSKI, T., WAHL, B., LENHART, B., BLENCKNER, T. & TEUBNER, K. (2006): Twenty years of spatially coherent deepwater warming in lakes across Europe related to the North Atlantic Oscillation. – Limnology and Oceanography 51 (6): 2787-2793.

EDWARDS, M., JOHNS, D.G., LETERME, S.C., SVENDSEN, E., & RICHARDSON, A.J. (2006): Regional climate change and harmful algal blooms in the northeast Atlantic. – Limnology and Oceanography 51 (2): 820-829.

EBERT, G. & RENNWALD, E. (1991): Die Schmetterlinge Baden-Württembergs Band 1: Tagfalter. – Stuttgart (Ulmer), 552 S.

FISCHER, K., DIERKS, A., FRANKE, K., GEISTER, T.L., LISZKA, M., WINTER, S. & PFLICKE, C. (2010): Environmental effects on temperature stress resistance in the tropical butterfly *Bicyclus anynana*. – PLoS One 5: e15284.

FISCHER, K. & KARL, I. (2010): Exploring plastic and genetic responses to temperature variation using copper butterflies. – Climate Research 438 (1-2): 17-30.

FRANC, N. & GÖTMARK, F. (2008): Openness in management: Hands-off vs partial cutting in conservation forests, and the response of beetles. – Biological Conservation 141: 2310-2321.

FRETTER, V. & GRAHAM, A. (1978): The prosobranch molluscs of Britain and Denmark. Part 3 – Neritacea, Viviparacea, Valvatacea, terrestrial and freshwater Littorinacea and Rissoacea. – Journal of Molluscan Studies, Supplement 5: 100-152.

FREYHOF, J. (2005): Redescription of *Coregonus bavaricus* HOFER, 1909 from Lake Ammersee, Bavaria (Salmoniformes: Coregonidae). – Cybium 29 (2): 179-183.

GLANDT, D. (2006): Der Moorfrosch – Einheit und Vielfalt einer Braunfroschart. – Bielefeld (Laurenti), 160 S.

GLANDT, D. (2008): Der Moorfrosch (*Rana arvalis*): Erscheinungsvielfalt, Verbreitung, Lebensräume, Verhalten sowie Perspektiven für den Artenschutz. – Zeitschrift für Feldherpetologie Beiheft 13: 11-34.

GOLLMANN, B. & GOLLMANN, G. (2012): Die Gelbbauchunke: Von der Suhle zur Radspur. – Bielefeld (Laurenti), 176 S.

GOSSNER, M.M., LACHAT, T., BRUNET, J., ISACSSON, G., BOUGET, C., BRUSTEL, H., BRANDL, R., WEISSER, W.W. & MÜLLER, J. (2013): Current near-to nature forest mamagement effects on functional trait composition of saproxylic beetles in beech forests. – Conservation Biology 27: 605-614.

GUEX, G.D. & GROSSENBACHER, K. (2004): *Salamandra atra* LAURENTI, 1768 - Alpensalamander. – In: THIESMEIER, B. & GROSSENBACHER, K. (Hrsg.): Handbuch der Reptilien und Amphibien Europas, Band 4/IIB Schwanzlurche (Uroldela) IIB Salamandridae III: *Triturus* 2, *Salamandra*. – Wiebelsheim (Aula): 975-1028.

GÜNTHER, R. (1996): Die Amphibien und Reptilien Deutschlands. – Jena, Stuttgart (Gustav Fischer), 842 S.

GRÜNBERGER, S. (2012): Temperaturabhängige Quartierwahl der Bechsteinfledermaus (*Myotis bechsteinii*). – Würzburg (Julius-Maximilians-Universität Würzburg, Bachelorarbeit), 26 S.

HACKLÄNDER, K., FERRAND, N. & ALVES, P. (2008): Overview of Lagomorph Research: What we have learned and what we still need to do. – In: ALVES, P.C., FERRAND, N. & HACKLÄNDER, K. (Eds.): Lagomorph Biology: Evolution, Ecology, and Conservation. Berlin, Heidelberg (Springer): 381-391.

HARTE, J., OSTLING, A., GREEN, J. & KINZIG, A. (2004): Biodiversity conservation: Climate change and extinction risk. – Nature 430 (6995).

HORÁK, J. & RÉBL, K. (2013): The species richness of click beetles in ancient pasture woodland benefits from a high level of sun exposure. – Journal of Insect Conservation 17: 307-318.

IPCC (2007a): Climate Change (2007): The Physical Science Basis. Contribution of Working Group I to the Fourth Assessment Report of the Intergovernmental Panel on Climate Change. – Genf (Intergovernmental Panel on Climate Change), 996 S.

IPCC (2007b): Climate Change (2007): Impacts, Adaptation and Vulnerability. Contribution of Working Group II to the Fourth Assessment Report of the Intergovernmental Panel on Climate Change. – Genf (Intergovernmental Panel on Climate Change), 976 S.

JACKSON, S.T. & SAX, D.F. (2010): Balancing biodiversity in a changing environment: extinction debt, immigration credit and species turnover. – Trends in Ecology & Evolution 25: 153-160.

KARL, I., JANOWITZ, S.A. & FISCHER, K. (2008): Altitudinal life-history variation and thermal adaptation in the Copper butterfly *Lycaena tityrus*. – Oikos 117: 778-788.

KERTH, G., WEISSMANN, K. & KÖNIG, B. (2001): Day roost selection in female Bechstein's bats (*Myotis bechsteinii*): a field experiment to determine the influence of roost temperature. – Oecologia 126: 1-9.

KLEWEN, R. (1986): Untersuchungen zur Verbreitung, Öko-Ethologie und innerartlichen Gliederung von *Salamandra atra* LAURENTI 1768. – Köln (Universität zu Köln – Dissertation), 185 S.

KOTTELAT, M. & FREYHOF, J. (2007): Handbook of european freshwater fishes. – Cornol, Berlin (Kottelat & Freyhof), 648 S.

KUHN, K. & BURBACH, K. (1998): Libellen in Bayern. – Stuttgart (Ulmer), 336 S.

KÜPPER, N. (2013): Reasons to stay close? Social Thermoregulation in Bechstein's Bats (*Myotis bechsteinii*). – Zürich (Universität Zürich, Master-Thesis), 60 S.

LACHAT, T., WERMELINGER, B., GOSSNER, M.M., BUSSLER, H., ISACSSON, G. & MÜLLER, J. (2012): Saproxylic beetles as indicator species for dead-wood amount and temperature in European beech forests. – Ecological Indicators 23: 323-331.

LASSAUCE, A., PAILLET Y., JACTEL, H. & BOUGET, C. (2011): Deadwood as a surrogate for forest biodiversity: Meta-analysis of correlation between deadwood volume and species richness of saproxylic organisms. – Ecological Indicators 11: 1027-1039.

LAUFER, H. & PIEH, A. (2007): Moorfrosch *Rana arvalis* NILSSON, 1842. – In: LAUFER, H., FRITZ, K., SOWIG, P. (Hrsg.): Die Amphibien und Reptilien Baden-Württembergs. – Stuttgart (Ulmer): 397-414.

MILLS, L.S., ZIMOVA, M., OYLER, J., RUNNING, S., ABATZOGLOU, J.T. & LUKACS, P.M. (2013): Camouflage mismatch in seasonal coat color due to decreased snow duration. – Proceedings of the National Academy of Sciences, 1222724110.

MOORKENS, E. (2011): *Margaritifera margaritifera*. – In: IUCN (2013): IUCN Red List of Threatened Species. Version 2013.1. – URL: http://www.iucnredlist.org (gesehen am 07.10. 2013

MÖRNER, T. (1999): Monitoring diseases in wildlife: A review of diseases in the orders Lagomorpha and Rodentia in Sweden. – Vienna (Proceedings 39th International Symposium of Zoo Animals, 12-16 May): 255-262.

MÜLLER, J., BUßLER, H., BENSE, U., BRUSTEL, H., FLECHTNER, G., FOWLES, A., KAHLEN, M., MÖLLER, G., MÜHLE, H., SCHMIDL, J. & ZABRANSKY, P. (2005): Urwald relic species-Saprocxylic beetles indicating structural qualities and habitat tradition. – Waldoekologie online 2: 106-113.

NOLTE, A.W., FREYHOF, J., STEMSHORN, K.C. & TAUTZ, D. (2005): An invasive lineage of sculpins, *Cottus sp.* (Pisces, Teleostei) in the Rhine with new habitat adaptations has originated from hybridization between old phylogeographic groups. – Proceedings of the Royal Society B: Biological Science 272: 2379-2387.

ÓDOR, P., HEILMANN-CLAUSEN, J., CHRISTENSEN, M., AUDE, E., VAN DORT, K.W., PILTAVER, A., SILLER, I., VEERKAMP, M.T., WALLEYN, R., STANDOVÁR, T., VAN HESS, A.F.M., KOSEC, J., MATOCEC, N., KRAIGHER, H. & GREBENC, T. (2006): Diversity of dead wood inhabiting fungi and bryophytes in semi-natural beech forests in Europe. – Biological Conservation 131: 58-71.

OSWALD, D., KURECK, A. & NEUMANN, D. (1991): Populationsdynamik, Temperaturtoleranz und Ernährung der Quellschnecke *Bythinella dunkeri* (FRAUENFELD 1856). – Zoologisches Jahrbuch für Systematik 118: 65-78.

PARMESAN, C. (2006): Ecological and evolutionary responses to recent climate change. – Annual Reviews of Ecology, Evolution and Systematics 37: 637-669.

PARMESAN, C., RYRHOLM, N., STEFANESCU, C., HILL, J.K., THOMAS, C.D., DESCIMON, H., HUNTLEY, B., KAILA, L., KULLBERG, J., TAMMARU, T., TENNET, WJ., THOMAS, J.A. & WARREN, M. (1999): Poleward shifts in geographical ranges of butterfly species associated with regional warming. – Nature 399: 579-583.

PAWLOWSKA-INDYK, A. (1980): Effects of temperature on the embryonic development of *Bombina variegata* L. – Zoologica Poloniae 27: 397-407.

PEARSON, R.G. & DAWSON, T.P. (2003): Predicting the impacts of climate change on the distribution of species: are bioclimate envelope models useful? – Globat Ecology and Biogeography 12: 361-371.

RABITSCH, W., WINTER, M., KÜHN, E., GÖTZL, M., ESSEL, F. & GRUTTKE, H. (2010): Auswirkung des rezenten Klimawandels auf die Fauna von Deutschland. – Naturschutz und Biologische Vielfalt 98, 265 S.

RANIUS, T. & JANSSON N. (2000): The influence of forest regrowth, original canopy cover and tree size on saproxylic beetles associated with old oaks. – Biological Conservation 95: 85-94.

SALA, O.E., STUART CHAPIN III, F., ARMESTO, J.J., BERLOW, E., BLOOMFIELD, J., DIRZO, R., HUBER-SANWALD, E., HUENNEKE, L.F., JACKSON, R.B., KINZIG, A., LEEMANS, R., LODGE, D.M., MOONEY, H.A., OESTERHELD, M., LEROY POFF, N., SYKES, M.T., WALKER, B.H., WALKER, M. & WALL, D.H. (2000): Biodiversity: Global biodiversity scenarios for the year 2100. – Science 287: 1770-1774.

SCHENKOVÁ, V., HORSÁK, M., PLESKOVÁ, Z. & PAWLIKOWSKI, P. (2012): Habitat preferences and conservation of *Vertigo geyeri* (Gastropoda: Pulmonata) in Slovakia and Poland. – Journal of Molluscan Studies 78: 105-111.

SCHIEMENZ, H. & GÜNTHER, R. (1994): Verbreitungsatlas der Amphibien und Reptilien Ostdeutschlands (Gebiet der ehemaligen DDR). – Rangsdorf (Natur & Text), 143 S.

SCHNITTER, P. (2006): Käfer (Coleoptera). – Berichte des Landesamtes für Umweltschutz Sachsen-Anhalt Halle, Sonderheft 2: 140-158.

SETTELE, J., KUDRNA, O., HARPKE, A., KÜHN, I., VAN SWAAY, C., VEROVNIK, R., WARREN, M.S., WIEMERS, M., HANSPACH, J., HICKLER, T., KÜHN, E., V. HALDER, I., VELING, K., VLIEGENTHART, A., WYNHOFF, I. & SCHWEIGER, O. (2008): Climatic Risk Atlas of European Butterflies. – Moskau (Pensoft), 710 S.

SHERIDAN, J.A. & BICKFORD, D. (2011): Shrinking body size as an ecological response to climate change. – Nature Climate Change 1: 401-406.

SHERWIN H.A., MONTGOMERY W.I. & LUNDY M.G. (2013): The impact and implications of climate change for bats. – Mammal Review 43: 171-182.

STERNBERG, K. & BUCHWALD, R. (2000a): Die Libellen Baden-Württembergs. Band 1: Allgemeiner Teil, Kleinlibellen (Zygoptera). – Stuttgart (Ulmer), 468 S.

STERNBERG, K. & BUCHWALD, R. (2000b): Die Libellen Baden-Württembergs. Band 2: Großlibellen (Anisoptera). – Stuttgart (Ulmer), 712 S.

STOKLAND, J.N., SIITONEN, J. & JONSSON, B.G. (2012): Biodiversity in dead wood. – Cambridge (Cambridge University Press), 509 S.

THOMAS, C.D., CAMERON, A., GREEN, R.E., BAKKENES, M., BEAUMONT, L.J., COLLINGHAM, Y.C., ERASMUS, B.F.N., DE SIQUEIRA, M.F., GRAINGER, A., HANNAH, L., HUGHES, L., HUNTLEY, B., VAN JAARSVELD, A.S., MIDGLEY, G.F., MILES, L., ORTEGA-HUERTA, M.A., TOWNSEND PETERSON, A., PHILIPS, O.L. & WILLIAMS, S.E. (2004): Extinction risk from climate change. – Nature 427: 145-148.

THUILLER, W., LAVOREL, S., ARAÚJO, M.B., SYKES, M.T. & PRENTICE, I.C. (2005): Climate change threats plant Diversity in Europe. – Proceedings of the National Academy of Sciences USA 102: 8245–8250.

WERNER, P., LÖTTERS, S., SCHMIDT, B. R., ENGLER, J. O. & RÖDDER, D. (2013): The role of climate for the range limits of parapatric European land salamanders. – Ecography 36: 1127-1137.

WRAY, N. & VISSCHER, P. (2008): Estimating trait heritability. – Nature Education 1(1): 29.

ZETTLER, M.L. (2000): Weitere Bemerkungen zur Morphologie von *Unio crassus* PHILIPSSON 1788 aus dem nordeuropäischen Vereisungsgebiet (Bivavlia: *Unionidae*). – Malakologische Abhandlungen des Museums für Tierkunde Dresden 20: 73-78.

Aktuelle Veröffentlichungen des Bundesamtes für Naturschutz

Ein Verzeichnis aller Veröffentlichungen ist im Internet einsehbar unter www.buchweltshop.de/bfn. Dort können auch alle lieferbaren Veröffentlichungen des BfN online bestellt werden.

Das gedruckte Veröffentlichungsverzeichnis kann beim Landwirtschaftsverlag GmbH, 48084 Münster Telefon 0 25 01/801-30 00 · Fax 0 25 01/801-35 10 kostenlos angefordert werden.

Weitere kostenlose Informationsbroschüren sind erhältlich beim:

Bundesamt für Naturschutz
Presse und Öffentlichkeitsarbeit
Konstantinstr. 110, 53179 Bonn
Telefon 02 28/84 91-44 44 · Fax 02 28/84 91-10 39
E-Mail: presse@bfn.de

2013. 126 Seiten,
ISBN 978-3-7843-4030-2

Heft 130:

Eser, U., Benzing, B. und Müller, A.

Gerechtigkeitsfragen im Naturschutz
Was sie bedeuten und warum sie wichtig sind

2013. 256 Seiten,
ISBN 978-3-7843-4031-9

Heft 131:

Lehrke, S., Ellwanger, G., Buschmann, A., Frederking, W., Paulsch, C., Schröder, E. (†) und Ssymank, A. (Hrsg.)

Natura 2000 im Wald
Lebensraumtypen, Erhaltungs-zustand, Management

2013. 230 Seiten,
ISBN 978-3-7843-4032-6

Heft 132:

Ackermann, W., Schweiger, M., Sukopp, U., Fuchs, D. und Sachteleben, J.

Indikatoren zur biologischen Vielfalt
Entwicklung und Bilanzierung

2013. 236 Seiten,
ISBN 978-3-7843-4033-3

Heft 133:

Tillmann, J. E., Finck, P. und Riecken, U. (Hrsg.)

Wisente im Rothaargebirge

2013. 166 Seiten,
ISBN 978-3-7843-4034-0

Heft 134:

Job, H., Kraus, F., Merlin, C. und Woltering, M.

Wirtschaftliche Effekte des Tourismus in Biosphärenreservaten Deutschlands

2013. 218 Seiten,
ISBN 978-3-7843-4035-7

Heft 135:

Oppermann, R., Kasperczyk, N., Matzdorf, B., Reutter, M., Meyer, C., Luick, R., Stein, S., Ameskamp, K., Gelhausen, J. und Bleil, R.

Reform der Gemeinsamen Agrarpolitik (GAP) 2013 und Erreichung der Bio-diversitäts- und Umweltzie

2014. 262 Seiten,
ISBN 978-3-7843-4036-4

Heft 136:

Scherfose, V. (Hrsg.)

Nationalparkmanagement in Deutschland

2014. 484 Seiten,
ISBN 978-3-7843-4037-1

Heft 137:

Beierkuhnlein, C., Jentsch, A., Reineking, B., Schlumprecht, H. und Ellwanger, G. (Hrsg.)

Auswirkungen des Klima-wandels auf Fauna, Flora und Lebensräume sowie Anpassungsstrategien de Naturschutzes

Heft 138:

Dziewiaty, K. und Bernardy, P.

Erprobung integrativer Handlungsempfehlungen zum Erhalt einer artenreichen Agrarlandschaft unter besonderer Berücksichtigung der Vögel

2014. 216 Seiten,
ISBN 978-3-7843-4038-8

Heft 139:

Kerth, G., Blüthgen, N., Dittrich, C., Dworschak, K., Fischer, K., Fleischer, T., Heidinger, I., Limberg, J., Obermaier, E., Rödel, M.-O. und Nehring, S.

Anpassungskapazität naturschutzfachlich wichtiger Tierarten an den Klimawandel

2014. 511 Seiten,
ISBN 978-3-7843-4039-5

ROTE LISTEN

Rote Liste gefährdeter Tiere, Pflanzen und Pilze Deutschlands
Band 1: Wirbeltiere

Heft 70/1:

Rote Liste gefährdeter Tiere, Pflanzen und Pilze Deutschlands

Band 1: Wirbeltiere

2009. 388 Seiten,
ISBN 978-3-7843-5033-2

Rote Liste gefährdeter Tiere, Pflanzen und Pilze Deutschlands
Band 2: Meeresorganismen

Heft 70/2:

Rote Liste gefährdeter Tiere, Pflanzen und Pilze Deutschlands

Band 2: Meeresorganismen

2013. 236 Seiten,
ISBN 978-3-7843-5330-2

Rote Liste gefährdeter Tiere, Pflanzen und Pilze Deutschlands
Band 3: Wirbellose Tiere (Teil 1)

Heft 70/3:

Rote Liste gefährdeter Tiere, Pflanzen und Pilze Deutschlands

Band 3: Wirbellose Tiere (Teil 1)

2011. 716 Seiten,
ISBN 978-3-7843-5231-2

Rote Liste gefährdeter Tiere, Pflanzen und Pilze Deutschlands
Band 6: Pilze (Teil 2) – Flechten und Myxomyzeten

Heft 70/6:

Rote Liste gefährdeter Tiere, Pflanzen und Pilze Deutschlands

Band 6: Pilze (Teil 2) – Flechten und Myxomyzeten

2011. 240 Seiten,
ISBN 978-3-7843-5188-9

Preisliste (Aus postalischen Gründen werden die Preise der Veröffentlichungen gesondert aufgeführt)

Naturschutz und Biologische Vielfalt

Heft 130	€ 16,-	Heft 134	€ 22,-	Heft 138	€ 22,-	Rote Listen			
Heft 131	€ 22,-	Heft 135	€ 22,-	Heft 139	€ 39,-	Heft 70/1	€ 39,95	Heft 70/3	€ 49,95
Heft 132	€ 22,-	Heft 136	€ 24,-			Heft 70/2	€ 39,95	Heft 70/6	€ 29,95
Heft 133	€ 24,-	Heft 137	€ 38,-